utb 4342

Eine Arbeitsgemeinschaft der Verlage

Brill | Schöningh – Fink · Paderborn
Brill | Vandenhoeck & Ruprecht · Göttingen – Böhlau · Wien · Köln
Verlag Barbara Budrich · Opladen · Toronto
facultas · Wien
Haupt Verlag · Bern
Verlag Julius Klinkhardt · Bad Heilbrunn
Mohr Siebeck · Tübingen
Narr Francke Attempto Verlag – expert verlag · Tübingen
Psychiatrie Verlag · Köln
Ernst Reinhardt Verlag · München
transcript Verlag · Bielefeld
Verlag Eugen Ulmer · Stuttgart
UVK Verlag · München
Waxmann · Münster · New York
wbv Publikation · Bielefeld
Wochenschau Verlag · Frankfurt am Main

Jochen Hamatschek

Lebensmitteltechnologie

Die industrielle Herstellung von Lebensmitteln
aus landwirtschaftlichen Rohstoffen

3., überarbeitete und erweiterte Auflage

185 Abbildungen
22 Tabellen

Verlag Eugen Ulmer • Stuttgart

Der Autor: Dr. Jochen Hamatschek, promovierter Diplomlebensmitteltechnologe, 30 Jahre Manager in der Zulieferindustrie für hauptsächlich Lebensmittel produzierende Unternehmen weltweit, einige Jahre Professor für Kellerwirtschaft an der Hochschule Geisenheim, 13 Jahre Lehrbeauftragter an der Hochschule Weihenstephan-Triesdorf im Fach Lebensmittelmanagement, seit 2010 im Vorstand der Gesellschaft Deutscher Lebensmitteltechnologen (GDL e. V.).

Bibliografische Information der Deutschen Nationalbibliothek
Die Deutsche Nationalbibliothek verzeichnet diese Publikation in der Deutschen Nationalbibliografie; detaillierte bibliografische Daten sind im Internet über http://dnb.d-nb.de abrufbar.

Wollgrasweg 41, 70599 Stuttgart (Hohenheim)
E-Mail: info@ulmer.de
Internet: www.ulmer.de
Lektorat: Sabine Mann
Herstellung: Birgit Heyny
Umschlagbild: Super8/Shutterstock.com
Umschlaggestaltung: siegel konzeption | gestaltung, Stuttgart
Satz, Repro und Zeichnungen: Bernd Burkart; www.form-und-produktion.de
Druck und Bindung: Pustet, Regensburg
Printed in Germany

UTB-Band-Nr. 4342
ISBN 978-3-8252-6230-3
utb-E-ISBN 978-3-8385-6230-8

https://doi.org/10.36198/9783838562308

Inhalt

3 Die biochemischen Strukturen von Lebensmitteln

4 Die ambivalente Wirkung von Mikroorganismen und Enzymen in Lebensmitteln

5 Maschinentechnik und Werkstoffe

6 Die erste Verarbeitungsstufe: Wertstoffgewinnung aus agrarischen Rohstoffen

7 Die Verarbeitung zu Lebensmitteln

Vorwort zur 1. Auflage

Die Nahrungsaufnahme ist nach dem Atmen die elementarste Aktivität des Menschen. Ohne zu trinken rechnet sich seine Lebenserwartung in Tagen, ohne zu essen in wenigen Wochen. Die Geschichte des Menschen ist eine Geschichte des Kampfes um die erforderliche Kalorienmenge, gewonnen in einer meist feindlichen Umwelt. Wer sichere Nahrungsquellen zur Verfügung hatte und effizient damit umzugehen wusste, verfügte über einen enormen Überlebensvorteil. Der Zwang zur regelmäßigen Kalorienzufuhr kollidierte aber mit einer oft periodischen, meist sehr unregelmäßigen Verfügbarkeit von geeigneten Lebensmitteln. Vor allem Wintermonate mussten mühsam überbrückt werden. Hungersnöte waren regelmäßige Begleiter, und eine Vorratshaltung war überlebenswichtig. Gelagerte Biomasse aber neigt generell zu raschem mikrobiologisch oder chemisch verursachtem Verderb, sie wird schnell ungenießbar und gesundheitsgefährdend. Die fruchtbare Phase zwischen Werden und Vergehen ist bei Obst oder Fleisch sehr klein, bei harten, trockenen Knollen, Wurzeln oder Nüssen zum Glück deutlich länger. Von Anfang an war das Überleben der Menschheit immer auch ein Kampf um die Haltbarmachung von Lebensmitteln.

Die wohl wichtigste kulturelle Leistung der frühen Menschheit war die Beherrschung des Feuers, die Archäologen und Anthropologen vor etwa 1,9 Millionen Jahren datieren. Mit dem Feuer stand nicht nur eine Waffe gegen Fressfeinde zur Verfügung, vor allem konnten Lebensmittel durch Kochen oder Braten haltbarer und verdaulicher gemacht werden. Die verbesserte Ernährungseffizienz förderte die menschliche Entwicklung, das Gehirnvolumen verdreifachte sich von damals bis heute. Deren Kreativität und Intelligenz ermöglichten es den Menschen, in allen Habitaten der Erde zu siedeln und Methoden zur Gewinnung der jeweiligen Lebensmittel und ihrer Haltbarmachung zu entwickeln. So konnte sich der Mensch auf der ganzen Erde ausbreiten.

Die Fähigkeit zur Konservierung von verderblichen Lebensmitteln ist einer der grundlegenden Unterschiede zwischen Mensch und Tier, auch wenn Tiere wie der Regenwurm oder das Eichhörnchen durchaus eine Art Vorratshaltung betreiben. Frühe Innovationen waren das Trocknen, und als Salz in ausreichender Menge zur Verfügung stand, das Pökeln. Später, in der Phase des Übergangs vom Jäger und Sammler zum Ackerbauern und Viehzüchter, wurde die Fermentation als weitere Technik der Konservierung entdeckt. Alkohol bzw. Säure in Bier, Sauerkraut oder Essig schützen vor raschem Verderb. Die Hochkulturen des Altertums verfügten bereits in begrenztem Umfang über Möglichkeiten zur Kühlung. Chemisch wurden Weine z. B. bereits zur christlichen Zeitenwende mit Schwefel oder Harz haltbar gemacht. Ein weiterer Innovationssprung war die Erfindung der thermisch haltbar gemachten Konserve, gefördert und gefordert von Napoleon, auf der Suche nach einer sicheren Verpflegung für seine Feldzüge. Die Geschichte der Menschheit ist eng mit lebensmitteltechnischen Methoden verknüpft, eine Tatsache, die in ihrer Selbstverständlichkeit vielfach in Vergessenheit geraten ist.

Die moderne Lebensmitteltechnologie benutzt in unendlicher Variantenvielfalt prinzipiell die gleichen Methoden wie unsere Vorfahren, ergänzt um zahlreiche moderne Techniken. In den entwickelten Ländern ist dank des Zusammenwirkens von Agrarwirtschaft und Lebensmitteltechnologie Hunger praktisch nicht mehr vorhanden. Lebensmittel stehen in unüberschaubarer Vielfalt und ausreichender Menge zur Verfügung, im Gegenteil: Der Überfluss ist bereits zum Problem geworden.

Das vorliegende Buch beschreibt die Lebensmitteltechnologie als Bindeglied zwischen der agrarischen Erzeugung der Biomasse und dem Verzehr eines zubereiteten Lebensmittels durch den Menschen. Es ist ein Buch, das sich mit den ingenieur- und den naturwissenschaftlichen Grundlagen dieses interdisziplinären Fachgebiets beschäftigt, nicht zuletzt aber mit den Strukturen der Rohstoffe sowie mit ihren natürlichen oder technisch induzierten biologischen und chemischen Reaktionen, die zu einer Veredlung führen sollen. Zwei umfangreiche Kapitel behandeln die Verfahrenstechnik der Gewinnung und Herstellung der wichtigsten Lebensmittel und ihre spezifischen Geräte und Anlagen.

Die „Lebensmitteltechnologie“ wendet sich primär an Studierende des weiten Bereichs der Lebensmittelwissenschaften, aber auch an aktive Technologen oder Manager, die sich Zusammenhänge erarbeiten wollen. Der Leser sollte naturwissenschaftlich-technische Kenntnisse mitbringen, die mit Abitur-Grundkursen in Biologie, Chemie und Physik gegeben sind. Das Buch weist lediglich einen Autor aus. Angesichts der Breite des Stoffs wurden mehrere Spezialisten gebeten, jeweils einzelne Kapitel kritisch zu begleiten, Fehler und Redundanzen anzumerken bzw. Lücken zu schließen. Dank dafür gilt Walter Hammes, Christian Schick, Mario Jekle, Steffen und Astrid Hruschka, Christian Frahm, Klaus Peter Eickhoff, Daniel Wetter, Timo Schrodt und Markus Brandt, aber auch allen Firmen, die Grafiken oder Fotos zur Verfügung gestellt haben. Deren Unterstützung befreit den Autor aber nicht vor seiner alleinigen Verantwortung für Fehler oder Zweideutigkeiten.

Landau, im Herbst 2015

Vorwort zur 3. Auflage

Auch die 2. erweiterte Auflage der Lebensmitteltechnologie fand großen Zuspruch und machte bald eine 3. Auflage erforderlich. Diese kommt in einer Zeit, die von Disruptionen geprägt ist. Die politisch aufgeladenen Stichworte lauten unter anderem Agrarwende, Klimawende, Ernährungswende, manch ein Politiker spricht bereits von Zeitenwende. Letztlich geht es um eine Transformation unseres Ernährungssystems. Die Herausforderung für die Branche ist immens, denn 2050 müssen zudem rund 10 Milliarden Menschen auf der Erde, eine Steigerung von 25 %, nachhaltig und bezahlbar mit allen essenziellen und nichtessenziellen Nährstoffen versorgt werden. Insbesondere der Begriff der Nachhaltigkeit mit all seinen Facetten wird den Akteuren bei der Transformation als nicht verhandelbares Ziel vorgegeben: Niemand soll in Zukunft mehr verbrauchen als die Natur in der Lage ist, nachzuliefern. Nicht die Industrie, aber auch nicht der Verbraucher.

Die Herstellung von Lebensmitteln befindet sich inmitten eines großen Dilemmas, das so beschrieben wird: „Der Mensch ist dabei, sich durch seine Ernährung krank zu machen. Gleichzeitig macht die Art, wie er seine Nahrung herstellt, die Erde krank.“ Der Mensch und seine Ernährung sind Täter und Opfer gleichermaßen. Problematisch diskutiert werden vor allem die Treibhausgasproduktion bei der Herstellung von Lebensmitteln, die Eutrophierung der Gewässer, die Zerstörung der Ackerböden oder die Massentierhaltung mit ihren ethischen Herausforderungen.

Genau an diesen Stellen soll die Ernährungswende ansetzen. Das vorliegende Buch kann nur auf den Teilbereich der Verarbeitung eingehen und moderne Technologien ansprechen, die veränderungsbereite Konsumenten mit schmackhaften neuen Lebensmitteln, vor allem Proteinen, versorgen. Dutzende Start-ups, aber auch die Platzhirsche stehen mit kreativen Produkten in den Startlöchern. Die Branche ist derzeit auch noch auf der Suche nach verbindlichen Namen für die neuen Lebensmittel. Novel Food als bekannter Begriff ist vom Gesetzgeber vereinnahmt und subsummiert alle anderen. Die Praxis spricht von New Food, NextGenProteins, von kultiviertem Fleisch, Laborfleisch, zellulärer Landwirtschaft usw., ein Zeichen für große Dynamik, wo sich aber die endgültige Richtung noch herauskristallisieren muss. Die Herausforderung des Technologen besteht darin, die Zusammenhänge zu überblicken.

Bei all diesen zukünftigen fundamentalen Veränderungen darf nicht vergessen werden, dass Standardprodukte aus tierischen Rohstoffen, Getreide oder Speiseöl weiterhin die kalorische Basis der menschlichen Ernährung sein werden. Der Trend zu Convenience, zu Tiefkühlpizza und Dosenravioli ist ungebrochen. Die dazu erforderlichen und bewährten Technologien besitzen weiterhin einen hohen Stellenwert und dürfen nicht vernachlässigt werden. Sie effizienter und wettbewerbsfähiger zu gestalten, ist die immerwährende Herausforderung für die Branche. Automatisierung durch Sensor-Messtechnik und künstliche Intelligenz helfen dafür zunehmend auch in der Lebensmittelwirtschaft. Damit sollen nicht zuletzt Lebensmittelverluste verringert werden, die auf allen Ebenen der Wertschöpfungskette nach wie vor ein ungelöstes ethisches und wirtschaftliches Problem sind.

Die kommenden Jahre werden für die Lebensmittelwirtschaft im Allgemeinen und die Technologie der Verarbeitung im Besonderen herausfordernd, auf jeden Fall spannend. Es ist zu wünschen, dass die vorliegende 3. Auflage der Lebensmitteltechnologie dabei ein hilfreicher Begleiter sein kann.

Landau, im März 2024

1 Einführung: Lebensmitteltechnologie im gesellschaftlichen und historischen Kontext

1.1 Prinzipien der Lebensmitteltechnologie

Dieses Buch beschäftigt sich mit den Prozessen und Vorgängen, die bei der Verwertung und Veredlung landwirtschaftlich erzeugter Rohstoffe eine Rolle spielen. Deren Ziel ist die Herstellung von Lebensmitteln, die gesetzeskonform und im Detail rückverfolgbar produziert wurden sowie gesundheitlich unbedenklich, haltbar und schmackhaft in einer geeigneten Verpackung an den Lebensmittelhandel oder an Großabnehmer verkauft werden. Die wissenschaftliche Disziplin, die sich mit diesen Umwandlungs- und Veredlungsvorgängen von Biomasse beschäftigt, ist die Lebensmitteltechnologie, mit der Pharma- und Biotechnologie die wohl wichtigste der sogenannten „Life Science"-Industrien. Zahlreiche neue Lebensmittel werden im Fermenter erzeugt, der Unterschied zwischen Bio- und Lebensmitteltechnologie verschwimmt immer häufiger. Die Lebensmitteltechnologie ist eine angewandte Wissenschaft, die sich aus zahlreichen anderen wissenschaftlichen Disziplinen speist und diese integriert: Historisch waren das allein die **Ingenieurwissenschaften** und die **Naturwissenschaften** mit ihren zahlreichen Fachgebieten. Immer wichtiger wird der IT-Bereich als Basis für die Fabrikautomatisierung. In den letzten Jahren sind die Anforderungen an die Lebensmitteltechnologen beträchtlich gestiegen. Der harte Wettbewerb, ständig steigende Verbrauchererwartungen bezüglich Sicherheit und Vielfalt der Lebensmittel, die Internationalisierung der Warenströme und eine enger werdende Rechtsprechung haben die technische Ebene um eine **Managementebene** erweitert. Die Lebensmitteltechnologie ist demnach eine ausgeprägte Querschnittswissenschaft (Abb. 1.1). Die Ausbildung von Lebensmitteltechnologen an den Hochschulen setzt in der Regel Schwerpunkte. Das gesamte Spektrum abzudecken, ist vom Umfang her kaum zu schaffen. Generalistisch angelegte Managementaspekte sind in

Abb. 1.1
Die Lebensmitteltechnologie als angewandte, integrierende Querschnittswissenschaft

Lebensmitteltechnologie
Die Herstellung gesundheitlich unbedenklicher, sicherer, haltbarer und schmackhafter Lebensmittel aus pflanzlicher und tierischer Biomasse

Ingenieurwissenschaften	**Managementwissen**	**Naturwissenschaften**
Verfahrenstechnik Maschinenbau Mess-, Steuer-, Regeltechnik Werkstofftechnik Produktionstechnik	rechtliche Grundlagen privatrechtliche Vereinbarungen Qualitätsmanagement Innovationsmanagement Compliance; Ethik Unternehmensführung Betriebswirtschaft Marketing	Biologie; Mikrobiologie Physik; Mathematik Umwelttechnik; Ökologie Ernährungswissenschaft Chemie; Biochemie

den letzten Jahren mehrfach in den Lehrplan mit aufgenommen worden. Lebensmitteltechnologen müssen spätestens als Führungskraft feststellen, dass die Ingenieur- und Naturwissenschaften wichtig, aber quasi nur die notwendige Voraussetzung zum Erfolg sind. In der betrieblichen Praxis besitzen der Spezialist und der als Generalist geforderte Manager Schnittmengen, die sich mit jedem Karriereschritt verschieben. Managementthemen werden ausführlich im Buch Lebensmittelmanagement (Hamatschek, 2013) behandelt.

Lebensmitteltechnologie ist die auf wissenschaftlichen Grundlagen beruhende Herstellung von Lebensmitteln aus hauptsächlich agrarischen Rohstoffen. Der Prozess besteht aus drei Modulen: dem **Rohstoff,** der **Technologie** und dem **Endprodukt.** Der Lebensmitteltechnologe muss die Spezifikation seiner eingesetzten Roh-, Zusatz- und Hilfsstoffe exakt kennen, dazu die des Endprodukts. Dabei greift er hauptsächlich auf Prinzipien der Naturwissenschaften zurück. Jedes Produkt lässt sich anhand seiner chemischen, biologischen oder physikalischen Eigenschaften beschreiben. Die Technologie ist schließlich der gesamte Prozess innerhalb der **Wertschöpfungskette** vom Rohstoff zum Endprodukt. Er besteht aus verschiedenen Grundoperationen und erfordert zur Realisierung eine maßgeschneiderte Apparate-, Maschinen- und Sensor-Messtechnik.

Der Begriff Technologie beschreibt die Lösungsprinzipien, die Produkten oder Verfahren zugrunde liegen. Beispiele sind die Prinzipien der Schwerkraft oder der Spektroskopie. Basis einer Technologie sind wissenschaftliche Grundsätze und **Theorien,** die allgemein anerkannt sind. Eine Theorie ist in der Wissenschaft die höchste Stufe der Erkenntnis. Sie war in der Regel zuvor als **Hypothese** formuliert worden, d. h. als begründete Annahme oder Postulierung. Im weiteren Verlauf konnte sie weiter bestätigt und zu einer Theorie verdichtet werden.

Technik bezieht sich auf eine mögliche konkrete Umsetzung einer Problemlösung. Beispiele sind Filtersysteme oder Pressen in unterschiedlichen Ausführungen, die alle letztlich zum gewünschten Ergebnis führen können.

Jede Technik führt eine oder mehrere **Grundoperationen** aus, die in der Summe das gewünschte Endprodukt ergeben. Grundoperationen gibt es aus den Bereichen der Mikrobio-

Abb. 1.2
Das Grundprinzip des lebensmitteltechnologischen Vorgehens

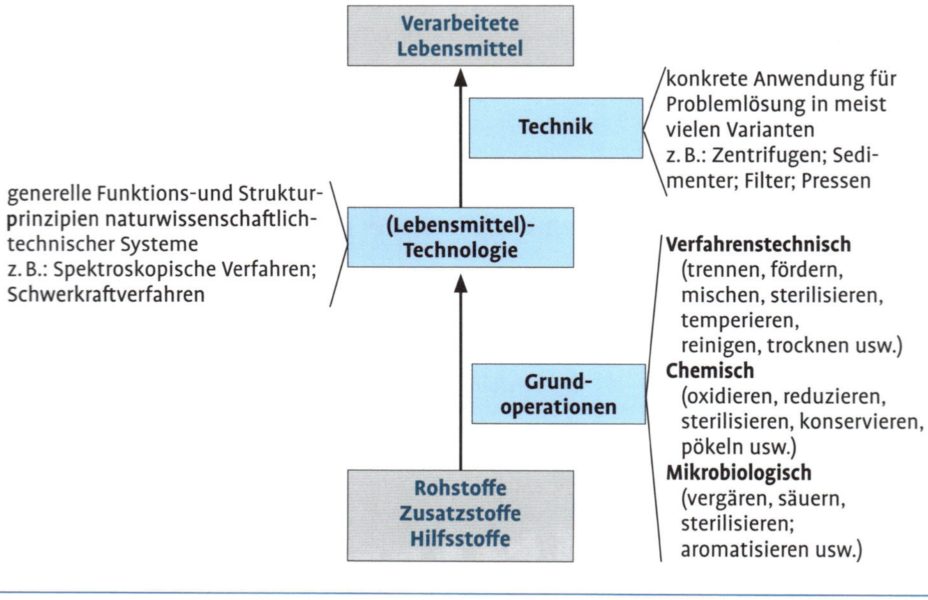

logie, der Chemie oder der Verfahrenstechnik zahlreiche. Abbildung 1.2 erläutert die Definitionen im Zusammenhang. Tabelle 1.1 zeigt die wichtigsten Grundoperationen und ihre Varianten bei der Herstellung von unterschiedlichen Lebensmitteln. Die wichtigsten Grundoperationen wie Filtrieren oder Erhitzen werden in Kap. 6 erläutert, da sie bei mehreren Produkten eingesetzt werden. Spezifischere Verfahren wie Conchieren, Rösten oder Extrudieren finden sich in den produktbezogenen Abschnitten von Kap. 7 und 8.

Die Vielfalt der Lebensmitteltechnologie spiegelt sich auch in der Anzahl von **Fachmessen** in

Tab. 1.1
Zusammenstellung wichtiger Grundoperationen und Verfahrensvarianten in der Lebensmitteltechnologie.

Verfahrensschritt als Grundoperation	Verfahrensvariante	Beispiele aus der Lebensmittelproduktion
mechanisches Trennen		
fest-flüssig, flüssig-flüssig	Sedimentation	Wein, Bier, Saft, Zuckerlösung
	Flotation	Saft, Abwasser
	Zentrifugation, fest-flüssig	Hefe, Stärke, Saft, Wein, Bier, Molke,
	Zentrifugation, flüssig-flüssig	Milch, Molke, Speiseöle
	Hydozyklon	Saft, Stärke
	läutern	Bierwürze
	Anschwemmfiltration	Saft, Bier, Wein, Zucker, Speiseöle
	Filterpressen	Saft, Zucker, Speiseöle
	Schichtenfiltration	Saft, Wein, Bier
	Modultiefenfiltration	Wein, Bier
	Membranfiltration, statisch	Wein, Bier
	Membranfiltration, dynamisch (CMF, UF)	Saft, Wein, Bier, Frischkäse, Molke, Milch
	Diffusionsfiltration (NF, RO, Pervaporation)	Wein, Bier, Wasser
	Dialyse, Elektrodialyse	Wein, Wasser
	waschen	Obst, Kartoffeln, Rüben, Wurzelgemüse
	passieren	Obst
mechanisches Trennen		
fest-fest	entkernen, entsteinen, entstielen	Obst (Kirschen, Trauben, Pflaumen)
	schälen	Kartoffeln, Karotten
	enthäuten	Nutztiere
	ausbeinen	Nutztiere
	Federn/Haare abtrennen	Geflügel
	sortieren (nach physikalischen Eigenschaften)	
	klassieren (nach Korngröße)	Getreide
	ausschleusen, mechanisch oder magnetisch	Getreide, Gemüse, Obst, Pilze
	windsichten	Getreide

Tab. 1.1 (Fortsetzung)
Zusammenstellung wichtiger Grundoperationen und Verfahrensvarianten in der Lebensmitteltechnologie.

Verfahrensschritt als Grundoperation	Verfahrensvariante	Beispiele aus der Lebensmittelproduktion
	mechanisches Trennen	
fest-gasförmig	Entstaubung	Getreide, Braumalz
	entschäumen, Schaumbrechung	Wein, Hefeerzeugung
zerkleinern, desintegrieren		
mechanisch	mahlen	Getreide, Obst
	homogenisieren/ultrahomogenisieren	Milch, Smoothies
	ultraschallschneiden	Gemüse
	wasserstrahlschneiden	
	kuttern, wolfen	Fleisch, Wurst
enzymatisch	Handelsenzyme	Früchte
Stoffvereinigung, dosieren		
flüssig-flüssig, flüssig-fest, fest-fest, flüssig-gasförmig	rühren von Flüssigkeiten	Getränke
	kneten	Teig
	mischen von Feststoffen	Mehl, Nussmischungen
	emulgieren (Flüssig-Flüssig-Verteilung)	Süßwaren-Füllungen, Speiseöl-Emulsionen
	Agglomerierung (Brikettierung, tablettieren)	Fertigsuppen, Gewürze
	suspendieren (Fest-Flüssig-Verteilung)	
	Schaumbildung (flüssig-gasförmig)	Sahne, Teig, Schaummassen, Karamell
thermische Trennverfahren		
fest-flüssig	abdampfen	
	trocknen	Getreide
	Kristallisation	
	gefriertrocknen (Sublimationstrocknen)	Mikroorganismen
flüssig-flüssig	Destillation	Spirituosen
	Rektifikation	
	Kristallisation	Zucker

Tab. 1.1 (Fortsetzung)
Zusammenstellung wichtiger Grundoperationen und Verfahrensvarianten in der Lebensmitteltechnologie.

Verfahrensschritt als Grundoperation	Verfahrensvariante	Beispiele aus der Lebensmittelproduktion
chemische Stoffumwandlungen		
	Flockung	Getränke
	Fällung	Zucker, Salz
	aussalzen	
	Fermentation, mikrobiell	Essig, alkoholische Getränke, Käse
	Fermentation, enzymatisch	Getränke, Frischkäse
	adsorbieren	
	kristallisieren, umkristallisieren	Zucker, Salz
	Ionenaustausch	Zucker
	extrahieren, wässrig oder mit Lösungsmittel	Eiweiße, Zucker, Speiseöl
	rösten	Kaffeebohnen
Haltbarmachung		
thermisch	Pasteurisation	Saft, Wein, Bier, Milch
	Sterilisation, Ultrahocherhitzung	Milch
	trocknen/gefriertrocknen	Früchte
	Ohm'sche Erhitzung	
	kühlen, Kühlkette	Molkereiprodukte, Frischprodukte
	blanchieren	Gemüse
	kochen räuchern	Eier Fleischwaren, Fisch
physikalisch	gepulste elektrische Felder	
	hydrostatischer Hochdruck	
	Sterilfiltration	Getränke, Wasser
	Sauerstoffentzug	
	Kohlenstoffdioxid	Traubensaft (Süßreserve)
	Bestrahlung	Gewürze
	Mikrowellentrocknung	
	osmotischer H_2O-Entzug	
	Säuerung	Sauerkraut, Essig
	CA-Lagerung	Obst
	Phasenumwandlung	Butter

Tab. 1.1 (Fortsetzung)
Zusammenstellung wichtiger Grundoperationen und Verfahrensvarianten in der Lebensmitteltechnologie.

Verfahrensschritt als Grundoperation	Verfahrensvariante	Beispiele aus der Lebensmittelproduktion
physikalisch	Schutzgasatmosphäre	verpackte Frischwaren
	eindicken (Geliermittel)	Marmelade, Gelee
	entbluten	Fleisch
chemisch	Konservierungsmittel (SO_2, Sorbinsäure, Alkohol, Räuchern, Pökeln)	Getränke, Spirituosen, Fleisch, Wurst
mikrobiologisch	mikrobielle Stoffumwandlung, Artendominanz	alkoholische Getränke, Sauerkraut, Essig
	Oxidasen in Verpackung	O_2-empfindliche Produkte
Spezialverfahren		
	instantisieren	Teepulver, Kaffeepulver
	conchieren	Schokolade
	granulieren, pelletieren	
	Verkapselung/Mikroverkapselung	
	Extrusion	Gebäck
	frittieren	Pommes
	imprägnieren	
	koagulieren	
	schmelzen	Schmelzkäse
	carbonisieren Coating toasten	Getränke Holzfässer

Deutschland wider. Leitmesse mit dem größten Spektrum und über 1307 Ausstellern im Jahr 2024 ist die ANUGA FoodTec, die alle drei Jahre in Köln stattfindet. In den einzelnen Hallen finden sich jeweils Themenschwerpunkte, die im Buch aufgegriffen werden. Der Schwerpunkt liegt auf Prozesstechnik und Rohstoff, nachfolgend fett gedruckt:

- **Prozesstechnik**
- Verpackung, Verpackungstechnik (inklusive Abfülltechnik)
- **Automation,** Datenverarbeitung, **Steuer- und Regeltechnik**
- **Lebensmittelsicherheit, Qualitätsmanagement**
- Betriebsmittel, Umwelttechnik, Biotechnologie
- Klima- und Kältetechnik
- Förder-, Transport- und Lagereinrichtungen, Logistik
- **technologische Hilfsstoffe, Ingredients (Zutaten)**
- **Bauteile, Baugruppen, Oberflächentechnik, Zubehör**
- Dienstleister, Organisationen, Verlage

Getränkemessen sind die jährlich stattfindende BRAU in Nürnberg oder die DrinctecInterbrau, die alle vier Jahre in München gastiert. Die Schüttguttechnologie wird durch die powtech in Nürnberg repräsentiert, der große Bereich der Abfüllung und Verpackung alle drei Jahre durch die Interpack in Düsseldorf. Als spezielle Fleischtechnologie-Messe ist die IFFA etabliert, die alle vier Jahre in Frankfurt abgehalten wird. Daneben sind für Lebensmitteltechnologen Messen von Interesse, die sich mit Hygiene, Analytik oder anderen Spezialthemen wie „Food Ingredients“ beschäftigen.

1.2 Die Lebensmitteltechnologie als Teil der „Food Value Chain“

Die Lebensmittelverarbeitung ist nur ein Teilstück des gesamten Weges „vom Acker zum Verbraucher“ („from Farm to Fork“), der in der Literatur als „Food Value Chain“ oder Agribusiness bezeichnet wird und aus sieben Stufen besteht (Strecker et al., 2010). Die ersten drei Stufen betreffen die Produktionsbereiche der Landwirtschaft (z. B. Ackerbau, Weinbau, Viehhaltung, Aquakultur), dazu die vorgelagerten Bereiche der Landtechnik, Saatgut-, Futter- und Düngemittelproduktion bzw. die nachgelagerten Bereiche der Erfassungs- und Großhandelsstufe. Stufe sechs enthält die Sektoren des Lebensmittelhandels, d. h. des Lebensmitteleinzelhandels, des stationären Lebensmittelgroßhandels, des Lebensmittelzustellgroßhandels, der Exporteure und der Importeure. In Stufe sieben werden die Sektoren der Lebensmittelzubereitung durch Großverbraucher erfasst: Gastronomie, Systemgastronomie und Hotellerie, Gemeinschaftsverpflegung (Betriebe, Krankenhäuser, Schulen etc.), Dienstleistungsunternehmen (z. B. Catering). Abbildung 1.3 zeigt die Wertschöpfungskette grafisch im Zusammenhang (nach Berghofer 2015).

Die beiden Stufen vier und fünf sind diejenigen der Lebensmittelverarbeitung, mit denen sich dieses Buch beschäftigt. Es ist der Weg von der **Rohware** zur **Tafelware**, die üblicherweise nach einer küchentechnischen Zubereitung verzehrt werden kann. In der modernen Lebensmitteltechnologie ist die Trennung nicht immer eindeutig, vielfach gehen die beiden Stufen ineinander über. Es gehören zu den beiden Stufen:

- Sektoren der 1. Verarbeitungsstufe (Verarbeitung des landwirtschaftlichen Rohprodukts): Getreide- und Mahlmühlen, Schälmühlen, Ölmühlen, Schlachthöfe und Zerlegebetriebe, Stärkeverarbeitung, Kellereien, Obst- und Gemüseverarbeitung, Eiprodukte,

Abb. 1.3
Die Lebensmittelwirtschaft entlang der gesamten Lebensmittelkette
(Alternative Namen: Agribusiness, Wertschöpfungskette, from farm to fork, food chain)

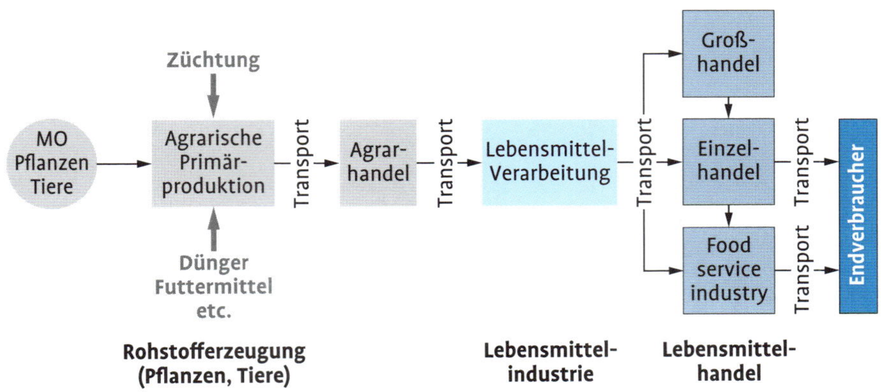

Fischverarbeitung, Zuckerfabriken, Mälzereien, Gewürzwerke.

- Sektoren der 2. Verarbeitungsstufe (Veredlung von Rohprodukten): Brot und Backwaren, Bäckerhandwerk, Nährmittel und Teigwaren, Fleischwaren, Fleischerhandwerk, Süßwaren, Essig, Molkereien, alkoholfreie Getränke, alkoholische Getränke, sonstige Verarbeitungsprodukte und Fertiggerichte in unterschiedlichen Produktions- und Erscheinungsformen.

Das Leben auf der Erde ist abhängig von der Strahlungsenergie der Sonne. Sie erlaubt den Pflanzen über die Fotosynthese die Umwandlung von CO_2 in den C_6-Körper Zucker und letztlich in alle nötigen Struktur- und Funktionsmoleküle zum Aufbau pflanzlicher Biomasse. Diese Biomasse dient Tieren und Mikroorganismen als Energielieferant. Pflanzenfresser ihrerseits sind die Futterbasis von Fleischfressern. Homo sapiens bedient sich als Omnivore aus tierischen und pflanzlichen Quellen. Bereits vor Jahrtausenden ist es ihm zudem gelungen, sich den Stoffwechsel von Mikroorganismen zunutze zu machen. Abbildung 1.4 zeigt diese Zusammenhänge von der **landwirtschaftlichen Urproduktion** bis zum zubereiteten Endprodukt.

Der Gesetzgeber geht bei der 1. Verarbeitungsstufe der landwirtschaftlichen Urprodukte davon aus, dass es sich anschließend weiterhin um ein unbehandeltes Lebensmittel handelt (VO EG 1333). Unbehandelt sind „Lebensmittel, die keiner Behandlung unterzogen worden sind, die zu einer substanziellen Änderung des ursprünglichen Zustands der Lebensmittel führt; eine substanzielle Änderung liegt insbesondere nicht vor, wenn die Lebensmittel geteilt, ausgelöst, getrennt, ausgebeint, fein zerkleinert, enthäutet, geschält, gemahlen, geschnitten, gesäubert, garniert, tiefgefroren, gefroren, gekühlt, geschliffen oder enthülst, verpackt oder ausgepackt worden sind“. Nach dieser Definition gehören Zerlegebetriebe, Ölmühlen, Pressstationen für Obst und Gemüse oder Betriebe der Fischverarbeitung trotz eines teilweise hohen technologischen Aufwands zur Verarbeitungs-

Abb. 1.4
Von der landwirtschaftlichen Urproduktion zum verzehrfähigen Lebensmittel

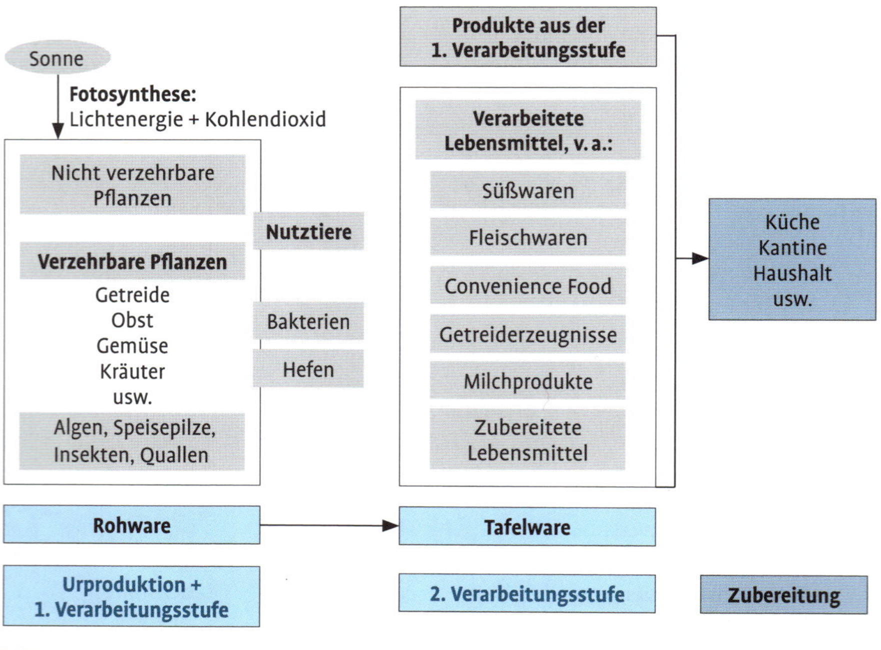

stufe 1. Fleisch, Fisch, Trinkmilch oder Gemüse aus dieser Stufe sind direkt verzehrbar oder können beispielsweise durch einfaches Erhitzen verzehrbar gemacht werden. Derartige **Frischprodukte** sind definitionsgemäß weder stabilisiert noch haltbar gemacht worden. Sie erfordern meist eine durchgängige Kühlkette, ihre Haltbarkeit ist begrenzt.

In einer entwickelten, arbeitsteiligen und hochgradig urbanen Gesellschaft sind die landwirtschaftlichen Urprodukte und/oder das Lebensmittel aus der 1. Verarbeitungsstufe üblicherweise der Rohstoff für die 2. Stufe. Dort werden Lebensmittel produziert, die auch unter widrigen Bedingungen längere Zeit stabil und haltbar sind. Aus Milch entstehen Käse oder Butter, Pflanzenöle werden raffiniert, Traubensaft wird zu Wein vergoren, oder aus Muskelfleisch entsteht Schinken. Der technologische Aufwand dafür kann beträchtlich ansteigen und die Verwendung von Zusatzstoffen aller Art erfordern. Die beiden Produktionsstufen können in einem Betrieb sequenziell durchgeführt werden, z. B. in Molkereien, oder getrennt in verschiedenen Betrieben, z. B. Ölmühlen, die ihr Produkt zur Veredlung an Raffinerien abgeben.

Die **Wertschöpfungskette** bis hin zum Verbraucher ist geprägt durch eine zunehmende Wertsteigerung im Verlauf des Verarbeitungs- und Distributionsprozesses. Unabhängig von den naturwissenschaftlich-technischen Grundoperationen lässt sich der Wertschöpfungsprozess auch produktorientiert darstellen (Abb. 1.5). Nur wenige Lebensmittel, z. B. Obst oder Gemüse, sind direkt verzehrbar. In den meisten Fällen müssen die wertgebenden Inhaltsstoffe erst zugänglich bzw. verzehrbar gemacht werden. Dazu gehören z. B. die Kohlenhydrate des Getreides, der Kartoffel oder von Reis, aber auch der Saft aus der Traube oder der Karotte. Muskelfleisch ist nach dem Ausbeinen zwar zugänglich, aber praktisch nicht verzehrbar. Der leichte Verderb von Lebensmitteln zwingt zur **Haltbarmachung**, im Fall der Milch zusätzlich zur **Stabilisierung** gegen Aufrahmen oder bei Wein gegen Nachtrübungen.

Die moderne Lebensmittelindustrie steigert den Wert der bisher gewonnenen Produkte

Abb. 1.5
Die industrielle Wertschöpfungskette im Vergleich mit der vorindustriellen

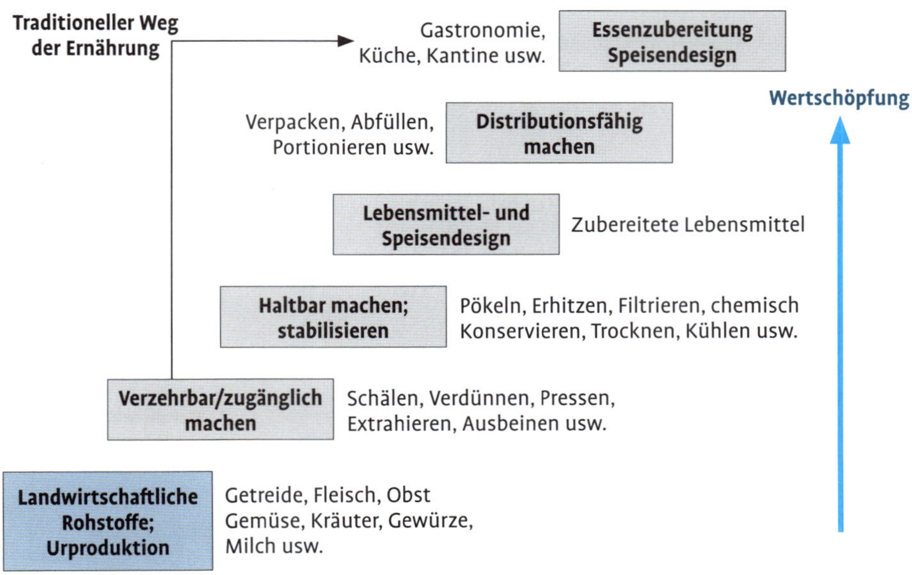

weiter durch Veredlung der zuzubereitenden Lebensmittel. Diese finden sich als abgepackte Ware im Einzelhandel und erlauben eine rasche und meist einfache Essenzubereitung in jeder Art von Küche. Damit werden dem „Convenience"-Bedürfnis zahlreicher Verbraucher und der Urbanisierung mit teilweise komplexer Logistik Rechnung getragen. Der historische, direkte und kurze Weg der unmittelbaren Zubereitung von Rohstoffen ist in weiten Teilen nicht nur in der deutschen Gesellschaft durch die Zubereitung von Fertigprodukten ersetzt werden. Sie machen in der westlichen Ernährung einen Anteil von mehr als 60 % aus, in den USA sogar 70 %. Der Verzehr sogenannter ultra-verarbeiterer Lebensmittel wird zunehmend von Medizinern und Ernährungswissenschaftlern kritisch gesehen. Mangel an Ballaststoffen und eine hohe Energiedichte in Verbindung mit zahlreichen Zusatzstoffen sollen eine Vielzahl von Krankheiten begünstigen. An erster Stelle Adipositas, aber auch Herz-Kreislauf-Erkrankungen.

Lebensmittelproduzierende Betriebe sind entweder Handwerksunternehmen oder Industriebetriebe. Während Fleischer, Bäcker oder Konditoren über persönlichen Kundenkontakt verfügen, vermarktet die Industrie ohne direkten Bezug zum Endverbraucher über den Handel oder andere größere Abnehmer. Die Abgrenzung von Industrie und Handwerk ist unscharf. Man unterscheidet handwerkliche und industrielle Unternehmen weniger nach den Herstellungsverfahren als nach der Mitarbeiteranzahl. In der Lebensmittelwirtschaft erfasst die amtliche deutsche Statistik Betriebe des produzierenden Gewerbes ab einer Größe von 20 Beschäftigten. Die sich daraus ergebende Zahl an Betrieben wird in der Regel mit der Zahl der Industriebetriebe gleichgesetzt. Im Handwerk richtet sich die Zugehörigkeit nach der Zugehörigkeit zu Innungen, Kammern etc. und nicht nach der Betriebsgröße. In der Systematik der Handwerksorganisationen kann es auch größere Handwerksbetriebe geben.

Die Lebensmittelindustrie in Deutschland ist eine Industrie des Mittelstands mit einigen global agierenden Leuchttürmen der Großindustrie wie Nestle, Unilever, Vion oder Kraft Foods. Mit Umsätzen über einer Milliarde Euro

Abb. 1.6
Der Absatz von Lebensmitteln

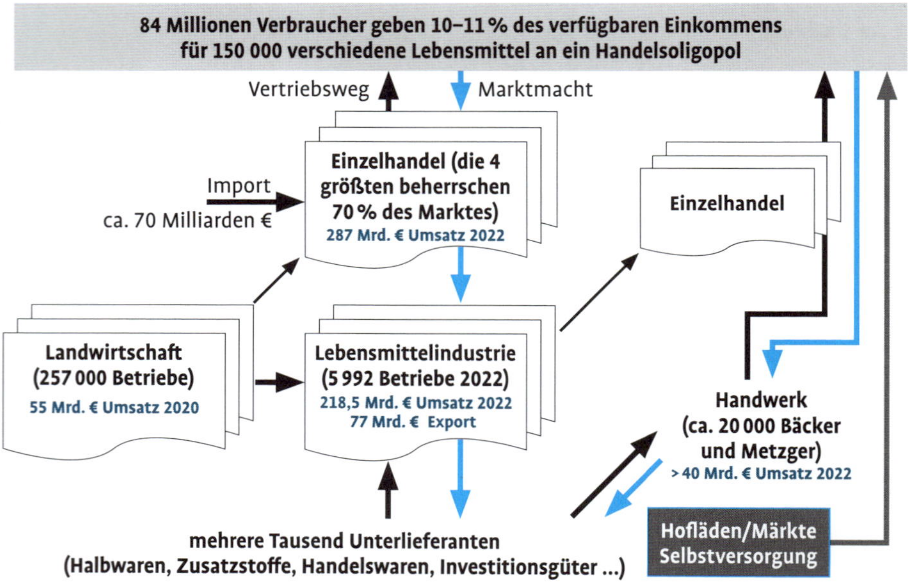

gehören aber auch Tönnies, Westfleisch oder Stute in das Konzert der Großen. In knapp 6000 Betrieben arbeiten mehr als 636 000 Menschen, die 2022 einen Umsatz in Höhe von 218 Milliarden Euro erwirtschafteten. Damit ist dieser Unternehmensbereich der viertgrößte Industriezweig in Deutschland (Abb. 1.6).
Abbildung 1.7 schlüsselt die Umsätze der Betriebe der Lebensmittelindustrie nach Branchen für das Jahr 2022 auf. Mit fast einem Viertel dominierte die Fleischwirtschaft vor den Molkereiprodukten und Backwaren. Die größten drei Branchen stehen für knapp 50 % des Gesamtumsatzes. Deren Technologien werden deshalb schwerpunktmäßig behandelt. Waren im Wert von über 77 Milliarden Euro gingen in den Export, wobei auch dabei die Fleischwirtschaft dominierte, gefolgt von der milchverarbeitenden Industrie (Jahresbericht 2023 der Bundesvereinigung der Ernährungsindustrie, BVE).
Die rund 6000 Betriebe der Lebensmittelindustrie liefern ihre Produkte überwiegend an den Lebensmittelhandel, ein oligopolartiges System, in dem die vier größten Unternehmen über 70 % des Markts abdecken. Entsprechend hart ist der Wettbewerb für die Zulieferer. Sie sind ständig bemüht, diesem Druck über vermeintliche oder echte Innovationen auszuweichen. Der Handel seinerseits mahnt Innovationen regelmäßig an (Lebensmittel Zeitung, 2013). Handwerk und Industrie wiederum werden beliefert durch Tausende von Lieferanten für Roh-, Hilfs- oder Zusatzstoffe. Daneben existiert insbesondere in Deutschland eine schlagkräftige Investitionsgüterindustrie, die die Lebensmittelunternehmen baulich und technisch ausrüstet.
Handwerksbetriebe sind üblicherweise Kleinbetriebe, die aber mit denselben Grundoperationen arbeiten wie die Industrie. Auch zahlreiche Industriebetriebe sind eher den Kleinunternehmen zuzuordnen. Die grundlegenden Unterschiede zum Großbetrieb liegen in der Durchsatzmenge und der Maschinentechnik. Operieren Großbetriebe mit High-Tech-Maschinen, die hohe Investitionskosten und eine Bedienung durch Spezialisten erfordern, arbeiten kleinere Betriebe viel aufwendiger eher mit „Right Tech" und Generalisten als Bedienungs-

Abb. 1.7
Anteile der Branchen am Umsatz der Ernährungsindustrie 2022 (BVE Jahresbericht 2023)

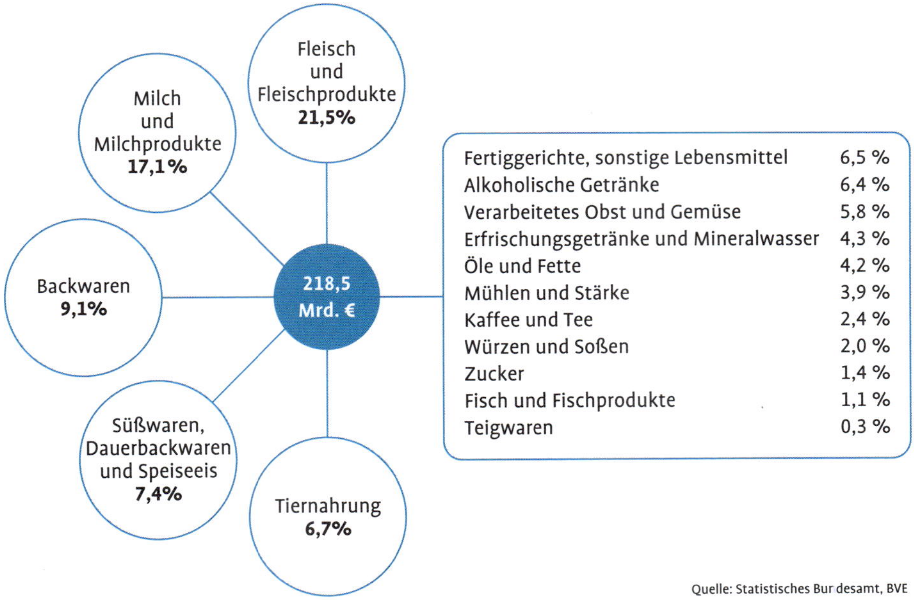

Quelle: Statistisches Bundesamt, BVE

Tab. 1.2
Technologische Unterschiede zwischen Groß- und Kleinbetrieben.

Großbetrieb	Kleinbetrieb
große Kapazitäten, hohe Stundenleistungen	niedrige Leistungen
Primat der Kostenbeherrschung, „Economy of Scales“, niedrige spezifische Kosten	Primat der Arbeitsbewältigung, hohe spezifische Kosten
Energie- und Ressourcenverbrauch hoch, aber spezifisch niedrig	Energie- und Ressourcenverbrauch niedrig, aber spezifisch hoch
Bedienung durch Spezialisten	Bedienung durch Generalisten
Investition: hoch, aber spezifisch niedrig	Investition: niedrig, aber spezifisch hoch
Serviceaufwand: hoch	Serviceaufwand: niedrig „Minimal Processing“
Kette mehrerer Prozessstufen, Automatisierung	
hohe Maschinenauslastung	niedrige Maschinenauslastung
Anlagen stationär, zentralisiert	mobile Anlagen
Hightech/Prozessoptimierung/Abteilungen	Right Tech/Einzelschritte
ISO-IFS usw. Zertifizierungen zwingend	Zertifizierung freiwillig
Managementdenkweise Pflicht	Managementdenkweise empfehlenswert

personal. Auch für diese ist aber die Einhaltung der gesetzlichen Vorgaben (HACCP, Hygiene, Lebensmittelsicherheit) Pflicht. Die freiwilligen Vereinbarungen einer IFS z. B. sind dort weniger verbreitet. Soweit beide Betriebsstrukturen im selben Markt konkurrieren, schlagen die deutlich höheren spezifischen Produktionskosten zuungunsten der Kleinproduktion preislich durch. Sehr unterschiedlich ausgeprägt sind die Anforderungen an das Managementwissen. Das Handwerk ist gezwungen, sich mit anderen Verkaufsargumenten als einem niedrigen Preis zu positionieren und befindet sich aufgrund der schwierigen Rahmenbedingungen in einem harten Existenzkampf, den jedes Jahr zahlreiche Unternehmen verlieren. Tabelle 1.2 vergleicht die Situation beider Betriebsstrukturen. Industriell arbeitende Unternehmen sind auch besser in der Lage, die Chancen der Globalisierung zu nutzen. Das betrifft den Export von Waren, vor allem aber die Beschaffung von Roh- und Zusatzstoffen. Diese **„Food Chain“** muss bezüglich Sicherheit, Verfügbarkeit und Effizienz aller Stoffe abgesichert werden. Dazu das Beispiel eines Herstellers von Tiefkühlpizzen: Die tägliche Produktion liegt bei 2,5 Millionen Packungen mit unterschiedlichen Pizzen. Insgesamt umfasst die **„Supply Chain“** 350 verschiedene Zutaten, die von 150 Zulieferern aus der ganzen Welt stammen (Sommer 2014). Laut Statistischem Bundesamt sind im Jahr 2021 in Deutschland fast eine Milliarde Tiefkühlpizzen verzehrt worden. Die Corona-Pandemie 2020 hat viele Unternehmen gelehrt, bei der Beschaffung nicht allein auf einen Lieferanten zu setzen und auch lokale Anbieter einzubeziehen.

1.3 Die Versorgung der Menschen mit Lebensmitteln als Hauptaufgabe der Lebensmitteltechnologie

Die Veränderungen der Lebensbedingungen in den Industrienationen haben zu einer starken Abnahme der körperlichen Aktivität geführt, vielfach ohne die Ernährung an den dadurch verringerten Energiebedarf anzupassen. Parallel mit den Veränderungen des Lebensstils und der Arbeitswelt fand ein grundlegender Wandel des Ernährungsverhaltens und der Esskultur statt. Diese Veränderungen sind sehr schnell und nur innerhalb weniger Generationen eingetreten. Gleichzeitig existiert ein großes Angebot von jederzeit verfügbaren, relativ preiswerten und schmackhaften Lebensmitteln. **Adipositas** ist zur derzeitigen Leitkrankheit geworden, viele Herz- Kreislauf-Erkrankungen oder Diabetes (als metabolisches Syndrom zusammengefasst) sind eine direkte Folge davon. Die Zahlen zeigen ein dramatisches Bild stetiger Verfettung. So sind nach gängiger **BMI-Messung** knapp 70 % aller Männer in Deutschland übergewichtig, ein Viertel mit einem Wert über 30 adipös. Bei den Frauen sind rund 50 % übergewichtig, davon ein Viertel adipös. Diese Werte sind niedriger als die der Männer, aber immer noch viel zu hoch. Weltweit gelten eine Milliarde Menschen als adipös (Mensink et al., 2013, DGE 2013).

Ein völlig anderes Bild bietet sich in zahlreichen unterentwickelten Ländern Asiens oder Afrikas. Weltweit leiden rund 800 Millionen Menschen an Unterernährung, zusätzlich bis zu zwei Milliarden an einseitiger Ernährung. Die Versorgung von prognostizierten 10 Milliarden Menschen im Jahre 2050 wird eine gesamtgesellschaftliche Herausforderung, bei der die Lebensmitteltechnologie eine wichtige Rolle spielen muss (Weingärtner und Trentmann, 2011).

1.3.1 Ernährung 3.0 und die industrielle Revolution

Mehr als 96 % der 2,4 Millionen Jahre währenden Evolution verbrachte der Mensch als Jäger und Sammler, bis er vor rund 10 000 Jahren mit der **Neolithischen Revolution** den Sprung in die Agrarwirtschaft vollzog. In der Mitte des vorletzten Jahrhunderts begann sich die dritte und vorläufig letzte Umwälzung in der menschlichen Ernährung abzuzeichnen. Zu dieser Zeit war die industrielle Revolution bereits in vollem Gange, die Bedeutung der Landwirtschaft nahm ab. Die Weltbevölkerung bewegte sich langsam auf die zweite Milliarde zu, Städte wuchsen explosionsartig. Arbeit gab es zunehmend außer Haus, die Eigenversorgung mit Lebensmitteln wurde zurückgedrängt.

Erste Betriebe der industriellen Herstellung von Lebensmitteln erschienen am Markt, Firmen wie Maggi und Dr. Oetker begannen ihre Erfolgsgeschichte. Die **Vermassung** erzwang eine Industrie, die Lebensmittel in großem Stil zu erzeugen vermochte und über eine ausgeklügelte weitverzweigte Logistik verfügte. Die **Globalisierung** bedeutet für die Ernährung die nahezu unbegrenzte Verfügbarkeit aller irgendwo auf der Welt erzeugten Lebensmittel oder Rohstoffe praktisch in Ernte-Echtzeit. Die zeitlich parallel verlaufende weitere **Industrialisierung** ihrerseits schaffte die Voraussetzung, durch noch intensivere Massenproduktion und Einsatz aller verfügbaren Rohstoffe eine kaum noch überschaubare Vielfalt an kostengünstigen und haltbaren Lebensmitteln zu erzeugen. Moderne Supermärkte bieten bis zu 60 000 verschiedene Produkte an.

Zurzeit leben etwa 50 % aller Menschen in Städten, im Jahre 2050 geht die Forschung von bis zu 80 % aus. Bei einem Bedarf von etwa 2000 kcal/Kopf und Tag muss Berlin mit 3,7 Millionen Einwohnern täglich mit 7,4 Milliarden Kilokalorien versorgt werden, die 21-Millionen-Metropole Sao Paolo benötigt rechnerisch sogar 42 Milliarden. Eine landwirtschaftliche Produktion innerhalb der Stadtgrenzen findet kaum statt, die Lebensmittel müssen vollumfänglich aus dem Umland kommen. Je länger diese ohne aufwendige Kühlkette haltbar sind, desto einfacher gestaltet sich die Logistik. Die Versorgung mit frischen, regional erzeugten Lebensmitteln kommt aufgrund der großen Zahlen an ihre Grenzen. Die Menschen sind auf eine effiziente Lebensmittelindustrie und eine globale Belieferung angewiesen. Kapitel 9 beschäftigt sich ausführlich mit diesen Aspekten der Lebensmitteltechnologie.

1.3.2 Energiegewinnung aus der Nahrung

Wie jedes technische System, das Arbeit verrichtet, muss auch der Mensch Kraftstoff aufnehmen. Von effizienten Maschinen unterscheidet ihn die Tatsache, dass er schon im Stand-by-Modus eine große Energiemenge benötigt. Er verbraucht viel Kraftstoff allein, um auch in völliger Ruhe Körperfunktionen wie Atmung, Herzschlag oder Stoffwechsel aufrechtzuerhalten. Der dazu nötige Energiebedarf wird **Grundumsatz** genannt und ist eine individuelle, von vielen Parametern abhängige Variable. Wird zusätzlich Arbeit verrichtet wie Rad fahren, Laufen, Muskelarbeit generell bzw. durch eine geistige Tätigkeit, ist über den Grundumsatz hinausgehende Energie nötig: der **Leistungszuwachs.** Diese Größe ist eine Funktion der verrichteten Arbeit. Wo der Durchschnittsbürger am Tag zusätzlich 800 Kilokalorien benötigt, haben Tour-de-France-Fahrer bis zu 7000 und Marathon-Läufer etwa 3000 Kilokalorien extra bereitzustellen.

Für sein System aus Grundumsatz und Leistungszuwachs benötigt der Mensch eine Fülle von **Makro- und Mikronährstoffen,** die er durch die Nahrung aufzunehmen hat. Im hohen Grammbereich erforderlich sind die Grundbausteine der Ernährung: **Kohlenhydrate** (ca. 4,3 kcal Energieinhalt/g), **Proteine** (ca. 4,3 kcal/g) und **Fette** (ca. 9,3 kcal/g). Der Körper ist auf die Energieinhalte der Fette, Proteine und Kohlenhydrate angewiesen, die er in Form von Fleisch, Wurst, Käse, Gemüse oder Obst zu sich nimmt. Er muss sie dafür aber in einer für den Körper verwertbaren Form zuführen oder dazu selber umwandeln.

Verdauung ist letztendlich der Aufschluss komplexer Lebensmittel in ihre chemischen Grundbausteine. Bei Kohlenhydraten entstehen aus Polysacchariden wie Pektin oder Stärke die Einfachzucker Glukose, Fruktose oder Galaktose. Proteine bestehen aus 20 verschiedenen Aminosäuren und liegen im Körper als Gerüst- oder Funktionseiweiß in komplexen Strukturformen vor. Die verdrillte und oft mit anderen Verbindungen verwobene Quartärstruktur muss letztlich in mehreren Schritten bis zur Stufe der einzelnen Aminosäuren abgebaut werden. Fette bestehen aus Glyzerin mit jeweils drei Fettsäuren, die ihrerseits in ihre Bestandteile hydrolysiert werden müssen. Nur die Monomere, d. h. vergleichsweise kleine Moleküle, kann der Körper verwerten und aus den Verdauungsorganen ins Blut und über den Blutkreislauf zu den nachfragenden Organen bringen. **Ballaststoffe** wie nicht geschroteter Leinsamen oder ganze Sonnenblumenkerne sind weitgehend unverdaulich und verlassen den Darm kaum verändert. Eiweiße werden in der Muskulatur hauptsächlich als Muskelfasern, aber auch als Aminosäuren gespeichert. Fettsäuren finden sich in großem Umfang im Fettgewebe. Für den Aufbau von Zellwänden werden nur vergleichsweise geringe Mengen benötigt. Der Rest verbleibt als Leistungsreserve im Körper, isoliert ihn als Unterhautfettgewebe oder puffert Organe gegen Stöße ab. Schlanke Menschen können einen Fettgehalt von unter 10 % erreichen, stark übergewichtige Menschen einen von weit über 50 %.

Tabelle 1.3 vergleicht den Wirkungsgrad von Lebensmitteln in Abhängigkeit ihres physikalisch-chemischen Zustands. Rohe Lebensmittel, soweit überhaupt vom Menschen zu verwerten, benötigen viel Aufwand für die Verdauung, ihre Energieausbeute ist vergleichsweise niedrig. Die Verarbeitung erhöht die **Verdaulichkeit** beträchtlich, die Energieausbeute steigt dadurch. Noch höher ist der Wirkungsgrad bei vielen industriell behandelten Lebensmitteln. Die ersten Schritte der menschlichen Verdauung haben bereits während der Herstellung stattgefunden, die Inhaltsstoffe können oft ohne weitere Arbeit des Körpers bereits im ersten Abschnitt des Dünndarms direkt in die Blutbahn überführt werden. „Fast Food“ ist meist ballaststofffrei

Tab. 1.3
Energieeffizienz von Lebensmitteln in Abhängigkeit von ihrem physikalisch-chemischen Zustand (Hamatschek, 2013).

	originär, roh, energiearm	originär, erhitzt	raffiniert, erhitzt, hohe Energiedichte
Verdaulichkeit	+	++	+++
Nettobrennwert	niedrig	mittel	hoch
Aufwand für Verdauung	+++	++	+
Wirkungsgrad	+	++	+++
Beispiele:			
Mehl	unverdaulich	Vollkorn, 70 % Aufnahme	ausgemahlen, 100 % Aufnahme
Fleisch	unverdaulich	braten	Brät
Obst, Gemüse	roh	Püree	Saft
Kartoffel/Reis	unverdaulich	gekocht	Sirup
Zuckerrohr	unverdaulich	gekocht	Sirup
Fastfood	-	-	z. B. Hamburger
Süßigkeiten	-	-	z. B. Pralinen

und quasi schon „halb verdaut". Der hauptsächliche Verzehr industriell zubereiteter Lebensmittel mit ihrem leicht verwertbaren, oft sehr hohen Energieinhalt spielt sicherlich eine nicht unwesentliche Rolle bei der Gewichtszunahme vieler Menschen. Gleiches wird für den Verzehr von Süßwaren gelten, die aufgrund eines hohen Anteils Einfachzucker ein gewichtiger und sehr leicht verdaulicher Energielieferant sind. Der Verzehr liegt in Deutschland bei rund 33 kg/Kopf und Jahr, also bei 90 g/Tag. Rechnerisch entspricht diese Menge etwa einem Viertel des täglichen Kalorienbedarfs.

Neben den eigentlichen Nährstoffen müssen zahlreiche weitere lebensnotwendige Substanzen im niedrigen Gramm- oder Milligramm-Bereich zugeführt werden, weil sie der menschliche Organismus nicht selber aus Wasser, Kohlenhydraten, Fetten oder Aminosäuren synthetisieren kann. Dazu gehören einige Fettsäuren, Mineralstoffe, Vitamine und zehn der 20 Aminosäuren als Bausteine für die vielen Hundert verschiedenen Proteine. Insgesamt ist der menschliche Organismus auf 47 Substanzen angewiesen, die er mit der Nahrung zwingend zuführen muss. Weitere 13 **essenzielle Verbindungen** stellen Sonderfälle dar oder sind in ihrer Bedeutung für den Menschen noch umstritten. Tabelle 1.4 listet die für den Menschen essenziellen Nährstoffe auf.

Zwei der Aminosäuren sind nur für Kinder essenziell, die Vitamine Niacin bzw. Calcitrol können in Abhängigkeit von der Sonnenexposition bzw. bei ausreichender Versorgung mit der Aminosäure Tryptophan im Körper synthetisiert werden. Die erforderliche tägliche Zufuhr richtet sich nach dem Verbrauch und ist individuell verschieden. Zufuhrempfehlungen gibt es z. B. von der Deutschen Gesellschaft für Ernährung (DGE), der „Europeen Food Safety Autority" (EFSA) oder der Weltgesundheitsorganisation (WHO). Defizite bei einzelnen Verbindungen führen zu körperlichen Beeinträchtigungen und können langfristig zu ernsthaften Problemen bis zum Tode führen. Die bekannteste Mangelkrankheit dürfte Skorbut sein (Fehlen von **Vitamin C**) und Rachitis als Folge eines **Vitamin-D-Mangels.** Zum Glück verfügt der Körper des Menschen über Speichersysteme für praktisch alle lebensnotwendigen

Tab. 1.4
Essentielle Mineralstoffe, Aminosäuren, Fettsäuren und Vitamine und ihre Funktion im Körper.

Mineralien und Spurenelemente (22)	
Calcium:	Wachstum und Neubildung von Knochen und Zähnen
Eisen:	Transport von Sauerstoff, Energiegewinnung
Kalium:	Übertragung elektrischer Impulse an Nerven und Muskelzellen
Magnesium:	Entzündungshemmend, Krampflösend, Stresssalz
Natrium:	Elektrisches Zellpotenzial für Nervenleitung, Herzrhythmus
Kupfer:	Abwehrsystem, Wundheilung, Aufbau Knochen, Haut, Haare
Chlorid:	Magensäure, osmotischer Druck
Chrom:	starkes Oxidationsmittel, wirkt bei erhöhtem Blutzucker
Jod:	wichtig für Schilddrüsenhormone und für den Stoffwechsel
Mangan:	wichtig für alle Körperzellen
Molybdän:	wichtig für Eisen-, Enzym- und Harnstoffwechsel
Selen:	vielfältig nötig, u. a. für die Schilddrüse
Zink:	wichtig für Haut, Immunsystem, Eiweißstoffwechsel und Enzyme
Nickel:	Baustein für Eiweiße und für Eisenaufnahme entscheidend
Lithium:	Gehirnstoffwechsel, Stimmungslage
Kobalt:	Bestandteil von B_{12} und B_9
Fluorid:	wichtig für den Stoffwechsel
Silizium:	regeneriert Knochengewebe, Haut und Haare
Rubidium:	wichtig bei der Schwangerschaft und im zentralen Nervensystem
Vanadium:	für Mineralisation der Knochen, reguliert Zuckerstoffwechsel
Phosphor:	Aufbau der Zellwände und für die Erbsubstanz mitverantwortlich
Schwefel:	Aufbau von Nägeln, Haaren und Haut, Entgiftung
Fettsäuren (2)	
EPA und DHA (Omega3):	Bauen Zellmembranen auf, Vorläufer von Botenstoffen, Hormonaufbau, entzündungshemmend
Vitamine (13)	
Vitamin A:	Augen, Schleimhäute, Haut
Vitamin B_1:	Nervensystem, Kohlenhydratstoffwechsel
Vitamin B_2:	Haut, Schleimhäute, Fett-, Eiweiß- und Kohlenhydratstoffwechsel
Vitamin B_3:	Herz, Nervensystem, Kohlenhydrat- und Fettstoffwechsel
Vitamin B_5:	Haut, Schleimhäute, Abwehr, Haarwachstum
Vitamin B_6:	Nervensystem, Eiweißstoffwechsel
Vitamin B_7:	Fett- und Kohlenhydratstoffwechsel, Haut, Haare, Fingernägel
Vitamin B_9:	Blutbildung, Wachstum, Gefäße
Vitamin B_{12}:	Blutbildung, Nahrungsaufnahme
Vitamin C:	Immunsystem, Bindegewewebe, Knochen
Vitamin D:	Knochen, Zähne, Calcium- und Phosphatstoffwechsel
Vitamin E:	Haut, Zellschutz vor Umweltgiften, UV-Strahlung
Vitamin K:	Blutgerinnung, Herstellung bestimmter Eiweißstoffe
Aminosäuren (10)	
Arginin:	wichtig für Blutdruck, Fettverbrennung und Leistungssteigerung
Isoleucin:	Muskeleiweiß für bessere Ausdauer, Neusynthese
Leucin:	Fettverbrennung und Eiweißaufbau im Muskel
Valin:	Aufbau und Stärkung von Nervenbahnen
Lysin:	Virusabwehr, vor allem Herpes
Methionin:	hemmt Krebsentstehung
Phenylalanin:	Dopamin und Noradrenalin
Threonin:	hilft gegen Müdigkeit, baut Kollagen auf
Tryptophan:	baut Serotonin auf, hilfreich bei Depressionen
Histin:	Stärkung des Immunsystems

Bausteine und kann dadurch Mängel in der Ernährung eine bestimmte Zeit überbrücken. Diese Pufferwirkung ist letztlich der Grund, dass unter normalen Umständen Mischkost ausreicht und Nahrungsergänzungsmittel überflüssig sind. Anders sieht es aus bei Kindern im Wachstum, Leistungssportlern oder Schwangeren mit ihrem erhöhten Bedarf, aber auch bei Vegetariern. Bei ihnen sollte der Status der essenziellen Nährstoffe durch Blutuntersuchungen regelmäßig überprüft werden. Der Blutwert berücksichtigt auch, dass die **Resorption** in Magen oder Darm individuell und altersbedingt unterschiedlich ist und einzelne Stoffe sich gegenseitig bei der Aufnahme ins Blut behindern können.

1.3.3 Die Ernährung der deutschen Bevölkerung laut Nationaler Verzehrsstudie II (2008)

Aufgabe der Nationalen Verzehrsstudie II (2008) (NVS II) war es, aktuelle Daten zum Ernährungsverhalten, zum Lebensmittelverzehr und zur Nährstoffaufnahme der deutschen Bevölkerung zu liefern. Die abgefragten Verzehrs-Werte wurden unter anderem in Relation gesetzt zu den **D-A-CH-Empfehlungen**, den gemeinsamen Empfehlungen der DGE, der Österreichischen Gesellschaft für Ernährung, der Schweizerischen Gesellschaft für Ernährungsforschung und der Schweizerischen Vereinigung für Ernährung. Die Nationale Verzehrsstudie III ist derzeit in Arbeit. Sie soll den Zeitraum 2015–2023 umfassen.
Abbildung 1.8 zeigt die Zufuhr an Protein, Fett, Kohlenhydraten und Ballaststoffen in Relation zu den Empfehlungen. Die Werte lassen erken-

Abb. 1.8
Median der Zufuhr an Proteinen, Fett, Kohlenhydraten und Ballaststoffen in % der D-A-CH-Referenzwerte (Nationale Verzehrsstudie 2008)

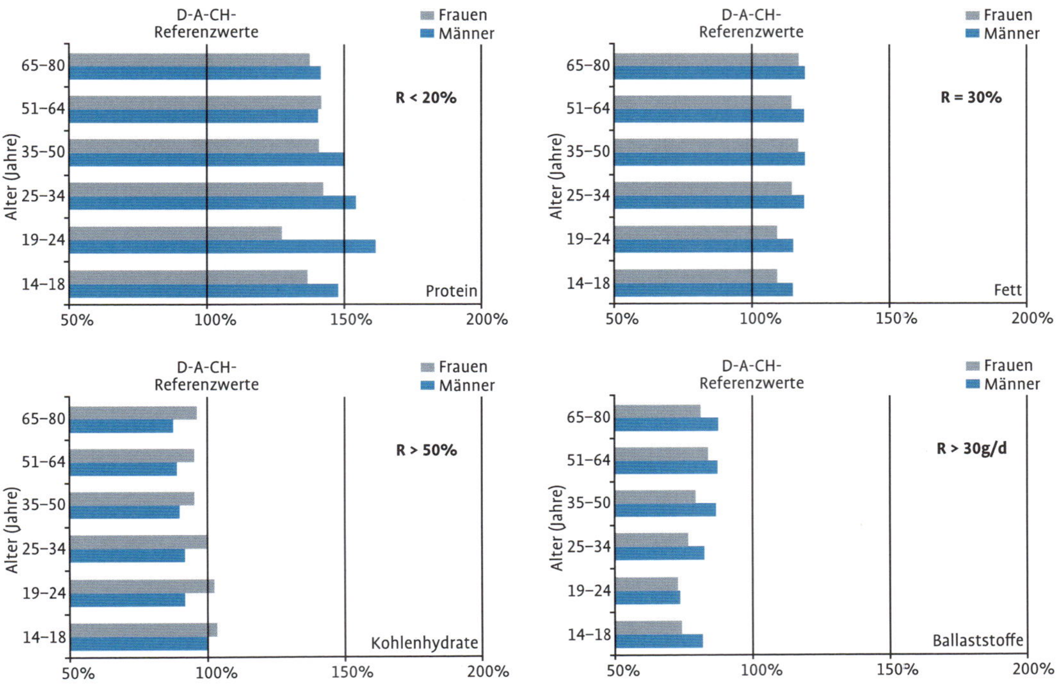

Tab. 1.5a
Verzehr der wichtigsten Lebensmittelgruppen (1.5a) und deren Verzehrmenge getrennt nach Geschlechtern (1.5b) (Nationale Verzehrsstudie, 2008).

Brot und Getreideerzeugnisse (Backwaren)	
Brot	z. B. Vollkorn- und Mehrkornbrot, Misch- bzw. Graubrot, Weißbrot, Knäckebrot (alle Sorten), Vollkorn- und Mehrkornbrötchen, Weiß- und Roggenbrötchen, Laugenbrötchen/-brezel/-stange, Sonstiges (Mais-, Reisbrot, Zwieback)
Gerichte auf Basis von Brot	z. B. belegte Brötchen, Clubsandwich mit Thunfisch, „Toast Hawaii", Serviettenkloß
Backwaren	z. B. Kuchen und Torten, Backwaren pikant (Pizza, Zwiebelkuchen usw.), Kleinteile und Teilchen (süß und pikant), Kekse
Getreide/-erzeugnisse	z. B. Getreide und Mehle, Reis, Cerealien (verarbeitet), Müsli (trocken), Teigwaren, Sonstiges (Bulgur, Hirse)
Gerichte auf Basis von Getreide/-erzeugnissen	z. B. Nudelgerichte, Reisgerichte, Sonstiges (Klöße, Bratlinge)
Kartoffeln und Kartoffelerzeugnisse	
Kartoffel/-erzeugnisse	z. B. Kartoffeln gegart mit Salz, Kartoffelbrei, Kartoffelpuffer, Kartoffelknödel
andere Knollen	z. B. Batate, Topinambur
Gerichte auf Basis von Kartoffeln	z. B. Kartoffelsalat, Kartoffelauflauf
Milch/-erzeugnisse und Käse gesamt	
Milch/-mischgetränke	z. B. Kuhmilch (3,5 % Fett), Kakao, Milchshake
Milcherzeugnisse	z. B. Kefir, Buttermilch, Dickmilch, Molke, Joghurt, Joghurt mit geschmacksgebenden Zusätzen (bei Milch und Joghurt: vollfett, fettreduziert, entrahmt, keine Angabe), Sahne, saure Sahne, Kaffeesahne, Kondensmilch, Sonstiges (Milchpulver)
Käse und Quark	z. B. Schnittkäse, Weichkäse, Frischkäse und Quark pur mit/ohne Zubereitungen (bei genannten Käsesorten: vollfett, fettreduziert, keine Angabe), Sauermilch, Koch-, Molken- und Schmelzkäse
Gerichte auf Basis von Milch/-erzeugnissen	z. B. Milchreis, Müsli, Cornflakes (zubereitet), Käsegerichte
Fleisch/-erzeugnisse und Wurstwaren gesamt	
Fleisch	z. B. Rindfleisch, Kalbfleisch, Schweinefleisch, Geflügelfleisch, Fleisch sonstiger Tiere, Hackfleisch, Innereien
Fleischerzeugnisse und Wurstwaren	z. B. Bratwurst, Kasseler, Salami, Krakauer, Rauchfleisch, Schinken
Gerichte auf Basis von Fleisch	z. B. Frikadelle, Schweineschnitzel, Gulasch

Tab. 1.5b
Verzehr der wichtigsten Lebensmittelgruppen (1.5a) und deren Verzehrmenge getrennt nach Geschlechtern (1.5b) (Nationale Verzehrsstudie, 2008).

Verzehr pro Person in g/Tag	Männer	Frauen
Brot	178	133
Gerichte auf Basis von Brot	2	1
Backwaren	46	33
Getreide und Getreideerzeugnisse	36	33
Gerichte auf Basis von Getreide und Getreideprodukten	50	40
Kartoffeln und Kartoffelerzeugnisse	83	65
Gerichte auf Basis von Kartoffeln	8	6
Milch, Milcherzeugnisse und Käse	248	227
davon:		
Milch und Milchmischgetränke	131	98
Milcherzeugnisse	75	88
Käse und Quark	43	41
Gerichte auf Basis von Milch und Milcherzeugnissen	17	17
Fette	29	20
davon:		
Butter	16	10
Margarine	11	7
Fleisch, Wurstwaren und Fleischerzeugnisse	103	53
davon:		
Fleisch	42	23
Wurstwaren und Fleischerzeugnisse	61	30
Gerichte auf Basis von Fleisch	57	30

nen, dass die Bevölkerung entgegen der Ratschläge zu viele Proteine, zu viel Fett und zu wenig Ballaststoffe bzw. Kohlenhydrate verzehrt. Die mittlere Kalorienaufnahme der Männer lag bei über 2400 kcal/Tag, Frauen nahmen täglich knapp 1900 kcal zu sich (jeweils Medianwerte). Tabelle 1.5 unterteilt die wichtigsten Lebensmittelgruppen (Fleisch, Backwaren, Milchprodukte, Kartoffeln) in Untergruppen und weist den täglichen Verzehr getrennt nach Geschlecht auf. Mit Ausnahme von Fleisch sind alle anderen verzehrten Lebensmittel entweder handwerklich oder industriell zubereitet und damit Produkte der Lebensmitteltechnologie. Die Unterschiede zwischen den Geschlechtern sind zum Teil gravierend. Unter anderem liegt der Fleischverzehr bei Frauen nur bei der Hälfte im Vergleich zu den Männern, bei Wurstwaren sogar noch darunter. Lediglich bei Milcherzeugnissen übertrifft der weibliche Verzehr den der Männer.

Der Verzehr von Backwaren, Kartoffeln, Milch, Fett und Fleisch pro Person in Gramm und Tag deckt den Kalorienbedarf eines Erwachsenen theoretisch vollständig ab. Das bedeutet, dass dafür in erster Linie Verarbeitungsprodukte der Lebensmittelindustrie verzehrt werden. Nicht zubereitetes Obst oder Gemüse spielen kalorisch bei der menschlichen Ernährung eine untergeordnete Rolle. Die Verzehrsstudie 2008 beruht auf inzwischen fast fünfzehn Jahre alten Befragungen. Seitdem hat in Deutschland die Anzahl sich vegetarisch ernährender Menschen deutlich zugenommen auf etwa 9 % der Bevölkerung, weitere 3 % ernähren sich laut Bundesverband des Deutschen Lebensmittelhandels 2023 (BVLH) vegan. Interessant ist die Veränderung der Ernährung über einen langen Zeitraum (Abb. 1.9). So nahm der Verzehr von Brot und Kartoffeln deutlich ab, der von Fleisch und Eiern statk zu.

In Supermärkten liegt der Umsatzanteil des Trockensortiments (Mehl, Nudeln, Konserven) bei über 40 %, Fleisch und Wurst sowie Milchprodukte machen jeweils weitere rund 15 % aus. Tiefkühlkost steht für 4 %, Obst und Gemüse für etwa 10 % („EHI Retail Institute", 2013). Das bedeutet, dass deren überwiegender Umsatz mit Produkten erzielt wird, die lebensmitteltechnologisch zubereitet wurden.

Abb. 1.9
Veränderung der Ernährung über 122 Jahre (Statista)

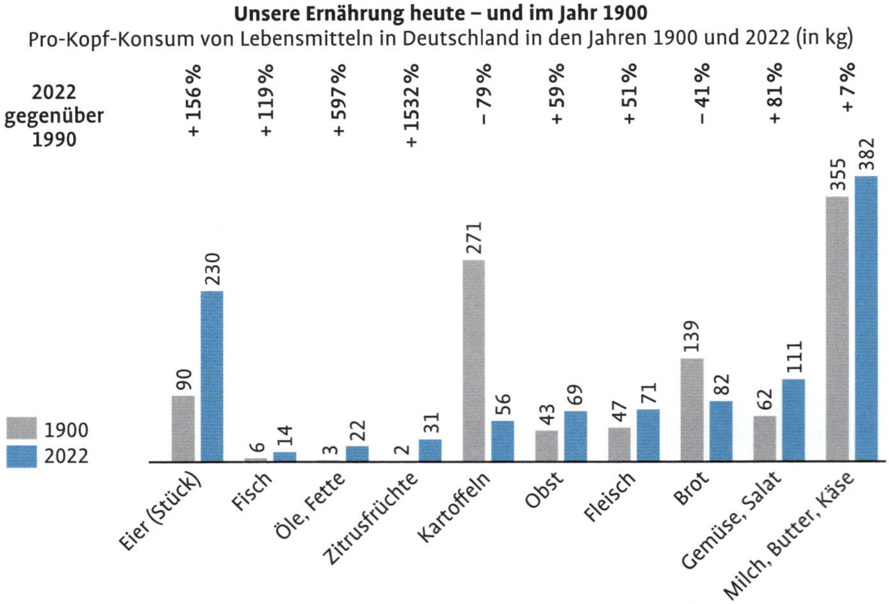

1.4 Innovationen: vom Businessplan zum Markt

Bisher wurde über die Wertschöpfungskette im Lebensmittelbereich der vertikale Weg „vom Acker auf den Tisch“ mit diversen Veränderungen des Ausgangsstoffs betrachtet. Eine Wertschöpfungskette lässt sich auch horizontal darstellen: von der Idee zum marktfähigen Produkt. Praktisch alle der aktuell verfügbaren Lebensmittel waren einmal Innovationen (lat., etwas neu Geschaffenes), die sich gegen oft gewaltige Widerstände durchsetzen mussten. Eine Idee war zu einem Produkt geworden, und dessen wirtschaftliche Verwertung erfolgreich. Im Idealfall ist das Produkt ein Ergebnis systematischer Planung, Umsetzung, Kontrolle und Verwertung einer Idee innerhalb einer sozialen Organisation – also ein Erfolg des Innovationsmanagements. Entlang der gesamten Wertschöpfungskette laufen nacheinander fünf Innovationsschritte ab:

- die Ideenfindung und Bewertung zu Beginn
- die Erforschung der technischen und wissenschaftlichen Grundlagen dieser Idee
- die Entwicklung zu einem marktfähigen Produkt
- die Produktion, Ausstattung und Markteinführung
- die Produktpflege zur Verlängerung des Lebenszyklus

Die ersten beiden Schritte spielen sich üblicherweise am Schreibtisch und im Labor ab. Dort scheitern die meisten Ideen aus zahlreichen Gründen bereits frühzeitig. Häufig dauert die Entwicklung vermeintlich zu lang bzw. ist zu kostenintensiv, oder der Vertrieb sieht angesichts der Marktsituation keinen Verkaufserfolg. Nur wenige schaffen es in die **Entwicklungs-Pipeline**, wo sofort die Zusammenarbeit zahlreicher Abteilungen eines Unternehmens erforderlich ist. Bereits in der ersten Entwicklungsphase müssen konkrete Vorstellungen zur späteren Vermarktung entwickelt werden, üblicherweise in Form eines Businessplans, der letztlich die Entscheidungsgrundlage ist, eine

Entwicklung weiterzubetreiben. Oft auf Niveau einer Bachelor-Arbeit wird das gesamte Geschäftsmodell, das sich aus der Innovation ergeben soll, beschrieben. Technologie und Managementaspekte müssen zusammengeführt werden. Letztlich ist im Businessplan aufzuzeigen, wie das neue Produkt das erwartete profitable Wachstum des Unternehmens unterstützt.

Bei erfolgreichen Labor- oder Kleinküchenversuchen wandert das Projekt in die nächste, größere Stufe, ins **Technikum.** Andernfalls greift das erste **Abbruchkriterium.** Im Technikum sind in einer Kleinstproduktion die erwarteten sensorischen und technologischen Produkteigenschaften zu bestätigen und die Verfahrensparameter für eine Pilotproduktion festzulegen. Im ungünstigen Fall wird das Projekt an dieser Stelle abgebrochen. Der nächste Schritt ist eine **Pilotproduktion,** unter Umständen bereits als kleine Charge im eigentlichen Produktionsbetrieb. Großunternehmen leisten sich dafür eigene flexibel gestaltbare, kleine Produktionsanlagen. Im positiven Fall können danach alle Produktionsparameter, die Messtechnik und die HACCP-Kriterien festgelegt werden (Kap. 2). Vor allem sind die wirtschaftlichen Annahmen zu bestätigen. Meist dient die produzierte Menge dazu, **Testmärkte** zu beliefern. Deren Reaktion kann zum nächsten Abbruchkriterium werden und die Innovation vor der Markteinführung noch zum Scheitern bringen. Abbildung 1.10 fasst die wichtigsten Kriterien bei der Entwicklung eines neuen Produkts bis zur **Markteinführung** zusammen. Die nächsten beiden Schritte zum verkaufsfähigen Produkt müssen intensiv vom Qualitätsmanagement begleitet werden. Diese Stabstelle innerhalb der Organisation hat sich um die notwendigen **Zertifizierungen** zu kümmern und das Thema

Abb. 1.10
Aktivitäten auf dem Weg von der Idee zum marktfähigen Produkt

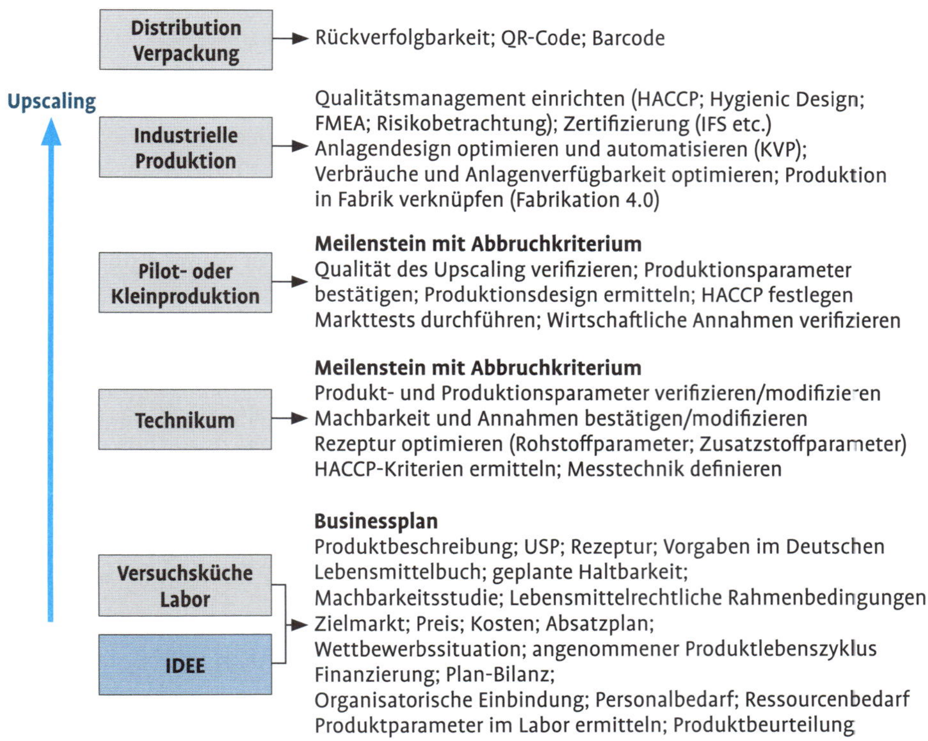

Lebensmittelsicherheit zu priorisieren. Dazu gehören unter anderem eine umfassende **Risikobetrachtung** und die Einführung von Reaktionsmaßnahmen im Schadensfall. Die Produktionsverantwortlichen ihrerseits werden die Produktion langsam steigern und die Anlagenparameter nach und nach optimieren. Kapitel 2 beschäftigt sich mit dem Thema Lebensmittelsicherheit und führt die hier angesprochenen Themen weiter aus.

1.5 Verfahrens- und Stilwettbewerb in der Lebensmitteltechnologie

Ist ein Produkt spezifiziert und im Handel gelistet, muss die Spezifikation bei Nachlieferungen punktgenau eingehalten werden. Analytische oder feststellbare geschmackliche Abweichungen werden weder vom Handel noch vom Verbraucher akzeptiert. Jahrgangsvarianzen finden bei Wein als Teil von dessen Individualität noch ein gewisses Verständnis, nicht aber bei Bier, Säften oder anderen zubereiteten Lebensmitteln. Coca Cola muss immer gleich schmecken, egal wer in welchem Land Abfüller war. In den meisten Fällen handelt es sich aber bei den zu verarbeitenden Produkten um landwirtschaftliche Rohstoffe, die als Produkte biologischer Vorgänge gewissen Varianzen unterliegen. Die Lebensmittelproduktion steht deshalb vor der Herausforderung, mit technologischen Möglichkeiten und/oder gezielter Rohwarenauswahl bzw. zielgerichteter Mischung jederzeit ein definiertes Endprodukt zu erzeugen. In diesem Zusammenhang wird die große Bedeutung des Rohwareneinkaufs ersichtlich, aber auch die exakte Kenntnis und Beeinflussbarkeit einzelner Analysenparameter. Abbildung 1.11 zeigt diese Sachzwänge der Produktion grafisch.

Biologische Prozesse wie die alkoholische Gärung oder die Bruchbildung von Frischkäse enthalten immer ein Restrisiko für eine Fehlentwicklung. Fehlgärungen können jederzeit vorkommen. Gleiches gilt für chemische Umwandlungen, die ebenfalls mit Fehlern behaftet sein können. Selbst die Maschinentechnik für Filtration oder Trocknung kann zu unterschiedlichen Ergebnissen führen. Die Produktion ist deshalb nicht nur gefordert, die Einhaltung aller Prozessparameter (Temperatur, Druck, Konzentrationsverlauf etc.) ständig zu überprüfen, zusätzlich muss eine regelmäßige Produktkontrolle alle Arten von Störgrößen unmittelbar erkennen und direkt korrigieren.

Abb. 1.11
Zielerreichung trotz der Varianz biologischer und technischer Vorgänge

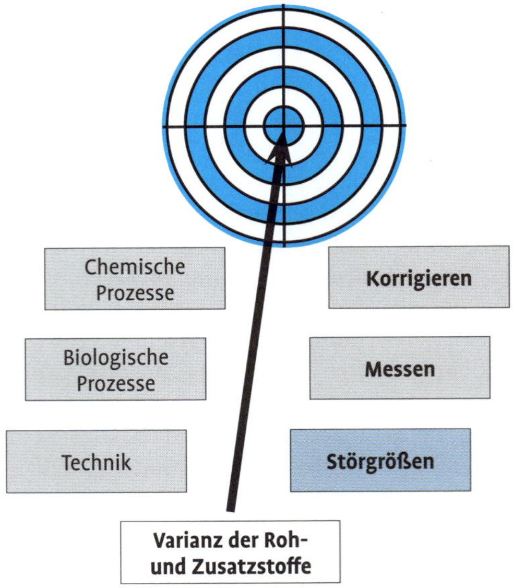

Trotz dieser Produktzwänge kann das Ziel mit unterschiedlichen Verfahrenstechniken erreicht werden. In fast allen Fällen kommt es in der betrieblichen Praxis zu einem regelrechten Wettbewerb der Prozesstechnik. Es ist nicht anzunehmen, dass einzelne Prozesse in Kopie laufen. Selbst in Großbetrieben mit mehreren vermeintlich identischen Prozesslinien finden sich Unterschiede, wenn die Linien in zeitlichem Abstand installiert wurden. Die unterschiedlichen Verfahrenstechniken unterscheiden sich in der Regel in ihrer Wirtschaftlichkeit. Der ökonomische Sachzwang zwingt Unternehmen ständig zur Überprüfung der gewählten Prozesse und zur Investition in wirtschaftlichere

Verfahren. Entscheidend ist letztlich deren Amortisationszeit. Notwendige Voraussetzung ist aber immer, dass die Spezifikation des Lebensmittels exakt erreicht wird.
Ausgehend von einem vorgegebenen Rohstoff lassen sich durch spezifische verfahrenstechnische Maßnahmen aber andererseits sehr unterschiedliche Lebensmittel herstellen. Diese Unterschiede können eher stilistischer Natur sein, wie es bei der Erzeugung von Rotweinen für verschiedene Trinkanlässe und Preisniveaus aus einer homogenen Charge roter Trauben regelmäßig gemacht wird. Durch Variation der Herstellung lassen sich rote Weine, lachsfarbene Roséweine oder praktisch farblose Blanc de Noirs erzielen. Der Markt entscheidet letztlich, welcher Stil aus dem Rohstoff erzeugt werden soll. Bei der Herstellung von Quark aus dickgelegter Milch kann es ebenfalls zu einem Wettbewerb der Technologien kommen, der aber zu einem strukturell und sensorisch definierten Endprodukt führen muss. Abbildung 1.12 zeigt für beide Produktgruppen beispielhafte Technologiemöglichkeiten.

1.6 Struktur und Idee des Buches Lebensmitteltechnologie

Das bisherige Kap. 1 hat den gesellschaftlichen Rahmen des Buches betrachtet sowie einige übergreifende Themen aus dem Bereich Management abgehandelt. Kapitel 2 befasst sich mit dem inzwischen dominierenden Aspekt der Lebensmittelsicherheit und seinen rechtlichen und technologischen Anforderungen. Kapitel 3 stellt die wichtigsten Makromoleküle vor, die in der Lebensmitteltechnologie eine Rolle spielen, Kap. 4 die Mikroorganismen und Enzyme. Kapitel 6 beschäftigt sich mit der Gewinnung der wertbestimmenden Inhaltsstoffe von tierischen und pflanzlichen Rohstoffen sowie deren Verarbeitung zu haltbaren Lebensmitteln. In allen Fällen sind die Betrachtungen von Anatomie und Physiologie des Rohstoffs der Ausgangspunkt für Technologien, die zu einem definierten Endprodukt führen. Kapitel 7 schließlich greift die Herstellung wichtiger und technologisch besonders

Abb. 1.12
Produktstilistik und Wirtschaftlichkeit als Triebfeder für Technologien
(Details der Quarkherstellung in Kap. 7, zum Thema Wein siehe Hamatschek 2015)

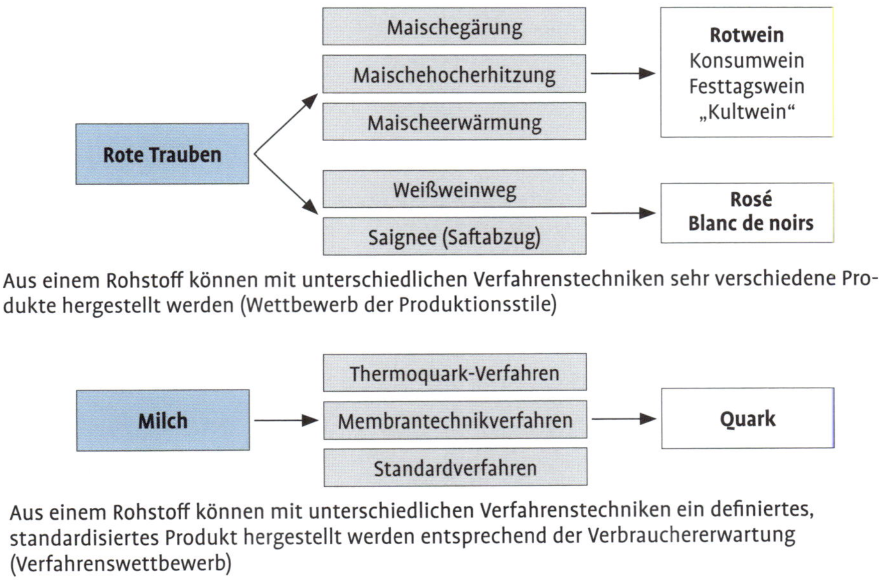

interessanter Lebensmittel auf. Abgerundet wird das Buch mit einem Kapitel über technische Ausführungen von Maschinen und Geräten (Kap. 5).

Angesichts der extremen Vielfalt an Lebensmitteln und einer immensen Fülle an Verfahren und Techniken/Technologien beschränkt sich das Buch bewusst auf markante Beispiele. Eine allumfassende Darstellung der Lebensmitteltechnologie ist angesichts eines begrenzt möglichen Umfangs nicht zu leisten.

2 Lebensmittelsicherheit und Verbraucherschutz

Bis zum Ende des 18. Jahrhunderts war das Lebensmittelrecht Teil des kommunalen Polizeirechts mit dem Ziel einer Sicherung der Ernährung, dem Schutz des Bürgers vor verdorbenen Lebensmitteln sowie vor Irreführung und Betrug. Allerdings wurden im Mittelalter und bis in die Neuzeit die gesetzlichen Reglementierungen zu einem den Markt übermäßig einschränkenden Korsett. Festgeschriebene Verkaufspreise, ein beengendes Zunftleben oder Verbote der Benutzung neuer, vor allem arbeitssparender Maschinen und Verfahren bremsten Veränderungen aus. Dazu kamen immer wieder Schutzzölle oder Marktbeschränkungen. Irreführung und Betrug waren nicht selten. Erkenntnisse der Lebensmittelüberwachung führten 1879 schließlich zum ersten Lebensmittelgesetz im Deutschen Reich. Die Weimarer Republik brachte 1927 ein deutlich verbessertes Gesetz heraus, in dem Lebensmittel samt Nährmitteln und Getränken rechtsverbindlich definiert wurden. Hilfreich war die zu dieser Zeit zunehmende Einführung von Handelsklassen, was über eine Standardisierung zu besseren Kontrollmöglichkeiten führte. Erstmalig wurden in dem Gesetz Lebensmittel zu Arzneimitteln abgegrenzt. Dieses Werk wurde 1974 durch ein umfassendes Lebensmittel- und Bedarfsgegenständegesetz abgelöst. Unter Lebensmittelsicherheit verstanden die Menschen bis vor etwa 150 Jahren vor allem Versorgungssicherheit. Seitdem die gegeben ist, gehört Lebensmittelsicherheit zum individuellen Menschenrecht auf Unversehrtheit.

Das neue Lebensmittelrecht hat einen Paradigmenwechsel vollzogen. Die klassische Abwehr von Gesundheitsgefahren wurde um das gleichrangige Vorsorgeprinzip ergänzt, ein im Umweltrecht anerkannter Gedanke der Vorsorge und Vorbeugung auf das Lebensmittelrecht übertragen. Zum Schutz der Verbraucher vor Täuschungen kommt zusätzlich eine weit gefasste Informationspflicht über Zusammensetzung und oft Herkunft des Lebensmittels oder seiner Bestandteile. Die Gesetzgebung auf EU-Ebene hat trotz aller Reglementierungswut die Märkte enorm beflügelt. Die Handelsfreiheit innerhalb der EU oder die weitgehende Freiheit von Zollschranken mit vielen anderen Ländern konnten den Handel mit Lebensmitteln weltweit befruchten (Mettke 2006).

Verbraucher haben einen gesetzlichen Anspruch auf sichere Lebensmittel, den derjenige erfüllen muss, der diese produziert und/oder in Verkehr bringt. Der Gesetzgeber verlangt, dass alle wirtschaftlich sinnvollen und möglichen Maßnahmen ergriffen sowie die gesetzlichen Vorschriften befolgt und deren Einhaltung dokumentiert werden. Nachweislücken können im Schadensfall zu beträchtlichen straf- und zivilrechtlichen Konsequenzen führen. Ein Lebensmittel gilt als sicher, wenn eine vernünftige Gewähr vorhanden ist, dass bei Einhaltung der vorherbestimmten Verzehrbedingungen kein Gesundheitsschaden auftritt. **Gesundheit** wird dabei von der WHO in einem sehr weit gefassten Begriff definiert mit dem Zustand völligen körperlichen, geistigen und sozialen Wohlbefindens und nicht lediglich mit dem Fehlen einer Krankheit oder Schwäche. Diese grundlegende Definition muss in der Praxis differenziert betrachtet werden. Lebensmittel werden von einer bezüglich des Alters, des immunologischen Status, des Ernährungszustands (Unterernährung, Adipositas, Alkoholismus), der Medikamenteneinnahme oder eines allgemein angegriffenen Gesundheitszustands extrem variablen Bevölkerung verzehrt. Als Risikogruppen gelten besonders Alte, Junge, Schwangere und Immunsystemgeschädigte (**YOPI-Risikogruppe:** young, old, pregnant, immunosuppressed). Zudem spielt der Einfluss des Lebensstils, also das Maß an körperlicher Aktivität oder falsches Ernährungsverhalten, eine dominierende Rolle für die Wirkung von Lebensmitteln. Sie dürfen aber unter keinen Umständen Schaden zufügen, gegebenenfalls müssen einzelne Risikogruppen ausgeschlossen werden. Letztlich beinhaltet aber jede menschliche Handlung ein **Restrisiko.** Das Verständnis dafür ist in entwickelten Gesellschaften nicht weit verbreitet.

Um das Restrisiko sowohl bei der Erzeugung als auch beim Verzehr zu minimieren, müssen die Prinzipien der Hygiene beachtet werden. Hygiene ist die „Gesamtheit aller Bestrebungen und Maßnahmen zur Verhütung von Krankheiten und Gesundheitsschäden". Hygienemaßnahmen betreffen praktisch alle Bereiche des Lebens: Luft, Wasser bzw. Trinkwasser, Lebensmittel, Arbeit, Gebäude und Wohnen. Enger definiert umfasst der Begriff alle Maßnahmen zur Vorbeugung gegen Lebensmittel induzierte Krankheiten. Zu diesen Maßnahmen gehören vor allem Reinigung, Desinfektion und Sterilisation, aber auch die gesamte Herstellung von Lebensmitteln mitsamt allen Roh-, Hilfs- und Zusatzstoffen. Zahlreiche großartige Köpfe haben den Begriff Hygiene in den letzten 200 Jahren mit Leben gefüllt. Dazu gehören Louis Pasteur (1822–1895), französischer Chemiker und Bakteriologe, Pionier auf dem Gebiet der Bakteriologie und der präventiven Medizin. Nach ihm ist die Pasteurisation benannt. Er hat zudem die Lebensmittelhygiene und die Entwicklung von Impfstoffen nachhaltig beeinflusst und war der Erfinder des Mittels gegen Tollwut. Darüber hinaus entdeckte er die Streptokokken, Pneumokokken und Staphylokokken, Bakterien, die für zahlreiche Erkrankungen verantwortlich sind. Daneben ist Robert Koch (1843–1910) zu nennen. Ihm gelang es, die mikrobielle Ursache von Infektionskrankheiten zu belegen. Dadurch konnten für die damals wichtigsten Volkskrankheiten grundlegende und durchgreifende Präventionsmöglichkeiten eingeführt werden. Zudem ist er der Entdecker des Milzbranderregers, des Erregers der Tuberkulose (Mykobakterium tuberculosis, 1882) sowie des Erregers der Cholera (Vibrio cholerae, 1884). Insbesondere im Zusammenhang mit dem Cholera-Ausbruch 1892 in Hamburg mit fast 9000 Todesfällen und mehr als 16000 Erkrankungen erarbeitete er die Grundregeln für die Trinkwasseraufbereitung, die zu einem in sich geschlossenen Konzept der Wasserhygiene führten.

Die bahnbrechenden Erkenntnisse der Hygiene haben auch die Herstellung von Nahrungsmitteln beeinflusst. Viele Nahrungsmittel sind deutlich anfälliger gegen Keime als der Mensch, sie verfügen nur über ein schwaches Immunsystem. Milch, gehacktes Fleisch, Wurst, Obst, zuckerhaltige Säfte, Eierspeisen, Kuchen, Gebäck oder Bier sind ein Paradies für Mikroorganismen aller Art. Sie können jedes Nahrungsmittel rasch verderben und müssen ferngehalten werden. Da sich in der Praxis eine Kontamination praktisch nicht völlig vermeiden lässt, muss das Immunsystem der Lebensmittel mit raffinierten Tricks gestärkt werden. Ohne die wissenschaftlichen Zusammenhänge zu verstehen, hat die Menschheit bereits in der Vergangenheit Verfahren entwickelt, mit denen sie die Haltbarkeit verlängern konnte. Dazu gehören Trocknen, Eindampfen, Zuckern, Salzen, Säuern, Fermentieren, Räuchern, die auf unterschiedliche Weise die Aktivität von Keimen behindern und im Idealfall ganz unterbinden.

Die relativ neue Wissenschaft der Mikrobiologie, die Lehre von den Mikroorganismen, hat weitere Möglichkeiten geschaffen, Haltbarkeit und nicht zuletzt Qualität zu verbessern. Das Augenmerk richtete sich rasch auf die Ausgangsverkeimung der Rohware. Ein Paradebeispiel für die Verbesserung der Qualität durch Hygienemaßnahmen ist Milch. Ein sauberer Stall, die Desinfektion der Euter, die Sterilität aller Leitungen und direkte Kühlung erlauben eine Milch mit vergleichsweise wenigen Keimen je Milliliter. Wird dagegen unter unhygienischen Bedingungen gearbeitet, können die Keimzahlen die Millionengrenze weit übersteigen. Entsprechend kurz ist dann die Haltbarkeit. Ein anderes Beispiel ist die Fleischverarbeitung. Muskelfleisch ist steril, bis es beim Schlachtvorgang mit Umgebungsluft und häufig auch mit dem extrem infizierten Fell in Kontakt kommt. Bleibt der Muskel intakt, ist er während der Fleischreifung längere Zeit gut geschützt. Zu Hackfleisch oder Wurstbrät zerkleinert, wird es mikrobiologisch sofort gefährlich. Kritisch ist die Kontamination während der Produktion, wenn sich Keime in feuchter, warmer Umgebung und nie ganz zu vermeidender Luftströmung vermehren und verbreiten können. Wegen des Risikos ist Hackfleisch am Tag der Herstellung zu verzehren. Wurst ist ebenfalls nur wenige Tage haltbar. Hygienisches Arbeiten ist die Grundvoraussetzung für die Produktion von unbelasteten Lebensmitteln, vor allem, um die Forderung von Konsumenten und Handel nach immer länger haltbaren Produkten zu erfüllen.

Lebensmittelsicherheit bzw. Lebensmittelhygiene ist ein Oberbegriff für alle Maßnahmen und Konzepte, die sicherstellen sollen, dass Lebensmittel für den Endverbraucher zum Verzehr geeignet sind und von ihnen keine gesundheitlichen Beeinträchtigungen oder Schädigungen ausgehen können. Lebensmittel besitzen eine unmittelbare Wirkung auf den Menschen, üblicherweise eine positive. Originäre Inhaltsstoffe, Kontaminanten, Allergene, mikrobiologische

Abb. 2.1
Die für die Lebensmittelsicherheit und den Verbraucherschutz wesentlichen Gesetze, Regelwerke und privatrechtlichen Managementsysteme

Codex Alimentarius v. 1969
Prinzipien der Hygiene

Gesetzgebung (EU=übergeordnet und D)

VO EG 178/2002 (Basisverordnung LM-Recht; EFSA-Gründung Begriffsbestimmungen; Risikobegriff; Rückverfolgbarkeit)
VO EG 842/2004 (HACCP-Verpflichtung)
VO EG 853/2004 Hygiene-VO über LM tierischen Ursprungs
VO EG 1333/2008 + 1130/2011 (Lebensmittelzusatzstoffe)
VO EG 1935/2004 Bedarfsgegenstände-VO (Basis für Hygienic Design)
VO EG 98/37 bzw. 2006/42 (Maschinenrichtlinie; Basis für Hygienic Design)); ab 2027 gilt EU(VO) 2023/1230
VO EU 1169/2011 (Lebensmittelinformationsverordnung LMIV)
VO EG 2023/915 (Kontaminanten-Höchstgehalt-VO) gilt seit 10.08.2023
VO EG 396/2005 (Höchstgehalte an Pestizidrückständen)
VO EG 470/470/2009 und VO (EU) 37/2010 (Rückstandshöchstmengen pharmakologisch wirksamer Stoffe in LM tierischer Herkunft)
VO (EU) 1924/2006 (Sog. Health Claims-VO)
VO (EU) 1829/2003 (gentechnisch veränderte Lebensmittel)
VO (EU) 2015/2283 (sog. Novel Food-VO; neuartige LM)
Produkthaftungsgesetz von 1989
LMHV Lebensmittelhygiene-Verordnung (Begriffsbestimmungen; Verweis auf Gültigkeit VO EG 852)
LFGB Lebensmittel-, Bedarfsgegenstände- und Futtermittel-Gesetzbuch

Privatrechtliche Managementsysteme (auf Basis der Gesetzgebung)

Deutsches Lebensmittelbuch (Leitsätze)
Hygienic Design (siehe auch diverse VO)
FMEA (Fehlermöglichkeiten- und Einflussanalyse)
Global Food Safety Initiative mit:
- **IFS** (International Featured System Food); Version 8 ab 01.01.2024
- **BRC** (British Retail Consortium; Global Standard of Food Safety; Sixth Edition)
- **DIN EN ISO 22 000** (Aus DIN EN ISO 9001 für LM entwickelt)
- **FSSC 22 000** (Food Safety System Certification)
- **Global Red Meat Standard**
- **Canada GAP (Canadian Horticultural Council)**
- **Global Aquacultural Alliance Seafood Processing Standard**
- **SQF 2000;** (Safe Quality Food Institut)
- **Dutch HACCP**
- **u. a.**

Verunreinigungen oder ungewollte chemische Veränderungen können die Wirkung ins Negative drehen und dem Menschen Schaden zufügen. Prägnanteste Beispiele dafür waren in jüngster Zeit die über 50-mal tödlich verlaufenen EHEC-Infektionen oder die Belastung von chinesischen Erdbeeren mit Noroviren. Hinzu kommen jedes Jahr Hunderttausende Infektionen mit Salmonellen, Listerien oder Kolibakterien, üblicherweise als Folge mangelnder Hygiene auf einer oder mehreren Stufen der Wertschöpfungskette. Im Bereich der Lebensmittelwirtschaft kommt es durchschnittlich einmal pro Tag zu einer **Rückrufaktion.** Davon sind 60 % vom Handel initiiert, der Rest durch den Produzenten (Knechtges, 2014). In praktisch allen Fällen geht es um Sicherheitsaspekte, in jedem Fall leidet die Reputation des Verursachers, und es entstehen hohe Kosten.

Nicht zuletzt unter dem Druck des Gesetzgebers haben Produzenten und Vertreiber von Lebensmitteln in den letzten 25 Jahren ein immer stärker verfeinertes System der **Lebensmittelüberwachung und -kontrolle** entwickelt, um den Verbraucher vor unsicheren Lebensmitteln und sich selber vor den juristischen und wirtschaftlichen Folgen zu schützen. Die Lebensmitteltechnologie bewegt sich in einem engen Korsett aus Lebensmittelrecht und privatrechtlichen Vereinbarungen. Ihr wird sehr konkret vorgeschrieben, wie Prozesse, Maschinen und die Dokumentation allen Tuns auszusehen haben. Aus diesem Grund ist es erforderlich, den technologischen Themen ein Kapitel Lebensmittelsicherheit und Verbraucherschutz voranzustellen.

Abbildung 2.1 fasst die wichtigsten Gesetze und privatrechtlich organisierten Managementsysteme bzw. Regelwerke zusammen, die für die Lebensmittelsicherheit und den Verbraucherschutz eine Rolle spielen. Die Einhaltung der darin definierten Sicherheitsstandards wird in Deutschland durch eine dreistufig gegliederte Lebensmittelkontrolle überwacht:

- Der **Eigenkontrolle** des Herstellers
- Der Kontrolle durch privatwirtschaftliche Qualitätssicherungssysteme (siehe Kap. 2.3)
- Der Lebensmittelkontrolle durch die **amtliche Lebensmittelüberwachung** in den Bundesländern (siehe Kap. 2.1)

Dahinter steckt die gesetzliche Verpflichtung für Hersteller und Vertreiber, über entsprechende Systeme selber nachzuweisen, dass die Beschaffenheit der Lebensmittel und die Produktionsweise alle gesetzlichen Vorgaben erfüllen. Amtlicherseits wird in der Regel nur die Kontrolle der Eigenkontrolle durchgeführt. Privatwirtschaftliche Audits überprüfen ebenfalls die Einhaltung der gesetzlichen Vorgaben einschließlich darüber hinausgehender Anforderungen. Das Bestehen dieser Audits ist die Grundlage fast aller wirtschaftlichen Beziehungen zwischen Hersteller und Händler geworden.

2.1 Lebensmittelrechtliche Grundlagen zur Erzielung von Lebensmittelsicherheit

Das Lebensmittelrecht enthält weit über 200 Verordnungen, Gesetze und richtungsweisende Gerichtsentscheidungen und reicht von den Höchstmengen-Verordnungen für Pestizidrückstände über explizite Hygienevorschriften bei der Produktion bis hin zu Informationsrechten für Verbraucher. Die Regelungen dienen drei Hauptzielen:

- Schutz der Gesundheit: Nur sichere Lebensmittel dürfen angeboten werden
- Schutz der Verbraucher vor Täuschung
- sachgerechte Information der Öffentlichkeit

Die **amtliche Lebensmittelkontrolle** ist in Deutschland Ländersache. Die Lebensmittelüberwachung überprüft die Einhaltung aller Gesetze durch regelmäßige Probennahmen und Betriebsüberwachungen, operativ eine Aufgabe der Lebensmittelkontrolleure in den Landratsämtern. Analysen werden in den jeweiligen Landesuntersuchungsämtern durchgeführt. Die Zusammenarbeit mit dem Bund ist informell, nicht weisungsgebunden. Der Bund selber in Form des **Bundesministeriums für Ernährung und Landwirtschaft** (**BMEL**, bis Dezember 2013 auch für Verbraucherschutz, BMELV) verfügt mit mehreren Bundesforschungsinstituten (**Bundesinstitut für Risikobe-**

wertung [BfR], Max-Rubner-Institut usw.) über die erforderliche wissenschaftliche Kompetenz und ist die Nahtstelle zur EU und deren Organisationen. Das **Bundesamt für Verbraucherschutz und Lebensmittelsicherheit (BVL)** ist unter anderem für die Standards und die Systematik der Probenahme zuständig. Abbildung 2.2 erfasst die wesentlichen Teilnehmer des Netzwerks Lebensmittelsicherheit.

Die sieben Prinzipien der Lebensmittelgesetzgebung

In der Wertschöpfungskette „vom Acker auf den Tisch" gelten europaweit sieben „Grundprinzipien der Lebensmittelsicherheit". Diese beschreiben die Verantwortlichkeiten und die Rollenverteilung im Netzwerk und bilden die Pfeiler, aus denen sich das „Gebäude Lebensmittelsicherheit" zusammensetzt (BMEL, 2013). Die Prinzipien 1–3 betreffen dabei jedes lebensmittelproduzierende Unternehmen direkt und erfordern entsprechende Maßnahmen des Managements und/oder der zuständigen Technologen. Die übrigen definieren Aufgaben der Politik, der wissenschaftlichen Behörden und den Umgang mit der Öffentlichkeit.

1.) das Prinzip der Lebensmittelkette

Alle Maßnahmen zur Gewährleistung der Lebensmittelsicherheit müssen konsequent entlang der gesamten Lebensmittelkette durchgeführt werden. Ein großer Schritt in diese Richtung auf nationaler Ebene war im Jahr 2005 die Zusammenführung von Lebensmittel- und Futtermittelrecht in ein gemeinsames Lebensmittel- und Futtermittelgesetzbuch (LFGB). Damit gilt für alle Produktionsstufen „vom Acker bis zum Teller" ein geschlossenes System an Vorschriften und Kontrollen.

2.) das Prinzip der Unternehmerverantwortung

Jeder, der Lebensmittel oder Futtermittel herstellt, ist selbst dafür verantwortlich, dass sein Produkt sicher ist. Im Lebensmittelrecht gibt es dafür den Begriff der Sorgfaltspflicht. Die Verantwortung eines Herstellers von Lebensmitteln beginnt immer bei der Auswahl der Rohstoffe und Zutaten.

3.) das Prinzip der Rückverfolgbarkeit (Kap. 2.1.1.1)

Seit Anfang 2007 müssen Hersteller nicht nur dokumentieren, wohin sie welche Lebensmittel geliefert haben, sie müssen auch nachweisen können, woher ihre Rohstoffe kommen.

Abb. 2.2
Das Netzwerk Lebensmittelsicherheit aus Anbietern, amtlicher Überwachung der Länder, Bundes- und EU-Institutionen (BMEL 2013)

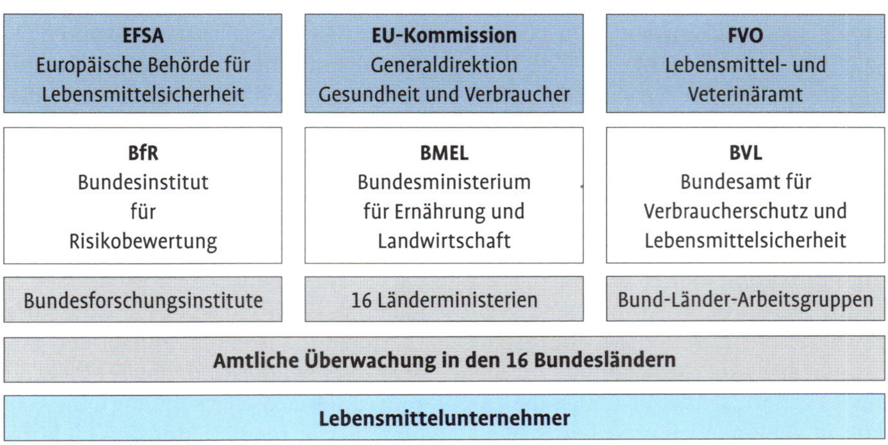

4.) die unabhängige wissenschaftliche Risikobewertung
Die Bundesregierung gründete 2002 das Bundesinstitut für Risikobewertung (BfR) als politisch und wirtschaftlich unabhängige Behörde. Ihre Aufgabe ist es unter anderem, zu bewerten, welche Dimension ein Risiko für die Gesundheit haben kann. Sie hat beispielsweise abzuschätzen, welche Bedeutung BSE, das Auftreten von antibiotikaresistenten MRSA-Bakterien in der Tierhaltung oder von Dioxin in Futtermitteln für die Lebensmittelsicherheit haben und ihre Einschätzung zu kommunizieren.

5.) die Trennung von Risikobewertung und Risikomanagement
Zwischen der wissenschaftlichen Risikobewertung auf der einen Seite und dem Risikomanagement durch die Politik auf der anderen Seite gibt es eine seit 2002 gesetzlich festgelegte klare Trennung: Erst erarbeiten die Wissenschaftler ihre Stellungnahme, frei von jeder Einflussnahme durch Politik oder Wirtschaft, dann erst sind die Risikomanager am Zuge. Sie müssen unter Einbeziehung aller wichtigen Aspekte, ob Umweltfragen, gesellschaftliche oder ökonomische Belange, entscheiden, welche Maßnahmen zur Risikominimierung die besten sind und welche Risiken getragen werden müssen.

6.) das Vorsorgeprinzip
Risiken lassen sich aus wissenschaftlicher Sicht nicht immer abschließend klären. In diesem Fall unterstützt das Vorsorgeprinzip die Verantwortlichen bei der Entscheidungsfindung. Das Risikomanagement kann vorsorglich Maßnahmen zur Risikominimierung ergreifen. Dies ist z. B. geschehen bei der Acrylamid-Problematik, wo vorsorglich ein Minimierungskonzept installiert wurde, um die Gehalte in Lebensmitteln zu senken.

7.) die transparente Risikokommunikation
Risikokommunikation findet auf mehreren Ebenen statt: In Politik, Wirtschaft und Wissenschaft werden die wissenschaftliche Risikobewertung und geeignete Maßnahmen zur Minimierung diskutiert, schließlich muss die Öffentlichkeit in geeigneter Form über Risiken informiert werden.

2.1.1 Wichtige gesetzliche Vorschriften zur Lebensmittelsicherheit

Zwei wichtige Elemente der Lebensmittelsicherheit für ein Unternehmen sind die Rückverfolgbarkeit und Identifizierung aller Produkte (VO EG 178 von 2002) sowie die Produktion nach HACCP-Kriterien (VO EG 852 von 2004).

2.1.1.1 Rückverfolgbarkeit

Die Pflicht zur Rückverfolgbarkeit gilt seit Anfang 2007 für Landwirte, Importeure, Transporteure, die Lebensmittelindustrie als Verarbeiter sowie den Lebensmittelgroßhandel und den Lebensmitteleinzelhandel. Der Lebensmittelhändler muss belegen können, von welchem Bäcker Backwaren stammen, der Bäcker hat zu dokumentieren, aus welcher Mühle wann welches Mehl kam. Der Müller muss jederzeit wissen und nachweisen können, von welchem Landwirt er wann welches Getreide bezog, in welchem Silo es gelagert wurde und welche Charge Mehl daraus gemahlen wurde (Abb. 2.3). Im Idealfall kann der Verbraucher die Informationen mit dem Smartphone abgreifen, die Verbraucherinformationssysteme bereitstellen. Die Rückverfolgbarkeit bezieht sich immer auf eine in einem Arbeitsgang gemeinsam hergestellte Charge. Fleischverarbeitende Betriebe müssen Rindfleisch-Artikel ohrmarkengenau von der Verkaufsverpackung bis zur Historie beim Bauern zurückverfolgen können. Handelsunternehmen verlangen bei Nachfragen Reaktionszeiten von unter einer Stunde (Lebensmitteltechnik, 2014). Entsprechend aufwendig ist die Datenerfassung, sie ist nur durch ein intelligentes IT-System zu bewerkstelligen. Eine Charge bekommt eine gleichbleibende Loskennzeichnung. Auf den Verpackungen stehen Informationen in digitaler Form, die Herstellungs- und Lieferwege transparent darstellen. Die Informationen sind enthalten in EAN-Barcodes, QR-Codes oder RFID (bestehend aus einem Funketikett mit einem kennzeichnenden Code sowie einem Lesegerät zum Auslesen dieser Kennung). Die Lebensmittelindustrie reagiert mit den elektronischen Systemen auf Vorgaben der LMIV, die seit dem

Abb. 2.3
Regeln für die Rückverfolgbarkeit von Lebensmitteln

Rückverfolgbarkeit

Vorlieferant / Produzent / Handel	Aufbewahrungsfristen
Rückverfolgung von Lebensmitteln EU VO 178/2002 – Rückverfolgung für Abnehmer und Lieferanten – Lebensmittelsicherheit für die gesamte Kette – Identifikation von Lieferanten und Abnehmern – Sicherheit der in Verkehr gebrachten Chargen – Unterrichtungs- und Rückrufpflicht	– Grundsätzlich: 5 Jahre ab Produktion bzw. Lieferung – Produkte mit Haltbarkeit über 5 Jahre: Haltbarkeitsdatum plus 6 Monate – Produkte mit Haltbarkeit unter 3 Monaten oder ohne Haltbarkeitsdatum: 6 Monate ab Herstellungs- oder Lieferdatum
Rückverfolgung von Lebensmitteln tierischen Ursprungs EU VO 178/2002 mit Änderung in EU VO 931/2011 – Beschreibung des Lebensmittels – Volumen/Menge des Lebensmittels – Name/Adresse des Versenders – Name/Anschrift des Eigentümers – Versanddatum – Identifikation von Partie, Charge bzw. Sendung	
Rückverfolgung von Verpackungsmaterialien EU VO 1935/2004	auf sämtlichen Stufen ohne zeitliche Vorgaben
Rückverfolgung von Temperaturmanagement EU VO 37/2005	mind. 1 Jahr und länger
Rückverfolgung und Kennzeichnung gentechnisch veränderter Organismen EU VO 1829 + 1830/2003	mind. 5 Jahre
Rückverfolgung von Fischerei- und Aquakulturerzeugnissen EU VO 2065/2001 + 1224/2009 + 404/2011 – Handelsbezeichnungen der Fischkost, Produktionsmethode, Fanggebiet – Wissenschaftlicher Name der Art mittels einer entsprechenden Etikettierung oder Verpackung – Identifikation aller Lose und Chargen auf allen Stufen von Produktion, Verarbeitung und Vertrieb	siehe EU VO 178/2002

13. Dezember 2014 in Kraft ist, geht aus Marketinggründen aber teilweise über die gesetzlichen Informationsvorgaben hinaus.

2.1.1.2 HACCP-System („Hazard Analysis and Critical Control Point“)

Jedes Unternehmen muss angemessene Vorsichtsmaßnahmen ergreifen, damit es keine unsicheren Lebensmittel in Verkehr bringt. Im Schadenfall ist nachzuweisen, dass alle Maßnahmen getroffen worden waren und alle gebotene Sorgfalt aufgewendet wurde, um das Ereignis zu vermeiden, sei es in eigener Person oder durch unterwiesene Personen. Was angemessen ist, ergibt sich aus der Größe und den Ressourcen des Unternehmens. Als Nachweis dafür zählt insbesondere die Implementierung eines dem Risiko entsprechenden Kontrollsystems. Wichtiges Element davon ist das HACCP-System („Hazard Analysis and Critical Control Point“, Gefahrenanalyse und kritische Lenkungspunkte). Das HACCP System wurde in den 60er-Jahren in den USA entwickelt, um bei der Herstellung von weltraumgeeigneten Lebensmitteln eine möglichst 100 %ige Sicherheit zu gewährleisten. HACCP ist die Lebensmittelvariante des in der Industrie verwendeten **FMEA-Konzepts** (FMEA = Fehlermöglichkeiten- und Einflussanalyse) und beschränkt sich auf den gesundheitlichen Bereich. Das HACCP-Konzept wird verwendet, um alle Be- und Verarbeitungsstufen bis hin zum verzehrfertigen Erzeugnis zu überwachen, die zu einer Gefährdung führen könnten. Das HACCP-Konzept beruht auf sieben Grundsätzen, die dem Codex Alimentarius entnommen wurden:

- Durchführung einer Gefahrenanalyse für die Lebensmittelsicherheit
- Bestimmung von **kritischen Lenkungspunkten** (CCPs, d. h. Festlegung von Punkten, an denen eine optimale Gefahrenkontrolle erforderlich ist)
- Festlegung von **Kontrollgrenzwerten** für jeden CCP
- Festlegung von **Überwachungsanforderungen** für CCPs
- Durchführung von **Korrekturmaßnahmen** für nicht effektive CCPs
- Festlegung von **Dokumentationsverfahren**
- Festlegung von Verfahren zur Prüfung der ordnungsgemäßen **Systemfunktion** (z. B. Gerätekalibrierung)

Gemäß LMHV und unter Bezug auf die EG VO 852/2004 dürfen seit 2006 nur noch Lebensmittel, die in dokumentierter Version die HACCP-Richtlinien erfüllen, in der Union gehandelt und dorthin eingeführt werden. Bei großen Unternehmen mit vielen Gefahren und hohem Risikopotenzial sind ausführliche Aufzeichnungen verbindlich vorgeschrieben, bei kleinen Unternehmen genügen Reinigungspläne, Verifizierungsnachweise oder Personalanweisungen. Die Begriffe Gefahr und Risiko sind dabei folgendermaßen definiert:
Unter **Gefahr** (G) wird ein Agens in einem Lebensmittel oder Futtermittel oder ein Zustand eines Lebensmittels oder Futtermittels verstanden, die eine Gesundheitsbeeinträchtigung verursachen können. Gefahren können generell **mikrobiologischer Natur** sein (pathogene Mikroorganismen, Toxine, Viren, Parasiten), aus **Chemikalien** (Rückstände von Umweltchemikalien wie PCB, Dioxine, Pflanzenschutzmittel, Reinigungs- und Desinfektionsmittelreste, Antibiotika) oder aus **partikulären Stoffen** wie Metalle, Glas, Steine oder sonstige Fremdkörper bestehen.
Die **Gefahrenanalyse** hat innerhalb des Prozesses zu untersuchen, an welchen Stellen welche Arten von Gefahren möglich oder mit hoher Wahrscheinlichkeit zu erwarten sind.
Ein **Risiko** (R) ist eine Funktion der Wahrscheinlichkeit einer die Gesundheit beeinträchtigenden Wirkung und der Schwere dieser Wirkung als Folge, falls eine Gefahr realisiert wurde. Das Risiko für den Konsumenten ergibt sich als **Produkt aus der Gefahrenwirkung mal die Wahrscheinlichkeit** (W) des Eintreffens ($R = G \cdot W$). Eine sehr hohe, aber extrem unwahrscheinliche Gefahr kann eine sehr niedrige Risikoeinschätzung erhalten, eine geringe Gefahr mit sehr hoher Wahrscheinlichkeit dagegen eine große. Lebensmittel können im Sinne eines Risikos erst in Bezug zu den Verzehrmengen und -gewohnheiten bewertet werden. Letztlich geht es beim HACCP-System um die Erfassung und Bewertung möglicher Gefahren für die Sicherheit des Lebensmittels („Hazard Analysis") sowie der Auswahl und Dokumentation aller notwendigen Sicherheitsmaßnahmen am Ort des Entstehens („Critical Control Point"), CCP; korrekte deutsche Übersetzung: **kritischer Lenkungspunkt.** Der CCP ist eine Stufe der Produktion, auf der es möglich und von entscheidender Bedeutung ist, eine Gefahr für die Lebensmittelsicherheit zu verhüten, auszuschalten oder sie auf ein annehmbares Maß zu reduzieren.
Dazu ein Beispiel aus der Fleischwirtschaft: Beim Kuttern können sich Metallabriebteile von den Wandungen und vom Messereinsatz lösen und scharfkantige Edelstahlteilchen die Wurst kontaminieren. Ein derart erkannter CCP muss überwacht werden, z. B. mit Metalldetektoren. Abbildung 2.4 zeigt beispielhaft und vereinfacht die Herstellung von Brühwurst mit zwei CCPs, die entsprechend zu behandeln sind. Ein üblicherweise multidisziplinär zusammengesetztes HACCP-Team hat eine Art **Gefahren-Businessplan** zu erstellen, der die genaue Produktbeschreibung (z. B. Zusammensetzung, physikalische, sensorische, chemische und mikrobiologische Parameter, rechtliche Anforderungen zur Lebensmittelsicherheit des Produkts, Behandlungsmethoden, Verpackung,

Abb. 2.4
Herstellung einer Brühwurst mit 2 CCPs

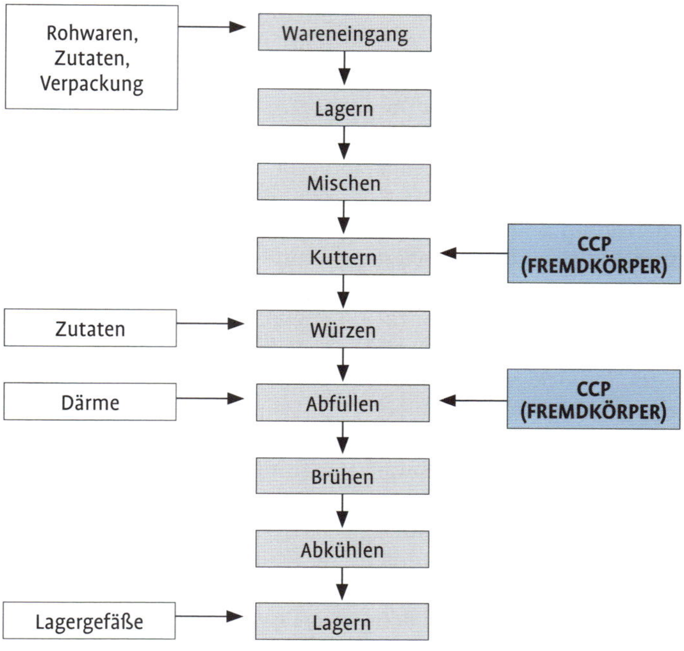

Haltbarkeit, Lagerbedingungen, Methoden für Transport und Distribution), den bestimmungsgemäßen Verwendungszweck des Lebensmittels, die Fließdiagramme samt Praxisüberprüfung sowie die Ausarbeitung der sieben Grundsätze der HACCP enthält.
Kritische Lenkungspunkte sind exakt zu dokumentieren. Im Fall der Metallausschleusung aus Brühwurst könnte dazu das Schema in Tab. 2.1 verwendet werden. Es bezieht sich auf das Detektorprotokoll, das der Maschinenführer verantwortlich betreut. Er ist auch für die Validierung des Detektors mit Prüfstücken verantwortlich und die ebenfalls dokumentierte Beseitigung von Schadchargen.

Tab. 2.1
Dokumentation der CCPs.

Prozess	Metalldetektion
Gefahr	• Metallteile in den Waren • Metallteile von Dosenöffnern • Verbrauchergefährdung (Verletzungen des Mundes oder des Magen-Darm-Trakts)
Kontrolle	Metalldetektor mit Bandstopp
kritische Grenze	Metall im Produkt: Fe: ≥ ∅ 3,0 mm Edelstahl: ≥ ∅ 2,5 mm Non-Fe: ≥ ∅ 3,0 mm
Dokumentation	Detektorprotokoll
verantwortlich	Maschinenführer
Korrekturmaßnahme	Vernichtung des auffälligen Produkts
Überwachung	Validierung mit Prüfstücken 1–3

2.2 Der Codex Alimentarius und das Deutsche Lebensmittelbuch

Die inhaltliche Basis vieler Regelwerke ist der Codex Alimentarius (Lebensmittelkodex). Dabei handelt es sich um eine Sammlung von Normen für die Lebensmittelsicherheit und Produktqualität, die von der Ernährungs- und Landwirtschaftsorganisation und der Weltgesundheitsorganisation der Vereinten Nationen erstmals 1963 herausgegeben wurde. Über 180 Staaten und die EU-Kommission als Sprecherin der EU arbeiten in mehr als 20 verschiedenen Komitees an der Entwicklung von Standards, Leitlinien oder „Codes of Practice" zur Lebensmittelqualität und -sicherheit. Das betrifft z. B. Standards zu Lebensmittelzusatzstoffen und Schadstoffen oder zu bestimmten Warengruppen wie Obst und Gemüse. Auch die sieben Prinzipien des HACCP-Systems entstammen dem Codex Alimentarius, gleichermaßen ist das Deutsche Lebensmittelbuch durch den Codex beeinflusst.

Neben der Beschreibung von Verfahren zum Sicherstellen der Lebensmittelsicherheit (z. B. der Aufbau eines HACCP-Systems oder die Durchführung von Stichprobenkontrollen) definiert der Codex Alimentarius auch produktspezifische Standards, die Festlegungen über Herstellungsverfahren treffen, mikrobiologische Risiken benennen und die Kennzeichnung der Ware zur Information des Endverbrauchers regeln. Der Codex Alimentarius stellt insgesamt eine weitgehend gesicherte **Sammlung von Ansichten und Einsichten des Stands der zugehörigen Wissenschaft** dar. Dementsprechend folgt die große Mehrheit der Staaten den darin enthaltenen Vorgaben und Maßgaben als de facto bindend. Er ist aber kein verbindliches Gesetz, sondern lediglich eine Sammlung von Empfehlungen. Er wird insbesondere von der FAO und WHO, aber auch von vielen anderen Stellen bemüht.

Das **Deutsche Lebensmittelbuch** ist eine Sammlung von Leitsätzen, in denen Herstellung, Beschaffenheit oder sonstige typische Merkmale von derzeit mehr als 2000 Lebensmitteln beschrieben werden. Die Leitsätze definieren so, was verkehrsfähig ist. Sie werden ausgearbeitet von der **Deutschen Lebensmittelbuch-Kommission** (DLMBK). Dieses Gremium tagt in mehreren Fachausschüssen, Ergebnisse veröffentlicht das Bundesministerium für Ernährung und Landwirtschaft (BMEL). Die DLMBK setzt sich aus 32 Mitgliedern zusammen, je acht Vertreter der Lebensmittelwirtschaft, der Verbraucher, der Wissenschaft und der Behörden. Entscheidungen müssen mit einer Mehrheit von 75 % getroffen werden. Gesetzliche Grundlage des Deutschen Lebensmittelbuchs sind § 15 und § 16 des Lebensmittel-, Bedarfsgegenstände- und Futtermittelgesetzbuchs (LFGB). Das Deutsche Lebensmittelbuch teilt die Leitsätze nach **Produktgruppen** in derzeit 23 Leitsatzkapitel ein, die von sieben Fachausschüssen der Lebensmittelbuch-Kommission ausgearbeitet und aktualisiert und unabhängig voneinander veröffentlicht werden (Stand 2013):

- Fleisch und Fleischerzeugnisse (Fachausschuss 1)
- Fische und Fischerzeugnisse (Fachausschuss 2)
- Fette/Öle, Feinkostsalate, Gewürze (Fachausschuss 3)
- Getreideerzeugnisse, Kartoffelerzeugnisse, Ölsamenerzeugnisse (Fachausschuss 4)
- Obst, Gemüse, Pilze (Fachausschuss 5)
- Getränke (Fachausschuss 6)
- Speiseeis, Honig, Puddinge/Desserts (Fachausschuss 7)

Abbildung 2.5 zeigt einen kurzen Auszug aus den Leitsätzen für Fleisch und Fleischerzeugnisse, die die maßgeblichen Begriffsbestimmungen und Beurteilungsmerkmale enthalten. Die Leitsätze wurden 2022 auf über 80 Seiten neu verfasst. Weiterhin legen die Leitsätze z. B. die Verkehrsauffassung fest, wie Brüh-, Koch- oder Rohwürste beschaffen sein müssen, oder sie grenzen Flomen von Speck ab bzw. Blutserum von Blutplasma. Der Metzger oder ein Unternehmen der Fleischindustrie finden für fast alle Fleischprodukte in den Leitsätzen eine Aussage, aus welchen Teilen ein Produkt bestehen muss.

Das Lebensmittelbuch ist vergleichbar dem Codex Alimentarius keine Rechtsnorm oder Ver-

Abb. 2.5
Auszug aus den Leitsätzen für Fleisch und Fleischerzeugnisse
https://www.bmel.de/SharedDocs/Downloads/DE/_Ernaehrung/Lebensmittel-Kennzeichnung/LeitsaetzeFleisch.pdf?__blob=publicationFile&v=14 (Stand: Mai2024)

Leitsätze für Fleisch und Fleischerzeugnisse
Neufassung vom 14.04.2022 (BAnz AT 28.07.2022 B1, GMBl 29–30/2022 S. 657–703), zuletzt geändert durch die Bekanntmachung vom 13.09.2022 (BAnz AT 04.10.2022 B3, GMBl 36/2022, S.825)

1 Allgemeine Beurteilungsmerkmale
Die Leitsätze umfassen alle zum Verzehr durch den Menschen bestimmten Teile von geschlachteten oder erlegten warmblütigen Tieren und die daraus gewonnenen Erzeugnisse. „Fleischerzeugnisse" im Sinne dieser Leitsätze sind Erzeugnisse, die ausschließlich oder überwiegend (> 50 %) aus den oben genannten Teilen bestehen.

1.1 Begriffsbestimmungen
1.1.1 Vom Tier stammendes Ausgangsmaterial
Vom Tier stammendes Ausgangsmaerial sind alle Teile von geschlachteten oder erlegten warmblütigen Tieren, die zum Verzehr durch den Menschen bestimmt sind[1)].

1.1.1.1 Fleisch (Skelettmuskulatur)
Bei Erzeugnissen im Sinne dieser Leitsätze wird unter „Fleisch" nur Skelettmuskulatur mit anhaftendem oder eingelagertem Fett- und Bindegewebe (Leitsatznummer 1.1.1.2 und 1.1.1.3) sowie eingelagerten Lymphknoten, Nerven, Gefäßen und Schweinespeicheldrüsen verstanden.

ordnung, sondern eine Orientierungshilfe für den Handel und für den Produzenten bei der Kennzeichnung von Lebensmitteln. Es ergänzt die Rechtsnormen, besitzt den Charakter eines objektivierten Sachverständigengutachtens und unterliegt der gerichtlichen Nachprüfung. Die Leitsätze des Deutschen Lebensmittelbuchs bringen für die von ihnen beschriebenen Lebensmitteln die nach allgemeiner Verkehrsauffassung übliche Verkehrsbezeichnung im Sinne der Lebensmittel-Informationsverordnung (LMIV) zum Ausdruck. Sie sind vorrangige Auslegungshilfe für die Beantwortung der Frage, ob eine Irreführung im Sinne der Vorschriften des Lebensmittelrechts vorliegt. Von Verbraucherschützern wurde in der Vergangenheit verstärkt eine nicht ausreichende Berücksichtigung der Verbrauchererwartung in den Leitsätzen kritisiert. Verkehrsauffassung und Verbrauchererwartung würden auseinanderklaffen, Legales sei nicht immer auch legitim (siehe auch Kap. 9.4). So wurden z. B. eine Zitronenlimonade reklamiert, die statt Zitronensaft Zitronensäure (E 330) enthielt, oder Alaska-Seelachs, der aus Lachsimitat bestand. Das BMEL hat aufgrund einer Studie einen Reformprozess eingeleitet. Die Rahmenbedingungen der Reform der DLMBK ergeben sich aus dem Anspruch der Verbraucher auf „Wahrheit und Klarheit" bei der Kennzeichnung von Lebensmitteln, aus den Erkenntnissen der Studie und den Stellungnahmen der beteiligten Kreise. Im März 2015 wurde die grundsätzliche künftige Struktur der DLMBK festgelegt: Es blieb bei einer paritätisch aus den vier Kreisen Wissenschaft, Lebensmittelüberwachung, Verbraucherschaft und Wirtschaft zusammengesetzten Kommission, die beim Bundesernährungsministerium gebildet wird und Leitsätze unabhängig von Weisungen beschließt.

2.3 Privatwirtschaftliche Systeme der Lebensmittelsicherheit und die Einbindung des Qualitätsmanagements

Das Qualitätsmanagement ist im Unternehmen für die Einhaltung aller maßgeblichen gesetzlichen als auch privatwirtschaftlichen Regeln und Normen verantwortlich. Die Regeln überlappen sich stark, die privatwirtschaftlichen sind vielfach durch die **GFSI-Standards** über die gesetzlichen hinausgehend. Das Qualitätsmanagement durchzieht so das gesamte Unternehmen. Hinzu kommen besonders für Lebensmittelunternehmen Elemente des Risiko- oder Krisenmanagements, für die das Qualitätsmanagement Störfallregelungen zu schaffen hat. Ziel ist die abgestufte Reaktion und die Kommunikation mit der betroffenen Öffentlichkeit.

2.3.1 Qualitätsmanagementsysteme nach DIN EN ISO

Auf privatwirtschaftlicher Ebene diente zum Nachweis der Einhaltung aller gesetzlichen Vorgaben in der Vergangenheit allein die Zertifizierung nach der DIN-EN-ISO-9000-Gruppe, insbesondere der Nummer 9001. Im Jahr 2005 kam deren Erweiterung für die Lebensmittelwirtschaft durch die Norm DIN EN ISO 22 000 mit dem Hinweis auf HACCP-Prinzipien und damit zusammenhängende Forderungen. Diese **Management-Normen** enthalten neben der Definition von Begriffen auch acht unternehmerische Grundsätze, die klassische Managementaufgaben darstellen. Die wichtigsten sind die strenge **Kundenorientierung**, die **Verantwortlichkeit der Führung**, die **Einbeziehung aller beteiligten Personen** und ein **stetiger Verbesserungsprozess.** Jeder einzelne Mitarbeiter ist für Qualität verantwortlich, das Management muss den Qualitätsgedanken vorleben. Diese Grundsätze finden sich praktisch in allen anderen Standards wieder. Die ISO-Normen lassen größere Spielräume als die Standards der Handelsverbände, die teilweise zu einzelnen Einrichtungsgegenständen ausgesprochen direkte Forderungen stellen. Im Gegenzug ist die ISO 22 000 auch auf andere Unternehmen, die an der Lebensmittelkette beteiligt sind, anwendbar (z. B. Maschinenlieferanten und Hersteller von Zusatzstoffen). Als ISO-Norm ist sie weltweit anzuwenden, während die Forderungen der Handelsverbände zum Teil nur regionale Bedeutung haben.
Die Schaffung von DIN EN ISO 22 000 war ein Versuch, die Standardflut durch andere nichtstaatliche Organisationen zu kanalisieren. Diese Standardflut war ausgelöst worden durch gemeinsame Aktivitäten großer Unternehmen des Lebensmittelhandels unter anderem in Deutschland, Frankreich, England, Holland, USA und Australien. Sowohl bei den **GFSI-Standards** als auch bei der DIN-ISO-Qualifizierung müssen **akkreditierte Zertifizierer** die Einhaltung der Standards durch die produzierenden bzw. zuliefernden Unternehmen bestätigen. Die Zertifizierung ist allgemein ein Verfahren, bei dem eine amtlich anerkannte Zertifizierungsstelle schriftlich die Konformität, d. h. die Übereinstimmung eines Produkts mit einem bestimmten Standard, bestätigt.

2.3.2 „Consumer Goods Forum" (CGF)

Die bereits erwähnte „Global Food Safety Initiative" (GFSI) ist ins Leben gerufen worden und wird gesteuert vom „Consumer Goods Forum" (CGF), einem international tätigen Netzwerk mit über 400 Mitgliedern in 70 Ländern. Vertreten sind im CGF Produzenten von Verbrauchsgütern und der Handel gleichermaßen. Wichtige Anliegen sind die Produktsicherheit und die Nachhaltigkeit auf globaler Ebene.

2.3.3 „Global Food Safety Initiative" (GFSI)

Die GFSI wurde im Jahr 2000 nach mehreren Lebensmittelkrisen als gemeinnützige Organisation gegründet. Sie gleicht mehrere Lebens-

Abb. 2.6
Standards für Lebensmittelsicherheit und Lebensmittelqualität und das System der Akkreditierung und Zertifizierung

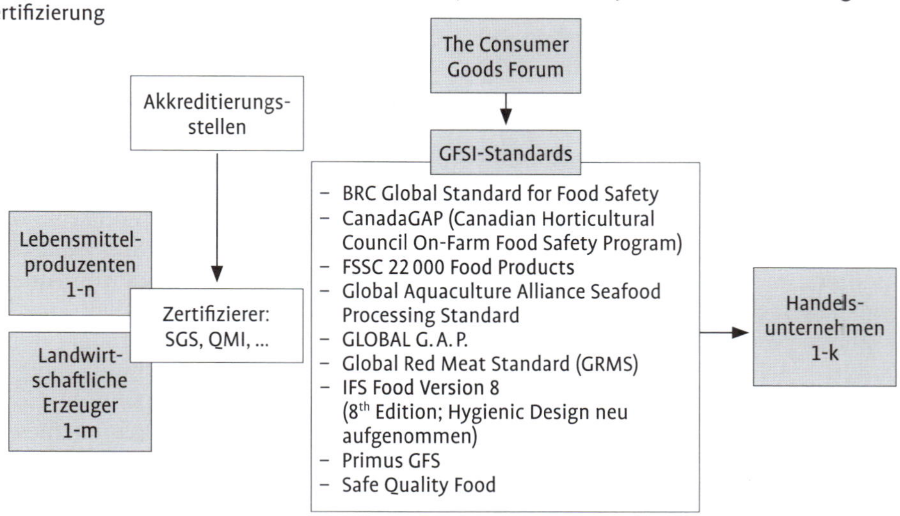

mittelstandards mit Kriterien zur Lebensmittelsicherheit ab, um Zertifizierungen zu standardisieren und Mehrfachaudits zu vermeiden. Abbildung 2.6 zeigt die Zusammenhänge zwischen Erzeugern von Lebensmitteln, der Standard-Zertifizierung und den Handelsunternehmen. Dank der GFSI-Organisation besteht für Erzeuger von Lebensmitteln oder landwirtschaftlicher Produkte die Möglichkeit, mit einem Audit mehrere Standards parallel zertifiziert zu bekommen, auch wenn sie sich in einzelnen Anforderungen unterscheiden. Die zuvor übliche Einzelauditierung mit ihrem beträchtlichen Aufwand wurde dadurch vereinfacht. Die in Abb. 2.6 aufgeführten Standards decken über 90 % aller Anforderungen ab.

2.3.4 IFS (Food) Version 8

Der Handelsverband Deutschland (HDE) und der französische Verband „Fédération des Entreprises du Commerce et de la Distribution" (FCD) entwickelten gemeinsam einen Standard zur Qualitätssicherung und Lebensmittelsicherheit für Eigenmarken, den IFS Food. Er diente der Vereinheitlichung der Überprüfung der Lebensmittelsicherheits- und Qualitätssicherungssysteme der Lieferanten (IFS Food, Version 8, 2024). Zuvor führten praktisch alle Handelsunternehmen bei den Lieferanten eigene Audits durch. Mittlerweile verlangt nahezu jeder der großen Lebensmittelhändler eine IFS-Zertifizierung von seinen Lieferanten. Die IFS ist inzwischen global tätig mit 60 Zertifizierungsstellen, über 15 000 zertifizierten Produzenten und 850 Handelsunternehmen als Nutzer. Die anderen in Abb. 2.6 erwähnten Standards unterscheiden sich oft nur in Details von denen des IFS. Die Standards werden regelmäßig weiterentwickelt.

2.3.5 „Hygienic Design"

Sauberkeit und Hygiene sind die Grundpfeiler der Herstellung sicherer Lebensmittel. Nicht nur bei der industriellen Produktion werden eine extreme Vielzahl von Maschinen und Verfahrenstechniken verwendet. Auch Handwerksbetriebe arbeiten mit einer zum Teil aufwendigen Maschinentechnik. Durch den unvermeidlichen Kontakt mit dem Lebensmittel kann jede Technik für Infektionen verantwortlich sein. Um dieses Risiko zu minimieren, wurden zahlreiche nationale und EU-weit gültige Gesetze und Verordnungen geschaffen, um **hygienische, lebensmittelgerechte Maschinen und Anlagen** zu definieren. Die wichtigsten sind die Verordnung (EG) 1935/2004, die bereits erwähnte Verordnung 852/2004, die DIN EN 1672-2 aus dem Jahr 2005 oder die Maschinenrichtlinie EG 98/37 bzw. 2006/42 (MRL). Ab 2027 gilt die EU(VO) 2023/1230. Laut MRL ist es im europäischen Wirtschaftsraum verboten, Maschinen in Verkehr zu bringen, die nicht hygienegerecht konstruiert sind. Seit etwa 20 Jahren hat sich dafür der Begriff „Hygienic Design“ etabliert, der inzwischen ebenfalls zu einer Art Managementsystem ausgeweitet wurde. Es ist das industrielle Gegenstück zu den Qualitäts- und HACCP-Systemen in der Lebensmittelindustrie. Die Zusammenhänge zeigt Abbildung 2.7. Zertifikate bescheinigen Maschinen und Anlagen, dass sie nach den Grundsätzen des „Hygienic Design“ konstruiert und installiert wurden und somit einer hygienegerechten Konstruktion entsprechen.

„Hygienic Design“ ist die konsequente Umsetzung konstruktiver Gestaltungsprinzipien mit dem Ziel, Schwachstellen zu vermeiden, die hygienische Risiken zu begünstigen vermögen. Die Risiken können analog zu Lebensmitteln biologische, chemische oder physikalische Ursachen haben. Im Mittelpunkt steht die Notwendigkeit, Maschinen so zu konstruieren, dass sie schnell und einfach **rückstandslos zu reinigen** sind und Produktreste in Ecken und Kanten vermieden werden. Nach der Reinigung muss wieder ein hygienischer Zustand vorliegen, von dem keine Gefährdung mehr ausgeht. Die chemische Reinigung ist ein Wechselspiel zwischen den Reinigungsmittelparametern und den Parametern der zu behandelnden Oberflächen bzw. der Konstruktion eines Aggregats. Die Konstruktion einer Pumpe, eines Ventils oder einer ganzen Anlage, die Wahl der Oberflächenrauigkeit entscheiden wesentlich mit, ob eine optimale Reinigung möglich ist. Tote Ecken, Schweißkanten, nicht leerlaufende Leitungen, Hohlräume hinter Dichtungen usw. können Schmutznester hinterlassen, in denen Mikroorganismen wachsen und das Lebensmittel infizieren können.

Abbildung 2.8 zeigt beispielhaft, wie durch eine richtige Rohrleitungsführung die hygienische Situation verbessert werden kann. Weitere konstruktive Hygienemaßnahmen können sein der Verzicht auf Dichtungen (z. B. durch flächenbündige Abdeckungen), der Verzicht auf Schrauben bzw. Flanschverbindungen bei produktberührten Elementen oder die Wahl von besonders robusten Bediendisplays. Die Steuerungselektronik wird abseits der Maschine in einem Schaltschrank untergebracht, der zudem entsprechend wassergeschützt ausgelegt ist.

Abb. 2.7
Hygienic Design und HACCP

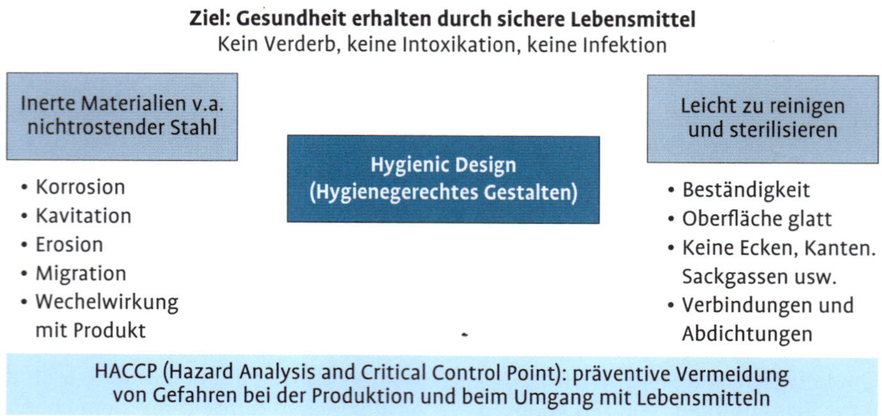

Abb. 2.8
Beispiele für hygienische bzw. problematische Rohrleitungsführung (Bellin 2011)

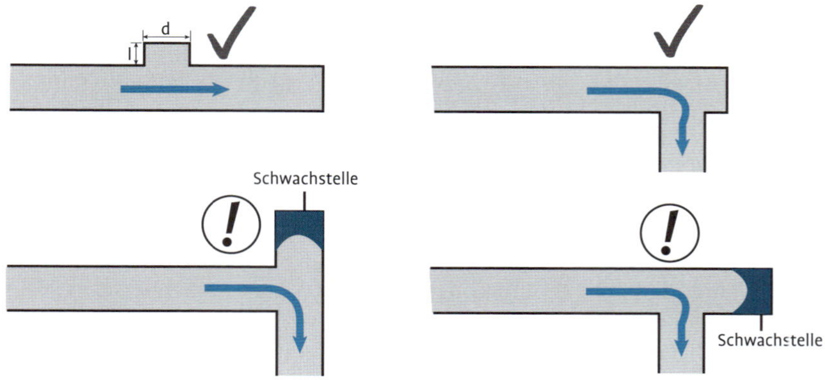

Wenn technisch möglich, werden Reinigungsdüsen an den entsprechenden Stellen fest installiert. Die Oberflächenbeschaffenheit wird ebenfalls konstruktiv festgelegt. Sie wirkt sich entscheidend auf die Effizienz der Reinigung aus. Je glatter die Oberfläche, desto leichter die Reinigung. Unter dem Mikroskop erkennt man auch bei vermeintlich glatten Edelstahlflächen ausgeprägte Unebenheiten (Kap. 5.2.3). 2023 wurden im Portal „www. lebensmittelwarnung. de" 308 Rückrufe veröffentlicht, davon ein Drittel aufgrund mikrobiologischer Verunreinigungen. Mit 35 Meldungen waren Salmonellen die häufigste Ursache, dazu E. coli, Listeria monocytogenes oder Viren. Die höchste Infektionsgefahr besteht bei Rohwaren, ganz besonders bei Fleisch- und Fischprodukten, aber auch bei Rohmilchkäsen. Ebenfalls besonders risikobehaftet sind alle Produkte, die aus Gründen der Qualitätserhaltung nur minimal behandelt und bei denen keimtötende Maßnahmen entsprechend reduziert wurden.

Die in Europa maßgeblich anerkannte Organisation zur Zertifizierung, Beratung und Entwicklung von Standards ist die **„European Hygienic Engineering & Design Group"** (EHEDG, www.ehedg.org), ein Zusammenschluss von Ausrüstern für die Lebensmittelherstellung, lebensmittelverarbeitenden Firmen, Forschungsinstituten und Einrichtungen des öffentlichen Gesundheitswesens. Sie wurde 1989 mit dem Ziel gegründet, Hygienemaßnahmen während der Herstellung und Verpackung von Lebensmitteln zu unterstützen. Die Umsetzung verschiedener EU-Richtlinien zur Handhabung, Verarbeitung und Verpackung von Lebensmitteln obliegt den einzelnen Betrieben. Der Zusammenschluss zur EHEDG dient dazu, Hilfestellungen für die Betriebe zur Umsetzung der gesetzlichen Vorgaben zu erarbeiten, sowie ein EU-weites, einheitliches Handlungskonzept unter Beachtung internationaler und nationaler Vorschriften zu ermöglichen. Die Hilfestellungen werden in Form von Leitlinien erörtert und publiziert. Im weltweiten Austausch über solche Vorgaben steht die EHEDG z. B. mit amerikanischen Organisationen wie NSF und 3-A in Kontakt, um auch auf internationaler Ebene gemeinsam Handlungsstrukturen zu erarbeiten und gegenseitig anzupassen.

Für die Produzenten von pharmazeutischen Produkten gelten **EU-GMP-Verordnungen** (GMP: „Good Manufacturing Practice"), die ihrerseits wesentlich von der FDA (der US-amerikanischen „Food and Drug Association") initiiert sind. Die Einhaltung dieser Richtlinien wird amtlicherseits überwacht. Die Lebensmittelwirtschaft greift teilweise auf GMP-Richtlinien zurück, vor allem bei der Gestaltung von Produktionseinrichtungen.

2.3.6 FMEA (Fehlermöglichkeiten und Einflussanalyse)

FMEA hat über den Einsatz in der Automobilindustrie modifiziert den Weg in den Maschinenbau, die Prozesstechnik oder die Luft- und Raumfahrttechnik gefunden. Mittels FMEA sollen konstruktive Fehler oder Schwächen in einer Maschine oder einem Prozess vorsorgend, d. h. möglichst bereits in der Entwurfsphase, entdeckt und vermieden werden und nicht erst um ein Vielfaches teurer als nachsorgende Fehlerbewältigung in der Produktionsphase oder noch später beim Kunden. Als Norm existiert, 2015 aktualisiert, die DIN EN 60 812 unter der Überschrift „Fehlerzustandsart- und Fehlerauswirkungsanalyse".

Tabelle 2.2 zeigt ein FMEA-Formblatt zur Ermittlung der **Risikoprioritätszahl.** Diese ist ein Maß für das Risiko durch einen produktbedingten Fehler. Die Zahl setzt sich zusammen aus der Bedeutung des Fehlers, der Wahrscheinlichkeit des Auftretens und der Wahrscheinlichkeit, ihn zu entdecken. Die Bewertung erfolgt durch interdisziplinäre Teams (Produktion, Service, Vertrieb, Controlling usw.), die jeweils Punkte von „10" = hoch bis „1" = gering vergeben.

Die Bedeutung bzw. die Schwere des Fehlers wird aus der Sicht des Kunden bewertet. Der Kunde kann sowohl der Endkunde als auch ein firmeninterner Zwischenkunde sein, der die FMEA verlangt. Der Bruch eines Messers oder allein Metallabrieb beim Kuttern sind schwerwiegende Maschinenfehler, die die Korngröße des Bräts beeinflussen oder zur Kontamination mit Metallteilchen führen können. Die Wahrscheinlichkeit des Auftretens dieses Fehlers ist gering, wenn die Messer im Wissen um die Aufgabe und das Risiko korrekt dimensioniert und gefertigt wurden. Die Wahrscheinlichkeit der Entdeckung des Fehlers im Prozess vor Übergabe des Bräts an die Abfüllung (bei Maschinenlieferungen eventuell vor Übergabe an den Kunden bzw. bei ihm im laufenden Betrieb) wird als groß bewertet. Eine Messerbeschädigung ist visuell gut zu erkennen. Problematischer ist feiner Abrieb, der den Einsatz von Metalldetektoren erfordert. Siehe dazu auch Abb. 2.3 im Kap. HACCP und Kap. 2.3.7.

Risikoprioritätszahlen (RPZ) können zur Priorisierung von Gegenmaßnahmen im Entwicklungsprozess genutzt werden. Nach Abschluss einer konstruktiven Gegenmaßnahme muss die erneut ermittelte RPZ deutlich niedriger liegen. Die RPZ allein ist zur Beurteilung von Risikopotenzialen nur sehr bedingt geeignet. Eine RPZ von 120 kann entstanden sein aus $B \cdot A \cdot E = 10 \cdot 3 \cdot 4$ oder aber aus $5 \cdot 8 \cdot 3$. Eine Bedeutung von $B = 10$ und eine eher mäßige Entdeckung von $E = 4$ ist weniger akzeptabel als eine Fehlerfolge, bewertet mit $B = 5$, die sehr häufig auftritt ($A = 8$), aber gut entdeckt wird ($E = 3$). Die Ermittlung und Bewertung der RPZ enthält bei praktisch jeder Zahl eine Wertung von Sachverhalten. Die ermittelten Zahlen sind auch ein Ausdruck der Risikobereitschaft eines Unternehmens. Üblicherweise existieren spezifische Vorgaben, welche Größenordnungen akzeptabel sind und welche Dimension von Maßnahmen gegebenenfalls zu ergreifen ist.

Tab. 2.2
Ermittlung der Risikoprioritätszahl RPZ (A = Wahrscheinlichkeit des Auftretens [max. 10], B = Bedeutung des Fehlers [max. 10], E = Wahrscheinlichkeit der Entdeckung [max. 10]).

Bedeutung des Fehlers	×	Wahrscheinlichkeit des Auftretens	×	Wahrscheinlichkeit der Entdeckung	=	Risikoprioritätszahl (RPZ)
Prozess	mögliche Fehlerart, -auswirkung, -ursache	Fehlervermeidung	Fehlerentdeckung	B × A × E =	RPZ	Maßnahmen

2.3.7 Optische Methoden bei der Lebensmittelkontrolle

Wer Lebensmittel in Verkehr bringt, muss diese über die gesamte Wertschöpfungskette überwachen. Ziel ist die Einhaltung eigener Vorgaben oder die Kundenspezifikationen sicherzustellen. Besonders wichtig ist dabei die **Warenausgangskontrolle** als letzte Sicherheitsschleuse vor dem Kundenkontakt. Vielfach werden auch die eigenen Lieferanten auditiert, z. B. nach einem der GFSI-anerkannten Standards. Eingehende Rohwaren, Zusatzstoffe oder Verpackungsmaterialien müssen gleichfalls der Spezifikation entsprechen, und ihre Rückverfolgbarkeit muss jederzeit gegeben sein. Abbildung 2.9 fasst die wichtigsten Kontrollen über die Wertschöpfungskette zusammen.

Bilderkennungsverfahren erfassen quasi durch einen Blick von oben Farbe, Geometrie, Reflexion und Kontraste. Diese Verfahren helfen, Fremdkörper oder Verdorbenes zu erkennen und auszuschleusen. Eingesetzt werden sie z. B. bei Nüssen oder bei Tiefkühlgemüse, um verfärbte oder unreife Trauben zu erkennen oder allgemein, um Bruch, Agglomerate, Über- oder Unterkorn, infizierte Stücke usw. zu identifizieren. Teile mit Struktur-, Form- oder Farbdefekten können mittels hochauflösender Kameratechnik, Infrarot-, Ultraviolett- oder Lasersignalen innerhalb von Millisekunden erkannt und über rechnerangesteuerte Luftdüsen ausgeschleust werden. Die korrekte Ware setzt ihren Weg in der Linie fort. Die Messbereiche der marktgängigen Geräte sind in der Lage, Teilchen zwischen 20 µm und 20 mm zu unterscheiden. Bei der Lasertechnologie werden durch unterschiedliche Reflexion oder Streuung des gebündelten Laserlichts an der Oberfläche Produkt und Defekt unterschieden und letzterer ebenfalls über Düsen abgetrennt. Mit dieser Technik können z. B. weiße Steinchen von weißen Bohnen sicher unterschieden werden. Ebenso lassen sich verfaulte Stellen an grünem Gemüse erkennen und ausschleusen, da Chlorophyll nur in intakten Zellen fluoresziert. Ein wichtiger, noch zu optimierender Ansatz ist die Identifizierung von Produkten wie Getreide oder Nüssen, die durch Mykotoxine, besonders die kanzerogenen Aflatoxine, befallen sind.

Abb. 2.9
Kontrollen über die gesamte Wertschöpfungskette

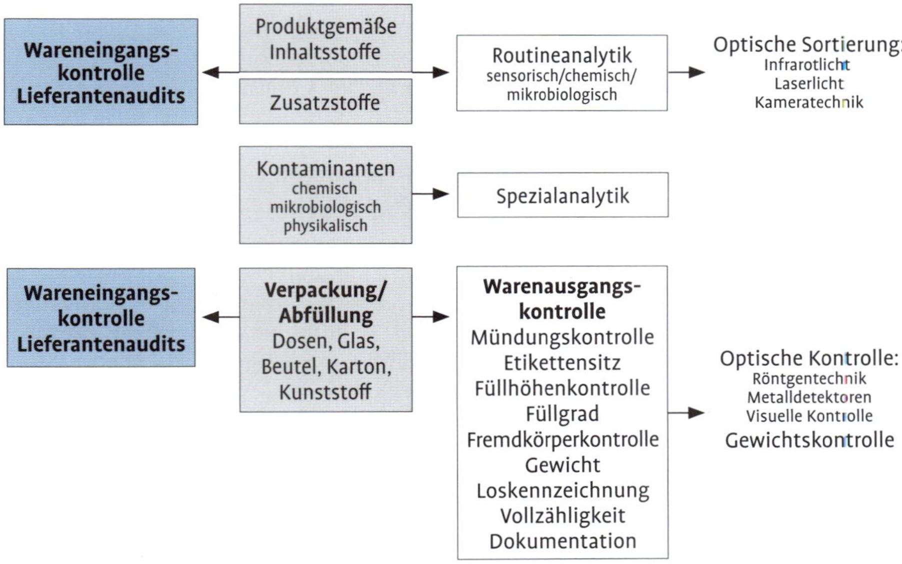

Abb. 2.10
a) Dynamische Kontrollwaage mit integriertem Metalldetektor (Quelle: Fa. Wipotec)
b) Einstrahliges online-Röntgensystem mit vertikaler Inspektion zur Fremdkörpererkennung (Quelle: Fa. Wipotec)

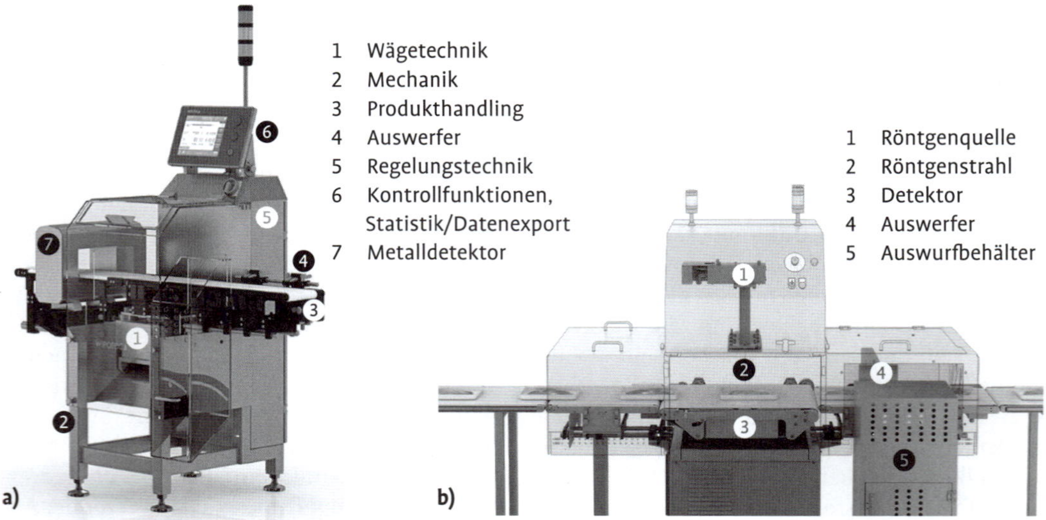

Im kontinuierlichen Prozess integrierte vollautomatisch arbeitende Waagen stellen eine 100%-Gewichtskontrolle sicher. Unter- oder übergewichtige Produkte werden direkt ausgeschleust, statistische Analysen belegen die Einhaltung der Qualitätskontrolle und erlauben die Ansteuerung von Füllorganen durch Mittelwertrückführungen auf das Zielgewicht.

Während Metalldetektoren v.a. Eisen-, Buntmetall- und Edelstahlteilchen erkennen und ausschleusen, eignet sich die Röntgeninspektionstechnik für nichtmetallische Kontaminationen wie Glas, Steine, Knochen und bestimmte Kunststoffe, selbst in metallischen und metallisierten Verpackungen.
Weitere röntgentechnische Inspektionsmöglichkeiten sind die Füllstandsmessung sowie eine Vollzähligkeits-, Form-, Belags- und Bruchkontrolle.

Sind die Produktspezifikation erfüllt und Kontaminanten ausgeschlossen, müssen im Zuge der Verpackung/Abfüllung und des Versandfertigmachens zahlreiche weitere Sicherheits- und Qualitätsinspektionen durchgeführt und dokumentiert werden. In den letzten Jahren haben sich auch dazu unterschiedliche optische Verfahren etabliert. Zur Erkennung von Fremdkörpern in geschlossenen Verpackungen wie Dosen, Gläsern, Schlauchbeutel oder Schachteln eignet sich die Durchleuchtung mit **Röntgenstrahlen** minimaler Dosis. Glassplitter, Steine, Knochen und Kunststoffe mit hoher Dichte (z.B. PVC) lassen sich so selbst in verschlossenen Behältnissen aufspüren und ausschleusen. Die Röntgenstrahlung wird zu einem Vorhang gebündelt und über ein Leitsystem durch das Produkt in Richtung Röntgendetektor geleitet. Das Produkt läuft zwischen Röntgenquelle und Detektor hindurch. Jeder Gegenstand, der Röntgenstrahlen absorbiert, führt zu einer Schwächung der Intensität, die der Sensor erfasst. Entscheidend ist die Dichte, nicht die Größe des Fremdkörpers.
Oft ist es produktbedingt ausreichend, lediglich Metallteilchen auszuschließen. Dann sind verglichen mit der Röntgentechnik kostengünstigere **Metalldetektoren** geeignet. Metallsuchgeräte bestehen aus einem Metallgehäuse mit einer Prüföffnung, die dem zu kontrollierenden Produkt angepasst ist. Um die Prüföffnung ist ein Spulensystem angeordnet, wobei eine Spule als Sender dient, zwei weitere als Empfänger. Die Sendespule wird durch einen Oszillator mit einer Spannung und einer bestimmten Frequenz versorgt. Die Empfängerspulen sind mit der Auswertelektronik verbunden. Im Gleichgewichtszustand ist die Ausgangsspannung

gleich Null. Metalle bzw. elektrisch leitende Teilchen bewirken eine Phasenverschiebung zwischen den Spulen, die über einen Mikroprozessor verarbeitet wird und zu einem Signal an den Ausschleusmechanismus führt. Erfasst werden mit derartigen Systemen Buntmetalle, magnetische Metalle und Edelstahl.

Das wichtigste Ziel der Warenausgangskontrolle betrifft die Korrektheit der Verpackung. Gesetzlich vorgeschrieben ist eine dokumentierte Gewichtskontrolle, die „On-Line" über Wägung erfolgen kann (Abb. 2.10). Dazu kommen die Überprüfung der Füllstandskontrolle, die Überprüfung des richtigen Etikettensitzes, eine Verschlusskontrolle, eventuell eine Vakuumüberprüfung bei Heißabfüllungen oder ein Kontrolle der Loskennzeichnung. Je nach Verpackungsart eignen sich unterschiedliche Systeme. Methode der Wahl für fast alle Fragestellungen ist die Röntgentechnik. Die IFS- oder BRC-Standards stellen konkrete Anforderungen an eine dokumentierte Beschaffung, die Kalibrierung und die Wartung der optischen Systeme. Die Anwender müssen zudem nachweisen, dass ihre Lösung perfekt auf die Anforderungen zugeschnitten ist und die Messtechnik in die Prozesslinie richtlinienkonform integriert wurde. Weitere Vorschriften regeln den Umgang mit **ausgeschleusten Fehlprodukten** und die chemische Reinigung der Inspektionssysteme. Die **„On-Line"-Prüfung** mit den vorgestellten optischen Methoden ist eine 100%-Prüfung. Am Ende der Kette, bei Abfüllung oder Verpackung, befindet sich die Inspektion oft an einem CCP. **„Off-Line"-Prüfungen** dagegen sind Stichprobenuntersuchungen, die den heutigen Anforderungen an die Produktsicherheit meist nicht mehr entsprechen. Dazu werden nach einem individuell festgelegten Prüfplan in definierten Abständen Proben entnommen und z. B. auf Sterilität oder Zusammensetzung/Beschaffenheit, meist in einem speziellen Prüfraum, untersucht. Gleiches gilt für **Rückstellproben**, die unter definierten Bedingungen gezogen und eingelagert werden. Eine Produktfreigabe erfolgt erst, wenn alle „On"- und „Off-Line"-Anforderungen erfüllt sind. Tabelle 2.3 stellt die wichtigsten Fremdkörper, ihre mögliche Herkunft und ihre Erfassungsmethoden zusammen. Generell gilt: Fremdkörper dürfen in Le-

Tab. 2.3
Zusammenstellung der häufigsten Fremdkörper und ihre Detektionssysteme.

Metall	• Maschinenteile aus Produktionsanlagen (durch Verschleiß/Defekte) • Schrauben, Metallspäne (von Reparaturen und Wartungsarbeiten) • Eintrag mit der Rohware (z. B. Spritzen und Messerspitzen/Ohrmarken bei Fleisch)
Glas	• Glasscherben in Gläsern, Flaschen • Glasbruch in der Produktion (z. B. Lampen, Fenster, Gläser/Flaschen)
• Mineralien • Steine • Keramik	Eintrag mit der Rohware
• Holz • Papier • Pappe • Folie	Eintrag mit der Rohware und dem Verpackungsmaterial
• Knochen • Gräten • Kerne	Eintrag als Bestandteil der Rohware
• Haarklammern • Schmuck • Pflaster	mangelhafte Personalhygiene
Ungeziefer	• Kontamination der Produktionsräume • Eintrag mit der Rohware
Metallsuchgerät	Metallische Fremdkörper
Thermografie	Fehlstellen und Fremdkörper
Ultraschall	Fremdkörper
LED	Fremdkörper
Kamera	• Farben und Formen • Fremdkörper • Fehlfarben
Laser	• Struktur • Fremdkörper • Fehlfarben • Biologische Stoffe
Röntgenstrahlung	Fremdkörperdurchleuchtung
Terahertzwellen	Fremdkörper

bensmitteln nicht vorkommen, Fremdkörpererkennung ist immer ein CCP, je nach vorhandener Prozesstechnologie müssen unterschiedliche Kontrollmaßnahmen durchgeführt bzw. installiert werden. Eine 100 %ige Sicherheit ist allerdings mit keiner der bekannten Kontrollmethoden erreichbar.

Derzeit existieren noch keine sicheren Methoden, die rund 350 verschiedenen **Schimmelpilztoxine** wie Aflatoxine, Ochratoxine, Mutterkornalkaloide, Fusarientoxine oder Patulin On-Line zu detektieren und befallene Proben direkt auszuschleusen. Das wohl gefährlichste Gift, Aflatoxin B1, darf maximal mit 2 µg/kg vorkommen. Die Abnehmer des Handels erwarten ein nachgewiesenes und dokumentiertes **Nullergebnis.** Auch moderne Schnellmethoden wie der „Lateral Flow Test" oder ein immunologisches Verfahren wie ELISA („Enzyme linked Immunosorbent Assay") benötigen mehrere Minuten, um bei Getreide, Nüssen, Feigen oder Gewürzen ein Ergebnis zu erhalten. Diese Schnelltests dienen lediglich zur Abschätzung des Toxingehalts in Lebensmitteln. Präzise Ergebnisse erfordern aufwendige HPLC- oder massenspektrometrische Verfahren.

2.4 Betriebshygiene, Reinigung und Desinfektion

Mikrobiologische Kontaminationen stellen bei sehr vielen Lebensmitteln das Hauptrisiko für Verderb bzw. gesundheitliche Beeinträchtigung dar. Das betrifft vor allem die Verunreinigung durch Sporen, Schimmelpilze, Enterobakterien, coliforme Keime oder Listerien. Kritisch ist die Rekontamination während der Produktion, wenn sich Keime in feuchter, warmer Umgebung bei unvermeidlicher Luftströmung vermehren und verbreiten können. Gleichzeitig fordern Konsumenten und Handel immer länger haltbare Produkte, die aber zusätzlich möglichst frisch und unbehandelt sein und einen hohen Nährwert und Vitamingehalt aufweisen sollen. Die Lebensmittelindustrie versucht diese Anforderungen unter anderem mit mehr Physik und weniger Chemie zu erfüllen. Mit dem Verzicht auf Konservierungsstoffe müssen mikrobiologische Gefahren vom Lebensmittel durch maximale Hygiene ferngehalten werden. Dies gilt besonders für gekühlte Frischeprodukte wie Salate, Pasta oder Sandwiches, aber auch Schnittbrote, deren Produktion vielfach bereits in Reinräumen stattfindet. Hygienisches Arbeiten ist demnach eine Grundvoraussetzung für die Produktion von fehlerfreien Lebensmitteln. Meist sind es mikrobiologisch bedingte Fehler, die das Produkt im Extremfall nicht mehr verkehrsfähig sein lassen und/oder zu einer Gefährdung des Konsumenten führen können. Lebensmittel dürfen nur unter Beachtung der Anforderungen des § 3 der LMHV gewerbsmäßig verarbeitet, befördert, gelagert, verwertet oder in den Verkehr gebracht werden. Sämtliche chemischen, physikalischen oder mikrobiologischen Einflüsse auf die Beschaffenheit von Lebensmitteln, die gesundheitliche Gefahren hervorrufen können, müssen durch geeignete Sicherungsmaßnahmen unterbunden werden.

Die Anwendung des gesetzlich vorgeschriebenen HACCP-Konzepts setzt voraus, dass alle notwendigen Hygienemaßnahmen bereits zuvor berücksichtigt wurden. Betriebshygiene hat für den gesamten Produktionsprozess Bedeutung und muss unter Berücksichtigung des Umwelt- und Anwenderschutzes, der Materialschonung sowie der Produktqualität konsequent umgesetzt werden. Sie umfasst vier Teilbereiche: **die Raumhygiene, die Personalhygiene, die Produkthygiene und die Anlagenhygiene.** Ein Betrieb ist verpflichtet, geeignete Reinigungsgerätschaften zur Verfügung zu stellen und nur zugelassene Reinigungsmittel zu verwenden, die rückstandsfrei gespült werden können. Das Personal ist durch den verantwortlichen Betriebsleiter zu unterweisen und aufzuklären über die Gefährdungspunkte, insbesondere der CCPs. In größeren Betrieben sind die Arbeitsschritte zu dokumentieren. Ablaufabhängige, regelmäßige mikrobiologische Untersuchungen sind unverzichtbar. Im Rahmen des HACCP-Konzepts werden entsprechende Stellen für die Probenahmen definiert und Untersuchungspläne festgelegt. Derartige **Stufenpläne** enthalten Vorgaben über Art und Häufigkeit von Probenahmen, der

Mess- bzw. Untersuchungsmethoden und der maximal tolerierbaren Grenzwerte. Im einfachsten Fall geschieht die Untersuchung mit Abwischproben durch sterile Wattestäbchen, Abdruckproben mit Petrischalen und Auszählungen der Zellzahlen. Immer häufiger kommen enzymatische Methoden oder die DNA-Analytik zum Einsatz. Die mikrobiologische Stufenkontrolle hat letztlich die Wirksamkeit der Reinigungs- und Desinfektionsschritte an jeder Stelle zu überprüfen.

2.4.1 Prinzipien der chemischen Reinigung

Bei einer Reinigung wird die Oberfläche vollständig von anhaftenden Produkt- oder Schmutzresten befreit, sodass weder visuell noch chemisch stoffliche Rückstände festzustellen sind. Durch eine Desinfektion werden Mikroorganismen chemisch oder durch Energieeintrag abgetötet. **Reinigungs- und Desinfektionspläne** sind produkt- und anlagenspezifisch zu erstellen. Sie müssen alle Prozessschritte und die kritischen Punkte umfassen sowie über ein Kontrollsystem verfügen. In industriell arbeitenden Unternehmen sind Reinigungsschritte wie die Schaumreinigung für Oberflächen z. B. im Bereich der Abfüllung oder für technische Anlagen vollständig automatisiert. In Molkereien z. B. betrifft dies individuell ausgelegte Systeme für Wärmetauscher, Separatoren, Verdampfer, Eindampfer, Käsefertiger, Trockentürme, Milchsammelwagen, Rohrleitungen, Tanks und Transportbänder, aber auch Desinfektionssysteme für Betriebs- und Produktionswässer. Geschlossene Systeme wie Rohrleitungen, Tanks, Separatoren oder Wärmetauscher werden üblicherweise mit CIP-Systemen gereinigt. Für Slicer, Kutter, Transportbänder, Froster, Zerlegebereiche, Füller oder Verpackungsmaschinen kommen überwiegend Schaumverfahren zum Einsatz. Dabei werden Oberflächen nach der Wasserbefeuchtung mit Schaumprodukten eingesprüht, bis sich flächendeckend und optisch gut prüfbar ein geschlossener Reinigungsfilm gebildet hat. Der Schaum haftet auch an senkrechten Flächen, während reine Lösungen schwerkraftbedingt rasch ablaufen.

Die Wirkung der Reinigung beruht auf mehreren Effekten (Kessler, 1996):

- **chemische Effekte** durch Laugen, Säuren, Tenside, Desinfektionsmittel
- **Temperatureffekt** durch thermische Zersetzung und Senkung von Oberflächenspannung sowie Viskosität bzw. Erhöhung der Molekularbewegung
- **mechanische Wirkung** durch hohe Strömungsgeschwindigkeit, hohe Reynoldszahl und Veränderung der Wandschubspannung
- **Zeitfaktor** für Quellung und Abtragung
- **Zusammensetzung** des Schmutzes (Salze, Eiweiß, Gerbstoff, Mikroorganismen)
- Rauigkeit, Ladungszustand und Beschaffenheit des **Oberflächenmaterials**
- **Geometrie** des zu reinigenden Teils (z. B. tote Ecken)
- Wahl der **Reinigungsschritte** und des Verfahrens

Die Kinetik der Reinigung besteht aus drei Phasen: **Verdrängung, Vermischung** und **Diffusion.** Die Reinigungslösung muss im ersten Schritt den Schmutz vollständig benetzen und in Poren und Spalten eindringen. Danach laufen je nach Medium chemische oder physikalische Prozesse ab, die die Schmutzteilchen schließlich auflösen und in die Reinigungslösung diffundieren lassen. Abbildung 2.11 zeigt mögliche Verunreinigungen, die an Oberflächen haften können und durch eine chemische Reinigung abgelöst werden müssen. Natur und Menge der Rückstände entscheiden über die Technik der chemischen Reinigung.

Neben den meist visuell erkennbaren Verunreinigungen wird die Lebensmittelindustrie vielfach mit **Biofilmen** konfrontiert, die oft erst durch Farbreagenzien sichtbar gemacht werden können. Biofilme sind Schleimhüllen aus extrazellulären polymeren Lipiden, Polysacchariden und Proteinen, die inkorporierte Mikroorganismen zum Schutz vor Austrocknen an die Oberfläche abgegeben haben. Diese Filme stellen ein Hygienerisiko dar, können aber auch eine Quelle für Lochkorrosionen sein, weil Elektrolyte und organische Säuren auf-

Abb. 2.11
Bindung von Verunreinigungen an Oberflächen (Linke 1996);
a = Einzelteilchen, in Oberflächenfettschichten eingelagert;
b = geschlossene, homogene Schicht kristalliner Struktur;
c = Festteilchen, von kolloidalem Material eingeschlossen;
d = Festteilchen, durch Kolloide kompaktiert;
e = Korn, durch Anziehungskräfte an die Oberfläche gebunden

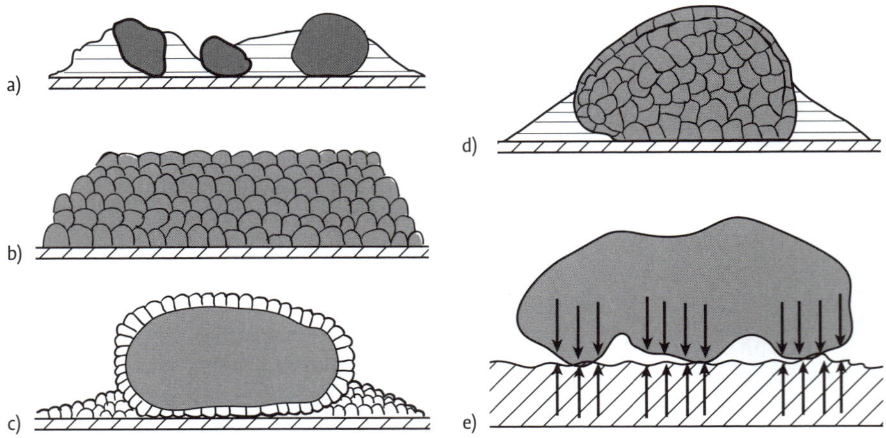

konzentriert werden und es in Verbindung mit einer pH-Wert-Verschiebung zu physikalisch-chemischen Wechselwirkungen mit der Metalloberfläche kommen kann. Zur Entfernung von Biofilmen werden neben den klassischen chemischen Reinigungsmitteln auch **Enzymreiniger** verwendet, die aus einer Vielzahl von Enzymen bestehen und die schleimartige Matrix in kurzer Zeit abbauen (siehe dazu Kap. 4.1.7; Biofilme).
Die Reinigungsmittel bestehen anforderungsspezifisch vor allem aus **Alkalien, Säuren, Oxidationsmitteln, Komplexbildnern** und **Inhibitoren.** Zudem enthalten sie Tenside mit reinigungsaktiven oder desinfizierenden Eigenschaften, die beim Zerplatzen von Schaumblasen kontinuierlich frische Reinigungslösung an die Oberfläche liefern. Die Wirkstoffe des Schaums durchdringen während der Einwirkungszeit die Verschmutzung und überführen sie in die wässrige Phase. Zuletzt erfolgt die Entfernung von Schaum und Schmutz durch eine Wasserspülung, vor einem möglichen Desinfektionsschritt. Auf gereinigten Oberflächen lassen sich Mikroorganismen leichter abtöten. Bei nur leichten Verunreinigungen sind auch kombinierte Reinigungs-Desinfektionsverfahren möglich. Abbildung 2.12 zeigt schematisch die Freisetzung des reinigungsaktiven Films beim Zerplatzen der Schaumblasen.

Tenside sind Substanzen, die die Oberflächenspannung einer Flüssigkeit oder die Grenzflächenspannung zwischen zwei Phasen herabsetzen und die Bildung von Dispersionen ermöglichen bzw. als Lösungsvermittler wirken. Sie bewirken, dass zwei eigentlich nicht miteinander mischbare Flüssigkeiten, zum Beispiel Öl und Wasser, fein vermengt werden können. In der Lebensmitteltechnologie wird in der Regel von Emulgatoren geredet.

Als **Phosphonate** werden die Salze und Ester der Phosphonsäure H-P(O)(OH)$_2$ – oder daraus abgeleitete organische Phosphonsäuren R-PO(OH)$_2$ – bezeichnet. In Waschmitteln werden sie als Komplexbildner zur Verhinderung von Ausfällungen eingesetzt. Sie sind nur schwer biologisch abbaubar und werden ökologisch als kritisch gesehen.

Methansulfonsäure wird als Bestandteil von sauren Reinigern verwendet, weil sie bei großer Säurestärke deutlich ungefährlicher ist wie beispielsweise Phosphor- oder Salzsäure. Die entstehenden Erdalkali-, Eisen- und Manganmethansulfonate sind sehr gut wasserlöslich.

Aktivchlor ist die aktive Form des Reinigungsmittels, häufig Natriumhypochlorit, und der wesentliche Wirkbestandteil von desinfizierenden und bleichenden Haushaltsreinigern. Aktivchlor ist wirksam gegen Bakterien, Viren und Algen.

Wasserstoff-Peroxid, auch **Aktivsauerstoff** genannt, gilt als Alternative für chlorhaltige Desinfektionsmittel ohne deren gesundheitliche Risiken. Wasserstoff-Peroxid ist eine schwache Säure und gegenüber den meisten Stoffen ein sehr starkes Oxidationsmittel, das heftig mit Substanzen wie z. B. Kupfer, Messing, Kaliumiodid reagiert und somit als starkes Bleich- und Desinfektionsmittel wirksam ist.

2.4.2 Praxis der chemischen Reinigung

Bei der Reinigung im geschlossenen System (CIP) reicht im einfachsten Fall zur Abtragung die Schrittfolge **Wasser-Lauge-Wasser** aus:

- Wasserspülung zum Ausschieben leicht entfernbarer Verschmutzungen an Oberflächen mit geringem Haftvermögen (z. B. 40–60 °C für 5 min).
- Laugenspülung bei hoher Temperatur mit alkalischen Reinigern (pH-Wert 10–14; z. B. Natriumhydroxid, Kaliumhydroxid, Natrium- bzw. Kaliumsilikat oder Natrium- bzw. Kaliumphosphat). Sie wirken gut gegenüber eiweiß-, zucker- oder stärkehaltigen Verschmutzungen. Durch ihre hohen pH-Werte verstärken Alkalien im Reinigungsprozess die Abstoßungskräfte zwischen Schmutz und Oberfläche (z. B. 2,5 %ige Natronlauge mit 65–75 °C für 10 min).
- Wasserspülung, um die Lauge zu verdrängen (z. B. 65–75 °C für 5 min).

Sollen zudem Salze von Wandungen abgelöst werden, wird die Schrittfolge erweitert zu **Wasser-Lauge-Wasser-Säure-Wasser:**

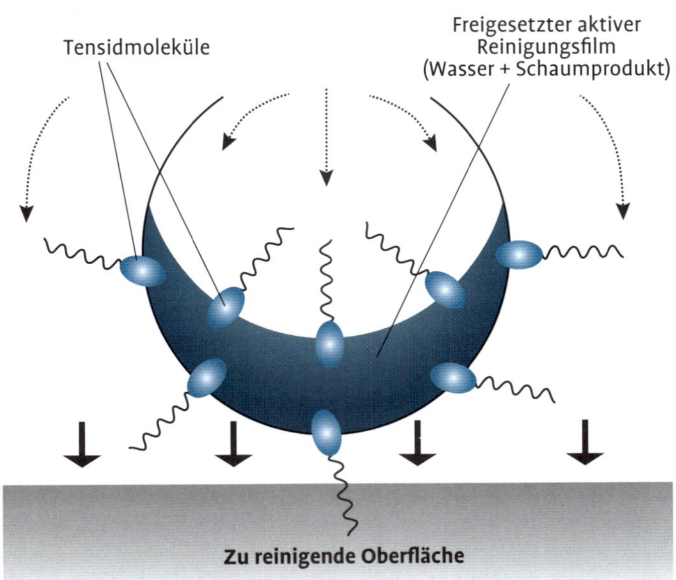

Abb. 2.12
Angriff von Tensiden bei der Verwendung von Reinigungsschäumen (Tyborski 2005)

Tab. 2.4
Wirkung unterschiedlicher Reinigungsmittel gegenüber den gängigen Verschmutzungen.

	alkalisch	sauer	oxidativ	tensidisch	komplexometrisch
Protein	++	+	1.)	○	2.)
Fett	○	–	1.)	++	2.)
Mono-, Di- und Oligosaccharide	++	++	●	●	●
Polysaccharide, Stärke, Cellulose	○	○	1.)	1.)	1.)
Salze	–	++	●	●	

1.) als Zusatz zu alkalischen Reinigern sinnvoll, 2.) Komplexbildner unterstützen die Reinigung
++ = sehr gut geeignet, + = meist geeignet, ○ = in einigen Anwendungen möglich, – = nicht geeignet, ● = nicht relevant

- Säurespülung z. B. mit Phosphorsäure, Salpetersäure, Amidosulphonsäure, Zitronensäure und Essigsäure oder deren Salze (saure Reiniger, pH-Wert 1–5). Saure Reiniger dienen speziell der Auflösung säurelöslicher, mineralischer Beläge wie Kalk und Weinstein, indem sie wasserunlösliche Salze in eine lösliche Form überführen. Beispiel: Salpetersäure 1 %ig, 65–75 °C für 10 min.
- Wasserklarspülung, um die Säure zu verdrängen (z. B. 40–60 °C für 5 min oder über pH-Wert-Messung bis pH 7).

Befinden sich Salze oberhalb von kolloidalen und/oder mikrobiellen Verunreinigungen, ist eine Säurereinigung vor der Laugenbehandlung vorteilhaft: **Wasser-Säure-Wasser-Lauge-Wasser.** Der zeitgesteuerte Produktwechsel wird in automatischen Anlagen über die Messung von pH-Wert, Leitfähigkeit, Temperatur oder Trübung durchgeführt.
Neben den sauren bzw. **alkalischen Reinigern** kommen auch **neutrale Reiniger** zum Einsatz mit einem pH-Wert zwischen 6 und 9. Sie bestehen meist aus anionischen bzw. nichtionischen Tensiden, sind vergleichsweise wenig aggressiv und bieten sich zur manuellen Reinigung besonders an. Tabelle 2.4 fasst die spezifische Wirkung von Reinigungsmittel auf die gängigen Verschmutzungen zusammen. Reinigungsmittel stehen in großer Menge sowohl flüssig als auch in Pulverform und für jeden Einsatzbereich maßgeschneidert zur Verfügung. Für den praktischen Einsatz muss geprüft werden, ob das Mittel schaumfrei, manuell, im Umpumpverfahren, in automatisch arbeitenden Reinigungssystemen (CIP) oder mit automatischer, mengenproportionaler Dosierung eingesetzt werden kann. Weiterhin unterscheiden sich die Mittel in der erforderlichen Konzentration und im optimalen bzw. maximalen Temperaturbereich. Die Hersteller geben gewöhnlich für jedes Mittel einen Konzentrations-, Zeit- und Temperaturrahmen vor. Wird dieser Rahmen unterschritten, kann die Effizienz leiden, darüber sind korrosionsfördernde Wechselwirkungen mit den Werkstoffen nicht auszuschließen.
Reinigungen können als **„verlorene“ Reinigung,** als **Stapelreinigung** oder als **Mischsystem** durchgeführt werden. Bei der „verlorenen“ Reinigung werden die Reinigungsmittel nur einmal verwendet, weil sie nach der Auflösung starker Verschmutzungen verbraucht sind oder im Betrieb kein Stapelsystem zur Verfügung steht. Die Reinigungslösung wird aufgabenspezifisch angesetzt, temperiert und anschließend entsprechend gesetzlicher Vorgaben entsorgt. Der manuelle Aufwand ist hoch, ebenso die Umweltbelastung durch stark verschmutzte Medien. Dafür ist die Investitionssumme gering. In Großbetrieben ist die Stapelreinigung Stand der Technik. Reinigungslösungen werden so lange als möglich verwendet, unter Umständen geklärt und regelmäßig nachgeschärft. Abbildung 2.13 zeigt die für eine automatisch arbeitende Stapelreinigung notwendigen Aggregate und ihre Einbindung in ein **CIP-System** („Cleaning in Place“-Verfahren). Derartige Reinigungssysteme bestehen aus den verschiedenen

Abb. 2.13
Stapelreinigung als Teil eines CIP-Systems (Kessler 1996)

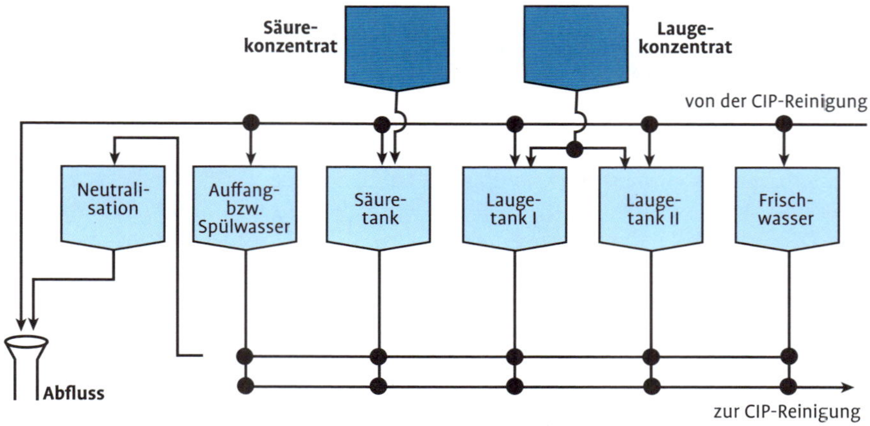

Tanks, einem Erhitzungssystem, Zirkulations- und Rückführungspumpen sowie dem erforderlichen Rohrleitungssystem mit ferngesteuerten Ventilen, Messeinrichtungen für Temperatur, pH-Wert, Trübungsgrad oder Leitfähigkeit sowie einer elektronischen Steuerung.

Über die Konzentratbehälter werden die Reinigungslösungen ständig auf der gewünschten Konzentration gehalten (Lauge: 1,5 bis max. 5 %, Säure: abhängig von der Chemikalie, Salpetersäure z. B. 1 %ig). Die Reinigung erfolgt im Kreislauf durch die zu reinigenden Aggregate. Die jeweils ersten Reinigungsmittelmengen mit hoher Verschmutzung werden entsorgt, die weniger verunreinigten im jeweiligen Tank gestapelt. Benutztes Frischwasser dient beim nächsten Vorgang zur Vorspülung. Das System kann um einen Tank mit Desinfektionsmittel erweitert werden. Für kleinere Systeme können Tanks mit drei Kammern eingesetzt werden, jede für ein anderes Reinigungsmittel. Wird mit dem System sterilisiert, spricht man von **SIP** („Sterilisation in Place“), eine automatische Trocknung ist unter dem Namen **DIP** („Drying in Place“) bekannt.

Systeme mit Mehrfachverwendung mischen die Stapelreinigung mit der „verlorenen“ Reinigung. Kleine Einheiten befinden sich neben dem zu reinigenden Gerät und werden von einer zentralen Einrichtung versorgt. Damit wird dem Umstand Rechnung getragen, dass unterschiedliche Aggregate spezifisch gereinigt werden müssen, um eine optimale Wirkung zu erzielen. Für kleinere Leistungen bzw. Flächen und zum Teil als Alternative zur Schaumreinigung hat sich das Hochdruckreinigungsgerät bewährt. Auf einer fahrbaren Anlage befinden sich alle notwendigen Aggregate: Hochdruckpumpe, Wasser- und Reinigungsmitteltank, Heizeinrichtung, eventuell Vorweichpumpe. Besonders Handwerksbetriebe nutzen diese Technik in Verbindung mit manuellen Reinigungsschritten.

2.4.3 Reinigung von Tanks, Rohrleitungen und Schläuchen

2.4.3.1 Rohrleitungen und Schläuche

Rohrleitungen sind nach DIN 11 850 genormt. Ein Rohr DN 50 besitzt einen Innendurchmesser von 50 mm und eine Wandstärke von 1,5 mm. Zur Reinigung sind hohe Strömungsgeschwindigkeiten erforderlich, um die Anhaftungen durch Turbulenz zu entfernen. Fest installierte Rohrleitungen werden üblicherweise rundgeschlossen und über das CIP-System gereinigt. Üblicherweise reicht die Kombination Wasser-Lauge-Wasser aus. Bei entsprechender Auslegung, insbesondere einer Ventilbestückung mit freien Durchgängen, können Molche oder einfache Kunststoffbälle zur unter-

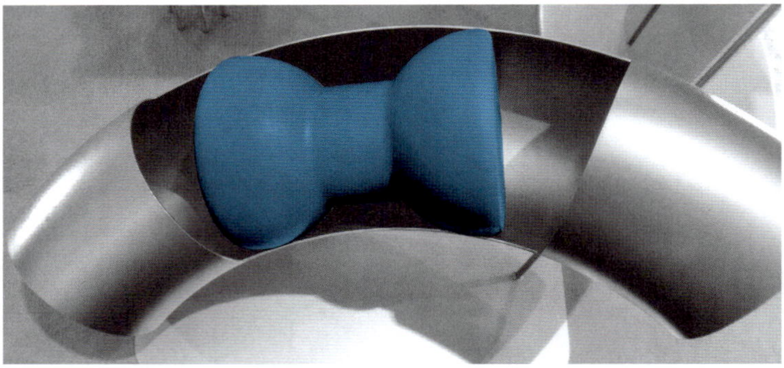

Abb. 2.14
Aufgeschnittene Rohrleitung mit Molch

stützenden mechanischen Reinigung durch die Leitungen gedrückt werden. **Molchsysteme** lassen sich vollständig automatisieren und in die CIP-Steuerung integrieren. Sie ermöglichen zudem als eine Art Trennsystem einen einfachen Produktwechsel ohne unnötige Mischzonen. In der Getränkeindustrie kommen sie vielfach zum Einsatz (Abb. 2.14). Schläuche können zur Reinigung ebenfalls rundgeschlossen und so lange „balliert" werden, bis am Auslauf klares Wasser ankommt.

Das Maß für Turbulenz ist die **Reynoldszahl (Re)**, eine nach dem Physiker Osborne Reynolds benannte dimensionslose Kennzahl. Sie wird in der Strömungslehre verwendet und stellt das **Verhältnis von Trägheits- zu Zähigkeitskräften** dar. Daraus ergibt sich, dass das Turbulenzverhalten geometrisch ähnlicher Körper bei gleicher Reynoldszahl identisch ist. Sie berechnet sich aus dem Produkt Rohrleitungsdurchmesser mal Strömungsgeschwindigkeit, dividiert durch die kinematische Zähigkeit der Flüssigkeit. Für Turbulenz muss sie über 1200 liegen. Oberhalb einer Strömungsgeschwindigkeit von 3,5 m/s kollidiert der bessere Reinigungseffekt mit einer starken Geräuschentwicklung.
Beispiel: Geschwindigkeit = 3 m/s, Rohrleitungsinnendurchmesser 0,032 m (DN 32), kinematische Viskosität (dynamische Viskosität/Dichte) = 0,5 × 10–4 m^2/s; Re = 1925. Turbulenz ist gegeben, die Grenze zur Geräuschentwicklung wird nicht überschritten (Kessler, 1996).

Die Strömungsgeschwindigkeit nimmt in Abhängigkeit vom Rohrleitungssystem aufgrund von **Druckverlusten** ab. Die Effizienz der Reinigung sinkt, wenn die Turbulenz zu sehr abgenommen hat. Druckverluste erfordern höhere Pumpenleistungen mit entsprechendem Energiebedarf. Je rauer die Leitungsoberfläche, je geringer der Leitungsquerschnitt, je länger das Leitungssystem, je größer die zu überwindenden Höhenunterschiede, je mehr Bögen oder Ventile mit Verengungen installiert sind, desto größer ist der Druckverlust. Abbildung 2.15 fasst den Gesamtdruckverlust in Rohrleitungssystemen als Summe der Rohr- und Einzelwiderstände zusammen. Bei der Auslegung einer Reinigungsanlage ist zu berücksichtigen, dass die erforderlichen Strömungsgeschwindigkeiten auch noch am Ende der Leitungen erreicht werden. Ein Röhrenwärmetauscher lässt sich zur Reinigung meist in das Rohrleitungssystem integrieren. Er benötigt aber gegebenenfalls einen höheren Durchsatz, um eine ausreichend turbulente Strömung zu erhalten. Dies gilt ganz besonders auch für Separatoren. Deren enge Tellerspalte in der Trommel benötigen zur effizienten Reinigung Durchsatzmengen, die ein Mehrfaches von dessen Effektivleistung betragen. Vorteilhaft ist, dass die eingesetzten Medien während des Prozesses selber gereinigt werden, weil grobdisperse Teilchen in den Feststoffraum ausgeschleudert werden. Gleiches gilt für Membrananlagen. Sie benötigen sehr spezifische Reinigungsmittel, die an das Membranmaterial und die Natur der Trubstoffe angepasst sein müssen. Die Funktionalität einer

Abb. 2.15
Druckverlustgleichungen und Übersicht über Widerstandswerte (Evers 2007)

Druckverlust in Rohren

$$\Delta p = \lambda \cdot \frac{l}{d_i} \cdot \frac{\rho}{2} \cdot v^2$$

Druckverlust in Einzelwiderständen

$$\Delta p_E = \xi \cdot \frac{\rho}{2} \cdot v^2$$

Gesamtdruckverlust in Rohrleitungen

$$\Delta p_{gesamt} = \Delta p + \sum \Delta p_E = \left(\lambda \cdot \frac{l}{d_i} + \xi_{gesamt} \right) \cdot \frac{\rho}{2} \cdot v^2$$

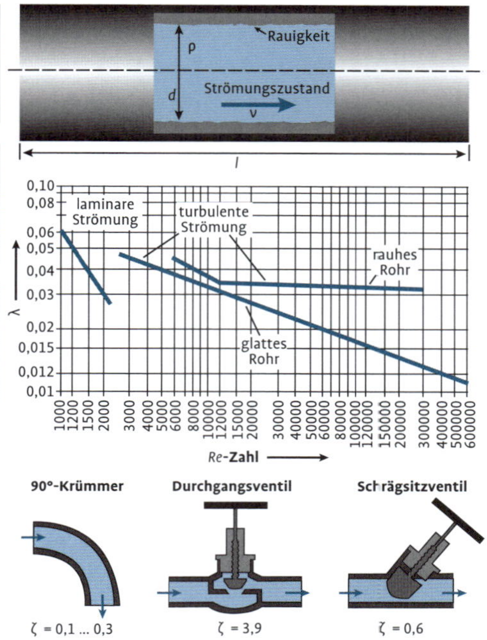

Δp = Druckverlust (bar)
λ = Rohrwiderstandsbeiwert (–)
l = Länge des Rohres (m)
d_i = Innendurchmesser (m)
ρ = Dichte der Flüssigkeit (kg/m³)
v = Strömungsgeschwindigkeit (m/s)
ξ = Wderstandsbeiwert (–)

Membrananlage ist eine Funktion der Reinigungsqualität. Polymermembrane erlauben je nach Material nur vergleichsweise niedrige Temperaturen, Keramikmembrane verkraften wesentlich mehr, sie sind allenfalls durch das Dichtungsmaterial eingeschränkt.
Schwierigkeiten bereitet immer wieder die Reinigung der Armaturen, vor allem solche mit nur schwach umströmten Einbauten oder Ventilen bzw. Kugelhähnen, bei denen der Durchfluss geöffnet sein muss. Leicht demontierbare und zerlegbare Ventile, wie sie in der Vorautomatisierungszeit in Molkereien Stand der Technik waren, besaßen die besten hygienischen Eigenschaften.

2.4.3.2 Tankreinigung

Tanks werden am besten von oben gereinigt, sodass die Reinigungsflüssigkeit den Deckel sicher erfasst und danach an der Wand nach unten fließen kann. Abbildung 2.16 zeigt Sprühbilder bei unterschiedlichen Tankkonstruktionen und Anordnung der Sprühdüsen.

Die statisch reinigenden **Sprühköpfe** sind entsprechend ihrer Installation mit einer spezifischen Anordnung der Bohrungen ausgestattet. Sie bewirken eine intensive **Schwallreinigung** bereits bei niedrigen Drücken (2,5–3 bar am Sprühkopf). Die durchgesetzte Mengen an Reinigungslösung und der Flüssigkeitsdruck richten sich nach den Gegebenheiten. Für Tanks mittlerer Größe sind 10 m³/h und ein Druck von drei bar üblich. Eine Verbesserung der Reinigungswirkung erzielen bewegliche Sprühköpfe, deren Rotation durch den Flüssigkeitsdruck erzeugt wird. Rotierende Reiniger können als Flachstrahler oder Tröpfchenstrahler ausgelegt sein. Orbitalreiniger besitzen je eine horizontal und vertikal rotierende Drehachse, Drehstrahlreiniger erzielen ihren Reinigungserfolg durch langsam umlaufende, kraftvolle Fächerstrahlen. Die spezifischen, teilweise sehr unterschiedlichen Anforderungen erfordern vielfach ein ganzes System verschiedener chemischer Reinigungen. Es besteht z. B. aus einer Zentralanlage für Tanks und Leitungen und lo-

Abb. 2.16
Sprühbilder in Tanks bei Einsatz von feststehenden Düsen (Quelle: GEA AG)

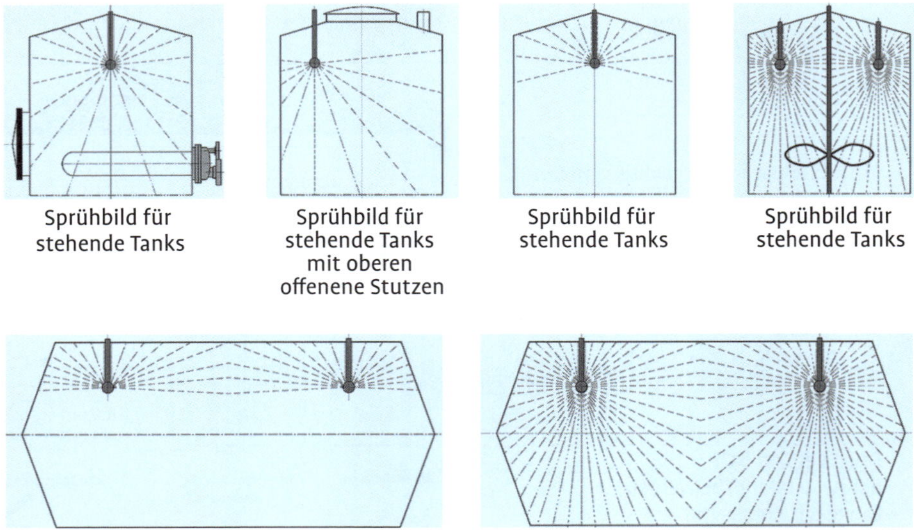

Sprühbild für stehende Tanks – Sprühbild für stehende Tanks mit oberen offenene Stutzen – Sprühbild für stehende Tanks – Sprühbild für stehende Tanks

Sprühbild für liegende Tanks – Sprühbild für liegende Tanks

kal installierte Kleinanlagen, die von dieser beschickt werden. Bei mittleren Betriebsgrößen können mobile Reinigungsanlagen mit flexibler Steuerung eine optimale Lösung darstellen.

2.4.4 Desinfektion

Eine Desinfektion kann durch die Anwendung von Wärme mittels Heißwasser oder Dampf erfolgen. Heißes Wasser und Dampf haben den Vorteil, in enge Spalten und Ritzen einzudringen, wo Lösungen aufgrund ihrer Oberflächenspannung zum Teil nicht hingelangen. Eine Sterilisation im mikrobiologischen Sinn mit Abtötung auch aller Sporen erfordert Temperaturen oberhalb 120 °C und kann nur unter Druck erfolgen.

Chemische Desinfektionsmittel bestehen im Wesentlichen aus vier Wirkstoffgruppen: **Aktivchlorverbindungen, Aktivsauerstoff, quaternäre Ammoniumverbindungen** und **Perchloressigsäure.** Flüssige Desinfektionsmittel auf Aktivchlorbasis enthalten Natriumhypochlorit. In Gegenwart von Wasser spaltet diese Verbindung aktives Chlor ab, das stark oxidierend wirkt. Saure Reiniger dürfen nicht mit hypochlorithaltigen Reinigern in Verbindung gebracht werden. Bei Kontakt kann es zur Bildung von giftigem Chlorgas kommen. Metallische Gegenstände können bei unsachgemäßer Anwendung durch Chloridionen angegriffen werden und korrodieren **(Lochfraßkorrosion).**

Quaternäre Ammoniumverbindungen zählen chemisch zu den kationischen Tensiden und verfügen über eine gut benetzende Wirkung. Sie sind deshalb geeignet als **Flächen-Desinfektionsmittel.**

Aktivsauerstoffhaltige Desinfektionsmittel basieren auf Peroxidverbindungen, die unter bestimmten Bedingungen Sauerstoff freisetzen. Verwendet werden z. B. in Getränkebetrieben Perchloressigsäure und daneben eingeschränkt auch Wasserstoffperoxid. Perchloressigsäure ist ein hochwirksames und ökologisch unbedenkliches Desinfektionsmittel, das hauptsächlich zur Sterilisation von Flaschen eingesetzt wird. Es wirkt bereits bei niedrigen Temperaturen und Konzentrationen.

2.4.5 Reinraumtechnik

Die Reinraumtechnik wurde insbesondere für die Computertechnik entwickelt, um zu verhindern, dass Partikel aus der Luft in die ultrafeinen Chip-Strukturen gelangen. Inzwischen hat sich diese Technik in Bereichen der Optik, der Mikroelektronik oder der Pharmaindustrie als Stand der Technik etabliert. Die Reinraumtechnik kommt seit einigen Jahren auch in der Lebensmitteltechnologie zum Einsatz, um die Kontamination von Lebensmitteln mit Mikroorganismen auf ein Minimum zu reduzieren. Sie grenzt sich von den Prozesstechniken dadurch ab, dass das Lebensmittel nicht zusätzlich behandelt wird.

Ein Reinraum ist laut DIN 14 644 ein Raum, in dem die Konzentration luftgetragener Partikel geregelt bzw. minimiert wird. Ein Partikel ist ein festes oder flüssiges Teilchen zwischen 0,1 und 5 µm. Reinräume werden über die Partikelkonzentration pro m^3 Luft klassifiziert und in Normungssystemen eingeteilt (ISO 14644-1 mit 9 Klassen). Für die Lebensmittelproduktion werden weniger als eine kolonienbildende Einheit je m^3 Luft (< 1 cfu/m^3) empfohlen, also praktische Keimfreiheit (ISO-Klasse 5). Die höhere Klasse 8 für geringere Ansprüche ist mit < 200 cfu/m^3 ausgelegt.

In der Lebensmitteltechnologie bedeutet die Reinraumtechnik, in einer ganzheitlichen Betrachtung Hürden aufzubauen, die jede für sich die Vermehrung von Mikroorganismen zu hemmen vermag. Derartige Hürden können sein (Gretter, 2005 sowie Aichinger und Mayr, 2005):

- bauliche Anforderungen (Materialien, Decken, Wände usw.)
- Materialfluss (kreuzungsfrei, kurzer Produktionsweg usw.)
- Schleusen für Produkt, Material und Personal
- Überwachung des Raumzustands (Messung der Partikelkonzentration, der Luftkeimzahl, der Keimbelastung des Personals usw.)
- relative Luftfeuchtigkeit (z. B. in der Fleischverarbeitung zwischen 40 und 50 %)
- Temperatur (z. B. in der Fleischverarbeitung zwischen 8 und 12 °C)
- Raumreinigung/Reinigung der Geräte nach dem Stand der Technik
- Sensibilisierung und Schulung der Mitarbeiter, Ausstattung mit reinraumgerechter Kleidung
- Filtersysteme für die Raumluft
- gezielte Strömungsführung der Luft, weg von kritischen Stellen
- Entkeimungssysteme, z. B. mit UV-C-Behandlung

Jede Maßnahme stellt für das Wachstum von Mikroorganismen eine Hürde dar. In der Summe müssen sie in der Lage sein, auch besonders gefährdete Lebensmittel zu schützen. Voraussetzung für den Einsatz von Reinräumen ist immer die generelle Beachtung der Hygienevorschriften, ihre Anwendung nach dem Stand der Technik und der Einsatz des HACCP-Systems. Aichinger und Mayr (2005) fanden bei der Verarbeitung von Wurst bzw. Käse durch den Einsatz der Reinraumtechnologie in Kombination mit einer verbesserten Betriebs- und Personalhygiene eine 30–50 %ige Haltbarkeitsverlängerung. Aus Kostengründen werden Reinräume so klein als möglich ausgelegt. Durch geschickte Unterteilung lassen sich **Zonen verschiedener Reinheitsgrade** innerhalb einer Produktion einrichten. Der größte Aufwand wird nur dort betrieben, wo es auf größtmögliche Keimfreiheit ankommt.

3 Die biochemischen Strukturen von Lebensmitteln

Pflanzen und Tiere sind fortpflanzungsfähige Lebewesen mit eigenem Stoffwechsel. Strukturiert sind sie nach einer einheitlichen, hierarchischen Logik. Sie bestehen aus

- **Organen** (bei Tieren: Muskeln, Leber, Nieren, Haut usw.; bei Pflanzen: Blätter, Stängel, Früchte, Knollen, Samen usw.),
- diese aus **Geweben** (bei Tieren: z. B. Hautgewebe, Faszien, Fettgewebe; bei Pflanzen: z. B. Hautgewebe, Kork, Fruchtfleisch) und
- diese aus **Zellen** als kleinster Einheit.

Für die menschliche Ernährung ist nur selten der gesamte Organismus geeignet. Bei Tieren sind ausgesuchte Organe und ihre Verarbeitungsprodukte verzehrbar, bei Pflanzen sowohl Organe (Stiele, Blätter, Früchte) als auch einzelne Gewebe (z. B. das Fruchtfleisch). Meist werden einzelne besonders für die Ernährung geeignete Organe oder Gewebe selektiv extrahiert. Unabhängig von der menschlichen Ernährung wird versucht, Pflanzen oder Tiere so umfassend als möglich zu verwerten (From tail to nose als Ansatz). Nicht essbare Nebenprodukte können als Tierfutter, Dünger oder Rohstoff der Energieerzeugung dienen. Extrahierte Farbstoffe, Aromen, pharmakologisch wirksame Substanzen, Pflanzenhormone, Insulin aus Schlachtschweinen, Gelatine aus Knochen und Häuten oder Mineralstoffe sind weitere Beispiele für die umfassende Verwertung der Rohware abseits der menschlichen Ernährung. Organe, Gewebe und Zellen sind bei Pflanzen und Tieren jeweils prinzipiell ähnlich aufgebaut, Unterschiede werden oft erst in der Feinstruktur sichtbar. Die maßgeblichen chemischen Verbindungen sind funktionsgebende Naturstoffe, ihre Größe reicht vom komplex strukturierten Makromolekül bis zum kleinen Molekül aus wenigen Atomen. Als Lebensmittel müssen sie bei der Herstellung, spätestens im Zuge der Verdauung, in eine für den Menschen verwertbare, üblicherweise monomolekulare Struktur gebracht werden. Im Originalzustand lassen sich Naturstoffe in verschiedene funktionale Gruppen einteilen:

- **Strukturstoffe,** die Zellen, Gewebe und Organe abgrenzen, schützen und ihnen Form und Stabilität geben (bei Pflanzen: Pektinstoffe, Cellulose, Hemicellulose und Gerüstproteine; bei Tieren: Gerüstproteine in zahlreichen Verknüpfungen z. B. mit Kohlenhydraten oder Fetten). Viele Strukturstoffe fungieren für den Menschen als unverdauliche **Ballaststoffe**.
- **Reservestoffe** als Energiespeicher für die kontinuierliche Sicherstellung wichtiger Stoffwechsel- und Lebensfunktionen (bei Pflanzen: Kohlenhydrate, meist Stärke oder Öle; bei Tieren einschließlich des Menschen: Glykogen und Fett, in geringem Umfang Proteine).
- **Hemmstoffe** zum Schutz vor Fressfeinden (phenolische Verbindungen, Alkaloide, mikrobielle, pflanzliche oder tierische Giftstoffe).
- **Stoffwechselaktive Verbindungen** wie beispielsweise Mineralstoffe, Enzyme, Hormone, Säuren, Einfachzucker usw. als Bestandteile des aktiven Stoffwechsels und Quelle vieler für den Menschen essenzieller Verbindungen.
- **Farbstoffe,** die meist als Signalstoffe dienen (Karotinoide, Anthozyane und andere phenolische Verbindungen, Chlorophyll; bei Tieren: Hämoglobin).
- **Aromaaktive Substanzen** als Signalstoffe, meist flüchtige oder zumindest kleinere chemische Verbindungen, die an den Rezeptormolekülen der Riechschleimhaut des Menschen andocken.

Der Mensch hat frühzeitig gelernt, die Inhaltsstoffe wild wachsender Pflanzen und der Tiere zu nutzen. Durch züchterische Maßnahmen ist es ihm nach der Neolithischen Revolution ge-

lungen, die Konzentration erwünschter Stoffe zum Teil beträchtlich zu steigern und die unerwünschten bis unter die Schadschwelle zu reduzieren. So wurde der Kartoffel das für den Menschen schädliche **Alkaloid Solanin** weitgehend weggezüchtet, gleichzeitig ihre Größe und ihr Stärkeanteil deutlich erhöht. Ebenso wurden Rinder auf hohe Milchleistung oder Schweine auf maximales Gewicht getrimmt.
Die Herstellung von Lebensmitteln ist seit den Zeiten der Münchner Schule um Liebig ab etwa 1870 immer stärker wissensbasiert: Die Naturwissenschaften, Chemie, Biologie und Physik, lieferten die analytischen Zaubermittel, mit denen sich alles Essbare bis ins letzte Molekül aufdröseln ließ. Damit konnten die natürliche Zusammensetzung ermittelt und die gar nicht so seltenen Fälschungen erstmals objektiv nachgewiesen werden. Und es war auf einmal möglich, die einzelnen Bausteine nach Bedarf neu zusammenzusetzen. Das Verständnis von Lebensmitteln ist ein stoffliches geworden. Fleisch wird als Produkt seiner Eiweiße, d.h. seiner Aminosäuren, seiner Mineralien und Fette gesehen, Vollkornbrot als das von Kohlenhydraten und Ballaststoffen und Milch besteht aus Fett, Eiweiß, Laktose und einigen wichtigen Mineralien. Mit diesem Wissen über chemisch definierte Nahrung wurde es möglich, die Herstellprozesse präzise zu steuern und die Effizienz enorm zu erhöhen. Und die Lebensmitteltechnologie stellt seitdem ohne Unterlass aus chemischen Verbindungen neue Lebensmittel her, die sicher, haltbar und günstig sein müssen. Jedes Jahr drängen mehr als 15 000 neue Lebensmittel auf den Markt, die der Handel ins Sortiment aufnimmt. Über 90 Prozent fallen allerdings beim Verbraucher durch und sind nach einem Jahr wieder verschwunden.
Im ersten Drittel des 20. Jahrhunderts verstanden die Ernährungswissenschaftler allmählich die Rolle von Stoffgruppen, deren Substanzen in winzigen Mengen Unglaubliches vollbringen können. Ausgangspunkt war eine Krankheit, die ein Drittel der Bevölkerung plagte: Rachitis, die nicht heilbare und nicht verstandene Knochendeformation. Höhensonne, Lebertran oder Milch brachten, empirisch entdeckt, erste Verbesserungen. Das Vorgehen war vergleichbar dem bei Skorbut, der ohne den Grund verstanden zu haben, schon seit mehr als 200 Jahre durch Sauerkraut oder Zitronensaft zu verhindern war. Erst die Entdeckung der Vitamine und ihre Wirkung bei Menschen und Tieren führte schließlich zu tieferem Verständnis. Heute weiß man, dass alle Vitamine für den Menschen essenziell sind, sie durch den Stoffwechsel verbraucht werden und über die Nahrung regelmäßig zu ergänzen sind. Die notwendigen Mengen sind winzig klein, der Tagesbedarf liegt zwischen wenigen Milligramm und einigen Mikrogramm. Und man begriff auch bald, dass Vitamine bei der Zubereitung von Lebensmitteln zerstört werden können. Längere Lagerung, besonders aber Hitze, zum Beispiel bei der Pasteurisation, führen unweigerlich zu Verlusten.
Die Lebensmitteltechnologie verarbeitet ganze Organe zu eigenständigen oder nach entsprechender Umwandlung als **zubereitete Lebensmittel.** Die Strukturstoffe sind eine Herausforderung für die Verarbeitung: Sie müssen meist entfernt werden, um die Reservestoffe möglichst rein und vollständig zu gewinnen. Diese können danach Ausgangsstoff für zahlreiche weitere Veredlungsschritte sein oder direkt als Lebensmittel verwendet werden. Die Mischung mit einem Teil oder mit allen Gerüststoffen führt zu ballaststoffreichen Produkten. Getreideverarbeitung ist im Wesentlichen Reservestofftechnologie, die Signal- oder Hemmstoffe auszuschleusen versucht. Um einen Organismus selektiv be- und verarbeiten zu können, müssen dessen Anatomie und Biochemie verstanden werden. Das Kap. 3 beschäftigt sich deshalb in geraffter Form mit den wichtigsten biochemischen Verbindungen und ihrer Verknüpfung in Zellen und Geweben.

3.1 Kohlenhydrate (Polysaccharide, Polyosen)

Kohlenhydrate sind als Gerüstsubstanzen, als Reservestoffe und als Grundlage des Energiestoffwechsels im Pflanzen- und Tierreich universell verbreitet. Sie machen den größten Teil der Welt-Biomasse aus und sind neben Fett und Eiweiß ein entscheidender Baustein der menschlichen Ernährung. Dazu werden die Reservestoffe vor allem von Getreidesorten wie Reis, Weizen, Mais, Hirse, Roggen, Hafer, Gerste und Triticale oder der Wurzelknollen der Kartoffel bzw. von Hülsenfrüchten wie Erbsen, Bohnen und Linsen genutzt. Chemisch handelt es sich bei Kohlenhydraten um mehrwertige Alkohole mit einer reaktiven Carbonylgruppe ($>C=O$), die als Hydroxyaldehyde (Aldosen) oder Hydroxyketone (Ketosen) vorkommen. Die Reaktion mit den OH-Gruppen ermöglicht einen Ringschluss und die Bildung von Oligo- bzw. Polykondensaten durch glykosidische Verknüpfung von Monosacchariden. Ab 10 verknüpften Einheiten wird von Polysacchariden gesprochen, darunter von Di-, Tri- oder Oligosacchariden. Die Lebensmitteltechnologie nutzt diese Verbindungen zudem als Verdickungsmittel, Ballaststoffe oder Füllstoffe. Sehr viele Zusatzstoffe mit E-Nummer sind chemisch den Kohlenhydraten zuzurechnen. Die einfachsten Kohlenhydrate sind die Monosaccharide, von denen hauptsächlich Triosen, Pentosen oder Hexosen, also Moleküle mit 3, 5 oder 6 C-Atomen, bedeutsam sind. Für die Lebensmitteltechnologie spielen die Hexosen Glukose und Fruktose als universell einsetzbarer Süßstoff oder als Ausgangsstoff für Fermentationen eine wichtige Rolle. Das bekannteste Disaccharid ist Saccharose (Sucrose), der Reservestoff von Zuckerrohr und Zuckerrübe. Der Zucker besteht aus je einem Molekül Glukose und Fruktose. Daneben spielen in Technologie und Ernährung Laktose (Milchzucker) oder Maltose (Abbauprodukt der Stärke) eine Rolle. Die wichtigsten Polysaccharide sind die Reservestoffe Glykogen und Stärke sowie die für den Menschen praktisch unverdaulichen Gerüstkohlenhydrate Pektin, Chitin, Cellulose und Hemicellulose. Abbildung 3.1a+b stellt die wichtigsten Kohlenhydrate zusammen.

In verschiedenen Pflanzen, z. B. Topinambur, kommt das Polysaccharid Inulin als Reservestoff vor. Es besteht aus ca. 30 Fruktose-Einheiten, die glykosidisch verknüpft sind. Heteroglykane, Kohlenhydrate verbunden mit Nicht-Kohlenhydraten, kommen z. B. als Peptidglykane in der Zellwand von Bakterien vor oder in Form von Glykolipiden als Element der Zellmembran.

3.1.1 Glykogen

Glykogen ist ein Reservestoff von Tieren und wird als Granulat im Zytosol der Zellen von Leber und Muskulatur gespeichert. Es besteht aus einem zentralen Protein (Glykogenin), an das bis zu 50 000 Glukosemoleküle meist α-1,4-glykosidisch geknüpft sind. Alle 8 bis 12 Glukose-Bausteine erfolgt neben der α-1,4-glykosidischen Bindung eine weitere α-1,6-glykosidische Verknüpfung, wodurch das Molekül baumartig verzweigt wird. Bei Energiebedarf wird Glykogen rasch hydrolysiert, und die Glukosemoleküle gelangen in den Zellstoffwechsel zur Energiegewinnung. In Schlachtkörpern wird Glykogen post mortem anaerob metabolisiert und ist für die Absenkung des pH-Werts verantwortlich (Kap. 7).

3.1.2 Stärke

Stärke ist chemisch eine Poly-α-D-Glukose, die sich aus Amylose (20 – 30 %) und Amylopektin (50–80 %) zusammensetzt. Amylose besteht aus α-1,4-Verknüpfungen mit ca. 2000 Glukoseeinheiten. Sie ist eine amorphe, lineare, unverzweigte Kette, die z. B. mit Lipiden Einschlusskomplexe bilden kann. Amylopektin enthält ca. 500 000 Glukoseeinheiten, die zu ca. 5 % α-1,6 verknüpft sind und zu 95 % α-1,4. Das Molekül ist stark verzweigt, aber deutlich weniger als Glykogen und aufwendiger enzymatisch zu hydrolysieren als Amylose.

3.1.3 Cellulose

Cellulose ist mit einem Massenanteil von rund 50 % der Hauptbestandteil pflanzlicher Zellwände und damit das weltweit am häufigsten vorkommende Polysaccharid. Sie ist aufgebaut aus dem Disaccharid Cellobiose, das seinerseits

Abb. 3.1a+b
Strukturen der wichtigsten Kohlenhydrate (Pektin siehe Abb. 3.2)

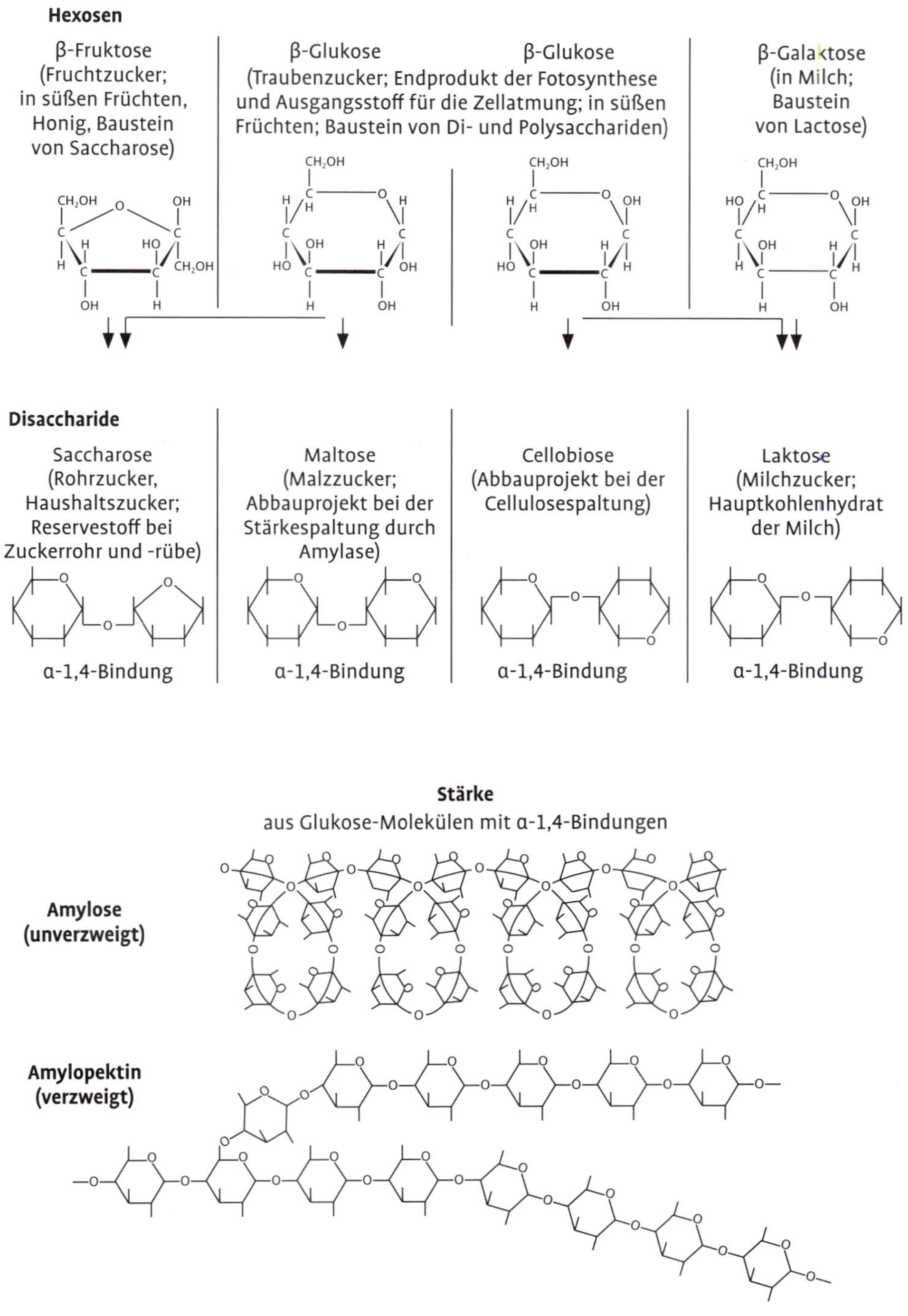

Abb. 3.1 (Fortsetzung)
Strukturen der wichtigsten Kohlenhydrate (Pektin siehe Abb. 3.2)

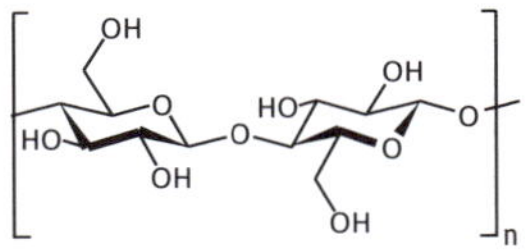

Cellulose aus Glukosemolekülen mit β-1,4-glykosidischen Bindungen

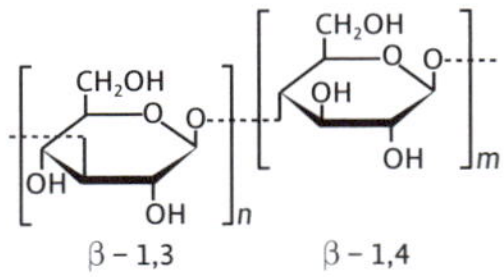

β-Glucan aus β-(1 → 3) und β-(1 → 6)-glykosidisch verknüpften Glukosemolekülen

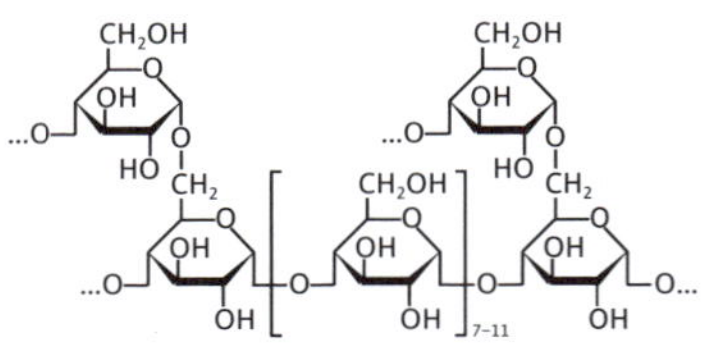

Glykogen aus bis zu 50 000 Glukosebausteine, die meist α-1,4-glykosidisch verknüpft sind. Alle 8 bis 12 Glukose-Bausteine erfolgt neben der α-1,4-glykosidischen Bindung eine weitere α-1,6-glykosidische Verknüpfung

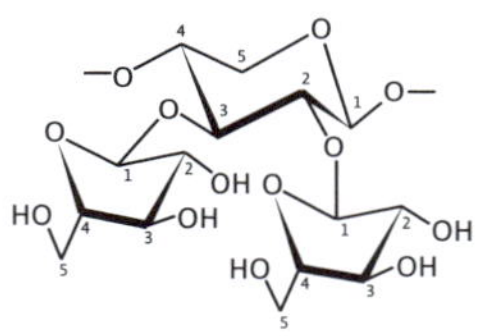

Arabinoxylan aus β-1,4-verknüpfter Xylose; OH-Gruppen sind in 2er- und/oder 3ere-Stellung mit L-Arabinofuranose glykosidisch verknüpft

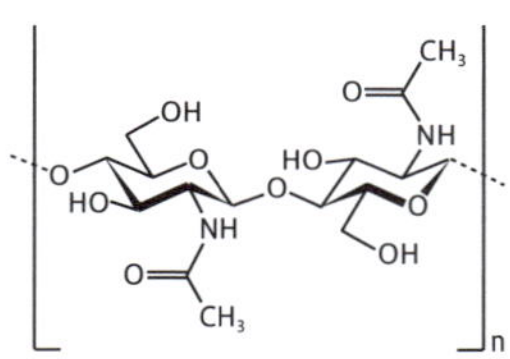

Chitin ist aus Acetylglucosamin-Einheiten aufgebaut (2-Acetamido-2-desoxy-D-glucopyranose), die durch β-1,4-glykosidische Bindungen verknüpft sind.

aus zwei Molekülen Glukose in β-1,4-glykosidischer Bindung besteht. Die Cellobiose-einheiten sind durch β-1,4-glykosidische Bindungen zum Polymer verknüpft. Celluloseketten sind unverzweigt und bestehen aus mehreren Hundert bis Zehntausend β-D-Glukose-Molekülen. Die Cellulosemoleküle lagern sich zu höheren Strukturen zusammen, werden so zu reißfesten Fasern und übernehmen in Pflanzen als Hauptelement der Primär- und Sekundärzellwände häufig statische Funktionen. In der Lebensmitteltechnologie werden Cellulose bzw. ihre Derivate als Verdickungsmittel, Trägerstoff, Füllstoff, Trennmittel, Überzugsmittel und Schaummittel verwendet. So z. B. als E 460, mikrokristalline Cellulose bzw. Cellulosepulver und als E 466 Carboxymethylcellulose.

Cellulose ist für den Menschen ein unverdaulicher Ballaststoff, weil weder er noch seine Mikroorganismen im Darm über ein Enzymsystem verfügen, das β-glykosidische Verbindungen spalten kann. Wiederkäuer dagegen verdauen einen großen Teil der Cellulose und anderer unlöslicher Polysaccharide im Pansen mithilfe anaerober Prokaryoten, die die Cellulose zu Fettsäuren umsetzen. Cellulose verdauende Tiere ernähren sich letztlich von der stetig nachwachsenden Symbiontenmasse in ihrem Verdauungssystem (zur Einbindung von Cellulose in der Pflanzenzellwand siehe Kap. 3.6.1).

3.1.4 Pektine

Pektine sind eine große, heterogene Gruppe pflanzlicher Polysaccharide, die im Wesentlichen (zu mindestens 65 %) aus α-1,4-glykosidisch verknüpften D-Galakturonsäure-Einheiten bestehen. Die Carboxylgruppen sind teilweise mit Methanol verestert, die sekundären Alkoholgruppen können teilweise acetyliert sein. Durch die Anwesenheit von Neutralzuckern wie Xylose, Galaktose oder Arabinose, die mit den Pektinmakromolekülen als Seitenketten verknüpft sind sowie durch die Unterbrechung der Hauptkette durch Rhamnose, kommt dem Pektin der Charakter eines Heteropolysaccharids zu (Abb. 3.2).
Wie Cellulose sind Pektine für den Menschen kaum verdauliche Ballaststoffe. Sie kommen in den Zellgeweben aller höheren Landpflanzen vor, wo sie als Strukturelemente in den Mittellamellen und primären Zellwänden eine festigende und wasserregulierende Funktion übernehmen. So besteht Apfeltrester zu 10–15 % aus Pektin, Rübenschnitzel enthalten 10–20 % und Zitrusschalen 20–35 %. In der pflanzlichen Zelle sind die Pektinmoleküle so fest mit anderen Zellwandmolekülen verknüpft, dass sie mit Wasser nicht extrahierbar sind. Diese wasserunlösliche Form nennt man Protopektin. Während der Reifung von Früchten oder dem Garen von Gemüsen entsteht aus dem Protopektin lösliches Pektin, das Gewebe erweicht dabei. Bei der industriellen Pektingewinnung wird es durch saure Hydrolyse in lösliches Pektin überführt. In der Praxis verwendet man hoch- und niederveresterte Pektine, für Spezialanwendungen auch Pektinsäure. Bei einem Anteil von mehr als 50 % mit Methanol veresterten Galakturonsäure-Molekülen spricht man von hochveresterten, unter 50 % von niederveresterten Pektinen. Pektinsäure besitzt einen Veresterungsgrad unter 5 %.

Abb. 3.2
Schematische Darstellung des Pektinmoleküls (Hüfner et al. 2010)

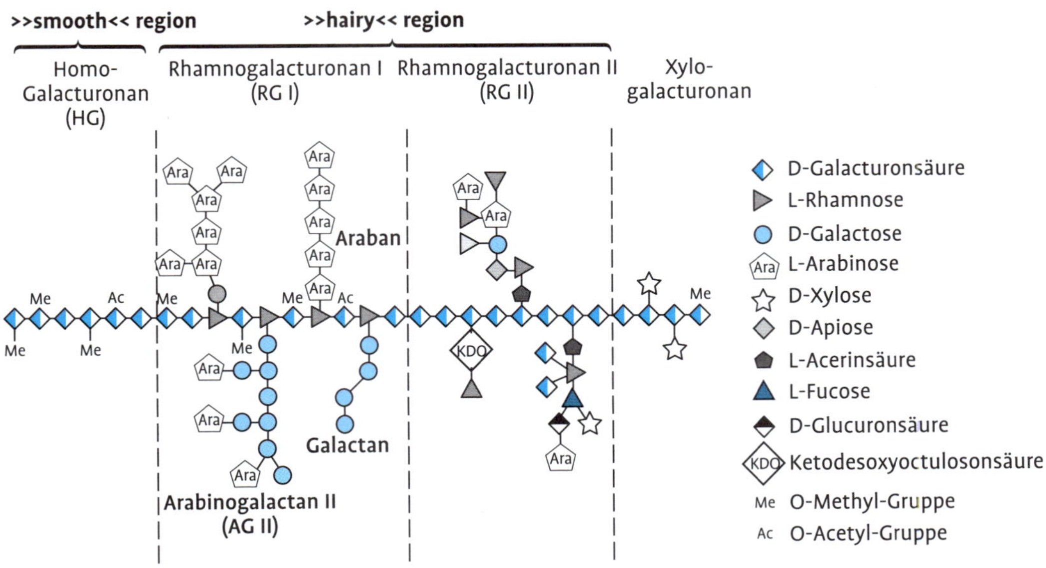

Geliervorgang

In der Lebensmitteltechnologie wird Pektin zur Herstellung von Gelees, Konfitüren und Marmeladen, Süßwaren, Backwaren und in Milcherzeugnissen als Gelier-, Verdickungs- und/ oder Stabilisierungsmittel verwendet. Pektine können als pflanzliches Ersatzmittel von Gelatine dienen. Die je nach Extraktionsvorgang unterschiedlich veresterten Pektine unterscheiden sich in ihrem Gelbildungsmechanismus. Die freien Carbonsäure-Gruppen der Galakturonsäure-Bausteine dissoziieren in wässriger Lösung. Die anionischen Säurereste, die mehr oder weniger gleichmäßig über das Makromolekül verteilt sind, tragen eine negative Ladung, sodass sich die Pektinmoleküle elektrostatisch abstoßen. Um diese Ladungsträger bilden sich große Hydrathüllen, die zusätzlich verhindern, dass sich die Moleküle einander annähern. Pektine gehören deshalb zur Gruppe der Hydrokolloide. Zum Gelieren muss die Barriere aus elektrostatischer Abstoßung und Hydrathüllen überwunden werden. Dazu gibt es zwei Mechanismen:

- Gelierung mit mehrwertigen Kationen bei niederveresterten Pektinen: Ein mehrwertiges Kation (meist Kalzium) wird durch zwei oder mehr anionische Carboxylat-Gruppen in einem Chelatkomplex gebunden. Dabei bildet sich ein Gel aus, in dem die Kationen die Pektinketten als dreidimensionales Netzwerk zusammenhalten.
- Gelierung mit Zucker und Säure (hochveresterte Pektine): Die Säure überführt die anionischen Säurereste in Säuregruppen. Dadurch sinkt die elektrostatische Abstoßung zwischen den Pektinketten. Der gleichfalls anwesende Zucker bindet Wasser, das er unter anderem den großen Hydrathüllen der Pektinmoleküle entzieht. Durch diese beiden Effekte können sich die Pektinketten einander annähern und bilden ein durch Wasserstoffbrückenbindungen verknüpftes, dreidimensionales Netzwerk.

Pektin ist in der EU als Lebensmittelzusatzstoff E 440 ohne Höchstmengenbeschränkung (quantum satis) für fast alle Lebensmittel zugelassen.

3.1.5 Hemicellulose

Hemicellulose ist ein Sammelbegriff für eine extreme Vielzahl nur in pflanzlicher Biomasse vorkommender Gemische von Polysacchariden. Es sind Hydrokolloide, die in gequollenem Zustand schleimig wirken und auch als Schleimstoffe bezeichnet werden. Die am häufigsten auftretenden Monomere sind Pentosen wie D-Xylose und L-Arabinose (z. B. die Pentosane von Roggen und Hafer). Weizen und Gerste enthalten überwiegend Hexosane mit Hexosen als Monomeren. Bei Homopolymeren ist nur ein Monosaccharid glykosidisch verknüpft, Heteropolymere setzen sich aus zwei oder mehr unterschiedlichen Monosacchariden zusammen. Beispiele sind Xylane, Mannane und Galactane. An die Polysaccharidketten können weitere Zucker gebunden sein und so ein verzweigtes, unregelmäßiges Makromolekül bilden.

Die Hemicellulosen bilden einen Teil der Stütz- und Gerüstsubstanz von Zellwänden und können bis zu ein Drittel der Pflanzenmasse ausmachen. Kleie enthält bis zu 40 % Hemicellulose. Die quellfähigen, schleimigen Pentosane in Roggenmehl verhindern beim Anteigen die Ausbildung eines Klebergerüsts wie beim Weizenteig (Kap. 7).

3.1.6 Chitin

Chitin ist ein Polysaccharid aus Acetylglucosamin-Einheiten (2-Acetamido-2-desoxy-D-glucopyranose), die β-1,4-glykosidisch verknüpft sind. Chitin kommt sowohl bei Pilzen als auch bei Gliedertieren und Weichtieren als einer der Hauptbestandteile der Zellwand vor. Deren Stabilität ergibt sich aus der Kombination von Chitin mit Proteinen oder Glukanen. Die Gerüstsubstanz Chitin ist neben Cellulose das am weitesten verbreitete Polysaccharid und unterscheidet sich als Spielart von ihr durch eine Acetamidgruppe. Chitin ist Ausgangsstoff für die technische Herstellung von Chitosan und Glucosamin.

3.2 Proteine

Proteine sind in den Zellen aller Lebewesen an praktisch allen Lebensprozessen beteiligt und sind stabilisierender Teil des Organismus. Kein anderes Biomolekül übertrifft deren funktionelle Vielfalt. Proteine bestehen aus **Aminosäuren**, die durch **Peptidbindungen** zu Ketten verbundene Makromoleküle bilden. Die Funktion vieler Proteine beruht darauf, dass sie andere Moleküle durch reversible Wechselwirkungen erkennen, binden und wieder abgeben können. Menschliche Proteine bestehen aus 20 (21) verschiedenen L-α-Aminosäuren, 8 **essenziellen** und 12 **nicht-essenziellen**, sowie nach Ansicht mancher Wissenschaftler zusätzlich aus Selenocystein als 21. Aminosäure. In den Proteinen anderer Organismen können noch weitere Aminosäuren vorkommen. Der menschliche Organismus ist darauf angewiesen, die essenziellen Aminosäuren mit der Nahrung aufzunehmen. Die Ketten enthalten meist 50–200 Aminosäuren, bei sehr großen Proteinen auch mehrere Tausend. Moleküle bis etwa 100 Aminosäuren werden als **Peptide** bezeichnet, die molekulare Größe eines Proteins wird in Kilodalton (kDa) angegeben.

Ausgehend von der Aminosäurekette unterscheidet man bei Proteinen vier Strukturebenen:

- **Primärstruktur**, d. h. die Sequenz der einzelnen Aminosäuren einer Polypeptidkette. Die Primärstruktur beschreibt lediglich die Aminosäuresequenz, jedoch nicht den räumlichen Aufbau des Proteins.
- **Sekundärstruktur**, d. h. die Zusammensetzung des Proteins aus besonders häufig auftretenden Motiven für die räumliche Anordnung der Aminosäuren. Man unterscheidet dabei zwischen folgenden Strukturtypen: α-Helix, β-Faltblatt, β-Schleifen und ungeordnete, sogenannte „Random-Coil“-Strukturen. Diese Strukturen ergeben sich durch Wasserstoffbrückenbindungen zwischen den Peptidbindungen des Polypeptid-Rückgrats.
- **Tertiärstruktur**, d. h. die der Sekundärstruktur übergeordnete räumliche Anordnung der Polypeptidkette. Sie wird von den Kräften und Bindungen zwischen den Seitenketten der Aminosäuren bestimmt. Bindungskräfte für diese dreidimensionalen Strukturen sind Disulfidbrücken oder nicht-kovalente Wechselwirkungen wie Wasserstoffbrückenbindungen. Zusätzlich spielen hydrophobe, ionische und Van-der-Waals-Kräfte eine wichtige Rolle. Durch diese Kräfte und Bindungen faltet sich das Protein weiter.
- **Quartärstruktur**, d. h. die Zusammenlagerung zu einem Proteinkomplex. Es kann eine Zusammenlagerung von unterschiedlichen Proteinen sein oder ein Verband aus zwei oder mehr Polypeptidketten. Dabei sind die einzelnen Proteine häufig durch Wasserstoffbrücken und Salzbrücken aber auch durch kovalente Bindungen miteinander verknüpft. Die einzelnen Untereinheiten eines solchen Komplexes werden Protomere genannt. Einige Proteine ordnen sich noch in einer über die Quartärstruktur hinausgehenden „Überstruktur“ oder „Suprastruktur“ an. Beispiele dafür sind Kollagen in der Kollagenfibrille oder Aktin und Myosin im Sarkomer eines beweglichen Muskels (Kap. 3.7.2).

Unter chemischen Gesichtspunkten ist eine befriedigende Klassifizierung von Proteinen schwierig. Unterscheiden lassen sich einfache Proteine, aufgebaut allein aus Aminosäuren, von zusammengesetzten, die zusätzliche kovalent oder nicht-kovalent gebundene chemische Substanzen enthalten. Diese sogenannten **prosthetischen Gruppen** können Nukleotide, Mono- und Polysaccharide, Lipide oder Metalle sein. Eine weitere Möglichkeit zur Klassifizierung ist die räumliche Struktur der Proteine, ihre **Konformation.** Unterschieden werden danach **globuläre**, gut wasserlösliche Proteine von schlecht löslichen langgestreckten **(fibrillären).** Die zahlreichen Funktionen im Organismus werden durch deren räumliche Struktur bestimmt. Vielfach, und nicht nur bei Enzymen (Kap. 4), ist das Bild vom Schlüssel und dem dazu passenden Schlüsselloch zutreffend. Proteine besitzen drei wichtige Funktionen:

Strukturfunktion: Bei Tieren bestehen Muskeln, Knorpel, Haare, Horn, Federn, Fingernägel und Bindegewebe hauptsächlich aus Proteinen. Sie verleihen Festigkeit und Elastizität. Als

Teil der Muskulatur sind Proteine für die Bewegung verantwortlich. Im Pflanzengewebe sind Strukturproteine in die Zellwände eingebettet, die sonst im Wesentlichen aus Cellulose, Pektin, Hemicellulose und gegebenenfalls Lignin bestehen. Strukturproteine können nach entsprechender Aufarbeitung als Zusatzstoffe eingesetzt werden. Häufig verwendet wird Gelatine z. B. als Geliermittel oder als Schönungsmittel für Getränke.

Stoffwechselfunktion: Alle Stoffwechselreaktionen von Lebewesen sind durch Enzyme katalysiert, die wie Hormone und Antikörper hauptsächlich aus Proteinen aufgebaut sind. Bei Tieren ist der Sauerstofftransport durch die roten Blutkörperchen das Werk des **Hämoglobins**, einem aus vier Protomeren zusammengesetzten Protein und eingelagerten, eisenhaltigen Häm-Molekülen. Alle Membranen enthalten spezifische Proteine, die dort Transportfunktionen übernehmen und z. B. für den Stoffaustausch zwischen Zellen oder die Weiterleitung von Signalen verantwortlich sind. Diese biologischen Aktivitäten erfordern die Quartärstruktur des Molekülverbunds. Pharmakologie und Lebensmitteltechnologie versuchen gleichermaßen, spezifische Eigenschaften einzelner funktioneller Einheiten nach ihrer Separierung zur Aufwertung von Lebensmitteln oder als Pharmakon direkt zu nutzen. Ein Beispiel ist die Blutfraktionierung zur Gewinnung von Proteinfraktionen, ein anderes die selektive Gewinnung einzelner Proteinfraktionen aus Milch und Molke.

Reservestofffunktion: Lebensmitteltechnologisch sind die Proteine besonders interessant, die als Reservestoffe eingelagert und vergleichsweise einfach gewonnen werden können. Dazu gehören z. B. die Eiweißstoffe in Eiern, in der Milch oder in zahlreichen Pflanzen. Das Milchprotein Kasein ist Ausgangsstoff für alle Arten von Käse oder Joghurt. Der Gluten (Kleber) prägt als Getreideeiweiß die Eigenschaft von vielen Backprodukten, und die Proteine von Soja, Erbsen oder Bohnen werden unter anderem als Ersatz für tierische Eiweiße geschätzt.

Die **Konformation** von Proteinen ist eine Funktion von Temperatur, pH-Wert und Ionenkonzentration. Milieuveränderungen können das Protein biologisch inaktivieren bis hin zur Denaturierung als irreversiblem Vorgang. Die Lebensmitteltechnologie nutzt diese Eigenschaften gezielt zur Herstellung von Lebensmitteln wie Käse oder Joghurt. Ernährungsphysiologisch sind lediglich die Aminosäuren als letzte Hydrolysestufe entscheidend. Quartär- oder „Über"-Strukturen, z. B. bei rohem Fleisch, erfordern einen extrem hohen Aufwand zur Verdauung. Der mechanische Zerkleinerungsprozess bei Hackfleisch oder der Erhitzungsprozess übernehmen einen Teil dieser Verdauungsarbeit, das Protein wird leichter verdaulich. Gleichzeitig steigt das mikrobiologische Risiko. Abbildung 3.3 zeigt einige wichtige tierische und pflanzliche Proteinstrukturen.

Gluten (Klebereiweiß) ist das Speicherprotein der Getreidearten Weizen, Dinkel, Roggen, Kamut, Emmer, Einkorn, Hafer und Gerste. Im Weizen besteht es aus alkohollöslichem Gliadin und alkalilöslichem Glutenin. Die beiden Proteine sind verantwortlich für die viskoelastischen Eigenschaften von Teigen, das Gashaltevermögen und die Backfähigkeit eines Laibs, aber auch für die Zöliakie empfindlicher Personen.

Die technologische Bedeutung von Getreide-, Milch- und Fleischeiweiß wird in Kap. 7 beschrieben. Neben Getreide besitzen zahlreiche andere Pflanzen relevante Proteinmengen. Tabelle 3.1 zeigt beispielhaft Werte für Sojabohnen sowie Erbse und im Vergleich Eiweißgehalte von Fleischsorten.

Die Sojabohne ist als Öl- und Proteinträger in Asien ein traditionelles und wichtiges Element der menschlichen Ernährung und hat inzwischen weltweit Fuß gefasst. Die bekanntesten Sojalebensmittel sind **Tofu, „Sojamilch"** oder **„Sojajoghurt"**. Sojamilch darf in der EU nicht unter dem Namen Milch in Verkehr gebracht werden. Meist wird ein Soja-Drink verkauft. Sojaquark heißt häufig Quarkalternative aus Soja. Zusätzlich hat Soja nach der Gewinnung von Sojaöl in den letzten Jahren große Bedeutung als Tierfutter bekommen.

Tofu wird aus Sojabohnenteig hergestellt, der bei der Koagulation von Proteinen in der Sojamilch entsteht. Der dabei entstandene Quark wird entwässert und zu Blöcken gepresst. Dieses Verfahren ist der Käseherstellung aus Milch sehr ähnlich. „Sojamilch" ist ein wässriger Extrakt aus gemahlenen Sojabohnen, der eine

Abb. 3.3
Beispiele für tierische und pflanzliche Proteine und die verschiedenen Strukturebenen; links oben: Gelatine als Hydrolyseprodukt von Kollagen; links unten: Gluten als Getreideeiweiß aus den Eiweißen Gliadin und Glutenin; rechts unten: eine Kasein-Micelle aufgebaut aus vielen durch Kalzium verknüpften Submizellen

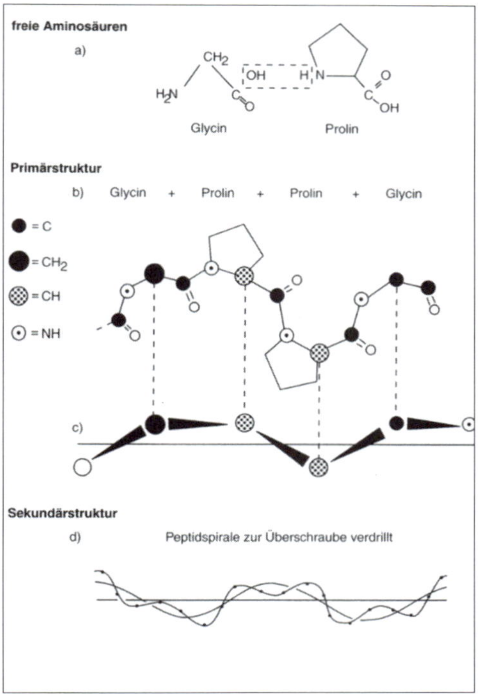

Konzentration von Milcheiweißen

	Konz. in Milch g/kg	% am Gesamteiweiß w/w
Kasein		
α_s1-Kasein*	10,0	30,6
α_s2-Kasein*	2,6	8,0
β-Kasein**	10,1	30,8
κ-Kasein	3,3	10,1
Gesamtkasein	26,0	79,5
Molkenproteine		
α-Laktalbumin	1,2	3,7
β-Laktoglobulin	3,2	9,8
Blutserumalbumin	0,4	1,2
Immunoglobuline	0,7	2,1
verschiedene (inkl. Proteose-Pepton)	0,8	2,4
Molkenprotein gesamt	6,3	19,3
Fettkügelchenmembranproteine	0,4	1,2
Gesamteiweiß	32,7	100

* auch als α_s-Kasein bezeichnet
** inkl. γ-Kasein

Quelle: Walstra & Jennis

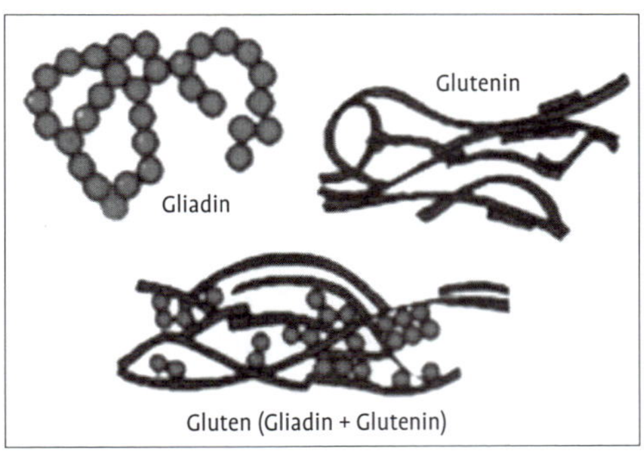

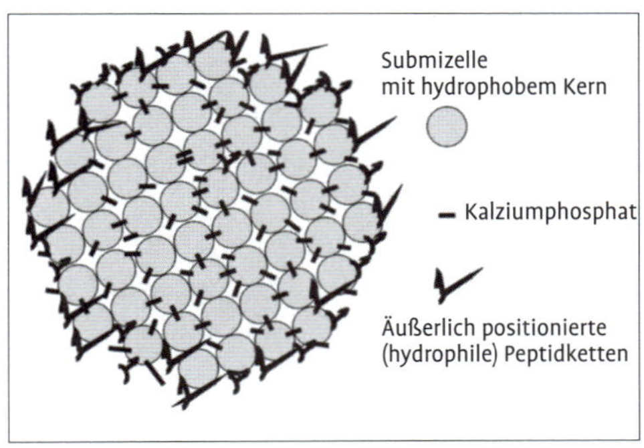

stabile Emulsion aus Öl, Wasser und Proteinen bildet. Aufbau und Verwendungsmöglichkeiten ähneln denen der Kuhmilch, die sie in der veganen Ernährung ersetzt. Der Name **Milch** ist in der EU ausschließlich dem durch ein- oder mehrmaliges Melken gewonnenen Erzeugnis der normalen Eutersekretion vorbehalten. Sojajoghurt wird vergleichbar dem Joghurt aus Kuhmilch durch Fermentation hergestellt. Milchsäurebakterien, meist *Lactobacillus bulgaricus* und *Streptococcus thermophilus,* bewirken die Gerinnung der Sojamilch und erzeugen ein stichfestes, leicht säuerliches Produkt. Dessen Konsistenz ist etwas weicher als die von Kuhmilchjoghurt und macht unter Umständen den Zusatz von Verdickungsmitteln sinnvoll.

Tab. 3.1
Proteinmengen in Soja, Erbse und verschiedenen Fleischsorten.

je 100 g; Circa-Zusammensetzung der getrockneten Sojabohne/Erbse			
Eiweiß	34,3 g	20 g	
Fett	18,3 g	1 g	
Kohlenhydrate	6,3 g	50 g	
Ballaststoffe	22,0 g	18 g	
Mineralien	3,0 g	3 g	
Zusammensetzung verschiedener Fleischsorten			
	Proteine (g)	**Fett (g)**	**Wasser (g)**
Hähnchen, Brust	23,6	0,7	74,6
Schweinefleisch, Rohschinken	18,3	4,4	69,5
Kalbfleisch, mit Fett	27,9	2,7	67
Pferdefleisch	29,8	3,5	65,3
Rindfleisch, Filet (Fleisch)	29,6	3,6	65,7
Rindfleisch, Hackfleisch	27,6	12,2	58,4
Schweinefleisch	28,7	9,6	60,7
Pute, Babypute	22,4	6,8	69,8

3.3 Lipide

Der Begriff Lipide ist eine Sammelbezeichnung für eine große Gruppe ganz oder im Wesentlichen hydrophober Naturstoffe, die sich aufgrund ihrer geringen Polarität in lipophilen Lösungsmitteln wie Hexan, Methanol, Aceton oder Benzol lösen. Ihre **Unpolarität** rührt von den langen Kohlenwasserstoffresten her, die die allermeisten Lipide besitzen. Die Unpolarität verhindert die Unterbrechung der Wasserstoffbrückenstruktur von Wasser und die Ausbildung von energetisch günstigen Wechselkräften. Die Gruppe der Lipide besteht aus chemisch äußerst heterogenen Verbindungen, die in großem Umfang ein Produkt des Stoffwechsels von Organismen sind. Fast alle werden sie aus Acetyl-CoA synthetisiert. Eine gängige Klassifizierung unterscheidet nach **nicht hydrolysierbaren Lipiden** und **hydrolysierbaren Lipiden** (Abb. 3.4). Nicht hydrolysierbar sind unter anderem:

- Alkane, d. h. die gesättigten Kohlenwasserstoffe der Alkanreihe.
- Carotinoide wie das ernährungsphysiologisch und technologisch bedeutsame β-Carotin (Pigment und als Provitamin A Vorstufe des Vitamin A). Deren physiologische Aufgaben sind im Organismus Lichtabsorption und als Radikalfänger Schutz vor oxidativem Stress.
- **Sterole und Steroide** wie Cholesterin und Cortisol als Gewebshormone.
- **Fettsäuren**, d. h. aliphatische Carbonsäuren mit unpolarer Kohlenwasserstoffkette.

Die hydrolysierbaren Lipide lassen sich in zwei oder mehr Teile aufspalten und umfassen unter anderem folgende Verbindungsgruppen:

- **Triacylglycerole (Triglyzeride)** aus Glyzerin und drei Fettsäuren als Dreifach-Ester, umgangssprachlich Fette genannt. In dieser Form liegt Fett als Reservestoff oder Isolator vor. Die Chemie der Fettsäuren entscheidet, ob es sich bei Raumtemperatur um flüssige Öle oder feste Fette handelt.
- **Wachse** aus Sterolen und Einfachester von Fettsäuren. Sie schützen Pflanzen vor der Verdunstung. Sowohl der Säure- als auch der Alkoholteil von Wachsen haben lange gesättigte Alkylreste. Sie werden unter anderem über ihre mechanisch-physikalischen Eigenschaften von den „öligeren" Triglyzeriden abgegrenzt. Wachse sind bei 20 °C knetbar, fest bis brüchig hart mit grober bis feinkristalliner Struktur und farblich durchscheinend bis undurchsichtig.
- **Phospholipide** aus Glyzerin mit zwei Fettsäuren und Phosphat als dritte Säure. Daran können weitere geladene oder polare Gruppen gebunden werden. So besitzen sie einen hydrophilen (Phosphatrest) und einen hydrophoben (Fettsäurerest) Teil. Dadurch sind sie in der Lage, in polaren Lösungsmitteln wie Wasser Doppellipidschichten oder Mizellen zu bilden. Aus diesen Doppellipidschichten, die den Inhalt einer Zelle gegen

Abb. 3.4
Beispiele für die Struktur von Lipiden und ihre Funktion als Emulgator

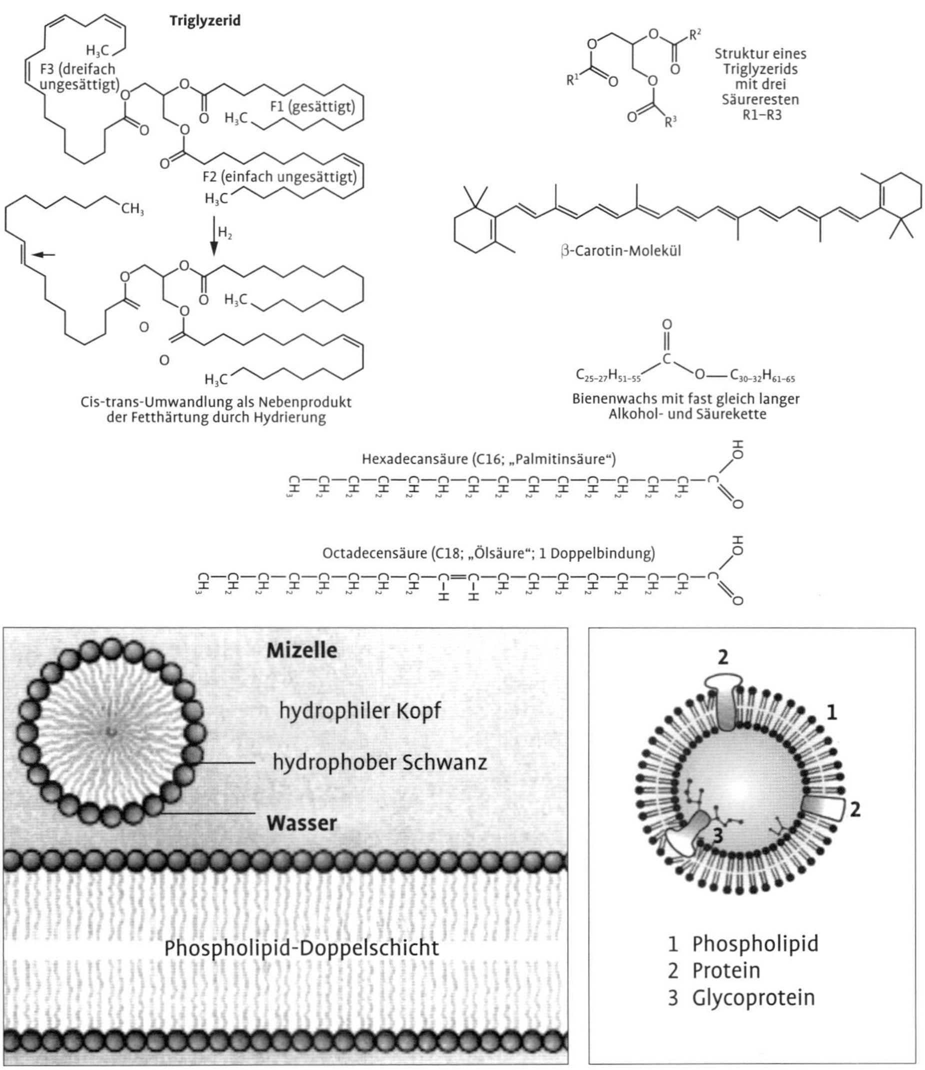

die Umgebung abgrenzen, sind praktisch alle Biomembranen aufgebaut.

- **Glykolipide** als Membranlipide von Neuronen.
- Rund 98 % der durch den Verzehr von Pflanzen oder Tieren aufgenommenen Lipide sind chemisch **Triglyzeride**. Bei höheren Tieren erfüllen diese Fette nicht nur eine Reservefunktion, sondern dienen zusätzlich als Isolator und Puffer. Lipide fungieren zudem als Lösungsmittel für die fettlöslichen Vitamine A, D, E und K. Knapp 2 % der Nahrungslipide sind **Phospholipide** und **Cholesterin**, alle anderen kommen nur in Spuren vor. Pflanzliche Fette liegen in den Zellen als Öltröpfchen vor, tierische Fette sind bei Zimmertemperatur fest. Fette wurden in der Vergangenheit meist aus Walen gewonnen.

Inzwischen sind vor allem die Früchte und Samen von Pflanzen Ausgangstoff, z. B. Palmen, Soja, Raps, Sonnenblume, Olive, Nüsse oder bei den Tieren die Schweine.

Triglyzeride sind Ester aus dem **Dreifachalkohol Glyzerin** und drei Fettsäuren. Diese Fettsäuren können 4–24 Kohlenstoffatome enthalten, sie sind linear angeordnet und unverzweigt. Die am häufigsten vorkommenden Fettsäuren sind solche mit 16 bzw. 18 C-Atomen. Sie können eine oder mehrere Doppelbindungen im Molekül enthalten und sind dann einfach bzw. mehrfach ungesättigte **Polyenfettsäuren**. Die ungesättigten Fettsäuren weisen die **cis-Konfiguration** auf, **trans-Fette** kommen in tierischen Fetten in geringen Prozentsätzen, in Pflanzenfetten praktisch nicht vor. Sie können aber in größerer Menge entstehen als Nebenprodukte bei der **Härtung** von Pflanzenöl durch Umlagerung der gewinkelten cis-Doppelbindungskonfiguration in die lineare trans-Konfiguration. Härtung bedeutet die Umwandlung ungesättigter Doppelbindungen in Einfachbindungen durch z. B. katalytische Wasserstoffanlagerung (Kap. 7). Dieselbe **Isomerisierung** geschieht bei der Erhitzung von Fetten mit mehrfach ungesättigten Fettsäuren. Der Verzehr von Glyzerin-Estern der trans-Fettsäuren soll den Gehalt an **LDL-Cholesterin** im Blut erhöhen und Mitverursacher von koronaren Herzkrankheiten sein.
Die Omega-3-Fettsäuren Eicosapentaensäure (EPA; 20:5 ($\omega-3$)) und Docosahexaensäure (DHA; 22:6 ($\omega-3$)) sind Bestandteile der Zellmembran, für den Menschen essenziell und wirken auf unterschiedliche Weisen modulierend auf die Funktion verschiedener Zellen. Omega-3 bedeutet, dass die letzte Doppelbindung in der mehrfach ungesättigten Kohlenstoffkette der Fettsäure bei der – von dem Carboxy-Ende aus gesehen – drittletzten C-C-Bindung vorliegt. Die beiden C18-Fettsäuren Octadecadiensäure (Linolsäure) und Octadecatriensäure (Linolensäure) sowie die C20-Fettsäure Eicosatetraensäure (Arachidonsäure) mit vier Doppelbindungen zählen zu den Omega-6-Fettsäuren. Aus der Arachidonsäure werden Eikosanoide synthetisiert, wichtige Gewebshormone und Mediatoren im Körper. Die nicht essenziellen Fettsäuren können alle aus Acetyl-CoA synthetisiert werden.

3.4 Phenolische Verbindungen (Phenole, Polyphenole)

Proteine, Lipide und Kohlenhydrate sind die Hauptbausteine des Lebens. Daneben werden zahlreiche weitere Substanzgruppen metabolisiert. Dazu gehören unter anderem viele Aromastoffe, Farbstoffe und sonstige Funktionsträger. Eine große Gruppe dieser **sekundären Stoffwechselprodukte** ist die der Phenole. Sie kommt lediglich in Pflanzen vor und übernimmt dort mehrere wichtige Aufgaben:

- Sie **schützen die Pflanze,** vor allem die Früchte, **vor dem UV-Licht** der Sonne, indem sie bestimmte Wellenlängen absorbieren. So wird eine Schädigung der Proteine in der Zelle und der DNA in den Zellkernen verhindert.
- Sie helfen, durch ihre Farbigkeit Insekten und Vögel anzulocken, die letztlich über die Verbreitung der Samen zur Vermehrung der Traube beitragen **(Signalwirkung).**
- Sie binden freie Radikale, die bei oxidativem Stress entstehen können, und wirken dadurch als **Antioxidanzien**.
- Sie **schützen die Pflanze vor Pathogenen** (Mikroorganismen, Fressfeinde).
- Sie sind wichtig für die **Genexpression**.
- Bei verholzten Pflanzengeweben besitzen sie **Strukturfunktion** (als Lignin).

Die Phenole sind vielfach Teil der pflanzlichen **Verteidigungsstrategie** gegen Stressoren und können deren Schadwirkung schwächen oder verhindern. Derartige Schutzstoffe nennt man in der Biologie **Phytoalexine.** In der Lebensmitteltechnologie spielen Phenole eine Rolle als **Farb-, Bitter- und Gerbstoffe** sowie im Fall von **Tannin** als technischer Hilfsstoff/Zusatzstoff. Dahinter verbergen sich chemische Verbindungen, die aus einem aromatischen Ring und einer, meist aber mehreren daran gebundenen Hydroxygruppen bestehen. Ein entscheidendes Charakteristikum ist ihre Reaktionsfähigkeit, bei der Polymere entstehen, aber auch Verbindungen mit Proteinen oder Komplexe mit Metallen. Phenole spielen deshalb bei der Reifung/Alterung von Lebensmitteln eine bedeutende Rolle. Monomere können bei Anwesenheit von Sauerstoff leicht enzymatisch, aber auch rein chemisch oxidiert werden. Insgesamt unterliegen diese Verbindungen permanenten Umwandlungen, die üblicherweise zu größeren Molekülen führen. Als Eiweiß-Gerbstoff-Verbindung können sie bei Rotweinen nach Überschreitung des Löslichkeitsprodukts zu einem Depot am Boden der Flasche führen. Die **Reaktivität** der Phenole erschwert eine verbindliche Nomenklatur, sodass in der Literatur oft nicht ersichtlich wird, welche Verbindungen tatsächlich gemeint sind. Die nachfolgende Einordnung spiegelt den derzeitigen Stand der Literatur bezogen auf Lebensmittel wider. In Lebensmittelpflanzen kommen hauptsächlich drei Gruppen von phenolischen Verbindungen vor:

- Phenolcarbonsäuren und deren Derivate **(Nicht-Flavonoide)**
- Stilbene
- Flavonoide

Abbildung 3.5 zeigt Zusammenhänge innerhalb der phenolischen Verbindungen und benennt wichtige Vertreter der jeweiligen Untergruppe. Die **Phenolcarbonsäuren** enthalten einen C6-Ring mit zusätzlicher Säuregruppe (C6-C1- oder C6-C3-Körper) und kommen in zahlreichen monomeren Verbindungen vor. In wässrig-alkoholischen Lösungen sind sie farblos, durch Oxidation verfärben sie sich gelb. Sie sind geruch- und geschmacklos, aber **Präkursoren** für flüchtige Stoffe, die durch Abbau von Mikroorganismen entstehen können.
Stilbene setzen sich aus zwei miteinander verbundenen C6-Ringen zusammen. Die verschiedenen Verbindungen dieser Phenoluntergruppe unterscheiden sich durch die Anzahl der

Abb. 3.5
Zusammenhänge innerhalb der großen Gruppe der Phenole und wichtige Vertreter der Untergruppen

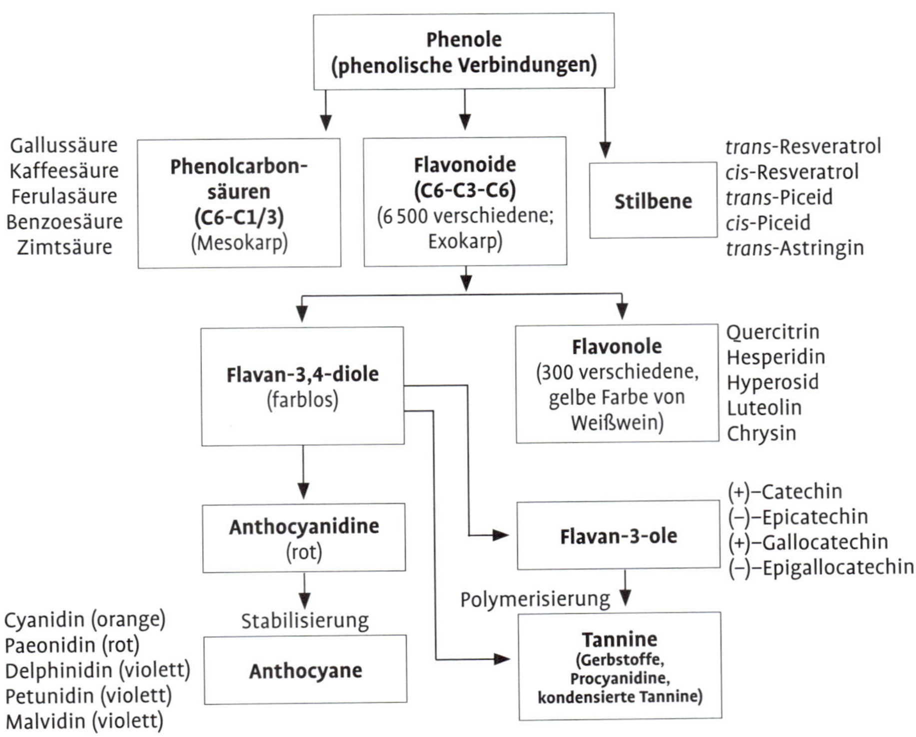

Hydroxygruppen und/oder die Anwesenheit einer zusätzlichen glykosidischen Bindung. Ihnen wird eine fungistatische, eventuell sogar fungizide Wirkung zugeschrieben. **Resveratrol**, erstmals 1976 in Weinbeeren nachgewiesen, gilt als Substanz, die vor Herz-Kreislauf-Erkrankungen schützt und das **„French Paradox"** bewirken soll.

Die wichtigste Phenol-Gruppe in Lebensmitteln ist die der **Flavonoide**, zu der die farbigen **Anthocyane und Gerbstoffe** gehören. Aus dem C6-C3-C6-Grundgerüst, zwei phenolische Ringe (A und B) über einen Pyranring verknüpft, leiten sich Flavan-3,4-diole, Flavonole, Flavan-3-ole und Anthocyanidine ab, die sich durch spezifische Nebengruppen im Pyranring unter-

Abb. 3.6
Strukturformeln von phenolischen Verbindungen

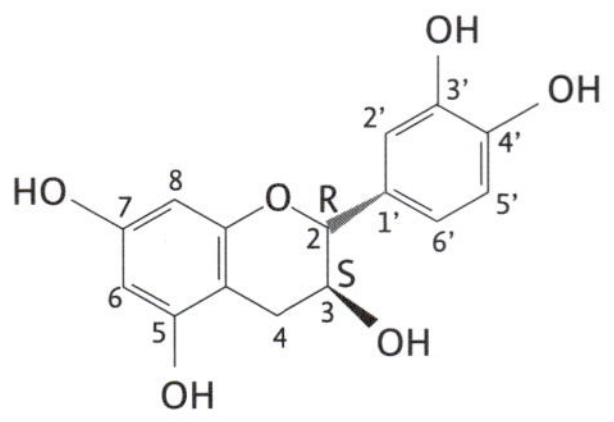

Flavan-3-ol
(Catechine + Epicatechine)

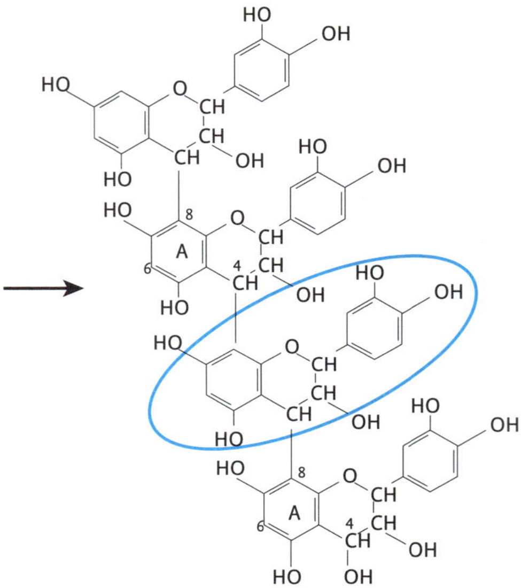

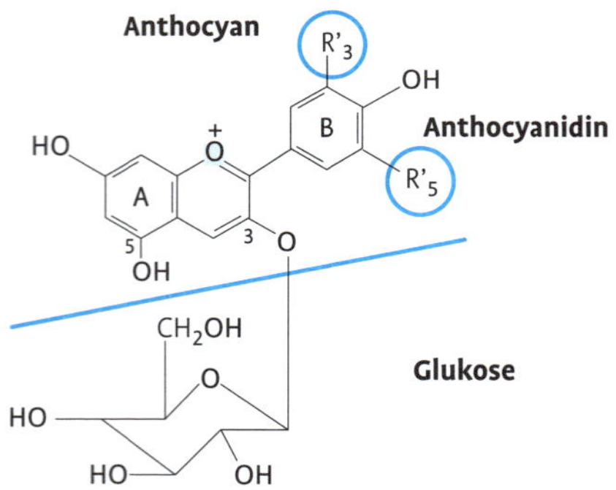

R'3	R'5	Name	Farbe
OH	H	Cyanidin	orange
OCH_3	H	Paeonidin	rot
OH	OH	Delphindin	violett
OH	OCH_3	Petunidin	violett
OCH_3	OCH_3	Malvidin	violett

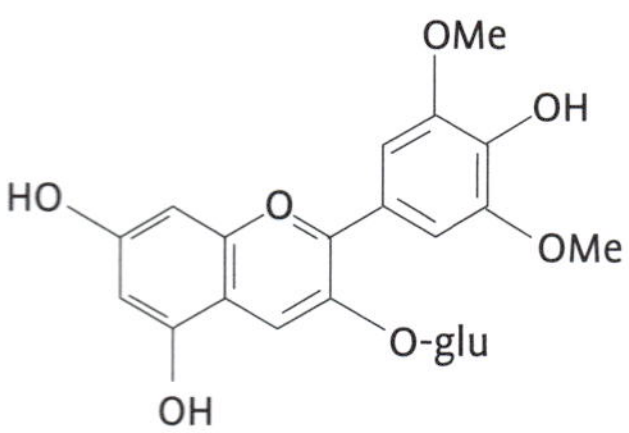

Anthocyane, z. B.
Malvidin-3-Glucosid

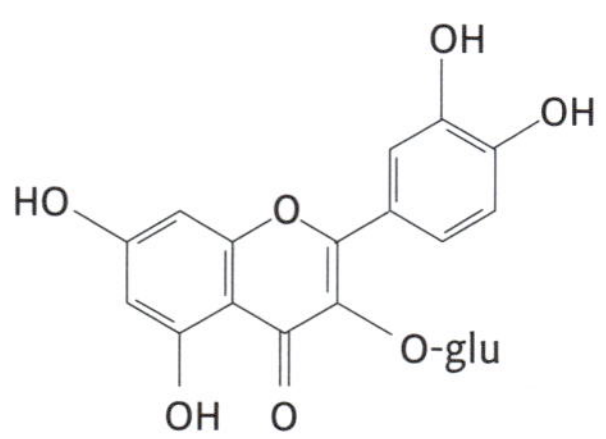

Flavonole, z. B.
Quercetinglucosid

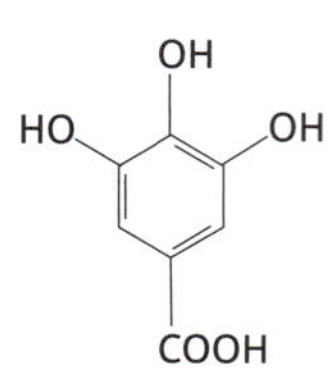

Hydroxybenzoesäuren,
z. B. Gallussäure

scheiden. Die Anthocyanidine ergeben nach glykosidischer Bindung eines Moleküls Glukose die Anthocyane. Flavonole und Anthocyane kommen in Früchten ausschließlich in der Beerenhaut vor, Flavan-3,4-diole, Tannine und Phenolcarbonsäuren auch in den Kernen (zur chemischen Struktur siehe Abb. 3.6).

Sensorisch machen sich **Tannine** durch ihre **Adstringenz** bzw. Bittere bemerkbar. Ihre „gerbende" Eigenschaft, die Stabilisierung und Konservierung von eiweißhaltigen Geweben wie z. B. Häuten hat Tanninen den umgangssprachlichen Namen **Gerbstoff** eingebracht. **Adstringenz** entsteht, wenn Proteine des Speichels mit Tanninen reagieren und Chemorezeptoren im Mund den Reiz über den **Trigeminus-Nerv** ins Hirn leiten. Dieser sensorische Eindruck gehört aufgrund der unspezifischen Erregung von Nervenenden nicht zu den **fünf Geschmackseindrücken** süß, sauer, salzig, bitter und Umami, die von jeweils eigenen Papillen auf der Zungenoberfläche detektiert werden. Niedrigmolekulare Tannine erzeugen zusätzlich zur Adstringenz aber auch einen bitteren Geschmack. Je niedriger ihr Polymerisationsgrad ist, je „jünger" die Tannine sind, desto intensiver adstringierend oder bitter schmecken sie. Ausgangsstoffe für Tannine sind Flavon-3-ole (Catechine) und Flavan-3,4-Diole. Über eine Fülle von Polymerisationsreaktionen entstehen Tannine bereits im Verlauf der Reife der Früchte und später im Lebensmittel. Bei Rotweinen finden sich Konzentrationen von mehreren g/l.

3.5 Lebensmittelfarbstoffe und färbende Lebensmittel

Die gesamte belebte und unbelebte Natur sieht der Mensch in Farben, teilweise in grell bunten. Entsprechen die Farben den Tönen des Habitats, sollen sie zum Schutz vor Fressfeinden als Tarnfarben eher „unsichtbar" machen. Leuchtende Farben dagegen sind in der Natur meist im Zuge der Evolution herausgebildete **Signalfarben**, mit denen der Wettbewerb beim Kampf um die Vermehrung unterstützt werden soll (z. B. das bunte Federkleid von Vögeln bei der Balz oder leuchtende Blüten- und Früchtefarben). Der Mensch nimmt **elektromagnetische Wellen**, die von Objekten reflektiert werden, über seine Sinnesorgane wahr und erstellt im Gehirn Farbmuster. Er reagiert sehr emotional auf Farben, sie beeinflussen sein Verhalten. Die Farbigkeit von natürlichen Lebensmitteln der vorindustriellen Zeit hat sich im kollektiven Bewusstsein des Menschen verankert, sie spielt heute noch eine überragende Rolle. Farbe erzeugt beim Konsumenten physiologische und psychologische Erwartungshaltungen, die durch Erfahrung, Tradition, Erziehung und Umwelt mitbestimmt werden. Farben werden unmittelbar als erstes wahrgenommen und sind oftmals das einzige sichtbare Qualitätsmerkmal. Sie sind ein Maß für den **Reifestatus** bzw. den **Verderbniszustand**, ein Indikator für Geschmack und Geruch, für den Garzustand und oft für den Nährstoffgehalt. Viele Lebensmittel, z. B. Cola-Getränke oder Rotweine, definieren sich durch ihre Farbe. Wird bei einem neu entwickelten Lebensmittel die Farbe emotional nicht angenommen, steigt das Risiko der Ablehnung. Farbpsychologie ist ein wichtiges Element der Produktentwicklung.

Der Gesetzgeber hat in der EU-VO 1333/2008 zahlreiche **Farbstoffe als Zusatzstoff** zugelassen: „Farbstoffe sind Stoffe, die einem Lebensmittel Farbe geben oder die Farbe in einem Lebensmittel wiederherstellen. Hierzu gehören natürliche Bestandteile von Lebensmitteln sowie natürliche Ausgangsstoffe, die normalerweise weder als Lebensmittel verzehrt noch als charakteristische Lebensmittelzutaten verwendet werden. Zubereitungen aus Lebensmitteln und anderen essbaren natürlichen Ausgangsstoffen, die durch physikalische und/oder chemische Extraktion gewonnen werden, durch die die Pigmente im Vergleich zu ihren ernährungsphysiologischen oder aromatisierenden Bestandteilen selektiv extrahiert werden, gelten als Farbstoffe im Sinne dieser Verordnung.

Insbesondere zubereitete Lebensmittel müssen die emotional erwartete Farbintensität befriedigen. Gründe für den Zusatz von Farbstoffen können sein:

- **Korrektur** verarbeitungs- bzw. lagerungsbedingter Farbverluste, z. B. bei Fruchtkonserven
- Ausgleich natürlich bedingter **Farbschwankungen**, z. B. bei Konfitüren
- zur **Verstärkung** der Farbe eines Produkts, das aufgrund seiner Inhaltsstoffe einen schwächeren Farbton hat, als erwartet wird, z. B. Fruchtsaftgetränke, Saucen
- Verbesserung der Attraktivität ursprünglich **farbloser** oder unansehnlicher Produkte, z. B. Süßwaren, Margarine, Dessertprodukte, Cola-Getränke

3.5.1 Farbigkeit als sinnliche Erfahrung

Die Reize **elektromagnetischer Strahlung** mit Wellenlängen zwischen 380–760 nm interpretiert der Mensch als subjektiv wahrgenommene Farben. Dieser Bereich stellt innerhalb des gesamten Strahlungsspektrums den Bereich des sichtbaren Lichts dar. Sonnenlicht lässt sich in die Spektralfarben zerlegen, die im unteren Wellenlängenbereich blau, im oberen Rot erscheinen (Abb. 3.7). Im Auge werden ankommende Lichtstrahlen von der Linse gebündelt und auf der Netzhaut abgebildet. Auf der Netzhaut befinden sich mehr als 125 Millionen **Fotosensoren**, zu 95 % auf Helligkeit reagierende Stäbchen, der Rest sind die für das Sehen am Tag und für die Farberkennung zuständigen Zapfen. Unterschiedliche **Farbrezeptoren** innerhalb dieser Zapfen sprechen lediglich auf den Energieinhalt der drei Farbempfindungen Blau, Gelbgrün und Rot an. Der Mensch ist ein **„Trichromat“**, der mit lediglich diesen drei Grund- oder Primärfarben operiert. Durch eine chemische Reaktion wird ein **elektronischer Reiz** aktiviert und dieser vom Sehnerv ins Großhirn weitergeleitet. Dort werden letztlich die drei Farben gemischt, es entsteht das riesige Spektrum an Tönungen. Auch Drucker erzielen durch Mischen lediglich der drei Grundfarben das gesamte Farbspektrum.

Fällt Sonnenlicht oder weißes Licht auf ein Lebensmittel, werden bestimmte Wellenlängen aus dem Lichtspektrum absorbiert, die übrigen reflektiert. Das Lebensmittel erscheint dann nicht weiß, weil der absorbierte Teil des Lichts fehlt. Der Betrachter sieht eine Mischfarbe, die zu der absorbierten **komplementär** ist. Absorbiert ein Lebensmittel z. B. den Rotbereich mit den Wellenlängen zwischen 640 und 750 nm, sieht es der Betrachter in der Komplementärfarbe grün. Ein Produkt erscheint schwarz, wenn alle Wellenlängen vollständig absorbiert werden, weiß, wenn alle reflektiert werden.

Die Absorption bestimmter Wellenlängen ist eine Funktion der chemischen Struktur. Auftreffendes Licht regt Elektronen innerhalb der Moleküle oder Atome an und hebt sie vom Grundzustand in den angeregten Zustand. Die für die Anregung notwendige Energie entspricht der Energie des absorbierten Lichts. Die Elektronen kehren aus dem angeregten Zustand wieder in den Grundzustand zurück und geben die Energie in Form von thermischer Energie oder Licht

Abb. 3.7
Spektralfarben im sichtbaren Wellenlängenbereich des Lichts

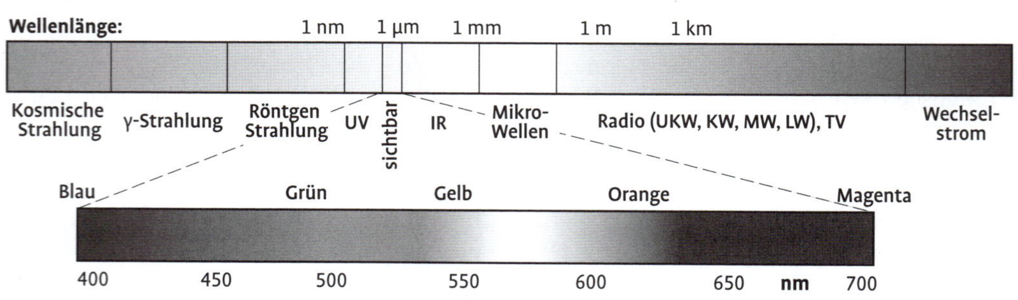

zurück. Ist das reflektierte Licht im sichtbaren Bereich, wird von **Emission** gesprochen.

Farbstandardisierung durch CIELab

Farbe ist ein durch das Auge vermittelter Sinneseindruck und daher eine subjektive Größe. Deshalb bleibt die visuelle Farbbestimmung immer ungenau und schlecht reproduzierbar. Aus Gründen der Vergleichbarkeit und der Standardisierung von Farbeindrücken mussten objektive Messsysteme geschaffen werden. Im Jahr 1931 wurde von der **„Commision Internationale de l'Eclairage"** ein Normfarbsystem festgelegt. Das System orientiert sich an der Farbwahrnehmung des menschlichen Auges. Im CIELab-Modell liegen alle Farbtöne gleicher Helligkeit auf einer kreisförmigen, flachen Ebene, auf der sich die a- und b-Achsen befinden. Positive a-Werte sind rötlich, negative a-Werte grünlich, positive b-Werte gelblich und negative b-Werte bläulich. Am Umfang der Farbscheibe liegen die reinen Farbtöne mit hoher Sättigung. Nach innen nimmt die Sättigung bis zur Achse ab, dort ist sie Null. Komplementärfarben liegen einander gegenüber. Die Helligkeit ändert sich in vertikaler Richtung von 0 (Schwarz) bis 100 (Weiß). Wird eine Farbe in CIELab definiert, so beschreibt L die Helligkeit, a den Rot-/Grünwert und b den Gelb-/Blauwert (Abb. 3.8).

3.5.2 Farbstoffe für Lebensmittel

Aufgrund der großen Bedeutung von Farben in Lebensmitteln wurden zahlreiche Farbstoffe als Zusatzstoffe zugelassen. Rund 80 % der Lebensmittelfarbstoffe dienen zur Färbung von Softdrinks und Süßigkeiten. Mineralwasser, Milch, Wein, Fruchtsäfte, Trockenfrüchte oder Kartoffelerzeugnisse dürfen nicht gefärbt werden. Abbildung 3.9 zeigt die Möglichkeiten, Lebensmittel zu färben.

Zur Färbung können Farbstoffe in reiner Form verwendet werden oder **färbende Lebensmittel.** Alle reinen Farbstoffe sind zulassungspflichtig, mit Namen und/oder ihrer E-Nummer zu deklarieren und werden zunehmend kritisch gesehen. Verbraucher wünschen verstärkt **„Clean**

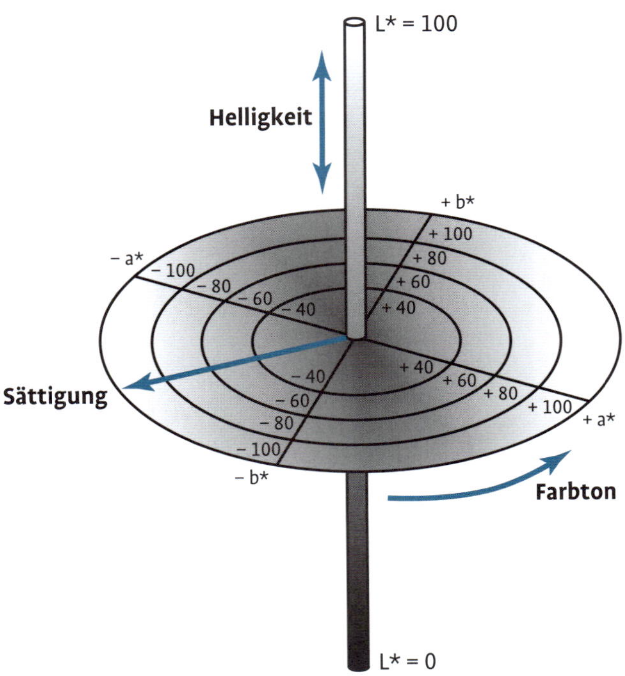

Abb. 3.8
Der dreidimensionale Farbraum CIELab

Abb. 3.9
In Lebensmitteln zulässige Farbstoffe/färbende Lebensmittel

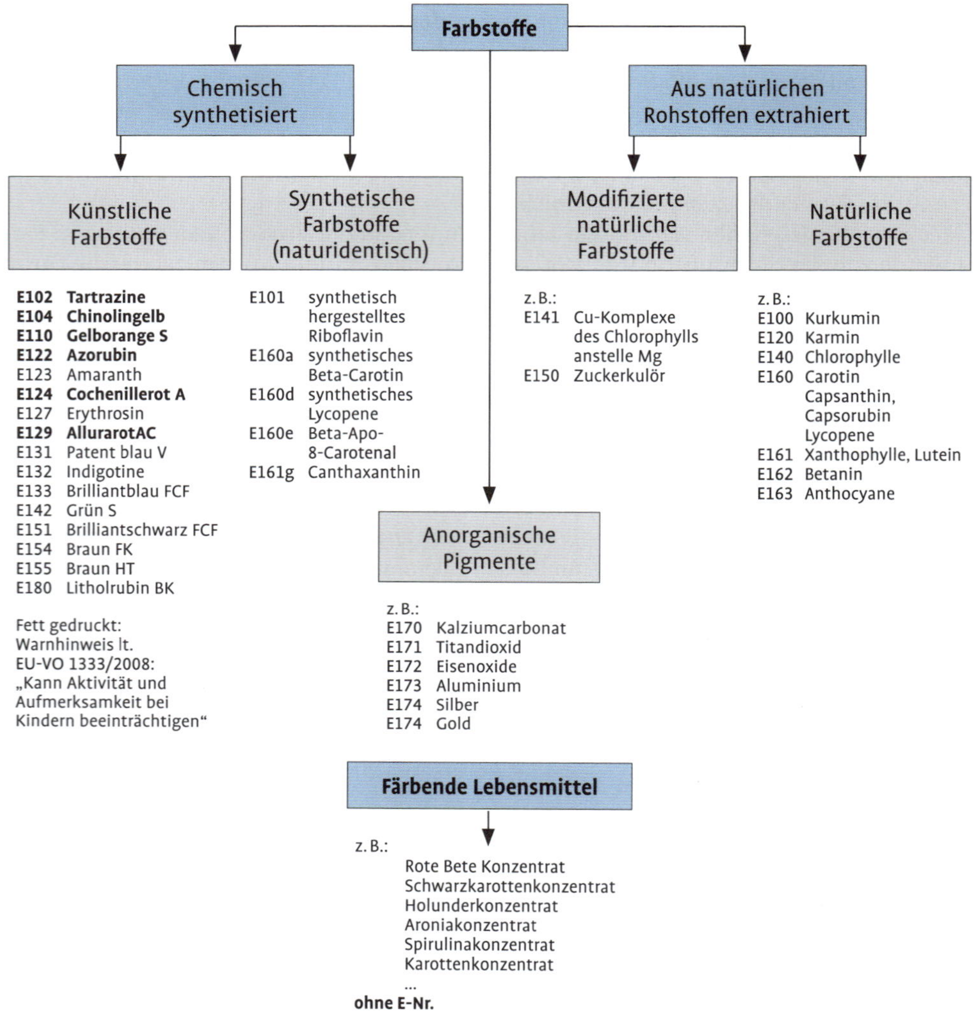

Label“-Produkte, also Lebensmittel möglichst naturbelassen und ohne Zusatzstoffe mit E-Nummer. Insbesondere sind bei der Verwendung von synthetisch hergestellten **Azofarbstoffen** Warnhinweise für Kinder auf dem Etikett erforderlich. Diese Substanzen stehen im Verdacht, das Aufmerksamkeitsdefizitsyndrom zu verstärken. In der Zusatzstoff-Zulassungsverordnung (ZZulV) von 1998 findet sich im Anhang 1 eine Liste der Einsatzmöglichkeiten von Farbstoffen.

Die große Gruppe von rein chemisch erzeugten z. B. Azo- oder Indigo-Farbstoffen war in der Vergangenheit aufgrund ihrer Eigenschaften sehr weit verbreitet:

- hohe pH-Wert-, Oxidations-, Säure- und Lichtstabilität
- hohe Brillanz und Farbstärke
- günstiger Preis
- leichte Handhabbarkeit und hohe Homogenität

Alle anderen Farbstoffe oder färbenden Lebensmittel müssen sich an diesen Eigenschaften messen lassen. Die Forschung hat inzwischen für nahezu alle Anwendungsgebiete geeignete Alternativen entwickelt. Der Verbrauch der synthetischen Farbstoffe sinkt seit mehreren Jahren auf Kosten der natürlichen Farbstoffe und vor allem der färbenden Lebensmittel. Dafür sind hauptsächlich zwei Gründe maßgeblich: **allergische bzw. pseudoallergische Reaktionen** empfindlicher Menschen und eine **generelle Ablehnung von Zusatzstoffen.** Zum 1. August 2014 wurde schließlich die Verwendung aluminiumhaltiger Farbstoffe wie Karmin (E120) innerhalb der EU als Zusatzstoffe bestimmter Lebensmittel verboten (EU VO 380/2012). Damit sollten mögliche Gesundheitsrisiken durch die Al-Aufnahme reduziert werden.

Seit einigen Jahren werden als Alternative zu den Farbstoffen als Reinsubstanz färbende Lebensmittel eingesetzt. Dabei handelt es sich z. B. um Konzentrate von farbintensiven Lebensmitteln wie Rote Bete, Johannisbeere, Karotten, Kirsche oder die Alge Spirulina als natürliche Quelle für die Farben grün und blau. Die **einfache Deklaration als Zutat,** z. B. Karotten-Saftkonzentrat, reicht, da es sich um Lebensmittel handelt, die auch pur als Konzentrat essbar sind. Maßgeblich ist die VO EU 1169/2011 für verpackte Lebensmittel. Färbende Lebensmittel werden hergestellt durch die Gewinnung des wertbestimmenden Safts mit nachfolgender Konzentration. Die Europäische Kommission hat in einer „Guidance Note", die seit Januar 2014 angewendet werden kann, den Begriff färbendes Lebensmittel präzisiert und gegenüber Farbstoffen abgegrenzt. Abbildung 3.10 zeigt exemplarisch die Herstellung von einem färbenden Lebensmittel für die Farbe rot. Farbnuancen lassen sich durch Mischen bzw. die Wahl der Konzentration erzielen. Bei färbenden Lebensmitteln hat keine selektive Anreicherung von Farbpigmenten stattgefunden. Der Extrakt bewahrt die wesentlichen Merkmale des Ausgangsmaterials bezüglich Farbbestandteile, Aroma oder Nährstoffgehalt. Der Anteil an färbenden Substanzen wird nicht signifikant im Verhältnis zu nutritiven oder aromatischen Bestandteilen verändert. Eine Rekonstitution ergibt ein konsumierbares Produkt mit wiedererkennbaren Eigenschaften des Rohstoffs.

Durch Weiterbehandlung lässt sich aus dem Konzentrat von Abb. 3.10 der Farbstoff E162 der Roten Bete, **Betanin,** extrahieren.

Natürliche Farbstoffe werden allgemein selektiv extrahiert, gereinigt, konzentriert und zur Haltbarmachung meist stabilisiert. Die wichtigsten natürlichen Farbstoffe sind die grünen Chlorophylle, die blau-roten Anthocyane und die Carotinoide. Sie besitzen eine weitgehende Kundenakzeptanz, leiden aber zum Teil unter fehlender Brillanz, einem höheren Preis und mangelnder Farbtiefe. **Chemische Modifikationen,** z. B. der Austausch des zentralen Mg-Atoms durch Cu bei Chlorophyll, verbessert Stabilität und Leuchtkraft. Das bei sehr vielen Getränken, aber auch bei Weinbränden eingesetzte Zuckerkulör gehört in diese Gruppe (Kap. 3.5.4). Manche natürlichen Farbstoffe, z. B. β-Carotin, lassen sich

Abb. 3.10
Herstellung von Färbenden Lebensmitteln am Beispiel Rote Bete

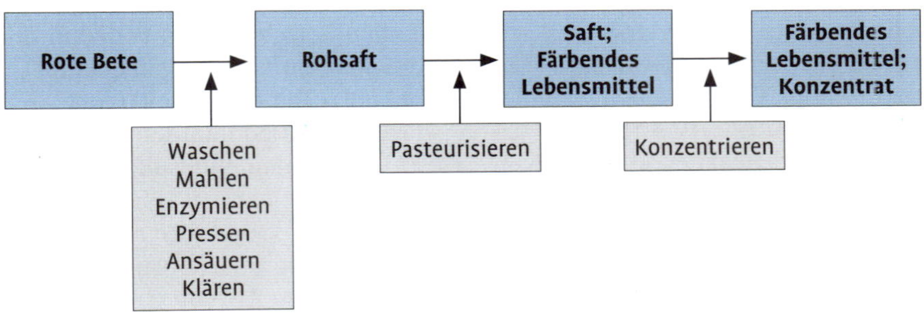

zudem naturidentisch und damit in großer Menge und kostengünstig synthetisieren.

3.5.3 Anthocyane E163 als Beispiel für einen natürlichen Farbstoff

Anthocyane sind die Farbstoffe der roten Früchte, sie kommen in rund 250 verschiedenen Varianten vor und werden eingesetzt zur Erzeugung des Farbtons rot. Unter der E-Nummer 163 sind sie als Lebensmittelzusatzstoff zur Färbung z. B. von Joghurt, Softdrinks und vielen anderen Lebensmitteln zugelassen. Extrahiert werden sie hauptsächlich aus Holunder, den Schalen roter Traubenbeeren, schwarzen Karotten oder Rotkohl und erzeugen je nach Herkunft unterschiedliche Farbnuancen. Als Alternative kann **Karminrot** E120 eingesetzt werden, ein Extrakt aus befruchteten, getrockneten Weibchen der Scharlach-Schildlaus.

Anthocyane (Abb. 3.6) liegen chemisch in mehreren Gleichgewichtszuständen vor, ihre Verteilung ist stark pH-Wert-abhängig. Sie absorbieren in Abhängigkeit von ihrer chemischen Struktur und vom pH-Wert Licht im Bereich zwischen 465 und 560 nm. Der nicht absorbierte Anteil des weißen Lichts wird entsprechend „verarmt" reflektiert und erscheint dem menschlichen Auge als blaue, rote oder violette Farbe. Für die Wechselwirkung mit Licht ist das **Flavylium-Kation des Pyran-Rings** verantwortlich, das bei pH-Werten unter 3 in Form eines Komplexes mit dem Säurerest vorliegt. Der Farbeindruck ist dann rot. Bei pH-Werten oberhalb vier verschiebt sich das Gleichgewicht nach einer Hydroxylierung in Richtung farblose Carbinol-Pseudo-Base. Im basischen Bereich erfolgt eine Dehydroxylierung. Eine Hydroxylgruppe wird zur Keto-Gruppe, es bildet sich ein chinoides System in Form der Anhydrobase Flavenol. Die Farbe verändert sich ins Violette. Die Menge der Anthocyane in den Früchten ist sorten- und reifeabhängig. Vielfältige Reaktionen untereinander oder mit anderen Phenolen wirken farbverstärkend und farbstabilisierend. Die Farbe von gereiftem Rotwein oder älteren Säften ist letztlich eine Mischung aus verschiedenen Komplexen, bei denen Anthocyane, viele andere phenolische Verbindungen, Acetaldehyd und Sauerstoff beteiligt sein können. Anthocyane sind sehr stabil in Glasflaschen, aber etwas weniger beständig in PET-Behältnissen. Lichteinfluss oder eine Pasteurisation wirken sich nicht negativ aus, Ascorbinsäure als Oxidationsschutz ist nicht erforderlich.

3.5.4 Zuckerkulör E150 als Beispiel für einen natürlichen, modifizierten Farbstoff

Zuckerkulör ist in Europa als Farbstoff für zahlreiche Lebensmittel unbeschränkt zugelassen. Hergestellt wird es durch eine **Karamellisierung**, bei der farbintensive polymere Endprodukte entstehen. Die Erhitzung von Glukosesirup, z. B. gewonnen aus Mais, Weizen oder Kartoffeln, mit Schwefelsäure in Gegenwart von Ammoniak ergibt stark dunkel gefärbte Produkte. Zuckerkulör schmeckt nicht mehr süß, sondern bitter. Während des Karamellisierens laufen zahlreiche Oxidationen, Kondensationsreaktionen, Polymerisationen, intramolekulare kovalente Bindungen, Umlagerungen und eine teilweise Pyrolyse, bei dunklerem Karamell zunehmend eine Verkohlung ab. Der Zucker wird entwässert, die Kohlenhydrate verbinden sich zu verschiedenen Polymeren, Ketonen und Aldehyden, von denen einige für die braune Färbung und den bitteren Geschmack verantwortlich sind. Färbendes Prinzip sind demnach **Maillardprodukte**. Zuckerkulör darf nicht mit **Karamell** verwechselt werden, das bei niedrigeren Temperaturen unter Vermeidung der bitter schmeckenden Substanzen erzeugt wird. Je nach zugesetztem Bräunungsbeschleuniger unterscheidet man vier Typen Zuckerkulör mit unterschiedlicher Farbintensität:

- E150a (einfaches Karamellkulör)
- E150b (Sulfit-Karamellkulör)
- E150c (Ammonium-Karamellkulör)
- E150d (Ammoniumsulfit-Karamellkulör)

Weltweit werden jährlich rund 550 Milliarden Liter Cola-Getränke konsumiert. Charakteristisch für diese Art von Getränken ist dessen bräunliche Farbe, die durch die zugesetzte

Menge Zuckerkulör erzeugt wird. Ein Liter Cola enthält 1,5 g Zuckerkulör E150d mit der intensivsten Farbe. In Summe führt das zu einem jährlichen Gesamtverbrauch von etwa 800 000 Tonnen. Bierprodukte werden mit E150c gefärbt. Ein alternatives färbendes Lebensmittel für den Farbton braun ist z. B. **Malzextrakt**, hergestellt aus geröstetem Gerstenmalz. Dessen Einsatzmengen sind höher als bei den Zuckerkulören. Malzextrakt besitzt eine sehr gute Farbstabilität und einen typischen Geschmack.

3.6 Lebensmittelaromen und Aromatisierung von Lebensmitteln

Lebensmittel sind üblicherweise sehr komplexe Systeme, die eine Vielzahl von Sinnesorganen ansprechen. Deren Ansprechen entscheidet über die subjektive Qualitätseinschätzung. Neben Farbigkeit und Textur spielen **Geruch und Geschmack** die entscheidende Rolle. Diese Summe der **olfaktorischen und gustatorischen** Empfindungen wird nach DIN 10 950-1 als **Aroma** definiert, hervorgerufen durch **Agonisten**, die beim Verzehrvorgang mit den **Rezeptorproteinen** des Menschen Wechselwirkungen eingehen und im Gehirn ein Aromabild des Lebensmittels ermöglichen. **Schmecken**, die gustatorische Wahrnehmung, bezieht sich auf die bekannten Geschmacksarten süß, sauer, salzig, bitter und Umami, den Indikator für Eiweiß. Viele Wissenschaftler erweitern diese fünf um die Erfassung von Fett mittels eigener Rezeptoren und um die Eigenschaft „scharf". Der Geschmackssinn wird vor allem durch **Geschmacksknospen** auf der Zunge, die als kleine Erhebungen in Erscheinung treten, und **Geschmacksrezeptoren** bestimmt. Die Anzahl der Geschmacksknospen ist individuell verschieden. „Intensiv"-Schmecker können bis zu 1000 Geschmacksknospen/cm^2 auf der Zunge benutzen, „Normal"-Schmecker müssen sich mit 100–200 je cm^2 begnügen (Döll, 2013). Jede Knospe enthält im Schnitt 50 Rezeptorzellen, die auf die fünf Geschmacksrichtungen spezialisiert sind. Die Zellen sind kurzlebig und werden alle 10–15 Tage erneuert. Die Anzahl der Knospen nimmt aufgrund nachlassender Regerationsfähigkeit im Laufe der Jahre ab.

Ergänzt wird die Geschmackserfassung durch den **Trigeminus-Nerv**, der flüchtige, irritative chemische Substanzen ans Hirn weiterleitet. Dazu gehören brennende, scharfe, beißende, adstringierende, prickelnde, brenzlige, stechende oder kühlende Verbindungen z. B. in Kren, Senf, Kohlensäure, Pfeffer, Chilli, Pfefferminze, Alkohol, Säuren, Zigarettenrauch, Rauch etc. Es handelt sich bei diesem trigeminalen Sinn nicht um spezifische Sinneszellen. Die Reizaufnahme erfolgt in den freien sensiblen Endbereichen des trigeminalen Neurons vor allem in den Schleimhäuten der Nasen- und Mundhöhle (Dürrschmid, 2014 und 2020).

Riechen mittels des Geruchssinns, die olfaktorische Wahrnehmung, steht mit dem Geschmackssinn in enger Verbindung. Rund 80 % der sensorischen Empfindungen werden in Form der Gerüche aufgenommen. Etwa **20 Millionen Riechsinneszellen** sitzen im nur 5 cm^2 großen **Riechepithel** im hinteren, oberen Teil der Nasenschleimhaut. Feine Haare an der Oberfläche der Riechzellen, sogenannte Zilien, erkennen spezifisch Duftmoleküle, fangen diese ein und führen zu einem elektrophysiologischen Signal. Lediglich 400 verschiedene **Rezeptortypen** erzeugen vergleichbar der Schrift mit nur 26 Buchstaben eine Unzahl von Duftkombinationen, die im Riechkolben gebündelt und im Großhirn verarbeitet werden. Riechsinneszellen besitzen eine Lebensdauer von einem bis drei Monaten. Sensorische Fähigkeiten müssen aufgrund der beschränkten Lebensdauer der aktiv beteiligten Zellen kontinuierlich trainiert werden. Bei allen Sinnesorganen kommen letztlich nur chemische oder physikalische Reize an, die von deren spezialisierten Sinneszellen in elektrophysiologische Aktionspotenziale umgesetzt und über Nervenfasern in bestimmte Hirnregionen zur Weiterverarbeitung geleitet werden. Im Gehirn erhalten diese Aktionspotenziale ihre bewusste subjektive Wahrnehmung und ihren emotionalen und kognitiven Bedeutungskontext (Hildebrandt, 2008).

Das Aroma bestimmt die Qualität eines Lebensmittels in überragendem Maß. Die **Aromastoffe** sind chemisch definierte Stoffe oder Stoffgemische mit geruchlichen oder geschmacklichen Eigenschaften. Sie erzeugen in Lebensmitteln eine produkttypische Aromasignatur. Identifiziert wurden in der Natur bisher etwa 10000 derartiger Stoffe, davon sind etwa 250 sensorisch besonders aktive, wertgebende Substanzen, die auf die Sensoren des Menschen passen und einen niedrigen Geruchsschwellenwert besitzen (Schieberle, 2013). Geruchs- und Geschmacksschwellen sind immer auch eine Funktion der Matrix. Chemisch handelt es sich meist um Aromaten, Ester, Terpene, Alkylpyrazine, Aldehyde oder Ketone. Aromen in Lebensmitteln können verschiedener Herkunft sein:

- **originäre Aromen** des Rohstoffs („Food Borne Aromas", z. B. flüchtige Phenole, Terpene)
- **Umwandlungsprodukte** im Verlauf der Verarbeitung oder Reifung (z. B. Ester, Aldehyde, Alkohole, die unter anderem bei Fermentationen entstehen oder bei einer Lagerung in Holzfässern, dazu Maillardprodukte, Raucharomen)
- **Alterungsaromatik** durch chemische Umwandlungen (z. B. bei Spirituosen, Wein, Käse)
- **Zubereitungsaromen** (die z. B. beim Braten oder Backen entstehen)
- **zugesetzte Aromen** als Lebensmittelzusatzstoff laut Aromenverordnung und Ausführungsverordnung 872/2012 (Unionsliste Teil A, umfasst ca. 2500 Stoffe in einer Positivliste

Der Zusatz von Aromen erfolgt in der Regel bei unzureichender natürlicher Intensität des Eigenaromas, zum Ausgleich bei Qualitätsschwankungen oder zur Kreierung eines völlig neuen Geschmackserlebnisses.

Die maßgebliche **Aromenverordnung** (EG) Nr. 1334/2008 unterteilt Aromen in sechs verschiedene Kategorien: **Aromastoffe, Aromaextrakte,** thermisch gewonnene Reaktionsaromen, Raucharomen, Aromavorstufen und sonstige Aromen (Tab. 3.2). **Thermisch gewonnene Reaktionsaromen** entstehen durch kontrolliertes Erhitzen zucker- und stickstoffhaltiger Zutaten (z. B. Traubenzucker mit Rindfleischextrakt). Das Aroma bildet sich, wie etwa bei dem Backen von Brot oder Braten von Fleisch, erst durch Erhitzen. **Raucharomen** (vorgereinigte Primärrauchprodukte) werden gewonnen durch Fraktionieren und Reinigen z. B. mittels Sedimentation und Filtration von in Wasser kondensiertem Rauch. Maßgeblich ist die Verordnung (EG) Nr. 1321/2013. **Aromavorstufen** (z. B. Kohlenhydrate oder Aminosäuren) besitzen keine oder nur bedingt eigene geruchs- oder geschmacksgebende Eigenschaften. Sie entwickeln diese aber durch Reaktion mit anderen Bestandteilen während der Lebensmittelherstellung. **Sonstige Aromen** sind diejenigen Aromen, die nicht unter die vorgenannten Kategorien fallen, z. B. dem Grillvorgang ähnliche Aromen durch Erhitzen von Pflanzenölen. Zugesetzte Aromen müssen deklariert werden, wobei die Formulierung auf dem Etikett abhängig von der Kategorie ist. Die Entscheidung für den Einsatz einer bestimmten Kategorie ist oft eine finanzielle Frage. Natürliche Aromastoffe wie Vanillearoma sind in der Beschaffung wesentlich teurer als synthetisches, chemisch identisches Vanillin. Auch bei der Aromatisierung sind intensive Bestrebungen im Gange, die Formulierungen Aroma, natürliches Aroma usw. durch aromaaktive, natürliche Rohstoffe zu ersetzen. Bei der Herstellung von Backleberkäse kann dieser Schritt beispielsweise durch die Verwendung von Liebstöckl, Bocks-

Tab. 3.2
Abgrenzung Aromaextrakt und Aromastoff.

Aroma (laut Verordnung [EG] Nr. 1334/2008 vom 16.12.2008)		
Aromaextrakt = Stoffgemisch	**Aromastoffe = chemisch definierter Stoff**	
Extrakte ätherische Öle Auszüge aus Früchten, Kräutern und Gemüsen	natürlicher Aromastoff = Aromabestandteil nur aus natürlichen Rohstoffen gewonnen	Aromastoff = (ehemals) naturidentische und künstliche Aromastoffe

hornklee und Schabzigerklee anstelle von Aroma und Geschmackverstärker erreicht werden. Leicht flüchtige Substanzen lassen sich z. B. durch Verkapselung mittels Sprühgranulation stabilisieren und gut in das Lebensmittel einmischen. Zahlreiche Lebensmittel (Honig, Wurstwaren, Brot usw.) werden z. B. durch die DLG vor allem sensorisch geprüft. Die Prüfung nehmen geschulte Panels vor, sie vergeben je nach Urteil Medaillen. Je nach Produkt müssen zusätzlich eine Analysen-, Kennzeichnungs- und Verpackungsprüfung bestanden werden.

3.7 Makromoleküle in komplexen Strukturen

Die Basis aller pflanzlichen und tierischen Lebensmittelrohstoffe sind aus Zellen aufgebaute Gewebe. Lebensmitteltechnologisch besonders wichtig sind die **Muskel- und Fettgewebe** von Schlachttieren sowie die **Speichergewebe** von Pflanzen. Alle sind sie umgeben von Schutz- und Strukturgeweben, die häufig einer zielgerichteten Verwertung im Wege stehen. Zellen und Gewebe unterscheiden sich optisch je nach Funktion beträchtlich. Aufgebaut sind sie aber alle aus Kohlenhydraten, Lipiden und Proteinen in ihren vielfältigen chemischen Varianten, ergänzt um mannigfaltige sekundäre Pflanzenstoffe. Anhand des Aufbaus eines Muskelgewebes und dem von Früchten wird exemplarisch erläutert, wie sich Anatomie und Physiologie der Rohstoffe auf die Verarbeitung auswirken.

3.7.1 Der Gewebeaufbau von Früchten

Die Früchte höherer Pflanzen sind grundsätzlich ähnlich aufgebaut. Sie enthalten folgende Gewebe bzw. chemische Strukturen:

- die Kutikula
- das Exokarp mit Epidermis und Hypodermis
- das Parenchymgewebe (Fruchtfleisch)
- den Kernbereich/Samenbereich
- den Stielansatz/Stielchen

Die **Kutikula** ist die äußerste Schicht der Beerenhaut. Sie überzieht das darunterliegende Zellgewebe mit einer geschlossenen Schicht, die nur durch Spaltöffnungen für den Gasaustausch durchbrochen ist. Elektronenmikroskopische Aufnahmen zeigen eine kristalline, flächenhaft geformte, sehr zerklüftete Struktur. Die Kutikula enthält eine Wachsschicht an der Oberfläche, sie ist demnach lipophil bzw. hydrophob. Ihre Aufgabe besteht im Schutz der Frucht vor mechanischen oder mikrobiellen Verletzungen und in der Verringerung der Transpiration. Pflanzenbehandlungsmittel sind chemisch üblicherweise so aufgebaut, dass sie an der Wachsschicht anhaften.

Das **Exokarp** besteht aus zwei Zellschichten: der Epidermis und der Hypodermis. Zusammen mit der Kutikula bilden sie die Beerenhaut, die mit einer hohen mechanischen Belastbarkeit und als Barriere gegen Pilzinfektionen die Beere zu schützen hat. Bei Keltertrauben sind die Zellen der äußersten, einlagigen Epidermis 7–10 µm dick und 9–12 µm lang. Die Hypodermiszellen bilden neun bis elf Lagen unterhalb der Epidermis. Ihre Dicke bleibt mit 8–11 µm über die Reife nahezu konstant, ihr Längenwachstum kann zu 30 bis 45 µm langen Zellen führen. Je unregelmäßiger der Zellaufbau und je dünner die Zelldicke sind, desto geringer ist der mechanische Schutz. Kann die Schutzwand leicht durchstoßen werden, führt das zu einer erleichterten Saftgewinnung.

Auf die Hypodermis folgt das **Mesokarp**. Dieser Fruchtfleischbereich dominiert die Beere. Seine Parenchymzellen sind dünnwandig und können im Vergleich mit den kompakten Epidermiszellen bis zu 20-mal größer werden. Die dünnen Zellwände führen im Laufe der Reife zu Zellfusionen, die große Interzellularräume ergeben und einer mechanischen Zerstörung wenig Widerstand entgegensetzen. Die Gewinnung des Safts aus der Beere besteht letztlich aus dem Aufbrechen der Beerenhaut und der anschließenden Phasentrennung fest-flüssig. In Abbildung 3.11 ist eine Grafik der Beerenhaut zu sehen. Die Wachse auf der Kutikula und diese selber sind stark zerklüftet. Kleine, kompakte Epidermiszellen sind gefolgt von großen Hypodermiszellen mit der Hauptmenge an Saft.

Abb. 3.11
Grafik der Beerenhaut (Pinelo et al. 2006)

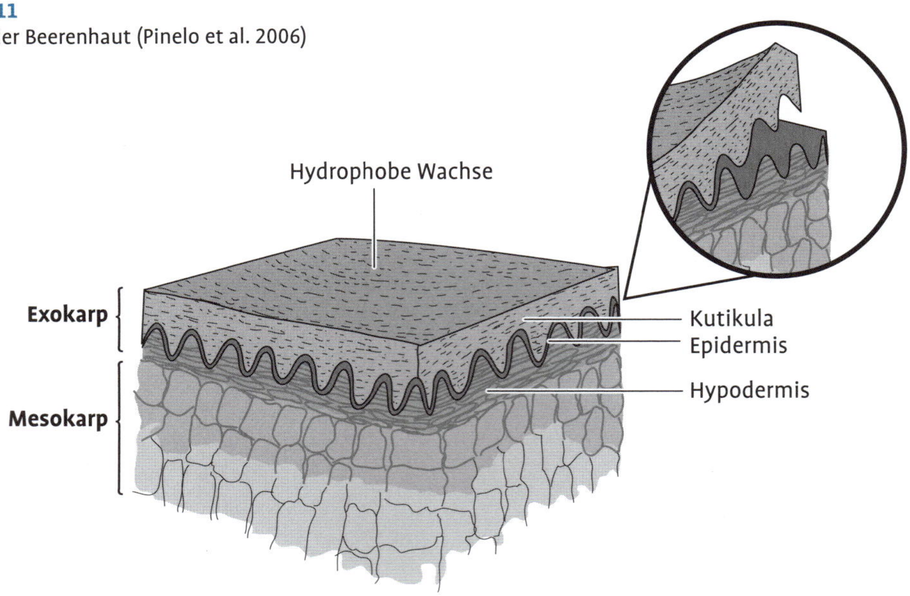

Kerne und Stiele spielen meist eine negative Rolle, weil sie extrem gerbstoffreich sind. Ihre mechanische oder enzymatische Beschädigung führt durch die extrahierende Wirkung des Fruchtsafts zu bitteren, adstringierend schmeckenden Endprodukten. Der Zellaufbau der Stiele ist vergleichbar mit der Beerenhaut, allerdings mit einer zusätzlichen sekundären Zellwand, die durch die Einlagerung von Lignin verholzt.

Wertgebende Stoffe ebenso wie eher qualitätsschädliche sind an unterschiedlichen Stellen der Beeren lokalisiert. Die **Stoffverteilung** innerhalb einer Beere spielt deshalb für die gezielte Gewinnung von erwünschten Substanzen unter Zurücklassung unerwünschter eine große Rolle. Die Konzentration von Glukose und Fruktose ist im Mesokarp höher als im Exokarp. Phenolische Verbindungen, Gerbstoffe, Metalle und Farbstoffe konzentrieren sich im Exokarp, in allen anderen Geweben finden sich nur geringe Mengen. Sollen bei der **Saftgewinnung** Gerb- und Bitterstoffe im Gewebe zurückbleiben, müssen die Zellen schonend mechanisch/enzymatisch aufgebrochen und gepresst werden. Die Verfahrenstechnik ist zudem bemüht, Kerne und Stiele unbeschädigt zu lassen bzw. die Stiele durch Abbeeren frühzeitig abzutrennen (Kap. 7). Zur **Muserzeugung** reicht eine eher grobe, meist rein mechanische Gewebszerkleinerung und die Abtrennung z. B. von Stielen und Kernen.

Jede Zelle besitzt eine Membran, die sie von der Umgebung abgrenzt. Zellen von Früchten grenzen an bis zu 14 andere Zellen. Abbildung 3.12 zeigt schematisch das Schnittbild einer Pflanzenzelle mit den für die Saftgewinnung wichtigen Bereichen. Das gesamte durch die Zellmembran umschlossene Medium, der Zellleib, wird **Protoplasma** genannt. Bei einer Pflanzenzelle besteht dieser Raum aus dem **Zytoplasma** mit allen Organellen einschließlich des Kerns sowie den **Vakuolen** als Speicherräume.

Vakuolen sind große, vom Tonoplasten umschlossene Reaktionsräume, die bei Mesokarpzellen bis zu 90 % des Zellvolumens ausmachen können. Bei Exokarpzellen füllen sie das Zytoplasma nur zu rund 50 % aus und stehen lediglich für 2–5 % der Beerenhaut. Vakuolen sorgen unter anderem für die Aufrechterhaltung des **Zelldrucks (Turgor)** und sind Lagerplatz für Reservestoffe und Pigmente. Die Früchte konzentrieren in ihnen hauptsächlich den Saft mit den darin gelösten wertbestimmenden chemischen

Abb. 3.12
Schematische Darstellung einer Mesokarp-Zelle der Traubenbeere mit großer Vakuole

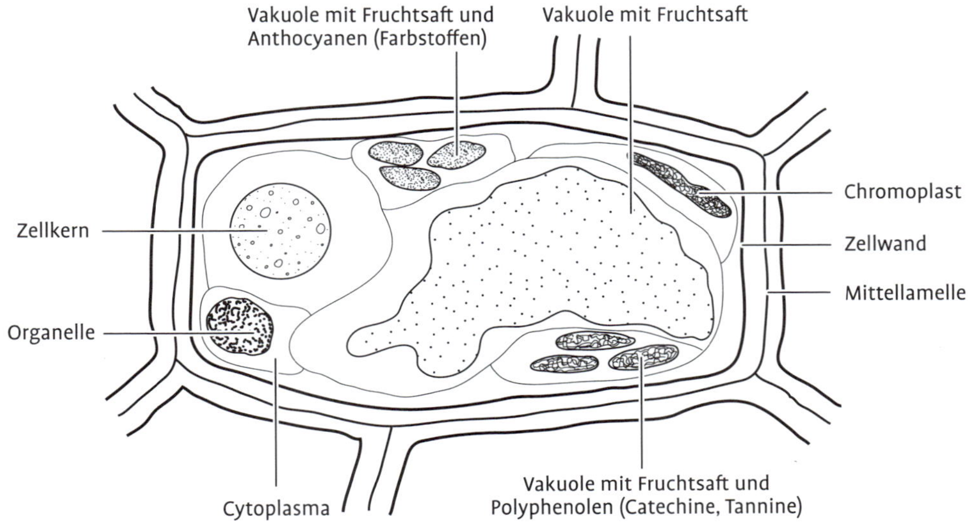

Verbindungen. Das sind meist Zucker und Säuren, aber auch Mineralstoffe und Farbstoffe. Durch ihre Membran stehen die Protoplasten verschiedener Zellen miteinander in Verbindung. Hier erfolgt der Stoffaustausch.

Zellwände sind so beschaffen, dass sie der Zelle und in Summe dem gesamten Pflanzenkörper eine mehr oder weniger feste Form geben. Die Zellwand ist durchlässig für Wasser, gelöste Nährstoffe und Gase. Sie besteht aus der **Mittellamelle** und auf beiden Seiten anschließenden **Primärwänden.** Die Mittellamelle liegt zwischen den Primärwänden zweier benachbarter Zellen, die sie zusammen hält. Sie ist eine homogen aufgebaute, sehr dünne Kittsubstanz und setzt sich hauptsächlich aus Pektin, d. h. aus Homogalacturonanen und geringen Mengen Rhamnose zusammen.

In der Primärwand ist das Pektin wesentlich komplexer aufgebaut und besteht aus seitlich verzweigten Heterogalacturonanen, im Wesentlichen aus Arabinogalactanen. Diese Pektinform bildet eine amorphe **Matrix, die Grundsubstanz,** und sorgt auch hier für das Verkleben aller Bestandteile der Primärwand. Die Grundsubstanz verantwortet die Elastizität der Zellwand. Darin eingebettet sind elektronenmikroskopisch nachweisbare **Mikrofibrillen aus Cellulose,** die die Stabilität bewirken. Verbunden sind die Fibrillen durch Hemicellulose-Moleküle und durch Gerüsteiweiße. Die Zellwand ist demnach ein komplex aufgebautes hydrophiles Gel mit einem hohen Anteil an immobilisiertem Wasser. Zur weiteren Stabilisierung sind Metallionen integriert. Diese dreidimensionale Struktur wird während der Reife geschwächt und im Verlauf des Verarbeitungsprozesses mechanisch-enzymatisch abgebaut. Abbildung 3.13 zeigt ein schematisches Modell dieses Netzwerks.

3.7.2 Die Struktur von Muskelfleisch

Fleisch nennt man im gängigen Sprachgebrauch die Weichteile von Tieren. Insbesondere steht der Begriff für die Teile von Säugetieren und Vögeln, die zur Ernährung des Menschen genutzt werden. Dazu zählen neben dem quergestreiften Muskelgewebe mit Fett-, Bindegewebe und Sehnen sowie bestimmten inneren Organen auch die verzehrbaren Weichteile wechselwarmer Tiere wie Fische, Krebse, Muscheln und Schnecken.

Abb. 3.13
Schematisches 3-D-Bild einer Zellwand (Hüfner et al. 2010)

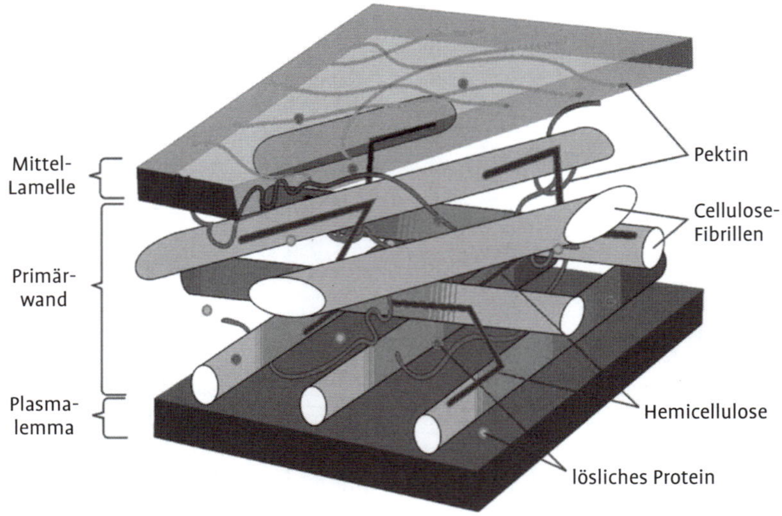

Bei Wirbeltieren ist jeder Skelettmuskel von Muskelhaut (Faszien)umgeben, die am Ende in eine Sehne übergeht. Über diese Sehne ist der Muskel am Knochen fixiert. Das Gewebe ist folgendermaßen aufgebaut:

- **Muskel** aus vielen Muskelfaserbündeln, Muskelhaut und Sehnen.
- **Muskelfaserbündel** entstehen aus vielen Muskelfasern, sie sind bereits mit bloßem Auge sichtbar.
- **Muskelfaser**, verschmolzen aus vielen Zellen zu vielkernigen „Superzellen" mit 0,1 mm Dicke und bis zu 100 mm Länge.
- **Muskelzellen**, sie grenzen sich lediglich durch Biomembranen zu den Nachbarzellen ab. Zellwände analog der Pflanzenzellen gibt es bei tierischen Zellen nicht.

Muskelzellen und Fasern sind zur Kontraktion fähig und auf Bewegung spezialisiert.

- Jede Muskelfaser besteht aus einigen Hundert Myofibrillen mit 1 µm Durchmesser, die aus unterschiedlich dicken Myofilamenten (Fäden) aufgebaut sind.
- Die Myofilamente setzen sich zusammen aus 2–3 µm langen Abschnitten, den Sarkomeren.
- In diesen Sarkomeren liegen gegeneinander teleskopartig verschiebbare Proteine übereinander, das dünnere aus Aktin plus Tropomyosin und das dickere aus Myosin.

Myofibrillen sind für die Bewegung verantwortlich, die in den Untereinheiten der Sarkomere durch Kontraktion erzeugt wird. Das Aktinfilament wird durch die im ATP chemisch gebundene Energie teleskopartig 10 nm zur Sarkomermitte verschoben, die beiden Proteine verhaken sich kurzzeitig ineinander. Die Verkürzung von Tausenden hintereinandergeschalteter Sarkomere, das Filamentgleiten, führt in Summe zur Verkürzung des Muskels, d. h. zu seiner Kontraktion (Abb. 3.14). Die Muskelkontraktion ist auf die Verfügbarkeit von Glykogen zur ATP-Produktion angewiesen und läuft post mortem weiter (Muskelstarre, Rigor Mortis). Siehe dazu Kap. 7.
Fleisch ist durch sein **Myoglobin** rot gefärbt. Zweiwertiges Eisen ist komplex an vier Porphyrin-Ringen und weiter über Histidin an Globulin gebunden. In dieser Verbindung ist es in der Lage, Sauerstoff als sechsten Liganden zu binden. Beim Pökeln entsteht das purpurrote Stickoxid-Myoglobin.

Abb. 3.14
Aufbau und Funktion eines Muskels

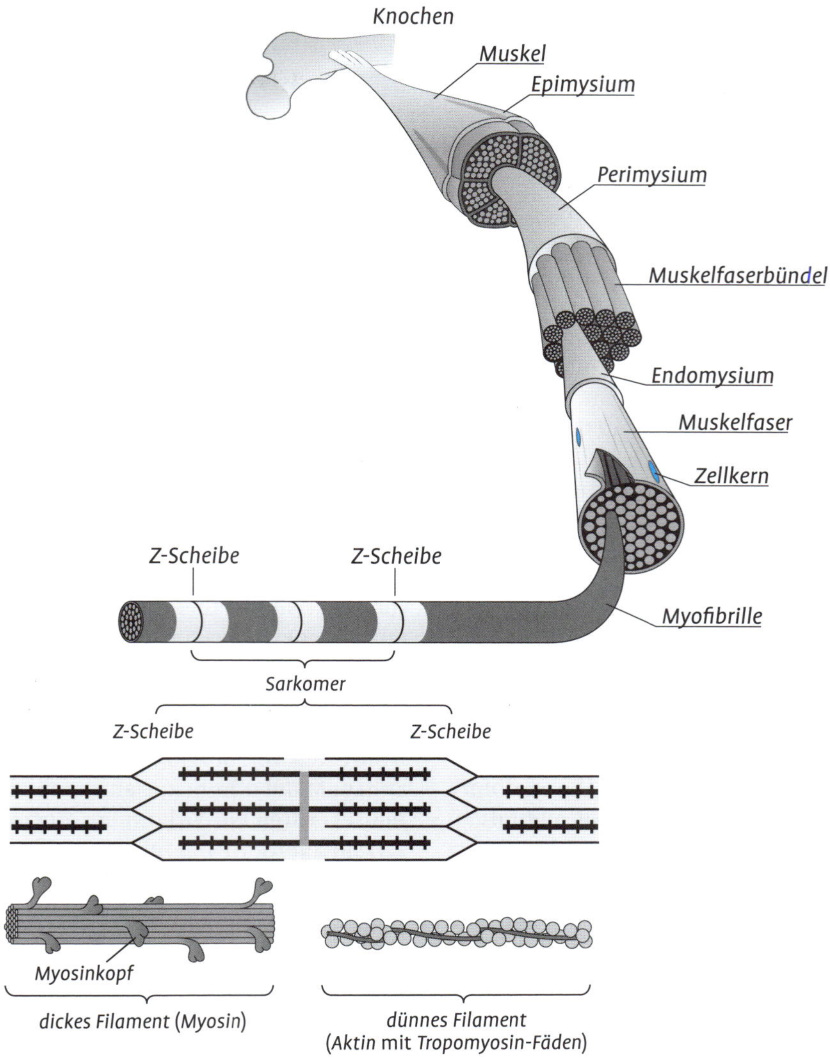

4 Die ambivalente Wirkung von Mikroorganismen und Enzymen in Lebensmitteln

Mikroorganismen und Enzyme spielen in der Lebensmitteltechnologie eine wichtige Rolle, sie können nützlich oder schädlich sein. Nützlich sind sie, wenn sie bei der Herstellung von Lebensmitteln eine meist technologische Rolle spielen, selbst ein Lebensmittel oder eine Enzymquelle sind. Schädlich sind sie, wenn sie Lebensmittel verderben oder pathogene Mikroorganismen durch Lebensmittel übertragen werden. Das Fach, das sich mit den Wechselwirkungen zwischen Mikroorganismen und Lebensmitteln befasst, ist die Lebensmittelmikrobiologie. Sie hat als empirische Wissenschaft eine sehr lange Geschichte und begleitete den Übergang der Jäger und Sammler zum Ackerbauern, also von einer aneignenden zu einer produzierenden Kultur. Die Sesshaftigkeit bedeutet die Notwendigkeit zur Lagerung und Haltbarmachung der saisonabhängig erzeugten Lebensmittel. Die Stoffumwandlungen, unter dem Begriff Fermentation beschrieben, liefen in der Vergangenheit mangels Verständnis der Vorgänge „spontan" ab, bewirkt durch die Mikrobiota, der Gesamtheit aller Mikroorganismen des Rohstoffs. Qualitätsschwankungen bis hin zu Fehlproduktionen waren nicht selten. Das wissenschaftliche Verständnis für die Prozesse begann mit der ersten Beobachtung von Mikroorganismen durch Van Leeuwenhoek und Hooke im Jahr 1665. Louis Pasteur erkannte im Jahr 1859 Mikroorganismen als Verursacher von Gärungen und konnte so die These von Justus Liebig widerlegen, es handle sich dabei um rein chemische Vorgänge. Die Rolle eines einzelnen Bakteriums *(Lactococcus lactis)* in fermentierter Milch wurde 1877 von Joseph Lister erkannt. Im 20. Jahrhundert verstand man schließlich, dass für die Stoffwechselvorgänge die Enzyme (alte Bezeichnung: Fermente) der Mikroorganismen verantwortlich sind und dass Enzyme auch allein in der Lage sind, Reaktionen zu katalysieren.

Um die Produktionsrisiken bei der Bier-, Wein-, Rohwurst- oder Käseherstellung zu minimieren, werden heutzutage selektionierte Reinzuchtmikroorganismen als Starterkulturen eingesetzt. Gleiches gilt für Enzyme, die von spezifisch veränderten und mit maßgeschneiderten Nährstoffen versorgten Mikroorganismen (*Bacillus subtilis, Aspergillus niger* usw.) üblicherweise als „Cocktail" biotechnologisch produziert werden. Handelsenzyme sind in der Regel Mischungen mit einer oder mehreren Hauptaktivitäten und diversen Nebenaktivitäten. Für enzymatische Analysen sind Reinstenzyme erforderlich.

Noch kritischer als Fehlproduktionen sind nachträgliche Kontaminationen mit unerwünschten Mikroorganismen, die Menschen in hohem Maß bedrohen. Dann wandelt sich deren segensreiche Wirkung ins Gegenteil. Folgen sind Verderb und in vielen Fällen eine Gefährdung der Gesundheit.

4.1 Mikroorganismen

In der Lebensmitteltechnologie spielen folgende Gruppen von Mikroorganismen als lebensmittelassoziierte Mikroorganismen (LaM, kurz: Lebensmittelmikroorganismen) eine wichtige Rolle: **Bakterien** (Einzeller ohne echten Zellkern), **Pilze** (Ein- und Mehrzeller mit echtem Zellkern), **Algen** (Ein- und Mehrzeller mit echtem Zellkern und Befähigung zur Fotosynthese) sowie **Viren**. Letztere werden historisch in der Mikrobiologie abgehandelt. Sie sind aber keine Lebewesen, die sich selber vermehren können, sondern bestehen allein aus DNA oder RNA mit Hülle und benötigen zur

Vermehrung eine Wirtszelle. Mikroorganismen werden traditionell mittels phylogenetischer **Klassifikation** anhand morphologischer und stoffwechselphysiologischer Merkmale charakterisiert. Die Klassifizierung erfolgt hauptsächlich mittels phylogenetischer Marker, also zellulärer Makromoleküle, deren Zusammensetzung sich mit abnehmendem Verwandtschaftsgrad verschiedener Organismen immer mehr unterscheidet. Zu den wichtigsten Molekülen dieser Art zählt die Basensequenz der ribosomalen RNA. Sie spiegelt die tatsächlichen evolutionären Beziehungen unter den Organismen wider. Aufgrund dieser Beziehungen lassen sich einzelne Mikroorganismen als **Arten** beschreiben, die sich bei engeren Beziehungen in **Gattungen** zusammenfassen lassen. Übergeordnet stehen **Familien**, die schließlich **Ordnungen** bilden (Tab. 4.1 und 4.2). Neuklassifikationen von Arten in andere Familien aufgrund neuer Erkenntnisse kommen regelmäßig vor und können besonders bei klassischen Lebensmittelmikroorganismen und Unkenntnis des aktuellen taxonomischen Zustands zu einem Namenswirrwarr führen. Insbesondere die DNA-Sequenzierung ist in der Lage, Verwandtschaftsverhältnisse aufzudecken oder zu widerlegen.

4.1.1 Die Rolle von Mikroorganismen in Lebensmitteln

Mikroorganismen spielen in vielfältiger Form eine wichtige Rolle in der Ernährung des Menschen. War deren Rolle zur Zeit der Jäger und Sammler eher durch den Verderb von essbaren Früchten, Wurzeln oder Fleisch geprägt, kam nach der Neolithischen Revolution immer mehr die Veredlung und Konservierung zum Tragen.

- Die Veredlung von Lebensmitteln durch die **Fermentation**:
  - durch die Fermentation entsteht das gewünschte Lebensmittel mit spezifischen Eigenschaften (z. B. Wein, Käse).
  - Unterstützung der Haltbarmachung durch die Bildung von Hemmstoffen wie organische Säuren, Ethanol oder Bakteriozinen, oft in Verbindung mit einer Absenkung der Wasseraktivität und des pH-Wertes.
  - Verbesserung der Lebensmittelsicherheit durch die Hemmung von pathogenen Keimen oder Entfernung toxischer Metaboliten.
  - Erhöhung des ernährungsphysiologischen Werts.
  - Verbesserung der organoleptischen Qualität.
- **Mikroorganismen als Lebensmittel:**
  - Mikroalgen wie Scenedesmus und Chlorella als diätetische Lebensmittel oder als Lebensmittelzusätze.
  - *Saccharomyces cerevisiae* und daraus hergestellte Hydrolysate als Vitamin-B-Lieferant, als Würzmittel oder als Brotaufstrich.
  - Basidiomycota (Ständerpilze) und einige Ascomycota (Schlauchpilze) mit jeweils großen Fruchtkörpern.
- Mikroorganismen als **Verderber von Lebensmitteln:**
  - Unerwünschte Säuerung von Milch.
  - Verderb ungenügend erhitzter Dosenkonserven durch anaerobe Bakterien, die sehr hitzeresistente Endosporen bilden, zum Beispiel die Gattung Clostridium.
  - Weichwerden von Gemüse durch Bakterien, die Pektinasen, Hemicellulasen oder Cellulasen bilden und die Mittellamellen der Pflanzengewebe auflösen.
  - Fädenziehen von Getreideprodukten durch *Bacillus subtilis*.
  - Schleimbildung und Honiggeruch in Bier durch *Pediococcus cerevisiae*.
  - Bildung von flüchtigen Säuren in Wein.
- **Toxinbildung** im Lebensmittel oder im Darm:
  - *Staphylococcus aureus* und andere Staphylokokken bilden Enterotoxine, die zu Erbrechen und Durchfall führen können.
  - *Clostridium botulinum* produziert das Botulinum-Toxin, eines der stärksten bekannten Gifte.
  - *Clostridium perfringens* kann Gastroenteritis verursachen, wobei die Toxine erst im Darm gebildet werden (Toxiinfektion).
  - *Bacillus cereus* kann im Lebensmittel ein Erbrechenstoxin und im Darm ein Diarrhoe-Toxin produzieren.

  - Bestimmte Schimmelpilzarten produzieren Mykotoxine, z. B. das stark lebertoxische und krebserregende Aflatoxin, sowie Ochratoxin oder Patulin.
  - Meerestiere (Muscheln, Fische) können durch toxische Algen oder toxinbildende Bakterien (Cyanobakterien) selbst toxisch werden.
- **Übertragung** von pathogenen Bakterien und Viren durch Lebensmittel:
  - Salmonella-Arten als Verursacher von Diarrhöen, Typhus und Paratyphus.
  - Shigella-Arten als Erreger von Ruhr.
  - Pathogene Stämme des Darmbakteriums *Escherichia coli* wie EPEC (enteropathogene *E. coli*), EHEC (enterohämorrhagische *E. coli*), EIEC (enteroinvasive *E. coli*) und ETEC (enterotoxische *E. coli*).
  - *Listeria monocytogenes* als Verursacher unter anderem von Meningitis, Enzephalitis sowie Fehl- und Frühgeburten.
  - Picorna-, Reo-, Arena-, Arbo-, Noro- und Adeno-Viren als Verursacher zahlreicher Krankheiten. Das Norovirus ist bekannt für sich schnell verbreitende Magen-Darm-Erkrankungen.

Die Sicherheit von Lebensmitteln ist zu einem entscheidenden Teil abhängig von der Hygiene bei ihrer Herstellung. Die wohl wichtigste Aufgabe der Lebensmitteltechnologie besteht in der Haltbarmachung der Lebensmittel, d. h. in der Ausschaltung unerwünschter mikrobiologischer oder enzymatischer Vorgänge. Das folgende Kapitel beschäftigt sich mit den für Lebensmittel relevanten Mikroorganismen und Enzymen, ihren Einflussgrößen sowie in der Praxis eingesetzten Methoden, deren verderbliche Aktivitäten zu unterbinden.

4.1.2 Bakterien

Bakterien sind Prokaryoten, deren DNA frei im Zytoplasma in einem engen Raum, dem Nukleoid, zusammengedrängt liegt. Im Gegensatz zu den Eukaryoten verfügen sie nicht über einen innerhalb des Zytoplasmas durch eine Doppelmembran abgegrenzten Zellkern. Ihre Morphologie leitet sich von Kugeln (0,5–1 µm Durchmesser) und Stäbchen (bis zu 15 µm Länge) ab. Abbildung 4.1 zeigt Grundformen,

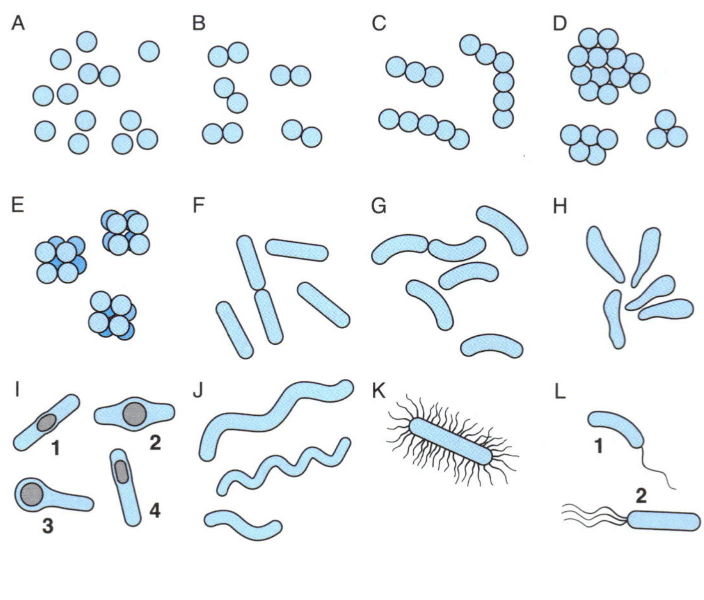

Abb. 4.1
Grundformen, Sporenbildung und Begeißelungstypen von Bakterien (Krämer 2011).
A = Kokken;
B = Diplokokken;
C = Streptokokken;
D = Staphylokokken;
E = Sarcinen;
F = Stäbchen;
G = Vibrionen;
H = Korynebakterien;
I = Sporen, zentral (1, 2), terminal (3), subterminal (4), Anschwellung der Mutterzelle (2, 3);
J = Spirillen;
K = peritriche Begeißelung (Proteus, Salmonella);
L = monopolar monotriche Begeißelung (Vibrio) (1), monopolar polytriche Begeißelung (Pseudomonas) (2).

Tab. 4.1
Die Vielfalt lebensmittelassoziierter, nicht primär pathogener Bakterien (Bourdichon et al., 2012).

Phylum	Familie	Genus	Spezies
Actinobacteria	Bifidobacteriaceae	Bifidobacterium Brevibacterium	8
	Brevibacteriaceae	Corynebacterium	3
	Corynebacteriaceae	Brachybacterium	4
	Dermabacteraceae	Microbacterium	2
	Microbacteriaceae	Arthrobacter	1
	Micrococcaceae	Kocuria	4
		Micrococcus	2
		Propionibacterium	2
	Propionibacteriaceae	Streptomyces	5
	Streptomycetaceae		1
Actinobacteria-Spezies			32
Firmicutes	Bacillaceae	Bacillus	3
	Carnobacteriaceae	Carnobacterium	3
	Enterococcaceae	Enterococcus	3
		Tetragenococcus	2
	Lactobacillaceae	Lactobacillus	84
		Pediococcus	3
	Leuconostocaceae	Leuconostoc	12
		Oenococcus	1
		Weissella	9
	Staphylococcaceae	Macrococcus	1
		Staphylococcus	15
	Streptococacceae	Lactococcus	3
		Streptococcus	3
Firmicutes-Spezies			142
Proteobacteria	Acetobacteraceae	Acetobacter	9
		Gluconacetobacter	9
	Enterobacteriaceae	Hafnia	1
		Halomonas	1
	Sphingomonadaceae	Zymomonas	1
Proteobacteria- Spezies			21
Gesamtanzahl der Spezies			195

Sporenbildung und Begeißelungstypen von Bakterien. Die Sporen sind Überlebensformen der Bakterien bei widrigen Umgebungsbedingungen. Die Geißeln dienen der Fortbewegung.

4.1.3 Pilze

Pilze bilden neben den Pflanzen und Tieren ein eigenständiges Reich. Sie sind eukaryotische Organismen mit Mitochondrien und einem Zellskelett, zu denen sowohl Einzeller wie die Back- bzw. Bier- und Weinhefe *Saccharomyces cerevisiae* als auch Vielzeller wie die Schimmelpilze und Ständerpilze gehören. Pilze vermehren und verbreiten sich geschlechtlich und ungeschlechtlich durch Sporen und ebenso ungeschlechtlich durch Ausbreitung ihrer Myzelien.

Der Vegetationskörper (das Mycel) besteht aus mehr oder weniger verzweigten Fäden (Hyphen), die unseptiert (Oomyceten, Zygomyceten) oder septiert (Ascomyceten, Basidiomyceten, Fungi imperfecti) sein können. Die auf Lebensmitteln mit einem sichtbaren Mycel wachsenden Pilze werden übergreifend als Schimmelpilze bezeichnet. Pilze wachsen aerob, der erforderliche Sauerstoffpartialdruck ist aber sehr unterschiedlich. Einige Arten können unter anaeroben Bedingungen gären.

Pilze als Nahrungsmittel: Pilzarten, bei denen große Fruchtkörper auftreten, können als Speisepilze nach küchentechnischer Behandlung verzehrt werden. Dazu zählen nicht kultivierbare Arten wie Steinpilz und Pfifferling sowie kultivierbare Arten wie Champignon, Shiitake und Austernpilz. Die meisten Speisepilze gehören zu den Ständerpilzen (Basidiomycota), nur wenige Arten, darunter die Morcheln und die Trüffeln, stammen aus der Abteilung der Schlauchpilze (Ascomycota).

Schimmelpilze als Nutz- bzw. Schadpilze: Die Eigenschaften von Pilzen können zur Veredlung von Lebensmitteln verwendet werden, aber auch zu ihrem Verderb führen. Nutzformen sind Edelschimmel auf Schimmelkäse oder an Salamisorten. Die Pinselschimmel-Arten *Penicillium roqueforti* und *Penicillium camemberti* wurden nach ihrer Verwendung bei der Herstellung der Weichkäsesorten Roquefort bzw. Camembert benannt. Diese Arten erzeugen das typische Aroma und sind für den Menschen unschädlich. *Botrytis cinerea* ist für die Edelfäule auf Trauben verantwortlich, aus denen sich hochwertige Beeren- oder Trockenbeerenauslese-Weine herstellen lassen. Eine weitere große Vielfalt von Arten wird auf orientalischen Lebensmitteln gefunden.

Schimmelpilze können Menschen durch ihre Zellbestandteile, Stoffwechselprodukte oder Sporen schaden. Unerwünschte Folgen können eine erhebliche Geruchsbelästigung, allergische Reaktionen und – eventuell tödliche – Vergiftungen sein. Wird Getreide schon auf dem Feld von Schimmelpilzen befallen (z. B. Mutterkorn auf Roggen, Weizen oder Gerste), spricht man von **Primärkontamination. Sekundärkontaminationen** liegen vor, wenn lagernde Lebensmittel verschimmeln (z. B. mit Aspergillus- oder Penicillium-Arten). Nehmen Nutztiere verschimmelte Lebensmittel auf und geben die enthaltenen Gifte an die Produkte weiter (Milch, Eier, Fleisch), handelt es sich um **„Carry over“**. Werden bei der Zubereitung Keime z. B. durch das Messer oder die Arbeitsfläche von Geflügel auf Salat übertragen, spricht man von **Kreuzkontamination**. Es wird angenommen, dass diese Art der Infektion für einen hohen Prozentsatz der über eine Million lebensmittelrelevanten Vergiftungen in Deutschland verantwortlich ist. Tabelle 4.2 fasst die wichtigsten lebensmittelassoziiierten Pilze zusammen.

Hefepilze, kurz **Hefen,** sind überwiegend einzellige Pilze mit Durchmessern zwischen 5 und 10 µm. Sie wachsen aerob, zum Teil noch bei niedrigem Sauerstoffpartialdruck, und sind häufig unter anaeroben Bedingungen zur Gärung in der Lage, bei der hauptsächlich Ethanol und CO_2 entstehen. Sie vermehren sich vegetativ durch Sprossung oder Knospung und sexuell durch Bildung eines Ascus mit haploiden Ascosporen. Häufig vorkommende Hefen sind die Ascosporen-bildenden Gattungen *Dekkera, Hanseniaspora, Saccharomyces oder Zygosaccharomyces.* Wichtige asporogene Spezies finden sich z. B. in der Gattung *Candida.*

Die wirtschaftlich wichtigste Hefe ist die Art *Saccharomyces cerevisiae.* Sie ist unter anderem verantwortlich für die alkoholische Gärung bei der Wein-, Bier- oder Branntweinherstellung, sorgt für die CO_2-Entwicklung im Brot oder Gebäckteig und dient als Futterhefe. Dazu benötigt sie als verwertbare Kohlenstoffquelle Zucker wie Glukose, Fruktose oder Saccharose. Unter aeroben Bedingungen produziert die Hefe eine große Menge an Biomasse, aber kaum Alkohol. Die Zuckermoleküle werden vollständig „veratmet“ zu CO_2 und Wasser, aus einem großen C6-Körper (Glukose) entstehen C1-Körper (CO_2) und Wasser. Die Energieausbeute liegt je Molekül umgewandeltem Zucker bei 38 ATP. Alle nicht mehr benötigten Stoffwechselprodukte werden wiederum aktiv oder durch Konzentrationsgefälle über die Zellwand entsorgt.

Das Medium Traubenmost oder Bierwürze ist nur zu Beginn der Gärung für die Sprossung geeignet. Die Hefe hat den im Most gelösten

Tab. 4.2
Die Vielfalt lebensmittel-assoziierter Pilze (Bourdichon et al., 2012).

Phylum	Familie	Genus	Spezies
Ascomycota	Cordycipitaceae	Lecanicillium	1
	Dipodasaceae	Geotrichum Yarrowia Galactomyces	1 1 1
	Microascaceae	Scopulariopsis	1
	Nectriaceae	Fusarium	2
	Saccharomycetaceae	Candida Cyberlindnera Debaryomyces Dekkera Hanseniaspora Kazachstania Kluyveromyces Lachancea Metschnikowia Pichia Saccharomyces Schwanniomyces Starmerella Trigonopsis Wickerhamomyces Zygosaccharomyces Zygotorulaspora Kluyveromyces	10 2 1 1 3 2 1 2 1 4 4 1 1 1 1 1 1 1
	Sarcosomataceae	Torulaspora	1
	Schizosaccharomycetaceae	Schizosaccharomyces	1
	Sordariaceae	Neurospora	1
	Trichocomaceae	Aspergillus Penicillium	4 7
Ascomycota-Spezies			59
Basidiomycota	Cystofilobasidiaceae	Cystofilobasidium Guehomyces	1 1
Basidiomycota-Spezies			2
Zygomycota	Mucoraceae	Mucor Rhizopus	4 4
Zygomycota-Spezies			8
Gesamtanzahl der Spezies			69

Sauerstoff nach kurzer Zeit aufgenommen. Damit endet die Biomasseproduktion, und die Hefe schaltet komplett auf ihr Notprogramm, „anaerobes Überleben“, um. Dabei produziert sie zur Energiegewinnung Alkohol und einige spezifische Nebenprodukte. Ethanol ist für die Hefe ein Zellgift und muss unmittelbar an das umgebende Medium abgegeben werden. Die „Veratmung“ (Oxidation) des Zuckers bleibt unter anaeroben Bedingungen unvollständig. Entsprechend sinkt die Energieausbeute bei diesem alternativen Stoffwechselweg auf zwei ATP/Molekül Glukose oder Fruktose ab.
Die alkoholische Gärung lässt sich summarisch durch folgende „Netto-Reaktionsgleichung“ beschreiben:

Glukose + 2 ADP + 2 P → 2 Ethanol + 2 Kohlenstoffdioxid + 2 ATP + 25 kcal

Abbildung 4.2 zeigt Stoffwechselvorgänge der Weinhefe und die ungefähren Erträge je Mol Zucker bei der anaeroben Energiegewinnung durch die alkoholische Gärung.

4.1.4 Algen

Unter dem Namen Algen wird eine sehr heterogene Gruppe von Lebewesen zusammengefasst. Als Algen im weiteren Sinn werden im Wasser lebende, eukaryotische, pflanzenartige Lebewesen bezeichnet, die Fotosynthese betreiben, jedoch nicht zu den eigentlichen Pflanzen gehören. Im engeren Sinne versteht man darunter zahlreiche einzellige und mehrzellige Protistengruppen. Von den Einzellern mit Größen von 1–50 Micrometer Größe (Microalgen) sind rund 300 Arten kultiviert und 50 indust-

Abb. 4.2
Stoffwechsel-Leistungen von Saccharomyces cerevisiae bei der alkoholischen Gärung (Hamatschek 2015)

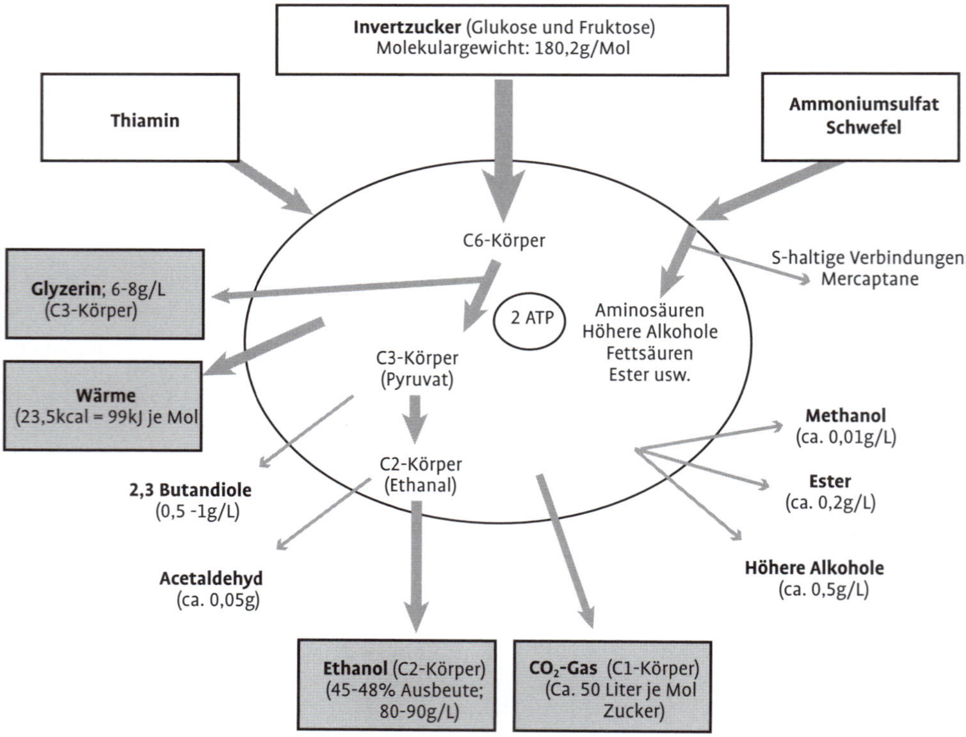

riell genutzt. Makroalgen können viele Meter lang werden. Cyanobakterien, auch „Blaualgen“ genannt, sind Bakterien. Zudem kommen noch Algen vor, die zu den Chloroplastida gezählt werden. Siehe dazu Tab. 4.3. Die Gruppe wird unterschieden nach der Zusammensetzung ihrer Fotosynthesepigmente und -produkte in Blau-, Rot- oder Grünalgen.
Die Reservestoffe der Algen sind Energielieferanten und Ausgangsstoffe für technische Produkte. So wird Algenöl nach der Zerkleinerung der Biomasse extraktiv gewonnen und unter anderem zu Biodiesel veredelt. Algen benötigen zur Fotosynthese CO_2 und sorgen damit für eine Bindung dieses Treibhausgases. Von den über 80 000 Algenarten werden nur wenige Hundert technisch genutzt. Als Rohstoff für Lebensmittelzusätze wie Agar, Alginat und Carrageen sind sie für die Lebensmittelindustrie von großer Bedeutung. Makroalgen, insbesondere Seetang, sind als Lebensmittel in der asiatischen Küche weit verbreitet und haben in den letzten Jahren auch in anderen Regionen an Bedeutung gewonnen. In Japan kommen pro Jahr etwa 300 000 Tonnen als Lebensmittel in den Handel, China verzehrt jährlich etwa drei Millionen Tonnen als gegartes Gemüse oder Suppe.

Mehrere Algenarten eignen sich für den menschlichen Verzehr, in Europa z. B. der Zuckertang *(Saccharima latissima)* oder der Flügeltang *(Alaria esculenta)*. Getrocknet sind Algen lange haltbar und eine Quelle für Jod, Vitamin A und Eisen. Am intensivsten wird Algenzucht in China betrieben, für die menschliche Ernährung, aber auch als Tierfutter. Manche Betriebe kombinieren die Algenzucht mit der Zucht von Krustentieren und Muscheln. Die Nori-Alge, hauptsächlich in Korea produziert, ist bekannt für die grünen Platten, mit denen Sushi eingewickelt wird (siehe auch Kapitel 8).

4.1.5 Die Bedeutung des Milieus für die Entwicklung von Mikroorganismen

Zahlreiche Parameter bestimmen die Stoffwechselleistung von Schad- und Nutz-Mikroorganismen gleichermaßen. Mikroorganismen verstoffwechseln analog zum Menschen Proteine, Kohlenhydrate und Fette. Proteine werden durch Proteasen in Aminosäuren aufgespalten, diese in die Zelle aufgenommen und in den Stoffwechsel eingebaut. Weiches Fleisch mit einem hohen Anteil an freien Aminosäuren

Tab. 4.3
Eigenschaften von wichtigen Algengruppen (Uni Hamburg, 2014).

Fotosynthesepigmente, Reservestoffe und Zellwandbestandteile der wichtigsten Algengruppen (Abteilungen)				
Abteilung Klasse	**Chlorophylle u. a. Pigmente (exkl. Carotinoide)**	**Carotinoide**	**Reservestoffe**	**Zellwandbestandteile**
Cyanophyta (Blaualgen)	Phycocyanin, Phycoerythrin	Beta-Carotin, Xanthophylle	stärkeähnliche Polysaccharide	Murein, Lipopolysaccharide
Rhodophyta (Rotalgen)	Hycocyanin, Phycoerythrin	Beta-Carotin, Lutein	stärkeähnliche Polysaccharide	Cellulose, Kalk, Xylomannane, sulfonierte Polysaccharide (Galactane)
Euglenophyta		Beta-Carotin, Xanthophylle	Öle, Paramylon	fehlen
Chlorophyta (Grünalgen)		Alpha-, Beta-, Gamma-Carotin, Lutein, Neoxanthin, Violaxanthin, Zeaxanthin	Stärke	Protein, Polysaccharide, Cellulose, Xylane, Mannane

und niederkettigen Peptiden verdirbt schneller als kompaktes Muskelfleisch vom Rind. Lipasen spalten Triglyceride in Glyzerin und Fettsäuren, diese oft weiter in sensorisch hervortretende Ketone, Alkohole oder kurzkettige, flüchtige Fettsäuren. Die meist komplex aufgebauten polymeren Kohlenhydrate als Speicher- oder Struktursubstanzen müssen durch Exo-Enzyme in mehreren Schritten in Monomere aufgespalten werden. Diese erst erlauben den Mikroorganismen den weiteren Umbau zu Ethanol, CO_2, flüchtigen Säuren, Aldehyden usw. Das Verhältnis von Haupt- zu Nebenprodukten des Stoffwechsels ist eine Funktion des Milieus. Auch bei Nutzorganismen können aromaintensive Substanzen deutlich oberhalb des Geschmackschwellenwerts entstehen und das Lebensmittel verderben. Von Bedeutung ist auch das Potenzial zur Umwandlung der großen Fülle an Inhaltsstoffen ohne eigentlichen Nährwert in aroma- und geschmacksintensive oder konsistenzverändernde Verbindungen. Bei empfindlichen Produkten wie Wein oder Bier mit vielen Hundert Aromastoffen reichen oft schon wenige Milligramm zusätzlich von einer Substanz dazu aus. Der Anstieg an Essigsäure im Verlauf der alkoholischen Gärung von 0,3 auf 0,9 g/l bedeutet bei Weißwein den Schritt von Qualität zu Verderb. Die Kenntnis der Milieuanforderungen und deren exakte Einhaltung sind eine entscheidende Voraussetzung, die Spezifikation des Endprodukts zu treffen.

Abbildung 4.3 fasst die wichtigsten Einflussgrößen zusammen. Abhängig von der genetischen Ausstattung erfordern alle Mikroorganismen ein für sie ideales Milieu.

4.1.5.1 pH-Wert

Der pH-Wert von Lebensmitteln bewegt sich zwischen knapp oberhalb von 7 (schlachtwarmes Frischfleisch) und stark sauer (Zitronen um 2,4, Sauerkraut um 3,5, Wein und Essig zwischen 3 und 4). Die meisten Lebensmittel sind pH-neutral (6,5–7) bis schwach sauer (5,3–6,5). Konserven und Rohwurst liegen als mittelsaure Produkte zwischen pH 5,3 und 4,9. Mikroorganismen besitzen für ihr Wachstum ein pH-Wert-Optimum sowie einen Minimal- bzw. Maximalbereich. Für die meisten lebensmittelrelevanten Bakterien liegt der Optimalbereich zwischen pH 6 und 8, die Grenzen des Wachstums zwischen 4,4 und etwa 9 (z. B. *Yersinia enterolytica, Clostridium botulinum* Typ A und B, *Listeria monocytogenes, Staphylococcus aureus,* Salmonellen, *Escherichia coli*). Lebensmittel mit einem pH-Wert unter 4,4 sind somit gegen die meisten Verderbniserreger geschützt. Essig- und Milchsäurebakterien dagegen wachsen bei pH-Werten von 5,4–6,3 optimal und sind noch bei entsprechend höheren bzw. tieferen pH-Werten aktiv. Hefen und Schimmelpilze sind wesentlich säuretoleranter als Bakterien. Ihr Spektrum reicht unter sonst idealen Bedingungen von pH 1,6–9,3 (z. B. *Aspergillus oryzae*) bzw. 2,3–8,6 (*Saccharomyces cerevisiae*). In der Praxis der Lebensmittelverarbeitung beeinflussen die Temperaturtoleranz bzw. das Temperaturbedürfnis und der a_w-Wert die Wirkung des pH-Effekts. Der pH-

Abb. 4.3
Einflussgrößen auf die Stoffwechselleistung von Mikroorganismen

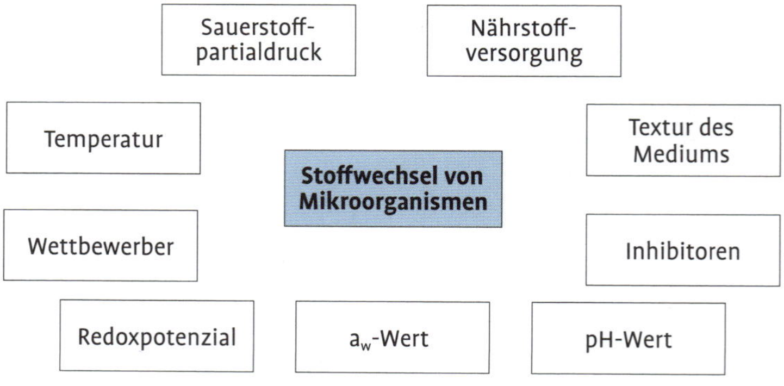

Wert wirkt auf die Aktivität der Mikroorganismen durch die freien Protonen (H^+), noch mehr aber durch den undissoziierten Säureanteil. Dieser kann deren Zytoplasmamembran durchdringen und dort Stoffwechselvorgänge behindern. Säuren dissoziieren in wässriger Lösung entsprechend ihrer chemischen Struktur. Die als Konservierungsmittel verwendete schweflige Säure z. B. in drei Stufen:

$$SO_2(aq) + H_2O \rightleftharpoons H_2SO_3(aq)$$
$$H_2SO_3(aq) + H_2O \rightleftharpoons HSO^-{}_3 + H_3O^+$$
$$HSO^-{}_3 + H_2O \rightleftharpoons SO^{2-}{}_3 + H_3O^+$$

Bei den pH-Werten von Saft, Sauerkonserven oder Wein liegen diese Dissoziationsformen vor: das fast ausschließlich wirksame undissoziierte SO_2, das einfach dissoziierte Hydrogensulfition und das zweifach dissoziierte Sulfition. Ihre mengenmäßige Verteilung ist pH-Wert- und temperaturabhängig. Oberhalb pH 4 existiert die antimikrobiell wirksame undissoziierte Form nicht mehr.

4.1.5.2 a_w-Wert (Wasseraktivität)

Der a_w-Wert ist ein Maß für das verfügbare Wasser an der Oberfläche von Lebensmitteln. Er ist definiert als das Verhältnis des Wasserdampfdrucks p an der Oberfläche eines Lebensmittels im Verhältnis zum Dampfdruck von reinem Wasser p_o:

$$a_w = \frac{p}{p_o}$$

Der Wert liegt für reines Wasser bei 1, für Lebensmittel niedriger, weil deren Inhaltsstoffe Wasser binden. Das gebundene Wasser fehlt den Mikroorganismen für ihre Entwicklung und wirkt ab einem bestimmten Wert wachstumshemmend, im Extremfall tödlich (Erschöpfungstod). Eine 15 Gew.-%ige Saccharoselösung besitzt z. B. einen a_w-Wert von 0,99, im Bereich der Sättigung (65 Gew.-%) sinkt er auf 0,86. Auch Kochsalz senkt die Wasseraktivität: von 0,99 bei 1,7 Gew.-% auf 0,86 bei 18 %. Beide Substanzen verfügen demnach neben ihrer geschmacklichen Eigenschaft zusätzlich über eine konservierende und sind ein wichtiges Element für die Haltbarkeit von Pökelfleisch oder Konfitüre.

Tab. 4.4
Minimale a_w-Werte wichtiger Mikroorganismen in Lebensmitteln (verändert nach Krämer, 2011).

	minimaler a_w-Wert
Bakterien	
Pseudomonas-Arten	0,97
Acinetobacter, E. coli, Klebsiella, Shigella	
Clostridium botulinum Typ E	0,96
Salmonella u. a. Enterobacteriaceae	
Bacillus, Chlostridium	0,95
Lactobacillus, Pediococcus	0,94
Listeria monocytogenes	0,93
Hefen	
Candida utilis	0,94
die meisten Verderbniserreger	0,88
Schimmelpilze	
Penicillium expansum	0,83
Penicillium patulum	0,8
die meisten Verderbniserreger	0,8
osmotolerante Hefen	
Saccharomyces rouxii	0,62

Vergleichbar dem pH-Wert benötigen Mikroorganismen einen Mindestwert, unterhalb dessen sie nicht mehr wachsen können. Auch diese Kenngröße steht in der Praxis mit anderen Wachstumsparametern in Wechselwirkung. Tabelle 4.4 zeigt die minimal erforderlichen Wasseraktivitäten für das Wachstum wichtiger Mikroorganismen.
Lebensmittel mit einem a_w-Wert über 0,95 wie Frischfleisch, gegarte Koch- und Pökelware, viele Koch- und Brühwürste, Eier oder Fisch gelten als leicht verderblich. Zwischen 0,95 und oberhalb von 0,91 liegen die mittelgradig verderblichen Lebensmittel wie verschiedene Rohwürste oder Lachsschinken. Liegt der a_w-Wert unter 0,9, sind die Lebensmittel kaum noch verderblich. Das gilt für getrocknete Roh-

würste, gereiften Hartkäse, Konfitüren, Mehl, Reis, Hülsenfrüchte, Trockenfleisch, Eipulver, Kartoffelchips usw.

4.1.5.3 Temperatur

Die Stoffwechselintensität von Mikroorganismen ist eine Funktion der Temperatur. Jede Art besitzt einen optimalen Temperaturbereich, in dem die Generationszeit zur Verdopplung ihrer Zellzahl minimal ist. Gleichfalls existieren stammspezifische Ober- und Untergrenzen, die etwa 10–15 °C höher bzw. niedriger liegen als das Optimum. Anhand des Temperaturoptimums werden Mikroorganismen in vier Gruppen eingeteilt:

- psychrophile Mikroorganismen: **12–15 °C,** sie sind oberhalb 20 °C nicht mehr in der Lage zu wachsen.
- psychrotrophe Mikroorganismen: **25–30 °C,** sie können sich noch bei Temperaturen < 5 °C vermehren und sind gefährlich für im Kühlschrank gelagerte Produkte. Dazu gehören Lactobacillus-Arten, Enterobacteriaceae-Gattungen, Pseudomonas-Arten oder Serratia, vor allem aber Schimmelpilze und Hefen.
- mesophile Mikroorganismen: **30–40 °C,** in diese Gruppe gehören die meisten pathogenen Organismen.
- thermophile Mikroorganismen: **55–75 °C,** in diese Gruppe gehören bestimmte Milchsäurebakterien (z. B. *Streptococcus thermophilus* zur Joghurtherstellung), einige Bacillus- und Clostridium-Arten mit teilweise extrem hitzeresistenten Sporen sowie Schimmelpilze.

Die Temperaturansprüche von Mikroorganismen müssen bei der Herstellung und der Lagerung von Lebensmitteln gleichermaßen beachtet werden. Eine geeignete Temperaturführung kann erwünschte Mikroorganismen gezielt fördern, unerwünschte hemmen und vor allem die Haltbarkeit verlängern. Kritisch ist immer die Unterbrechung der Kühlkette, die zu einer rasanten Vermehrung und auch nach erneuter Kühlung zu schnellem Verderb führen kann.

4.1.5.4 Redoxpotenzial (Oxidations-Reduktions-Potenzial, ORP)

Das Redoxpotenzial E_h ist ein Maß für die Elektronenaktivität eines Systems, d. h. der Tendenz seiner Inhaltsstoffe, Elektronen abzugeben, damit selber reduziert zu werden und andere zu oxidieren. Angegeben wird diese Oxidationstendenz in Relation zu einer Platinelektrode unter Standardbedingungen (E_0). Bei pH 0 ist das Potenzial E_0 definitionsgemäß 0 mV, bei pH 7 nimmt es den Wert + 420 mV an. Positive Spannungswerte weisen auf eine Oxidationsaktivität hin, negative Spannungswerte weisen auf eine Reduktionsaktivität hin. ORP lässt sich mit der Nernst-Gleichung bestimmen und ist eine Funktion von Temperatur und pH-Wert.

$$E_h = E_0 + \frac{RT}{nF} \cdot \ln\frac{[Ox]}{[Red]}$$

Nernst-Gleichung: E0 = Standardpotenzial bei pH 0, R = Gaskonstante, T = absolute Temperatur, n = Anzahl der Elektronen, F = Faradaysche Konstante.

ORP-Messungen werden durchgeführt beim Fermentationsmonitoring in der Biotechnologie (z. B. bei Joghurt, Wein, Sauerkraut oder Käse), bei der Fermentationssteuerung mittels Begasung, der Detektion von Sauerstoff in der Erde, der Wasserdesinfektion (ORP bestimmt die antimikrobielle Aktivität von Wasser) und beim Monitoring der Haltbarkeit von Lebensmitteln. Das Redoxpotenzial wird beeinflusst durch die Chemie der Inhaltsstoffe und den Sauerstoffpartialdruck.
Mikroorganismen vermehren sich optimal in einem stammspezifischen Redoxpotenzialbereich. Aerobe Bakterien und Pilze benötigen hohe positive Werte, diese finden sie besonders in pflanzlichen Lebensmitteln wie Obst und Gemüsesäften. *Staphylococcus aureus* wächst zwischen + 200 mV und – 200 mV, die meisten anaeroben Bakterien bevorzugen negative Werte (z. B. Clostridien – 300 mV). Fleisch besitzt nach der Schlachtung mit etwa + 250 mV einen hohen E_h-Wert, der während der Reifung auf – 200 mV abfällt. Dadurch werden Aerobier ausgeschlossen. Der ORP-Wert von Käse liegt bei – 20 bis – 200 mV, ähnlich dem von Dosen-

konserven. Wein startet vor der Gärung stark positiv, um durch die reduzierende Wirkung von *Saccharomyces cerevisiae* deutlich unter 0 zu sinken. Im Zuge des weiteren Ausbaus und der Lagerung steigt der Wert mit zunehmender Aufnahme von Sauerstoff wieder in den positiven Bereich.

4.1.5.5 Sauerstoffpartialdruck

Mikroorganismen unterscheiden sich beträchtlich in ihrem Umgang mit Sauerstoff, der in vielen Lebensmitteln zumindest in geringen Mengen vorkommt. Ihr Wachstum ist eine Funktion des Sauerstoffpartialdrucks. Dabei wird als Partialdruck derjenige Druck des Gases angegeben, der mit der betreffenden Konzentration in Lösung (an einer gedachten oder tatsächlichen Grenzfläche von Gas und Flüssigkeit) in einem Diffusionsgleichgewicht steht. Der Partialdruck entspricht dem Druck, den die einzelne Gaskomponente bei alleinigem Vorhandensein im betreffenden Volumen ausüben würde. Entsprechend des Umgangs mit Sauerstoff werden Mikroorganismen in 5 Gruppen eingeteilt:

- Aerobier: Sauerstoff ist zur Energiegewinnung nötig.
- mikroaerophile Organismen: Sauerstoff ist zum Wachstum erforderlich, aber nur mit geringem Partialdruck.
- Anaerobier: Energiegewinn nur durch Gärung, Sauerstoff unter Umständen giftig.
- fakultative Anaerobier: Wachstum aerob, anaerobe Gärung.
- aerotolerante Mikroorganismen: anaerober Stoffwechsel, Wachstum aber auch mit Sauerstoff möglich.

Aerobier lassen sich durch konsequentes Fernhalten von Sauerstoff hemmen, z. B. durch Evakuieren oder Verpacken unter Sauerstoffausschluss. Bei unverletzter Verpackung ist dadurch bereits ein guter Schutz gegen das Wachstum von Schimmelpilzen sowie vielen Hefen und Bakterien gegeben.

4.1.5.6 Inhibitoren für Mikroorganismen

Inhibitoren sind Stoffe im Medium, die Mikroorganismen im Wachstum hemmen oder sogar abtöten. Solche Stoffe können als Konservierungsstoffe zugegeben worden sein (Kap. 4.3), originär als Inhaltsstoff vorkommen oder durch den Stoffwechsel von Mikroorganismen erst gebildet werden. Die bekannteste Schutzwirkung von Schimmelpilzen gegen Bakterien ist außerhalb der Lebensmitteltechnologie deren Produktion von Antibiotika. Eine gezielte Verwendung von antifungal wirksamen Bakterien als Starterkultur kann z. B. bei der Sauerteigproduktion den Fermentationsprozess sichern. Ähnliches wird bei der Sauerkrautproduktion ausgenutzt, wo Milchsäurebakterien anaerobe Bedingungen schaffen, den pH-Wert deutlich senken und organische Säuren produzieren. Bei der alkoholischen Gärung durch *Saccharomyces cerevisiae* entsteht das Zellgift Ethanol, das fremde Hefen und Pilze rasch hemmt. Originäre Hemmstoffe in Lebensmitteln sind z. B. viele phenolische Verbindungen in Obst und Gemüse. Sie besitzen eine fungistatische und antibakterielle Wirkung und dienen dem Schutz der Pflanzen vor Fressfeinden.

4.1.5.7 Wettbewerber

Mikroorganismen leben vielfach symbiotisch. Im menschlichen Darm befinden sich z. B. eine riesige Menge Bakterien, die ihren Nährstoffbedarf gegenseitig befriedigen und sich isoliert vielfach nicht züchten lassen. Treffen aber Mikroorganismen in einem neuen Medium aufeinander, beginnt ein Kampf um die Ressourcen. Nach einer gewissen Zeit haben sich die am besten an das Milieu angepassten Stämme durchgesetzt und die anderen verdrängt. Prägnantes Beispiel dafür ist die spontane alkoholische Gärung von Säften, die meist von dominierenden Stämmen eingeleitet wird. Nach kurzer Zeit hat sich *Saccharomyces cerevisiae* durchgesetzt und die Wettbewerber aufgrund einer höheren Ethanoltoleranz verdrängt. Entsprechendes gilt für spontane Sauerkrautfermentationen oder die Herstellung von Sauerteigen. Setzen sich die gewünschten Stämme aus irgendwelchen Gründen nicht richtig durch, kommt es zu Fehlfermentationen. Die Zugabe von Starterkulturen bei der Herstellung von Joghurt, Quark, Käse, Rohwurst, Sauerteig, Sauerkraut, Wein oder Bier ist deshalb ein entscheidender Schritt für die Produktionssicherheit.

4.1.6 Wachstum von Mikroorganismen

Wird ein Medium mit Mikroorganismen beimpft, das akzeptable Wachstumsbedingungen bietet, vermehren sich die Keime, indem sie die vorhandenen Nährstoffe zur erforderlichen Energiegewinnung einsetzen. Die Anzahl der Zellteilungen pro Zeiteinheit ist für den jeweiligen Zelltyp und das Milieu spezifisch. Bei einzelligen Lebewesen entspricht die Zeitdauer zwischen zwei Teilungen der Generationszeit. Trägt man die Anzahl der Zellen gegen die Zeit auf, ergibt sich eine typische Wachstumskurve. Sie besteht bei einer statischen Hefe- oder Bakterienkultur (begrenzte Verfügbarkeit von Nährstoffen) aus vier Phasen:

- Verzögerungsphase (lag-Phase): siehe Phase I in Abb. 4.4, eingesetzt wurden etwa $5 \cdot 10^6$ Hefezellen als Startzellzahl, Vermehrung bis $80 \cdot 10^8$ Zellen.
- exponentielle Phase (log-Phase): Phase II in Abb. 4.4.
- stationäre Phase: Phase III in Abb. 4.4.
- Absterbephase: Phase IV in Abb. 4.4.

In der lag-Phase erfolgt die Erkennung der im Medium vorhandenen Nährstoffe durch Rezeptoren in der Zellmembran der Mikroorganismen. Dies nimmt eine gewisse Zeit in Anspruch, die sich je nach Bakterienspezies und Zusammensetzung des Milieus unterscheidet. Die Kultur wächst in dieser Phase kaum. Nach Anpassung des Stoffwechsels an das Medium geht die Kultur in ein exponentielles Wachstum über. Die Generationszeit bleibt hier über mehrere Zellteilungszyklen gleich. Sie kann bei wenigen Minuten liegen.
Nähert sich das System den Kapazitätsgrenzen des zur Verfügung stehenden Raums und der Nährstoffe, nimmt die Anzahl der im Medium befindlichen Bakterienzellen nicht mehr zu. Ein dynamisches Gleichgewicht stellt sich ein, in dem die Zahl der absterbenden und durch Zellteilung hinzukommenden Keime sich die Waage hält. Wenn die Nährstoffe im Medium praktisch aufgebraucht sind und der Toleranzwert der Populationsdichte der jeweiligen Bakterienspezies erreicht ist, setzt die Absterbephase ein. Die Zellen verhungern oder sterben an Ausscheidungsprodukten des eigenen Stoffwechsels, die in dieser Phase in hoher Konzentration vorliegen. Die alkoholische Gärung von

Abb. 4.4
Wachstumskurve von *Saccharomyces cerevisiae* bei der alkoholischen Vergärung von Traubensaft zu Wein (Fischer 2000)

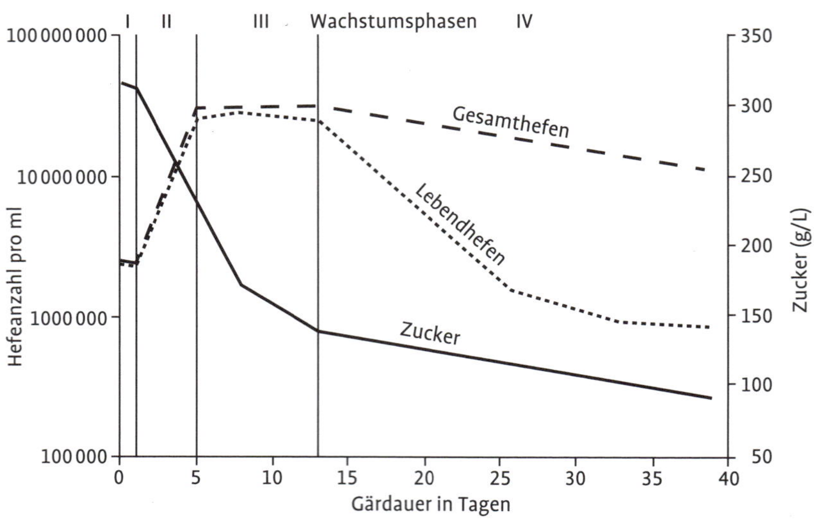

Bier oder Wein ist dafür ein gutes Beispiel. *Saccharomyces cerevisiae* beginnt nach 1–2 Tagen mit der exponentiellen Vermehrung, um nach 4–5 Vermehrungsschritten bei etwa 10^8 Zellen/ml in der stationären Phase ausschließlich Ethanol zu produzieren. Am Ende der Gärung leben lediglich noch 30–70 % der Zellen, die im Laufe von wenigen Wochen auch sterben. Sie sind dem Zellgift Ethanol zum Opfer gefallen. Sollen ein Zellwachstum und die Produktion von unerwünschten Stoffwechselprodukten verhindert werden, müssen die praktisch unvermeidlich vorhandenen Keime in der lag-Phase gehalten werden. Wird die Kühlkette unterbrochen und die log-Phase erreicht, ist der Verderb nur noch aufwendig zu stoppen.

4.1.7 Biofilme

In Kapitel 2.4.1 wurden Biofilme auf Oberflächen als ernsthaftes Reinigungsproblem in der Lebensmittelwirtschaft beschrieben. Genauso problematisch sind sie für die Reinigung/Sterilisierung von medizinischem Besteck, sie tauchen im Haushalt auf an feuchten Stellen (z. B. die Schleimschicht am Abfluss), aber auch als Zahnbelag beim Menschen. Biofilme sind evolutionär uralte Überlebensmechanismen von Mikroorganismenkollektiven, wenn deren Umgebungsbedingungen kritisch geworden sind.

Ein Biofilm ist eine Bakterienpopulation innerhalb einer dreidimensionalen, kompakten, schleimartigen Matrix, die verhindert, dass die Keime austrocknen und sicherstellt, dass Antibiotika oder chemische Reinigungsmittel nicht angreifen können. Die Matrix verleiht dem Biofilm Struktur, hält den Zellverbund zusammen und sorgt für sicheren Halt. Ohne dieses Gerüst wird der Film instabil und zerbricht in kleinere Zellaggregate oder gar einzelne Zellen, die gegen Antibiotika und Reinigungsmittel chancenlos sind. Zur Ausbildung eines Biofilms müssen sich im ersten Schritt die Mikroorganismen auf einer Oberfläche fest anheften. Das gelingt ihnen durch sogenannte „Adhäsine“, spezielle Haftproteine, die auf fast alle Materialien wirksam werden können. Dabei geben Bakterien fortwährend Signalmoleküle in ihre Umgebung ab. Wächst die Population, nimmt die Konzentration dieser Signalmoleküle zu. Ab einem bestimmten Schwellenwert verändern die Bakterien schlagartig ihr Verhalten: Bestimmte Gene werden aus- bzw. eingeschaltet, andere Proteine als im freilebenden Stadium entstehen. Die Mikroorganismen bilden jetzt eine Mikrokolonie, in der kontinuierlich Nährstoffe und Gene ausgetauscht werden. Sie unterstützen sich gegenseitig durch die Synthese von Proteinen und anderen überlebenswichtigen Molekülen. Das bedeutsamste Gemeinschaftswerk ist der Aufbau der Schleimhülle. Die Fähigkeit der Bakterien, ihre Dichte über eine Art chemische

Abb. 4.5
Zyklus eines Biofilms vom Anheften der ersten Bakterien bis zur Aufteilung

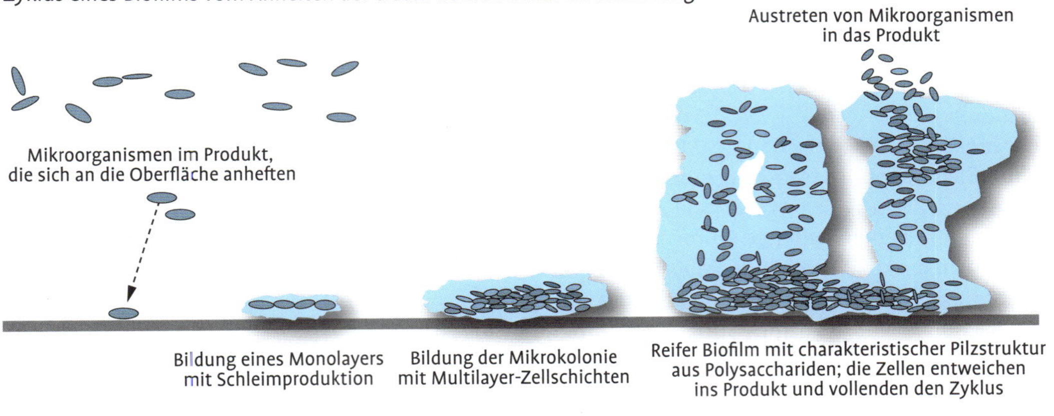

Sprache zu messen, wird Quorum Sensing (QS) genannt. Abbildung 4.5 zeigt den Zyklus eines Biofilms vom Anheften der ersten Bakterien bis zur Aufteilung des Biofilms, wenn zu viele Keime darin inkorporiert sind (Margas 2015, modifiziert).

In Schach halten kann man Biofilme am besten mechanisch durch beständiges Schrubben und Schaben, durch bestimmte Enzymreiniger, vor allem aber durch regelmäßige spezifische Reinigungsschritte. Die sollen verhindern, dass sich Keime an der Oberfläche festheften können. Gleiches ist auch möglich durch strukturierte Oberflächen, an denen sich Mikroorganismen kaum festsetzen können, z. B. bei Edelstahl eine Elektropolierung (siehe Kap. 6, Werkstoffe). Die Biofilme machen besonders deutlich, warum Hygienic Design die Voraussetzung für eine sichere Produktion ist. In nicht reinigbaren Ecken stellen Biofilme eine unablässige Infektionsquelle dar.

4.2 Enzyme

Ebenso wie Mikroorganismen können Enzyme eine positive oder negative Wirkung erzielen. Die Lebensmitteltechnologie verwendet oft nur einzelne, aus geeigneten Mikroorganismen isolierte Enzyme zur gezielten Umwandlung von Stoffen. Enzymaktivitäten katalysieren eine oder mehrere biochemische Reaktionen. Entscheidend für die Reaktionsspezifität ist das aktive Zentrum (das katalytische Zentrum). Es besteht aus gefalteten Teilen der Polypeptidkette oder reaktiven Nicht-Eiweiß-Anteilen (Kofaktoren, prosthetische Gruppen). Dort wird das Substrat gebunden und umgewandelt.

Die meisten biochemischen Reaktionen laufen ohne Enzyme nur extrem langsam ab, weil die erforderliche Aktivierungsenergie zu hoch ist. Das Reaktionsgleichgewicht würde sich in endlicher Zeit praktisch nicht einstellen. Zu Beginn einer Reaktion muss Aktivierungsenergie aufgebracht werden, um das Substrat in einen Übergangszustand zu zwingen. Die katalytische Wirksamkeit von Enzymen beruht darauf, die erforderliche Aktivierungsenergie zu senken und die Reaktion dadurch zu ermöglichen. Die katalytische Wirkung des Enzyms stabilisiert den Übergangszustand durch nichtkovalente Wechselwirkungen, sodass weniger Energie benötigt wird, um die Reaktion einzuleiten. Das Substrat kann dadurch wesentlich schneller in Reaktionsprodukte umgewandelt werden. Ein Enzym beschleunigt aber lediglich die Einstellung des chemischen Gleichgewichts, ohne es zu verschieben (Abb. 4.6).

Die Raumstruktur des aktiven Zentrums bewirkt die Substratspezifität, d. h. nur ein passendes Substrat kann gebunden werden. Die Ausgangsstoffe einer Enzymreaktion, die Substrate (Edukte), werden im aktiven Zentrum des Enzyms als Enzym-Substrat-Komplex nach dem Bild des Schlüssel-Schlüsselloch-Systems gebunden. Das Enzym steht nach der Reaktion wieder in der Ausgangsform für weitere Reaktionen zur Verfügung. Enzyme verfügen über eine hohe Substrat- und Reaktionsspezifität und katalysieren Reaktionen mit jeweils spezifischer Geschwindigkeit. Von einem aktiven Zentrum kann auch unter optimaler Bedingung

Abb. 4.6
Energie-Zeit-Diagramm einer Stoffumsetzung mit oder ohne Enzym und modellhafte Darstellung der spezifischen Katalyse einer Stoffumsetzung

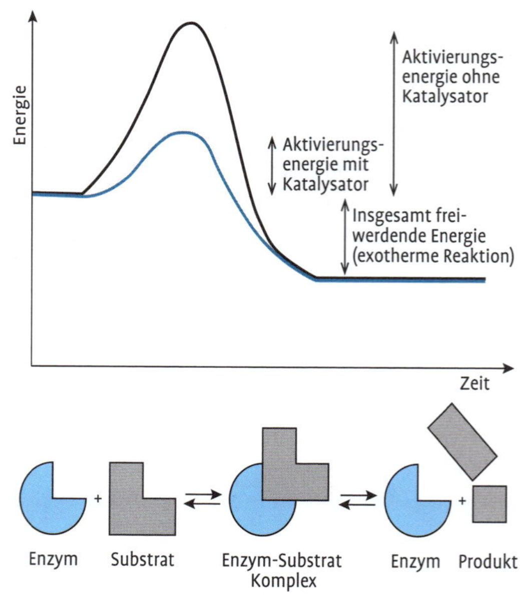

nur eine enzymcharakteristische Anzahl von Molekülen je Zeiteinheit umgesetzt werden. Diese Reaktionsgeschwindigkeit v (mol/l x s) ist ein Maß für die Änderung der Substratkonzentration mit der Zeit, also für die Stoffmenge Substrat, die in einem bestimmten Reaktionsvolumen pro Zeiteinheit umgesetzt wird.
Die Enzymaktivität gibt an, wie viel aktives Enzym sich in einem Enzympräparat befindet. Die Einheiten der Enzymaktivität sind Unit (U) und Katal (kat), wobei 1 U definiert ist als diejenige Menge Enzym, die unter definierten Bedingungen ein µmol Substrat pro Minute umsetzt. Katal ist die SI-Einheit der Enzymaktivität: 1 kat = 1 mol/s. Das Enzym E reagiert mit dem Substrat S zum Enzym-Substrat-Komplex ES, an dem die Reaktion zum Produkt P stattfindet. Die Reaktionsgeschwindigkeit ist proportional zur Konzentration des Komplexes ES, der dem Massenwirkungsgesetz gehorcht.

$$\frac{[E] \cdot [S]}{[E \cdot S]} = K_m \text{ (Michaelis-Menten-Konstante)}$$

Einflussgrößen auf die Enzymaktivität

Die Aktivität eines Enzyms ist eine Funktion seiner Konzentration, aber stark abhängig von Temperatur, pH-Wert, Salzgehalt bzw. Ionenenstärke, Redoxpotenzial, der Anwesenheit von Co-Faktoren sowie der Konzentration des Substrats. Die Reaktionsgeschwindigkeit steigt mit der Substratkonzentration zunächst rasch an und nähert sich asymptotisch einem Grenzwert (v_{max}). Der K_m-Wert gibt die Substratkonzentration in mol/l an, bei der die Reaktionsgeschwindigkeit die Hälfte von v_{max} ist.
Abbildung 4.7 zeigt drei verschiedene Aktivitätskurven von Handelsenzymen in Abhängigkeit von der Temperatur. Bis 70 °C sind die saure Protease (linke Kurve mit Dreiecken) und die Pektinase (Kurve mit Rauten) noch ausreichend aktiv, danach fallen die Kurven steil ab bis zur Inaktivierung. Die Hemicellulase (Kurve mit Quadraten) besitzt erst bei 85 °C ihr Wirkungsoptimum, das oberhalb 95 °C rasch auf Null abfällt. Die Enzymaktivität steigt mit der Temperatur entsprechend der Q_{10}-Regel an: Eine Erhöhung der Temperatur um ca. 5–10 °C führt innerhalb eines enzymeigenen Temperaturbereichs zu einer Verdoppelung der Reaktionsgeschwindigkeit. Die Kurve ist nicht symmetrisch, sondern sie fällt bei Überschreiten des Optimums steil ab. Zu niedrige Temperaturen können die Wirksamkeit praktisch unterbinden, zu hohe eine Denaturierung bewirken.
Der pH-Wert der Lösung spielt eine große Rolle für die Enzymaktivität, da unter anderem die Ladung der für die Katalyse wichtigen Amino-

Abb. 4.7
Aktivitätskurven von Handelsenzymen in Abhängigkeit der Temperatur (links) und des pH-Wertes (Haßelbeck und Stocke' 2008 links; Hüffner et al. 2011)

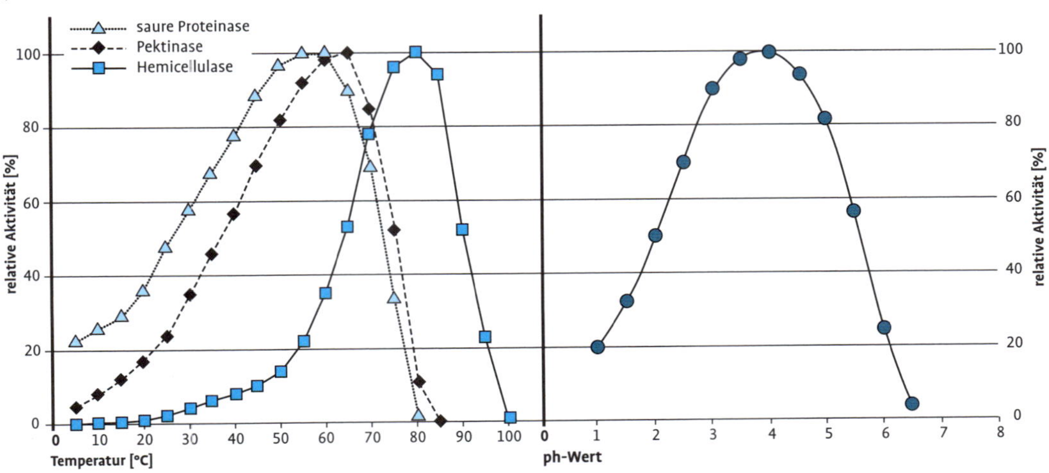

säuren im Enzym beeinflusst wird. Jenseits des pH-Optimums vermindert sich die Enzymaktivität und kommt irgendwann zum Erliegen. Ähnliches gilt für die Salzkonzentration bzw. die Ionenstärke in der Umgebung. Die Aktivität eines Enzyms kann durch spezifische Hemmstoffe (Inhibitoren) verringert oder durch Aktivatoren erhöht werden. Diese Enzymhemmung kann irreversibel sein (z. B. durch Quecksilber), wenn der Inhibitor eine unter physiologischen Bedingungen nicht umkehrbare Verbindung mit dem Enzym eingeht, oder reversibel, wenn z. B. ein entstandener Enzym-Inhibitor-Komplex wieder in seine Bestandteile zerfällt.

Klassifizierung von Enzymen

Die IUPAC („International Union of Pure and Applied Chemistry", www.iupac.org) und die IUBMB („International Union of Biochemistry and Molecular Biology", www.chem.qmul.ac.uk/iubmb/enzyme/) haben eine Nomenklatur der Enzyme erarbeitet und diese klassifiziert. Eine Klassifizierung ist angesichts vieler Trivialnamen bzw. oft historisch bedingter unterschiedlicher Bezeichnungen erforderlich, um präzise Aussagen machen zu können. Enzymnamen enden auf -ase, wenn es sich nicht um mehrere Enzyme in einem System handelt. Der Enzymname soll erklärend sein, also die Reaktion, die das Enzym katalysiert, beschreiben (z. B. Cholinesterase: ein Enzym, das die Estergruppe im Cholinmolekül hydrolysiert). Darüber hinaus wurde ein Codesystem entwickelt, in dem die Enzyme unter einem Zahlencode aus vier Ziffern eingeteilt werden (EC-Nummern: „Enzyme Commission Numbers"). Die erste bezeichnet eine der sechs Enzymklassen. Listen aller erfassten Enzyme gewährleisten ein schnelleres Auffinden des angegebenen Enzymcodes, z. B. über das Online-System BRENDA (www.brenda-enzymes.org, BRaunschweig ENzyme DAtabase) oder über IUBMB.

- EC 1: Oxidoreduktasen, die Redoxreaktionen katalysieren.
- EC 2: Transferasen, die funktionelle Gruppen von einem Substrat auf ein anderes übertragen.
- EC 3: Hydrolasen, die Bindungen unter Einsatz von Wasser spalten.
- EC 4: Lyasen, die die Spaltung oder Synthese komplexerer Produkte aus einfachen Substraten katalysieren, allerdings ohne Verbrauch von ATP.
- EC 5: Isomerasen, die die Umwandlung von chemischen Isomeren beschleunigen.
- EC 6: Ligasen oder Synthetasen, die Additionsreaktionen mithilfe von ATP katalysieren.

4.2.1 Wichtige Enzymreaktionen in der Lebensmitteltechnologie

Alle Ausgangsstoffe von Lebensmitteln bestehen aus tierischen oder pflanzlichen Zellen. Sie besitzen für alle Verbindungen, die sie für ihren Stoffwechsel produzieren und wieder abbauen müssen, maßgeschneiderte Enzymsysteme. Die Reaktionspartner sind räumlich voneinander getrennt und werden meist durch einen aktiven Stofftransport für eine selektive Reaktion zusammengebracht. Bei Früchten und Gemüsen sind viele Enzyme in der Beerenhaut lokalisiert und gelangen nach einer Gewebezerstörung von dort in den Saft. Jede Zerstörung einer Zelle verwandelt deren strukturelle Ordnung in Chaos. Unmittelbar danach laufen enzymatische Reaktionen völlig ungezügelt ab und sorgen im Wesentlichen für Oxidationen, Molekülumwandlungen oder Depolymerisierungen. Daneben wirken Enzyme, die Aromavorstufen wie Terpene durch Zuckerabspaltung in Aromastoffe umwandeln, Oxidationsenzyme für phenolische Verbindungen und schließlich alle zellwandabbauenden Enzyme.

Die Zerstörung von Fruchtzellen verlangt eine Zerstörung ihrer Zellwand, vor allem zunächst die des Klebstoffs Pektin. Dieser Prozess ist in erster Linie ein enzymatischer, der durch mechanische Vorschädigungen unterstützt wird. Äußerlich sichtbar läuft er über mehrere Stufen ab (Voragen et al., 1982).

- Erweichung
- Mazeration
- Desintegration
- Verflüssigung
- Verzuckerung

Abb. 4.8
Der stufenweise Abbauprozess von Zellgeweben durch Enzyme am Beispiel von Früchten oder Gemüsen

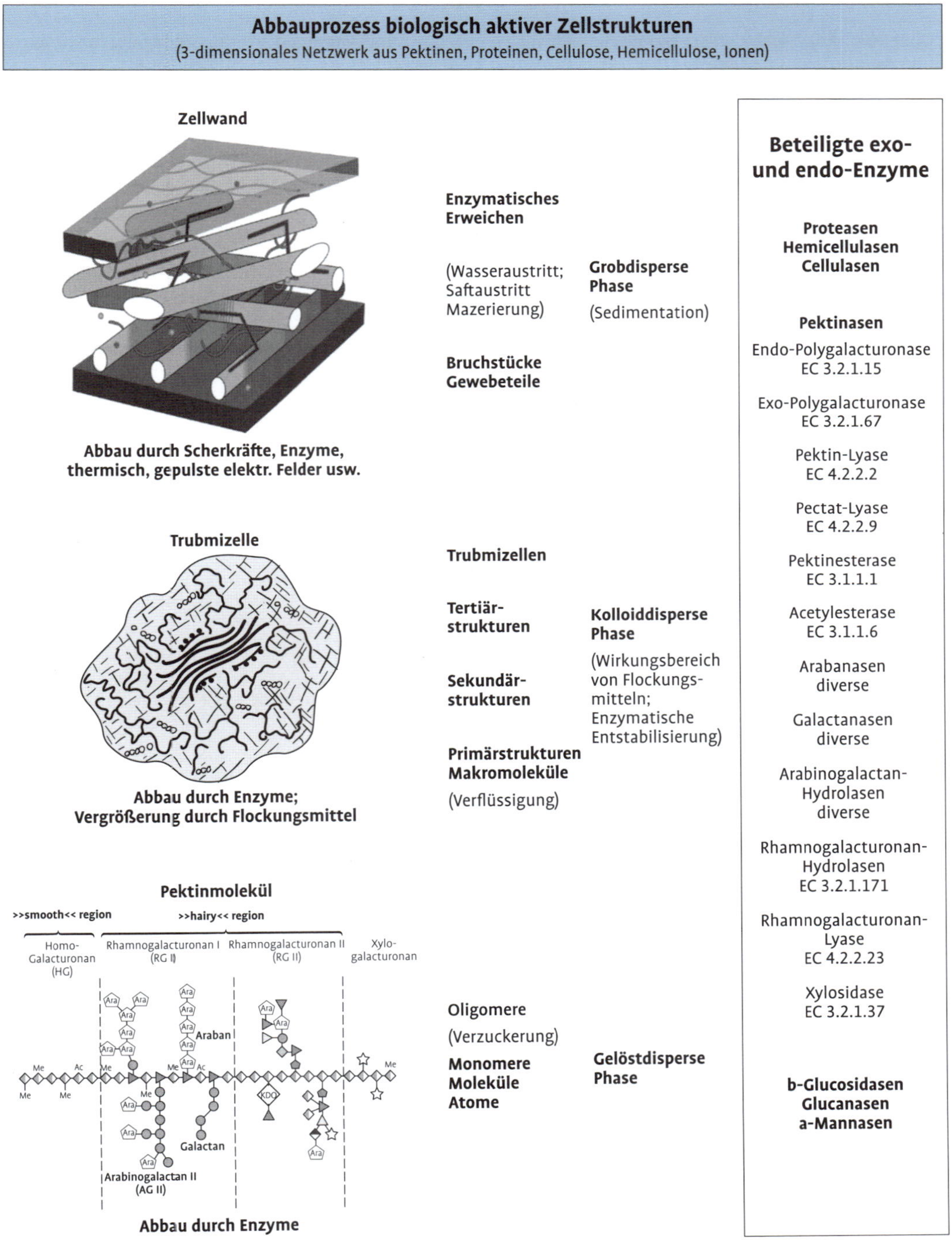

Tab. 4.5
Wichtige Enzyme und ihre Reaktionen in der Lebensmitteltechnologie.

Produkt	Enzym	Reaktion
Obst (Abb. 4.8) und Wein	pektolytische und cellulolytische Enzyme	Erweichung, Reifung bis Verflüssigung durch sequenziellen Abbau von Pektin und Cellulose
	Hemicellulasen, Proteasen, alle originär oder als Handelsenzym zugegeben	Hemicellulose und Proteine, auch bessere Pressbarkeit und bessere Filtrierbarkeit
	Lysozym	Hemmung von Milchsäurebakterien
	Endo-1,3(4)-Beta-Glukanase	Klärhilfe durch Glukanabbau
	Urease	Harnstoffabbau
Getreide	Amylasen	Stärkeabbau (Amylose, Amylopektin)
	Alpha-Amylase	spaltet die α-(1 → 4)-Glykosidbindungen der Amylose
	Beta-Amylase	spaltet Amylopektin bis zu den Verzweigungen
	Endo-1,4-Beta-Xylanase (EC 3.2.1.8)	sequenzieller Abbau von Arabinoxylanen (Nicht-Stärke- Polysaccharide) für verbesserte Teigstabilität, höheres Brotvolumen
	Beta-Xylosidase (EC 3.2.1.37)	
	Alpha-L-Arabinosidase (EC 3.2.1.55)	(Abb. 4.9)
	Alpha-Glucosidase (EC 3.2.1.139)	
	Feruloylesterase (EC 3.2.1.73)	
	Lipasen	Fettabbau
	Endoproteasen	Glutenhydrolyse für verbesserte Teigelastizität
Fleisch	alle Enzyme der Glykogenolyse	
	Glykogenphosphorylase	Glykogenabbau zu Milchsäure, pH-Abfall
	Alpha-Glukanotransferase	erster Schritt der Fleischreifung
	Proteasen	Muskelerweichung, Verlust Wasserbindungsvermögen
	Lipasen	Fettabbau als Teil des Reifeprozesses
Milchprodukte	Proteasen (Lab, Rennin)	Eiweißgerinnung
	Katalase	Nachweis gibt Auskunft über hygienischen Zustand
	Peroxidase	Erhitzungsnachweis
	Phosphatase	Erhitzungsnachweis
	Lipasen	Fettspaltung im Rahm, unerwünscht

Die ersten beiden Stufen sind Teil des Reifeprozesses, bei denen durch Polygalacturonasen sowie Pektat- und Pektin-Lyasen zuerst eine teilweise Hydrolyse von Zellwandpektin erfolgt und im weiteren Verlauf die Pektinstrukturen der Mittellamellen abgebaut werden. Der Zellverband löst sich nach und nach auf. Zahlreiche pektolytische Enzyme arbeiten im nächsten Abbauschritt Hand in Hand mit Cellulasen, Hemicellulasen und Proteasen, wobei einzelne Enzyme erst die sterischen Angriffsvoraussetzung für andere schaffen müssen. Am Ende steht der Zerfall der Zellwand. Dieser Prozess setzt sich fort, bis die Substrate aufgebraucht sind und geht im Extremfall bis zur Stufe von Monomeren. Das Zellgewebe ist bereits nach kurzer Zeit so weich, dass die Haut keine Schutzfunktion mehr übernehmen kann und Zellsaft an die Oberfläche diffundiert. Damit verbunden ist bei Früchten oder Gemüsen ein Ausbeuteverlust, gleichzeitig finden Mikroorganismen aller Art auf der Oberfläche ideale Nährstoffbedingungen. Die geschwächte Struktur erlaubt insbesondere Schimmelpilzen ein leichtes Eindringen in das für sie nährstoffreiche Zellgewebe. Die wesentlich aktiveren Enzyme der Pilze potenzieren die Wirkung der aus der Beere selbst stammenden Enzyme. Niederschläge in dieser Zeit begünstigen die Fäulnis, bei Trockenheit kann der Prozess unter Umständen zum Stillstand kommen.

Abbildung 4.8 zeigt den Abbau biologisch aktiver Zellstrukturen am Beispiel von Früchten und Gemüsen im Zusammenhang. Deren Gewebe sind ähnlich aufgebaut, sie unterscheiden sich in der Feinstruktur der Zellwand, der Enzymausstattung und Enzymaktivität für den Abbau sowie der Sensibilität gegenüber Schimmelpilzen oder Schadbakterien. Früchte mit einem niedrigen pH-Wert (Traube, Apfel) sind

Abb. 4.9
Spaltung von Xyloglukan durch den Angriff von fünf Enzymen (Hager 2014)

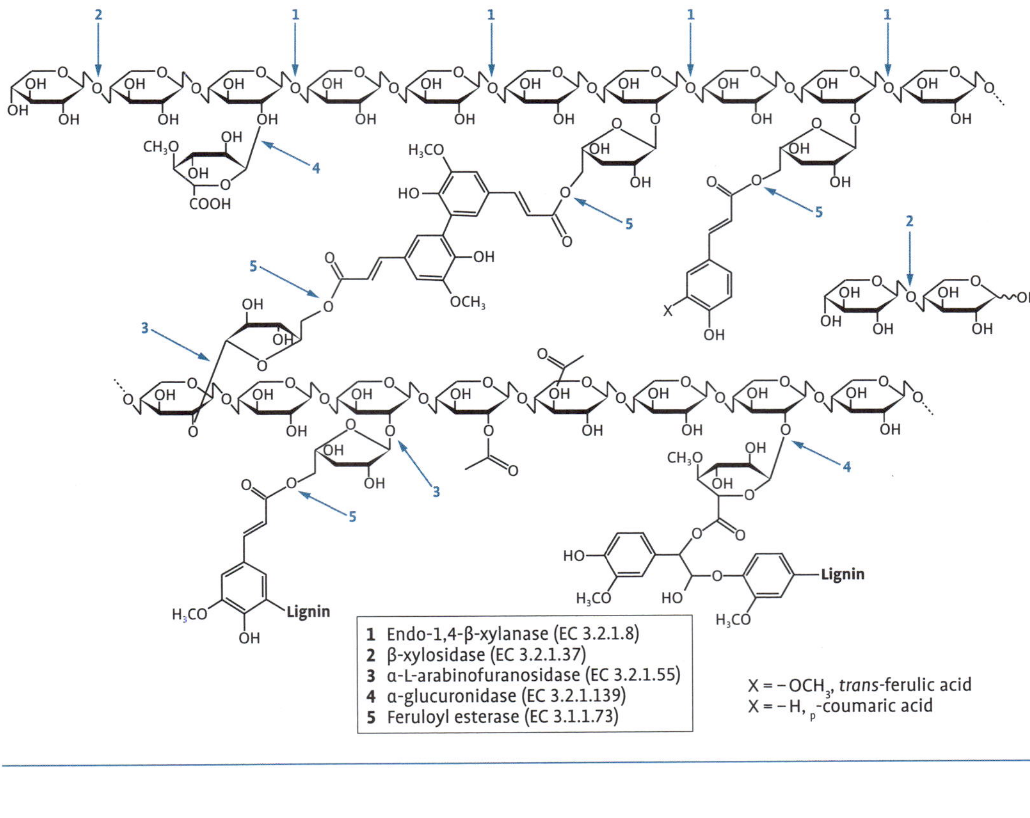

robuster, ebenfalls Produkte mit einer großen Menge an Polyphenolen. Die Gewebezerstörung ergibt aufgrund des hohen Anteils an Vakuolenflüssigkeit mit den meist wertbestimmenden Inhaltsstoffen eine Maische. Die Kenntnis der Anatomie und der Biochemie eines Rohstoffs ist Voraussetzung für das Verständnis der bei der Verarbeitung ablaufenden Vorgänge und der Möglichkeiten, sie zielgerichtet zu beeinflussen.

Getreidearten besitzen eine stabilere Zellwand als Früchte und Gemüse und einen ausgeprägten Stärke- und Proteinkörper (Kap. 7). Für deren Abbau sind deshalb neben den pektolytischen und cellulolytischen Enzymen Amylasen zur Stärkespaltung und Proteasen zur Proteinspaltung erforderlich. Tierische Gewebe unterliegen vergleichbaren enzymatischen Abbauvorgängen. Maßgeblich sind dort Proteasen und Lipasen. Letztere spalten Fette in ihre Bestandteile Glyzerin und Fettsäuren, die nach weiteren Umwandlungen zur Ranzigkeit führen können. Rohmilch enthält eine ganze Reihe von originären Enzymen, die in der Tendenz alle zu raschem Verderb führen.

Tabelle 4.5 fasst einige wichtige Enzyme und ihre Reaktionen aus dem mehrere Tausend Enzymen umfassenden Spektrum getrennt nach Produktgruppen zusammen. Sie sind teilweise in der Lage, allein Wirkung zu erzielen (Lab-Fällung von Milchproteinen, Glukanabbau), oft arbeiten sie zur Aufspaltung komplexer Makromoleküle synergistisch und sequenziell.

In Getreidesorten spielen neben der Stärke und den Proteinen viele Nicht-Stärke-Polysaccharide wie Pektin, Cellulose, Glukane, Arabinoxylane und Glukofruktane als Zellwandbestandteile eine große Rolle. Sie dienen dem Schutz des Mehlkörpers und beeinflussen nach entsprechender Umwandlung die Mehl- und Teigverarbeitung. Am Beispiel der Arabinoxylane soll gezeigt werden, wie Enzyme beim Abbau zusammenarbeiten. Arabinoxylane bestehen im Grundgerüst aus β-1,4-verknüpfter Xylose, indem OH-Gruppen in Zweier- und/oder Dreier-Stellung mit L-Arabinofuranose glykosidisch verknüpft sind. Ferulasäure kann durch Esterbindung an Arabinose gebunden sein (Abb. 4.9).

4.3 Die Hemmung von Mikroorganismen und Enzymen

Die Inhaltsstoffe von Lebensmitteln werden durch Enzyme, Mikroorganismen oder rein chemische Reaktionen verändert. Diese Prozesse sind vielfach Teil der Herstellung, für die Beschaffenheit wichtig, und sie werden zielgerichtet gesteuert. Gilt die Herstellung als beendet, sind bei bestimmten Produkten allenfalls noch langsam ablaufende chemische Reaktionen als Teil eines Reifeprozesses akzeptiert. Dies gilt z. B. für Wein, Spirituosen, Käse, Wurst oder Fleischwaren.

Nach dem Verkauf ablaufende enzymatisch oder mikrobiologisch bedingte Veränderungen sind in der Regel unerwünscht. Um Lebensmittel haltbar zu machen, müssen Enzyme und Mikroorganismen inaktiviert oder entfernt werden. Dafür steht eine Vielzahl chemischer, mikrobiologischer oder physikalischer Methoden zur Verfügung, die unter wirtschaftlichen Gesichtspunkten und nach den Erfordernissen des Lebensmittels einzusetzen sind. Flüssige Lebensmittel erfordern bzw. erlauben andere Techniken als stückige, hochviskose oder feste. Abbildung 4.10 stellt die wesentlichen Methoden zusammen. Die Methodenvielfalt reflektiert die extreme Vielfalt an Lebensmitteln in flüssiger, stückiger oder fester Form, die als Konserven praktisch unbegrenzt, als Halbkonserven längere Zeit und als Frischprodukt immer noch einige Tage haltbar sein müssen. Ziel aller Verfahren ist die wirtschaftlich vertretbare, ausreichende Haltbarmachung des Lebensmittels ohne nennenswerte Beeinträchtigung der sensorischen oder ernährungsphysiologischen Qualität. Die Verfahrensauswahl richtet sich nach der angestrebten Haltbarkeitsdauer und soll weder werthaltige Inhaltsstoffe (z. B. Vitamine) zerstören noch Fehlaromen wie 5-Hydroxymethylfurfural (HMF) in erkennbaren Mengen produzieren.

Die Haltbarmachung kann erst nach dem Abpacken (z. B. in Dosen oder Flaschen) erfolgen, aber auch bereits im Vorfeld zu dieser Maßnahme. Dann muss ein steriles Lebensmittel ohne Reinfektion in ein ebenfalls steriles Behältnis überführt werden. Beispiele dafür sind die Ab-

Abb. 4.10
Methoden der Haltbarmachung von Lebensmitteln

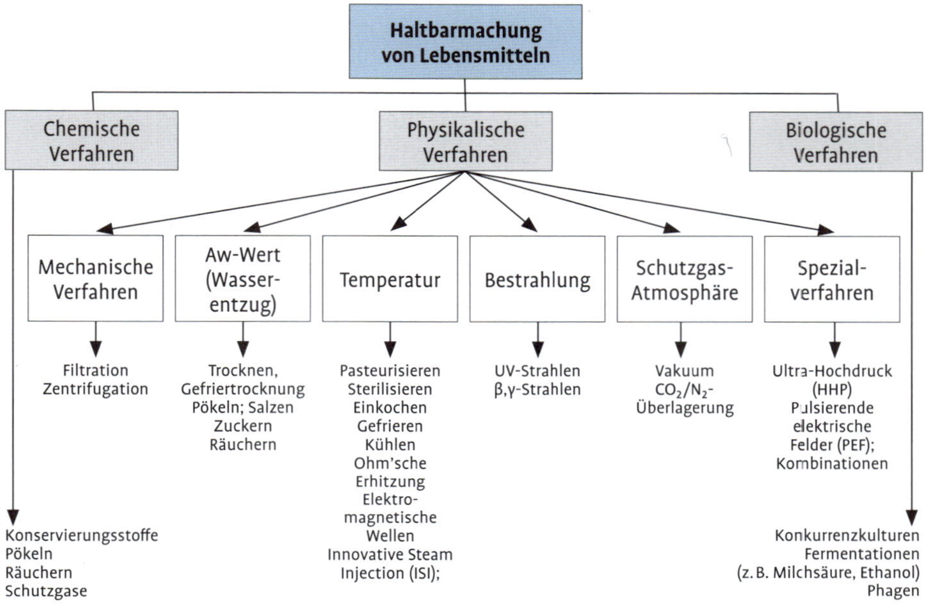

füllung von Wein und Bier oder die Kartonverpackung von UHT-Milch, für die aufgrund der hohen mikrobiologischen Sensibilität von Milch ein immenser hygienisch-technologischer Aufwand betrieben wird.

4.3.1 Chemische Lebensmittelkonservierung

Die chemische Lebensmittelkonservierung erfolgt durch Salzen/Pökeln, Räuchern oder mittels Konservierungsstoffe. Gemäß EU VO 1333-2008 sind das Stoffe, die die Haltbarkeit von Lebensmitteln verlängern, indem sie sie vor den schädlichen Auswirkungen von Mikroorganismen und/oder vor dem Wachstum pathogener Mikroorganismen schützen. Vom Gesetzgeber sind die Lebensmittel festgelegt, denen bestimmte Konservierungsstoffe zugesetzt werden dürfen. Es handelt sich hauptsächlich um Meerestiere, Feinkosterzeugnisse mit Mayonnaise, Obst- und Gemüsezwischenprodukte, Fruchtsaftkonzentrate, Fruchtsäfte, Scheibenbrot und Wein. In der Liste der Behandlungsmittel (EU VO 1130-2011) sind folgende Behandlungsmittel mit konservierender Wirkung aufgelistet:

- Milchsäure (E270)
- Essigsäure (E266)
- Zitronensäure (E320)
- Sorbinsäure (E200) und ihre Na-, K- und Ca-Sorbate (E201-203)
- Benzoesäure (E210) und ihre Na-, K- und Ca-Benzoate (E211-213)
- p-Hydroxybenzoesäureester (PHB-Ester, Parabene, E214-219)
- Ameisensäure (E236) und ihre Na- und Ca-Formiate (E237 und 238)
- Schwefeldioxid (E220)
- Propionsäure (E280) und ihre Na-, K- und Ca-Salze (E281-283)
- Natriumnitrit (E250), Zusatz als Nitritpökelsalz in Form einer Kochsalz-Nitrit-Mischung (Konservierung durch **Pökeln**)
- Kaliumnitrat (E252) und als Kaliumnitrat-Kochsalz-Mischung zur Umrötung
- Natriumnitrat (E251)
- Diphenyl (E230)

- Orthophenyphenolat (Na-Salz, E232)
- Thiabendazol (E233)
- Natamycin (Antibiotikum aus *Streptomyces natalensis* gegen Schimmelpilze auf den Oberflächen von Käse
- Dimethyldicarbonat (DMDC, E242)

Konservierungsmittel werden lebensmittelspezifisch zugelassen. Ihre erlaubte Konzentration richtet sich nach der gesundheitlichen Unbedenklichkeit, ausgedrückt im ADI-Wert („Acceptable Daily Intake“, Menge, die lebenslang aufgenommen werden darf, ohne gesundheitliche Beeinträchtigungen hervorzurufen). Die Konservierungsstoffe wirken hauptsächlich gegen Schimmelpilze, Schwefeldioxid und die PHB-Ester zusätzlich gegen Bakterien. Nitrit und Kochsalz hemmen ausschließlich Bakterien, unter anderem *Clostridium botulinum* in gepökelten Fleischerzeugnissen. Nitrat wirkt nach mikrobiologischer Umwandlung zu Nitrit, z. B. in Käse zur Verhinderung von Spätblähungen. Hefen können durch DMDC abgetötet werden, das Mittel kommt in Getränken zum Einsatz. Er zersetzt sich innerhalb weniger Stunden und ist nicht mehr nachweisbar.

Räuchern wirkt dreifach konservierend: durch Wasserentzug (Senken des a_w-Werts), durch Hitzeabtötung zumindest an der Oberfläche und durch die keimtötende Wirkung zahlreicher Rauchinhaltsstoffe. Dazu gehören verschiedene Aldehyde, Phenole und organische Säuren wie Ameisen- und Essigsäure. Üblicherweise sind zusätzliche Konservierungsmaßnahmen erforderlich (Pökeln, Salzen, Erhitzen usw.), weil die Mikroflora in tieferen Schichten kaum beeinträchtigt wird. Räuchern dient deshalb mehr der Entwicklung eines Raucharomas und nur bedingt zur Konservierung.

Eine **Überschichtung mit Ethanol und Essig** schützt vor enzymatischem und mikrobiellem Verderb gleichermaßen. Ein Beispiel aus dem häuslichen Bereich ist der Rumtopf, in dem Früchte in Ethanol eingelegt über lange Zeit haltbar sind.

Die Zugabe wasserlöslicher Stoffe wie **Kochsalz oder Pökelsalz** erhöht die Osmolarität bzw. senkt die Wasseraktivität, wodurch den Mikroorganismen Wasser entzogen wird und sie regelrecht austrocknen. Damit werden z. B. Fleisch- und Fischwaren konserviert. Marmeladen konserviert ihr hoher **Zuckergehalt**, der Mikroorganismen durch Absenkung des a_w-Werts hemmt. Gefährdet sind derartige Produkte durch Reinfektionen mit oberflächlich wachsenden Schimmelpilzen, wenn nach dem Öffnen des Glases aerobe Bedingungen vorliegen.

4.3.2 Konservierung durch biologische Verfahren

Der Einsatz von Mikroorganismen oder Enzymen zur Konservierung dient zwei Zielen: der Schaffung eines andere Kulturen unterdrückenden Milieus durch Schutzkulturen und/oder der Entfernung von Inhaltsstoffen, die von Schadorganismen metabolisiert werden könnten. So kann Wein durch restlichen, vergärbaren Zucker und durch von Milchsäurebakterien umwandelbare Äpfelsäure gefährdet sein. Die vollständige Umwandlung beider Verbindungen stabilisiert den Wein mikrobiologisch völlig. Bei der Produktion von Sauerkraut entsteht einerseits ein wachstumsfeindliches Milieu mit niedrigem pH-Wert, das gleichzeitig durch die Anwesenheit der dominierenden Sauerkrautkulturen vor fremden Organismen geschützt ist. Als weiteres Beispiel wurde bereits die Verwendung von Sauerteigkulturen mit antibakteriellen Eigenschaften erwähnt. In den Fällen wird auch von „bioprotection“ gesprochen, oft ein wichtiges Element der Hürdentechnologie (siehe 4.3.9).

4.3.3 Pasteurisation und Sterilisation

Die chemische Konservierung durch Zugabe von mehr oder weniger gefährlichen Substanzen steht unter kritischer Beobachtung der Konsumenten. Die Substanzen müssen deklariert werden und widerstreben dem Bemühen um „Clean Label“-Produkte. Physikalische Verfahren werden positiver eingeschätzt und bevorzugt. Mit der Hitzebehandlung werden in der Lebensmitteltechnologie zwei Ziele verfolgt:

- die Abtötung der vegetativen Mikroorganismen (Teilentkeimung), bei der Sterilisation auch die aller Sporen (Totalentkeimung)
- die Inaktivierung der Enzyme

Der Abtötungseffekt von Mikroorganismen ist eine Funktion ihres physiologischen Zustands und des Milieus. In der log-Phase ist der Effekt von Hitze besser als in der stationären Phase. pH-Werte abseits vom Wachstumsoptimum verstärken den Abtötungseffekt, niedrige Wasseraktivitäten schwächen ihn ab. Verstärkend wirkt auch die Anwesenheit von Alkohol. Schutzkolloide wie Fett oder partikuläre Stoffe verzögern dagegen den Hitzetransport zu den Mikroorganismen und erhöhen die Überlebenswahrscheinlichkeit. Entsprechend des Zeit-Temperatur-Verhältnisses für die produktspezifisch erforderliche Abtötung wird von unterschiedlichen Arten der Erhitzung gesprochen:

- Dauererhitzung bei etwa 65 °C bis zu 30 min
- Kurzzeiterhitzung zwischen 71 und 78 °C über weniger als 1 min (Milch z. B. 40 s) bis 10 min
- Kurzzeithocherhitzung (HTST) oder Kurzzeiterhitzung bei 85–90 °C über wenige Sekunden
- Ultrahocherhitzung (UHT) bis 150 °C (UHT direkt, enge Temperatur-Zeit-Kurve) für 2 s oder 135 °C (UHT indirekt) für wenige Sekunden bei breiterer Temperatur-Zeit-Kurve

Bei Wein oder Fruchtsaft sind vergleichsweise moderate thermische Belastungen ausreichend. Ein pH-Wert $< 4{,}5$ erlaubt kein Sporenwachstum, und viele Mikroorganismen sind bereits stark im Wachstum gehemmt. Milch oder Bier mit ihren hohen pH-Werten müssen zur Sterilisation erheblich intensiver erhitzt werden.

4.3.3.1 Grundlagen der Erhitzung

Die thermische Inaktivierung von vegetativen Keimen wird ausgelöst durch die Denaturierung von Proteinen und der Zellmembran. Dieser Absterbevorgang ist genauso wie die Inaktivierung von Enzymen in der Regel eine Kinetik 1. Ordnung (Kessler, 1996). Die Zeit, in der sich die Keimzahl oder die Enzymaktivität um einen Bruchteil verringern, ist unabhängig von der Ausgangskeimzahl bzw. Ausgangsaktivität (Abb. 4.11).

Mikroorganismen werden nicht schlagartig, sondern exponentiell abgetötet. Theoretisch ist demnach absolute Sterilität nicht möglich. In der Praxis muss festgelegt werden, welche log-Reduzierung bei einem Schadkeim erforderlich ist, um Mensch und Lebensmittel unter bestimmungsgemäßen Bedingungen zu schützen. Um die Anforderungen an Erhitzungseinrichtungen und ihren Effekt zu definieren, wurden verschiedene mikrobiologische und technische Kenngrößen entwickelt, die im Zusammenhang gesehen werden müssen:

D-Wert: Entsprechend der Steigung der Geraden in Abbildung 4.11 ergibt sich für die Reduzierung der Keimzahl auf 1/10 auf der Abszisse ein Zeitbedarf. Dieser D-Wert (dezimaler Reduktionswert) ist die erforderliche Zeit, um bei einer gegebenen Temperatur 90 % einer spezifischen Keimpopulation abzutöten. Beispiel: $D_{121,1} = 0{,}5$ bedeutet, dass bei 121,1 °C in 0,5 min 90 % der Keime oder eine Zehnerpotenz abgetötet werden. Soll eine Reduzierung um log 5 stattfinden, muss $5 \times 0{,}5$ min erhitzt werden. Hefen, Schimmelpilze, Schimmelpilzsporen und vielfältige vegetative Bakterien werden bei D_{65} in 0,5–3 min um eine Zehnerpotenz verringert, sie sind vergleichsweise wenig hitzeresistent. Besonders thermostabil sind dagegen die Endosporen von *Bacillus* und *Clostridium*, die selbst 100 °C mehrere Stunden überleben können. Eine Temperaturerhöhung weist einen exponentiellen, d. h. wesentlich höheren Effekt auf als eine Verlängerung der Erhitzungsdauer. Der D-Wert ist keine konstante Größe, er wird von zahlreichen Faktoren des Milieus beeinflusst. Siehe dazu die Lemgoer Datenbank (www.hsowl.de/fb4/dzbase) oder Krämer, 2011.

Der **z-Wert** ist die Temperaturerhöhung, die den D-Wert um den Faktor 10 erniedrigt. Ein z-Wert von 10 °C bedeutet, dass bei Erhöhung der Temperatur um 10 °C der D-Wert z. B. von 60 auf sechs Sekunden reduziert wird. Vegetative Bakterien, Hefen und Schimmelpilze besitzen z-Werte von 4,4–6,6 °C, Sporen liegen etwas höher. Für die Erhitzungsprogramme von Konserven wird ein z-Wert von 10 angesetzt, der dem Wert von *C. botulinum* entspricht. Aufgrund unterschiedlicher Produkt-

Abb. 4.11
Absterbekurven von vegetativen Mikroorganismen und Enzymen (unten Zeit-Temperatur-Kurve, oben Abnahmekurve als Funktion der Zeit bei bestimmter Temperatur)

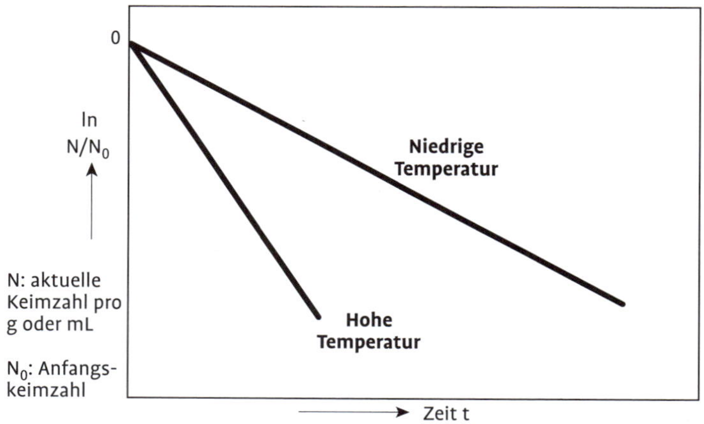

$$-\frac{dN}{dt} = k \cdot N$$

mit: N: Anzahl der Mikroorganismen zum Zeitpunkt t
t: Erhitzungsdauer [s]
k: Geschwindigkeitskonstante [s^{-1}]

→ $\ln N = \ln N_0 - k \cdot t$ → Gerade bei halblogarithmischer Darstellung

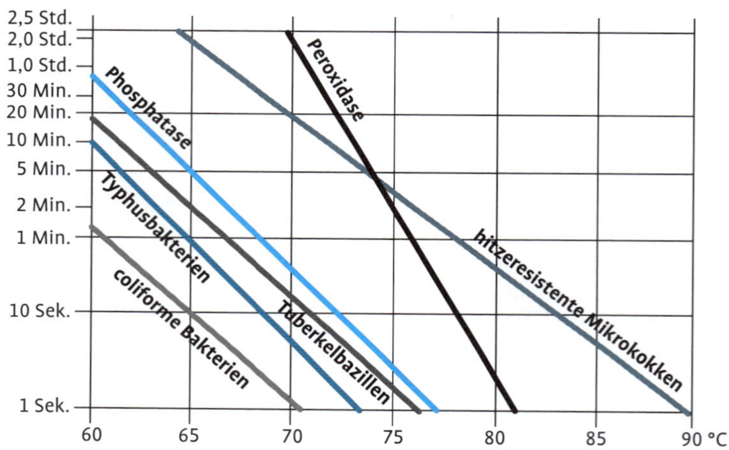

eigenschaften sind jeweils spezifische z-Werte festzulegen. Bei einem pH-Wert > 4,5 werden grundsätzlich folgende Sterilisationsparameter empfohlen: T = 121,1 °C, z = 10 °C, D- und z-Werte in Abhängigkeit der Keimart und des Milieus, siehe die Lemgoer Datenbank (www.hsowl.de/fb4/dzbase) oder Krämer, 2011.

Der **F-Wert** beschreibt den Erhitzungseffekt, also die Keimabtötungsrate. 1 F-Wert = 1 min bei 121,1 °C (entspricht 250 °F). Bei z = 10 wird von F_0 als Standardgröße gesprochen. F-Werte werden bei Konserven durch die Integration der Kerntemperaturkurve gegen die Zeit ermittelt.

Geht man z. B. vor der Sterilisation von einer Spore des Toxinbildners *Clostridium botulinum* Typ B pro Gramm Lebensmittel aus, wird das 12-D-Konzept (log12-Reduzierung) angewendet, um auf 10^{-12} Sporen pro Gramm Lebensmittel zu reduzieren. Jedes billionste Gramm enthält theoretisch noch eine überlebende Spore, bei 1000-g-Dosen noch jede milliardste Dose. Aus diesen Werten für den Leitkeim *Clostridium botulinum* und den Anforderungen ergibt sich:

$$F = D \cdot (\log a - \log b) =$$
$$0{,}2 \cdot (\log 1 - \log 10 > -12) =$$
$$0{,}2 \cdot 12 = 2{,}4$$

(D = D-Wert für den Leitkeim, a = Anfangskeimgehalt, b = Endkeimgehalt)

Bei weniger schädlichen Keimen reicht das 5-D-Konzept aus. Bei Lebensmitteln mit einem pH-Wert > 4,5 erhitzt man im Allgemeinen auf einen F-Wert von 5–6, um auch hitzeresistentere Sporen von Mikroorganismen sicher abzutöten, z. B. *Geobacillus stearothermophilus*.
PE-Wert (Pasteurisationseinheit): Der Abtötungseffekt bei der Erhitzung wird durch die Verweilzeit und die einwirkende Temperatur bestimmt. Er wird als Pasteurisationseinheit (PE oder engl. PU) berechnet und ist ein Maß für die mikrobiologische Wirkung der Wärmebehandlung. Sie wird für die Bierpasteurisierung wie folgt berechnet: $PE = t \cdot 1{,}393^{(T-60\,°C)}$ (t = Heißhaltezeit bei Pasteurisierungstemperatur [min], T = Pasteurisierungstemperatur [°C], bei z = 7 und der Bezugstemperatur 60 °C). Für Fruchtsaft werden folgende Werte verwendet: $PE = t \cdot 1{,}259^{(T-80\,°C)}$ (z = 10 °C).

4.3.3.2 Wärmeübertragung in Erhitzungseinrichtungen

Wärmeübertragung ist der Transport thermischer Energie infolge eines Temperaturunterschieds und erfolgt in Richtung des kälteren Bereichs. Die Stoffströme sind räumlich durch eine wärmeübertragende Wand getrennt, die Wärmeübertragung erfolgt im Gegensatz zur Einleitung von Dampf indirekt. Die Effizienz des Wärmeübergangs ist von der geometrischen Führung beider Stoffströme zueinander abhängig. Wärme kann auf drei Arten übertragen werden, wobei in der Praxis fast immer alle drei Arten gleichzeitig vorkommen.

- durch Wärmeleitung (Wärmefortpflanzung) innerhalb eines Stoffs aufgrund von Molekülstößen
- durch Konvektion, d. h. den Transport von Flüssigkeitsbereichen zur Wärmeübertragungsfläche, wo der Wärmeübergang stattfindet
- durch Wärmestrahlung, hauptsächlich bei höheren Temperaturen (analog der Lichtstrahlung, aber bei Wellenlängen im Infrarotbereich)

Der Wärmestrom Q wird beim Wärmedurchgang durch folgende Gleichung beschrieben:

$$Q = k \cdot A \cdot \Delta f_m$$

(k = Wärmedurchgangszahl in W/m^2, A = Übertragungsfläche, Δf_m = mittlere logarithmische Temperaturdifferenz der beiden Medien)

Abbildung 4.12 stellt die Zusammenhänge beim Wärmeübergang durch eine Trennwand (Aus-

Abb. 4.12
Schematische Darstellung des Wärmeübergangs von Flüssigkeit 1 zu Flüssigkeit 2 über eine Wärme übertragende Wand (Seckler und Freund 2012)

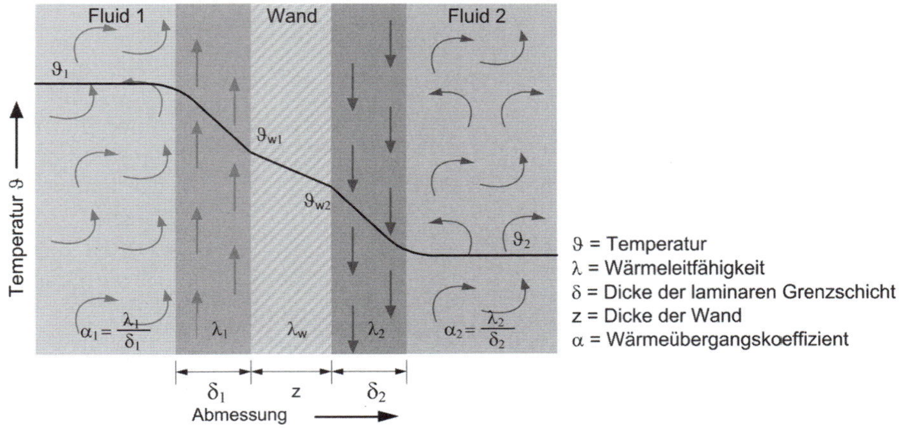

tauscherplatte, doppelwandiges Rohr) schematisch dar. Für eine gute Effizienz muss das Material, das die Medien trennt, eine gute Wärmeleitung und eine große Oberfläche besitzen. Des Weiteren ist eine turbulente Strömung günstig, die sich vor allem bei hohen Strömungsgeschwindigkeiten und niedrigen Viskositäten ergibt. An der Oberfläche eines angeströmten Körpers bildet sich aufgrund von Reibung immer eine laminare Grenzschicht aus. Der Wärmeübergang ist maßgeblich durch die Dicke dieser Grenzschicht bestimmt, in ihr findet keine Durchmischung der Teilchen statt. Ein Wärmetransport kann hier nur durch Wärmeleitung stattfinden. In der turbulenten Schicht dagegen kommt es zu starken Verwirbelungen und Vermischungen. Vereinfacht ausgedrückt gelangen „heiße" Teilchen der äußeren Grenzschicht in die turbulente Schicht und „kalte" Teilchen der turbulenten Strömung in die äußere laminare Schicht. Der Wärmeübergang ist also durch die Dicke der Grenzschicht als Maß des Widerstands für den Wärmeleitvorgang und durch die Wärmeleitzahl der Flüssigkeit bestimmt.

4.3.3.3 Wärmeaustauscher und die Verfahrenstechnik der Erhitzung

Wärmeaustauscher im Lebensmittelbereich sind Rekuperatoren, die von zwei Flüssigkeiten durchströmt werden, wobei die wärmere Flüssigkeit Wärme auf die kältere überträgt. Die Apparate können bestimmungsgemäß als Kühler oder als Erhitzer gesehen werden. Beide Flüssigkeiten sind durch eine feste Wand getrennt. In der Praxis finden sich verschiedene Arten von Wärmeaustauschern (Abb. 4.13):

- Der Doppelrohrapparat aus Mantel- und Kernrohr, bei größeren Flächen in Schlangenform installiert.
- Der Rohrbündelwärmeaustauscher, eingebaut in geschlossene Gehäuse.
- Der Plattenwärmeaustauscher, der in seiner Bauform Filterpressen ähnelt und als Herzstück geprägte Platten aus Edelstahl enthält.
- Der Spiralwärmeaustauscher aus zwei um einen Kern als Doppelspirale gewickelten Blechen. Dadurch ergeben sich zwei konzentrische Spiralkanäle, die im Gegenstrom geführt werden.
- Sonderbauformen wie Schaber-Wärmeaustauscher für hochviskose Lebensmittel.

Der Wärmeaustausch kann im Gegenstrom oder im Gleichstrom erfolgen. Gleichstrom liegt vor, wenn beide Flüssigkeiten parallel entlang der Trennwand strömen. Der gesamte Wärmeaustauschprozess wird nachfolgend am Beispiel der Getränkepasteurisation in einem Plattenwärmeaustauscher beschrieben (Abb. 4.14). Die Erhitzung erfolgt am zweckmäßigsten nach der Abtrennung aller unerwünschten Trubstoffe, die zum Anbrennen neigen können. Gleichfalls sollte bei Trauben- oder Apfelsaft ein enzymatischer Pektin- bzw. Stärkeabbau abgeschlossen sein. Das zu erhitzende Lebensmittel gelangt über ein Sicherheitssieb in das regenerativ geschaltete Austauschersegment, in dem die erste Erhitzung von z. B. 15 auf 80 °C stattfindet.

Im Erhitzerpaket wird er durch heißes Wasser auf die Wunschtemperatur 87 °C gebracht und in den Heißhalter gefördert. In der Praxis liegt diese Temperatur produktabhängig zwischen 72 und 87 °C. Im Heißhalter verbleibt die Flüssigkeit für die zur Pasteurisation/Sterilisation erforderliche Zeit. Die Erhitzung erfolgt über einen separaten Wasserkreislauf. Das Wasser wird durch Dampf auf ein 4 °C über der Erhitzungstemperatur liegendes Niveau (die Voreiltemperatur) gebracht und über die Regelung des Dampfventils konstant gehalten. Ein 2/3-Wegeventil lenkt den Saftstrom in den Zulauftank, wenn die eingestellte Temperatur unterschritten wird. Die rücklaufende Flüssigkeit wird im Austauschersegment auf 25 °C abgekühlt und zuletzt mit Wasser oder Sole auf die gewünschte Endtemperatur gebracht. Die beiden Variablen für das Temperaturprogramm sind die Ausgangstemperatur der Flüssigkeit und die gewünschte Endtemperatur. Dampf bzw. Kühlwasser werden in der Menge benötigt, um die Größen Erhitzungstemperatur und -zeit zu gewährleisten. Eine derartige Anlage läuft bis zur erforderlichen chemischen Reinigung automatisch und kann alle Prozessschritte dokumentieren. Die einzeln abgedichteten Platten sind in stabilen Gestellen durch Spannschrauben zusammengespannt. Entsprechende Plattenprägungen und

Abb. 4.13
① Multitube-Röhrenwärmeaustauscher als kompakte Anlage mit Detailbild der Röhren (Quelle Fa.Ruhland), ② Funktionsschema eines Plattenwärmetausches; hell = zu erhitzendes Medium; dunkel = Wärmemedium (Quelle GEA AG), ③ Bild einer Wärmeaustauscherplatte und 3-D-Grafik eines Plattenwärmeaustauschers (Quelle: API Schmidt Bretten)

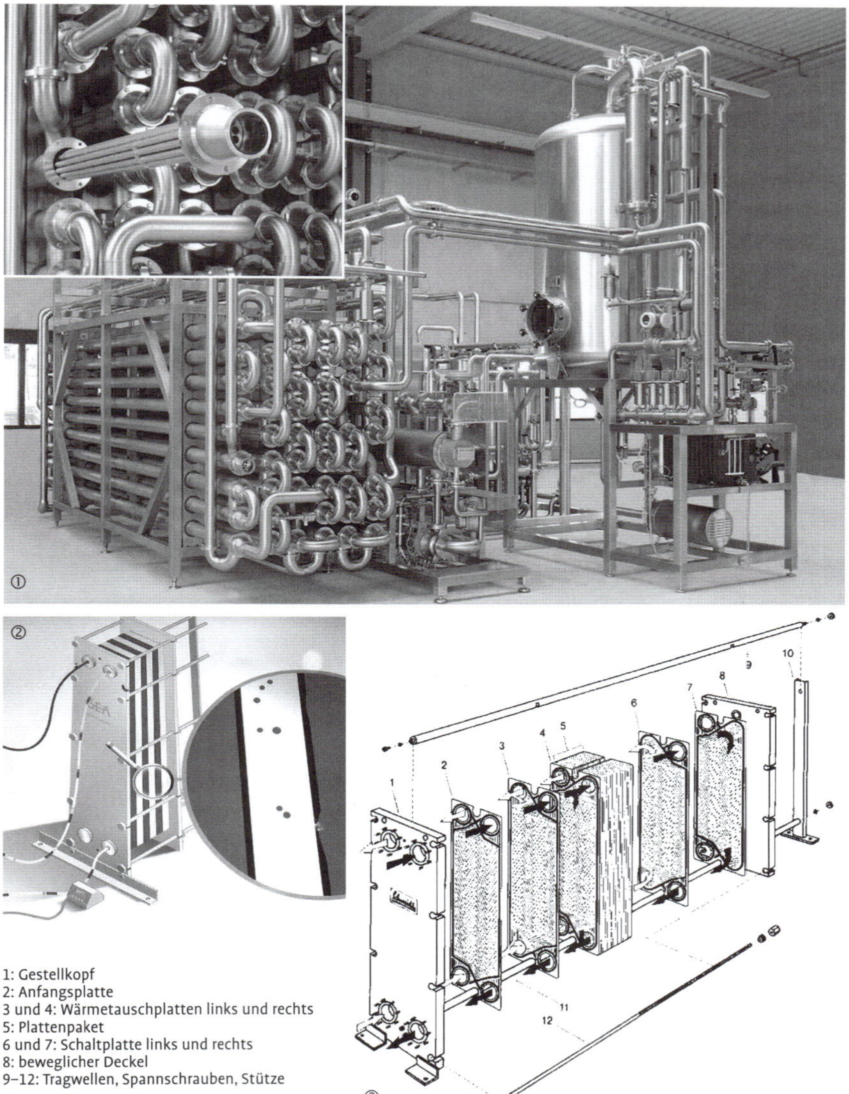

Abdichtungen stellen sicher, dass Heiz- bzw. Kühlmedium und Lebensmittel alternierend in die Plattenzwischenräume gelangen. Dünne Fließfilme sorgen für definierte Strömungsverhältnisse sowie zuverlässige und gleichmäßige Energieübergänge. Dadurch sind die Temperaturen sehr genau zu regeln, und die Energie ist je nach Austauscherfläche zwischen 70 und 90 % zurückzugewinnen. Höher viskose oder stückige Lebensmittel lassen sich sicherer in doppelwandigen Röhren mit entsprechend großen Durchmessern erhitzen. In bei-

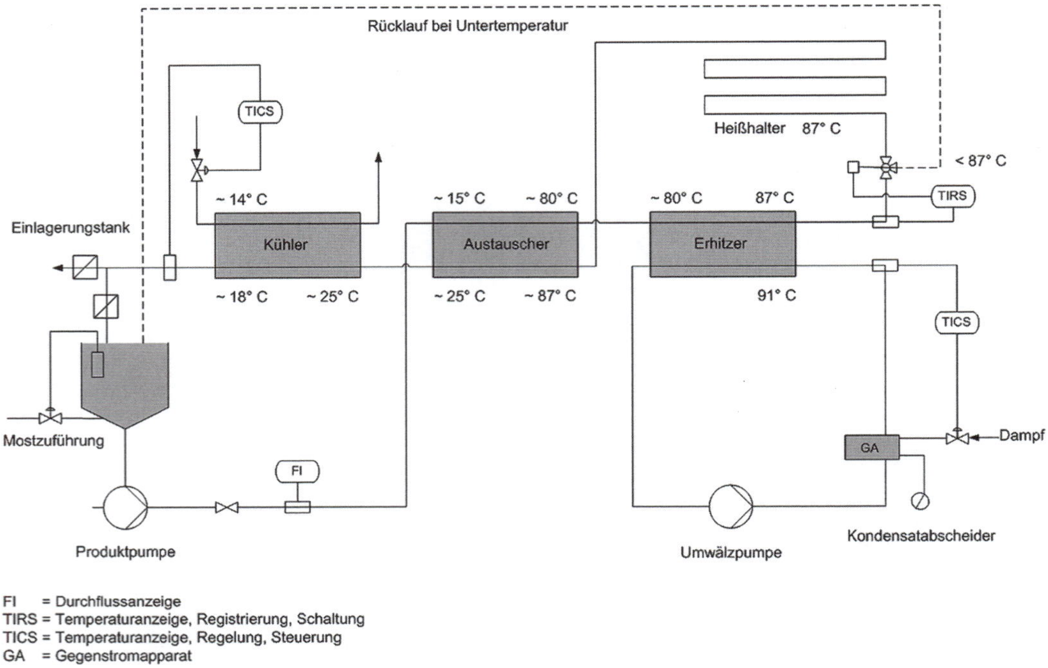

Abb. 4.14
Planungs- und Installationsdiagramm (P&ID) einer Pasteurisation mit Plattenwärmetauscher (Quelle: GEA AG)

den Fällen handelt es sich um eine indirekte Erhitzung, bei der Erhitzungsmedium und Wärmeträger getrennt sind. Bei großen Stücken kann aufgrund des ungünstigen Wärmeübergangs eine getrennte Erhitzung von Flüssigkeit und Feststoff mit anschließender Vermischung sinnvoll sein.

Eine direkte Erhitzung ist möglich durch Einspritzen von Sattdampf in das Lebensmittel (Dampfinjektion) oder des Lebensmittels in Sattdampf (Dampfinfusion). Wird z. B. vorgespannter Dampf in 80 °C warme Milch eingespeist, erhöht sich deren Temperatur schlagartig auf 150 °C. Die Entspannung in einem Vakuumgefäß nach etwa 2 s Heißhaltung sorgt über eine Entspannungsverdampfung für rasche Abkühlung und vergleichsweise geringe thermische Belastung. Abbildung 4.15 zeigt die Dampfinjektion schematisch. Rechts ist das Reaktions-Verweilzeitrohr im Detail abgebildet. Unter dem Namen ISI wurde es als ein modifiziertes Verfahren vorgestellt, das auf 150–200 °C erhitzt und die Verweilzeit so auf produktschonende 0,2 s reduzieren kann.

Sterilisation in Autoklaven: Ein Autoklav ist ein gasdicht verschließbarer Druckbehälter, der für die thermische Behandlung von Lebensmitteln im Überdruckbereich eingesetzt wird. Zur Abtötung bakterieller Endosporen müssen Kerntemperaturen von 115–135 °C über die entsprechende Zeit sichergestellt und dokumentiert werden. Erhitzt wird mit Dampf als Heizmedium. Rotationsautoklaven ermöglichen z. B. für Konservendosen ein Rotieren über Kopf, um über die erhöhte Konvektionsströmung eine kürzere Aufheizzeit zu ermöglichen. Durchlaufautoklaven erlauben die Verarbeitung größerer Chargen. Im Verlauf des Sterilisationsvorgangs steigt die Kerntemperatur im Lebensmittel allmählich auf die geforderte Größe an und wird eine definierte Zeit eingehalten, bis der Abkühlvorgang beginnt. Die letalen Effekte für jeden Zeitabschnitt addieren sich als Integration der wirksamen Zeit-Temperatur-Kurve. Ein

Abb. 4.15
ISI-Technologie (Innovativ Steam Injection; verbesserte Dampfinjektion) Muschiolik 2013

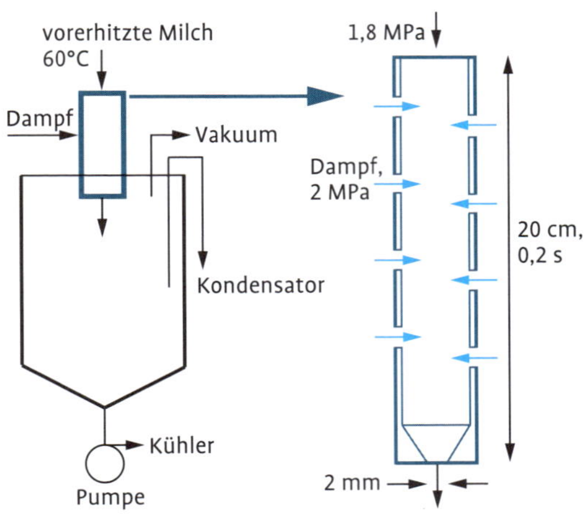

F-Wert von 5 bedeutet, dass auf das Produkt insgesamt eine Wärmemenge eingewirkt hat, die einer Erhitzung von 5 min bei 121,1 °C entspricht.
Autoklaven erfordern eine regelmäßige Leistungsbeurteilung. Sie soll belegen, dass die definierten Sterilisationsbedingungen überall in der jeweils spezifischen Beschickung erreicht werden. Die Leistungsbeurteilung ist demnach die Prüfung der Wirksamkeit unter kundenspezifischen Bedingungen am Aufstellort.

4.3.3.4 Elektromagnetische Felder (Mikrowellenerhitzung, Radiofrequenzen)

Mikrowellen sind elektromagnetische Wellen im Frequenzbereich von 1–300 GHz und einer Wellenlänge von 1–300 mm. Aufgrund ihrer Wellenlänge können Mikrowellen Dipol- und Multipolschwingungen von Molekülen anregen, z. B. von Wassermolekülen. Die im Mikrowellenherd verwendete Frequenz liegt bei 2,45 GHz, die Wellenlänge bei 12 cm. Die Wassermoleküle als Dipole versuchen sich laufend nach dem elektromagnetischen Wechselfeld auszurichten, wobei als dielektrischer Verlust Wärme entsteht und dadurch das Wasser bzw. das umgebende Medium erhitzt wird (elektromagnetisches Wechselfeld mit Dipol-Reibungswärme). Neben dem Einsatz als Küchentechnik beim Auftauen oder Garen können großtechnisch Lebensmittel pasteurisiert (z. B. Teigwaren, Frucht- und Gemüsekonzentrate) oder tierische Schädlinge abgetötet werden. Unter zusätzlichem Druck sind Sterilisationen erzielbar. Energetisch ist die Mikrowellenerhitzung deutlich ungünstiger als die mit Dampf, sie ist zurzeit noch auf Spezialbereiche beschränkt.
Nach dem gleichen Prinzip arbeiten Radiowellen mit 27 oder 40 MHz und Wellenlängen von 10–30 m. Vorteilhafter, verglichen mit der Mikrowelle, sind die hohe Eindringtiefe von 20–50 cm sowie eine kurze Aufheizdauer (Fleischklopse mit 4 cm Durchmesser z. B. in 5,5 min auf 73 °C). Beide Verfahren setzen flexible Verpackungen und hitzestabile Kunststoffe voraus: Problematisch kann die ungleichmäßige und zu schnelle Erhitzung der wässrigen Phase sein. Abhilfe schafft die Erhitzung unter Überdruck, die Integration in ein Wasserbad sowie die Kombination z. B. mit der Ohm'schen Erhitzung (zu den Wellenlängen: siehe Abb. 3.7).

4.3.3.5 Ohmsche Erhitzung

Lebensmittel sind im Prinzip elektrische Widerstände mit guter Leitfähigkeit (0,2–1,2 S/m), in denen elektrische Energie unmittelbar in Wärmeenergie umwandelt wird. Da das Lebensmittel einem elektrischen Feld ausgesetzt ist, wird durch den durchfließenden Strom im Idealfall in allen Bereichen des Lebensmittels gleichzeitig Wärme erzeugt. Dadurch ist eine schnelle Aufheizung stückiger Lebensmittel möglich, z. B. Fleischbrät mit 50 °C/min. Die Art der Erhitzung ist geeignet für Früchte, Fruchtzubereitungen, Hydrokolloidlösungen, Milch, Soßen und Fleischemulsionen, aber ungeeignet für Produkte mit hohem Fettgehalt, für Sirup, Alkohol oder Bestandteilen mit unterschiedlichen Leitfähigkeiten. Die Aufheizung erfolgt bei unterschiedlicher Partikelgröße ungleichmäßig, es kann zu Kältestellen kommen. Je größer die Partikel sind, desto länger wird die Aufheizdauer. Bestimmte Fertiggerichte können in 5 min auf 130 °C erhitzt, *Bacillus coagulans* danach in einer weiteren Minute um 5 log-Stufen reduziert werden. Abbildung 4.16 zeigt Prozessdaten und das Prinzip bei einem

Abb. 4.16
Ohmsche Erhitzung (Ohmic Heating, OH) bei einem zu garendem Lebensmittel in Fertigverpackung und einer kontinuierlichen Pasteurisation (Muschiolik 2013)

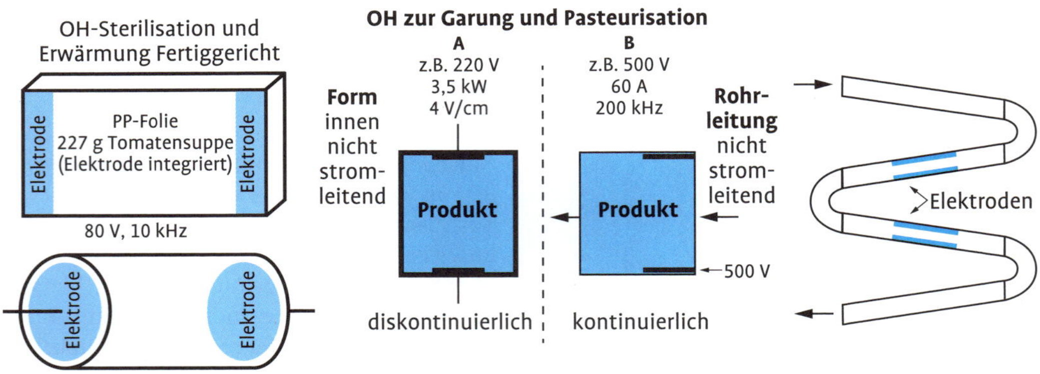

diskontinuierlichen Garprozess bzw. einer kontinuierlichen Pasteurisation.

Ein Vorteil der Ohmschen Erhitzung im Vergleich zu den konventionellen Verfahren besteht in der Möglichkeit, große Volumina in kurzer Zeit und damit vergleichsweise schonend zu erhitzen. Fleischemulsionen sind in konkreten Fällen mit lediglich zwei bis fünf Prozent der üblichen Zeit gegart worden (DIL 2020). Da die Ohm'sche Erhitzung nur einstufig arbeitet, entfällt der Schritt der Aufheizung eines Wärmemediums (Wasser, Dampf), der energetische Wirkungsgrad ist entsprechend hoch.

4.3.3.6 Keimreduzierung bei mäßiger thermischer Belastung

Neuere physikalische Verfahren sind in der Lage, thermische Inaktivierungseffekte erheblich zu unterstützen und den erforderlichen Wärmeeintrag zu reduzieren.

- Die **Ultra-Hochdruckbehandlung** („High Pressure Processing", HPP) setzt Lebensmittel in üblicherweise wässrigem Medium entsprechend der Anforderung unter einen Druck von 200 bis 700 MPa (2000–7000 bar bzw. 2000–7000 kg/cm^2). Das Wasser überträgt den Druck von allen Seiten gleichmäßig, so entstehen keine produktschädlichen Scherkräfte oder Druckgradienten. Der Druck wirkt unabhängig von Form und Größe des Lebensmittels und in kurzer Verweilzeit. Der häufig eingesetzte Druck von 600 MPa komprimiert Wasser um etwa 16 Prozent, das darin zu behandelnde Lebensmittel wird vergleichbar stark zusammengedrückt. Da die Hochdruckbehandlung oft nach dem Endverpacken stattfindet, müssen Verpackungsmaterialien in der Lage sein, diese Volumenverringerung auszuhalten. Starre Kartons, Gläser oder Dosen kommen dadurch nicht infrage. Möglich sind **Vakuumverpackungen** oder **Modified Atmosphere Packaging** (MAP, siehe Kap. 4.3.8 und 5). Hohe Drücke beeinflussen keine kovalenten Verbindungen, Inhaltsstoffe bleiben in der Regel unverändert. Räumliche Strukturen dagegen werden durch die hohen Drücke verdichtet, Enzyme, Viren und Mikroorganismen inaktiviert. Die Druckempfindlichkeit ist eine Funktion der Mikroorganismenart, des Druckes, der Druckdauer, der Prozesstemperatur und des Milieus. Vegetative Keime reagieren empfindlicher, Sporen erfordern mehr Aufwand. HPP-Anlagen für die Lebensmittelindustrie fassen Chargen von 50 bis 350 Litern und schaffen bis 3000 Kilogramm je Stunde. Hochdruckpumpen drücken Wasser in den Behandlungsbehälter, bis der eingestellte Druck erreicht ist. Nach 1–4 Minuten wird entspannt, das Produkt ausgeschleust und getrocknet. Im Jahr 2017 waren bereits mehr als 350 Produk-

tionsanlagen im Einsatz, schwerpunktmäßig in den USA (Nünnerich 2017).
Eingesetzt wird das Verfahren unter anderem für vakuumverpackte Fleischerzeugnisse (Rohschinken, Gänseleberpastete, Bratwurst, Schinkenscheiben, Dauerwurst oder Fleischpastete), für Sauerkraut, Avocadepüree, Erdbeermark, Fruchtsäfte, Smoothies, Milchprodukte oder Fischfilet. Seit einiger Zeit werden auch Kaffee-Produkte, z. B. Cold Brew, derart behandelt. Einige Minuten hohem Druck ausgesetzt, lässt sich die Haltbarkeit deutlich verlängern. Voraussetzung ist die Abwesenheit von Sporen, die nicht beeinträchtigt werden.

- **Gepulste elektrische Felder** (PEF) bewirken eine Membranschädigung der Mikroorganismen und eine Perforation von pflanzlichem und tierischem Gewebe **(Elektroporation)**. Das Produkt wird dazu in einem Durchflusssystem kurzzeitig in ein elektrisches Feld mit Hochspannungsimpulsen gebracht. Die Spannung von 5–45 kV/cm liegt 20- bis 25-mal je Sekunde jeweils für wenige Mikrosekunden an. Das elektrische Feld zwischen den Elektroden bewirkt einen Stromfluss im Zytoplasma und eine Aufladung der hochohmigen Zellmembran. Es bilden sich Poren, die bei ausreichend großer Energiezufuhr dauernd geöffnet bleiben und den Massentransport von Wasser oder wertbestimmenden Substanzen erlauben. Dadurch wird ein nachgeschalteter Trocknungsprozess erleichtert, der Pressvorgang bei der Saft- oder Weinherstellung unterstützt, ebenso die Extraktion von Inhaltsstoffen aus Mikroalgen. Das Verfahren wird unter anderem eingesetzt zur Enzyminaktivierung von Fruchtsaft oder der Keimreduzierung von Milch. Die Kombination mit Wärme führt zu höherer Effektivität bei der Enzyminaktivierung und zu einer Erhöhung der Letalitätsrate. Die Höhe des Energieeintrags zur Inaktivierung von Mikroorganismen ist eine Funktion der Zellgröße (je größer, desto empfindlicher), der Zellwanddicke (grampositive mit mehrschichtiger Peptidoglycanschicht sind unempfindlicher als gramnegative Bakterien), der Prozesstemperatur (je höher desto empfindlicher) und der Matrix. Wird die Elektroporation mit einem thermischen Schritt kombiniert, kann mit niedrigeren Erhitzungstemperaturen gearbeitet werden. Das gilt z. B. für die Inaktivierung von Sporen, die 121 Grad Celsius erfordern. In der Kombination mit PEF reicht eine Vorerhitzung von 80 Grad aus, das Produkt wird stärker geschont und der Energieaufwand insgesamt ist verringert.
  In den letzten Jahren sind zahlreiche weitere Einsatzgebiete der Elektroporation entwickelt worden. Bei der Kartoffelverarbeitung zur Herstellung von Snacks oder Pommes ersetzt PEF den Vorerhitzer und reduziert den Wasser- und Energieverbrauch um bis zu 90 Prozent. Die gleichmäßige Erweichung, unabhängig von der Stückgröße, sorgt für eine einheitliche Konsistenz und eine saubere Schnittführung. Pommes können dadurch mit Spiral oder Waffelschnitten hergestellt werden. Eine deutlich größere Produktvielfalt lässt sich ebenfalls bei härteren Gemüsearten wie Pastinake oder Rote Bete erzielen. Bei grünen Kaffeebohnen lassen sich mittels PEF die Ausbeute steigern und die Extraktion von Polyphenolen verbessern.

Thermische Konservierungsverfahren inaktivieren Enzyme und Mikroorganismen, sie greifen aber immer auch in die Matrix des Lebensmittels ein und können wertbestimmende Inhaltsstoffe wie Aromen, Vitamine oder Farbstoffe zerstören. Sicherheits- und Qualitätsaspekte arbeiten vielfach gegeneinander. Manches Mal sind Hybridverfahren aus Erhitzung verknüpft mit anderen Systemen eine akzeptable Lösung, die allerdings immer unter dem Primat der Wirtschaftlichkeit steht.
Temperatur-Zeit-Verlust-Kurven sind extrem produktspezifisch. Abbildung 4.17 zeigt beispielhaft, wie sich aus den temperaturabhängigen Verlusten und der Inaktivierungskurve der Mikroorganismen ein optimaler Temperatur-Zeit-Bereich ermitteln lässt. Der z-Wert für den Verlust wertbestimmender Inhaltsstoffe ist knapp dreifach höher als der für die Keime (27 zu 10), die Verlustkurve entsprechend flacher. Temperaturerhöhung und Zeitverkürzung sind in der Lage, qualitative Optimierungen zu erzielen.

Abb. 4.17
Ermittlung eines Temperatur-Zeit-Punktes unter Sicherheits- und Qualitätsaspekten (Muschiolik 2013)

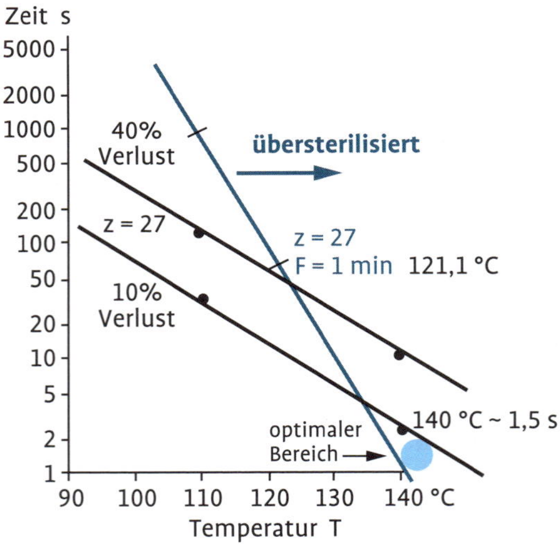

4.3.4 Haltbarmachung durch Anwendung von Kälte

Die Aktivität von Enzymen und Mikroorganismen führt letztlich zum Verderb von Lebensmitteln, sie ist eine spezifische Funktion der Temperatur (Kap. 4.1.5.3). Verderbliche Lebensmittel müssen gekühlt werden, um ihre Haltbarkeit zu verlängern. Durch niedrige Temperaturen wird lediglich das Wachstum der Keime gehemmt, eine Abtötung findet praktisch nicht statt. Erwärmt sich das Lebensmittel wieder, können sich die Mikroorganismen erneut vermehren. Kühlung bezieht sich auf eine Temperatur unterhalb der Umgebungstemperatur und oberhalb des Gefrierpunkts. Haushaltskühlschränke sollten auf der mikrobiologisch günstigen Temperatur von 5 °C eingestellt sein, bei 8–10 °C können sich einzelne Schadbakterien innerhalb von 4–5 Tagen um mehrere Zehnerpotenzen vermehren. Für die Kühllagerung von Produkten wie Hackfleisch oder nichtsaure Fertigprodukte existieren Vorgaben z. B. in der LMHV-Tier oder Hygieneleitlinien im Codex Alimentarius einschließlich der CCPs (siehe z. B. Krämer, 2011). Hackfleisch ist noch am Tag der Zerkleinerung zu verkaufen. Fische und Krustentiere sind besonders gefährdet und müssen bei der Temperatur von schmelzendem Eis gelagert werden.

Kühlvorgänge oberhalb des Gefrierpunkts verzögern den Verderb nur begrenzt, sie beeinflussen die Qualität der Lebensmittel dafür auch nur gering. Allerdings kann es parallel zu einer mikrobiologischen Restaktivität auch zu chemischen und physikalischen Veränderungen kommen. Einzelne Enzyme wie Katalase, Peroxidase, Lipasen oder Lipoxidasen können bis –30 °C geringfügig aktiv sein und die Beschaffenheit des Lebensmittels abiotisch verändern. Gleiches gilt, wenn Kolloide im Niedertemperaturbereich den Sol-Gel-Übergang irreversibel durchführen. In Abhängigkeit von der relativen Luftfeuchte können kühl gelagerte Lebensmittel Wasserdampf an die Umgebung abgeben und dadurch trockener werden und im Extremfall durch Diffusion von Wasser aus der Tiefe des Lebensmittels austrocknen. Eine für Mikroorganismen nachteilige niedrige Luftfeuchte kollidiert mit diesem Austrocknungseffekt. Bei längerer Kühllagerung, vor allem im gefrorenen Zustand, kann es zu nennenswerten Masseverlusten kommen. Einmal in Gang gesetzte Radikalketten-Reaktionen (z. B. in ungesättigten Fettsäuren) laufen entsprechend der Q10-Regel weiter.

4.3.4.1 Tiefgefrieren von Lebensmitteln

Nach Angaben des Deutschen Tiefkühlinstituts wurden 2019 in Deutscland 3,8 Millionen Tonnen Tiefkühlkost verzehrt. Backwaren, Gemüse und Kartoffelerzeugnisse waren am stärksten nachgefragt. Einfrieren von Lebensmitteln wirkt auf zwei Wegen konservierend:

- Der **a_w-Wert** sinkt aufgrund seiner Temperaturabhängigkeit von z. B. 0,95 bei – 5 °C auf 0,86 bei –15 °C. Der Wassergehalt ist durch die Phasenumwandlung zu Eis reduziert.
- Unterhalb von –15 °C können auch psychrophile Mikroorganismen, vor allem Schimmelpilze, nicht mehr wachsen. Während des Gefriervorgangs und der Lagerung stirbt zudem ein hoher Prozentsatz ab oder wird subletal geschädigt.

Tiefkühlkost muss nachweisbar ständig unter –18 °C **Kerntemperatur** gehalten werden, gefrorene unter –12 °C. Die Verordnung über tiefgefrorene Lebensmittel (TLMV) schreibt vor, dass beim Versand, beim örtlichen Vertrieb und in den Tiefkühlgeräten des Einzelhandels „im Rahmen redlicher Aufbewahrungs- und Vertriebsverfahren" kurzfristige Abweichungen von höchstens 3 °C erlaubt sind. Der unvermeidliche abiotische Verderb begrenzt die Haltbarkeit auf 1–2 Monate (Kassler, geräucherte Seefische, Erbsen) bzw. bis 12 Monate (Fleisch, Kräuter, Bohnen, verschiedene Obstsorten).

Beim **Gefriervorgang** beginnt das Wasser in Lebensmitteln je nach Konzentration in ihm gelöster Verbindungen bei Temperaturen unter Null in einem zweistufigen Prozess auszukristallisieren. Im ersten Schritt bilden sich spontan Kristallisationskeime, von denen sich das Kristallwachstum ausbreitet. Dabei gefriert zuerst die Interzellularflüssigkeit, da diese eine niedrigere Konzentration gelöster Substanzen enthält. Durch die Eisbildung steigt die Konzentration der nicht gefrorenen Lösung in den Zellzwischenräumen aber an, und es bildet sich ein Konzentrationsgefälle zum Zellinneren. Um den Konzentrationsunterschied auszugleichen, diffundiert Wasser aus dem Zellinneren in die Interzellularräume. Wird dem Lebensmittel die Wärme schnell entzogen und der Bereich der Eiskristallbildung rasch durchschritten, setzt eine gleichmäßige Eiskristallbildung in den Zellen und Zellzwischenräumen ein. Kritisch ist der Bereich zwischen –0,5 und –5 °C. Es bilden sich feinkörnige, im Lebensmittelgewebe gleichmäßig verteilte Eiskristalle, und die Diffusion von Wasser aus den Zellen spielt keine große Rolle.

Wird dem Lebensmittel die Wärme dagegen nur **langsam entzogen,** z. B. im Haushaltsgefrierschrank, gelangt aufgrund der Konzentrationsunterschiede mehr Flüssigkeit durch Diffusion aus den Zellen in die Zellzwischenräume. Es bilden sich größere Eiskristalle vor allem zwischen den Zellen, da das Wasser über die bereits vorhandenen Eiskristalle läuft und an diesen erstarrt. Die Zellzwischenräume dehnen sich aus, die Zellen selber schrumpfen infolge des Wasserverlusts und verändern ihre Form. Schließlich kann es zum Platzen kommen. Beim **Auftauen** von schnell durchgefrorenen Lebensmitteln kann nahezu die gesamte ausgetretene Flüssigkeit von den Zellen wieder aufgenommen werden, der Saftverlust ist gering und die Konsistenz bleibt weitgehend erhalten. Bei langsam eingefrorenen Lebensmitteln hingegen ist der Saftverlust größer, da aufgrund der Zellveränderung oder Zerstörung nur zum Teil Flüssigkeit zurück diffundieren kann. Der Zellsaft bewirkt einen Einmaischvorgang, er geht oft mitsamt allen darin gelösten Inhaltsstoffen verloren.

Die Temperatur, bei der erste Kristalle entstehen, ist die für Lebensmittel spezifische **Gefrieranfangstemperatur**. Sie liegt zwischen etwa –0,8 °C z. B. bei Himbeeren, Bohnen, Rosenkohl und –14 °C bei Rohwurst. Produkte kühlen von außen zum Kern. Eine niedrige **Gefriergeschwindigkeit** bewegt sich mit weniger als 0,5 cm/h (z. B. Fisch), schnell gefroren wird mit 0,5–5 cm/min (z. B. Fleisch), sehr schnell bis 10 cm/min (z. B. Erdbeeren). Dann spricht man auch vom **Schockfrosten bzw. Schockgefrieren.** Beim Abkühlen gefriert das intra- und extrazelluläre freie Wasser, nicht aber das adsorptiv gebundene oder in Kristallen vorliegende Wasser. Bei Weißbrotkrumen kann der nicht gefrorene Anteil 40 % ausmachen, bei Rindfleisch etwa 10 (Tscheuschner, 1997). Die Eisbildung führt zu einer Volumenausdehnung, die bis zu 6 % betragen kann.

4.3.4.2 Technik des Gefrierens

Abhängig vom Kühlmedium und der Art der Wärmeübertragung wird zwischen folgenden Gefrierverfahren unterschieden:

Luftstromgefrieren bei Lufttemperaturen von –30 bis –40 °C und einer Luftgeschwindigkeit von 3–10 m/s, üblicherweise in einem Gefriertunnel. Leichtere Produkte werden dadurch aufgewirbelt („Flow Freezing"-Verfahren) – gut geeignet für kleinstückige Lebensmittel wie Erbsen, Erdbeeren, Pommes frites. Diese Methode wird z. B. bei Nudeln angewendet, aber auch für unregelmäßige Tierkörper oder große Fleischstücke.

Kontaktplattengefrieren, bei dem das Gefriergut (z. B. Fisch, Obst) zwischen Metallplatten gepresst wird. In den Platten verdampft ein Kältemittel.

Tauchgefrieren in einer Kühlsole, z. B. von Geflügel. Das Gefriergut muss durch eine soleundurchlässige Verpackung geschützt werden.
Sprühgefrieren mit Flüssiggasen wie Kohlenstoffdioxid (−78 °C) oder Stickstoff (–196 °C) in Tunnel- oder Tauchgefrieranlagen **(kryogene Verfahren).** Die Gase werden dabei in eine Tunnelanlage gesprüht, in der auf einem Band die in der Regel unverpackten Lebensmittel transportiert werden. Aus flüssigem CO_2 bildet sich im Moment des Einsprühens Trockeneis und gasförmiges CO_2, das die Wärme aus dem Kühlgut aufnimmt und kontinuierlich abgesaugt wird. Die kryogenen Verfahren eignen sich besonders für Fleisch- und Fischprodukte sowie Obst- und Backwaren.
Hochdruckgefrieren ist ein neues, noch nicht industriell angewandtes Verfahren. Das Wasser in Gefriergut bleibt unter Hochdruck auch noch bei Temperaturen von –20 °C flüssig. Bei plötzlicher Druckentspannung bilden sich schlagartig Eiskristalle, die sehr viel kleiner sind als beim konventionellen Einfrieren. Zum schonenden Auftauen werden die Lebensmittel wieder unter Hochdruck gesetzt. Außerdem überleben viele Mikroorganismen den Vorgang des Hochdruckgefrierens nicht (Kap. 4.3.3.6).
Gemüse wird zur Inaktivierung vor allem von Oxidationsenzymen vor dem Einfrieren mit Dampf oder kochendem Wasser 2–4 min **blanchiert**. Der Ascorbinsäuregehalt baut sich danach auch bei längerer Lagerung nur wenig ab. Bei optimierten Abläufen sind Gemüse im Allgemeinen innerhalb von zwei Stunden nach der Ernte auf –40 °C tiefgefroren.

4.3.5 Haltbarmachung durch Wasserentzug (Trocknung)

Trocknen ist allgemein die Abtrennung der Flüssigkeit aus einem Feststoff-Flüssigkeits-System durch **Verdunstung oder Verdampfung.** Die Wärmeenergie stammt bei der Verdunstung aus der Trockenluft, beim Verdampfen aus der Beheizung. Die Wasserabscheidung aus Lebensmitteln ist verfahrenstechnisch eine Fest-Flüssig-Trennung. Dabei wird mindestens soviel Wasser entzogen, dass der a_W-Wert unterhalb der kritischen Grenze für das Wachstum von Mikroorganismen liegt. Flüssigkeiten mit gelösten Stoffen oder Suspensionen werden durch den Wasserentzug aufkonzentriert, feste Lebensmittel getrocknet. Ist die Konzentration des Wassers als Lösungsmittel erniedrigt, wird die Aktivität von Enzymen extrem eingeschränkt. Wasser lässt sich abtrennen nach einer Phasenumwandlung als Eis oder als Wasserdampf. Im ersten Fall handelt es sich um eine mechanische Trennung, im zweiten um eine thermische. Ein Sonderfall ist die **Gefrierkonzentrierung**, bei der gefrorenes Wasser unter niedrigem Druck direkt in die Dampfphase übergeht. Zur Trocknung bzw. Konzentrierung stehen zahlreiche Verfahren zur Verfügung, die produktgerecht und nach wirtschaftlichen Gesichtspunkten ausgewählt werden müssen:

- Trocknen von feuchten Feststoffen mit überströmender Luft
- Membranverfahren (hauptsächlich für Hybridprozesse)
- Gefrierkonzentrierung und nachfolgende Sublimation bei Unterdruck
- mechanische Abtrennung von Eiskristallen
- absorptive Wasserbindung/Immobilisierung z. B. bei Konfitüren

Wasserentzug kann neben der Konservierung auch zunächst nur das Ziel der **Entfeuchtung** haben. In vielen Fällen sind derartige Verfahrensschritte dann Teil einer umfangreichen Prozesstechnik und dienen der Erzeugung eines Zwischenprodukts. Inhaltlich ebenfalls nicht zum Thema Haltbarmachung gehören die **Destillation bzw. die Rektifikation** als thermische Trenntechniken für homogene Flüssigkeitsgemische, oft auch mit großen Mengen gelöster Substanzen. Flüssigkeiten unterscheiden sich bei gegebener Temperatur in ihrem **Dampfdruck**, bei gegebenem Druck in ihrer **Siedetemperatur.** Dadurch lässt sich die leichter siedende Flüssigkeit als flüchtige Phase in den gasförmigen Zustand überführen und in der Dampfphase von der schwerer siedenden abtrennen. Die Destillation wird in der Lebensmitteltechnologie eingesetzt bei der Entgeistung von alkoholischen Lösungen, vor allem zur Herstellung von Spirituosen, aber auch zur

Rückgewinnung von Lösungsmitteln bei Extraktionsvorgängen (Kap. 7).

4.3.5.1 Lufttrocknung

Feuchtigkeit findet sich in festen Lebensmitteln in einem dünnen Film als **Oberflächenwasser**, das mit der darüber streichenden Luft leicht zu verdampfen ist. Wasser in Poren, Kapillaren oder in Kristallen erfordert zusätzlich die Überwindung von **Kapillar- und Molekularkräften**, intrazelluläres Wasser außerdem die Überwindung der Zellmembran. Die treibende Kraft für den Massenstrom vom Produkt in die Luft ist das Gefälle zwischen dem Sättigungsdruck des Wassers und dem Partialdruck der Luft. Je trockener die Luft ist, desto schneller verläuft der Trockenvorgang. Er besteht aus drei Phasen:

- Aufheizen des Lebensmittels auf die Lufttemperatur mit geringer Verdunstung.
- Verdampfen der Oberflächenflüssigkeit, die Temperatur des Lebensmittels bleibt konstant.
- Verdampfen der Flüssigkeit aus dem Produktinneren, die Temperatur des Produkts nimmt zu.

Verfahrenstechnische Varianten ergeben sich aus der Trocknungstemperatur und dem Systemdruck. Der Prozess kann in **Verdunstungstrocknern** bei Überdruck, bei Umgebungsdruck oder im Vakuum und bei praktisch allen Temperaturen durchgeführt werden. Dadurch entsteht eine ungeheure Vielfalt von Trocknungstechniken, die sich in einer großen Anzahl von Trocknerbauarten widerspiegeln. Bei Temperaturen von –15 bis –50 °C und Unterdruck spricht man von Gefriertrocknung oder Gefrierkonzentrierung (Kap. 4.3.5.3).

Verdampfungstrockner sind Kontakttrockner, in denen das Lebensmittel über beheizte Elemente geführt wird. Derartige Systeme unterscheiden sich in der Art der Elemente (Schaufeln, Walzen, Teller, Schnecken) und in der Bewegung des Produkts. Das Produkt muss ständig umgewälzt werden, um immer neue Produktteilchen mit den Heizflächen in Kontakt zu bringen und Anbrennen zu verhindern.

Zur Herstellung von Pulver oder Granulat werden **Sprüh- oder Zerstäubungstrockner** eingesetzt. Die bekanntesten Beispiele für derart hergestellte Produkte sind Milch- oder Molkepulver. Die Flüssigkeit wird oben in einem Trocknungsturm durch einen Rotationszerstäuber fein zerstäubt und innerhalb weniger Sekunden auf dem Weg nach unten in einem Heißgasstrom pulverisiert. Die Teilchen besitzen Partikelgrößen zwischen 30 und 100 µm. Das Pulver wird am Boden des Turms aufgefangen, die Trocknungsluft über Zyklone entstaubt.

4.3.5.2 Membranverfahren

Membranverfahren werden in Kapitel 6 erläutert. Sie wirken im Wesentlichen mechanisch, kommen nur bei Flüssigkeiten zum Einsatz und trennen über die Partikel- bzw. Molekulargröße. Zur Entmineralisierung von Wasser wird das Verfahren der Umkehrosmose eingesetzt. Die kleinen Wassermoleküle durchdringen die Membran als Filtrat selektiv, das Retentat konzentriert sich auf. Ähnlich lässt sich Molke eindicken. In der Praxis ist es unwirtschaftlich, bis auf den technologisch gewünschten Konzentrierungsgrad zu entwässern. Die Umkehrosmose wird deshalb meist als erste Stufe eines **Hybridprozesses** eingesetzt. Die weitere Konzentration kann z. B. thermisch erfolgen. In Summe muss die Kombination zweier Verfahren qualitative und/oder ökonomische Vorteile aufweisen. Das Filtrat kann, in Abhängigkeit von der Porengröße der Membran, frei von Mikroorganismen, Sporen und Enzymen sein. Allerdings lassen sich Membrananlagen nur bedingt sterilisieren, so dass Reinfektionen schwer zu vermeiden sind.

4.3.5.3 Gefrierkonzentrierung bzw. Gefriertrocknung

Bei der Gefriertrocknung **(Lyophilisation)** wird dem Lebensmittel das Wasser in Form von Eis über den Weg der Sublimation entzogen. Dabei geht ein Feststoff durch Wärmezufuhr unter Überspringen des flüssigen Zustands direkt in den gasförmigen Zustand über. Anschließend müssen eventuell noch gebundene Wassermoleküle durch Diffusion und Desorption entfernt werden. Die Produkttemperatur bleibt während des gesamten Prozesses so, dass keine strukturellen Veränderungen in der Beschaffenheit zu erwarten sind. Von allen

Trocknungsverfahren ist die Lyophilisation das schonendste.

Die Trocknung erfolgt direkt – unter Umgehung der flüssigen Phase – aus dem Eiszustand. Der **Tripelpunkt** stellt den Grenzzustand zwischen Vakuumkonzentration und Gefriertrocknung dar. Für Wasser ist dieser Punkt charakterisiert durch einen Druck $p = 6{,}1$ hPa und der Temperatur $T = 0\,°C$. An dem Punkt kommen Eis, Wasser und Dampf gleichzeitig vor (Abb. 4.18). Das **Phasendiagramm** von Wasser beschreibt die Abhängigkeit der einzelnen Phasen (fest, flüssig, gasförmig) von Druck und Temperatur. Damit **Sublimation** stattfinden kann, sind niedrige Drücke nötig, für einen Phasenübergang ist Energie notwendig. Diese wird bei der Gefriertrocknung in Form von Wärme in das gefrorene System eingebracht. Die Gefriertrocknung läuft in drei Schritten ab:

- **Einfrieren:** Das Produkt wird vollständig im Packmittel durchgefroren.
- **Vakuum:** Danach wird ein tiefes Vakuum erzeugt, das deutlich unter dem Tripelpunkt von Wasser liegt.
- **Trocknung:** Durch Erhöhung der Temperatur wird Wärmeenergie zugeführt, das Eis sublimiert.

Lyophilisierte Lebensmittel nehmen bei der **Rehydratation** wieder Wasser auf. Die Zellmembranen sind kaum bzw. nicht geschädigt, die ursprüngliche Struktur und Konsistenz lässt sich wiederherstellen. Die bekanntesten derartig hergestellten Lebensmittel sind Kaffee- und Teeextrakte, weiterhin Kräuter und Gewürze. Die vergleichsweise hohen Kosten dieses Verfahrens beschränken den Einsatz auf höherpreisige Produkte. Zudem werden Starterkulturen (Bakterien, Wein- oder Backhefen) auf diese Weise haltbar gemacht. Die Mikroorganismen sind bis auf 96 % Trockensubstanz entwässert, sodass ihre Zellmembran nur noch an wenigen Stellen mit der Zellwand verbunden ist. Nach kurzer Rehydratation sind sie bei nur sehr geringen Vitalverlusten direkt einsetzbar.

4.3.5.4 Kühlung und mechanische Abtrennung von Eiskristallen

Die Sublimation zur Wasserabtrennung ist bei festen Lebensmitteln erfolgreich einsetzbar. Sollen flüssige Lebensmittel wie Obst- oder Gemüsesäfte aufkonzentriert werden, lassen sich die durch Abkühlung erzeugten Eiskristalle mechanisch abtrennen. Je mehr Kristalle aber ausfallen, desto höher steigt die Konzentration gelöster Stoffe in der Flüssigkeit und desto niedriger wird im weiteren Verlauf die Gefriertemperatur. In einem zweistufigen Prozess werden zunächst z. B. bei –3,5 °C die bereits erzeugten Kristalle abgetrennt, um dann weiter abzukühlen. Die erneut entstehenden Eiskristalle werden in einem zweiten Schritt ebenfalls ausgeschleust (Kessler, 1996).

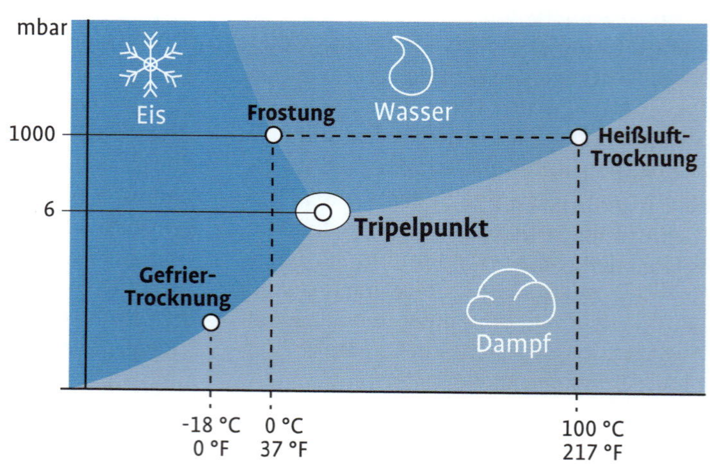

Abb. 4.18 Phasendiagramm von Wasser (Druck-Temperatur-Zustandsdiagramm)

Das Gefrieren des Wassers kann in einem Kratzkühler durchgeführt werden, zur Abscheidung der Kristalle sind Zentrifugen geeignet oder Filtereinrichtungen. Der Prozess ist vergleichbar mit der zentrifugalen Abscheidung von Zuckerkristallen nach der Auskristallisation. In diesem Fall sind die Feststoffe wertbestimmend, die Flüssigkeit Nebenprodukt. Gleiches gilt für Backhefe oder Stärke, die mechanisch z. B. über Vakuumdrehfilter entfeuchtet werden können.

4.3.5.5 Immobilisierung von Wasser

Der a_W-Wert lässt sich auch durch Zugabe von Behandlungsmitteln senken. Hydrokolloide wie Pektin führen z. B. in einem Fruchtsaft einen Sol-Gel-Übergang durch, indem sie eine große Menge Hydratationswasser binden.

4.3.6 Mechanische Verfahren zur Haltbarmachung

Zur Haltbarmachung flüssiger Lebensmittel werden **Entkeimungsfilter** und in Einzelfällen Zentrifugen eingesetzt. Beide Techniken werden in Kap. 6 vorgestellt. Als gängige Filtersysteme zur Entkeimung kommen in Abhängigkeit der Anforderungen hauptsächlich Schichtenfilter mit Entkeimungsschichten oder Membranfilter mit Filterkerzen und Porositäten < 0,45 µm zum Einsatz. Dadurch wird auch die Abtrennung von Bakterien sichergestellt. Beide Systeme lassen sich dampfsterilisieren und gewährleisten eine Reduzierung von log 6 und mehr. Sie fungieren aber allein als „Polizeifilter“ für versprengte Mikroorganismen oder Kolloide und verfügen nur über sehr begrenzte Aufnahmekapazitäten. Voraussetzung ist eine gründliche Vorklärung. Die traditionellen Schichtenfilter werden zunehmend durch Filterkerzen abgelöst. Diese besitzen Vorteile, die den Anforderungen des HACCP-Konzepts gerecht werden, wenn die Abfüllfiltration als CCP betrachtet wird:

- Membranfilterkerzen lassen sich durch **Integritätstests** auf einwandfreie Beschaffenheit überprüfen (Druckhaltetest, „Bubble Point“-Test).
- Das geschlossene System verhindert unhygienische **Tropfverluste** und Luftkontakt.
- Dank kompakter Bauform lässt sich das Membranfiltersystem schneller und sicherer **dampfsterilisieren.**
- Als geschlossenes System lässt sich das Membranfiltersystem während einer Stillstandphase mit Konservierungsmittel (z. B. NaOH) unter Druck **steril halten.**
- Dazu kommen insgesamt ein niedriger Platzbedarf und ein einfacheres Handling.

Abbildung 4.19 zeigt exemplarisch eine Getränkeabfüllung mit zweistufigem Filtrationssystem und mehreren peripheren Aggregaten im Zusammenhang.

Zentrifugen sind grundsätzlich nicht in der Lage, sterile Getränke zu erzeugen. Aufgrund geringer Dichtedifferenzen und/oder kleiner Keimgrößen sind allenfalls Abreicherungen möglich. Entrahmungsseparatoren schaffen lediglich eine Abscheidung von 50–60 % aller Keime in der Rohmilch, Milchsäurebakterien in Wein können bis 90 % reduziert werden, Hefen in Wein oder Bier lassen sich bis zu 99 % abtrennen. So sind diese Maschinen lediglich als Vorstufe in einem **Hybridprozess** zu betrachten. Der erste Schritt ist aber in vielen Fällen ausreichend, um ein stabiles Zwischenprodukt zu erzielen. Keimarme alkoholische Getränke können bei sonstiger Anwendung des Stands der Technik lange Zeit problemlos bis zum finalen Klärschritt reifen. Käsereimilch wird zentrifugiert, um Sporen von *Cl. butyricum* und *Cl. tyrobutyricum* abzutrennen. Die mögliche Abreicherung von 95–99 % reicht bei der üblichen Keimbelastung aus, um im Käse **Spätblähungen** zu verhindern. Keimfreiheit oder Keimarmut müssen auch im verfahrenstechnischen Zusammenhang gesehen werden. Es sind durch eine Behandlung Keimzahlen zu gewährleisten, die unterhalb einer Schadgrenze liegen. Im Fall der Käsereimilch ersetzt die Zentrifugation eine Zugabe von Nitrat.

Alternativ zur Zentrifugation können Sporen mittels „Cross Flow“-Mikrofiltration abgeschieden werden. Welche Methode in diesem Wettbewerb von Verfahrenstechniken ausgewählt wird, hängt von spezifischen Rahmenbedingungen im Unternehmen ab.

Abb. 4.19
Abfüllung von Getränken mit zweistufiger Membranfiltration als Verfahrensbild; daneben 2 Vorfilter. Foto mit für jeweils 2 Sterilfilter (Quelle: Sartorius Stedicem)

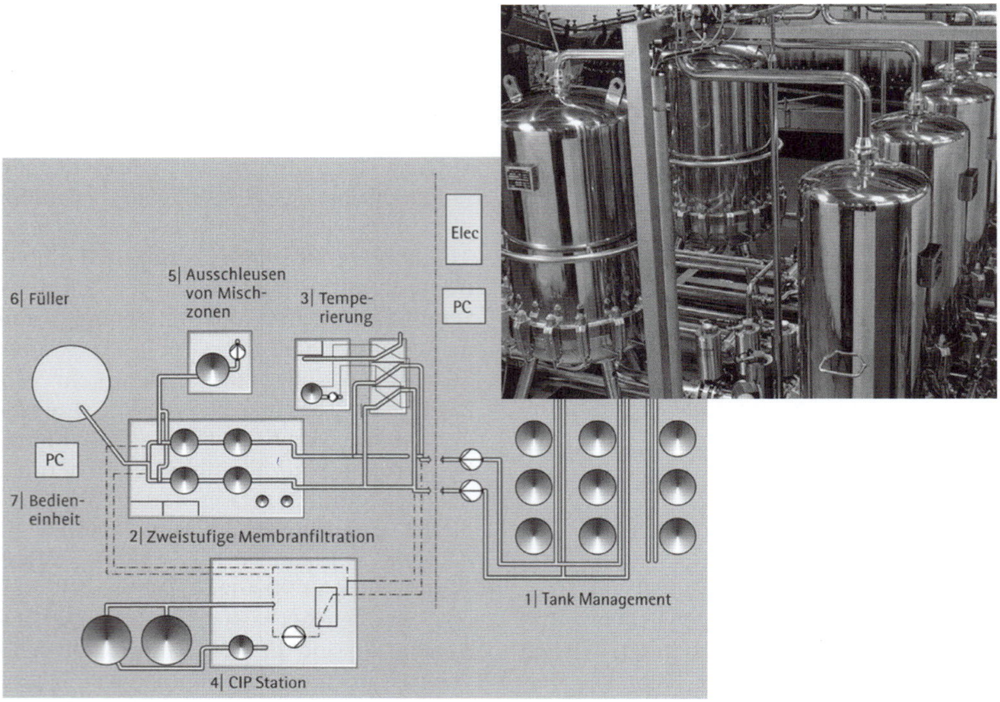

4.3.7 Haltbarmachen durch ionisierende Strahlen

Ionisierende Strahlung bezeichnet Teilchenstrahlung oder elektromagnetische Strahlung, die Elektronen aus Atomen oder Molekülen herauslösen kann. Durch diese Ionisation entstehen positiv geladene Ionen oder Molekülreste, deren Folgereaktionen oft mehr bewirken als die eigentliche Strahlung. Für die Ionisation sind Energien, d.h. kinetische Energie bei Teilchen bzw. Quantenenergie bei Wellen, von mindestens 5 **Elektronenvolt (eV)** erforderlich. Für die Haltbarmachung von Lebensmitteln sind aus dem Spektrum möglicher Strahlen β-, γ- und UV-Strahlen geeignet. Die Ionisation führt bei infizierenden Mikroorganismen zur Schädigung von Molekülen, vor allem der DNA, und zu Beeinträchtigungen der Zellmembran.

- **β-Strahlen** sind korpuskuläre Elektronenstrahlen, die z.B. in Linearbeschleunigern auf die erforderliche Energie, angegeben in Mega-Elektronenvolt (MeV), gebracht werden. In Abhängigkeit ihrer Energie können sie bis zu 5 cm tief in Lebensmittel eindringen, sie sind deshalb nur an Oberflächen wirksam.
- Die vergleichsweise energiearmen **UV-Strahlen** wirken im Bereich von 260 nm auf Nukleinsäuren von Mikroorganismen. Hg-Niederdrucklampen entkeimen im Bereich von 254 nm. Messgröße der Strahlungsaktivität ist W/cm^2, also die Energie pro Fläche. UV-Strahlen dürfen zur Entkeimung von Trinkwasser, Raumluft, Hartkäse während der Lagerung und Packmaterialien sowie zur Oberflächenbehandlung von Obst- und Gemüseerzeugnissen eingesetzt werden.

- **γ-Strahlen** sind kurzwellige, energiereiche elektromagnetische Wellen mit einer Wellenlänge zwischen 10^{-11} und 10^{-14} m. Ihre Energie wird in MeV gemessen und von Radioisotopen wie Co-60 oder Cs-137 erzeugt. γ-Strahlen sind in der EU übergreifend nur zur Keimreduzierung in getrockneten Gewürzen und Kräutern zugelassen und kennzeichnungspflichtig. Einzelne Länder erlauben die Strahlenpasteurisation von Lebensmitteln zur Abtötung pathogener Keime wie Salmonellen bei Geflügel.

Die **Zulassung ionisierender Strahlen** wird in der EU sehr restriktiv gehandhabt. Behandelte Lebensmittel müssen gekennzeichnet werden („bestrahlt“ oder „mit ionisierenden Strahlen behandelt“). Die Strahlenresistenz von Mikroorganismen ist stamm- und milieuabhängig. Die erforderliche Strahlendosis ist zum Teil so hoch, dass die Lebensmittelqualität durch **Radiolyseprodukte** negativ verändert wird. Besonders Milch und fettreiche Lebensmittel reagieren sehr sensibel auf Bestrahlungen. Fettspaltung kann schon bei geringem Energieeintrag zur Bildung von freien Radikalen und Ranzigkeit führen.

4.3.8 Haltbarmachung durch Gasüberlagerung bzw. Evakuierung

Das sensible Verhalten bestimmter Mikroorganismen gegenüber dem Sauerstoffpartialdruck (Kap. 4.1.5.5) lässt sich zur Haltbarkeitsverlängerung verpackter Lebensmittel einsetzen. Vakuumverpackungen mit flexiblen, gasundurchlässigen Folien machen allen aeroben, mikroaerophilen oder fakultativ aeroben Keimen Stoffwechselaktivitäten praktisch unmöglich. Lediglich Anaerobier können weiterhin gefährlich werden (z. B. *Bacillus cereus*). Wird das Lebensmittel in der Verpackung noch zusätzlich mit **Schutzgas** überlagert (CO_2, N_2, Argon), entsteht ein Milieu, das für viele Pilze, Hefen und Bakterien wachstumshemmend ist. Diese Art der Verpackung wird **„Modified Atmosphere Packaging“ (MAP)** genannt. Je nach zu schützendem Lebensmittel kommen Verbundfolien aus mehreren Schichten zum Einsatz, die zusammen eine hohe Barrierefunktion gegen Gase ergeben. Verwendete Materialien sind in der Regel Kunststoffe wie Polyester, Polyamid oder Polyvinylchlorid (PVC), die bei Bedarf durch Aluminium unterstützt werden.
Unter Schutzgas verlängert sich die Haltbarkeit von Lebensmitteln manches Mal um ein Vielfaches. Frische und kaum verarbeitete Lebensmittel behalten ihr Aussehen, ihre Textur und ihren Nährwert und alles ohne zusätzliche Konservierungsstoffe. Frischfleisch wird für eine längere Haltbarkeit bei 0–2 °C und einer Atmosphäre aus 20–30 % CO_2 und 70–80 % O_2 abgepackt und gelagert. Beträgt die Haltbarkeit von Bananen etwa zwei Wochen, verlängert sie sich in einem flexiblen Polyethylen-Beutel auf mehr als das Doppelte. Gurken in einer Schrumpffolie halten anstatt drei Tagen bis zu 20 Tage und Fleisch in einer Vakuumverpackung anstatt vier Tagen einen ganzen Monat. Diese Art der Verpackung ist etabliert für Fleisch- und Wurstwaren, Milchprodukte, Brot, Obst und Gemüse, Joghurt, Fisch oder viele Arten von Convenience-Produkten. Voraussetzung für die Verpackung unter Schutzgas ist eine gute Ausgangsqualität von Produkt und Rohstoffen, eine geeignete und kontrollierte Temperatur und gute hygienische Produktion nach dem Stand der Technik. Der Einzelhandel erhält längere Regalzeiten, der Lebensmittelproduzent einen geografisch größeren Markt für verderbliche Produkte und der Verlust durch Verderb sinkt.
MAP kann das Mindesthaltbarkeitsdatum vieler Lebensmittel nur verlängern, wenn die Verpackung intakt ist. Daher sind **Dichtigkeitsprüfungen** als Teil eines ganzheitlichen Verpackungskonzepts unverzichtbar. Im Anschluss an das Verpacken unter Schutzatmosphäre durchgeführt, sollen sie sicherstellen, dass nur einwandfreie Verpackungen die Produktion verlassen. Eine Reihe unterschiedlicher Verfahren sind dafür verfügbar. Das Spektrum reicht von Stichprobentests im Wasserbad über visuelle Inline-Prüfungen bis hin zu gasbasierten Technologien, die eine undichte Verpackung erkennen (Huber 2016).

Bei **EMAP-Packungen** (Equilibrium Modified Atmosphere Packaging) sorgt neben einer modifizierten Atmosphäre eine gezielte Mikroperforation der Verpackungsfolie für einen Atmosphärenaustausch zwischen Packung und Umwelt. So gelangt CO_2 nach außen und O_2 nach innen. In der Packung kann damit eine Gleichgewichtsatmosphäre eingestellt werden, bei der Sauerstoff in die Packung gelangt. Generell verzögert eine Kombination aus geringerer Menge Sauerstoff und höherer Menge an CO_2 den Oxidationsprozess, Geschmacksveränderungen und mikrobielles Wachstum. Doch auch hier muss die richtige Zusammensetzung des Gasgemisches, ebenso wie die Perforation, auf das Produkt und seine natürliche Atmung abgestimmt werden.

Großtechnisch macht man sich den haltbarkeitsverlängernden Einfluss der Lageratmosphäre bei Obst und Gemüse zunutze. Bei niedriger Temperatur, hoher Luftfeuchtigkeit und 2–5 % CO_2 sowie einer ähnlichen Menge O_2 sind geeignete Obstsorten monatelang unter dieser „Controlled Atmosphere" (CA-Lager) haltbar und verkaufsfähig.

4.3.9 Das Hürdenkonzept: kumulative Hemmeffekte

Lebensmittel können in machen Fällen durch eine einzelne Maßnahme konserviert werden. Konservierungsstoffe sind dazu in der Lage, vor allem aber die Erhitzung (z. B. UHT-Milch oder bei Säften). In vielen Fällen würde eine einzelne Maßnahme zu intensiv in die Struktur des Lebensmittels eingreifen und seine Qualität vermindern. Konserven aus dem Autoklaven leiden oft darunter, weil die Struktur erweicht und Nährstoffe thermisch zerstört wurden. Eine Alternative zum brachialen Einsatz einer Technik allein besteht in der Kombination mehrerer hemmender Parameter. Jeder allein vermag lediglich ein kleines Mikroorganismen-Spektrum auszuschalten, in Summe sind schließlich alle gehemmt. Diese Kombinationstechnik zur stufenweisen Ausschaltung von Keimen ist unter dem Namen Hürdentechnologie oder Hürdenkonzept bekannt. Es wird am Beispiel von Rohwurst nachfolgend erläutert.

1. Hürde: **Salzen und Pökeln**
   - Salz senkt den a_w-Wert und hemmt darauf empfindliche Keime. Aus sensorischen Gründen kann nicht genug Salz eingesetzt werden, um alleine zur Haltbarmachung auszureichen. Das gilt auch für das im Pökelsalz enthaltene Nitrit. Es sorgt aber für eine Anfangshemmung, bis die anderen Hürden ausgebildet sind. Zudem ist es verantwortlich für die Pökelfarbe, das Aroma und die Verzögerung oxidativer Vorgänge.
2. Hürde: **E_h-Wert** (Redoxpotenzial)
   - Aerobier benötigen Sauerstoff, der beim Zerkleinerungsvorgang in großer Menge in die Wurst eingebracht wird. Durch das Füllen im Vakuumfüller und die Zugabe von Antioxidanzien wie Ascorbinsäure oder Ascorbat wird der Sauerstoffgehalt wieder gesenkt. Gleiches bewirken Starterkulturen.
3. Hürde: **Konkurrenzkeime**
   - Die Zugabe von Starterkulturen, die Reifung, Geschmacksbildung und Umrötung fördern, hemmt gleichzeitig unerwünschte Mikroorganismen. Die richtige Nährstoffkombination zusammen mit dem optimalen Klima (Temperatur, Luftfeuchtigkeit) spielen eine weitere wesentliche Rolle und können ebenfalls als Hürde gesehen werden.
4. Hürde: **pH-Wert**
   - Die Senkung des pH-Werts stellt die nächste Hürde dar. Neben der stabilisierenden Wirkung ist sie auch für die Gelbildung, Eiweißdenaturierung und den Geschmack zuständig. Die gebildete Milchsäure ist ein Stoffwechselprodukt der Milchsäurebakterien, die natürlicherweise vorhanden oder als Starterkultur zugesetzt wurden. Die vorhandene Art und Anzahl an Milchsäurebildnern ist auch maßgeblich verantwortlich für das Tempo der Säuerung.
5. Hürde: **Trocknung und Rauch**
   - Diese letzte Hürde ist für schnittfeste Rohwurst eine der wichtigsten Hürden. Durch die weitere Absenkung des a_w-

Werts wird die mikrobiologische Aktivität nahezu eingestellt. Der Rauch wirkt auf der Oberfläche noch zusätzlich keimtötend.

Abbildung 4.20 zeigt die Wirkung des Hürdenkonzeptes schematisch. Fünf Hürden wirken hier zusammen, um das Wachstum von Mikroorganismen zu verhindern/verzögern. Lebensmittel benötigen individuelle Konzeptionen, um ein Keimwachstum innerhalb des Mindesthaltbarkeitsdatums unterhalb der kritischen Größe zu halten. Abbildung 4.21 zeigt die Elemente der Hürdentechnologie einschließlich der Möglichkeit, mit Konservierungsstoffen zu arbeiten. Ein wichtiges Element für die Verlängerung der Haltbarkeit ist die Verpackung. In Abhängigkeit von pH- und a_w-Wert bewegen sich Fleischprodukte zwischen lagerfähig und verderblich. Entsprechend ist der Schutz zu gestalten.

Abb. 4.20
Hürdenkonzeption mit 5 Hürden zur Unterdrückung des Keimwachstums (Wirth und Margerin 2019)

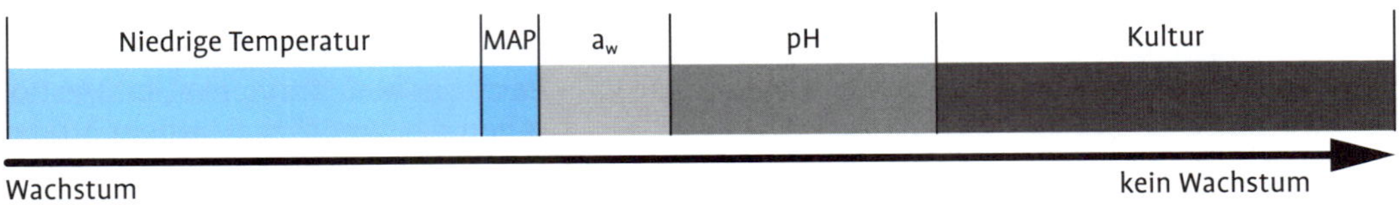

Abb. 4.21
Hürdenkonzept für Fleischerzeugnisse in Abhängigkeit von pH- und a_w-Wert (Leistner 1976)

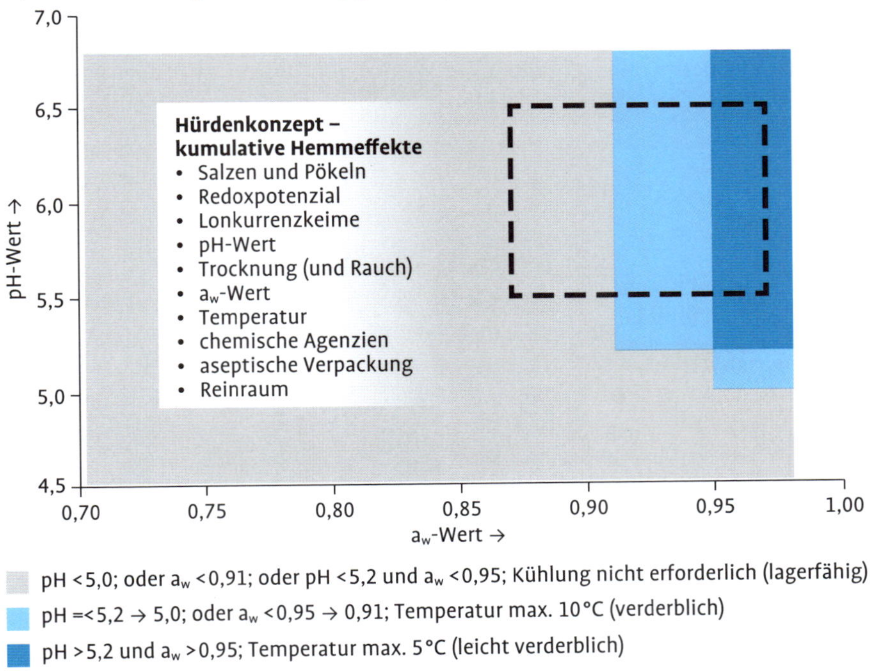

Fleischerzeugnisse können grundsätzlich in dem dargestellten Bereich von pH 4,5–6,8 und a_w 0,70–0,98 liegen. Mehr als 90 % der Produkte zeigen jedoch ein weitaus engeres Spektrum von pH 5,5–6,5 und a_w 0,87–0,97 (gestricheltes Rechteck).

5 Maschinentechnik und Werkstoffe

Die Materialbewegung ist eine der wichtigsten und unvermeidbaren Tätigkeiten in der Lebensmittelproduktion. Sie ist selten wertschöpfend, die erzwungene Bewegung kann sich aber auf die Beschaffenheit des Lebensmittels gravierend auswirken. Angestrebt wird heute eine möglichst schonende Förderung, die vor allem scherkraftarm erfolgen muss. Bei kleineren Chargen bietet vielfach ein Transport in mobilen Behältnissen den wirtschaftlichsten Ansatz (z. B. in der Verarbeitung von Fleischwaren oder bei der Traubenernte), in modernen Industriebetrieben sind kontinuierliche Förderprozesse Stand der Technik. Zur Materialbewegung können je nach Anforderung Förderschnecken (z. B. bei Kristallen mit Restfeuchte oder Traubenmaische), Förderbänder (z. B. Flaschentransport bei der Abfüllung oder Palettenhandling), Schwemmkanäle (z. B. bei Äpfeln oder Zuckerrüben), Hakenbahnen (z. B. für Geflügel- oder Fleischtransport), Schwingförderer (z. B. bei Zucker oder allgemein bei trockenen Kristallen), Druckluft (z. B. bei Pulvern) oder Pumpen eingesetzt werden. Bei Flüssigkeiten und Suspensionen sind Letztere die Technik der Wahl. Sie werden exemplarisch für den Stofftransport besprochen.

5.1 Pumpen

Pumpen sind Energieüberträger. Elektrische Energie oder Druckluft (z. B. Membran- oder Kolbenpumpen) bewegen einen Rotor, der seine Energie an das Medium weitergibt. Die Rotoren können als Verdränger arbeiten oder durch schnell drehende Kreiselräder nach dem Strömungsprinzip. Diese fördern besonders gleichmäßig. Abbildung 5.1 zeigt die Systematik der Pumpen, die in der Lebensmittelwirtschaft hauptsächlich eingesetzt werden.
Bei der Vielfalt der Aufgabenstellungen kann es nicht die eine Universalpumpe geben. Jeder Betrieb wird anforderungsbedingt unterschiedliche Typen einsetzen. Unabhängig da-

Abb. 5.1
Systematik von Pumpen

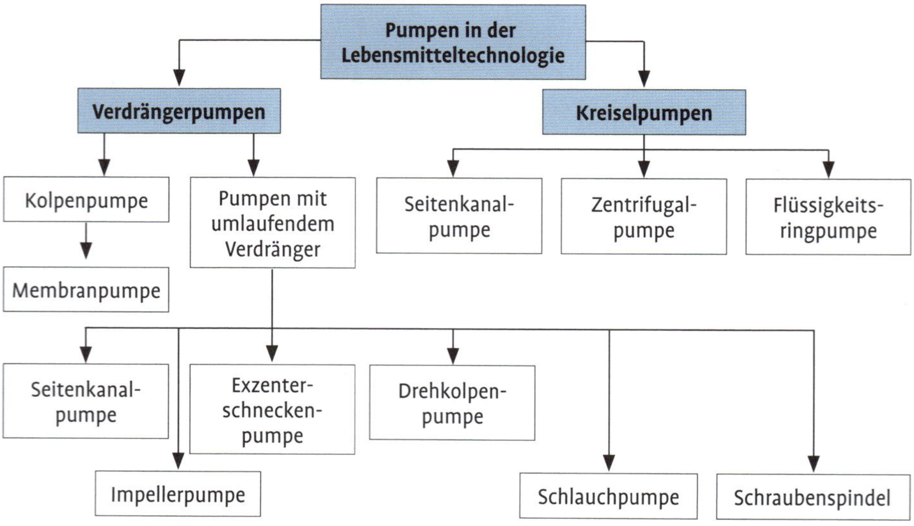

von gibt es übergreifende Anforderungen. Pumpen sollen

- schonend, d. h. scherkraftarm fördern,
- pulsationsfrei fördern, besonders bei der Filtration,
- unempfindlich sein gegen Trubteilchen, besonders gegen abrasive,
- Korrosionsbeständigkeit aufweisen,
- trockenlaufunempfindlich sein,
- selbstansaugend sein ohne zu entgasen oder Aromastoffe zu entbinden und selbständig entlüften,
- sanitär ausgelegt und gut zu reinigen sein („Hygienic Design"),
- regelbar sein bei Druck und Leistung und
- Betriebsdatenaufzeichnungen ermöglichen (Monitoring).

Die pulsationsfreie Förderung spielt besonders bei der Filtration eine Rolle. Pulsation führt zu kleinen Druckstößen, die abgeschiedene Teilchen wieder lösen und sie nach und nach durch die Filterschicht drücken können. Erfolgt bei Pumpen die Abdichtung zwischen ruhendem Teil (Stator) und bewegtem Teil (Rotor) durch Reibung, ist die zu fördernde Flüssigkeit als Kühlmedium und „Schmiermittel" erforderlich. Abrasive Teilchen können an der Stelle besonders viel Verschleiß erzeugen. Statoren aus Kunststoff neigen rasch zu Anbrennungen, dabei entstehen übel riechende Verbindungen. Ein wichtiger Punkt ist die Leistungsregelung, die eine möglichst große Spanne (z. B. regelbar zwischen 200 und 2000 Liter je Stunde, Faktor 10) umfassen sollte, um den unterschiedlichen Anforderungen gerecht zu werden. Die mögliche effektive Leistung hängt dann von der Pumpenkennlinie und den technischen Gegebenheiten ab. Abbildung 5.2 zeigt wichtige Pumpentypen für die Förderung von Flüssigkeiten.

5.1.1 Pumpentypen

Exzenterschneckenpumpe (Mohnopumpe): Dieser Pumpentyp ist in Getränkebetrieben weit verbreitet. Der Edelstahlrotor dreht sich permanent im feststehenden Stator aus Kunststoff und produziert dadurch einen gleichmäßigen Förderstrom. Exzenterschneckenpumpen sind für praktisch alle Förderaufgaben geeignet, von der Förderung stückiger Maische bis zur Filtration von Saft oder Wein.

Mittels Frequenzsteuerung lassen sich Leistung und Druck individuell anpassen und mit einer Fern- bzw. Tanksteuerung verknüpfen. Der Trockenlaufschutz verhindert Beschädigungen am Rotor-Stator-System und schaltet die Pumpe ab, wenn kein Produkt ansteht. Die Drucküberwachung dient der Betriebssicherheit und regelt die Förderung bei konstantem Gegendruck.

Impellerpumpe: Dieser Pumpentyp baut kompakt und ist in der Anschaffung vergleichsweise günstig. Ein biegsames Sternlaufrad (der Impeller) aus elastischem Kunststoff (z. B. Neopren) erzeugt durch Raumerweiterung im Saugstutzen einen Unterdruck, durch den die Flüssigkeit angesaugt wird. Am Druckstutzen wird sie wieder abgegeben. Das Rotor-Stator-System ist flüssigkeitsgeschmiert. Die Pumpe darf nicht trockenlaufen und die Förderleistung deshalb nicht zu weit heruntergeregelt werden. Sie ist auch für dickflüssige Suspensionen wie Hefe- oder Schönungstrub geeignet.

Druckluftmembranpumpe: In den zwei Membrankammern der Pumpe befinden sich flexible, senkrecht stehende Membranen, die durch eine horizontale Achse miteinander verbunden sind und die sich simultan zueinander bewegen. Der Steuerschieber reguliert das alternierende, gleichzeitige Entlüften und Belüften der beiden inneren Druckkammern mit Druckluft. Wenn die Luft in eine der Kammern eintritt, drückt sie die Membrane waagrecht nach außen, wodurch die andere Membran, die durch die Achse mit ihr verbunden ist, nach innen gezogen wird und einen Ansaugvorgang bewirkt. Nach Beendigung des Ansaugvorgangs wechselt der Steuerschieber die Richtung, und der zuvor beschriebene Prozess wird in umgekehrter Richtung durchgeführt. Die Pumpen sind wartungsarm, dichtungslos und leckagefrei sowie trockenlauffähig.

Bei **Kreiselpumpen** setzen umlaufende Schaufel- oder Flügelräder in einem runden Gehäuse die zu fördernde Flüssigkeit in Rotation. Diese verlässt die Pumpe in einem tangential angeordneten Austritt. Die mit hoher Drehzahl (1450 bzw. 2900 U/min) rotierenden Laufräder übertragen ihre kinetische Energie in Druckenergie und erzeugen eine kräftige Turbulenz. Scherkraftsensible Teilchen werden stark beansprucht, vor allem, wenn die Nennleistung durch Gegendruck angedrosselt wird. Häufig wird dieser Pumpentyp bei definierten, konstanten Leistungen in fest verrohrten, automatischen Anlagen, wie sie in Molkereien oder Brauereien Stand der Technik sind, eingesetzt. Ventile werden bei diesem Typ nicht gebraucht. Abbildung 5.2b zeigt die Sprengzeichnung einer Kreiselpumpe. Der Zulauf in die Pumpe erfolgt von vorne, der Ablauf tangential an der Seite. Kreiselpumpen kommen als Zentrifugalkreiselpumpe oder Seitenkanalpumpe vor. Erstere ist nicht selbstansaugend, aber trubstoffunempfindlich und preiswert. Auf Gegendruck reagiert sie durch Verringerung der Förderleistung unmittelbar.

Die **Seitenkanalpumpe** unterscheidet sich von der Zentrifugalkreiselpumpe durch die oben angeordnete Lage von Druck- und Saugstutzen. Sie wird in der Regel als selbstansaugende Pumpe eingesetzt. Die Pumpwirkung wird von einem rotierenden Sternrad erzeugt, das die Flüssigkeit zentrifugal in einen beidseitig eingefrästen Ausströmkanal drückt. Sie ist sehr trubempfindlich und wird deshalb hauptsächlich für die Förderung tubfreier Flüssigkeiten eingesetzt.

Schlauchpumpen sind in der Lebensmittelwirtschaft häufig vertreten. Zentrales Element ist ein stabiler Schlauch aus z. B. Neopren oder Naturkautschuk, in dem die Flüssigkeit gefördert wird. Der Transport erfolgt über Nocken oder Rollen, die den Schlauch wechselweise quetschen, sodass es zu einer alternierenden Quetschung und Entlastung kommt. Hinter jeder Quetschung entsteht ein die Flüssigkeit ansaugender Unterdruck, die Pumpe ist dadurch selbstansaugend. Sie lässt sich einfach reinigen, arbeitet ohne Ventile, ist trockenlaufsicher, arbeitet sehr schonend und verkraftet auch grobe Feststoffteilchen bzw. hohe Feststoffmengen. Allerdings baut sie vergleichsweise groß und ist in der Anschaffung hochpreisig.

Die Pumpenarbeit bei **Drehkolbenpumpen** wird durch die zueinander gegenläufige Drehbewegung zweier Rotoren im Pumpengehäuse geleistet. An der Saugseite links in Abb. 5.2b wird durch die Rotorbewegung ein Unterdruck erzeugt, der die Flüssigkeit in die Pumpe hineinsaugt und zur Druckseite transportiert. Auf der Druckseite laufen die beiden Rotoren wieder zu einander, das Volumen zwischen den Rotoren verkleinert sich, und die Flüssigkeit wird aus der Pumpe herausgepresst.

Eine ideale Pumpe für alle Einsatzgebiete gibt es nicht. Gesucht wird die Pumpe, die die wenigsten Kompromisse verlangt. Bei entsprechender Ausstattung (Trockenlaufschutz, Frequenzsteuerung, großer Durchmesser und niedrige Drehzahl) ist dies oft die Mohnopumpe. In der Praxis wird für einfache Fördervorgänge vielfach die preisgünstige Impellerpumpe eingesetzt.

Abb. 5.2a
Pumpentypen

3-D-Zeischnung einer Schraubenspindelpumpe, Quelle: Fa. Fristam

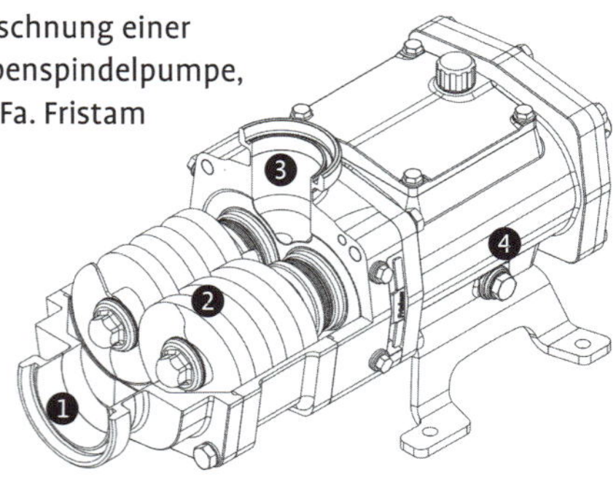

1 Saugseite
2 Schraubenspindeln
3 Druckseite
4 Motor

Abb. 5.2b
Pumpentypen

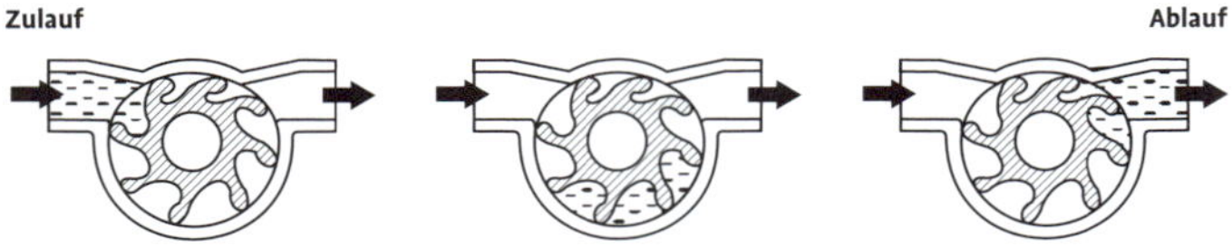

Saug- und Drucksituation (rechts) bei einer **Impellerpumpe**; (Quelle: Fa. Kiesel)

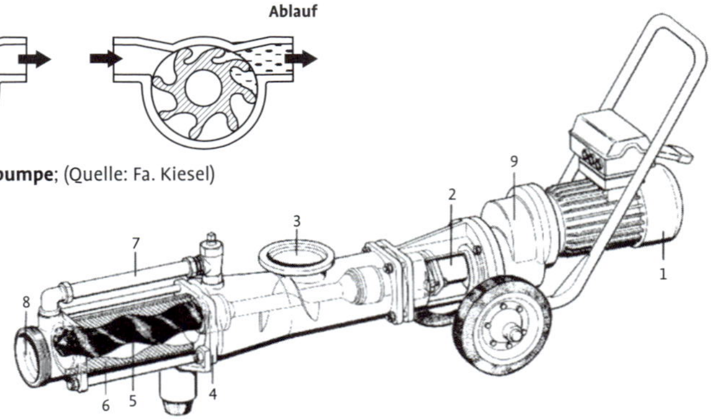

Exzenterschneckenpumpe mit verschiedenen Mess- und Regeleinrichtungen (1 = Motor; 2 = Antriebswelle; 3 = Zulauf; 4 = Pumpengehäuse; 5 = Rotor; 6 = Stator; 7 = Bypass (alternativ: Drucküberwachung und Steuerung); 8 = Ablauf; 9 = Drehzahlregulierung

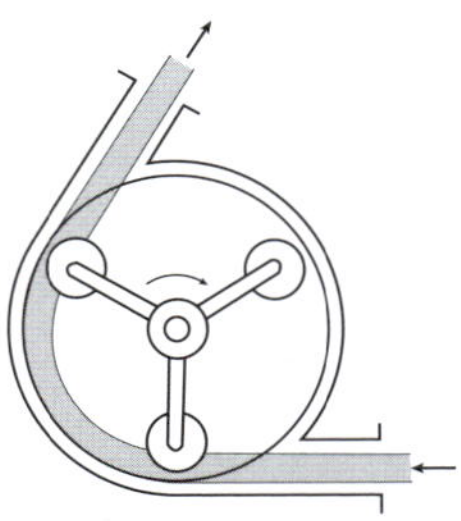

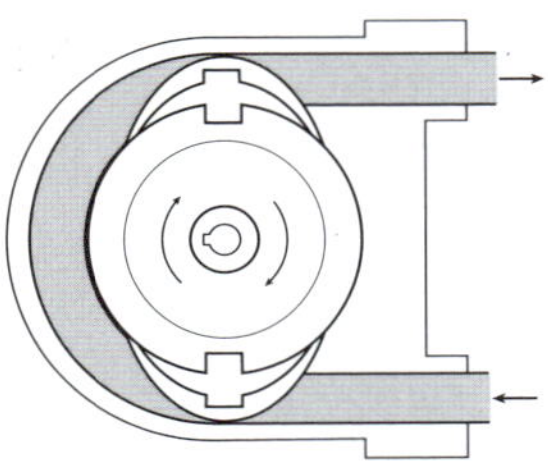

Prinzip von Schlauchpumpen;
oben = **Dreirollenschlauchpumpe**
unten = **Schlauchpumpe** für höhere Drücke
(Kessler 1996)

Sprengzeichnung einer **Kreiselpumpe=Zentrifugalkreiselpumpe** (Quelle: GEA Tuchenhagen); 1 = Pumpendeckel; 7 = Laufrad; 8 = Gleitringdichtung; 9 = Abdichtung; 10 = Pumpengehäuse; 11 = einteilige Laterne; 12 = Pumpenwelle (ohne Passfeder); 13 = Motorplatte

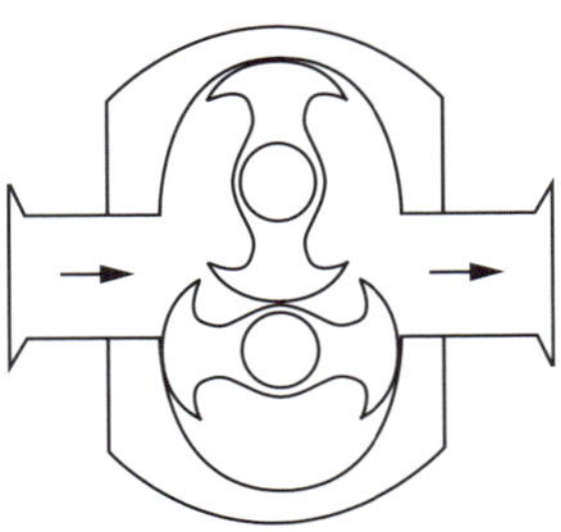

Skizze einer **Drehkolbenpumpe**

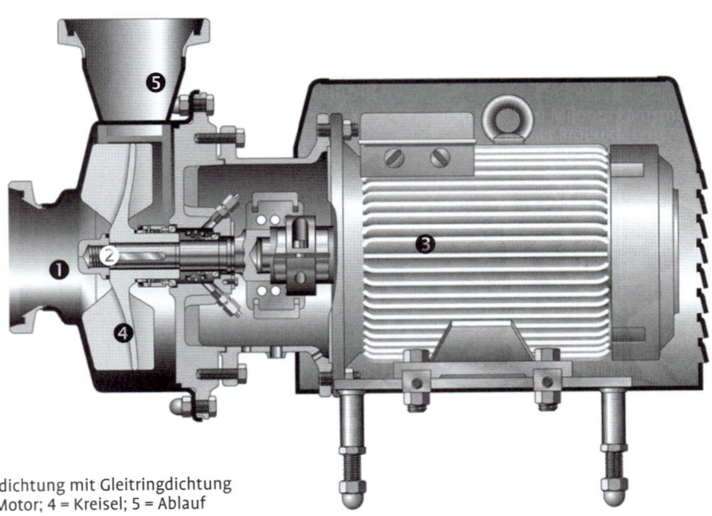

Kreiselpumpe im Schnittbild; Wellenabdichtung mit Gleitringdichtung (Quelle: KSB); 1 = Zulauf; 2 = Welle; 3 = Motor; 4 = Kreisel; 5 = Ablauf

5.1.2 Kennlinien und Pumpenauslegung

Pumpen übertragen ihre vom Motor gelieferte kinetische Energie in Druckenergie, mit der die Leitungswiderstände und die statische Höhe überwunden werden müssen. Der Energiebedarf zur Förderung einer Flüssigkeit mit der Leistung Q über ein definiertes Rohrleitungssystem hängt von mehreren Parametern ab:

- den Produkteigenschaften, vor allem die Viskosität und das spezifische Gewicht beeinflussen maßgeblich die Rohrleitungsverluste. Im Fall einer Suspension spielt auch die Art der Trubstoffe eine große Rolle.
- der Fördermenge je Zeiteinheit (Q, m^3/h)
- der Rohrleitungslänge
- der Rohrleitungsnennweite
- der Rohrleitungscharakteristik (Material und Rauigkeit der Oberfläche)
- der Summe aller Leitungswiderstände wie Umlenkungen, Rohrbögen, Engstellen usw.
- der insgesamt zu überwindenden statischen Höhe

Beispiel: Bei gegebenen Rohrleitungen entscheidet ihr Innendurchmesser über die maximale Fördermenge Q, wenn die Strömungsgeschwindigkeit z. B. bei sensiblen Produkten oder bei der Sterilfiltration höchstens 1,5 m/s betragen darf. Rohrleitungsinnendurchmesser sind nach DIN 11850 genormt. Q ergibt sich als Produkt aus der Rohrinnenfläche in m^2 (d. h. π mal r^2) und der Strömungsgeschwindigkeit in m/s. Eine Leitung mit 100 mm Innendurchmesser und einer Fläche von 0,0079 m^2 erlaubt demnach 0,0118 m^3/s oder 42,7 m^3/h. Die Leitungen DN 20 mit 22 mm Innendurchmesser sollten demnach mit höchstens 2,1 m^3/h beschickt werden. Eine Leitung DN 50 erlaubt 10,6 m^3, DN 65 entsprechend 17,9 m^3/h.

Mehrere Parameter betreffen das Rohrleitungssystem sowie die Raumsituation und werden zu einer Größe zusammengefasst, der Förderhöhe H. Sie stellt den Gesamtdruckverlust in Meter Wassersäule dar, der von der Pumpe überwunden werden muss. Pumpen besitzen Kennlinien, die ihr Druckverhalten bei steigender Fördermenge darstellen (Q-H-Kennlinien). Kolben- und Exzenterschneckenpumpen können ihre Fördermenge bei steigender Förderhöhe recht gut halten. Ihre Fördermenge ist wenig vom Gegendruck abhängig. Die anderen Pumpentypen reagieren auf Gegendruck mit sinkender Förderung. Steigende Gegendrücke können sich ergeben durch größer werdende Filterwiderstände, verstopfende Plattenapparate, aber auch durch den zunehmenden statischen Gegendruck beim Vollwerden eines Tanks oder beim Umschalten auf einen weiter entfernten Tank. Abbildung 5.3 zeigt die Kennlinien verschiedener Pumpentypen, also ihr Förderverhalten bei verändernder statischer Höhe.
Die Verknüpfung einer Pumpenkennlinie mit dem Rohrleitungswiderstand in Abhängigkeit der Strömungsgeschwindigkeit und dem In-

Abb. 5.3
Kennlinien gängiger Pumpentypen;
A=Kolbenpumpe; B=Exzenterschneckenpumpe; C=Impellerpumpe; D=Seitenkanalpumpe; E=Zentrifugalpumpe; h=Förderhöhe; Q=Fördermenge

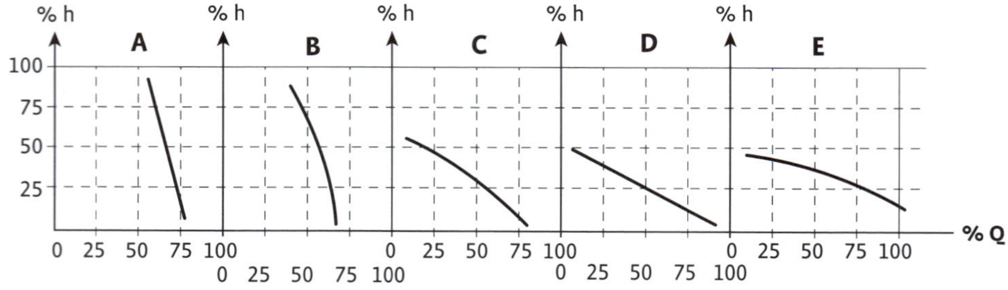

nendurchmesser zeigt Abb. 5.4 Die statische Höhe ist die Summe aller Druckhöhenverluste sowohl auf der Saug- als auch auf der Druckseite. Im Rohrleitungssystem ergibt sich der Widerstand in Abhängigkeit von der Nennweite. Je geringer dieser ist, desto stärker der Druckanstieg bei steigendem Durchsatz. Die Schnittpunkte der Kurven sind die Pumpenbetriebspunkte. Wird, wie in Abb. 5.4 gezeigt, die Nennweite der Rohrleitung von DN 20 auf DN 32 erhöht, steigt die Leistung der Pumpe von 5 auf 7 m^3. Für durchströmte Geräte existieren üblicherweise Druckverlusttabellen, die zur Auslegung von Pumpen erforderlich sind. Werden Pumpen nicht im Rahmen einer sich wiederholenden Aufgabenstellung fest installiert, sondern flexibel eingesetzt, müssen sie über eine Leistungsregelung verfügen, um den unterschiedlichen Anforderungen bezüglich Druck und Durchsatz gerecht zu werden. Üblicherweise erfolgt diese Regelung über Frequenzumformer, da diese energetisch sehr viel günstiger sind als eine Regelung durch Drosselventile.

Kavitation und Drehzahlregelung

Pumpen können unabhängig von der Geschwindigkeit des Förderelements durch Kavitation beschädigt werden. Unter Kavitation versteht man die örtliche Bildung und Auflösung dampfgefüllter Hohlräume in Flüssigkeiten. Die Auflösung erfolgt durch schlagartige Kondensation der Dampfblasen. Maßgeblich ist der Dampfdruck der Flüssigkeit. Ursachen sind örtliche Unterdrücke, die durch bestimmte Strömungen, Umlenkungen oder Wirbelbildungen entstehen können. Die zusammenfallenden Dampfblasen verursachen örtlich hohe mechanische Beanspruchungen, die sehr schnell zu Erosion führen können. Das Risiko der Kavitation steigt mit dem Dampfdruck der Flüssigkeit an (Abb. 5.5). Zur Vermeidung von Kavitation sollten möglichst wenig Ventile oder Krümmungen installiert sein. Vor allem aber ist ein starker Unterdruck, der sich beim Ansaugen ergeben kann, zu vermeiden. Kavitation lässt sich bei Pumpen nicht vollständig verhindern, aber bei Kreiskolbenpumpen oder Kreiselpumpen durch eine entsprechende Drehzahlregelung deutlich verringern. Ein am Pumpenauslauf angebrachter Körperschallsensor nimmt die durch die Kavitation entstehenden Impulse auf und leitet sie an einen Mikroprozessor weiter, der einen Soll-Ist-Vergleich durchführt und ein

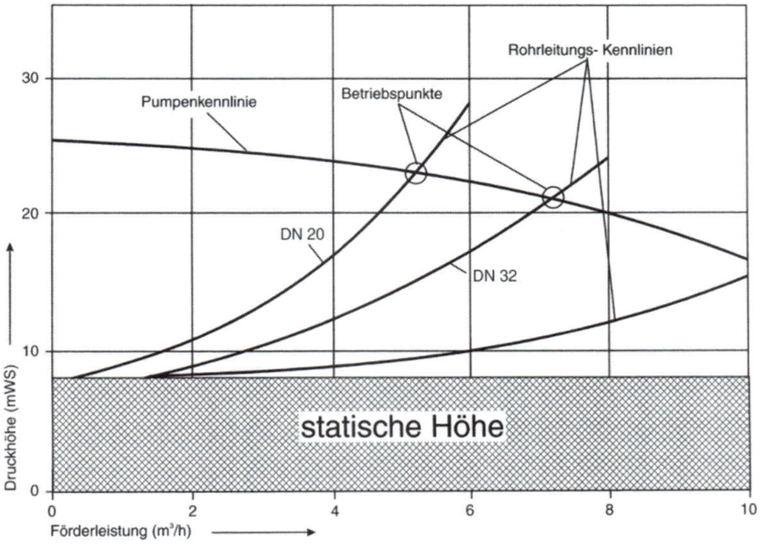

Abb. 5.4 Betriebsverhältnisse einer Impellerpumpe bei unterschiedlichen Rohrleitungswiderständen

Abb. 5.5
Kavitation: Dampfblasen, erzeugt durch extern angelegten Schalldruck (z. B. Ultraschall) (nach Parthey et al., 2014).

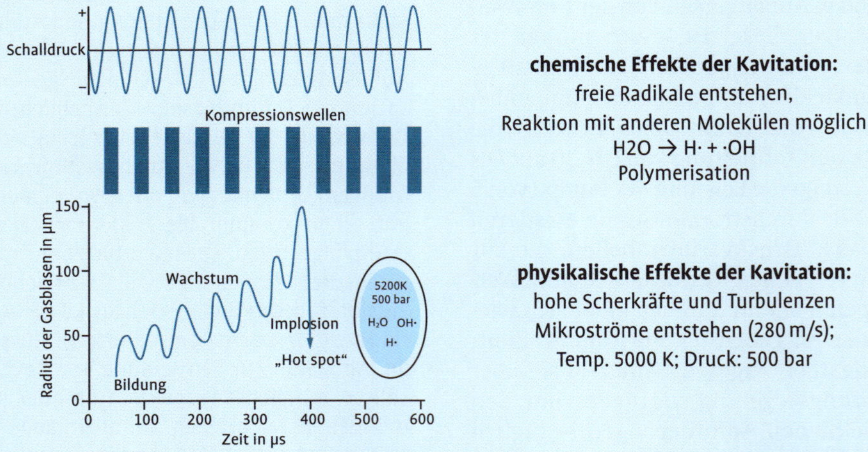

Steuersignal an den Frequenzumrichter sendet. Als Folge davon wird die Drehzahl des Antriebs verändert. Bei modernen Pumpen sind Frequenzumrichter zur Veränderung der Drehzahl des Antriebsmotors Stand der Technik. Eine leistungsangepasste Drehzahl führt zur energetisch günstigsten Betriebssituation. Bei Kreiselpumpen kann alternativ das Flügelrad ausgetauscht werden, andere Systeme lassen sich über Regelgetriebe oder Zweigangschaltungen regeln.

5.2 Werkstoffe für Behälter, Verpackungen, Leitungen und Maschinen

Bis zum Beginn des 19. Jahrhunderts war die Welt der Werkstoffe vergleichsweise bescheiden. Seit der Antike hat sich nichts Entscheidendes verändert. Werkzeuge bestanden aus Stein, Holz oder Eisen, Behälter aus Keramik und Holz, für kleine Mengen auch schon mal aus Glas. Nach wie vor transportierte man die Dinge des täglichen Lebens in Weidenkörben, größere Flüssigkeitsmengen in Fässern, ab und zu noch in Schläuchen, auf Reisen musste man schwere Holz- oder Eisenkisten stemmen.
Im Zuge der industriellen Revolution drängten neue Werkstoffe mit Macht nach vorne, sie besetzten nach und nach in schier unendlicher Vielfalt praktisch alle Bereiche der Technik und des Lebens. Die Kunst der Metallurgen veredelte das profane, schnell rostende Eisen zu einem Hightech-Werkstoff, ein besonders leichtes Nicht-Eisen-Metall wie Aluminium eroberte den Flugzeug- und den Maschinenbau sowie in der Lebensmittelherstellung die Verpackungen. Glasbehälter in den wildesten Formen und Farben wurden Transportbehälter und gleichzeitig Marketingelemente. Und dann kam eine völlig neue Gruppe von Materialien zur Welt: die Gruppe der Kunststoffe. Herstellung, Verpackung und der Transport von Lebensmitteln stützen sich auf veredelte Eisenprodukte und eben diese Kunststoffe.

5.2.1 Vom Eisen zum Stahl

Keilschriften der Hethiter belegen, dass sie Eisen seit 1800 v. Chr. kannten, die Verarbeitung von Erz zu Eisen gelang ihnen etwa ein halbes Jahrtausend später. Mit dem Untergang des Hethiter-Reiches um 1200 verbreitete sich die Eisengewinnung im Nahen Osten und leitete dort die Eisenzeit ein.

Die Industrielle Revolution stütze sich auf Koks und Kohle, mit denen Dampfmaschinen betrieben und energieintensive Prozesse wie die Herstellung von Eisen in gigantischem Umfang möglich wurden. Der Kohlebergbau benötigte zur Grubenentwässerung Dampfmaschinen, die ihrerseits aus Eisen bestanden, das mittels Kohle hergestellt wurde. Dank der Kohle wurde Eisen zum Werkstoff der modernen Zeit und in immer größeren Mengen erzeugt. Schienen, Brücken, Eisenbahnen, Maschinen, bald alles beruhte auf diesem Material. In Deutschland explodierte die Eisenproduktion zwischen 1820 und 1904 von 75 000 Tonnen auf 7,9 Millionen Tonnen.

Das wichtigste Mineral zur Eisengewinnung ist Magnetit, früher auch Magneteisenstein genannt. Es besteht hauptsächlich aus Eisenoxid. Durch Mahlen, Aufschmelzen und Reduzieren bei hohen Temperaturen entsteht flüssiges Roheisen. Der Metallurg verwandelt so mit chemischen Methoden Stein zu Metall. Roheisen enthält sogenannte **Eisenbegleiter** als Verunreinigung, etwa vier bis fünf Prozent Kohlenstoff sowie unterschiedliche Anteile an Schwefel, Phosphor und Silizium. Werden die Eisenbegleiter durch Oxidation verringert, entsteht zunächst **Gusseisen**, bei weiterer Reduzierung Stahl. Gusseisen enthält über 2,06 Prozent Kohlenstoff. Es ist sehr hart und spröde und lässt sich sehr gut gießen, aber nicht durch Schmieden plastisch verformen. Stahl enthält weniger als 2,06 Prozent Kohlenstoff und ist gut verformbar. So, wie der Zusatz von Zinn zu Kupfer mit Bronze einen völlig neuen Werkstoff erzeugt, entstehen nach der Zugabe von geringen Mengen geeigneter Metalle Stähle mit besonderen Eigenschaften. Am Wichtigsten sind als sogenannte **Legierungszuschläge** Chrom und Nickel (Chrom-Nickel-Stahl), andere sind Vanadium, Molybdän oder Titan. Durch die Wahl der Zusätze entstehen Eisenlegierungen mit definierten Eigenschaften wie gute Umformbarkeit, Rostbeständigkeit oder Härte. Weltweit existieren mehr als 2000 verschiedene Stähle und rund 120 sogenannte nichtrostende, die gegen die üblichen Lebensmittelsäuren und Reinigungsmittel beständig sind. Sachlich nur bedingt richtig nennt man sie oft **Edelstähle**. Dieser Name bezieht sich auf die Reinheit, nicht unbedingt auf ihre Beständigkeit gegen Korrosion. Besonders bekannt geworden ist der Werkstoff V2A der Firma Krupp, der vor über 100 Jahren als erster nichtrostender Stahl mit technischer Bedeutung auf den Markt kam. Abbildung 5.6 beschreibt den Weg vom Eisenerz zum nichtrostenden Stahl.

Die Eigenschaften von Stahl sind ideal für die Herstellung von Lebensmittel. Materialien dafür dürfen mit dem Produkt keine Reaktion eingehen, müssen beständig sein gegen deren Säuren oder sonstigen reaktiven Inhaltsstoffe,

Abb. 5.6
Vom Eisenerz zum nichtrostenden Stahl

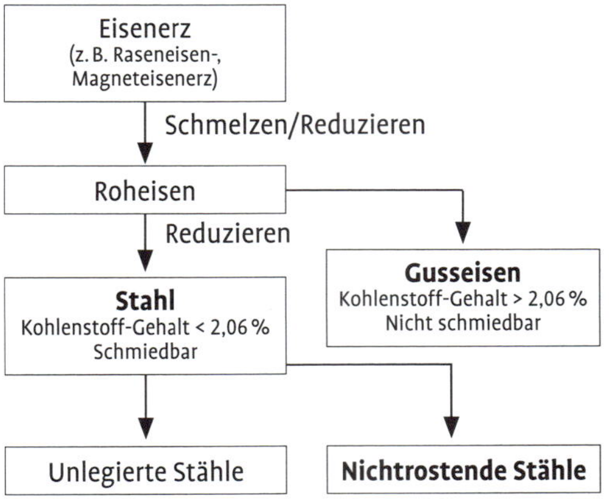

Stahl ist ein Gemisch aus Eisen, mehreren Metallen, < 2,06 % Kohlenstoff und anderen Nichtmetallen. Es gibt weltweit etwa 2000 Stähle.

Edelstahl ist eine Bezeichnung für legierte oder unlegierte Stähle mit hohem Reinheitsgrad, d. h. Schwefel- und Phosphorgehalte < 0,025 %

Nichtrostende Stähle sind legierte Stähle mit hohem Reinheitsgrad, < 1,2 % Kohlenstoff und > 10,5 % Chrom; im Einsatz sind weit über 100 verschiedene

dicht selbst für Gase, eine glatte Oberfläche aufweisen, sie sollen alle gewünschten Formen und Dimensionen ermöglichen und müssen vor allem leicht zu reinigen bzw. zu sterilisieren sein.
Eine hygienische Produktion von Lebensmitteln war im Großmaßstab erst möglich, nachdem seit etwa 1950 die Prozesse auf Edelstahl umgestellt worden waren. Nicht nur Tanks, auch Leitungen, Ventile, technische Geräte wie Erhitzer, Pumpen, Filter. Alles hatte sich dem Prinzip Lebensmittelsicherheit und Verbraucherschutz zu unterwerfen.

Zur Lagerung von Lebensmitteln wurden in der Vergangenheit viele nicht-inerte oder nicht-sterilisierbare Behälter eingesetzt, heute kommen sie praktisch nur noch in Sonderfällen zum Einsatz:

- Holzfässer z. B. für Wein oder Spirituosen
- Kunststofftanks
- ausgekleidete Betonbehälter
- Glastanks

Im Fall von Holzfässern bzw. Barriques sind die Behälter zusätzlich über einen Gasaustausch bzw. Abgabe von Phenolen eine Art Behandlungsmittel. Abbildung 5.7 zeigt Edelstahl-La-

Abb. 5.7
Edelstahltanks mit Kühleinrichtung in Form eines doppelten Mantels (oben links); Rohrleitungssystem mit manuell zu bedienenden Ventilen und Verbindungen (unten rechts); Barriquefässer aus Eichenholz (unten links)

gertanks als Batterie angeordnet neben einem Spezialbehälter mit Kühleinrichtung als Prozesstank sowie einige Barriques, traditionelle Weinlagerbehälter mit 223 Litern Fassungsvermögen.

5.2.2 Nichtrostende Stähle in der Lebensmittelwirtschaft

Die **Korrosionsbeständigkeit** von nichtrostenden Stählen wird erreicht, indem Roheisen nicht nur mit Kohlenstoff, sondern vor allem mit den Schwermetallen Chrom, Nickel, Molybdän und Titan legiert wird. Die Art der Schwermetalle, ihre Menge, die Behandlung der Schmelze und Weiterbehandlung bestimmen die Eigenschaften. Die Metallurgie hat seit der Erfindung der Edelstähle vor 100 Jahren über 120 verschiedene Werkstoffe geschaffen, von denen im Lebensmittelbereich hauptsächlich vier eingesetzt werden. Diese Werkstoffe tragen die in Europa üblichen Nummern 1.4301, 1.4307, 1.4401 und 1.4571. Sie sind zusammen mit allen anderen Edelstählen in DIN EN 10088 spezifiziert. In den USA wird die korrespondierende AISI-Nummer verwendet („American Iron and Steel Institute", AISI, ist der nordamerikanische Branchenverband der Stahlindustrie). Die Angabe z. B. bei 1.4301 mit X5CrNi18-10 bezeichnet die Zusammensetzung des Stahls: $<0{,}05\,\%$ Kohlenstoff, 18 % Chrom und 10 % Nickel. Ab etwa 18 % Chromanteil ist eine Beständigkeit gegen Fruchtsäuren gegeben, die durch den Nickelanteil noch weiter verbessert wird. Ein Molybdänanteil erhöht die Beständigkeit z. B. gegen schweflige Säure, Titanzusätze verbessern die Schweißbarkeit des Stahls.

Werkstoff mit der Nr. 1.4301 (X5CrNi18-10), AISI 304 (V2A): 1.4301 war der erste kommerzielle, nichtrostende Stahl und ist heute mit einem Produktionsanteil von 33 % der am häufigsten eingesetzte. Standardbehälter und Rohrleitungen bestehen meist aus diesem Material. Es ist ein säurebeständiger 18/10 Chrom-Nickel-Stahl, der wegen seines niedrigen Kohlenstoffgehalts nach dem Schweißen bei Blechstärken bis 5 mm auch ohne nachträgliche Wärmebehandlung interkristallin beständig ist. Der Stahl hat eine sehr gute Polierfähigkeit und eine besonders gute Verformbarkeit durch Tiefziehen, Abkanten, Rollformen etc. Er ist unbeständig gegenüber Chloridionen, die Korrosionsbeständigkeit kann durch Elektropolieren erhöht werden.

Werkstoff mit der Nr. 1.4307 (X2CrNi18-9), AISI 304L: Er macht etwa 20 % der Produktion von nichtrostenden Stählen aus. Die chemische Beständigkeit ist vergleichbar mit der von 1.4301, sodass auch gleichartige Anwendungsmöglichkeiten bestehen. Die Kosten für 1.4307 sind bei gleicher Korrosionsbeständigkeit geringer als für 1.4301.

Werkstoff mit der Nr. 1.4401 (X5CrNiMo17-12-2), AISI 316 bzw. 1.4404 (X2CrNiMoTi17-12-2) (V4A): Beide Werkstoffe sind ein rostfreier Stahl mit ausgezeichneter Korrosionsbeständigkeit. Sie werden bevorzugt verwendet für Tanks, die höhere SO_2-Mengen verkraften müssen oder für Tankdeckel. Dort wird eine erhöhte Beständigkeit benötigt, weil sich im Kondenswasser schweflige Säure konzentrieren kann. Der Werkstoff ist ein Chrom-Nickel-Stahl mit Molybdänzusatz, er ist gut kalt umformbar (biegen, stanzen, tiefziehen), allerdings nicht leicht zerspanbar. Dieser Stahl ist mit allen gängigen Methoden leicht schweißbar. Nach dem Schweißen muss ein Weichglühen mit anschließendem Abschrecken erfolgen, um das Risiko einer interkristallinen Korrosion auszuschließen.

Werkstoff mit der Nr. 1.4571 (X6CrNiMoTi17-12-2), AISI 316Ti: Dieser Werkstoff ist mit allen bekannten Schweißverfahren gut schweißbar. Eine Wärmebehandlung nach dem Schweißen ist im Allgemeinen nicht erforderlich. Die Stähle sind polierfähig, durch den Einschluss von sehr harten Titancarbiden können beim mechanischen Schleifen jedoch Riefen durch Aus- und Mitreißen der Titancarbidkörner in der Oberfläche erzeugt werden. Ihre Oberflächenstruktur ist deshalb für den Einsatz im pharmazeutischen Anlagenbau vielfach ungeeignet.

5.2.3 Edelstahlrohre

Nichtrostende, längsnahtgeschweißte Rohre spielen in den kontinuierlich arbeitenden und vollautomatisierten Betrieben der Lebensmittelindustrie eine Schlüsselrolle. Alternative Glasleitungen kommen allenfalls in Demonstrationsanlagen vor, flexible Schlauchleitungen finden höchstens als kurze Verbindungsstücke Verwendung. Seit März 2014 gilt für Edelstahlrohre die **EN 10357** als Ersatz für die DIN 11850. Die hauptsächlich verwendeten Werkstoffe entsprechen denen der Behälter. Rohre werden aus **kaltgewalzten Bändern (Coils)** der Oberflächenausführung 2B oder 2R (Kap. 5.2.4) hergestellt und im ersten Schritt zu einem Schlitzrohr verarbeitet. Mit hauptsächlich Laserschweißverfahren werden die Rohre geschlossen. Die Schweißnaht ist wanddickengleich abzuarbeiten und zu glätten.

5.2.4 Oberflächenbehandlung von Edelstählen

Wesentliche Verhaltensmerkmale einer medienberührten Edelstahloberfläche werden durch deren Topografie bestimmt. Diese beschreibt die geometrische Gestalt ihrer Oberfläche und beeinflusst unter anderem

- die Anlagerung und Freisetzung von Partikeln,
- die Anlagerung von Mikroorganismen und die Bildung eines Biofilms sowie
- das Reinigungsverhalten.

Ein Maß für die Beschreibung der Topografie und damit für die Reinigbarkeit von Edelstahltanks oder Rohrleitungen ist die **Oberflächenrauheit**. Je rauer sie ist, desto mehr Teilchen können sich in den Poren verfangen und werden erst durch eine langsame Diffusion herausgelöst. Der allgemein anerkannte und am häufigsten verwendete internationale Parameter für **Rauheit** ist der **Wert R_a**. Er ist das arithmetische Mittel aus den absoluten Ausgangspunkten der Rauheitsprofile von der Mittellinie. R_a wird in Mikrometer angegeben (siehe DIN EN ISO 4287:2010). Für eine gute Reinigung sind R_a-Werte der Oberflächen von $< 0{,}8\,\mu m$ erforderlich, für die Schweißnähte Werte $< 1{,}6\,\mu m$. Der R_a-Wert kann aber bei sehr unterschiedlich zerklüfteten Oberflächen (z. B. viele einheitlich kleine Unebenheiten vs. einigen tiefen „Schluchten") einen identischen Wert ergeben, er ist allein nur bedingt aussagekräftig. Als weitere Kenngröße zur Beurteilung der Rauheit wird die **gemittelte Rautiefe (R_z)** verwendet. Diese ist der arithmetische Mittelwert der Einzelrautiefen von aufeinanderfolgenden Einzelmessstrecken (Abb. 5.8). Ist die Einzelrautiefe R_a größer als die der Mikroorganismen im Produkt (Durchmesser d), können diese in die Untiefen eindringen und allenfalls noch über Diffusion herausgelöst werden (Abb. 5.8, unteres Bild). Bei R_a-Werten unter $0{,}8\,\mu m$ wird die Oberfläche als ausreichend glatt angesehen, allenfalls Milchsäurebakterien können begrenzt eindringen. An Oberflächen im Pharmabereich werden des Öfteren schärfere Anforderungen gestellt. Seit einigen Jahren gibt es optische Messgeräte, die Rauheitskenngrößen flächig messen können.

Die Rauheit einer Oberfläche kann durch die Behandlung gezielt beeinflusst werden. Tabelle 5.1 zeigt die Unterschiede bei kaltgewalzten Blechen, wie sie in der Lebensmittelwirtschaft eingesetzt werden. Standard sind die Bezeichnungen 2B und 2R (alte Bezeichnungen: IIIc und IIId), für besondere Ansprüche wird zusätzlich elektropoliert, um die Rauigkeit weiter zu verringern. Die Reinigung dieser glatten Flächen ist besonders effektiv.

Nicht blankgeglühte Stähle müssen vollständig **gebeizt** und **passiviert** werden. Zweck der Beizung ist, den durch den Warmwalzprozess an der Oberfläche entstandenen festen Abbrand, den **Zunder**, zu entfernen. In einer Durchlaufbeize wird das Band abgewickelt, gerichtet, das Ende des vorherigen sowie der Anfang des neuen Bands nach einem Schnitt zu einem „endlosen" Band verschweißt und durch Salzsäure- oder Schwefelsäurebäder gefördert. Nach dem Beizen werden die Stahlbänder in einer Wasserkaskade gespült und in der Regel mit NaOH alkalisiert, um die Säure an der Oberfläche zu neutralisieren. Die anschließende Passivierung ist eine gezielt erzeugte Schutzschicht, die die Korrosion des Materials verhindert oder stark

Abb. 5.8
links: Einfluss der Oberflächenrauheit auf den Reinigungseffekt (Hofmann 2008)
rechts: Ra- und Rz-Werte; Ra = arithmetrischer Mittelwert der Absolutbeträge der Ordinatenwerte innerhalb der Einzelmessstrecke lr; die gemittelte Rautiefe (Rz) ist der arithmetische Mittelwert der Einzelrautiefen von aufeinanderfolgenden Einzelmessstrecken (nach DIN EN ISO 4287)

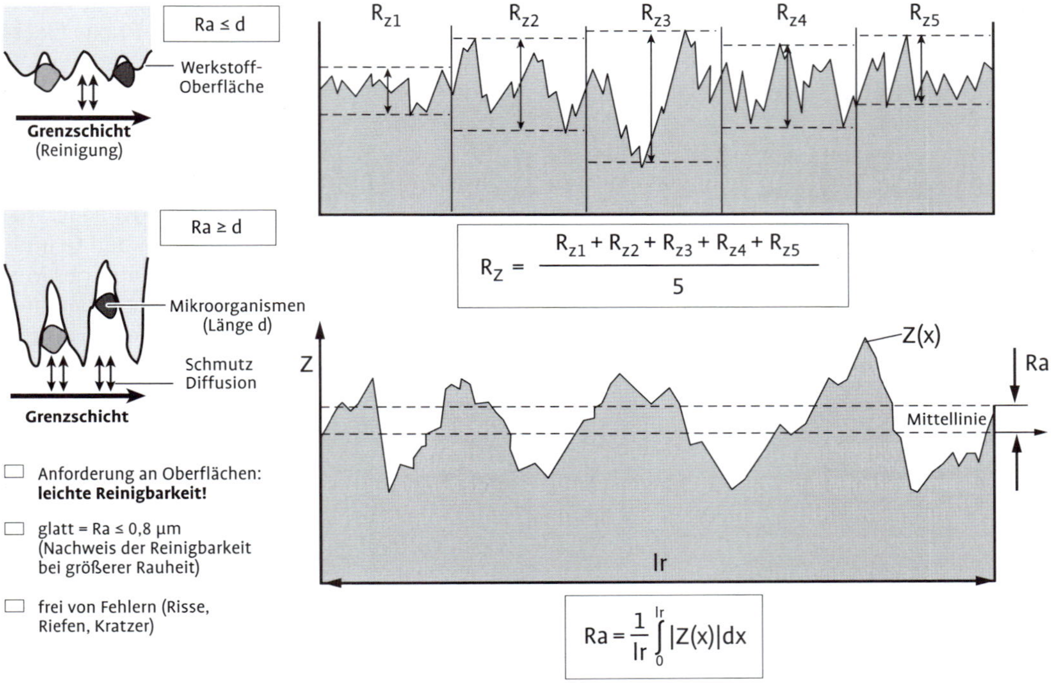

verlangsamt (Kap. 5.2.5). Unter **Glühen** (Blankglühen) versteht man das Anwärmen, Durchwärmen und Abkühlen von Halbzeugen oder Werkstücken zur Erzielung definierter Werkstoffeigenschaften. Glühen zielt auf die Bildung eines feinkörnigen Gefüges von Kristalliten, die gleichmäßig über das Werkstück verteilt sind. Es kann den Beiz- und Passivierschritt ersetzen (z. B. bei Rohren nach 2R mit verbesserter Reinigigungsfähigkeit).

Tab. 5.1
Unterschiede in der Oberfläche kaltgewalzter Edelstahlbleche (nach DIN EN 10 028).

kaltgewalzt	2H	kaltverfestigt	blank, zur Erzielung höherer Festigkeitsstufen kalt umgeformt	III a
	2C	kaltgewalzt, wärmebehandelt, nicht entzundert	glatt, mit Zunder von der Wärmebehandlung für die hitzebeständige Güte 1.4841	III s
	2D	kaltgewalzt, wärmebehandelt, gebeizt	glatt, gute Umformbarkeit, aber nicht so glatt wie 2B oder 2R	III b
	2B	kaltgewalzt, wärmebehandelt, gebeizt, kalt nachgewalzt	glatter als 2D, Standard für die meisten kaltgewalzten Stahlsorten	III c
	2R	kaltgewalzt, blankgeglüht	glatt, blank, reflektierend, glatter und blanker als 2B	III d oder BA

5.2.5 Korrosion

Korrosion (von lat. corrodere, „zersetzen, zerfressen, zernagen“) ist die Reaktion eines Werkstoffs mit seiner Umgebung, die eine messbare Veränderung des Werkstoffs bewirkt und zu einer Beeinträchtigung der Funktion eines Bauteils oder Systems führen kann (DIN EN ISO 8044). Die wohl bekannteste Art von Korrosion ist die Oxidation von Eisen, umgangssprachlich als **Rosten** bezeichnet. Diese Korrosion ist ein naturgegebener Vorgang. Die Metalle müssen bei der Herstellung mit hohem Energieaufwand aus ihrer üblichen Verbindung als Oxid oder Sulfid reduziert werden, sie weisen danach ein hohes Energiepotenzial auf. Die Gesetze der Entropie nötigen sie, wieder in die energieärmere, oxidische Form überzugehen, also zu korrodieren. Die Korrosionsbeständigkeit der Edelstähle beruht auf der Bildung einer **Passivschicht** aus Chromoxid. Dieser Schutzfilm von 10 nm Dicke (ca. 50 Atomlagen) baut sich bei Anwesenheit von Sauerstoff auf natürlichem Wege auf. Die oxidische Eigenschutzschicht verhindert den Übergang eines Metallatoms im Gitter in ein Metallion im Elektrolyten. Chlorhaltige Reinigungsmittel können problematisch werden, wenn sie in saurer Lösung eingesetzt werden und dabei freies Chlor entsteht. Dann wird die Passivierungsschicht an der Oberfläche zerstört, und es droht Lochfraß.

Bei der Korrosion von Metallen läuft ein elektrochemischer Redoxvorgang ab: Das Metall wird oxidiert, ein Elektrolyt reduziert. Metalle besitzen einen kristallinen Aufbau. Auf festen Gitterplätzen sitzen positiv geladene Atomrümpfe, die von negativ geladenen, sehr beweglichen Elektronen umkreist werden. Deswegen sind Metalle üblicherweise gute Leiter. Wird eine ungeschützte Metalloberfläche von einem Elektrolyten benetzt, so bildet sich ein sogenanntes Lokalelement. Dieses ist gekennzeichnet durch einen anodischen und einen kathodischen Bereich. Bei der Korrosion löst sich ein Atomrumpf aus dem Metallgitter und geht in die umgebende Flüssigkeit über (sogenannte anodische Teilreaktion), wird in einer sekundären Reaktion oxidiert und im Zuge eines Stofftransports ausgeschwemmt. Durch diesen Vorgang ist die Ladungsneutralität im Gitter gestört, es lädt sich negativ auf. Gleichzeitig erhält die Umgebung eine positive Ladung. An der Phasengrenzfläche würde sich ein Gleichgewicht einstellen zwischen abgebenden und aufnehmenden Ionen, also zwischen Auflösung und Anlagerung. Da in der Praxis Elektrolyte aber Elektronenakzeptoren für eine kathodische Teilreaktion enthalten, wird der Ablösungsvorgang fortgesetzt.

Die freien Elektronen werden auf Protonen übertragen, die im sauren Milieu im Überschuss zur Verfügung stehen. Die zugehörigen Elektronen fließen von der Anode durch den Grundwerkstoff zur Kathode. Die Intensität des Metallabtrags ist eine Funktion der Potenzialdifferenz zwischen Elektrolyt und Metall, also eine stoffspezifische Größe. Während unlegierter Stahl mit einem Potenzial von −610 mV, gemessen gegen eine gesättigte Kalomelelektrode, hohe Korrosionseigenschaften besitzt, springt bei Eisen-Chrom-Legierungen ab 12 % Chromanteil das Potenzial steil in den positiven Bereich (Schäuble, 1987). In Wasser und Luft ist dann keine Korrosion mehr möglich.

Korrosion an Edelstählen kann in Lebensmittelbetrieben durch zumindest lokal sehr hohe SO_2-Konzentrationen entstehen, meist aber durch chlorhaltige Reinigungsmittel in saurem Milieu. Die durch Korrosion verursachten Veränderungen eines Bauteils weisen hauptsächlich drei der zahlreichen möglichen Erscheinungsformen auf:

- die Lochfraßkorrosion
- die Spannungsrisskorrosion
- die interkristalline Korrosion

Lochfraß erfasst eng begrenzte Stellen und bildet im Anfangsstadium feine, punktförmige Vertiefungen, die sich sehr schnell vergrößern und zum Ausfall des Teils führen. Hauptursache sind Chloridionen in saurem Medium und/oder in Gegenwart von Oxidationsmitteln. Diese finden sich besonders in Reinigungs- und Desinfektionsmitteln. Lochfraß setzt nicht unmittelbar, sondern erst nach einer Kontaktzeit ein. Die Einwirkzeit von Reinigungsmitteln muss deshalb kürzer sein als die Inkubationszeit, Empfehlungen der Hersteller haben diesen Effekt zu berücksichtigen.

Spannungsrisskorrosion ist die am meisten gefürchtete Korrosionsart, da sie häufig erst dann sichtbar wird, wenn es zu Durchbrüchen kommt. Sie entsteht durch ein aggressives Medium in Verbindung mit Zugspannungen, wobei örtlich die Passivschicht aktiviert und damit unwirksam wird. Die Zugspannungen können bei bewegten Teilen mechanisch entstehen, aber auch bereits im Werkstoff enthalten sein als Folge des Verarbeitungsprozesses.

Interkristalline Korrosion kann auftreten, wenn sich chromreiche Mischcarbide gebildet haben und entlang der Korngrenze ausgeschieden sind. Der hohe Chromanteil stammt von der benachbarten Grundmasse, die dadurch an Chrom verarmt und korrosionsanfällig wird. Die Ausscheidung der Chromcarbide erfolgt, wenn Edelstähle hohen Temperaturen ausgesetzt werden (Schweißen, Schleifen von Metall auf Metall usw.).

Beispiel für die Werbung für einen Schaltschrank (Produktdatenblatt), die zahlreiche Elemente der Kapitel 5.2.1–5.2.5 enthält: „Unser Portfolio reicht von Klemmenkästen und Wandgehäusen bis zu klassischen Standschränken, je nach Anforderung sowie gewünschter Gehäusegröße zwischen 1,25 Millimeter und drei Millimeter Wandstärke. Wir fertigen standardmäßig in Edelstählen der Güte 1.4301, 1.4404, 1.4571 oder 1.4462 mit einer mittleren Oberflächenrauheit von weniger als 0,8 Mikrometer. Dazu gehört das Vermeiden von Totzonen und Kontaminationen sowie das Verhindern des Eindringens von Staub und Feuchtigkeit. Der flussoptimale Neigungswinkel von mindestens 13 Grad beim Korpusdach vermeidet beispielweise das Festsetzen von Schmutz. Weiter ermöglicht die überstehende Kante das Abtropfen von Flüssigkeiten ohne Frontbeschmutzung. Die Oberflächen der Edelstahlgehäuse sind in Tropfrichtung feingebürstet.

Selbstverständlich erfüllt die Hygienic-Line die Anforderungen, die in den Normen DIN EN 1672, DIN EN ISO 14159 und in der Maschinenrichtlinie gefordert sind. Bei der Konstruktion orientieren wir uns an den EHEDG-Guidelines 8 und 13 sowie dem Regelwerk ASI 11.03/09 der Berufsgenossenschaft – vor allem aber auch an unserem seit Jahrzehnten gewachsenen Know-how."

5.2.6 Aluminium

Bei einzelnen Prozessschritten, vor allem aber als Verpackungsmaterial kommt das Leichtmetall Aluminium zum Einsatz. Entdeckt wurde Aluminium im frühen 19. Jahrhundert, als die Chemiker nach und nach das Periodensystem zusammenzusetzen lernten. Mitte des 20. Jahrhunderts begann die industrielle Massenproduktion, die die Erzeugung seit 1960 rund verzehnfacht hat. Das Ausgangsmaterial für die Aluminiumproduktion ist **Bauxit**, das ungefähr 60 Prozent Aluminiumhydroxid enthält. Das Metall wird elektrolytisch und mit hohem Energieaufwand aus einer Aluminiumoxidschmelze gewonnen.

Die bekanntesten Produkte aus Aluminium im Lebensmittelbereich sind die Haushaltsfolie, alle Arten von Dosen oder rechteckige Verpackungsbehälter. Aus Aluminium werden zudem Kochtöpfe und Küchengeräte wie die klassische italienische Espressokanne hergestellt. Kunststoffbehälter, zum Beispiel für Joghurt oder Frischkäse, sind häufig mit einem dünnen Aluminiumdeckel verschlossen. Bei der Verwendung als Verpackungsmaterial nutzt man das geringe Gewicht, aber auch die Undurchlässigkeit gegenüber Sauerstoff oder Licht. Im Jahr 2017 entfielen 17 Prozent der europäischen Aluminiumverwendung allein auf Verpackungen. Eine wichtige Eigenschaft von Aluminium ist die Möglichkeit, durch Walzen extrem dünne Folien zu erzeugen. So lassen sich Verbundsysteme herstellen, die Aluminiumfolien mit lediglich sechs Mikrometern Dicke enthalten. Auch können Kunststofffolien oder Kartons durch Bedampfen mit einer dünnen Aluminiumschicht eine hohe Barrierefunktion erzielen. Aluminium wird gesundheitlich zunehmend kritisch gesehen. Zu hohe Aufnahmen können das Nervensystem, die Nieren oder Knochen schädigen. Die EFSA empfiehlt eine maximale Aufnahme von max. 1 mg/Kg Körpergewicht. Die Hälfte davon soll bereits über die Nahrung aufgenommen werden, besonders bei einer Aufbewahrung in Alu-Folie.

5.2.7 Kunststoffe in der Lebensmitteltechnik

Die Geschichte der Kunststoffe reicht 150 Jahre zurück. Auf der Suche nach einem Ersatz für Elfenbein zur Herstellung von Billardkugeln oder Klaviertasten machte sich ein gewisser John Wesley Hyatt um das Wohl von Elefanten und Nashörnern verdient. Aus Schießbaumwolle und Kampfer zauberte er einen Ersatzstoff, der den Namen Zelluloid erhielt. So begann im Jahr 1870 das Kunststoffzeitalter mit der Produktion von Zelluloid. Das englische Wort für Kunststoff ist plastic, im Begriff **Plastik** eingedeutscht und wird als sprachlich eingängiges Synonym für Kunststoff verwendet. War das Prinzip der Stoffschöpfung einmal durchschaut, kannte der Spieltrieb der Forscher bald keine Grenzen mehr. Im Jahr 1907 erblickte der Kunststoff-Highlight Bakelit das Licht der Welt, ab 1935 verbreitete sich Nylon in Fallschirmen und Damenstrümpfen, seit 1958 nutzt es LEGO für die beliebten Steinchen und weitere 10 Jahre später fuhr das erste Auto mit einer Plastik-Stoßstange.

Kunststoffe sind Polymere wie Stärke oder Glykogen, die Glukose als Basismolekül enthalten. Auch bei einem Kunststoff reiht sich ein geeignetes Basismolekül zu einer langkettigen Verbindung zusammen und ergibt etwas Neues mit besonderen Eigenschaften. Er kann je nach Ausgangsmaterial hart wie Stahl, bruchfest wie Holz, elastisch, beständig gegen fast alle Medien, gasdicht wie Glas und vieles mehr sein. Und vor allem ist Kunststoff vergleichsweise leicht und lässt sich in extrem dünne und doch reißstabile Folien ziehen.

Die Produktion von Kunststoffen explodierte nach dem 2. Weltkrieg. Aus 1,7 Millionen Tonnen im Jahr 1950 wurden rund 400 Millionen Tonnen, davon ein Viertel in Europa, und alles hergestellt aus Erdöl. Heute gibt es Kunststoffe in fast unendlicher Vielfalt, und viele spielen in der Lebensmittelwirtschaft vor allem als Verpackung eine wichtige Rolle. (Abbildung 5.9; Quelle: Statista 2024).

Beispiel Zellophan: Wer Marmelade selber herstellt, kennt die dünne, farblose und durchsichtige Folie mit dem Namen Zellophan oder Zellglas. Unter dem Deckel über das Glas gespannt, sind Keime abgeschirmt und Wasserdampf kann entweichen. Zellophan wurde 1908 von dem Schweizer Jacques Edwin Brandenberger erfunden und unter dem Namen Cellophan vermarktet. Er stellte es aus Cellulose her, aufgelöst in Natronlauge und Schwefelkohlenstoff. Dabei entsteht reine, transparente Cellulose, die mit Glyzerin vermischt wird. Bis heute werden trotz eines hohen Herstellpreises Zigaretten und Tabakwaren, Süßwaren, Backwaren, Käse oder Fleischwaren in Zellglas verpackt. Noch in den 1950er-Jahren war Zellglas praktisch die einzige Verpackungsfolie. Die Tatsache, dass die verpackte Ware sichtbar blieb, verhalf dem Pionierkunststoff zum großen Erfolg.

Beispiel PET-Flasche: Kunststoff-Flaschen waren lange Zeit für kohlensäurehaltige Flüssigkeiten wie Bier oder Cola ungeeignet, der Gasdruck konnte sie zum Platzen bringen. Erst seit 1973 steht für derartige Inhalte ein stabiler Kunststoff zur Verfügung. Die Stabilität wurde erreicht durch Quer- und Längsverschränkung der langen Molekülketten in einem eigens dafür entwickelten Streckblas-Verfahren. Der Erfinder Nathaniel Wyeth, ein amerikanischer Ingenieur, schaffte das mit einem neuen Material: Dem Polymer Polyethylenterephthalat, besser bekannt unter der Abkürzung PET. Es hat Glasflaschen in kurzer Zeit den Rang abgelaufen, ist transparent, robust und besitzt zusätzlich die überragende Eigenschaft, als Einzelkunststoff voll recyclingfähig zu sein. 1999 sollen bereits 10 Milliarden Stück produziert worden sein. Im Jahr 2022 lag die PET-Produktion weltweit bei 70 Millionen Tonnen, hauptsächlich für Getränkeflaschen. Der Getränkeriese Coca-Cola allein wirft inzwischen jährlich über 80 Milliarden Einweg-Plastikflaschen auf den Markt. Dank der Möglichkeit zu Recycling bestehen fast die Hälfte der in den USA hergestellten Polyesterteppiche aus ehemaligen PET-Flaschen.

Segen und Elend moderner Verpackungen: Verpackungen umschließen in Deutschland fast alle Lebensmittel: Wasser in PET-Flaschen, Säfte in Kartons aus Verbundmaterialien, Joghurt oder Quark in Kunststoffbehältern mit Alu-Folie als Deckel, Fleisch, Wurst oder Käse in durchsichtigen Folien oder Behältern. Ohne

Abb. 5.9
Produktion von Kunststoffen

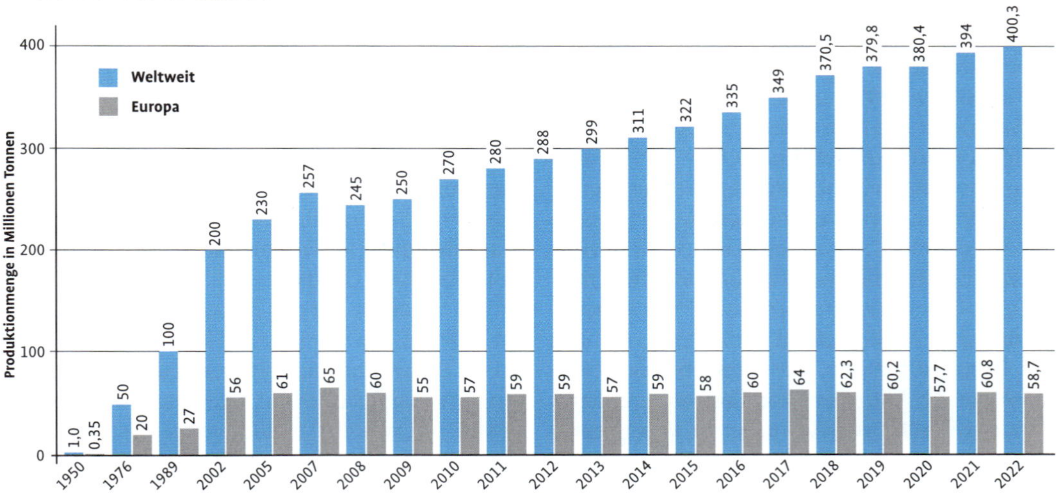

moderne Verpackung gäbe es die heutige Versorgung mit Lebensmitteln nicht. Die Hauptlast der Verpackung wird von Kunststoffen getragen. Jeder Deutsche produziert derzeit 220 Kilogramm Verpackungsmüll im Jahr, davon 38 Kilogramm Kunststoff. Im Jahr 2016 wurden 2,8 Milliarden Einwegbecher verbraucht, dazu kommen 1,3 Milliarden Deckel aus Kunststoff. In jeder Stunde landen demnach 320 000 Becher im Müll, wie das Umweltbundesamt (UBA) errechnet hat. Sechs von zehn der typischen Pappbecher, in denen der Cafe-to-go üblicherweise ausgeschenkt wird, haben eine Kunststoffbeschichtung, die ein Recycling schwer macht. Die Deckel bestehen sogar komplett aus Plastik.

Die große Stabilität der Kunststoffe ist gleichzeitig ihr großer Nachteil: die nur sehr langsame Zersetzung. Plastikflaschen halten bis zu 450 Jahre durch, Plastiktüten immer noch 10 bis 20. Inzwischen ist eine Kunststoff-Flut entstanden, die die Meere zumüllt, Fischen gefährlich wird und deren kleine und kleinste Zersetzungsprodukte als Mikroplastik in jedem Zipfel der Erde zu finden sind. Sogar in Honig, Salz oder Zucker. Besonders kritisch werden Verbundstoffe aus unterschiedlichen Kunststoffen gesehen. Die lassen sich kaum wieder trennen und sind praktisch nicht zu recyclen.

Nicht zuletzt öffentlicher Druck lässt Wissenschaft und Industrie intensiv nach bioabbaubaren Kunststoffen suchen. Ob einer der zahlreichen Versuchsansätze in absehbarer Zeit zu einem Ergebnis führt, das die gewünschten Eigenschaften für eine Verpackung mit raschem Zersetzen verbindet, ist derzeit noch offen. Ein weiterer Ansatz, die Kunstsoffflut zu reduzieren, ist die Mehrfachverwendung mit geeigneter Reinigung wie beim Glasrecycling. Nicht nur Kunststoffe, auch Papierkartons oder Blechdosen, Verpackungsmüll jeder Art ist zu einer Landplage geworden. Deutschland und viele andere Länder haben mehr oder weniger effiziente Recyclingsysteme entwickelt. Hierzulande werden knapp die Hälfte der Kunststoffe verbrannt und dadurch energetisch verwertet, etwa 15 Prozent recycelt. Ein weiterer Teil landet aber auf Deponien oder gelangt unkontrolliert in der Umwelt. Weltweit enden dort noch immer riesige Mengen, ein Umweltbewusstsein ist nicht überall ausgeprägt. Das Sündenregister einiger Lebensmittelgiganten ist dabei groß: Bei einer weltweiten Sammelaktion von Plastikmüll (sechs Kontinente, 239 Orte) konnten fast die Hälfte der Verpackungen Coca-Cola und PepsiCo zugeordnet werden (siehe auch Kap. 6.4.6).

Die Verpackungsflut ist vor allem eine Folge des heutigen Einkaufsverhaltens bei drei großen Handelsunternehmen und zwei Discountern. Frischetheken sind dort auch vorhanden, aber zubereitete Industrieprodukte dominieren. Seit vielen Jahren liegt der Anteil verarbeiteter Lebensmittel mit entsprechender Verpackung je nach Definition zwischen 60 und 70 %. Zwischen der Herstellung und dem Verkauf können aufgrund der dezentralisierten Produktion Tage liegen, bei bestimmten Lebensmitteln Wochen, eine Zeit, die die Lebensmittel ohne Qualitätsverlust verkraften müssen. Die Verpackungen der Lebensmittel schützen den Inhalt vor Beschädigungen, vor Wasserdampf, vor Licht, vor der Aufnahme von Umweltgerüchen, vor dem Verlust von Aromen, vor Verunreinigungen und vor allem vor Mikroorganismen. Ohne geeignete Verpackung wäre die häufige Umlagerung auf dem Weg zum Händler ebenfalls so unmöglich wie raumsparendes Transportieren überhaupt. Druck oder Stoß und Temperatureinflüsse werden gemildert. Das alles sind Schutzfunktionen, die der Handel verlangt.

5.3 Sensor-Messtechnik: Erfassung und Verarbeitung von Messdaten

Die Erfassung einer Fülle von Messwerten während der Produktion ist kein Selbstzweck, sondern die Voraussetzung für eine qualitätsorientierte Prozessführung. Ohne detaillierte Informationen gleicht die Produktion einem Blindflug, standardisierte Produkte sind kaum möglich. Zudem hat der Gesetzgeber zahlreiche Anforderungen definiert, die aus Gründen der Qualitätssicherung, zur eigenen Sicherheit, aber nicht zuletzt zum Schutz des Konsumenten erfüllt werden müssen und vor allem durchgängige Messungen sowie eine lückenlose Dokumentation beinhalten (Kap. 2). Die Miniaturisierung von Sensoren und die Digitalisierung haben in den letzten Jahren zahlreiche innovative Möglichkeiten neu geschaffen und sowohl Anschaffung als auch Unterhalt dieser Technik erschwinglich gemacht. Die Anforderungen an die unterschiedlichen Betriebsgrößen unterscheiden sich weniger in der Fülle der erforderlichen Daten als vielmehr in der Automatisierung von Erfassung und Verarbeitung. Die Automatisierung ermöglichte eine sich selbst überwachende Produktion, wo Sollwerte ständig mit den Ist-Werten abgeglichen werden und das System sich selber stabilisiert. Unter dem Begriff **Mess-, Steuer- und Regelungstechnik** (MSR) wird die dazu erforderliche Soft- und Hardware zusammengefasst.

Die Grundbegriffe der Regelungstechnik sind in DIN IEC 60050-351:2014-09 definiert. Bei einer Steuerung handelt es sich um einen offenen Wirkungskreislauf ohne automatischen Soll-Ist-Vergleich. Der Momentanzustand wird dabei nicht berücksichtigt, Störungen erkennt das System nicht. Ein Beispiel dafür ist die Tankbefüllung über eine Pumpe, die bei Erreichen des Sollwertes gestoppt wird. Sinkt der Füllgrad, muss die Pumpe wieder gestartet werden.

Eine **Regelung** findet in einem **Regelkreis** statt. Der Regelkreis ist der in sich geschlossene Wirkungsablauf für die Beeinflussung einer physikalischen Größe, der **Regelgröße**, in einem Prozess. Entscheidend ist die Rückführung des aktuellen Werts an den Regler, der einer Abweichung vom **Sollwert** kontinuierlich entgegenwirkt (negative Rückkopplung). Der Regelkreis soll ein gutes Führungsverhalten haben, d. h. nach einer Sollwert-Änderung wird ein dynamisches Verhalten gewünscht, mit dem die Regelgröße sich dem Sollwert wieder rasch annähert. Neben diesem dynamischen Verhalten spielt die stationäre Genauigkeit eine Rolle. Im Fall einer Temperaturmessung werden keine Temperaturen miteinander verglichen, sondern Abbildungsgrößen der Temperatur, die technisch gut miteinander vergleichbar sind. Schaltet man z. B. als Sensor einen temperaturabhängigen Widerstand mit einem ohm'schen Widerstand als Spannungsteiler zusammen, kann man über einen der Widerstände eine der Temperatur proportionale Spannung messen. Der Temperatur-Sollwert wird mit einem an Spannung liegenden Potenziometer erzeugt. Der Vergleich beider Signale erfolgt im Allgemeinen durch eine Differenzbildung zwischen dem Sollwert und dem Temperatur-Istwert, z. B. durch eine elektronische Subtrahierschaltung. Die Auswahl des Signalausgangs richtet sich nach der eingesetzten Messwertverarbeitung. In den meisten Fällen reicht ein 4–20 mA/ HART-Signal, das mit einen Bildschirmschreiber oder Datenlogger mitverfolgt und aufgezeichnet werden kann. Gemessen werden die Sollgröße und die Istgröße als sogenannte Führungsgröße kontinuierlich. Regelungen können stetig oder unstetig erfolgen. Im ersten Fall greift der Regler kontinuierlich in den Prozess ein, im zweiten springt er zwischen zwei diskreten Werten hin und her. Durch das sprunghafte Einschalten des Reglers schwankt die Regelgröße innerhalb einer vorzugebenden Schwankungsbreite.

Regelstrecken werden hauptsächlich durch ihr Zeitverhalten charakterisiert. Bei Massenströmen oder in Drucksystemen sind der Aufwand gering und die Regelgenauigkeit vergleichsweise hoch, deutlich länger dauert die Einstellung bei Aufheizvorgängen in Anlagen. Rohre, Behälter und Armaturen müssen die Temperaturerhöhung ebenfalls mitmachen.

Abbildung 5.10 zeigt beispielhaft eine Gärtemperaturregelung mit Doppelmanteltanks bzw. eingehängten Kühlelementen. Eine zentrale Wasserversorgung mit Hin- und Rückführleitung versorgt alle zu regelnden Tanks. Sie sind über kurze Schläuche mit der Leitung verbunden. Ein Magnetventil ist über eine Steckdose mit dem Regler verbunden, der seinerseits von der Software seine Informationen erhält (unstetige Regelung). Eine aufwendigere Regelung zur Verstetigung eines Volumenstroms ist in Abb. 5.11 dargestellt. Der Prozessregler vergleicht Soll- und Istwert und steuert den Stellungsregler an. Der verändert bei einer Regelabweichung pneumatisch die Ventilstellung des Membranventils mit pneumatischem Membranantrieb (Fa. GEMÜ; www.gemu-group.com). Für weitergehende Informationen siehe z. B. Schumacher und Maurer 2014.

In Getränkebetrieben ist Messtechnik an zahlreichen Stellen zur Produktionssicherung not-

Abb. 5.10
System einer Gärsteuerung bei Kühlung mit Pillow-Plates (links) und eingehängten Kühlschlangen (rechts); Quelle: fp sensor systems GmbH

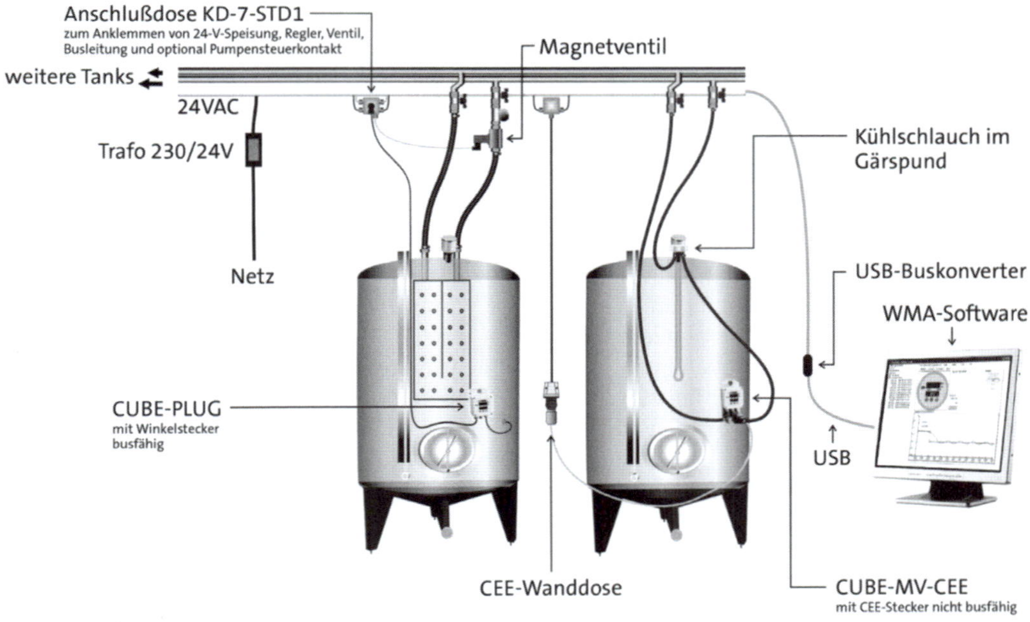

Abb. 5.11
Regelung zur Verstetigung eines Volumenstroms

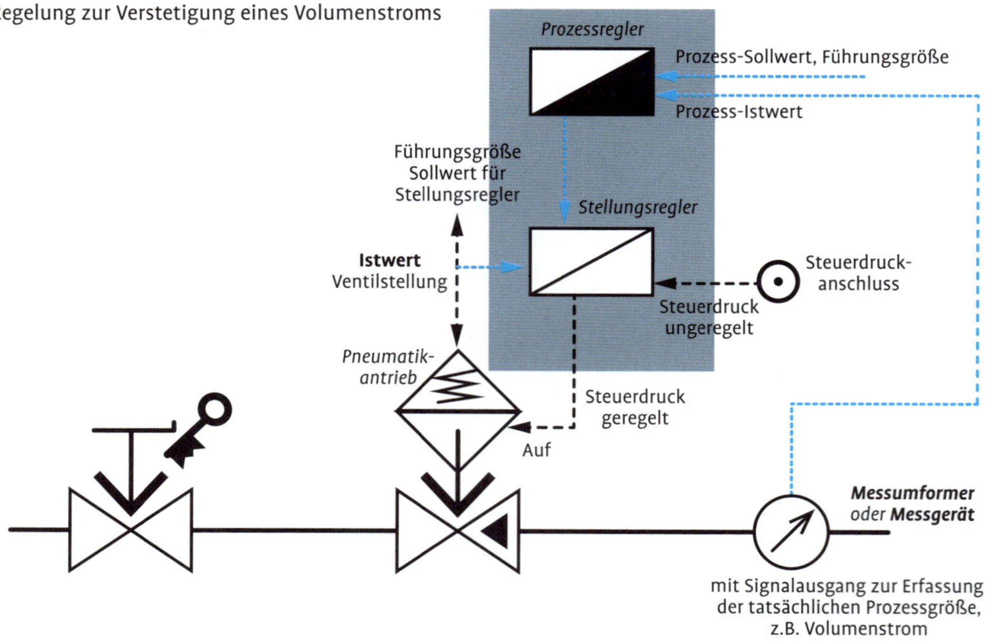

wendig. Nachfolgend eine Übersicht sinnvoller Kontrollen am Beispiel der Weinkellerei. Viele Messgrößen können auf andere Betriebsformen übertragen werden:

- **Qualitätserfassung** bei der Traubenannahme: Messung von Mostgewicht, pH-Wert, Säuregehalt, Phenolreife, Laccase-Aktivität usw.
- **Mengenerfassung** bei der Traubenannahme: im Mostbereich und im Weinstadium durch Wägung oder volumetrisch
- Messwerterfassung bei der alkoholischen Gärung: z. B. Alkoholzunahme, Zuckerabbau, Temperatur, CO_2-Entbindung, Extraktwert, Gärkurvenverlauf, Gesamtzellzahl, Lebendzellzahl, Schaumdetektion usw.
- **CO_2-Messung** im Keller zur Lüftungssteuerung bzw. im Zuge des Gasmanagements im Wein vor der Abfüllung
- **Sauerstoffmessung** bei oxidativem Ausbau: eventuell bei der Flotation, vor bzw. zum Start der alkoholischen Gärung; sinnvoll nach jedem technischen Gerät, vor allem bei der Abfüllung
- **Messung des Redoxpotenzials**
- **Füllstandsmessung:** eventuell als Gewichtserfassung mittels Drucksensoren unter den Füßen des Tanks
- **Leitfähigkeits- oder Dichtemessung** zur Phasentrennung: z. B. bei der chemischen Reinigung, bei Produktwechsel oder bei Produktausschub mit Wasser und umgekehrt, bei der Elektrodialyse zur Einsteinstabilisierung
- Messung von **Temperatur und Luftfeuchtigkeit** zur Steuerung des Raumklimas: eventuell mit Befeuchtung der Frischluft
- **Druckmessung** in Drucktanks, Plattenapparaten, Leitungen, Filtersystemen, Gasvorratsbehältern usw.
- **Trübungsmessung** an Filtern, nach Separatoren oder in der Klarphase des Sedimentationstanks
- **Bewegungssensoren** zur Lichtschaltung: eventuell zur Raumbelüftung
- **Strömungsmessung** zum Schutz empfindlicher Pumpen (auch Druckmessung)
- Füllmengenkontrolle, Dichtigkeitsprüfung, Flascheninspektion, Ausstattungskontrolle usw. im Zuge der **Abfüllüberwachung**

Je nach Betriebsgröße und Automatisierungsgrad kommt die Messtechnik als einfaches Handgerät oder als Prozessinstrument zum Einsatz. Bei der Auswahl von Geräten, die Lebensmittelkontakt haben, ist auf hygienisches Design zu achten. Dieses ist meistens durch eine EHEDG-Zertifizierung verifiziert. Das Gerät ist so einzubauen, dass es gut reinigbar ist und die Messstelle nach Betriebsende vollständig leerlaufen kann.

Leitfähigkeit: Die Bestimmung der elektrischen Leitfähigkeit erfolgt bei der Konzentrationsermittlung von CIP-Reinigungslösungen (Säure, Lauge), im Abwasserbereich, bei der Phasentrennung (Produkt/Wasser) oder auch bei der Weinsteinstabilisierung. Anhand der Messzellenkonstruktion unterscheidet man drei Sensortypen. Konduktive Sensoren decken einen Messbereich von 0,1 µS/cm bis 100 mS/cm ab und werden im Trink-/Brauch- und Abwasserbereich eingesetzt. Induktive Sensoren messen von 10 µS/cm bis 2000 mS/cm, ihr Einsatzgebiet ist die CIP-Reinigung. Der Messbereich von Vier-Pol-Leitfähigkeitssensoren liegt mit 1 µS/cm bis 500 mS/cm dazwischen und bietet je nach Anwendungsfall eine Alternative, besonders beim Einbau in Rohre mit kleinen Nennweiten.

Dichte/Konzentration: Die Bestimmung der Dichte spielt bei der Ermittlung des Mostgewichts oder Alkoholgehalts, der Überwachung des Gärverlaufs oder bei der Konzentrationsermittlung von Kühlmitteln eine wichtige Rolle. Mehrere physikalische Messprinzipien stehen zur Verfügung. Zur Messung des Zuckergehalts in einem Zweistoffgemisch wie Most eignen sich als Prozessgeräte Refraktometer, Biegeschwinger oder Coriolis-Massedurchflusssensoren. Alkohol- und Extraktmessungen in Mehrstoffgemischen wie Weinen können durch Kombination von Biegeschwinger- mit Schallgeschwindigkeitsmesssystemen durchgeführt werden. Zum Monitoring oder Steuern des Gärverlaufs kann die Messung der Dichteänderungen über Vibronik-Grenzstandmelder, Differenzdruckmessung oder indirekt über eine CO_2-Durchflussmengenmessung erfolgen.

Durchfluss: Da in der Weinkellerei nur leitfähige Flüssigkeiten als Durchflussmengen erfasst werden, ist ein magnetisch-induktives Durchflussmessgerät die erste Wahl. Für kleine Betriebe lohnt es sich auch solch ein Gerät transportabel auf ein fahrbares Edelstahlgestell zu montieren und über einen separaten Vorwahlzähler anzusteuern. Der Volumenstrom kann bis zu ± 0,5 % vom Messwert genau bestimmt werden. Müssen Mengen exakt bilanziert oder hochprozentige alkoholische Medien erfasst werden, so empfiehlt sich ein Coriolis-Massedurchflussmessgerät. Neben der Temperaturunabhängigkeit sind höhere Genauigkeiten bis zu ± 0,05 % die Vorteile dieses Messverfahrens. Zusätzlich kann hier die Dichte bzw. Konzentration des Mediums mit erfasst werden. Für technische Gase (CO_2, N) kommen thermische Massemesser bevorzugt zum Einsatz, bei Dampfmengenmessungen setzen sich immer mehr Wirbelzähler durch.

Füllstand: In Abhängigkeit der Applikation stehen verschiedene Messverfahren zur Auswahl. Am häufigsten kommen an Lagertanks frei abstrahlende Radar-Geräte zum Einsatz. Für Tanks, in denen der Wein zur Minimierung der Kontaktfläche für Sauerstoff randvoll bis in den Ausdehnungsdom hinein befüllt wird, bietet sich das geführte Radar-Messprinzip in Form von Seilsonden an. Eine weitere Möglichkeit sind Ultraschallgeräte, doch kann bei diesem Messprinzip die Genauigkeit durch Gasschichtungen über der Flüssigkeitsoberfläche (ausgasendes CO_2) beeinträchtigt werden. Die hydrostatische Füllstandmessung bietet sich als weitere Alternative an. Hier ist jedoch zu berücksichtigen, dass dieses Messprinzip von Dichteänderungen der Flüssigkeit sowie vom Druck im Tankkopfraum mit beeinflusst wird. Für Messungen in kleinen Behältern mit schnell wechselnden Füllständen, wie z. B. in Vorlagebehältern von Füllmaschinen, sind kapazitive Stabsonden am besten geeignet.

Grenzstand: Zur Voll- und Leermeldung und als Pumpenschutz haben sich Vibrationsgrenzschalter bewährt. Lediglich bei kleinen Rohrnennweiten, hochviskosen oder stark feststoffhaltigen Medien kommen konduktive Grenzstandmelder zur Anwendung.

Druck: In der Druckmessung wird zwischen drei Anwendungen unterschieden. In einem geschlossen System wie einer Rohrleitung oder

Abb. 5.12
Messprinzpien (Quelle: Endress und Hauser)

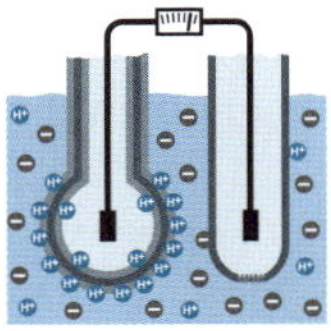

Potenziometrisches Messprinzip
(pH-Wert und Redoxpotenzial)

Beruht auf einer pH-sensitiven Glasmembran, an die sich Wasserstoffionen anlagern, wodurch sich ein elektrisches Potenzial bildet.

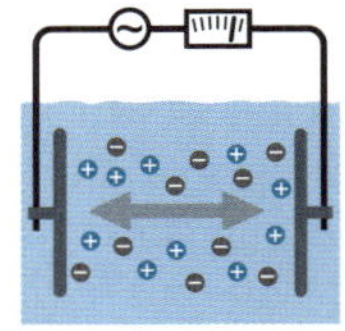

Konduktives Messprinzip
(Leitfähigkeit)

An zwei Elektroden, die sich im Medium befinden, wird eine Wechselspannung angelegt. Der Leitwert wird nach dem Ohm'schen Gesetz berechnet.

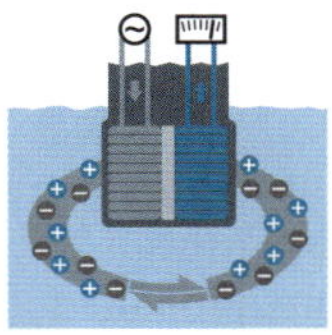

Induktives Messprinzip
(Leitfähigkeit)

Beruht auf wechselndem Magnetfeld, das Strom im Medium induziert, der ein Magnetfeld in der sekundären Spule erzeugt.

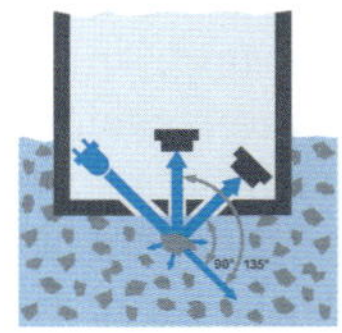

Optoelektronisches Messprinzip
(Trübung)

Ein Lichtstrahl wird durch das Medium geleitet und durch optisch dichtere Bestandteile abgelenkt.

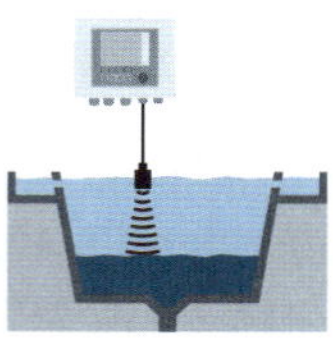

Ultraschall-Messung
(Trübung)

Ein piezoelektrischer Kristall erzeugt ein Ultraschallsignal, das zu Feststoffpartikeln gelangt und wieder zum Empfänger zurückkehrt.

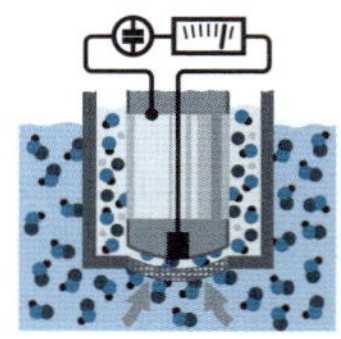

Amperometrisches Messprinzip
(Chlor- und Chloroxid bei Desinfektion)

Chlor wird an der Goldelektrode reduziert. Die Elektronenaufnahme ist proportional zur Chlorkonzentration.

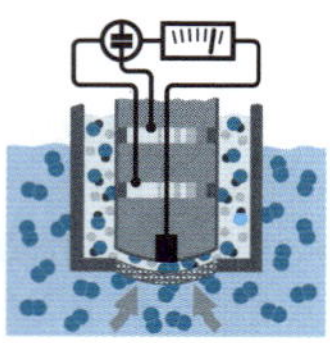

Amperometrisches Messprinzip
(Sauerstoff)

Sauerstoff gelangt über eine Membran zur Arbeitselektrode und wird zu Strom umgesetzt. Eine Gegenelektrode hält den Kreislauf in Gang.

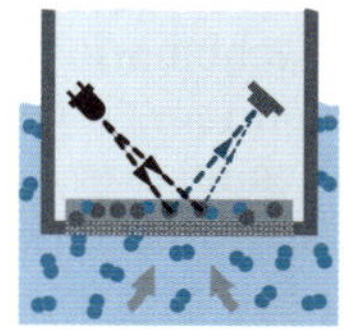

Fluoreszenzlöschung Messprinzip
(Sauerstoff)

Marker-Moleküle werden mit grünem Licht angeregt und antworten mit rotem Fluoreszenzlicht. Sauerstoffmoleküle adaptieren und verringern das Fluoreszenzlicht.

einem geschlossenen Tank wird eine Absolutdruckmessung durchgeführt. Der Drucksensor misst den Absolutdruck unabhängig vom atmosphärischen Umgebungsdruck. Will man dagegen in einem offenen Tank hydrostatisch den Füllstand messen, so verwendet man einen Relativdrucksensor. Die letzte Möglichkeit ist die Differenzdruckmessung, wie sie bei der Filterüberwachung eine Rolle spielt.
Die Membrane, die den Prozessdruck aufnimmt, kann aus Metall oder Keramik sein. Metallsensoren sind mit einem lebensmittelkonformen Öl gefüllt, welches den Druck direkt oder bei hohen Temperaturen und starken Vibrationen über einen Druckmittler auf das Messelement überträgt. Keramiksensoren benötigen kein Füllöl und werden daher als trockene Sensoren bezeichnet. In der Getränkeindustrie werden am häufigsten Metallsensoren eingesetzt. Es gibt sie in kondensatfester Ausführung mit einem robusten Temperaturschockverhalten (wichtig im CIP-Prozess). Keramiksensoren kommen in abrasiven Medien oder Vakuumanwendungen zum Einsatz.
Temperaturmesstechnik: Für die Führung des Gärprozesses ist eine Temperaturmessung unverzichtbar. Widerstandsthermometer mit Pt100-Elementen haben sich als Standard etabliert. Der Einbau erfolgt mit oder ohne Schutzrohr. Im letzten Fall kann der Sensor nicht während des Prozesses ausgetauscht oder kalibriert werden.
Messprinzipien und Kalibrierung: Abbildung 5.12 beschreibt die wichtigsten Messprinzipien zur kontinuierlichen Bestimmung der verschiedenen Regelgrößen. Messeinrichtungen müssen regelmäßig kalibriert werden. Die Intervalle richten sich nach der Kritikalität, d. h. der Bedeutung der Messung. Unterschieden werden vier Kategorien: **Qualitätskritische Messstellen** erfordern ein Werkskalibrierungszertifikat, eine Erstkalibrierung nach Einbau und eine regelmäßige Rekalibrierung (3–12 Monate). Bei **prozess- bzw. Sicherheits- und umweltkritischen Messstellen** verlängern sich die Intervalle auf 12 bzw. 24 Monate. Bei **unkritischen Messstellen** können regelmäßig Funktionskontrollen ausreichend sein. Regeln für Kalibrierungen werden z. B. beschrieben im „Internationalen Wörterbuch der Metrologie" („Vocabulaire international des termes fondamentaux et generaux de metrologie, VIM).
Eine neuere Entwicklung im Bereich der Sensor-Messtechnik sind Elemente, die mehrere Messwerte gleichzeitig erfassen und so zu einer ganzheitlichen Analyse von Prozessschritten in der Lage sind. Abbildung 5.13 zeigt ein Multi-Sensor-Element, das Dichte, Temperatur, Konzentration und Viskosität gleichzeitig erfasst und z. B. den Verlauf einer Gärung kontinuierlich überwachen kann. Eine drahtlos-Verbindung (w-lan) sendet die Daten zu einem Zugangspunkt. In der Lebensmittelwirtschaft agieren Regelkreise in den einzelnen Anlagenmodulen häufig autonom, die zugrunde liegenden IT-Lösungen sind statisch. Zukünftiges Ziel ist die direkte Kommunikation der verschiedenen Module in Echtzeit: die Machine-to-Machine-Kommunikation. Sie lebt von der engen Verknüpfung und Durchgängigkeit der ermittelten Daten. Die dadurch enorm wachsenden Datenmengen müssen aufgrund ihres Volumens mit Cloud-Computing verarbeitet werden. Weitere Voraussetzung ist der Einsatz von „smarten" Sensoren, die in der Produktion miteinander kommunizieren. Auf Basis all dieser Daten überwacht sich die Produktion dann selbstständig. Die vollverknüpfte Fabrik einschließlich der Zulieferer ist in der Lebensmittelwirtschaft noch Zukunftsmusik, andere Branchen sind weiter. Unter dem Namen Fabrik 4.0 wird das aber voraussichtlich auch die Zukunft der industrialisierten Lebensmittelproduktion sein.
Der letzte technologisch herausfordernde Schritt ist die Abfüllung bzw. Verpackung. Eine moderne, automatisierte Abfülllinie kann bestehen aus der Flaschenreinigung/Sterilisation, dem Füllorgan, dem Verschließer und Kapselaufsetzer, eventuell dem Pasteur, der Etikettierung, der Verpackung in Kartons oder Kisten und der Palettierung. Fehlerhafte Produkte aus der Abfüllung schlagen direkt bis zum Verbraucher durch, wenn sie nicht entdeckt und ausgeschleust werden. Die Lebensmittelgesetzgebung und der Lebensmitteleinzelhandel verlangen deshalb eine Festlegung von CCPs sowie eine umfassende technische Kontrolle mit entsprechender Dokumentation. Üblicherweise werden optische Messsysteme eingesetzt, um

Abb. 5.13
Multi-Sensor, zum Beispiel für die Überwachung von Gärungen (Quelle: Endress und Hauser)

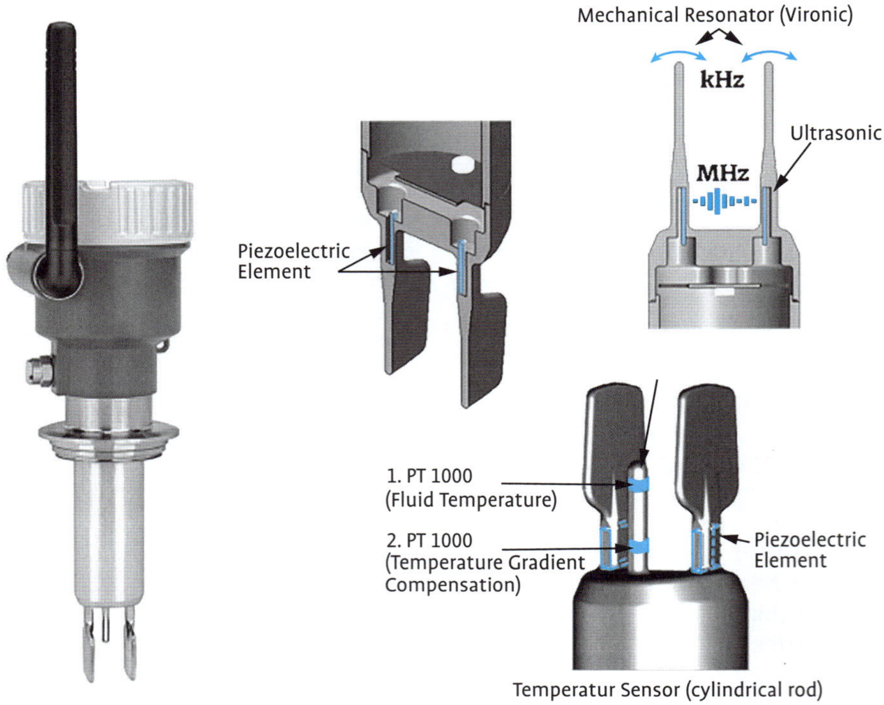

Überprüfungen automatisch durchzuführen und fehlerhafte Elemente unmittelbar auszusondern. Je größer die Leistung, desto höher der Automatisierungsgrad und desto größer der Kontrollaufwand. Es folgt eine Liste von Inspektionsaufgaben, die situationsspezifisch modifiziert werden kann.

- Kontrolle der Oberfläche und der korrekten Ausrichtung von Behältern (Flaschen, PET usw.)
- Kontrolle auf vollständige Entleerung gereinigter bzw. sterilisierter Behälter
- **Füllmengenkontrolle mit Einzelventilevaluierung**
- Verschlusskontrolle
- Kapselkontrolle
- Dokumentation des Temperaturverlaufs bei Pasteurisationsanlagen
- Drucküberprüfung (Unter- bzw. Überdruck)
- CO_2-Überprüfung im Produkt
- Leckagekontrolle
- Etikettenkontrolle auf richtigen Sitz
- Füllkontrolle bei Kartons

Insbesondere die Einzelventilsteuerung mittels Durchflussmessung und schnell reagierenden Ventilen besitzt das Potenzial, die Zeit für Gebindeänderungen bei der Abfüllung zu verkürzen. Die aufwendige Volumen-Umstellung von Füllkolben reduziert sich zur einfachen Steuerungsänderung (siehe Abb. 5.14).

Abb. 5.14
Abfüllung mit Ventilsteuerung anstelle Kolbenfüllung

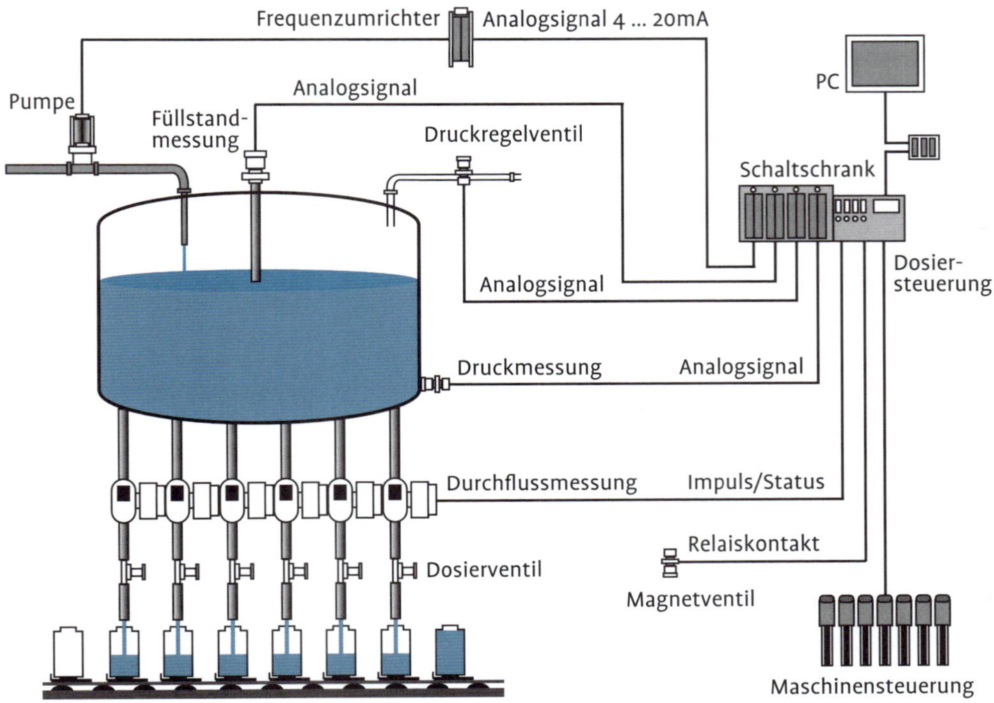

6 Die erste Verarbeitungsstufe: Wertstoffgewinnung aus agrarischen Rohstoffen

Nur wenige agrarische Rohstoffe, z. B. Obst, Gemüse oder Kräuter können ohne weitere Behandlungsmaßnahmen direkt verzehrt werden. Bei praktisch allen anderen ist eine **selektive Extraktion wertbestimmender Teile** aus der Pflanze oder dem geschlachteten Tier zwingend. Kapitel 6 beschäftigt sich mit diesen Operationen, die ein Lebensmittel für den Menschen zugänglich machen. In der „Food Value Chain" (Kap. 1) ist das vor allem die Stufe vier, die sich mit den Sektoren der ersten Verarbeitungsstufe, d. h. der Verarbeitung des landwirtschaftlichen Rohprodukts, beschäftigt. Dabei entstehen Lebensmittel, die keiner strukturverändernden Behandlung unterzogen worden sind, ihr ursprünglicher Zustand bleibt substanziell erhalten. Die Lebensmittel können nach dem Wortlaut der Verordnung VO EG 1333 geteilt, ausgelöst, getrennt, ausgebeint, fein zerkleinert, enthäutet, geschält, gemahlen, geschnitten, gesäubert, garniert, tiefgefroren, gefroren, gekühlt, geschliffen oder enthülst, verpackt oder ausgepackt worden sein. Fruchtsaft fällt unter diese Definition, nicht aber ein daraus durch alkoholische Gärung hergestellter Wein. Gleiches gilt für Rohkraut, nicht aber für fermentiertes Sauerkraut. Beides sind zubereitete Lebensmittel entsprechend der zweiten Verarbeitungsstufe.

Tabelle 6.1 stellt die wichtigsten tierischen und pflanzlichen Rohstoffe und ihre ohne substanzielle Veränderung erzielbaren Lebensmittel zusammen. Spalte 3 gibt an, welche grundlegenden Verfahrensschritte zur selektiven Extraktion in der Regel eingesetzt werden. Die Nahrungspflanzen als **Nutzpflanzen** für den Menschen werden unterschieden nach Obst und Gemüse. **Obst** entstammt im Verständnis der Lebensmittelwirtschaft mehrjährigen Pflanzen, **Gemüse** einjährigen. Die botanische Definition sieht Obst dagegen als aus bestäubten Blüten entstanden, während Gemüse von anderen Pflanzenteilen wie Blätter, Wurzeln oder Stängel stammen.

Alle in Tab. 6.1 als Verarbeitungsziel gewonnenen Produkte sind spätestens nach einer küchenmäßigen Zubereitung verzehrfähig, aber in diesem Stadium ohne Konservierungsmaßnahmen nur begrenzt haltbar. Stärke, Öle oder Mehl halten sich vergleichsweise lang, Milch oder Säfte sind bereits nach kurzer Zeit verdorben.

In der ersten Verarbeitungsstufe werden folgende Lebensmittelgruppen produziert:

- **Mehl** als Mahlgut des vollen Korns oder nach Abtrennung des Keimlings und der Spelzen
- **Stärke** als Extrakt aus der Pflanze, meist Zwischenprodukt
- **Pflanzenproteine** als Extrakt, meist Zwischenprodukt
- **Zucker** als Extrakt
- **Pflanzenöle, Algenöle** als Extrakt oder als Pressgut
- **Muskelfleisch** als mechanisch ausgelöstes Teil
- **tierische Fette** als mechanisch ausgelöste Teile bzw. aus der Milch abgetrennter Rahm
- **Trinkmilch**
- **Säfte und Smoothies**

Die Nationale Verzehrsstudie (Kap. 1) zeigt, dass der Kalorienbedarf in Deutschland hauptsächlich durch die Rohstoffe Getreidepflanzen, Kartoffel und Nutztiere inklusive Molkereiprodukte abgedeckt wird, ergänzt durch Zucker aus Rübe oder Zuckerrohr. Die Gewinnung und die Verarbeitung dieser Produkte stellen den Schwerpunkt dieses Buchs dar.

Tab. 6.1
Unbehandelte Lebensmittel mit spezifischen Grundoperationen, gewonnen aus tierischen und pflanzlichen Rohstoffen (Einteilung der Nutzpflanzen nach Franke, 1997).

Rohstoff	Verarbeitungsziel	verfahrenstechnische Grundoperationen plus Vorbehandlungen
Nahrungspflanzen		
Kartoffel, Maniok, Batate, Yamswurzel	**Stärke, Kartoffelpulver** aus Rüben, Knollen oder Wurzeln	**Fest-Fest-Trennung, zum Teil als wässrige Extraktion**; waschen, raspeln
Getreidepflanzen: unter anderem Weizen (Dinkel, Emmer, Einkorn), Gerste, Roggen, Hafer, Reis, Mais, Hirse	**Mehl,** Stärke, auch Protein (Klebereiweiß) aus Samen	**Fest- Fest-Trennung; Protein mit wässriger Extraktion**; reinigen, mahlen, klassieren
Zuckerrohr, Zuckerrübe, Zuckerhirse, Zuckerahorn, Walddattelpalme, Honigpalme	**Zucker** aus der Pflanze	**wässrige Extraktion**; waschen, raspeln, mahlen
Topinambur, Zichorie	**Inulin** aus der Pflanze	**wässrige Extraktion**; waschen, raspeln
Linse, Kichererbse, Juckbohne	**Protein** aus der Pflanze	**wässrige Extraktion**; reinigen, mahlen
Bohnen, Sojabohne, Gartenerbse, Kichererbse, Juckbohne	**Protein** aus Samen	**wässrige Extraktion**; reinigen, mahlen
Erdnuss, Erderbse, Erdbohne	**Protein** aus Samen	**Extraktion**; reinigen, mahlen
Ölpalme, Olive, Avocado	**Öl** aus dem Fruchtfleisch	**pressen, Hexanextraktion**; mahlen, malaxieren, klären
Sojabohne, Raps, Sesam, Baumwolle, Lein, Rizinus, Erdnuss, Mais, Sonnenblume, Kokospalme, Walnuss, Distel, Purgiernuss, Kakao, Ölpalme	**Öl** aus Samen, Soja auch **Proteinlieferant**	**pressen, Hexanextraktion, Protein mit wässriger Extraktion**; reinigen, mahlen, klären
Wurzelgemüse: Möhre, Karotte, Pastinake,	Saft, Smoothie	**Saft: pressen**; reinigen, mahlen, klären
Schwarzwurzel, Rettich		**Smoothie: homogenisieren**; reinigen, mahlen
Sprossgemüse: Spargel	Saft	**pressen**; reinigen, mahlen
sonstige Gemüse: unter anderem Rhabarber, Zwiebel,	Saft, Smoothie	**Saft: pressen**; reinigen, mahlen, klären
Kohl, Radieschen, Knoblauch		**Smoothie: homogenisieren**; reinigen, mahlen
Blattsalate, Blütenstände als Gemüse: unter anderem Blumenkohl, Artischocke, Kresse, Spinat, Mangold, Sauerampfer, Kopfsalat	Smoothie	**homogenisieren**; waschen, schneiden
Fruchtgemüse: unter anderem Auberginen, Melonen,	Saft, Smoothie	**Saft: pressen**; reinigen, mahlen

Tab. 6.1 (Fortsetzung)
Unbehandelte Lebensmittel mit spezifischen Grundoperationen, gewonnen aus tierischen und pflanzlichen Rohstoffen (Einteilung der Nutzpflanzen nach Franke, 1997).

Rohstoff	Verarbeitungsziel	verfahrenstechnische Grundoperationen plus Vorbehandlungen
Nahrungspflanzen		
Kürbisse, Paprika, Tomaten, Gurken		**Smoothie: homogenisieren**; reinigen, mahlen
Kernobst: unter anderem Apfel, Birne, Hagebutte,	**Saft**, Smoothie, Puree	**Saft: pressen**; waschen, mahlen, klären
Quitte, Eberesche, Speierling		**Smoothie: homogenisieren**; waschen, reinigen **Puree: passieren**; waschen, reinigen
Steinobst: unter anderem Aprikose, Kirsche, Pflaume,	Saft, Smoothie, **Puree**	**Saft: pressen**; waschen, entsteinen, mahlen
Pfirsich, Kornelkirsche		**Smoothie: homogenisieren**; waschen, entsteinen **Puree: passieren**; waschen, entsteinen
Beerenobst: unter anderem Brombeere, Himbeere,	Saft, Smoothie, **Puree**	**Saft: pressen**; reinigen, entstielen
Erdbeere; echte Beeren: unter anderem Weinbeere, Johannisbeere, Stachelbeere, Heidelbeere, Preiselbeere, Moosbeere		**Smoothie: homogenisieren**; reinigen, entstielen **Puree: passieren**; reinigen, entstielen
Südfrüchte: unter anderem Ananas, Bananen, Orangen, Grapefruit, Mandarine, Limetten, Zitrone, Kumquat	Saft, Puree	**Saft: pressen, Extraktion**; waschen **Puree: Extraktion, passieren**; waschen
Schalenobst: unter anderem Erdnuss, Cashewnuss, Kokosnuss, Makadamia, Mandel, Paranuss, Pistazie, Walnuss	Butter, Öl	**pressen, Extraktion**; reinigen, mahlen
Nutztiere		**Schlachtung, Gesundheitscheck, enthäuten, Innereien ausnehmen, Grobzerteilung**
Schweine, Rinder, Ziegen, Schafe	Muskelfleisch	**zerlegen, ausbeinen, portionieren;** kühlen, reifen
	Fett	**ausschneiden**; kühlen
	Innereien usw.	**ausschneiden**; kühlen
Geflügel: vor allem Puten, Hühner, Enten, Gänse	Muskelfleisch	**zerlegen, ausbeinen, portionieren**; Federn abtrennen, kühlen
	Innereien	**ausschneiden**; kühlen
Fische	Fleisch	**ausnehmen, zerlegen;** kühlen
Wild: vor allem Schwarzwild, Schalenwild, Hasen, Wildvögel	Muskelfleisch	**zerlegen, ausbeinen, portionieren;** kühlen, reifen
Rohmilch	Trinkmilch, Rahm	**reinigen;** kühlen
Algen	**Fett, Protein**	**Separieren, Extrahieren**

6.1 Grundoperationen bei der Wertstoffgewinnung

Folgende Grundoperationen sind in Tab. 6.1 aufgeführt:

- Als Vorbehandlung: waschen, raspeln, mahlen, reinigen, klassieren, klären, entstielen/abbeeren, kühlen, reifen
- Als maßgeblicher Verfahrensschritt: Extraktion (Hexan, Wasser, Alkohol), pressen, Fest-Fest-Trennung, passieren, homogenisieren, Milchreinigung durch filtern oder zentrifugieren (Fest-Flüssig-Trennung), zerlegen, ausbeinen, portionieren

Verfahrenstechnisch handelt es sich bei der Wertstoffgewinnung hauptsächlich um **Trennprozesse.** Wertbestimmende Bestandteile oder Inhaltsstoffe werden selektiv aus dem Rohstoff abgetrennt. Diese Abtrennung von den nicht werthaltigen, danach ausgelaugten Teilen ist oft erst nach einer Zerkleinerung und/oder nach Zugabe von Lösungs- bzw. Extraktionsmittel wie heißem Wasser, Alkohol oder Hexan möglich. Derartige **extraktive Verfahren** werden bei der Gewinnung von Zucker bzw. Proteinen oder Pflanzenölen eingesetzt, aber auch bei der Farbextraktion aus roten Beeren. Bei safthaltigen Pflanzen reicht meist eine Desintegration des Gewebes mit nachfolgender

Tab. 6.2
Abzutrennende Bestandteile aus Lebensmittelrohstoffen vor der Wertstoffgewinnung (Tscheuschner, 1996).

Bindungsart	zu entfernende Bestandteile	Rohstoff
körnige Beimengung zu körnigem Gut	Sand, Steine, Fremdsaat	Getreide, Kakaobohnen
zu flüssigem Gut	Schmutz, Trubstoffe Grieben	Milch Getränke, Würze, Säfte, Maischen flüssiges Fett
oberflächlich anhaftende (bzw. nur in geringe Tiefe vordringende) Bestandteile	Blätter Schmutz Stiele, Kelche Schleim, Schuppen Borsten Federn Darmschleim	Früchte Früchte, Knollen, Wurzeln Früchte Fische Schweineschlachtkörper Geflügelschlachtkörper Därme
äußere, fest verwachsene Bestandteile	Köpfe, Schwänze, Flossen Köpfe, Ständer, Hörner, Klauen, Augen, Wuchsende, Spelzen	Fische Geflügelschlachtkörper Rinderschlachtkörper Pilze, Porree, Spargel Getreide
einhüllende Bestandteile	Häute Hülsen Schalen Zellgewebe	Säugetierschlachtkörper, Fische Hülsenfrüchte Zitrusfrüchte, Äpfel, Birnen, Nüsse Zellsaft
eingebettete Bestandteile	Steine Knochen Gräten Kerngehäuse Strünke	Steinobst Schlachtkörperteile Fische Kernobst Kohl

einfacher Fest-Flüssig-Trennung. In der Regel setzt sich die Wertstoffgewinnung aus Grundoperationen der Vorbehandlung, der Gewebedesintegration und letztlich der Extraktion zusammen. Diese Schritte kommen in der lebensmitteltechnologischen Praxis in einer riesigen Variantenfülle zum Einsatz.

6.1.1 Vorbehandlung der Rohstoffe

Bei praktisch allen Rohstoffen wird eine **Wareneingangskontrolle** durchgeführt, bei der durch Inspektionssysteme (Kap. 2) Bruchstücke oder mikrobiell belastete Teile (verschimmelte Früchte, Aflatoxine auf Nüssen usw.) erkannt und ausgeschleust werden. Parallel kann eine Größen- und/oder Qualitätssortierung stattfinden. Agrarische Rohstoffe sind fast ohne Ausnahme zumindest leicht verschmutzt, üblicherweise mit Sand, Staub, Fremdkörpern, Blättern, Fremdsamen, Insekten oder Mikroorganismen. Teilweise haften Pflanzenschutzmittelrückstände an der Oberfläche. Viele Früchte oder Gemüse, vor allem Rüben, Äpfel, Kartoffeln oder Gurken, lassen sich in Schwemmkanälen mit Wasser vom Schmutz befreien. Turbulenz dank hoher Strömungsgeschwindigkeit oder eingeblasener Luft verbessert den Effekt laminarer Strömungen über ihre zusätzliche Scherkraftwirkung. Bei robusten Produkten wie Rüben oder Kartoffeln kann fest anhaftende Erde zusätzlich mittels rotierender Bürsten entfernt werden. Nicht waschbare Früchte werden z. B. über gelochte oder gesiebte Rüttelbleche geführt, durch die kleinere Fremdkörper nach unten fallen. Unerwünschte Blätter lassen sich durch Gebläse entfernen.

Tabelle 6.2 listet unerwünschte Begleitstoffe von Lebensmittelrohstoffen auf, die vor bzw. zur Gewinnung der wertbestimmenden Bestandteile abgetrennt werden müssen (Tscheuschner, 1996). Die Behandlungsmethoden bei Getreide, Fleisch und ausgewählten Obstarten werden in den jeweiligen Abschnitten von Kap. 7 erläutert.

6.1.2 Mechanisches Desintegrieren von tierischen und pflanzlichen Geweben

Gewebe werden zerkleinert, um sie auf einen Trennprozess vorzubereiten oder auf die für das Endprodukt bestimmungsgemäße Teilchengröße zu bringen. Desintegrieren oder Zerkleinern bedeutet, Feststoffe unter Einwirkung mechanischer Kräfte zu zerteilen. Die Struktur eines festen oder halbfesten Körpers muss dazu durch Krafteinwirkung aufgehoben, seine Kohäsions- oder Adhäsionskräfte müssen überwunden werden. Es entstehen kleinere Körper definierter Struktur (beim Schneiden z. B. Scheiben, Würfel, Viertel) oder undefinierter Struktur (beim Spanen, Pulverisieren, Schnitzeln). Der **Zerkleinerungsgrad** ist das Verhältnis der Feststoffgröße vor und nach dem Zerkleinerungsvorgang. Aus einem Würfel der Kantenlänge 1 cm, zerkleinert mit dem Grad 10, entstehen 1000 Würfel mit der Kantenlänge 0,1 cm. Die Oberfläche steigt von sechs auf 60 cm^2. Die meisten Lebensmittel verformen sich vor dem Bruch plastisch mit langsamer Rissbildung. Ist ein Spalt von etwa 1 µm entstanden, pflanzt er sich mit Schallgeschwindigkeit durch den Körper fort (Hemming und Wagner, 2011). Bei biologischen Geweben aus Zellen erfolgt dabei oft ein Freisetzen der inter- oder intrazellulär eingeschlossenen Flüssigkeit und der üblicherweise darin gelösten Gase. Diese Flüssigkeit kann nach dem Zerkleinerungsvorgang eine **kontinuierliche Phase** bilden, in der die zerkleinerten Feststoffe suspendiert sind. Beispiele dafür sind die Traubenmaische oder der Olivenbrei, während gemahlenes, zuvor getrocknetes Getreide oder geschälter Reis lediglich eine heterogen zusammengesetzte **Feststoffphase** enthalten.

Die in der Lebensmitteltechnologie zum Zerkleinern eingesetzten Mühlen sind kontinuierlich arbeitende Maschinen, die nach dem Bearbeiten des „Schüttguts“ die verkleinerten Teilchen durch Austrittsöffnungen passieren lassen und Platz schaffen für nachrückendes Mahlgut.

Abbildung 6.1 zeigt verschiedene Wirkprinzipien, die bei der Desintegration von Geweben zum Einsatz kommen können. Bestimmend für das Zerkleinerungsergebnis sind die spezifi-

Abb. 6.1
Mechanische Desintegrationsprinzipien (Hruschka 2014)

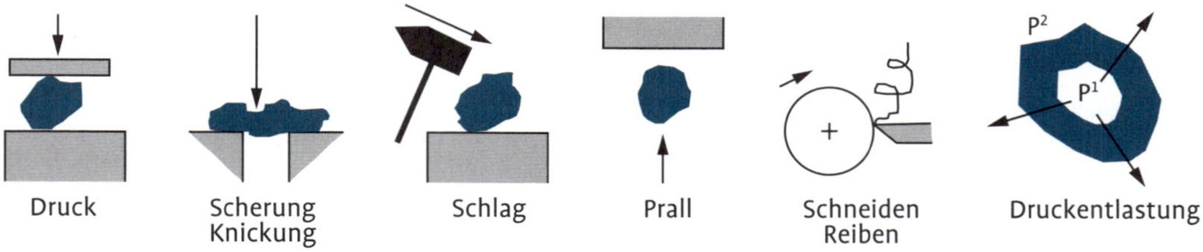

schen Stoffeigenschaften und der gewünschte Mahlgrad. Unreife, harte Früchte erfordern mehr Energieeintrag, ebenso die Kerne oder das Ziel, sehr kleine Partikel zu erzeugen. Die **Energie,** die in einer Mühle eingetragen wird, ist bei den meisten Systemen das eingebrachte Drehmoment. Ein Rotor überträgt seine Energie auf das Mahlgut, das dadurch zerkleinert wird. Dabei ist das Drehmoment M definiert als Kraft mal Radius bzw. Masse mal Beschleunigung mal Radius:

$$M = F \cdot s \text{ oder}$$
$$M = m \cdot a \cdot s \text{ in den Einheiten } kg \cdot m/s^2 \cdot m$$

Die Zerkleinerung ist demnach eine Funktion der **Mühlenparameter:**

- Masse der übertragenden Mahlelemente,
- Drehzahl der übertragenden Elemente und
- Radius der übertragenden Elemente.

Das Drehmoment muss durch den Antriebsmotor aufgebracht werden. Der Wirkungsgrad liegt bei wenigen Prozent, die Hauptmenge der eingebrachten Energie wird in Wärme umgesetzt, temperaturempfindliche Produkte müssen gekühlt werden. Beim Kuttern erfolgt die Energieneutralisation z. B. mit Eis. Durch das Zerteilen des ganzen Gewebes in viele kleine Teile wird die Oberfläche extrem vergrößert, obwohl das Gesamtvolumen gleich bleibt. Dadurch steigt bei festen Teilchen die freie Grenzflächenenergie an. Sie entspricht der Oberflächenspannung bei Flüssigkeiten und ist der Überschuss an potenzieller Energie aufgrund fehlender Nachbarteilchen. Die Oberfläche kommt mit Luft in Kontakt und ermöglicht **chemische und biochemische Reaktionen** durch parallel ablaufende Vorgänge: das Freisetzen fruchteigener Enzyme, das Oxidieren diverser Inhaltstoffe, eventuell die Emulsionsbildung Öl-Wasser und Wasser-Öl, die thermisch und chemisch bedinge Aromabildung. Gleichzeitig ist der **Schutz vor mikrobiologischen Angriffen** extrem verringert.

Abbildung 6.2 zeigt das Wirkungsprinzip der wichtigsten Mühlen im Früchte- und Gemüsebereich. Getreidemühlen und Systeme für die Traubendesintegration siehe Kap. 7. Sollen Partikelgrößen im Bereich von 1 µm und kleiner erzeugt werden, sind Homogenisatoren erforderlich.

Diese Mahltechniken eignen sich bevorzugt für weiche, elastische und/oder faserige Produkte. Für harte Teilchen sind Zerkleinerungsgeräte, die mit Schlag- und Druckkräften arbeiten, zu verwenden. Siehe dazu die Getreidevermahlung mit Walzenmühlen in Kap. 7.

Die Partikelgröße innerhalb des systemtechnisch vorgegebenen Rahmens wird wesentlich durch die Bohrungen der Siebe vorgegeben. Es entsteht ein mehr oder weniger breites Korngrößenspektrum, wobei die größten Teilchen kleiner als die Poren der Siebe sind. Die Grafiken der Mühlensysteme in Abb. 6.2 machen deutlich, dass die in Abb. 6.1 gezeigten Wirkprinzipien nicht isoliert angreifen, sondern in der Praxis unterschiedlich zusammenwirken. Prall-, Druck-, Schlag- und Scherkräfte treten in unterschiedlichen Anteilen gleichermaßen auf. Bei Hammermühlen überwiegt die Schlagbeanspruchung, bei der Zahnscheibenmühle sind es Reibung und Scherbeanspruchung, die Schneidmühle mit schnell umlaufenden Messern ohne ein Siebblech beansprucht das Gewebe hauptsächlich durch einen Schneidvorgang. Unterschiedliche Wirkprinzipien gelten beim Einsatz von Messern zum Schneiden/

Abb. 6.2
Mühlentypen hauptsächlich für den Früchte- und Gemüsebereich; (Quelle: Fa. Frymakoruma), Hammermühlen für noch kleinere Partikeln oder Wurzeln und zähfaserige Substanzen; Rätzmühle für Obst (Quelle: Bucher Unipektin)

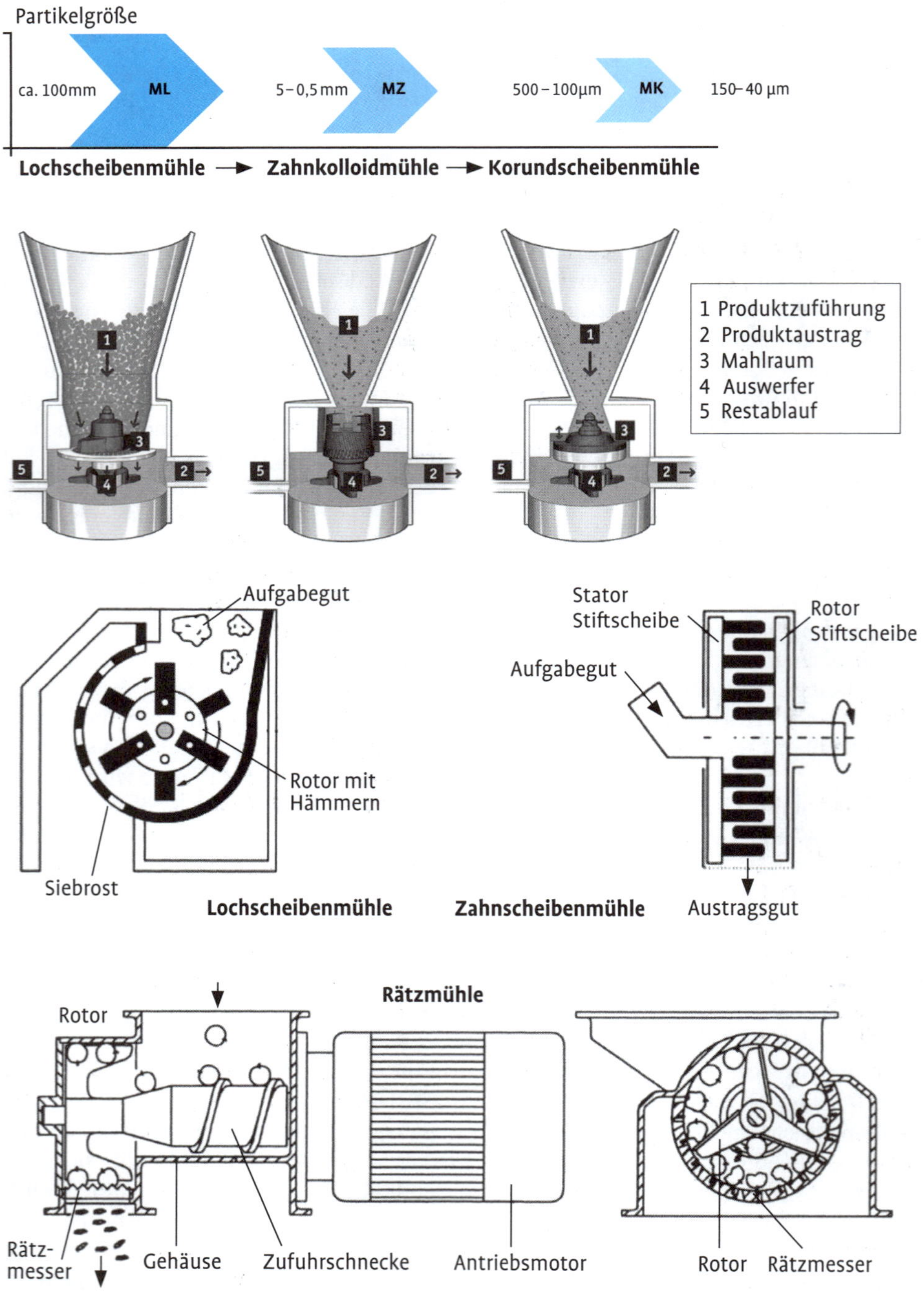

Rupfen in der Regel weicher Gewebe wie Gemüse oder Salat (Abb. 6.3). **Mechanische Desintegrationen** greifen hauptsächlich auf Ebene der Gewebe an und reißen diese in kleinere Bruchstücke auseinander. Zellen werden dagegen nur in kleinerem Umfang zerstört. Ist deren Zerstörung erforderlich, um z. B. an die Vakuolenflüssigkeit zu gelangen oder Farbstoffe aus Chromoplasten zu gewinnen, sind thermische Verfahren und/oder der Zusatz von Enzymen erforderlich. Die Zerstörung der Beerenzellen verlangt eine Zerstörung ihrer Zellwand, vor allem zunächst die des Klebstoffs Pektin. Dieser Prozess ist in erster Linie ein enzymatischer, der durch mechanische Vorschädigungen unterstützt wird (Kap. 4).

Abb. 6.3
Messer zum Schneiden z. B. von Gemüse oder Salat; Rupfmesser (links), Flügelmesser (rechts); Unten: gerupfte und geschnittene Eiweiß-Extrudate; Quelle: Fa. Kronen

Rupfmesser — Flügelmesser

gerupfte Eiweiß-Extrudate — geschnittene Eiweiß-Extrudate

Schubspannungen (Scherkräfte): Abseits der bewusst durchgeführten Desintegration wird meist versucht, auf das Lebensmittel wirkende Kräfte zu minimieren, weil sie undefinierte Gewebstrümmer erzeugen und bei Ölpflanzen eine Emulsionsbildung begünstigen können. Mechanische Belastungen von pflanzlichen oder tierischen Geweben entstehen während des normalen Produktionsprozesses unvermeidlich an zahlreichen Stellen: beim Fördervorgang durch das Förderaggregat (Pumpen, Schnecken), bei Strömungs- oder Rührvorgängen oder in vielen technischen Geräten (Plattenwärmetauscher, Presse, hohe Tanks usw.). Dabei handelt es sich hauptsächlich um Druck- und Schubkräfte. Druckkräfte sind im Wesentlichen hydrostatische Kräfte, wenn Rohstoffe in hoher Schichtdicke lagern und ein großes Eigengewicht auf die unten liegenden wirkt. Diese Effekte finden sich in allen Silos oder in höheren Lagertanks für Äpfel, Zuckerrüben, Kartoffeln, Trauben usw. Im ersten Moment werden die angreifenden Druckkräfte seitlich abgeleitet, bis die Schüttdichte ihr Maximum erreicht hat und zu Gewebeschädigungen führen kann. Kritischer sind Schubspannungen bzw. -kräfte. Diese führen zu einer Scherung, d. h. zu einer durch die Wirkung von Kräften hervorgerufenen Verformung eines Körpers ohne Änderung seines Volumens. Verschiebt man z. B. die beiden Deckel eines Buchs parallel gegeneinander, bilden Buchrücken und Seitenstapel einen Winkel ungleich 90 Grad. Abbildung 6.4 zeigt das Prinzip der Scherung durch Schubspannung. Bei der Scherung steht die Scherkraft F mit der Schubspannung bzw. Scherspannung τ (tau) und der Fläche A im Verhältnis. Die Schubspannung hat die Dimension eines Drucks, ist also eine Kraft pro Fläche, wobei die Kraft entlang der Fläche wirkt. Ein Würfel mit der Fläche A in Quadratmeter verändert unter dem Einfluss einer tangential an einer Oberfläche angreifenden Kraft F seine Form:

$$\tau = F/A$$

in den SI-Einheiten Newton $(N)/m^2 = Pa$ (Pascal)

Bei der Verarbeitung von Lebensmitteln handelt es sich üblicherweise um laminare Scherströmungen, d. h. um eindimensionale Strömungen zwischen zwei Platten infolge Bewegung der einen Platte mit einer Verschiebungsgeschwindigkeit. Solange τ als angreifende Kraft kleiner oder gleich der inneren Haltekraft ist, bleibt das System stabil. Die Strömung in einer Leitung oder die Bewegung durch Rührwerke schaffen dann noch keine Strukturveränderung. Wird τ größer als diese innere Kraft, nehmen die Strukturen schaden. Die physiko-chemischen Bindungskräfte, mit denen Zellen im Gewebe, Zellwände in ihrer Matrixstruktur bzw. Moleküle oder Molekülassoziate in ihrer Verbindung gehalten werden, reichen nicht mehr aus, Strukturen brechen auf. Je größer die wirksame Kraft, je weicher das Gewebe, desto intensiver ist die Strukturzerstörung. Aus pflanzlichem Gewebe können große Menge kolloidaler Verbindungen

Abb. 6.4
Prinzip der Scherung durch Schubspannung

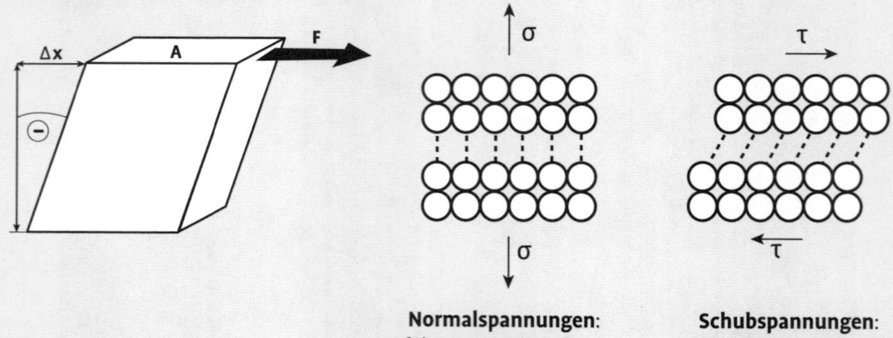

freigesetzt werden, die sich unter Umständen qualitativ und technologisch gravierend auswirken und die gewünschte Beschaffenheit des Lebensmittels beeinflussen. Die Scherkraft ist eine Funktion der Geschwindigkeit. Hohe Strömungsgeschwindigkeiten in Leitungen, hohe Drehzahlen von Exzenterschnecken- oder Kreiselpumpen, Schneckenförderern usw. üben entsprechend große Kräfte aus. Eine schonende, scherkraftarme Behandlung ist bei vielen Produkten zwingend erforderlich.

6.2 Stoffübergänge nach Zusatz von Extraktionsmitteln

Die in Tab. 6.1 aufgeführten Rohstoffe enthalten in sehr unterschiedlicher Mengenverteilung Proteine, Öle, Kohlenhydrate sowie vor allem bei Früchten und Gemüsen dominierend die **Vakuolenflüssigkeit**, die als Frucht- oder Gemüsesaft gewonnen wird. Dieser Saft konzentriert die wertbestimmenden Zucker, Salze, Säuren und Aromastoffe in gelöster Form und muss nach der Desintegration von der festen Phase getrennt werden. Eine Extraktion im eigentlichen Sinne findet bei diesem Vorgang nur in geringem Umfang statt, wenn durch intensiven Kontakt der beiden Phasen Moleküle aus den Zellgeweben gelöst werden. Dieser Effekt spielt besonders bei bunten Säften oder Rotweinen eine Rolle, wo die **Anthocyane der Beerenhaut oder die Carotinoide bei Möhren** als maßgeblicher Wertbestandteil gewonnen werden müssen.

Getreidepflanzen enthalten als Hauptbestandteile Proteine und Kohlenhydrate, die nach der Abtrennung der Hülse und des Keimlings als Mehl vorliegen. Soll das Eiweiß separat gewonnen werden, kann dies durch eine wässrige Extraktion erfolgen **(Fest-Flüssig-Extraktion)**. Gleiches gilt für die Proteingewinnung aus Erbsen oder ähnlichen Rohstoffen. Die Proteine sind wasserlöslich, ein schonender Trocknungsprozess führt zum Endprodukt. Die Fest-Flüssig-Extraktion wird auch eingesetzt, um unter anderem Kaffeebohnen nach dem Mahlen und Rösten, getrocknete Teeblätter, Hopfen, Zuckerrübenschnitzel, Fleisch oder Knochen auszulaugen.

Aus Ölpflanzen mit nur geringen Wasseranteilen kann der **Ölanteil** im ersten Schritt selektiv durch **Pressen** gewonnen werden (mechanische Fest-Flüssig-Trennung). Verbleibt produktbedingt zu viel Öl im Presskuchen, lässt sich dieser **nachextrahieren** (chemische Fest-Flüssig-Extraktion). Bei der Gewinnung von Speiseölen aus Ölsaaten wie Raps oder Soja durch Pressung und nachfolgende Extraktion mit Hexan als Lösungsmittel kommen derartige Verfahrensschritte in großem Umfang zum Zuge. Aus dem Gemisch von Öl und Lösungsmittel (die **Miszella**) wird durch Abdestillieren des Lösungsmittels das Speiseöl gewonnen.

Die Extraktion mit **überkritischen Lösungsmitteln** macht sich den Umstand zunutze, dass Gase und Flüssigkeiten bei hohen Drücken und Temperaturen physikalische Eigenschaften annehmen, die weder denen des Gases noch denen der Flüssigkeit entsprechen. Mit überkritischem CO_2 werden Extrakte aus Lebensmitteln gewonnen, z. B. Aromen, Farbstoffe oder Inhaltsstoffe aus verschiedensten Gewürzstoffen, Gewürzpflanzen und Naturstoffen. Gleichfalls lassen sich aufgrund der spezifischen Eigenschaften unerwünschte Stoffe selektiv extrahieren und somit aus dem Lebensmittel entfernen: z. B. Koffein aus Kaffeebohnen, Hopfenharze aus Hopfen, Nikotin aus Tabak.

Bei der Extraktion eines Extraktionsguts sind drei Stoffe beteiligt: der **Extrakt** (der extrahierbare Anteil), der **Trägerstoff** und das **Lösungsmittel**. Das Grundprinzip besteht im Mischen und Trennen eines zweiphasigen Systems, d. h.

- Vermischen des zu trennenden Gemischs mit dem Extraktionsmittel und Erzeugung einer möglichst großen Oberfläche (z. B. durch Feinvermahlung),
- intensiver Stoffaustausch (z. B. durch Mischen) und
- thermische oder mechanische Phasentrennung der Mischung in Extrakt und Raffinat und die Rückgewinnung von Lösungsmittelresten aus dem Feststoff.

Mischt man Extraktionsmittel und Extraktionsgut, so stellt sich nach einiger Zeit ein **Konzentrationsgleichgewicht** an Extrakt im Extraktionsgut und Extrakt im Extraktionsmittel ein. Dieses Gleichgewicht ist eine für jedes Gemisch spezifische Größe entsprechend dem Verteilungskoeffizienten:

$$\frac{c1}{c2} = k$$

(c1 = Konzentration an Extrakt im Extraktionsmittel, c2 = Konzentration an Extrakt im Extraktionsgut, k = Verteilungskoeffizient)

Der Verteilungskoeffizient gibt das zu erwartende Verhältnis in Abhängigkeit der Eigenschaften aller Reaktionspartner an (z. B. 75 % Extrakt, das bedeutet 25 % Verlust). Der Verlust kann durch einen zweiten und gegebenenfalls weiteren Extraktionsschritt nach Abtrennung des gesättigten Lösungsmittels jeweils im selben Verhältnis reduziert werden. Die Extraktion ist bei jedem Schritt ein **Stofftransport** in Richtung abnehmendes Konzentrationsgefälle. Die Einstellung des **Gleichgewichts** entsprechend dem Koeffizienten k ist eine Zeitreaktion, deren Dauer von den Produkt- und Prozessparametern abhängt. Die wichtigsten Prozessparameter sind der Mahlgrad als Maß für die Kontaktfläche und die Prozesstemperatur. Es handelt sich bei der Auslaugung letztlich um einen Diffusionsvorgang eines Stoffs aus der festen in die flüssige Phase. Der Massenstrom M ergibt sich aus der Grundgleichung:

$$M\left(\frac{kg}{s}\right) = A(m^2) \cdot \beta\left(\frac{m}{s}\right) \cdot \Delta c\left(\frac{kg}{m^3}\right)$$

mit β als spezifische Stoffübergangszahl und Δc als Differenz zwischen der Sättigungskonzentration der Flüssigkeit und der vorhandenen Konzentration nach der Reaktionszeit t. Die Stoffübergangszahl β wird üblicherweise experimentell ermittelt.

Neben den Fest-Flüssig-Extraktionen kommen **Flüssig-Flüssig-Extraktionen** zum Einsatz, wenn ein gelöster Stoff durch ein flüssiges Extraktionsmittel aus seinem Lösungsmittel extrahiert werden kann und er in das Extraktionsmittel übergeht. Beispiele sind die Extraktion von Aromastoffen mittels organischer Lösungsmittel oder verflüssigtem CO_2 aus wässriger Lösung. Voraussetzung ist, dass das Löslichkeitsprodukt des Extrakts bei beiden Lösungsmitteln sehr unterschiedlich ist und sich dadurch ebenfalls ein entsprechendes Lösungsgleichgewicht einstellt. Um angesichts der Gleichgewichte entsprechend des Verteilungsgesetzes die Ausbeute an Extrakt zu erhöhen, sind Flüssig-Flüssig-Extraktionen meist mehrstufige Prozesse, die im Gegen- oder Gleichstrom ablaufen können. Das Lösungsmittel und das Extraktionsmittel müssen sich in der Polarität und ihrer Dichte möglichst stark unterscheiden, um die Phasentrennung zu erleichtern, und sie dürfen sich nicht ineinander lösen.

6.3 Mechanische Trenntechniken zur Wertstoffgewinnung

Die Phasentrennung beschränkt sich bei der Wertstoffgewinnung häufig auf Verfahren der mechanischen Trenntechnik. Derartige Trennsysteme dienen in der Lebensmittelherstellung in der Regel nicht zur Veränderung des physiko-chemischen Urzustands. Die Verfahren lassen das Lebensmittel in dem vom Gesetzgeber definierten unbehandelten Zustand. Gleichfalls erfährt das Produkt eine Wertschöpfung, weil es nach dem Mahlen, Reinigen oder Fraktionieren zugänglich und verzehrbar gemacht wurde. Verfahrenssystematiken orientieren sich am Aggregatzustand der zu trennenden Phasen und unterteilen weiter nach deren physiko-chemischen Strukturen:

1. **Trennung aufgrund unterschiedlicher Aggregatzustände**
   - **Fest-Fest-Trennungen**, z. B. bei Getreidepflanzen oder Fleisch (manuelles Ausbeinen, Fett abschneiden, Windsichten, Fraktionieren, Schälen und Abtrennen der Schalen).
   - **Fest-Flüssig-Trennungen**, z. B. bei der Saftherstellung oder der Milchreinigung (Filtration, Zentrifugation, Pressen, Sedimentation).
   - **Flüssig-Flüssig-Trennungen**, z. B. bei der Ölklärung nach der Extraktion (Sedi-

mentation, Zentrifugation, Membrantechniken).
- **Fest-Flüssig-Flüssig-Trennungen,** z. B. bei der Olivenölgewinnung oder der Entrahmung und gleichzeitigen Reinigung von Rohmilch (Zentrifugation, Hybridverfahren aus mehreren Techniken).

2. **Trennung anhand spezifischer physikalisch-chemischer Stoffeigenschaften**
   - Phasentrennungen aufgrund unterschiedlicher **Partikelgrößen** (Filtersysteme einschließlich Pressen).
   - Phasentrennungen aufgrund unterschiedlicher **Dichten** (Schwerkraftsysteme wie Sedimentation, Zyklonabscheidung oder Zentrifugation).
   - Phasentrennungen aufgrund von **Ladungsunterschieden** oder unterschiedlichem **Lösungsverhalten** (bei Membranverfahren wie Nanofiltration, Pervaporation oder Umkehrosmose).
   - Phasentrennung aufgrund der unterschiedlichen **Oberflächenbenetzbarkeit** der Partikel (Flotation). Dabei nützt man die Eigenschaft von Gasblasen, sich leicht an hydrophobe, d. h. durch Wasser schwer benetzbare Oberflächen anzulagern und den Partikeln Auftrieb zu verleihen.

Tabelle 6.3 beschreibt Flüssigkeiten als disperse Systeme und charakterisiert die in der dispersen Phase gelösten Teilchen in Abhängigkeit von ihrer Partikelgröße.
Grobdisperse Teilchen besitzen üblicherweise eindeutige partikuläre Strukturen, sie sind wenig verformbar und vergleichsweise schwer und groß. Im einfachsten Fall genügt eine ausreichende Sedimentationszeit, um sie abzutrennen. Zentrifugation oder Filtration können den Prozess beschleunigen, müssen aber kein besseres Ergebnis erzielen. Die echt gelösten Stoffe dagegen sollen als charakteristisch bzw. wertbestimmend überwiegend in der Flüssigkeit (Saft, Wein, Bier) verbleiben. Dazu gehören Aromastoffe, Zucker, Säuren, Phenole, Stickstoffverbindungen, Eiweiße, Polysaccharide, Ethanol, Emulgatoren usw.

Tab. 6.3
Flüssigkeiten als disperses System.

Phasen und wirksame Kräfte	Partikelgröße	Natur und Struktur der Teilchen	Eigenschaften der Teilchen
grobdisperse Phase (Gravitationskraft)	> 1 Mikrometer (> 1000 nm)	Suspension große Zelltrümmer, Sand, Mikroorganismen (Hefen, Bakterien, Schimmelpilze), kristalline Stoffe (Weinstein), amorphe Stoffe (Kohle)	Dichtedifferenz zu disperser Phase (Eigensedimentation, Zentrifugation einfach, leicht abzutrennen), mit bloßem Auge als Trübung sichtbar
kolloiddisperse Phase (Brown'sche Molekularbewegung [Wärmebewegung], Van-der-Waals-Kräfte, Absorptionskräfte)	0,001–1 Mikrometer (1–1000 nm)	kolloidale Lösung Bakterien, Trubmizellen, Hydrokolloide (Pektin, Cellulose, Hemicellulose, polymere Phenole, Proteine), amorpher Weinstein	keine Dichtedifferenz zu disperser Phase (schwer filtrierbar, keine Sedimentation, keine Zentrifugation möglich), Teilchen sichtbar unter Ultramikroskop (Beugungsbilder), als Kollektiv sichtbar durch Tyndalleffekt
molekulardisperse Phase (Ionenkräfte, Wasserstoff-Brückenbindungen)	< 0,001 Mikrometer (< 1 nm)	echte Lösung alle gelösten Inhaltsstoffe (Zucker, Salze, Säuren, Phenole usw.)	unsichtbar, echt gelöst, keine Sedimentation, keine Zentrifugation möglich
Dispersionsmittel		das Lösungsmittel (Wasser, Öl)	

Kolloide besitzen Teilchengrößen zwischen einem Nanometer und einem Mikrometer. Aufgrund des großen Spektrums wird nach hochmolekularer und niedrigmolekularer Dispersion unterschieden. Die Übergänge sind fließend sowohl zu den grobdispersen Teilchen als auch zu den ionisiert gelösten Substanzen. Im Bereich der Kolloide spielt sich der hauptsächliche Aufwand der Klärung ab. Hier tummeln sich die etwa 0,5 µm großen Milchsäurebakterien, die Makromoleküle aus dem Pflanzengewebe oder von Schimmelpilzen, aber auch die Polymere vieler Veränderungsreaktionen.
Mangels einer Dichtedifferenz zur dispersen Phase sedimentieren Kolloide nicht, sie werden durch die Brown'sche Molekularbewegung in Schwebe gehalten. Auch Zentrifugen vermögen es nicht, sie abzutrennen, Filter neigen rasch zur Blockade. Abbildung 6.5 gibt einen Überblick über die Dimension abzutrennender Teilchen bei der Fest-Flüssig-Trennung und nennt jeweils geeignete Techniken. Zur Abtrennung von Partikeln > 1 µm stehen mehrere Techniken zur Verfügung. Die sichere Abscheidung von Bakterien erfordert den Einsatz von Membran- oder Schichtenfiltern. Kristalle können alle Techniken grundsätzlich abtrennen, kritisch kann die dadurch verursachte Erosion werden. Um Kolloide sicher abzureichern, eignen sich die Mikro- bzw. Ultrafiltration am besten. Kontinuierliche Systeme wiederum sind lediglich der Separator und der Dekanter. Alle anderen arbeiten diskontinuierlich. Bei einer Flüssig-Flüssig-Trennung von z. B. Öl und Wasser spielen die Größe der Öltröpfchen und ihre Dichtedifferenz zum Wasser die entscheidende Rolle für den Trennvorgang.

Abb. 6.5
Einsatzbereiche von Methoden der mechanischen Trenntechnik
(NF=Nanofiltration; UF=Ultrafiltration; RO=Reverse Osmosis; REM = Rasterelektronenmikroskop)

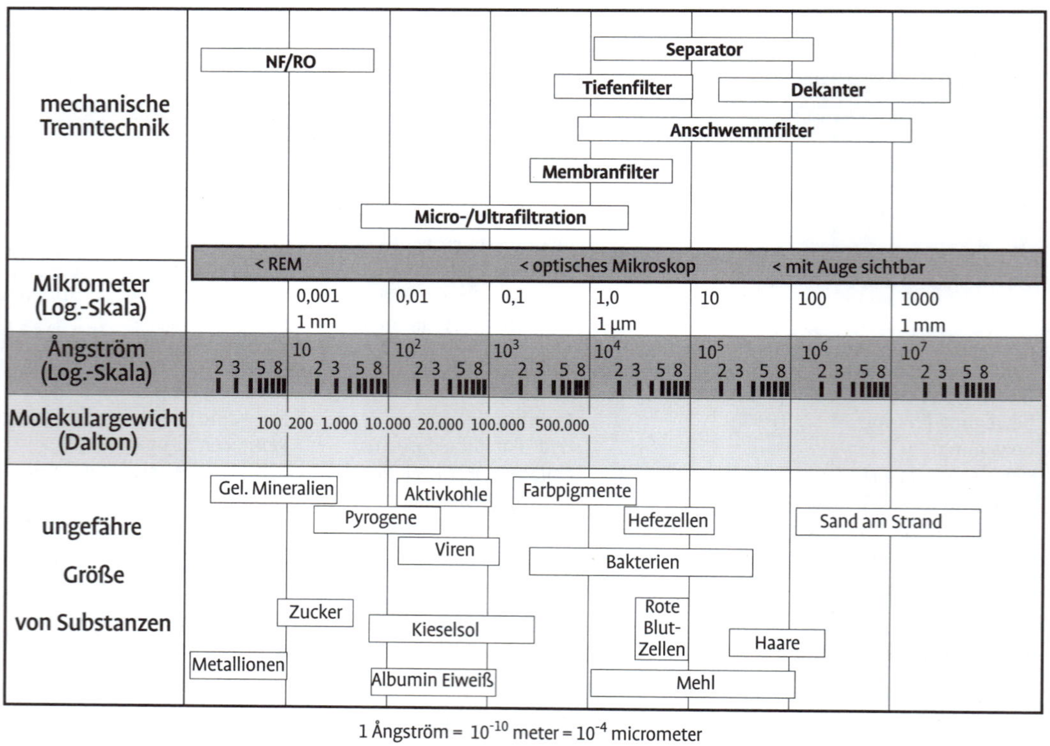

6.3.1 Filtersysteme und Pressen zur Fest-Flüssig-Trennung

Die Filtration ist eine mechanische Trennung von **Suspensionen** (feststoffbeladene Flüssigkeiten) mittels eines **Filtermediums** (einer durchlässigen Schicht). Die vom Feststoff befreite Flüssigkeit wird als Filtrat bezeichnet, der auf dem Filtermedium zurückbleibende Feststoff baut darauf einen Filterkuchen auf. Bei der Filtration zur Herstellung von Lebensmitteln kommt eine extreme Vielfalt von Systemen zum Einsatz. Grundsätzlich lassen sich Klärfiltrationen anhand von drei Wirkprinzipien unterscheiden:

- der **Oberflächen- oder Siebfiltration** in **statischer bzw. dynamischer** Ausführung (Membranfilter bzw. „Cross Flow"-Filter)
- der **Tiefenfiltration** z. B. über Schichtenfilter
- der **Kuchenfiltration** (Anschwemmfiltration) in den Varianten stationäre, abnehmende oder zunehmende Schicht

6.3.1.1 Oberflächen- bzw. Siebfiltration

Bei der Oberflächen- bzw. Siebfiltration werden Trubpartikel von einer Barriere zurückgehalten, deren Poren kleiner sind als die Durchmesser der Partikel. Die Membran als eigentliche Barriere ist gewöhnlich sehr dünn, je nach Material und Hersteller besitzt sie eine Dicke von 50–200 µm. Darunter befindet sich ein mehrstufiges, grobporiges Stützgewebe ohne eigene Filterwirkung. Die Membranen bestehen aus einem mehrlagigen Gewebe aus Polymeren **(Kunststoffmembrane)** oder Silizium- bzw. Titanoxiden **(Keramikmembrane)** und sind an der Oberfläche zerklüftet und eher ein dreidimensionales „Tiefengewebe" mit einer Schwammstruktur als eine ebene Fläche mit definierten Poren. Die Abscheidung von Partikeln ist demnach ein statistischer Vorgang. Eine 0,45-µm-Membrane hat sicherzustellen, dass alle größeren Teilchen zurückgehalten werden. Das bedeutet, dass auch kleinere Teilchen hängen bleiben. Der sich über die Filtrationsdauer aufbauende Filterkuchen erhöht den Strömungswiderstand und verringert den Filtratfluss **(Flux in l/m^2h)**. Stehen Membranoberfläche und Filtrationsrichtung senkrecht zueinander, wird von **statischer** bzw. **„Dead End"-Filtration** gesprochen.

„Cross Flow"-Filter sind Membranfilter, bei denen sich die dünne Membran an der Innenseite von langen Keramik- oder Polymerröhren („Spaghettis oder Macaronis") befindet. Die Suspension wird mit hoher Strömungsgeschwindigkeit parallel zur Membranoberfläche durch diese Röhren gefördert. Eine Teilmenge passiert aufgrund des nach allen Seiten wirkenden Systemdrucks die Membrane als Filtrat **(Permeat).** Der Hauptstrom, das **Retentat**, wird im Kreislauf geführt („Cross Flow"). Die Filtration mit einer Strömung parallel zur Filterfläche nennt man **dynamische Filtration.** Trubstoffe lagern sich analog der statischen Filtration zunächst an der Membranoberfläche ab. Die hohe dynamische Anströmung erzeugt eine turbulente Strömung. Dadurch wird der Filterkuchen kontinuierlich abgetragen und in den **Retentatkreislauf** zurückgeführt. Der reichert sich allmählich mit Trubstoffen an und reduziert dadurch den Filtratfluss. Mit zunehmendem Filterkuchen steigt der erforderliche Druck, wenn der Permeatstrom konstant gehalten wird. Alternativ sinkt bei konstantem Zulaufdruck der Permeatstrom. Abbildung 6.6 vergleicht die statische mit der dynamischen Filtration.

Der Deckschichtaufbau zwingt zu einer regelmäßigen Rückspülung bzw. einem Austausch der Membran, wenn der Flux unwirtschaftlich geworden ist. Bei der dynamischen Filtration sorgt die hohe Querströmung dafür, dass die Deckschicht teilweise abgetragen wird, der Permeatstrom bleibt länger auf hohem Niveau. Abbildung 6.7 zeigt die verschiedenen Elemente, die in der Praxis der Siebfiltration verwendet werden.

„Dead End"-Membranfilter: Oben rechts in Abb. 6.7 sind drei **Filterkerzen** aus gefalteten (plissierten) Polymermembranen abgebildet, wie sie z. B. zur „Dead End"-Sterilfiltration in geschlossene Gehäuse eingebracht werden. Ihre Membrandicke ist mit < 200 µm sehr gering, ebenso die Trubaufnahmekapazität. Eine scharfe Vorfiltration ist für deren Einsatz Voraussetzung. Membranfilter dürfen lediglich als Sicherheitsfilter für versprengte Partikel fungieren. Trubstoffe werden hauptsächlich an der Oberfläche zurückgehalten, Bakterien oder

Abb. 6.6
Vergleich von statischer und dynamischer Filtration

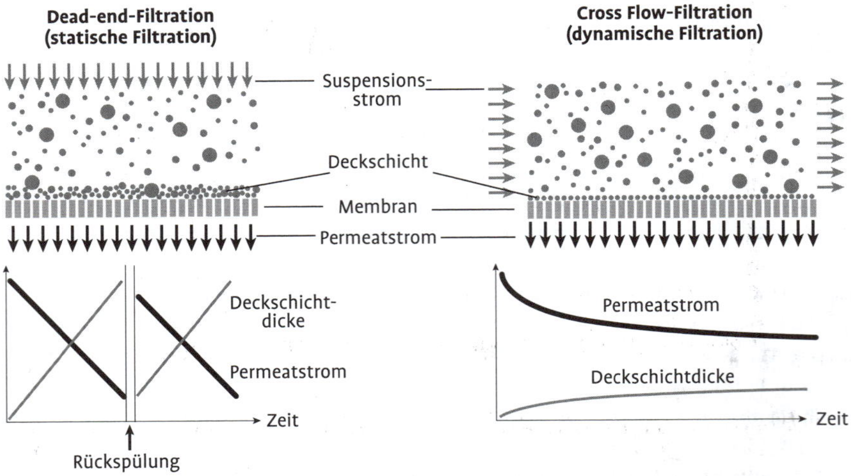

Kolloide können oft eindringen. Um sicher hefefrei zu filtrieren, müssen Filtermaterialien mit 0,65 µm Porengröße verwendet werden. Die im Lebensmittelbereich üblichen Bakterien erfordern mit 0,45 µm noch kleinere Porositäten. Müssen auch Viren zurückgehalten werden, sind < 0,1 µm notwendig. Membran-Kerzenfilter lassen sich vergleichsweise einfach steril halten und mittels Prüfmethoden auf Integrität überprüfen. Damit ist eine wichtige Voraussetzung für einen CCP z. B. bei der Getränkeabfüllung erfüllbar. Das Qualitätsmaß für Effektivität und Effizienz eines als Sterilfilter vorgesehenen Systems ist die Rückhaltung von Keimen, ausgedrückt im LRV (**„Logarithmic Bacteria Retention Value“**). Vorgeschrieben ist für die Sterilfiltration ein Reduktionswert von sieben, d. h. eine Abnahme der Keimzahl um sieben Zehnerpotenzen. Ein Eingangswert von 10^8 Keimen/ml muss auf 10^1 reduziert werden.

„Cross Flow“-Systeme: Die Aufsicht auf eine Keramikmembran (Abb. 6.7 oben links) zeigt, dass die Poren unterschiedliche Größen besitzen und erst in der Tiefe sicherstellen, dass definierte Partikelgrößen zurückgehalten werden. Besitzt die wirksame Membran eine Dicke von 50 µm, müssen Bakterien mit z. B. 0,5 µm Durchmesser einen Weg durchströmen, der dem 100-Fachen ihres Durchmessers entspricht. Das Bild macht verständlich, dass auch Membranfilter zu einem gewissen Maß Tiefenfilter sind. Dieser Effekt wird durch die Deckschicht verstärkt.

Keramik- oder Polymermembranen (Abb. 6.7, unten links am Beispiel Keramik) sind in Gehäusen zu **Modulen** zusammengefasst, die in Längsrichtung durchströmt werden. Die Grafik unten links zeigt die Verhältnisse am Beispiel eines Keramikelements. Das Permeat strömt mit wenigen mm/s durch die Membran und muss nach dem Durchdringen der Membrane durch die gesamte Stützschicht fließen, um anschließend zentral gesammelt und abgeführt zu werden. Die „Cross Flow“-Geschwindigkeit liegt bei Problemstellungen der Lebensmittelindustrie produktabhängig zwischen 500 und 5000 mm/s. Die Umwälzmenge in Relation zur Permeatmenge kann zwischen 10:1 und 100:1 liegen. Diese Dimension der Überströmung und der Druckverlust sind wesentlich für die Energie verantwortlich, die die Umwälzpumpe aufbringen muss. Der Druckverlust, also die Differenz zwischen dem Umwälzdruck vor der Membran und dem Filtratdruck nach Passieren der Barriere, ist der **Transmembrandruck (TMP)**. Je niedriger er ist, desto günstiger verläuft die Filtration. Der TMP wird durch die Dicke der Filterschicht, aber auch durch ihre Eigenschaften bestimmt.

Abb. 6.7
Oberfläche (1), Elemente (2), Module (3) und Anlage (4) als Teile der Membranfiltration (Quelle: GEA AG; oben rechts: Pall Corp.)

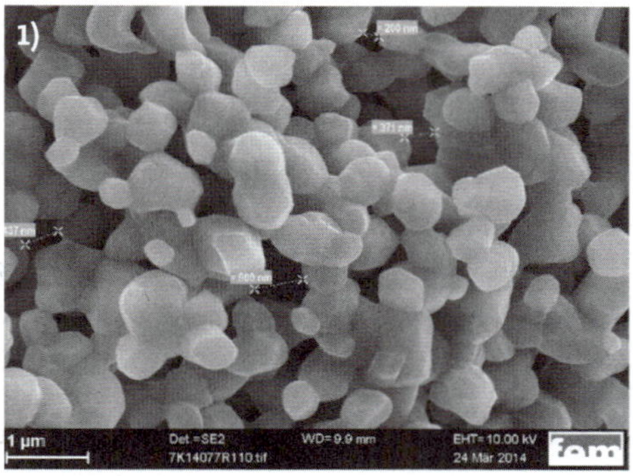

Relation Porendurchmesser und Molekulargewicht (in Kilodalton)

Poren-durch-messer µm	Poren-durch-messer nm	Moleku-large-wicht kD
1.4	1400	–
1.0	1000	–
0.8	800	–
0.5	500	–
0.2	200	400
0.1	100	200
0.05	50	100
0.02	20	50
0.005	0	10

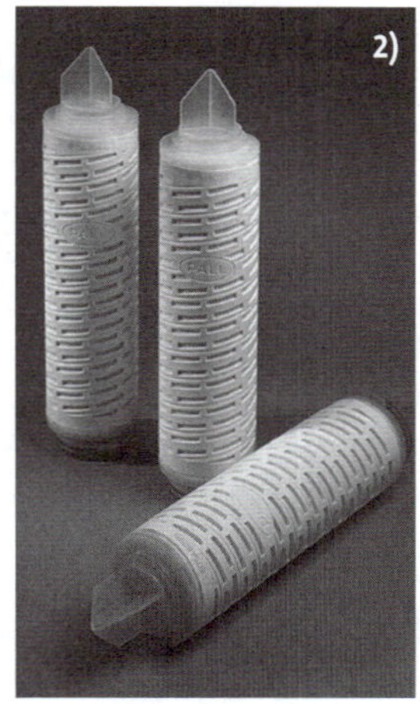

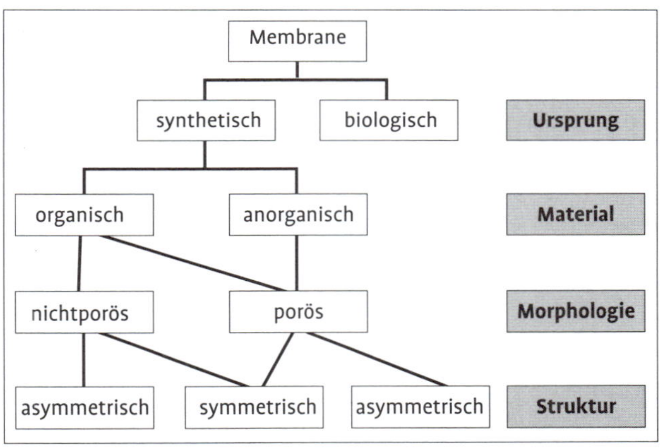

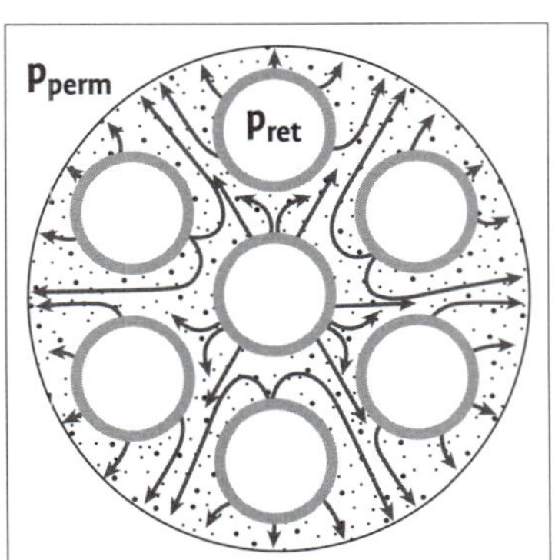

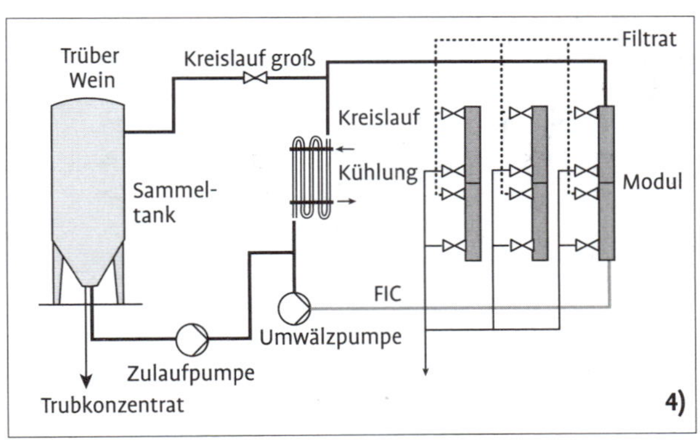

Schleimstoffe neigen zum Kompaktieren, die Deckschicht ist dann nahezu undurchlässig. Hohe Drücke erfordern zusätzliche Pumpenenergie zur Aufbringung und verdichten die Deckschicht. In der Praxis wird bei einem TMP oberhalb 2 bar die Filtration abgebrochen. Das untere Bild rechts zeigt eine Anlage mit sechs Modulen, einer großen Umwälzpumpe und einem zugeschalteten Kühler, der die in Wärme umgewandelte Energie abführen muss. Die kleine Zuführpumpe ersetzt die ausgeschleuste Permeatmenge aus dem Arbeitstank.

Die Porengrößen der Membrane (Abb. 6.7, oben Mitte) definieren verschiedenartige Systeme der dynamischen Filtration: Es wird unterschieden nach **Mikro-, Ultra- und Nanofiltration sowie der Umkehrosmose**. Die **Trenngrenze bzw. Ausschlussgrenze („Cut off")** einer Membrane wird als **„Nominal Molecular Weight Cut off"** (**NMWC**; Einheit: Dalton) angegeben. Die Größe ist definiert als die minimale Molekülmasse eines idealen kugelförmigen Moleküls, welches die Membran gerade nicht passieren kann. Um auch nicht kugelförmige Moleküle zurückzuhalten, nutzt man in der Praxis meist eine Membran mit einem 20 % niedrigeren „Cut off" als dem Molekulargewicht des abzutrennenden Moleküls entspricht. Ein **Dalton** entspricht ungefähr der Masse von Wasserstoff. Eine Ultrafiltrationsmembran mit einem NMWC von 100 000 Dalton hält demnach Stoffe zurück, die ein Molekulargewicht größer als 100 000 haben. Die grobporige Mikro- und Ultrafiltration blockieren Partikel durch eine Barriere, die Nanofiltration und die Umkehrosmose „filtrieren" dagegen über eine **Lösungsdiffusion** der abzutrennenden Teilchen durch die Membrane. Moleküle werden von der Flüssigkeit an und in der Membran gelöst und diffundieren durch sie hindurch. Abbildung 6.8 zeigt Verfahrensparameter der genannten Systeme. Mittels Umkehrosmose (UO oder „Reverse Osmosis", RO) lässt sich unter anderem Meerwasser entsalzen. Praktisch alle Moleküle außer Wasser werden zurückgehalten. Die Umkehrosmose benutzt das in der Biologie weit verbreitete Prinzip der Osmose, kehrt aber die Richtung durch einen angelegten hohen Druck um. In biologischen Zellen fließt Wasser über die Zellmembran aus einer Lösung niedriger Konzentration in eine höhere Konzentration. Ziel ist der Konzentrationsausgleich. Der Bereich mit

Abb. 6.8
Verfahrensparameter von Mikro-, Ultra- und Nanofiltration sowie der Umkehrosmose

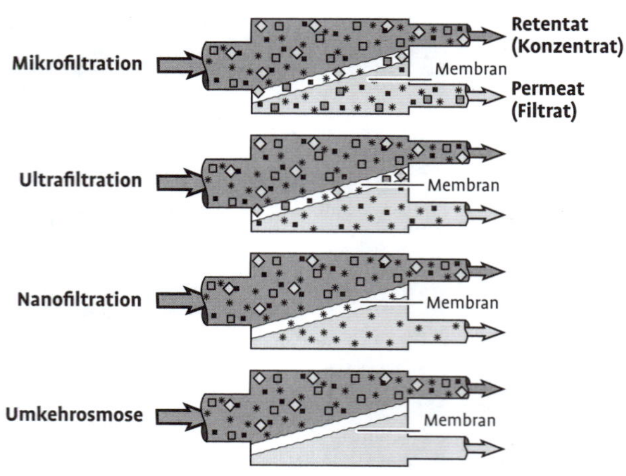

	Trenngrenzen	Transmembrandrücke
Mikrofiltration	0,1-10 µm <500 Kilodalton	0,3-3 bar
Ultrafiltration	0,1-0,01 µm 400-20 Kilodalton	1-10 bar
Nanofiltration	0,01-0,001 µm (1-10 nm) 2-20 Kilodalton	20-35 bar
Umkehrosmose	<0,001 µm (<1 nm) <2 Kilodalton	30-80 bar

◇ Teilchen, Mikroorganismen, suspendierte Stoffe
▫ Große Moleküle in Lösung
▪ Kleine Moleküle in Lösung
* Salze
▒ Wasser

der ursprünglich höheren Konzentration besitzt dann mehr Flüssigkeit, sein Druck ist angestiegen. Der Anstieg ist der osmotische Druck. In der Technik wird die höher konzentrierte Seite, z. B. Meerwasser, unter hohen Druck gesetzt. Dann fließt reines, entsalztes Wasser durch die semipermeable UO-Membran. Das Retentat konzentriert sich weiter auf, bis der dann erforderliche noch höhere Betriebsdruck den Prozess stoppt. Auch bei der UO ist ein „Cross Flow" erforderlich. Wird am Ausgang der Umkehrosmosemembran ein Hochdruckventil geschlossen, steigt der Druck in der Flüssigkeit an. Sobald der Flüssigkeitsdruck größer als der osmotische Druck des zu filtrierenden Produkts ist, wird Wasser durch die Membran gedrückt.

Zu den Membranverfahren werden noch weitere Systeme gerechnet, die auch als Diffusionstrennverfahren bezeichnet werden: **Dialyse, Elektrodialyse und Pervaporation.** Die Dialyse ist ein konzentrationsgetriebener Membranprozess, mit dessen Hilfe sich Ionen oder kleine Moleküle wie Salze oder Zucker aus Lösungen entfernen lassen, während große Moleküle (Proteine oder Kohlenhydrate) zurückgehalten werden. Triebfeder ist eine Konzentrationsdifferenz, die für die Diffusion durch eine semipermeable Membrane sorgt. Auf der einen Seite der Membran befindet sich das reine Lösungsmittel, auf der anderen die Lösung. Nur die niedermolekularen Bestandteile diffundieren durch die Membran in das Lösungsmittel. Der Prozess lässt sich als Elektrodialyse beschleunigen mithilfe einer elektrischen Spannung. Zur Unterstützung der selektiv durchlässigen Membrane wird eine elektrische Potenzialdifferenz benutzt. Die Anionen in der Lösung bewegen sich durch die Anionenaustauschermembran, die Kationen durch die Kationenaustauschermembran. Die Lösung wird so in Permeat und Konzentrat getrennt. Mit diesem Verfahren lassen sich z. B. Kalium und Weinsäure aus Wein abtrennen, wodurch dieser gegen Weinsteinausfall in der Flasche stabilisiert wird.

Für die Pervaporation ist eine geeignete, sehr dichte Membran erforderlich, durch die die abzutrennende Substanz aufgrund ihrer physikochemischen Eigenschaften wesentlich besser hindurch diffundieren kann als das Lösungsmittel. Bei der Entalkoholisierung von Wein ist Wasser das Lösungsmittel, Ethanol die abzuscheidende Substanz, die durch die Membran diffundieren muss und nach der Durchdringung der Membran auf deren Rückseite verdampft. Der Alkoholdampf wird danach als Permeat abgezogen und extern kondensiert. Auf der Innenseite der Membran bleibt der an Alkohol abgereicherte Wein zurück. Ethanol dringt bevorzugt in die Membran ein und wird an deren innerer Oberfläche adsorbiert bzw. im gesamten Membranmaterial gelöst. Zur Außenseite der Membran hin wird die Alkoholkonzentration geringer, da sie an der Membranoberfläche verdampft und kontinuierlich über **Schleppgas** (z. B. Stickstoff) abgezogen wird. Die treibende Kraft für die Diffusion des Ethanols durch die Membran ist das Konzentrationsgefälle über dem Membranquerschnitt.

„Membranfouling" (Deckschichtbildung): „Cross Flow"-Membranprozesse sind deckschichtorientierte Vorgänge. Die Deckschichtbildung limitiert die Effizienz der CMF. Abbildung 6.9 zeigt die Situation an der Oberfläche einer Membran. Die Membrane bildet über ihre gesamte Dicke eine Barriere für größere Teilchen. Deren Konzentration steigt zur Membranoberfläche hin an, es bildet sich eine hochviskose, gelartige Deckschicht. Diese befindet sich in einem Pseudogleichgewicht durch die scherende, abtrennende Wirkung des Retentatstroms und gleichzeitige Anlagerung neuer Teilchen. Sie ist damit als eine dynamische Sekundärmembran zu sehen. Ihre Porengröße ist generell kleiner als die der Membran, die Partikelrückhaltung verschiebt sich in den feineren Bereich. Hat sich diese Schicht fertig ausgebildet, ist der Flux weitgehend unabhängig vom Transmembrandruck. Die Anhäufung von Material an der Membranoberfläche wird als **Konzentrationspolarisation** bezeichnet. Die Feststoffkonzentration nimmt während des Durchgangs durch die Membrane ab und besitzt am Auslauf einen Endwert entsprechend der Filtrationseigenschaft der Membran. Die Membranhersteller versuchen, durch eine Optimierung der Porengeometrie und elektrischen Ladung der Membrane die Wechselwirkungen mit Trubstoffen und deren Neigung zum Anhaften zu verringern. Unter anderem können **Rückspülungen** die Standzeit zwischen zwei Reinigungen ver-

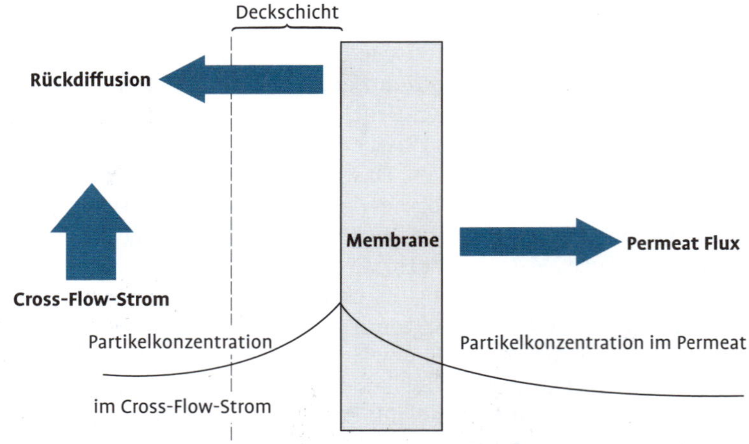

Abb. 6.9 Konzentrationspolarisation an der Membranoberfläche (nach Tarleton und Wakeman 2008, modifiziert)

längern. Letztlich hängt die Effizienz einer Membrananlage von der Effizienz der chemischen Reinigung ab.

6.3.1.2 Tiefenfiltration

Beispiele für Tiefenfiltersysteme sind **Schichtenfilter** und **Filtermodule mit Tiefenwirkung.** Die Barriere, die Trubstoffe zurückhalten soll, ist in beiden Fällen ein labyrinthartig aufgebautes, engmaschiges, mehrere Millimeter dickes dreidimensionales Gewebe mit Poren, die sich in der Tiefe des Raums verengen. Ihr Hohlraumvolumen kann 70–80 % ausmachen, dadurch besitzen sie ein großes Speichervermögen für Trubstoffe. Die unterschiedlichen Wege, Partikel zurückzuhalten, zeigen in Abb. 6.10 die Grafiken a–d. In der Praxis kommen meist alle Mechanismen in unterschiedlichen Anteilen gleichzeitig vor.

Nichtkompressible, formstabile Teilchen entsprechender Größe lagern sich bereits an der Oberfläche ab und bilden einen Filterkuchen (Grafik a). Dieser wird die Filterleistung nach und nach verringern, bis dessen Widerstand

Abb. 6.10 Partikelrückhaltung bei Tiefenfiltern

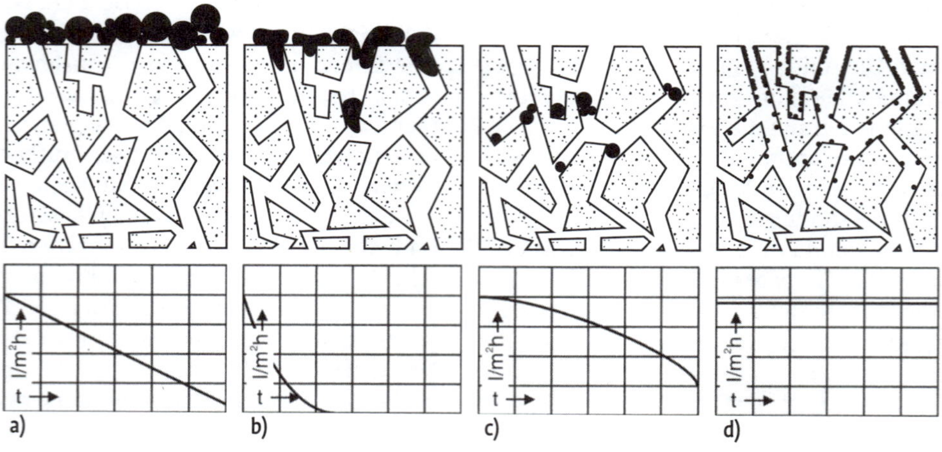

schließlich so groß ist wie der Zulaufdruck und die Filtration spätestens dann zum Erliegen kommt. Solche Verhältnisse herrschen bei der Filtration von Sand, Staub oder Hefezellen.
Die Abtrennung von Hydrokolloiden zeigt die Grafik b. Diese Teilchen sind **kompressibel, verformbar** und in der Lage, teilweise in die Poren einzudringen und sie korkartig zu verschließen. Bei entsprechender Konzentration ist das Filter sehr schnell belegt. Alle Verfahren, die aus pflanzlichem Gewebe größere Mengen Kolloide freisetzen (vor allem über hohe Scherkräfte oder bei einer Erhitzung des Gewebes), erschweren dadurch die Filtration.
Grafik c spiegelt die Situation wider, wenn **kleine Teilchen in den sich verengenden Poren** hängenbleiben. Kleinere Mikroorganismen werden vielfach auf diese Weise abgetrennt, aber auch Kolloide.
Bisher ist die Abtrennung mechanisch erfolgt. Grafik d zeigt die **adsorptive Anlagerung** von Teilchen an Filterelemente durch elektrokinetische Kräfte. Entsprechend modifizierte Fasern mit positivem Potenzial innerhalb des Filtermediums binden Trubstoffe mit negativer Oberflächenladung. Die elektrische Ladung strömender Teilchen in einem Elektrolyten wird **Zetapotenzial** genannt. Da der freie Durchgang der Flüssigkeit kaum behindert wird, bleibt die Filterleistung konstant. Ist aber die Adsorptionsfähigkeit schließlich erschöpft, wandern derartig kleine Teilchen durch.
Filtrationsgleichung: Der anfängliche Verlauf der Filtration von Suspensionen wird mit ausreichender Genauigkeit durch die Filtrationsgleichung beschrieben (Müller, 1979). Das Produkt r x w charakterisiert die Menge der Trubstoffe und die Eigenschaft des daraus gebildeten Filterkuchens. Dieser Filterkuchen erschwert die Filtration, die Schichtdicke des Filters nimmt dabei zu. Bei Filtrationen in der Praxis halten Pumpen mit geeigneten Kennlinien den Flux lange Zeit konstant, dafür steigt der Filtrationsdruck p mit zunehmender Filterbelegung an. Je nach Schärfegrad der Filtration ist dann der maximal zulässige Filtrationsdruck die limitierende Größe. Hält man dagegen den Druck p konstant, sinkt mit zunehmendem Filterkuchen der Flux.

$$\frac{dt}{dq} = \frac{1}{V} = \frac{\eta \cdot r \cdot w}{A^2 \cdot p} \cdot q + \frac{\eta \cdot R_m}{A \cdot p}$$

Filtrationsgleichung; A = Filterfläche, Eta (η) = Viskosität der Suspension, r = spezifische Trubstoffeigenschaft, w = Trubstoffmenge, p = Filtrationsdruck, q = Durchfluss (Flux), dt/dq = reziproker Filtratfluss (Flux je Zeiteinheit), R_m = spezifische Eigenschaft der Filterschicht.

Bei unveränderter Viskosität, gegebener Filterfläche A und konstanten Eigenschaften der Trubstoffe vereinfacht sich die Filtrationsgleichung zu:

$$\frac{dt}{dq} = a \cdot q + b$$

Filtrationsgleichung unter konstanten Bedingungen; a = Steigung der Filtrationsgeraden, b = Ordinatenabschnitt der Filtrationsgeraden.

Die Gleichung beschreibt eine Gerade mit der Steigung a und dem Ordinatenabschnitt b. In der Praxis folgt der Filtrationsverlauf zu Beginn der Geradengleichung, um bei ansteigendem Filterkuchen allmählich abzuweichen. Bestehen die Trubstoffe hauptsächlich aus Kolloiden und werden diese entsprechend Bild 6.10 b zurückgehalten, sinkt der Flux extrem schnell gegen Null, die Flüssigkeit ist praktisch nicht filtrierbar.
Die Tiefenfiltration benutzt industriell vorgefertigte Filtermaterialien mit großem Hohlraumvolumen (bis 80 %) und entsprechend großer Aufnahmekapazität für Trubstoffe. Derartige Systeme können als Sterilfilter oder lediglich als Vorklärfilter ausgelegt sein. In der Praxis kommen zwei unterschiedliche Systeme zum Einsatz:

- Filter mit Tiefenfilterschichten im **offenen System**
- Filter mit modular aufgebauten Tiefenfilterschichten im **geschlossenen System**

Bei offenen Systemen werden Filterplatten manuell in ein Rahmengestell eingesetzt, angepresst und geschmacklich neutral gewässert. Die Suspension wird gleichmäßig in die hohlen Filterplatten verteilt, durchströmt die Filterelemente und wird als Filtrat zentral gesammelt. Modulfilter können mit Scheiben oder Kerzen bestückt werden. Bei diesen Systemen verläuft die Filtration üblicherweise von außen nach innen. Das Filtrat wird zentral abgeführt. Modulfilter mit Tiefenfilterschichten funktionieren wie offene Filterschichten. Zwei übereinander angeordnete runde Filterscheiben sind jeweils mit einer zwischenliegenden Drainage- und Stützplatte zu einer Modulfilterzelle verbunden und am Außenrand durch eine Rundumspritzung abgedichtet. Mittels Abstandshalter etwas getrennt und kompakt übereinandergelegt, werden zahlreiche dieser Filterzellen in ein hermetisch verschlossenes Gehäuse eingebaut. Das Filter ist tropffrei, mit vergleichsweise geringer Mischzone und im Vergleich zu offenen Systemen wesentlich hygienischer. Abbildung 6.11 zeigt die verschiedenen Systeme und ihre jeweiligen Filterelemente.

Wie alle Tiefenfilter besitzen auch die Module ein relativ großes Aufnahmevermögen für Trub. Rückgespült werden sie vom Ausgang zum Eingang mit Wasser. Die Module können in die Höhe gebaut werden und benötigen im Vergleich zu den offenen Schichtenfiltern wenig Platz. Nach Gebrauch, Rückspülung und Sterilisation entsprechend der Herstellerangabe sind sie jederzeit gebrauchsbereit. Offene Filteransätze dagegen müssen aus hygienischen Gründen mindestens wöchentlich entsorgt werden.

Abb. 6.11
Schichtenfilter und modulare Tiefenfilter mit entsprechenden Filtergehäusen (links: Fa. Filtrox; rechts: Pall Corp.)

6.3.1.3 Anschwemmfiltration

Bei der Anschwemmfiltration mit **Kieselgur, Perlite oder Cellulose** als Filtermittel erfolgt die Klärung in Filterelementen, auf die das Filtermittel und die zu klärende Suspension zusammen aufgetragen werden.

Diese Filtrationstechnik zeichnet sich durch eine ständig anwachsende Filterschicht aus. Bei der Filtration mit dem Vakuumdrehfilter nimmt sie dagegen ab. Konstant gehalten wird die Schicht z. B. in **Kammerfiltern**, wenn nicht zusätzlich eine Filtermitteldosage erfolgt. Derartige Filtersysteme kommen nach wie vor im Getränkebereich zum Einsatz, aber auch bei der Filtration von Produkten, die mit flüssigen Medien extrahiert wurden (Gelatine, Pektin, Eiweiß usw.). Angesichts des Batchbetriebs und der ökologischen Filtermittelproblematik werden verstärkt „Cross Flow"-Filter oder Zentrifugen alternativ eingesetzt. Abbildung 6.12 zeigt die verschiedenen Prinzipien von Filtersystemen nach dem Anschwemmprinzip.

Abb. 6.12
Prinzipielle Funktion der wichtigsten Anschwemmfilter in der Lebensmitteltechnologie;
1 = Vakuumdrehfilter (Schmidt 2013);
2 = Kammerfilter (Quelle: Fa. Straßburger);
3 = Klärelemente von Kieselgurfiltern (Blankenhorn und Funk 2012);
4 = untere Elemente eines horizontal filtrierenden Kieselgurfilters (Schmidt 2013)

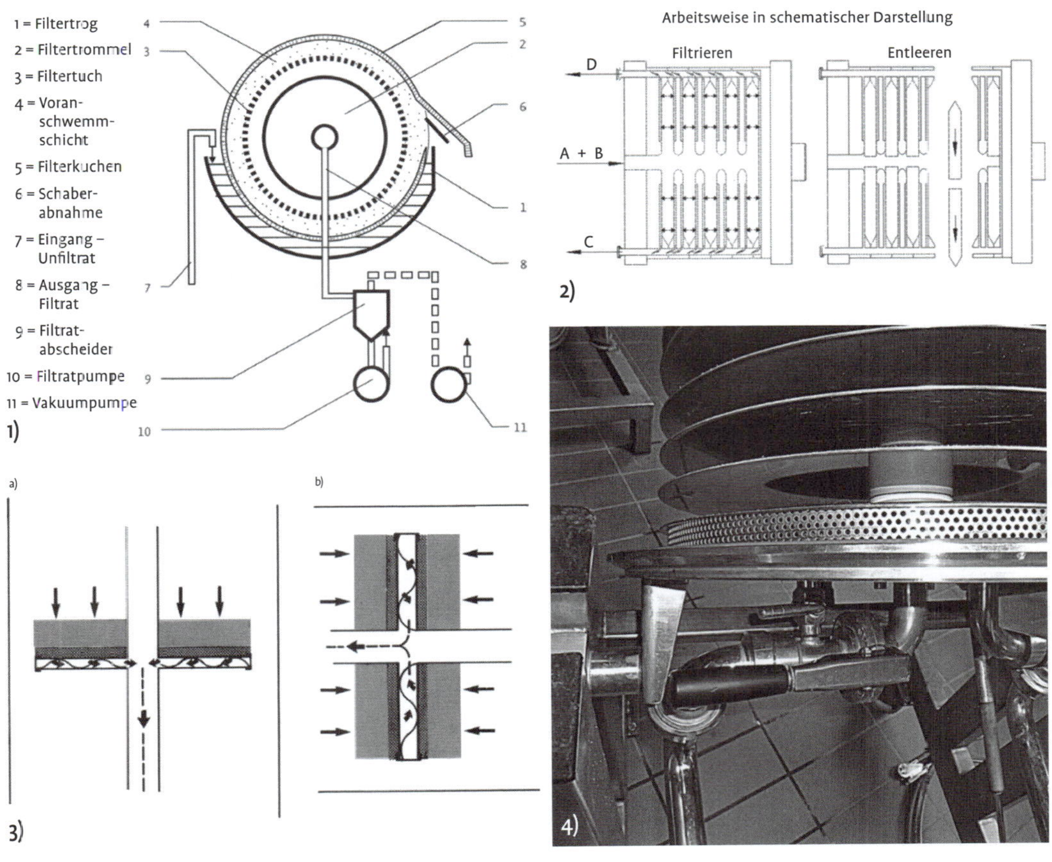

6.3.1.4 Sonderfall Pressen

Das Auspressen von Suspensionen ist wie die Filtration eine Fest-Flüssig-Trennung. Die dafür eingesetzten Systeme werden deshalb in der Verfahrenstechnik allgemein Filterpressen genannt. Triebkraft ist die Differenz zwischen dem Druck der Suspension und dem der ablaufenden Flüssigkeit. Abbildung 6.13 zeigt das verfahrenstechnische Prinzip des Auspressens einer Suspension. Die Feststoffe bilden einen Filterkuchen, freie Flüssigkeit sucht sich einen Weg durch die Kapillaren im Gewebe und verlässt die Presse über Siebbleche oder andere poröse Strukturen. Die Kompression des Filterkuchens sorgt für eine zunehmende Verstopfung der Ablaufkapillaren, der Fluss kommt zum Stillstand. Eine Erhöhung des Drucks bringt nur eine kurzfristige Verbesserung. Um weitere Flüssigkeit zu gewinnen, muss druckentlastet und aufgelockert werden, damit neue Drainagekanäle entstehen.

Diskontinuierlich arbeitende Pressen können den Druckaufbau pneumatisch über ein Gas (Tankpressen, Schlauchpressen), hydraulisch über eine Flüssigkeit (Spindelpressen) oder mechanisch über eine Schraube, die gegen einen beweglichen Boden drückt (Korbpressen, Schneckenpressen), bewerkstelligen. Kontinuierliche Systeme wie Schnecken- oder Bandpressen nützen Scher- und Schubkräfte bei gleichzeitig geringer Schichtdicke. Sie sind auf hohe Leistungen ausgelegt, erzeugen aber vergleichsweise viel Trub in der Flüssigkeitsphase.

Abbildung 6.14 zeigt drei in der Lebensmitteltechnologie häufig eingesetzte Presssysteme. Eine vierte Variante kann die Kammerfilterpresse darstellen, wie sie in Abb. 6.12/2 gezeigt wird. Bei grobem Feststoff (Bierwürze, Treber, Trubverarbeitung im Wein- oder Saftbereich) kann ohne Filtermittel gearbeitet werden. Tankpressen sind Stand der Technik bei der Beerenentsaftung, Schneckenpressen werden bevorzugt bei Saaten (Raps, Soja usw.) eingesetzt. Bandpressen sind vorteilhaft bei hohen Leistungen und wenn häufiger Chargenwechsel nötig ist.

Abb. 6.13
Situation beim statischen Saftablauf und der Entsaftung über Druck (dunkel gefärbt: freie Flüssigkeit zwischen den teilweise ausgelaufenen Zellen)

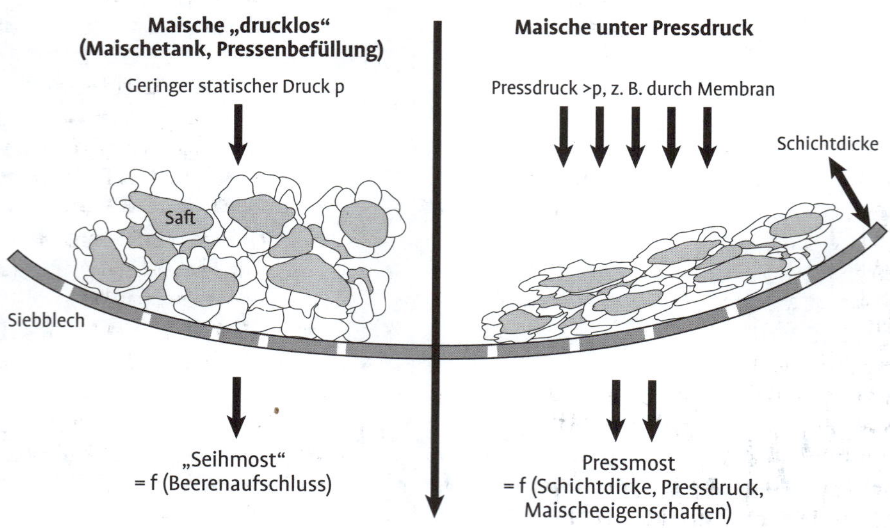

Abb. 6.14
1 = Tankpresse (Quelle: Willmes); 2 = Impulsschneckenpresse (Schmidt 2013);
3 = Bandpresse (Quelle: Flottweg)

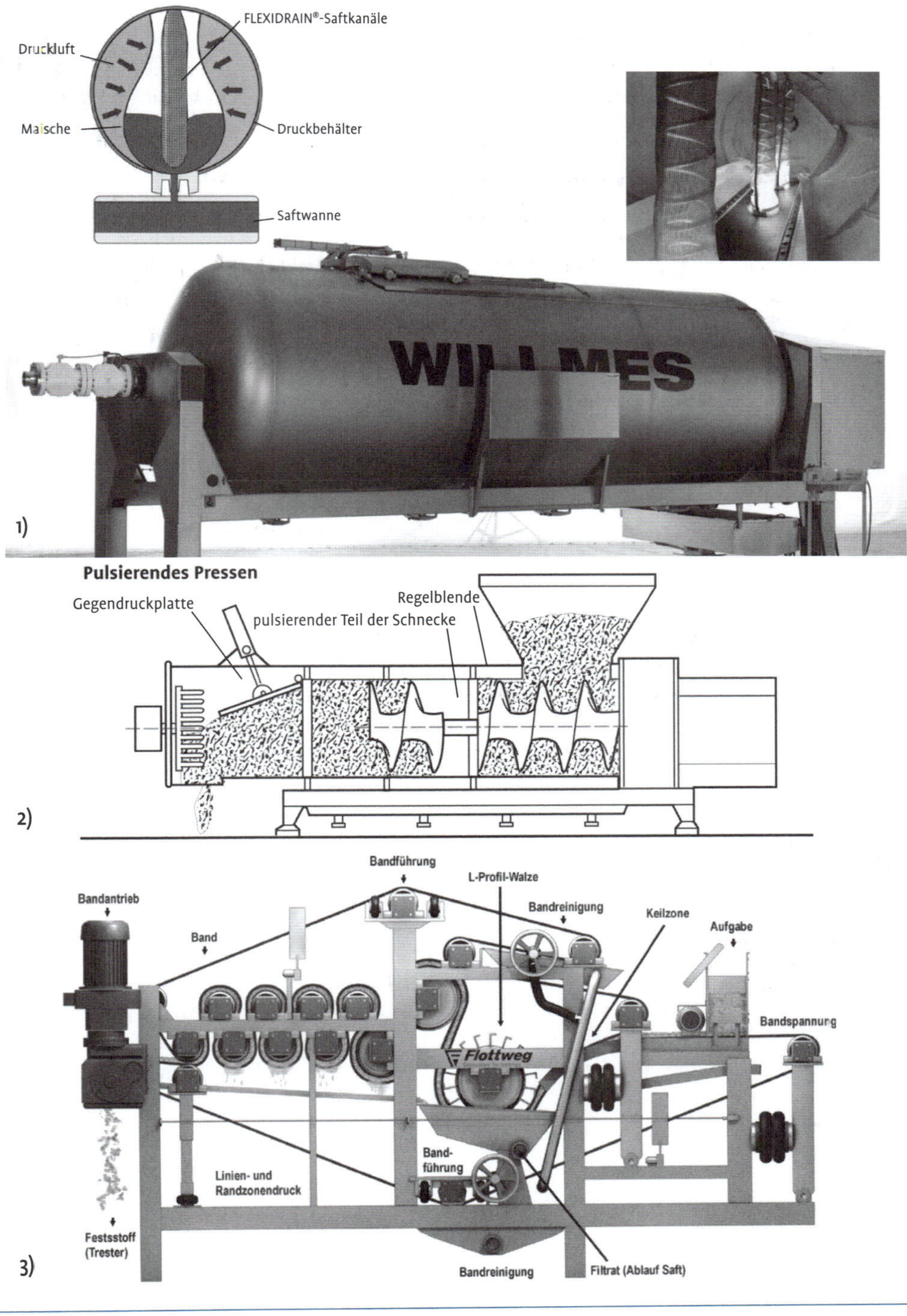

6.3.2 Schwerkraftsysteme zur Trennung von Suspensionen und Emulsionen

Wird mit der **Druckdifferenz** als Triebfeder der Phasentrennung gearbeitet, können lediglich Zwei-Phasen-Fest-Flüssig-Systeme geklärt werden. Die **Schwerkraft** als treibende Kraft ist darüber hinausgehend in der Lage, auch **Emulsionen** – einschließlich eines zusätzlichen Feststoffanteils – zu trennen. Emulsionen bestehen aus zwei nicht miteinander mischbaren Flüssigkeiten, von denen eine tropfenförmig fein verteilt ist. Die prägnantesten Beispiele dafür sind Rohmilch oder Molke mit einer dominierenden Wasserphase, weniger als 4 % Fett und Spuren von grobdispersen Feststoffen. Durch Pressen gewonnene Speiseöle bestehen dagegen hauptsächlich aus einer Ölphase, die einen Anteil Wasser und Pflanzengewebsbruchstücke als feste Phase enthält. Voraussetzungen für eine Schwerkrafttrennung sind ein **Dichteunterschied** zwischen den zwei bzw. drei Phasen und eine Teilchengröße oberhalb 0,5–1 µm. Kleinere Teilchen werden durch die Brown'sche Molekularbewegung in Schwebe gehalten. Folgende Schwerkraftsysteme kommen in der Lebensmitteltechnologie zum Einsatz:

- die **Sedimentation** als Ergebnis der Schwerkraftwirkung
- die **Zentrifugation** mit Sedimentationszentrifugen, in denen rotierende Systeme ein Vielfaches der Schwerkraft erzeugen
- **Hydrozyklone oder Whirlpools** als eine Art Zentrifuge mit rotierender Flüssigkeit und feststehendem Gehäuse (nur für Fest-Flüssig-Trennungen geeignet)
- die **Flotation** als Spezialverfahren, das eine unterschiedliche Benetzbarkeit von Teilchen ausnützt und Trubstoffe über ein Schleppgas entgegen der Schwerkraft nach oben befördert (Kap. 6.3.3)

Abbildung 6.15 vergleicht die Vorgänge bei der Sedimentation mit denen der Zentrifugation. Auftriebskraft und Schwerkraft wirken bei der Sedimentation auf ein Teilchen entgegengesetzt und werden beide von der **Viskosität** der Flüssigkeit, der **Dichtedifferenz** und der **Partikelgröße** bestimmt. Niedrige Temperaturen erhöhen die Viskosität der Flüssigkeit und wirken der Sedimentation entgegen. Gleiches gilt für lange Absetzwege in hohen Tanks. Die Trubstoffe benötigen mehr Zeit, bis sie am Boden angekommen sind. Im Tank entsteht ein Konzentrationsgradient, Proben für die Bestimmung des aktuellen Klärgrads müssen aus verschiedenen Höhen gezogen und gemittelt werden. Im Bodenbereich schließlich verdichten sich die Trubstoffe langsam zu einem kompakten Sediment.

In der Zentrifuge wird das **Erdschwerefeld** mit der **Zentrifugalkraft** rotierender Körper (der Zentrifugentrommel) multipliziert. Die Höhe dieser Vielfachen des Erdschwerefelds ist vom Trommelradius r und ihrer Winkelgeschwindigkeit abhängig. Große Zentrifugen z. B. für die Milchentrahmung oder die Speiseölraffination arbeiten mit Trommeldurchmessern von über einem Meter und Umfangsgeschwindigkeiten von über 200 m/s. Entsprechende Vielfache des Erdschwerefelds liegen bei 6000–8000 g. In dem Verhältnis erfolgt die Klärung in der Zentrifuge schneller als die im Sedimenter.

In der Lebensmitteltechnologie kommen aus der Vielzahl von Zentrifugen hauptsächlich zwei Typen zum Einsatz: Dekanter und Separatoren. Abbildung 6.16 zeigt Schnittbilder dieser Geräte.

Separator: Die zu klärende Suspension gelangt über ein Einlaufrohr in die rotierende Trommel. Dort wird sie möglichst schonend auf Umdrehungsgeschwindigkeit beschleunigt, nach außen an die Peripherie der Trommel gelenkt und in dünne Schichten aufgeteilt (Q/Z; Z = Anzahl der Einzelseparierungsräume). Die Suspension durchströmt jeden dieser **Einzelseparierungsräume** von außen nach innen. Die Summe dieser Einsätze ergibt das **Tellerpaket**. Siehe dazu Abb. 6.17. Die Teilchen unterliegen der Zentrifugalkraft und werden radial nach außen geschleudert, während die spezifisch leichtere Flüssigkeit weiter zur Trommelmitte fließt. Erreicht das Teilchen den Rand des oberen Einsatzes, ist es abgeschieden. Die gesamte Verweilzeit einer Suspension in einer Trommel beträgt weniger als eine halbe Minute und damit nur ein Bruchteil der Zeit in einem durchströmten

Abb. 6.15
Prinzipien der Fest-Flüssigtrennung durch Sedimentation bzw. Zentrifugation

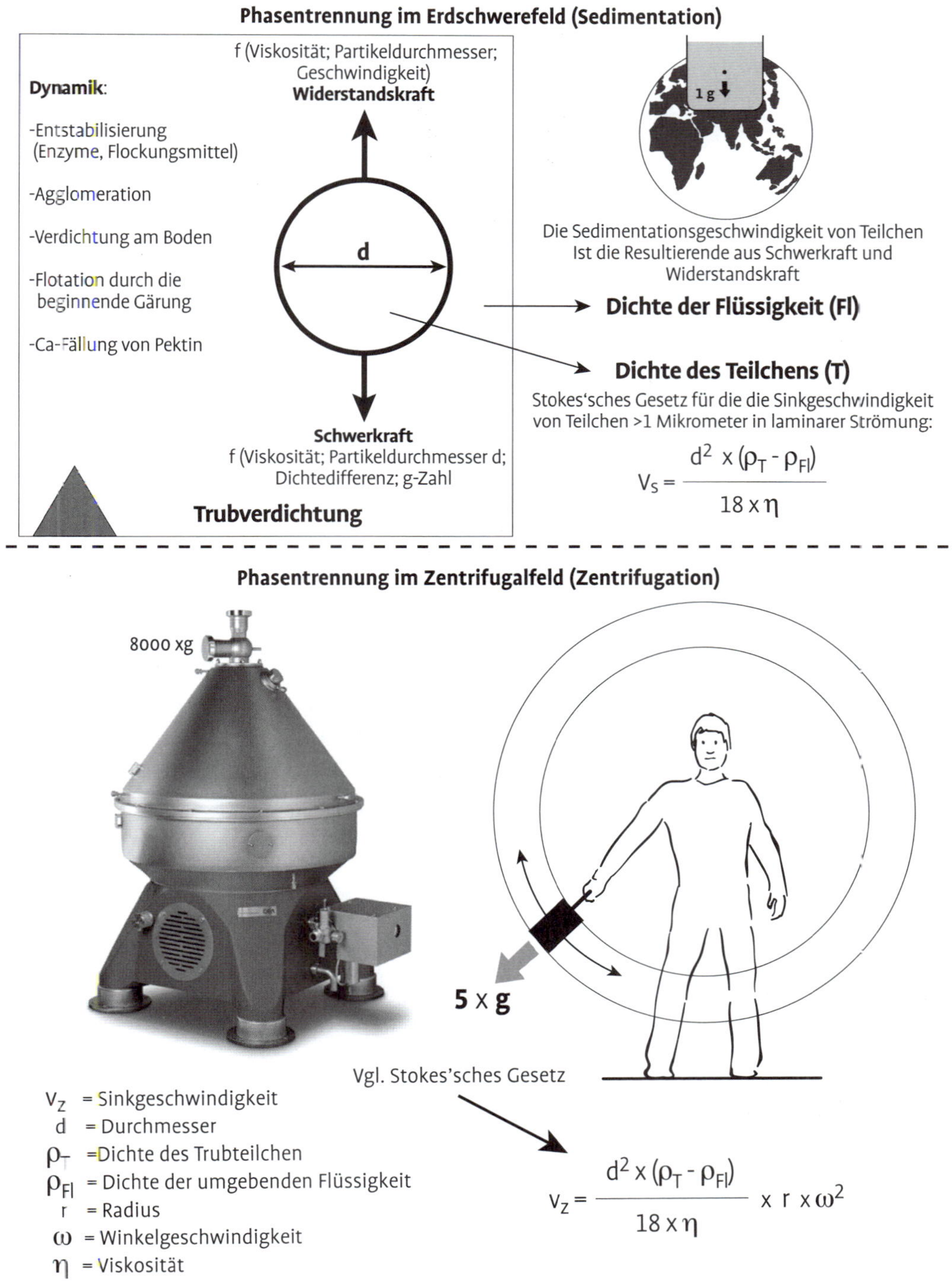

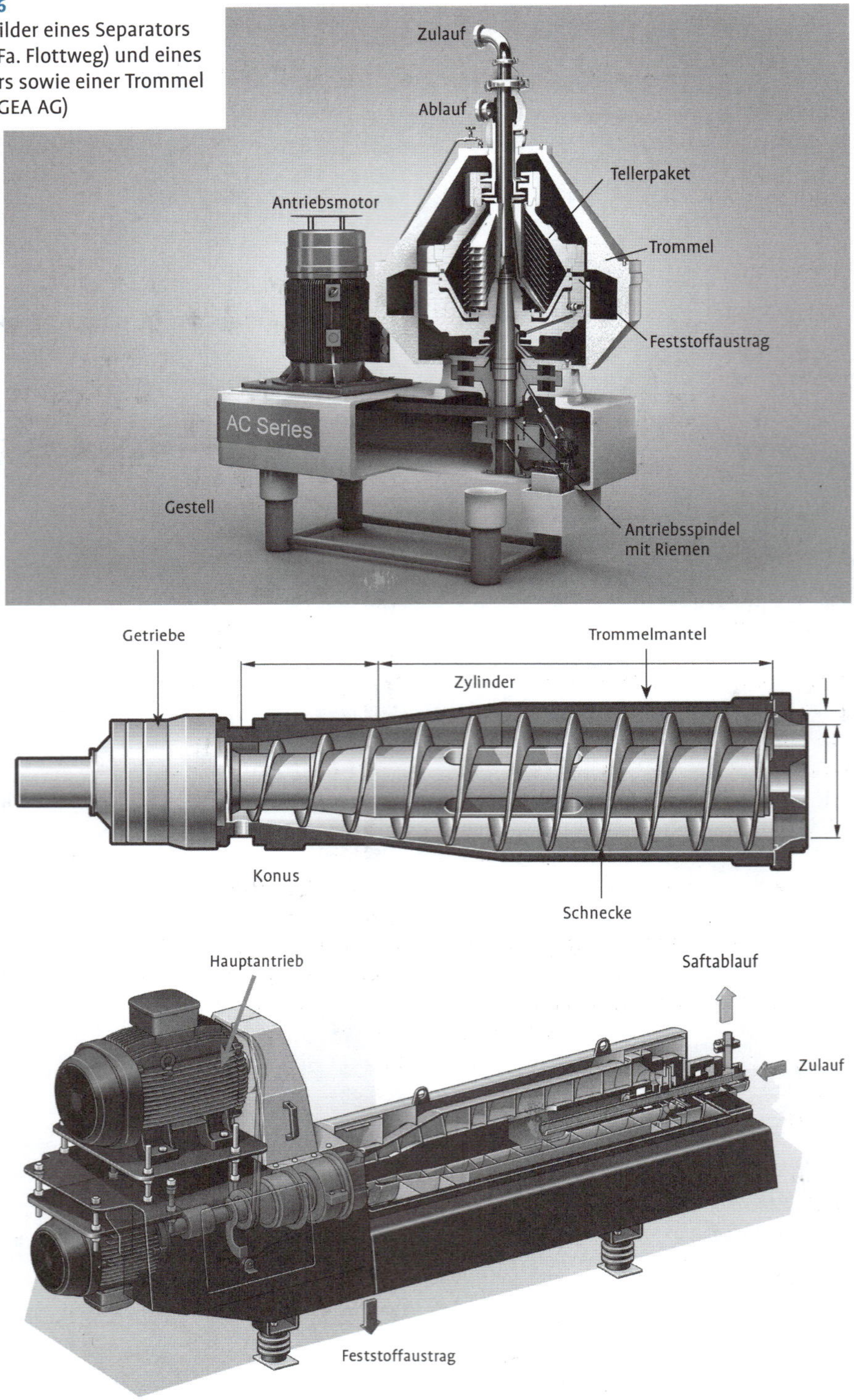

Abb. 6.16
Schnittbilder eines Separators (Quelle: Fa. Flottweg) und eines Dekanters sowie einer Trommel (Quelle: GEA AG)

Abb. 6.17
Vorgänge in einem Tellerspalt im Vergleich zum durchströmten Absetzbecken (Q=Durchsatzmenge je Zeiteinheit; Vfl= Geschwindigkeit der Flüssigkeit; Wf=Wirkungsrichtung der Zentrifugalkraft)

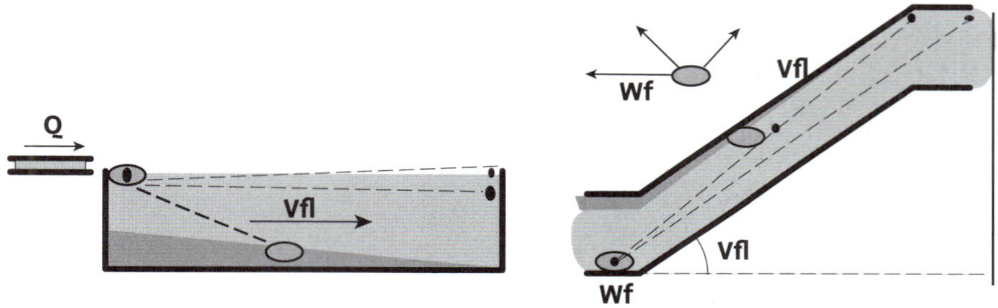

Absetzbecken. Große Teilchen werden rasch abgetrennt, kleine, leichte unter Umständen gar nicht. Sie verlassen Becken bzw. Tellerspalt mit der „Klarphase". Im Tellerspalt verläuft ihre Bewegung als **Resultierende aus radialer Zentrifugalbeschleunigung und Schleppbewegung der Flüssigkeitsströmung.** Je dünner der Einzelseparierungsraum ist, desto kürzer der Absetzweg und desto effektiver die Abscheidung. Moderne Separatoren besitzen Tellerpakete mit über 200 Tellern und Abständen der Teller im Bereich von 0,5 mm und weniger.

Der abgeschiedene Feststoff rutscht in zusammenhängender Schicht nach unten, wird in einem **Feststoffraum** gesammelt und periodisch ausgetragen. Separatoren sind deshalb diskontinuierlich bezüglich der festen Phase, aber kontinuierlich bezüglich der flüssigen. Je nach Größe der Zentrifuge liegt die Aufnahmekapazität für Trubstoffe zwischen zwei und 45 Litern. Zur Entleerung müssen, über eine **Trommelhydraulik** gesteuert, Bohrungen an der Peripherie der rotierenden Trommelwand für Bruchteile von Sekunden freigegeben werden, damit die Feststoffe durch diese explosionsartig nach außen schießen können. Für den erforderlichen hohen Druck sorgt die Zentrifugalkraft. Bevor Flüssigkeit ausdringen kann, muss die Trommel wieder geschlossen sein. Je schneller und je gleichmäßiger der gesamte Vorgang abläuft, desto höher ist die Trockensubstanz des Feststoffs.

Separatoren kommen in Dutzenden von Varianten vor, konstruktiv zugeschnitten auf die Aufgabenstellung. Sie arbeiten als **Zwei- bzw. Drei-Phasen-System** praktisch überall dort, wo Flüssigkeiten oder Suspensionen geklärt oder getrennt werden sollen. Beispiele sind die Abtrennung von Trub nach der Presse oder bei Zitrusfrüchten nach deren Extraktion, die Enthefung im Anschluss an eine alkoholische Gärung, die Entschleimung von Pflanzenölen, die Klärung bzw. Entrahmung von Milch und Molke mit Drei-Phasen-Zentrifugen, die Frischkäseherstellung, die Gewinnung von Backhefe bzw. anderer Starterkulturen oder die Stärke- bzw. Eiweißgewinnung.

Dekanter (Schneckenzentrifugen) verfügen über eine schnelldrehende zylindrokonische Trommel, in die die Suspension über ein weit nach innen gezogenes Einlaufrohr hineingefördert wird. Die Flüssigkeit unterliegt unmittelbar der hohen Zentrifugalkraft und wird in Sekundenbruchteilen auf Umdrehungsgeschwindigkeit beschleunigt. Der schwerere Feststoff schleudert an die Trommelwand, die spezifisch leichtere Flüssigphase steht als Flüssigkeitsring darüber. Eine **Schnecke** läuft mit etwas größerer Umfangsgeschwindigkeit als die Trommel und fördert so die Feststoffe über den konischen Teil der Trommel zum Auswurf. Der Saft fließt zwischen den Schneckenwendeln an das entgegengesetzte Ende der Trommel, wo er die Maschine unter Druck verlässt. Der Dekanter ist bezüglich beider Phasen kontinuierlich arbeitend und so in der Lage, auch größere Feststoffmengen zu verarbeiten. Dreh- und g-Zahl liegen niedriger als beim Separator, der Klärgrad im direkten Vergleich entsprechend geringer. Einsatzgebiete für den Dekanter sind

z. B. die Entsaftung von Fruchtmaischen (Obst, Gemüse), die Laktose-Kristall-Abtrennung aus konzentrierter Molke, die Stärkegewinnung aus Kartoffeln, die Gelägerkonzentrierung in Kellereien oder Fruchtsaftbetrieben oder die Trubwürzeverarbeitung in Brauereien. Auch Dekanter können zur Drei-Phasen-Trennung eingesetzt werden, z. B. bei der Entölung von Olivenpaste.

Hydrozyklone sind Zentrifugalabscheider, in denen die Flüssigkeit in einem **ortsfesten Gehäuse** rotiert. Die rotierende Strömung entsteht durch tangentiale Einströmung der Suspension in das zylindrische Gehäuse aus Edelstahl oder Kunststoff unter hohem Druck. Spezifisch schwerere Feststoffteilchen werden durch die Zentrifugalkraft an die Wand geschleudert und wandern in schraubenförmiger Bewegung über den konischen Unterteil zur Auslassdüse. Die geklärte Flüssigkeit strömt in einem Primärwirbel ebenfalls nach unten, wird dort zur Umkehr gezwungen und verlässt das Gehäuse durch ein Tauchrohr. Abbildung 6.18 zeigt einen Hydrozyklon, wie er z. B. zur Kristall- oder Sandabtrennung eingesetzt wird. Sollen kleinere und leichtere Feststoffe abgeschieden werden, müssen der **Durchmesser des Gehäuses** verringert und der **Druckverlust** erhöht werden. So berechnet sich die Trennkorngröße bei einem Durchmesser von 20 mm bei 0,5 l/h Durchsatz auf 6–8 µm. Sie steigt auf 50–120 µm und bis 230 l/h Durchsatz bei einem 500 mm dicken Zyklongehäuse. Sind höhere Durchsätze nötig, werden mehrere Zyklone zu einer Batterie zusammengefügt.

Abb. 6.18
Schematische Darstellung eines Hydrozyklons

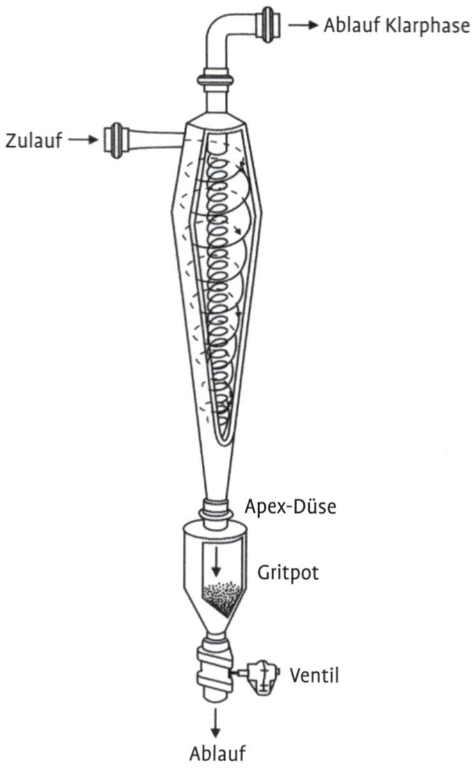

Die **Trennkorngröße** (oder Grenzkorngröße) ist nicht als absolute Angabe zu verstehen. In der Praxis kann die Hälfte der abzuscheidenden Kristalle in die flüssige Phase durchschlagen. Höhere Abscheidegrade erfordern Zyklone, die für ein mehrfach kleineres Korn ausgelegt sind. Die gleiche Problematik findet sich bei Zentrifugen. Auch deren Trennkorngröße wird in der Praxis nur zu einem bestimmten Prozentsatz erreicht. Entscheidende Stellgröße zur Verbesserung des Abscheidegrads ist bei diesen Maschinen die **Durchsatzmenge**. Je größer, desto niedriger der Klärgrad. Zentrifugierte (und auch filtrierte) Flüssigkeiten besitzen immer eine Resttrübung aus verschleppten Teilchen oberhalb der Grenzkorngröße und aus theoretisch allen Teilchen unterhalb. Zyklone, Zentrifugen und Filter sind letztlich nur Geräte zur **Abreicherung** von der einen Phase in der anderen. Oft ist das Ergebnis für die Praxis ausreichend, vielfach aber sind **Hybridverfahren** aus einer Kombination von Klärsystemen erforderlich. Ein Beispiel dafür ist die Bierklärung, wo Zentrifugen in der Größenordnung von 99 % die Hefen abscheiden können. Mit diesen zwei log-Stufen werden die Zellzahlen von z. B. 10^8 auf 10^6 verringert. Eine nachgeschaltete Sterilfiltration muss die biologische Sicherheit herstellen und die übrigen Keime mit sechs log-Stufen abtrennen.

6.3.3 Entspannungsflotation durch die Benetzung von Teilchen

Die **Flotation** ist ein Verfahren, das seit über 100 Jahren bei der Erzgewinnung und seit etwa 40 Jahren in der Abwassertechnik eingesetzt wird. Über 90 % der Weltförderung an sulfidischen Kupfer-, Blei- und Zinkerzen wird durch Flotation gewonnen, Kohle auf diesem Weg vom Gestein getrennt. Allgemein bedeutet Flotieren das Sortieren von feinkörnigen Teilchen in einer Suspension mithilfe von Gasblasen aufgrund unterschiedlicher Benetzbarkeit gegenüber Wasser. Wer faserhaltige Säfte mit Sprudelwasser mischt, erlebt die Entbindung von CO_2, die die Trubteilchen rasch nach oben trägt. Seit den neunziger Jahren des letzten Jahrhunderts hat sich die Flotation zur Klärung von Säften verbreitet. Das Verfahren nutzt die Eigenschaft von Gasen aus, sich unter Druck verstärkt im trüben Saft zu lösen, bei einer Entspannung auf Umgebungsdruck aber sofort wieder auszugasen. Die blitzschnell frei werdenden feinen Gasbläschen haften über Kapillar- und elektrostatische Kräfte an den Trubstoffteilchen und reißen sie auf ihrem Weg an die Oberfläche mit sich. Dort sammeln diese sich als kompakte Schicht, sie können direkt abgeschöpft und weiterverarbeitet werden. Der geklärte Saft wird unten abgezogen. Als Flotationsgas werden Luft oder Stickstoff eingesetzt. Die Löslichkeit beider Gase ist eine Funktion der Temperatur. Bei 5 bar Überdruck und 15 °C lösen sich etwa 125 Liter Luft in Wasser, bei 30 °C sind es lediglich noch rund 90 Liter. Stickstoff ist inert, mit Luft werden etwa 8 mg/l Sauerstoff eingebracht, der empfindliche Inhaltsstoffe wie Phenole oxidieren kann.

Abbildung 6.19 zeigt den Verfahrensablauf einer kontinuierlichen Flotation, wie sie in größeren Fruchtsaftbetrieben zur Klärung des frisch gepressten Safts zum Einsatz kommen kann. Kolloidale Trubstoffe müssen mit pektolytischen Enzymen entstabilisiert sein, um die Flotation effektiv zu ermöglichen. Die Dosierstation wird hauptsächlich für die optionale Zugabe von hochbloomiger Gelatine benötigt, die den Trub kompakter macht und den Kläreffekt verbessert. Bei Bedarf können ebenfalls Bentonit und/oder Aktivkohle eingesetzt werden. Im Flotationsreaktor vermischen sich Gas und Most zu einem **dreifach dispersen System** (Gas, Flüssigkeit, Feststoffe). Entgasung und Flotation finden im **Flotationsbehälter** statt. Der **Flotatschlamm** wird durch einen langsam drehenden Räumer kontinuierlich in eine Rinne gefördert und fließt nach unten ab. Die **Klarphase** lässt sich ebenfalls kontinuierlich am tiefsten Punkt des Behälters entnehmen. Kontinuierliche Verfahren sind besonders geeignet für Großbetriebe und/oder für sehr gro-

Abb. 6.19
Verfahrensablauf einer kontinuierlichen Entspannungsflotation (Christmann und Freund 2004)

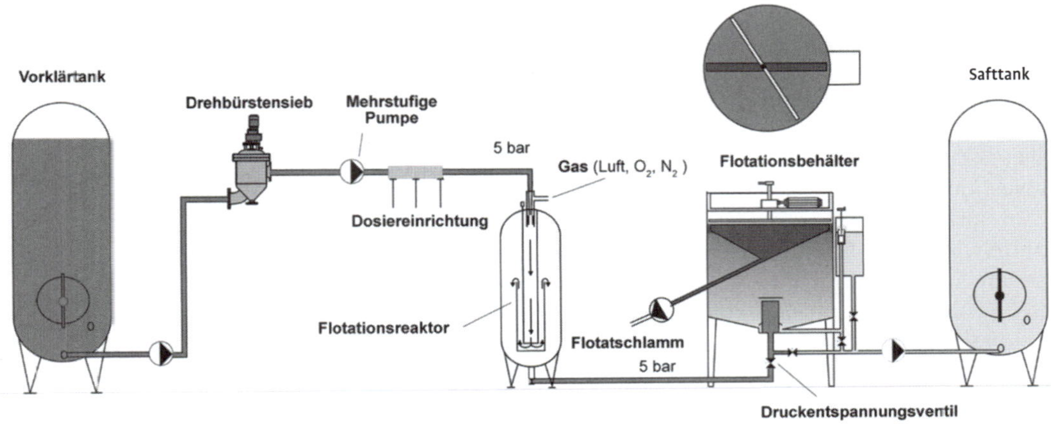

ße Chargen. Der Flotationsbehälter fasst etwa eine halbe Stundenleistung und führt zu einer Verweilzeit des Mosts von etwa 30 Minuten.
In Weinkellereien mit üblicherweise vielen kleineren Chargen haben sich **semikontinuierliche Anlagen** bewährt. Benötigt werden lediglich der Trübtank, eine Pumpe mit den entsprechenden Druck- und Dosiereinrichtungen und ein Klartank, in dem die Flotation stattfindet. Nach etwa einer Stunde Verweilzeit wird die Klarphase unterhalb des Trubs abgezogen.

6.4 Neuere Techniken für die Lebensmittelindustrie

Die Lebensmitteltechnologie nutzt vielfach traditionelle Verfahren, die mithilfe moderner Technik vollständig automatisiert und effizient gemacht wurden und mit gewaltigen Stundenleistungen hygienisch einwandfreie, preiswerte und sichere Lebensmittel zur Folge haben. Eine zum jeweiligen Zeitpunkt moderne Technik hat die Lebensmittelherstellung in vielen Zwischenschritten vom Handwerk zur Industrie begleitet. Hinter diesen Schritten steckt eine schier unendliche Fülle von Innovationen, die schon bald Stand der Technik waren und deren Lebenszyklus durch die nächste Neuerung beendet wurde. Innovationen im technischen Bereich waren aber nur sinnvoll und akzeptabel, wenn die damit hergestellten Lebensmittel wirtschaftlicher und/oder qualitativ besser waren als zuvor. Innovationen waren nie Selbstzweck, sondern auf ein Ziel ausgerichtet. Oft waren sie motiviert durch klar erkannte Bedürfnisse des Markts, mindestens genauso oft eine Erfindung der Zulieferindustrie. Dieses Zusammenspiel von Lebensmittel- und Investitionsgüterproduzenten war schließlich zum Nutzen aller „Stake Holder" in der Lebensmittelwirtschaft. Nachfolgend werden einige neuere Entwicklungen bzw. Tendenzen vorgestellt, von denen in naher Zukunft mehr als nur graduelle Verbesserungen im Herstellprozess erwartet werden können.

6.4.1 Roboter

Roboter sind programmierbare Mehrzweckhandhabungsgeräte für das Bewegen von Material, Werkstücken, Werkzeugen oder Spezialprodukten. Der frei programmiere Bewegungsablauf macht sie für unterschiedlichste Aufgaben einsetzbar. Die Lebensmittelwirtschaft hat sie in der Vergangenheit vorrangig in Großbetrieben für Arbeiten wie Palettieren, Verpacken bzw. Umverpacken oder Kommissionieren verwendet (DLG-Trendmonitor, 2014). Die großen Industrieroboter sind ideale Instrumente, um eintönige und schwere Arbeiten durchzuführen. Ausgestattet mit zwei Armen, die über jeweils sieben Freiheitsgrade verfügen, lassen sie sich an Arbeitsplätzen einsetzen, die zuvor von Menschen mit hohem Körpereinsatz bedient wurden. Weitere Gründe für deren Einsatz sind eine hohe Automatisierung, allgemein eine Effektivitätsverbesserung, die Humanisierung des Arbeitsplatzes und die Verbesserung der Hygienesituation im Betrieb. Mit Ausnahme von Kleinbetrieben finden sich inzwischen in fast allen Betriebsgrößen Roboter, sie kommen zunehmend auch direkt in der Produktion zum Einsatz. Der Schwerpunkt liegt in Molkereien, aber auch die Bereiche Getränke, Fleisch, Wurstwaren oder Backwaren zeigen einen deutlichen Trend in diese Richtung. Das Thema **Robotik** in der Lebensmittelindustrie hat in den letzten 5 Jahren die Kinderschuhe ausgezogen (DLG-Trendmonitor 2020).
Die Roboterwelt hat inzwischen kleine, leichte, preisgünstige und flexible Geräte entwickelt, die ohne trennenden Schutzzaun direkt mit Menschen zusammenarbeiten können (Kooperation Mensch-Maschine; Cobots). Besonders bei Arbeiten, die Präzision und Schnelligkeit erfordern (sog. Pick and Place-Anwendungen), zeigen sich Roboter den Menschen deutlich überlegen. Der Einsatz von Robotern in der Lebensmittelindustrie erfordert das Zusammenwirken folgender Elemente:

- Roboter
- Greifer
- Sensortechnik und Systemsteuerung
- Bildverarbeitung

Roboter erlauben kurze Taktzeiten mit wechselnden Produkten, zum Beispiel bei der Verpackung von unterschiedlichen Lebensmitteln. Das Kernbauteil ist ein geeigneter Greifer, der mit Vakuum oder Zangengriff Wurstscheiben für Aufschnitte zusammenführt, eine Pizza gleichmäßig belegt oder unterschiedliche Pralinen nach Vorgabe in den Karton setzt. Digitalisierung und Automatisierung des gesamten Systems sind weitere Schritte auf dem Weg zur Industrie 4.0. Hygienic Design ist Grundvoraussetzung für den Einsatz von Robotern. Voraussetzungen sind unter anderem die vollständige Reinigbarkeit und Dekontamination, die Beständigkeit gegen gängige Reinigungs- und Desinfektionsmittel, eine anforderungsgerechte Oberflächenbeschaffenheit und Rauigkeit sowie eine leichte Zugänglichkeit, dadurch kann besonders in sensiblen Bereichen die hygienische Schwachstelle Mensch ersetzt werden. Weiter entwickelt wird an der Feinzerlegung von Schweinefleisch durch Roboter, eine Arbeit, die unter belastenden Bedingungen von einer großen Menge an Mitarbeitern durchgeführt werden muss. Dieser Prozess erfordert eine aufwendige Sensor-Messtechnik und entsprechende Algorithmen für die Roboterbewegung, um eine automatische Schnittführung zu ermöglichen. Im Jahr 2021 wurden im Lebensmittelbereich rund 15.000 Roboter installiert, eine Steigerung zum Vorjahr um 18 Prozent. Der Vergleich mit dem Automotiv-Bereich (2021: 119.000 Installationen mit 42 Prozent Steigerung) zeigt noch viel Luft nach oben. Innerhalb von Prozesslinien können mehrere Prozessschritte durch Roboter erledigt werden. Sie sind nacheinander in der Lage, Wurststücke zu schneiden, zu sortieren, sie können primärverpacken, umverpacken und palettieren.

6.4.2 Ultraschall-Anwendungen

Ultraschall-Anwendungen sind in der Technik seit langem bekannt. Auch in der Lebensmitteltechnologie werden sie seit einigen Jahren mit zunehmendem Erfolg eingesetzt (Kap. 3, Haltbarmachung mit Ultraschall). Als Ultraschall bezeichnet man Schwingungen innerhalb eines für Menschen nicht hörbaren Frequenzbereichs von 20 KHz bis 1,6 GHz und einem Energieeintrag von 10–1000 W/cm^2. Trifft Ultraschall bei der Ausbreitung auf ein Hindernis, werden die Schallwellen in Abhängigkeit vom getroffenen Material reflektiert, absorbiert, gestreut oder ungehindert durchgelassen. Dabei können die getroffenen Produkte unter anderem in Schwingung versetzt oder erwärmt werden, zudem kommt es zu radikali-

Abb. 6.20
Einsatzmöglichkeiten von Ultraschall (Sevenich 2017)

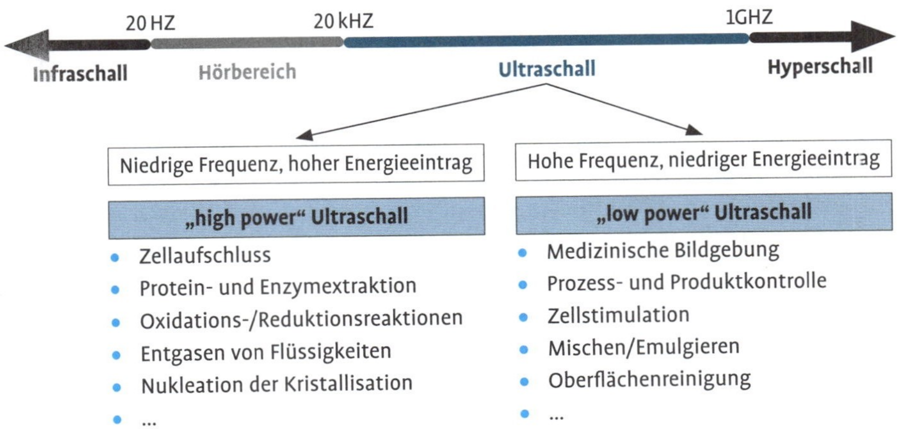

schen Reaktionen. In Flüssigkeiten entstehen große **Kavitationsblasen**, die beim Zerfall extreme Scherkräfte hervorrufen. Abbildung 6.20 (Sevenich 2017) zeigt die verfahrenstechnischen und prozessbegleitenden Einsatzmöglichkeiten von Ultraschall im Zusammenhang. Die Beschallung ist eine nichtthermische Behandlung, allein mechanische Leistung wird eingetragen. Es handelt sich um einen schonenden Prozess, der bioaktive Eigenschaften der Lebensmittel weitgehend erhält. Die Ultraschall-Behandlung ist auch geeignet für eine kontinuierliche Arbeitsweise mittels Durchflusszellen, in denen das Medium beschallt wird. Diese Eigenschaften lassen sich in Analytik und Verfahrenstechnik gleichermaßen nutzen, z. B. für (DLG 2014, Parthey et al., 2014):

- berührungslose Füllstandsmessungen, Durchflussmessungen, Dichtemessungen (Analytik/Prozessbegleitung)
- Ultraschallschneiden, Homogenisieren, Desintegrieren von Zellgeweben und Zellen, Inaktivierung von Enzymen oder Mikroorganismen einschließlich von Sporen, Entgasen von Flüssigkeiten, Zerstörung von Schäumen, Zartmachen von Fleisch, Emulgieren, Verschweißen von Verpackungen, Erhöhung der Wasserbindungskapazität und der Viskosität

Das **Schneiden mit Ultraschall** kristallisiert sich heraus als Alternative bei Anwendungen, wo Schneidwerkzeuge rasch verschmutzen, anhaftende Teilchen als Verunreinigung ins Produkt zurückfallen können, wenn Rissbildung auf harten Oberflächen verhindert werden soll (z. B. bei harten Schokoladenüberzügen) oder bei Produkten aus der Süß- und Backwarenindustrie, die weich und klebrig sind. Mit Ultraschall werden die Schneidwerkzeuge, **Sonotroden** genannt, in Schwingung versetzt. Sie führen entsprechend der angelegten Frequenz aufgabenspezifisch bis zu 35 000 Bewegungen/s durch. Torten, Kuchen, Käse usw. werden auf einem Förderband genau positioniert und im Durchlauf gewichts- oder maßgenau geschnitten. Die Eigenschaften der Ultraschallschneidwerkzeuge erlauben sogar das mit herkömmlichen Techniken nur schwer mögliche Schneiden von heißen Backwaren direkt aus dem Ofen. Gleichzeitig verhindert die hohe Temperatur eine Kontamination und verbessert die Haltbarkeit.

Beim **Ultraschallschweißen** werden thermoplastische Kunststoffe verschweißt und das eingeschlossene Lebensmittel versiegelt. Die Schmelzwärme wird nicht wie beim Heißsiegeln von außen zugeführt, sondern durch mechanische Schwingungen direkt in der Siegelschicht erzeugt. Durch die Bewegung der Kunststoffmoleküle entsteht punktgenau Reibungswärme, die den Kunststoff an dieser Stelle zum Schmelzen bringt. Der Schmelzprozess dauert lediglich 100–200 Millisekunden, Sonotrode und Amboss als Unterlage bleiben während des Vorgangs kalt.

Die Möglichkeit zur lokalen Erhitzung lässt sich zudem bei der **Haltbarmachung** speziell flüssiger Lebensmittel einsetzen. Gleichfalls sind hohe Schwingungen in der Lage, **Zellgewebe durchlässig** zu machen und die Freisetzung des Vakuolensafts oder anderer spezifischer Wertstoffe zu verbessern. Durch Kavitationen und hohe Scherkräfte kommt es zum Aufbrechen von Zellstrukturen und Ausweitung der Poren in Zellwänden. Mechanische Kräfte des Ultraschalls unterstützen die Verteilung der Gewebeflüssigkeit und das Eindringen in das zelluläre Material. Die Folge ist eine erhöhte Extraktion.

6.4.3 Mikroverkapselung

Die **Mikroverkapselung** ist eine Einschlussimmobilisierung, bei der feste, flüssige oder gasförmige **Wirkstoffe** in kleinsten Portionen mit einem **Hüllmaterial** umgeben und dadurch immobilisiert werden. Die Wandeigenschaften der Mikrokapsel (Dicke, Material, Permeabilität usw.) bestimmen ihre physikalischen und chemischen Eigenschaften sowie die Steuerung der Freisetzung. Von Mikroverkapselung wird geredet, wenn die Partikel im My- oder sogar im Nanometer-Bereich liegen. Die Kapseln sind deshalb im Lebensmittel in der Regel nicht fühl- und schmeckbar. Liegen die Kapseln im Millimeterbereich, spricht man von Makrokapseln (Herbst 2017). Die Mikroverkapselung wird unter anderem eingesetzt um

- flüssige Stoffe in Pulver umzuformen,
- leicht flüchtige Stoffe einzukapseln,
- Geruch und Geschmack zu maskieren,
- Wirkstoffe kontrolliert freizusetzen,
- Stoffe vor physikalischen, chemischen oder mechanischen Einflüssen zu schützen (z. B. Omega-3-Fettsäuren vor Oxidation),
- Fließfähigkeit und Dosierbarkeit pulverförmiger Stoffe zu optimieren (z. B. Milchpulver) und
- die Hygroskopizität zu reduzieren.

Pulver werden je nach Aufgabenstellung **agglomeriert**, **gecoatet** oder **sprühgranuliert** und erhalten so ein maßgeschneidertes Profil. Abbildung 6.21 zeigt die dabei ablaufenden Vorgänge schematisch (Lebensmitteltechnik, 2012). Die Prozesse finden in **Wirbelschichttrocknern** statt, in denen Flüssigkeit und Feststoff zusammengeführt werden und die Strukturen durch gezielte Strömungsführung der Luft entstehen. Die den Feststoff gelöst, emulgiert oder suspendiert enthaltende Flüssigkeit wird als Tröpfchen mit einem Durchmesser von ca. 20–50 µm in den warmen/heißen Luftstrom eingesprüht. Durch die hohe spezifische Oberfläche der Tröpfchen erfolgt deren Trocknung durch direkten und intensiven Wärmeaustausch augenblicklich. Dabei entstehen zunächst, wie bei einer reinen Sprühtrocknung, trockene Kleinstpartikel quasi als Kristallisationskeime, die im Wirbelbett im Schwebezustand gehalten werden **(Fluidisierung).** Mit der Befeuchtung der Partikeloberfläche und dem gleichzeitigen Abtrocknen kleben Pulverpartikel zu rieselfähigen Agglomeraten zusammen. Das beeinflusst unter anderem die Instant-Eigenschaften des Pulvers. Bei der Wirbelschicht-Sprühgranulation wird die Trocknung gekoppelt mit einer gezielten Einstellung diskreter Partikelgrößen. Diese dann staubfreien Granulate können durch einen klassierenden Austrag mit frei einstellbaren Partikeldurchmessern zwischen 200–5000 µm und ohne Unterbrechung des Trocknungsvorgangs kontinuierlich aus dem Reaktorraum entfernt werden. Kornformuliertes Pulver aus der Wirbelschichttrocknung lässt sich in Flüssigkeiten deutlich besser rückstandsfrei lösen und dispergieren als feines Pulver aus der Sprühtrocknung. Es klumpt und entmischt sich nicht, das Mundgefühl ist angenehm, das Handling der Ware einfach. Eiweißshakes, vitaminisierte Heißgetränke oder Zuckeraustauschstoffe, Vitaminformulierungen, Kapsel- und Pad-Systeme, Schoko- oder Kaffeepulver, probiotischer Joghurt, der erst im Darm wirken soll, und viele Produkte mehr werden heute auf diese Weise hergestellt.

Sollen Flüssigkeiten in Pulver umgewandelt werden, kommen die **Matrix-Verkapselung,** die **Zwiebelschalensprühgranulation** oder das **Mehrschicht-Coating** zum Einsatz. Die zu verkapselnden Ausgangsstoffe werden entweder in einer wässrigen Lösung emulgiert (Öle), suspendiert (Pulver) oder in einer Schmelze des verkapselnden Mediums dispergiert (Pulver) und danach versprüht und getrocknet bzw. erstarrt. Als Ergebnis entstehen Pulver und Granulate mit flexibel einstellbaren Partikelgrößen zwischen 20–5000 µm, entweder durch Trocknung der externen wässrigen Phase mit dem gelösten Matrixmaterial im Fall einer wässrigen Emulsion/Suspension oder durch die Erstarrung einer Schmelzemulsion/-suspension. In den Granulaten eingeschlossene lipophile Flüssigkeitströpfchen wie Orange-, Minze- oder Bergamottöl besitzen in der Regel einen Durchmesser um 1 µm, bei einer Flüssigkeitsbeladung bis zu 50 %. Für die Verkapselung derartiger flüchtiger Substanzen bietet sich alternativ zur Wirbelschichttrocknung eine Sprühgranulation im **Strahlschichtapparat** an. Er zeichnet sich durch geringe Verweilzeiten und niedrige Produkttemperaturen aus und erlaubt hohe Ausbeuten. Im Gegensatz zur Wirbelschicht tritt das Prozessgas in Strahlschichtanlagen nicht über den gesamten Querschnitt der Prozesskammer ein, sondern nur über zwei Spalte. Es entsteht ein Prozessgasstrahl in der Mitte der Prozesskammer.

Die Mikroverkapselung ist eine verfahrenstechnische Möglichkeit, homogene Gemische zu erzielen. Abbildung 6.22 zeigt deren Abgrenzung zu Verfahrenstechniken wie Mischen, Agglomerieren oder Zerkleinern (Warneke, 2014).

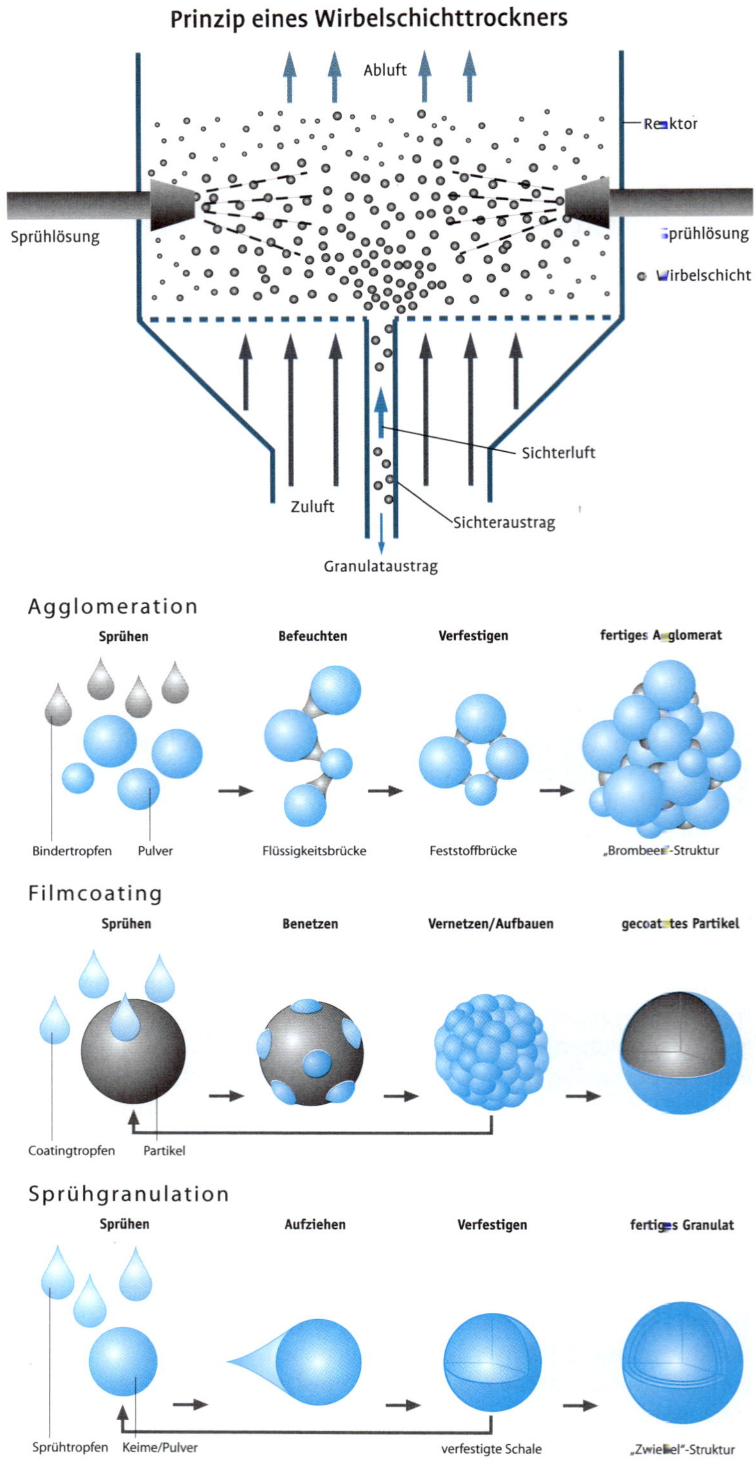

Abb. 6.21
Vorgänge beim Agglomerieren, Filmcoaten und Sprühgranulieren im Wirbelschichttrockner (Lebensmitteltechnik 2012);
Quelle Wirbelschichttrockner: Inprotec AG;
Quelle Agglomeration/Coating/Granulation: Glatt GmbH

Abb. 6.22
Zusammenführen von Teilchen zu einem homogenen Endprodukt (Warneke 2014)

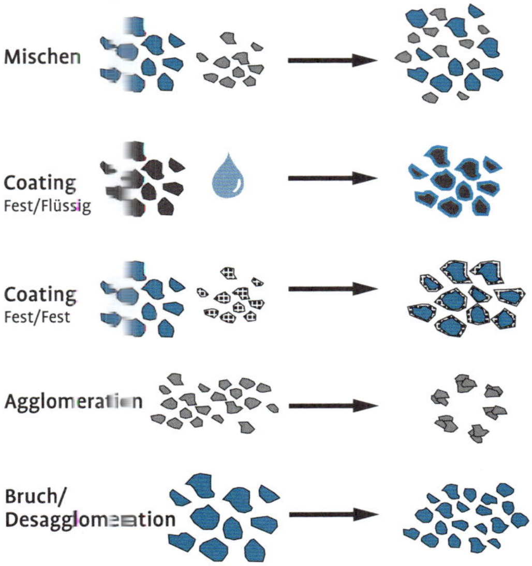

Abb. 6.23
Effekte der Homogenisation mit hohen Drücken (Aganovic et al. 2014)

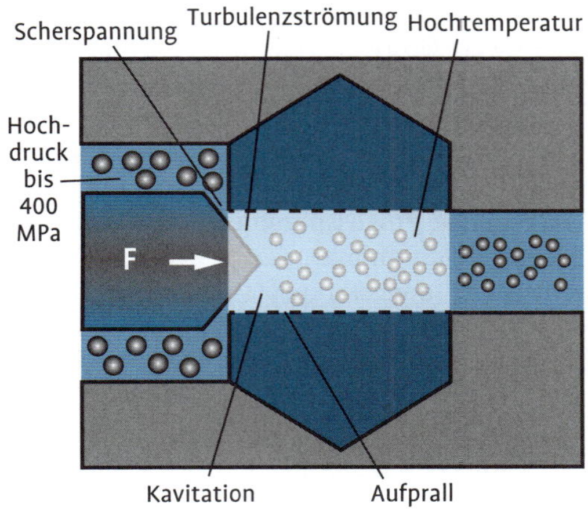

6.4.4 Hochdruck-Homogenisation

Durch Homogenisieren wird eine gleichmäßige Größenverteilung von Partikeln innerhalb einer Suspension erzielt, indem die Suspension unter hohem Druck durch ein spezielles Desintegrationsventil gepresst wird. Mit der konventionellen Homogenisierung werden bei Drücken bis 60 MPa Partikel zerkleinert, Emulsionen stabilisiert sowie Textur, Geschmack und Haltbarkeit verbessert. Milch, Joghurt, Sahne Käse, Eis oder Majonäse waren und sind die Standardeinsatzgebiete. Neue Ventildesigns und Verbesserungen in der Anlagentechnik haben zu einer neuen Generation von Hochdruck-Homogenisatoren geführt, mit denen weitere Anwendungen in der Lebensmittel- und in der Pharmaindustrie bei der Herstellung von Mikro- oder Nano-Emulsionen und der Stoffmodifizierung entstanden sind. Die Drücke dieser Homogenisatoren reichen bis 400 MPa. Bei höheren Drücken besitzen nicht nur der Druck, sondern auch Scherspannung, Kavitation, Turbulenz, Aufprall und Temperaturanstieg eine potenzielle Wirkung auf Lebensmittelbestandteile und Mikroorganismen (Abb. 6.23).

Diese Faktoren ermöglichen einen Zellaufschluss und die Modifizierung von Biopolymeren. Zellaufschluss ist dazu geeignet, die Extraktion von wertbestimmenden Zell- oder Gewebsbestandteilen zu unterstützen, aber auch Mikroorganismen zu inaktivieren. Die Inaktivierung ist dabei eine Funktion der Zellwanddicke. Dünne Wände werden leichter irreversibel beschädigt, Sporen dagegen erst bei sehr viel höheren Drücken.

6.4.5 Emulgatortechnik und Texturierung von Lebensmitteln

Chemisch-physikalisch unvereinbare Phasen sind in zahlreichen Lebensmitteln zu einer homogenen und langzeitstabilen **Emulsion** zusammenzufügen. EU-weit sind nahezu für alle Bereiche der Lebensmittelherstellung vielfältige Emulgatoren zugelassen, die mit chemischem Namen oder durch E-Nummern auf den Produkten gekennzeichnet werden müssen. Stehen nichtmischbare Flüssigkeiten miteinander in Kontakt, bildet sich an der Phasengrenzfläche eine Grenzflächenspannung und die Phasen entmischen sich mehr oder weniger schnell. **Emulgatoren** sind in der Lage, die Spannung zu senken und so das System zu stabilisieren. Sie können unterstützt werden durch Homogenisieren, plötzliche Druckentspannung oder Kavitation, Verfahren, die bei unterschiedlichen Energieeinträgen kleinere Partikel und eine engere Größenverteilung erzeugen. Emulgatoren wirken aufgrund ihres bipolaren Charakters technofunktionell und ermöglichen je nach Aufgabenstellung Emulsionsstabilität, Aufschäumvermögen oder Schaumstabilität. Wesentliche Prozessparameter sind Auswahl der Emulgatoren bzw. deren Mischung, Konzentration, Ionenstärke, pH-Wert, Partikelgröße und Prozesstemperatur. Bei neuen Aufgabenstellungen müssen sie vorab ermittelt werden.

Mehrere Trends schieben die Entwicklung von Emulsionstechniken an. So die **Clean-Label-Diskussion** und der Wunsch, ohne E-Nummern auszukommen. Dazu werden zunehmend natürliche Stabilisatoren wie Zitrusfasern oder Sonnenblumenlezithin entwickelt. Als Hydrokolloide zeichnen sich Fasern zudem durch eine hohe Wasserbindung aus, die gleichzeitig eine Herstellung von fettreduzierten Lebensmitteln erlaubt, ein weiterer wichtiger Grund. Dahinter steht der Wunsch nach kalorienreduzierten Lebensmitteln, um der Adipositas-Epidemie entgegenzuwirken. So lässt sich z. B. eine Margarine mit lediglich 30 statt 80 Prozent Fett herstellen.

Eine besondere Herausforderung ist das Thema multiple Emulsionen (Muschiolik 2022). Ein solches disperses Mehrphasensystem ist wegen seiner stofflichen und energetischen Wechselwirkungen hochkomplex. Es wird eingesetzt für die Einkapselung von Wert- oder Wirkstoffen und für deren definierte Stofffreisetzung (siehe auch Kap. 6.4.3). Multiple Emulsionen existieren in Form von Wasser-in-Öl-in-Wasser (W/O/W) oder Öl-in-Wasser-in-Öl-Emulsionen (O/W/O). Neben der Einkapselung von Nährstoffen, bioaktiven Substanzen, Mikroorganismen oder Geschmacksstoffen ermöglichen diese Systeme die Möglichkeit, einen bestimmten Fettanteil durch eine Wasseremulsion zu ersetzen. Dadurch lässt sich bei gleichem Geschmacksempfinden der Energiegehalt deutlich senken. Stabile multiple Emulsionen sind deshalb eine technische Herausforderung, weil es sich um zwei ineinander dispergierte, thermodynamisch instabile Makroemulsionen handelt. Die W/O-Phase bzw. O/W-Phase muss in die äußere Phase dispergiert werden. Die Stabilität hängt ab von den Inhaltsstoffen und deren Wechselwirkungen untereinander, der Partikelgröße der dispergierten Phasen sowie von der Dispergiermethodik zur Herstellung der multiplen Emulsion ab.

6.4.6 Intelligente Verpackungen und Barrieren

Verpackungen erfüllen vier Grundfunktionen: Umhüllung und Schutz, Convenience und Kommunikation. Angesichts der Verpackungsflut weltweit besteht die große Herausforderung nicht nur für die Lebensmittelwirtschaft in der Reduzierung der Menge und in einer nachhaltigen Verwendung. Seit kurzem wird zudem der Übergang von Nanopartikeln aus Kunststoffverpackungen in Lebensmittel diskutiert. Dessen Folgen können derzeit noch nicht wirklich abgeschätzt werden, Experten schlagen aber zunehmend Alarm. Verpackungen waren lange Zeit nur passive Hülle für Kommunikation und Schutz. Die modere Lebensmitteltechnologie hat aus der passiven Verpackung eine aktive gemacht und ihr eine wichtige Rolle bei der Verbesserung der Haltbarkeit ihres Inhalts verpasst (MAP; Kap. 4.3.8).

Ein jüngeres Kind der Lebensmitteltechnologie ist die intelligente Verpackung. Die Europäische Behörde für Lebensmittelsicherheit EFSA definiert intelligente Verpackungsmaterialien als „Materialien und Artikel, die den Zustand von verpackten Lebensmitteln oder das sie umgebende Milieu überwachen". Intelligente Verpackungen nutzen die Möglichkeiten moderner Sensortechnik in Verbindung mit neuen, digitalen Möglichkeiten zur Information. **Datenträger** werden zur Speicherung und Übertragung von Daten verwendet, **Indikatoren und Sensoren** zur Überwachung der externen Umgebung (Müller und Schmid 2019). Verpackungen werden über QR- oder Barcodes zu universellen Informationsträgern. Ein interessierter Kunde kann sich über die Herkunft des Tieres, den Ort seiner Schlachtung und der Verarbeitung zu Schinken informieren. Zusätzlich natürlich zu den gesetzlichen Informationspflichten wie Energiegehalt, Eiweiß-, Salz-, Fett- oder Zuckergehalt.

Die intelligente Verpackung kann über eine Farbreaktion den Frischegrad ihres Inhalts anzeigen, die Einhaltung der Kühlkette dokumentieren, den nicht manipulierten Originalverschluss oder die Dichtigkeit bestätigen und über die Qualität des Inhalts informieren. So sorgen beim Verderb freigesetzte Gase wie Ethylen bei Äpfeln oder Birnen dafür, dass sich Farbetiketten von Grün in Rot umwandeln oder ein schwarzes Kreuz auf einer transparenten Fläche erscheint, wenn das Lebensmittel nicht mehr genießbar ist. Dazu kommen **Biosensoren** und **Frischesensoren/-indikatoren** zum Einsatz. Diese Elemente werden normalerweise in der Verpackung angebracht. Die intelligente Verpackung ist ein Beispiel für die Möglichkeiten, die die Digitalisierung auf dem Weg von der Industrie 4.0 zur Ernährung 4.0 bieten kann.

Bei allen Vorteilen moderner Verpackungen darf eine mögliche **Migration** von Inhaltsstoffen in das Lebensmittel nicht unberücksichtigt bleiben. Das gilt für Verpackungen aus Papier und Karton ebenso wie für Kunststoff. Insbesondere Mineralölkomponenten, gesättigte und ungesättigte Kohlenwasserstoffe (MOSH oder MOAH), können aus Recyclingmaterialien migrieren. Der Gesetzgeber hat Grenzwerte vorgegeben, die häufig eine Innenbarriere notwendig machen. Innenbeschichtungen aus Polyolefinen oder Papier, besser aber Aluminium, PET oder Polyamid gelten als geeignete migrationsdichte Barrieren, erschweren allerdings das Recycling der Verpackung.

PET wird aus **Terephthalsäure** (einer Dicarbonsäure) und **Ethylenglykol** (einem Dialkohol) hergestellt. Beide Substanzen verbinden sich zu langen Polymerketten. Der Kunststoff wird vor allem als Behälter für Getränke verwendet und hat im Vergleich zu anderen Polymeren besonders inerte Eigenschaften. Dies führt dazu, dass Substanzen aus der Verpackung nur in einem sehr geringen Umfang in das Getränk übergehen, je kürzer die Lagerzeit und je niedriger die Temperatur, umso weniger. Die eingesetzten Rohstoffe, aber auch der Katalysator Antimontrioxid sind mit Grenzwerten belegt. Gleiches gilt für das als Additiv für PET-Flaschen zugelassene Anthranilamid. Inzwischen werden auch für PET-Behältnisse Beschichtungen angeboten, die eine Migration fast vollständig unterbinden sollen.

6.4.7 Industrie 4.0

Die Industrie 4.0 ist derzeit einer der Megatrends in allen relevanten Bereichen der Industrie. Nach der Einführung von mechanischen Produktionsanlagen mithilfe von Wasser- und Dampfkraft (1. Industrielle Revolution), der arbeitsteiligen Massenproduktion mittels elektrischer Energie (2. Revolution), der Automatisierung durch IT und Elektronik (3. Revolution), wurde 2011 auf der Hannover Messe der Begriff Industrie 4.0 für die 4. Industrielle Revolution vorgestellt. Basis sind „cyberphysical systems", die alle nur irgendwie relevanten Informationen erfassen und zur Regelung verwenden (Kap.5.3). Produkte, Produktionsanlagen, Menschen und Objekte mit eingebetteter Software verschmelzen zu einem intelligenten und verteilten System und setzen die Organisation und Steuerung der gesamten Wertschöpfungskette auf eine neue Stufe. Zum Beispiel steuern sich die Aufträge selbstständiger durch die Wertschöpfungskette und organisieren das notwendige Material sowie die Auslieferung zum Kunden. Als Grundlage müssen die notwendigen Informationen entlang der Wertschöpfungskette in Echtzeit bereitgestellt werden, damit jederzeit der optimale Wertschöpfungsfluss abgeleitet werden kann. Daraus entstehen als Vision dynamische, echtzeitoptimierte und sich selbst organisierende, unternehmensübergreifende Wertschöpfungsnetzwerke (Hämmerle und Hornung 2018). Vernetzte Arbeitsplätze sind mit Sensorik ausgestattete Arbeitsplätze, die alle anfallenden Daten erfassen. Diese werden verarbeitet, weitergegeben und ermöglichen so einen Austausch zwischen Objekten in der Produktion und somit eine durchgängige Vernetzung von Systemen sowie Prozess- und Produktionsdaten. Verwendung findet eine solche Vernetzung beispielsweise im Störungsmanagement, wenn Maschinenausfälle sofort in die Produk-

tionssteuerung zurückgemeldet werden. Für die Bereitstellung der aus den Daten gewonnenen Informationen sollte der Austausch der Daten horizontal entlang der Prozesskette, vertikal im Unternehmen sowie bidirektional zwischen dem System und Nutzer erfolgen.
Industrie 4.0 ermöglicht neue Lösungswege, die Produktion von heute noch profitabler zu gestalten. Kleinen und mittleren Unternehmen fehlen jedoch oftmals geeignete Methoden, um Industrie 4.0 erfolgreich einzuführen. Aber auch sie werden sich mit den Möglichkeiten auseinandersetzen müssen. Intelligente Verpackungen, moderne Regelkreise, Robotersysteme, vollautomatisierte Prozesslinien werden vielfach bereits genutzt. Ein erster Schritt, um nachfolgend auch fortgeschrittene Techniken einzusetzen. „Wir brauchen nicht auf die Industrie 4.0 zu warten. Wir sind bereits mitten drin" (Bartevyan 2016). Eher noch als Vision zu sehen ist der Paradigmenwechsel bei Produktion und Vertrieb von Lebensmitteln. Das technische Primat war (und ist) die Economy of Scales, d. h. die Erzeugung möglichst vieler identischer Produkte um die Stückkosten zu senken. Unter den Möglichkeiten einer Industrie 4.0 könnte sich das Bild völlig umdrehen: die maximal flexible Produktion kann auch mit Losgröße eins wirtschaftlich arbeiten. In Verbindung mit dem Online-Versand würde die Wertschöpfungskette dramatsch verändert (Abb. 6.24).

Abb. 6.24
KI erlaubt die Individualisierung der Produktion statt economy of scales

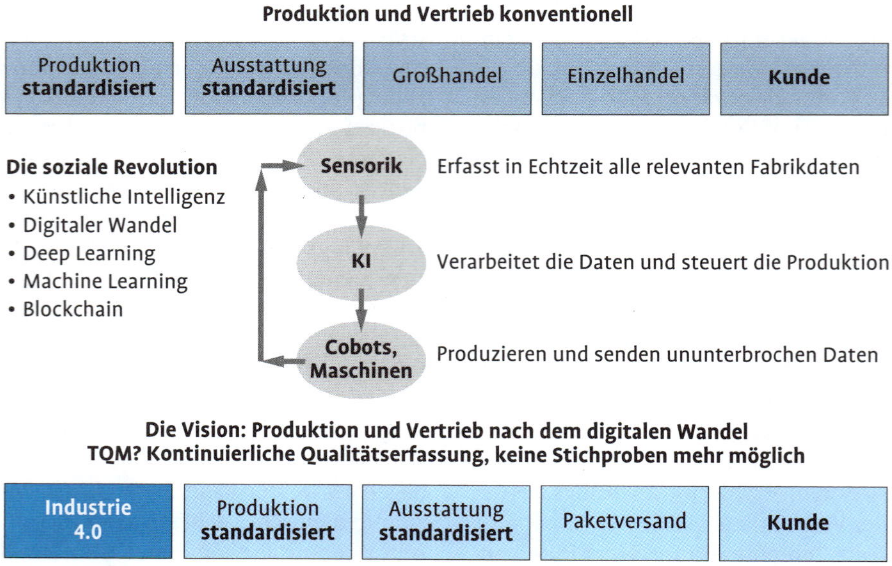

7 Die Verarbeitung zu Lebensmitteln

Aus vergleichsweise wenigen pflanzlichen und tierischen Rohstoffen erzeugt die Lebensmittelindustrie eine fast unüberschaubare Vielfalt an zubereiteten Lebensmitteln. Der Verbraucher kann aus rund 150.000 verschiedenen auswählen, große Supermärkte bieten davon bis zu 60.000 an. Im folgenden Kapitel wird die Verfahrenstechnik der für die Energieversorgung des Menschen wichtigsten beschrieben.

7.1 Getreideprodukte

Als Getreide (*Cerealien*) werden die gezüchteten Nutzpflanzen aus der Familie der Süßgräser (*Poaceae*) bezeichnet. Umgangssprachlich steht der Begriff für deren Körnerfrüchte. Getreide sind die ältesten vom Menschen kultivierten Pflanzen und prägend für den Übergang vom Jäger und Sammler zum Ackerbauern. Weltweit werden sieben Getreidegattungen mit jeweils mehreren Arten und unterschiedlichen klimatischen Bedürfnissen und Möglichkeiten angebaut. Getreidekörner bestehen aus dem stärkehaltigen Mehlkörper (70–80 %), dem fetthaltigen Keimling (6–10 %), einer extrahierbaren Eiweißfraktion und einer aus mehreren Schichten aufgebauten, miteinander verwachsenen Schale. Die Getreidegattungen Weizen, Roggen, zum Teil Hafer und Gerste besitzen Gluten (anderer Name: Klebereiweiß, Kap. 3), Mais, Reis und Hirse sind glutenfrei. **Pseudogetreide** wie Amaranth, Quinoa oder Buchweizen sind botanisch gesehen keine Gräser. Sie besitzen kein Gluten und werden als Getreideersatz für Menschen verwendet, die an durch Gluten verursachten Krankheiten wie Zöliakie leiden. Mangels Gluten besitzen diese Pseudogetreide keine Eigenbackfähigkeit, sie waren in der Vergangenheit allenfalls für Fladenbrot geeignet. Inzwischen stehen Hilfsmaßnahmen zur Verfügung, mit denen sich hervorragende Backwaren erzeugen lassen. Im Jahr 2022/23 lag der Verbrauch von Getreide in Deutschland bei durchschnittlich rund 81,4 Kilogramm pro Kopf, gemessen als Getreidemehl. Das waren rund 21 % der Getreideernte. (Statista). Die Getreide Mais, Reis und Weizen sind die dominierenden Kalorienlieferanten des Menschen. Getreide dienen zudem über den Umweg der Tierernährung mit allerdings ungünstigem kalorischem Wirkungsgrad indirekt ebenfalls als Energieträger. Knapp 60 % des Getreides landet im Futtertrog, rund 9 % werden energetisch verwertet und etwa 8 % industriell, wozu auch Gerste für die Bierherstellung gehört (Bundesinformationszentrum Landwirtschaft). Tabelle 7.1 fasst die Bedeutung der verschiedenen Getreidearten für Mensch und Tier zusammen.
Die makromolekulare Zusammensetzung der Getreidearten und ihre lange Geschichte haben zu einer immensen Vielfalt an daraus erzeugten Lebensmitteln oder technischen Produkten geführt. Getreideprodukte lassen sich aus dem ganzen Korn oder aus einzelnen Bestandteilen, nicht zuletzt aber aus deren Derivaten erzeugen. Die wichtigsten Getreideerzeugnisse sind Backwaren, Stärke oder Fermentationsprodukte wie Bier oder Spirituosen. Unter dem Schlagwort Nachwachsende Rohstoffe findet sich vor allem Stärke nach entsprechender Hydrolyse als Ausgangsstoff zahlreicher Basischemikalien für die chemische Industrie, aber auch als Ausgangsprodukt für Bioethanol. Getreide steht so in einem Spannungsverhältnis zwischen Lebensmittel, Futtermittel und stofflicher Verwertung.

7.1.1 Erste Verarbeitungsstufe: Wertstoffextraktion in Getreidemühlen

Ziel der Kornverarbeitung in Getreidemühlen ist die selektive Erzeugung von Getreideerzeugnissen in definierten Partikelgrößen und Reinheitsgraden. Die Getreide sind anatomisch ähnlich aufgebaut aus Fruchtschale und

Tab. 7.1
Gattungen, Arten und Bedeutung von Getreiden.

Getreidegattung	Getreideart	Bedeutung
Weizen (*Triticum*)	Einkorn	Hauptbrotgetreide, älteste kultivierte Arten
	Emmer, Hartweizen, Kamut	
	Dinkel, Weichweizen (*T. aestivum*)	
Roggen (*Secale*)		Brotgetreide, Viehfutter
Gerste (*Hordeum*)		Braugerste, Viehfutter
Hafer (*Avena*)		Viehfutter, früher Hauptgetreide
Reis (*Oryza*)		Hauptgetreide in tropischen Zonen
Mais (*Zea mays*)		Grundnahrungsmittel in Lateinamerika, Viehfutter, zunehmend für Biogas oder Bioethanol
Hirse	Rispenhirse (*Panicum miliaceum*)	Grundnahrungsmittel vor Kartoffeleinführung
	Sorghum (*Sorghum bicolor*)	Grundnahrungsmittel in Asien und Afrika, Viehfutter
	Perlhirse (*Pennisetum glaucum*)	Grundnahrungsmittel in trockenen Habitaten, Viehfutter
	Teff (*Eragrostis tef*)	

Samenschale, zuunterst die eiweiß- und mineralstoffreiche Aleuronschicht. Diese gehört botanisch zum Endosperm, enthält aber die Hauptmenge der Mineralstoffe und muss beim Vermahlen besonders berücksichtigt werden. Hauptbestandteile des Korns sind das Endosperm, hauptsächlich aus Stärke und Proteinen zusammengesetzt, und Reservekörper für das durch den Keimling initiierte Auskeimen und Wachsen (Abb.7.2). In der Getreidemühle fallen **Mehl, Grieß, Dunst, Keimling, Spelzen** oder **Schrot** an. Unter Grieß versteht man den gereinigten Endospermanteil mit Partikelgrößen zwischen 300 und 1000 µm, unter Dunst den mit Teilchengrößen zwischen 180–300 µm. Mehl enthält Partikelgrößen < 180 µm und je nach Ausmahlung einen Anteil der Aleuronschicht. Schrote bestehen aus den gesamten Bestandteilen der gereinigten Körner, meist aber ohne die äußere Fruchtschale (die Spelzen). Ist eine längere Haltbarkeit erforderlich, müssen die Enzyme des Keimlings thermisch inaktiviert werden. Ausgangsstoffe für diese Mahlprodukte sind vor allem die Brotgetreide Weizen, Roggen, Gerste und Dinkel. Aus anderen Getreiden werden Schälprodukte erzeugt: geschälter Reis, Graupen, Grütze oder Flocken.

Die erste Verarbeitungsstufe in einer **Getreidemühle** umfasst im Wesentlichen folgende Schritte: Annahme und Qualitätskontrolle, Lagerung, Reinigung, Benetzen und Abstehen, Mahlen und Sieben (Passage), Mischen und Standardisieren.

Lagerung: Getreide gilt als lagerstabil, wenn die Feuchtigkeit unter 14 % und die Temperatur unter 20 °C liegen sowie der Besatz < 1 % ist. Das mindestens grob vorgereinigte Getreide (Vor- oder Siloreinigung) wird üblicherweise in Hochsilos gelagert. Da Getreide atmet, d. h. Stoffwechselvorgänge in geringem Umfang ablaufen, findet eine Feuchtigkeitsumverteilung im Getreidekorn statt und zum Teil auch Wasseraustritt. Eine ständige Überwachung von Feuchtigkeit, CO_2 und Temperatur sind erforderlich, von Zeit zu Zeit auch ein Luftaustausch im Silo.

Reinigung: Die Getreidereinigung ist ein mehrstufiger Prozess, bei dem chemische, biologische und physikalische Verunreinigungen identifiziert und ausgeschieden werden müssen. Mangelhaft gereinigtes Getreide stellt ein Risiko für die Maschinen dar (Metallteile oder Steine), aber auch für den Menschen. Es kann gesundheitliche Beschwerden hervorrufen oder toxische Produkte wie Mutterkorn oder Unkrautsamen enthalten. Letztlich können Verunreinigungen auch die Backeigenschaften negativ beeinflussen. Bei der sogenannten Schwarzreinigung wird möglichst der gesamte Korn- und Schwarzbesatz entfernt. Daran schließt sich direkt vor der Vermahlung die Weißreinigung an, bei der das Korn selber bearbeitet wird (Scheuern, Peeling). Die Reinigung erfolgt stufenweise durch unterschiedliche Trenntechniken: Siebmaschinen, Dauermagnete, Aspirateure (Luftsichter), Steinausleser, Trieure, Scheuermaschinen und Farbsortierer.

Walzentrieur: Bei der Getreidevorreinigung im Aspirateur und im Trieur werden Samen von anderen Fruchtarten und sonstige Beimengungen durch Sieben und Auslesen entfernt. Wildkrautsamen, z. B. Raden und Wicken, haben etwa die gleiche Größe wie das Korn, aber eine unterschiedliche Form. Derartige Verunreinigungen lassen sich somit nicht durch die Siebe des Aspirateurs voneinander trennen, sondern durch Trieure. Der Trieurmantel ist eine Blechtrommel, in die Taschen eingearbeitet sind. Diese können ein Fremdsamenkorn vollständig aufnehmen, ein Getreidekorn aufgrund seiner länglichen Form jedoch nur zum Teil. Dreht sich die Trommel, fallen die Getreidekörner früher heraus als die Fremdsamenkörner, die dann von einer Mulde aufgefangen werden. Die Getreidekörner wandern als Folge der Drehbewegung des Trieurs und der Neigung der Trommel zum Auslaufende und verlassen hier den Trieur.

Aspirateur: Der Aspirateur dient in der Getreidereinigung der Auslese von spezifisch leichten Teilen aus körnigen Produkten. Sein Einsatzgebiet erstreckt sich auf verschiedene Getreidearten wie Weizen, Hartweizen, Mais, Roggen, Soja, Hafer, Buchweizen, Hirse oder Reis, aber auch auf Hülsenfrüchte, Kakaobohnen usw. Durch eine gezielte Luftführung wird der Produktstrom über die gesamte Maschinenbreite verteilt, von der durchströmenden Aspirationsluft erfasst und nach spezifischem Gewicht aufgetrennt. Dadurch können spezifisch leichtere Teile wie Stroh, Staub oder Schalenteile aussortiert werden.

Optische Sortierung: Aufgrund der Farbe, Form oder weiterer Eigenschaften werden fehlerhafte Teile sowie Fremdstoffe erkannt und aus dem Produktstrom ausgeschieden. Hochauflösende, im sichtbaren Bereich arbeitende monochromatische und bichromatische Kameras erkennen Produktfehler sowie Fremdstoffe.

Benetzung: Für eine gleichmäßige Vermahlung und eine hohe Ausbeute der Mühle ist eine Benetzung (d. h. eine Wasserzugabe) des Getreidekorns erforderlich. Nach dem Benetzen soll Weizen eine Feuchtigkeit von 16,5–17,5 % haben. Um danach die Feuchtigkeit möglichst gleichmäßig im Getreide zu verteilen und in die äußeren Schichten der Körner eindringen zu lassen, benötigt die Charge etwa 8–16 Stunden Verweilzeit. Die Schale des benetzten Getreides ist danach zäher und elastischer, sie löst sich leichter vom Mehlkörper, bleibt dabei intakt ohne zu zerbrechen und kann leicht abgesiebt werden. Der Mehlkern selber wird mürber und die Trennung der Kleie vom Mehlkörper ist erleichtert.

Getreidemühlen erzeugen die verschiedenen Fraktionen entsprechend des Bedarfs und lagern sie getrennt in Silos.

Mahlen und Sieben: Nach der Reinigung und Benetzung des Korns folgt eine aufwendige Fest-Fest-Trennung in einem mehrstufigen Prozess. Jede Stufe besteht jeweils aus dem Zerkleinern und dem Trennen der Fraktionen. Die Zerkleinerung des Getreidekorns erfolgt in modernen Betrieben hauptsächlich mit dem **Walzenstuhl**. In jedem Walzenstuhl sind zwei oder vier Walzenpaare als Riffel- oder Glattwalzen untergebracht, die sich gegenläufig mit unterschiedlicher Umfangsgeschwindigkeit drehen. Die Walzenpaare üben je nach Art und Einstellung Druck-, Scher- und Schneidkräfte auf das Korn aus und erzeugen dadurch bei jedem Mahlvorgang unterschiedliche Mahlerzeugnisse. Durch Siebung im **Plansichter** werden diese Kornteilchen der Größe nach sortiert und getrennt. Alle dabei bereits anfallenden kleinen Mehlpartikel ($< 180\,\mu m$) werden sofort herausgesiebt. Den Durchgang durch Walzenstuhl und Plansichter nennt man **Passage**. Der restliche Schrot wird auf einen weiteren Walzenstuhl aufgegeben, wobei erneut Mehl abgetrennt wird. Weizen durchläuft

Abb. 7.1
Produkte aus Getreide

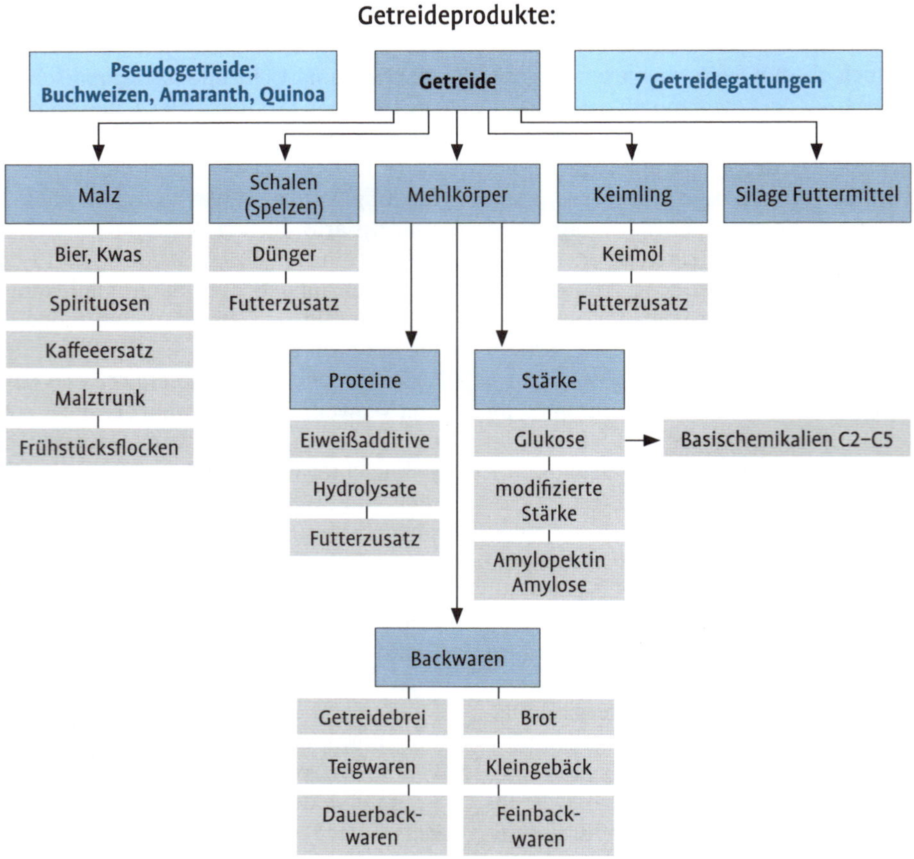

Getreidezusammensetzung:
Ca-Gewichtsprozente

Getreide	Wasser	Eiweiß	Lipide	Kohlen-hydrate	Rohfaser	Mineral-stoffe
Mais	13,5	9,0	3,8	70,0	2,2	1,3
Hafer	13,5	13,5	7,0	62,5	1,6	2,9
Reis, unpol.	13,5	7,0	2,2	75,0	0,7	1,2
Weizen	13,5	13,5	2,0	69,0	2,0	1,8
Roggen	13,5	11,5	1,7	69,5	2,1	1,9
Gerste	13,5	12,0	2,1	70,0	1,6	2,3
Erbse (Leguminose)	10,0	20,0	2,0	50,0	15,0	3,0

Abb. 7.2
Abläufe in der Getreidemühle; Quelle Aufbau Weizenkorn: KAMPFFMEYER Food Innovation GmbH http://www.grain-gallery.com/de/weizen/bildmaterial; Quelle Getreidemühle: Verband Deutscher Mühlen)

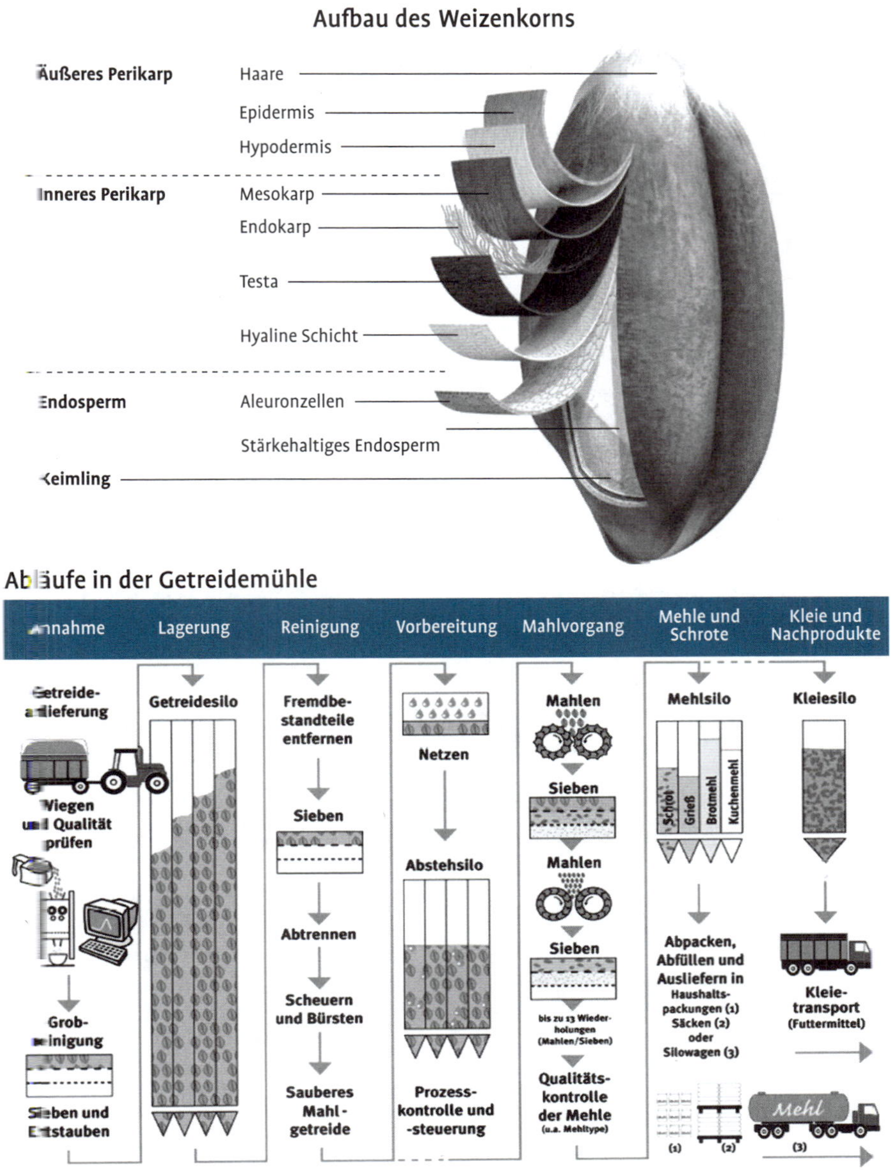

Größen der Mahlprodukte

Mahlprodukt	Teilchengröße
Mehl	< 180 µm
Dunst	180–300 µm
Grieß	300–1000 µm
Schrot	> 1000 µm
Vollkornmehl	–

Abb. 7.3a
Details des Mahlvorgangs von Getreide (Quelle: Fa. Bühler)

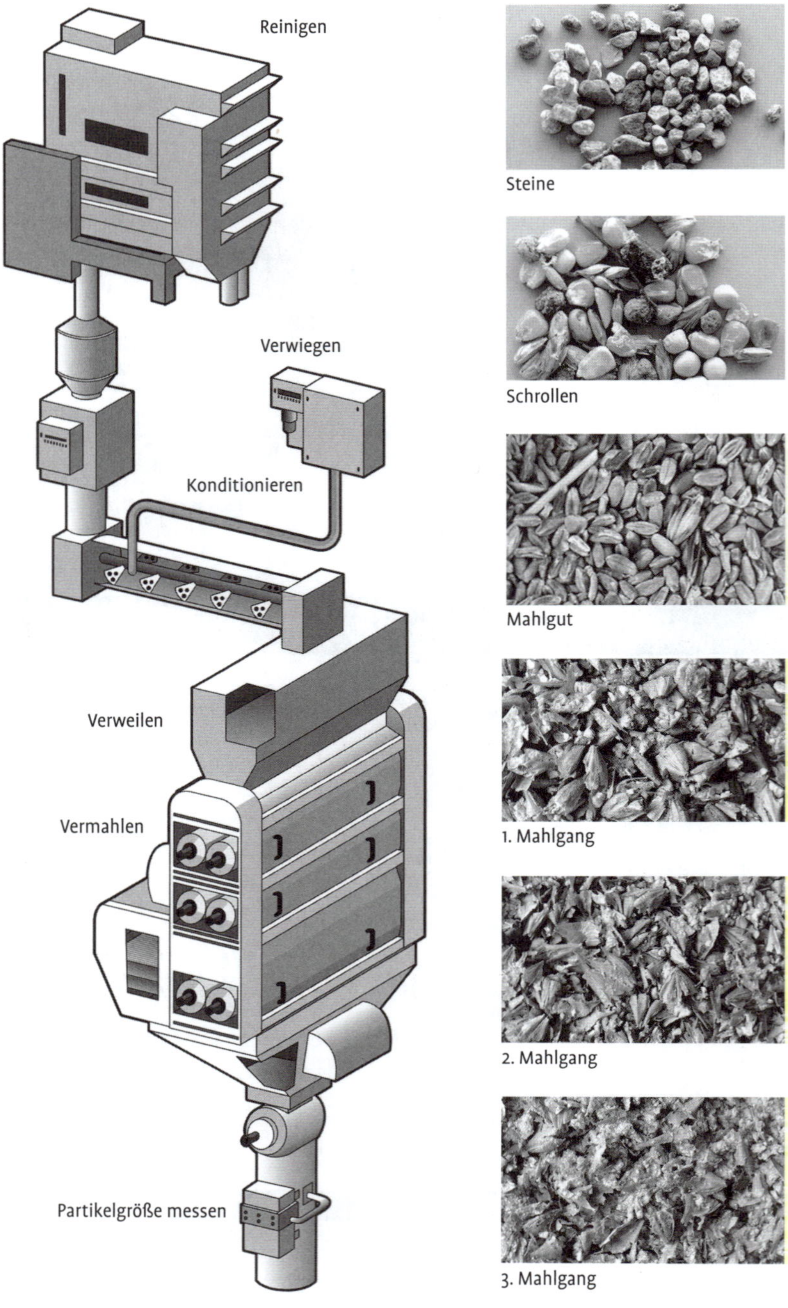

Abb. 7.3b
Details des Mahlvorgangs von Getreide (Quelle: Fa. Bühler)

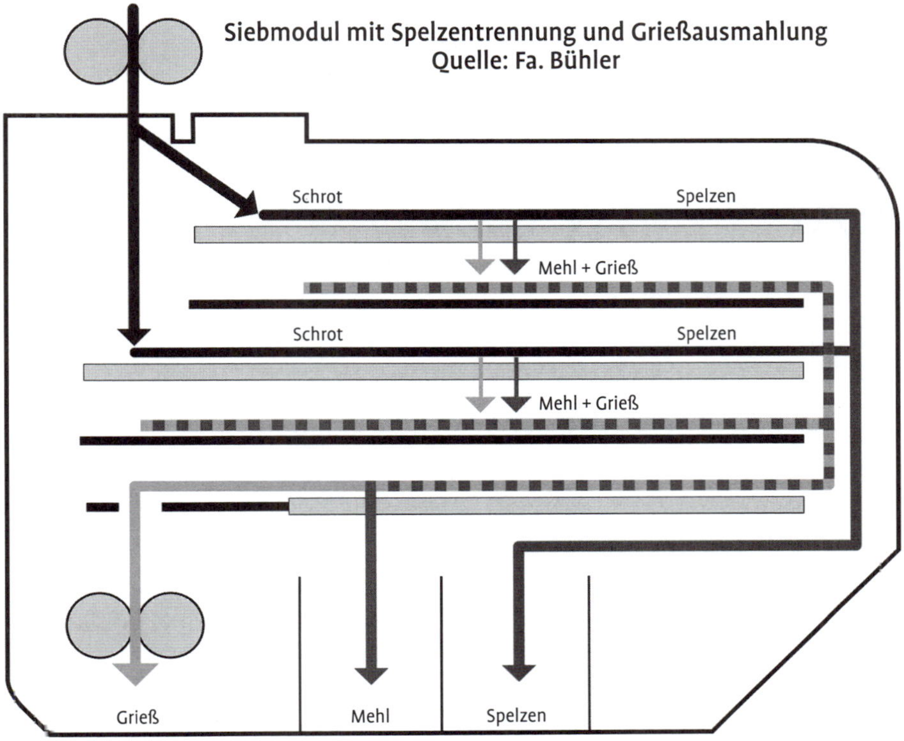

Prozessschritte in einer Getreidemühle (Tscheuschner 1996)

Art des Prozesses	Trennkriterien	Apparat/Maschine	Prozessziel
Sieben	Dicke und Breite des Kornes	Siebseparator mit verschiedenen Siebarten	Abtrennen zu großer und zu kleiner Fremdbestandteile aus dem Getreidekorn
Sichten	Schwebegeschwindigkeit der Teilchen	Sichter, meist in Kombination mit Siebmaschine	Abtrennen leicht schwebender Fremdbestandteile (Spreu, Schmachtkörner)
Magnetscheiden	Ferromagnetismus der Teilchen	Magnetscheider	Abtrennen von Eisenteilchen
Auslesen nach Form und Größe	Form und Größe der Teilchen	Trieur	Abtrennen von Unkrautsamen und artfremden Sämereien
Abscheiden	Dichte der Teilchen	Trockensteinausleser	Abtrennen von Steinen und schweren Fremdbestandteilen gleicher Größe
Scheuern	Haftfestigkeit von Bestandteilen auf der Kornoberfläche	Mantelscheuer- und Schälmaschine	Abtrennen von anhaftendem Schmutz und Faserschalenteilchen
Waschen	Schwebefähigkeit Löslichkeit	Waschmaschine	Abtrennen von Schmutz und Steinen

Abb. 7.4a
Vermahlung von Getreide (Quelle Walzenstuhl: Fa. Bühler)

Kräfte beim Mahlen von Getreidekörnern

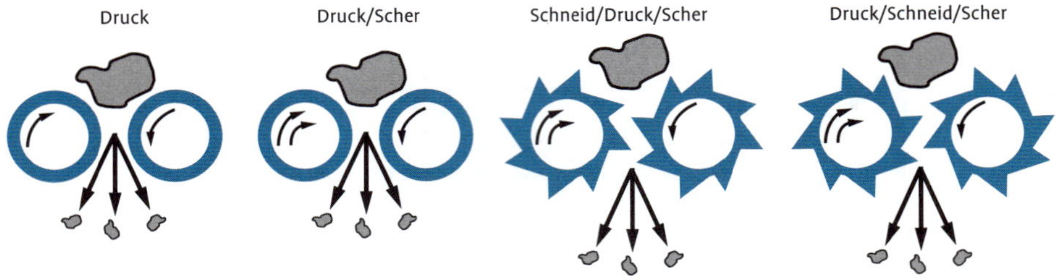

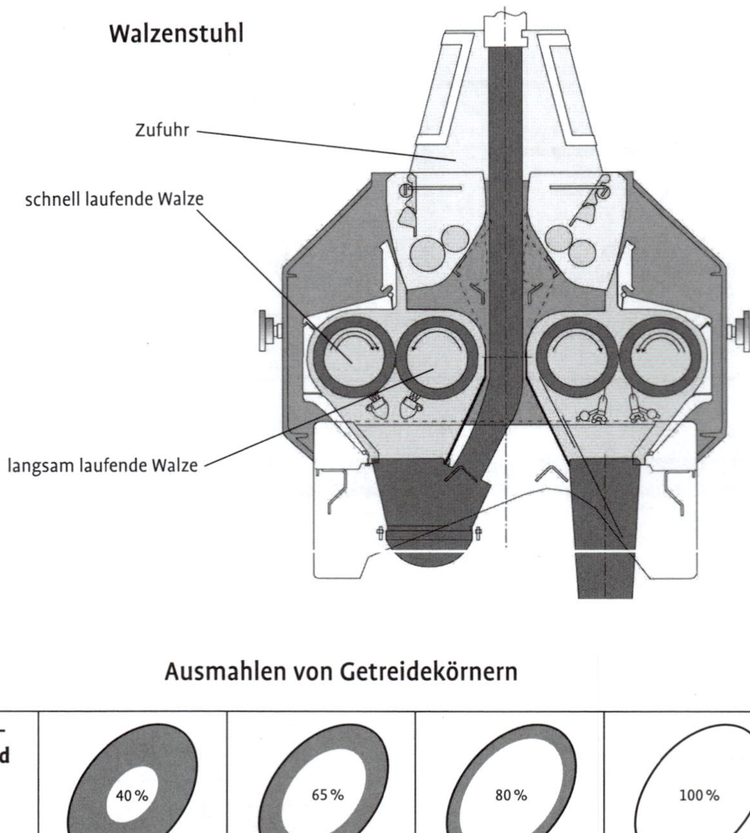

Ausmahlen von Getreidekörnern

Ausmahlungsgrad	40 %	65 %	80 %	100 %
Type	405	550	1050	Vollkorn
Aschegehalt	< 500 g/100 kg Trockenmasse	510–630	910–1200	1700
Ballaststoffe	3,2 %	3,5 %	5,2 %	10 %

Abb. 7.4b
Vermahlung von Getreide (Quelle Walzenstuhl: Fa. Bühler)

Weizen- und Roggen-Mehl-Typen nach DIN 10 355

Mehltype	Backeigenschaften	Mindestmineral-stoffgehalt (% in Trockenmasse)	Höchstmineral-stoffgehalt (% in Trockenmasse)
Weizenmehl			
Type 405	bevorzugtes Haushaltsmehl, gute Backeigenschaften	–	0,50
Type 550	backstark für feinporige Teige und als Vielzweckmehl verwendbar	0,51	0,63
Type 812	für helle Mischbrote	0,64	0,90
Type 1050	für Mischbrote oder Backwaren im Haushalt	0,91	1,20
Type 1600	für dunkle Mischbrote	1,21	1,80
Weizenbackschrot Type 1700	ohne Keimling	–	2,10
Roggenmehl			
Type 815	nur seltene Verwendung, meist in Süddeutschland, für helle Roggenbrote	–	0,90
Type 997	für Mischbrote, regional unterschiedlich verbreitet	0,91	1,10
Type 1150	für Mischbrote, regional unterschiedlich verbreitet	1,11	1,30
Type 1370	typisches „Bäckermehl“ für Roggen- und Roggenmischbrote	1,31	1,60
Type 1740	typisches „Bäckermehl“ für Roggen- und Roggenmischbrote	1,61	1,80
Roggenbackschrot Type 1800	ohne Keimling	–	2,20

bis zu 20 Passagen, Roggen fünf. Grieße können auf einer Grießputzmaschine gereinigt werden.

Qualitätskriterien von Mehl: Aufgrund der natürlichen Schwankungen in der Zusammensetzung des Getreides weisen auch die daraus hergestellten Mehle Schwankungen in ihren Eigenschaften auf, die sich auf die Verarbeitung auswirken. Insbesondere Mehle, die zum Brotbacken verwendet werden sollen, werden aufwendig untersucht. Neben den reinen Analysendaten wie Wassergehalt, Säuregrad oder Feuchtklebergehalt werden rheologische und backtechnische Werte ermittelt, z. B. der Knetwiderstand, der Dehnwiderstand oder das Backverhalten. Dazu sind Backversuche unter definierten Parametern erforderlich.

Mischen und Standardisieren: Verschiedene Passagenmehle werden zu einem DIN-gerechten **Typenmehl** zusammengemischt. Dadurch lassen sich unter anderem unterschiedliche Backqualitäten ausgleichen. Mehltypen sind in DIN 10 355 definiert anhand des Aschegehalts. Dieser ist ein Maß für Kornanteile aus dem Bereich der Schale. Je geringer der Ausmahlungsgrad ist, desto geringer der Asche- und Ballaststoffanteil und desto größer der Stärkeanteil. Vollkornprodukte (Mehl, Schrot) sowie Weizengrieß und Weizendunst sind nicht typisiert. Backschrot unterscheidet sich von Vollkornschrot dadurch, dass es keinen Keimling mehr enthält. Eine Sauerstoffaufnahme des Mehls während der Lagerung führt zu einer Mehlreifung, welche die Stabilität der späteren Teige

verbessert. Die Zugabe von Ascorbinsäure beim Anteigen unterstützt diesen Prozess und ist in Europa eine der gängigsten Mehlbehandlungsmaßnahmen.
Weizen- bzw. Roggenbrot besteht zu mindestens 90 % aus Weizen- bzw. Roggenmehl, im Fall von Vollkornbroten aus entsprechenden Prozentsätzen an Vollkornerzeugnissen. Weizen- bzw. Roggenmischbrot enthält mehr als 50, jedoch weniger als 90 % Weizen- bzw. Roggenmehl. Knapp die Hälfte des in Deutschland verzehrten Brotes sind Mischbrote (Abb. 7.1 bis 7.4).

7.1.2 Zweite Verarbeitungsstufe: Veredlung der Extrakte

Aus Getreiden können nicht nur Mehle, sondern auch die einzelnen Bestandteile des Korns wie Stärke, Keimöl, Proteine oder Spelzen als eigenständiges Endprodukt oder als Rohstoff für weitere Erzeugnisse gewonnen werden. Siehe dazu Abbildung 7.1.

7.1.2.1 Stärke- und Proteingewinnung

Mais und Weizen sind die hauptsächlichen Stärkequellen. Leguminosen wie die Erbse sind in den letzten Jahren als weitere wichtige Quelle für Proteine und Stärke dazugekommen. Ausgangspunkt für die Gewinnung von **Weizenstärke** oder **Weizenprotein** ist Mehl, das mit Wasser vermischt und mittels Homogenisator agglomeriert wird. Der hohe Energieeintrag bewirkt die Zusammenlagerung des Gluten. Stärke und Eiweiß werden danach im Gegenstrom wässrig extrahiert, in einer Zentrifuge getrennt, mehrstufig gewaschen, mechanisch entwässert und getrocknet. Werden Drei-Phasen-Trenndekanter eingesetzt, lassen sich die Phasen trennen in **A-Stärke** als schwere Phase (große Stärkepartikel, zur Herstellung von Glukose geeignet), Pentosane als leichte Phase sowie Gluten zusammen mit **B-Stärke** („Quellstärke“, kleinere Stärkekörner, zur Vergärung oder als Futtermittel). Die Trennung des Gluten von der B-Stärke erfolgt durch Siebung, gefolgt von Waschschritten und Trocknung. Die Pentosane werden ebenfalls eingedickt und als Futtermittel verwendet. Die A-Stärke wird in mehreren Prozessschritten gesiebt, gewaschen und schließlich entwässert. Dazu sind Vakuumdrehfilter geeignet, anschließend erfolgt eine Trocknung im Heißluftstrom.
Um **Maisstärke** aus dem kompakten Zellverband zu lösen, ohne Öl aus dem geschädigten Keimling freizusetzen, muss das Korn in warmem Wasser quellen, bis die Stärke in amorpher Form vorliegt. Das Korn kann nach dem Vermahlen in Zahnscheibenmühlen in Keimling, Eiweißfraktion, Stärke und Fasern aufgetrennt werden. Die Keime lassen sich in Hydrozyklonen abtrennen, in Bogensieben waschen und anschließend trocknen. Sie bestehen rund zur Hälfte aus Öl und sind Ausgangsstoff für die Keimölgewinnung. Die Schalen und Fasern können in Schneckenpressen entwässert und anschließend getrocknet werden.
Beim Trockenprozess zur Stärkeextraktion aus Mais fallen die Eiweiße zusammen mit den Spelzen und Schleimstoffen an und werden zu einem hochwertigen Futtermittel getrocknet. Die A-Stärke eignet sich zur Glukoseherstellung, die B-Stärke wird oft zu Ethanol vergoren (Kap. 7.1.2.2).
Keimöle aus den abgetrennten Keimlingen sind wegen ihrer Menge an ungesättigten Fettsäuren hochwertig. Im Fall von Maiskeimlingen z. B. wird das Öl in einem ersten Schritt mechanisch ausgepresst. Der feste Presskuchen enthält noch eine große Menge Öl, das mittels Hexanextraktion gewonnen werden kann. Daran schließt sich ein aufwendiger Raffinationsprozess an, der die Abtrennung von Schleimstoffen, die Neutralisation, die Abtrennung des Soapstocks und der Wachse sowie eine Waschung, Trocknung und Desodorisierung beinhalten kann. Zu Details der Raffination siehe Kap. 7.4, Ölgewinnung und Verarbeitung (Abb. 7.5).

7.1.2.2 Metabolisierung von nativer Stärke

Stärke und Modifizierte Stärken sind Ausgangsstoffe für zahlreiche Zwischen- und Endprodukte. Sie finden breite Verwendungsmöglichkeiten sowohl in Lebensmitteln als auch im technischen Bereich. Der bei weitem größte Stärkeverbraucher in der EU ist die Papier-, Pappe- und Wellpappen-Industrie. Andere wich-

Abb. 7.5a
Maiskorn (Quelle: Hoseney 1992, mod.)

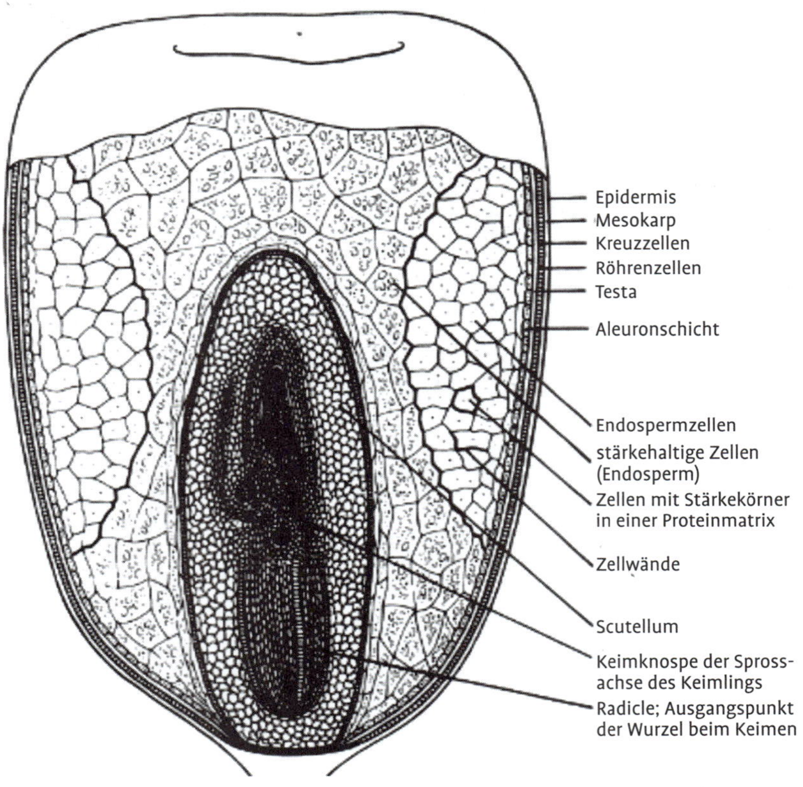

tige Anwendungsfelder sind die Industriezweige Textil, Kosmetik, Pharmazie, Bau und Farben. In den letzten Jahren hat vor allem Maisstärke im Bereich **nachwachsende Rohstoffe** zusätzlich eine wichtige Rolle eingenommen. Einmal nach Hydrolyse zu Glukose und deren alkoholischer Gärung als **Bioethanol**-Treibstoff, zum anderen als Ausgangsstoff für **biologisch abbaubare Kunststoffe** und als Verpackungsmaterial oder als Formkörper. Stärke und Stärkeprodukte sind als Kohlenhydrat nicht nur Energieträger, sie spielen auch eine entscheidende Rolle in der Ausbildung und/oder Stabilisierung der Textur von unzähligen Lebensmitteln. Dabei wirken sie stabilisierend, wasserbindend, strukturgebend und rheologiebestimmend. Süßwaren und Getränke werden häufig mit Glukose oder Zuckersirup aus Stärke gesüßt, alternativ zu Rohr- oder Rübenzucker.

Native Stärke, wie sie in einem Getreidekorn vorliegt, ist nur gering wasserlöslich und quellbar. Um native Getreidestärke bis zur Stufe der Glukose abzubauen, sind neben den klassischen Verfahrensschritten Passage und Einmaischen mehrere weitere Schritte nötig. Bei der **Verkleisterung** wird die Stärke mit Wasser bei über 65 °C gequollen, bis sich unter starker Wasseraufnahme eine Gelstruktur, der hochviskose Kleister, bildet. Die Kornstruktur der Stärke ist aufgelöst, Wasserstoffbrücken sind zerstört, Amylose geht in Lösung, und in Folge wird die Stärke enzymatisch abbaubar. Dieser Schritt ist die Voraussetzung für die enzy-

Abb. 7.5b
Maisverarbeitung zu Stärke (Quelle: GEA AG)

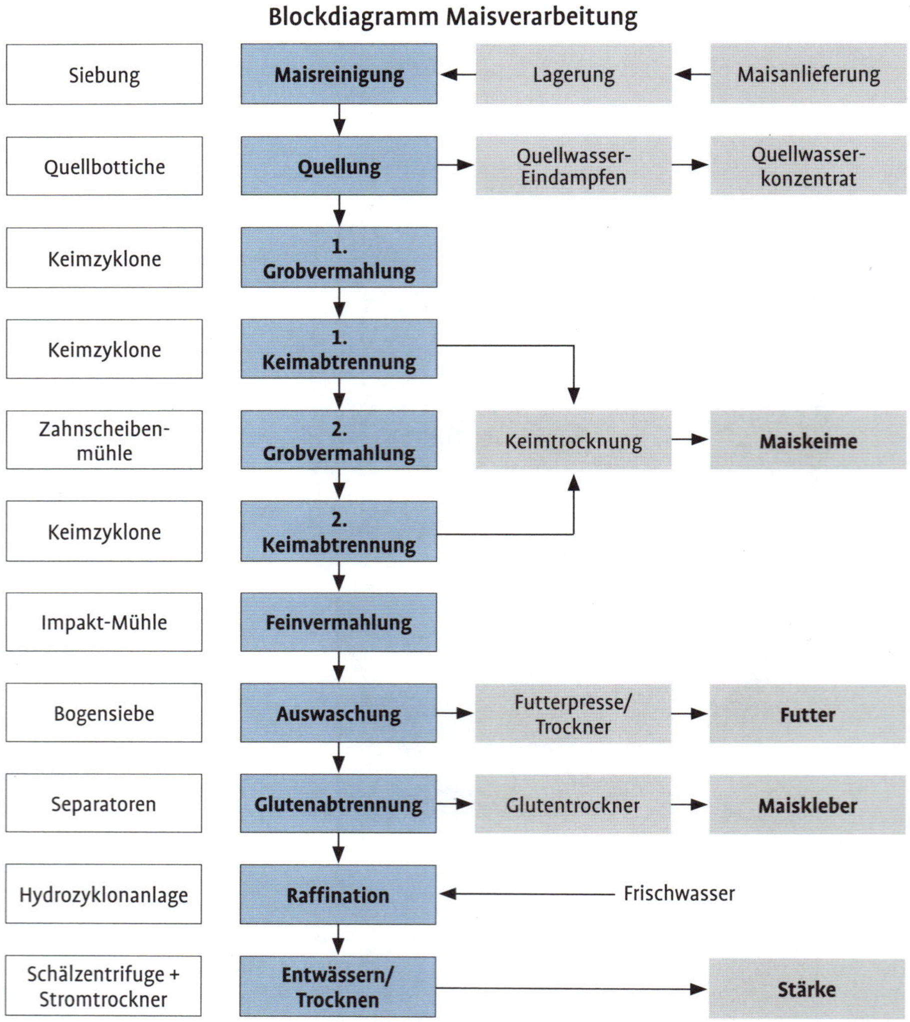

matische Verflüssigung und **Verzuckerung**. Die Glukose aus der Stärke kann enzymatisch zu Fruktose umgewandelt und als High Fructose Corn Syrup (HFCS) als Süßungsmittel eingesetzt werden. Der Zuckerbrei kann alternativ mit Saccharomyces-Kulturen zu Ethanol vergoren werden, das sich in Destillations- und Rektifikationsstufen zunächst als niedrig konzentrierter Rohbrand, danach hochkonzentriert als Feinbrand gewinnen lässt. Die entgeistete Schlempe wird mechanisch vorkonzentriert und thermisch weiter zu Futtermittel getrocknet. Diese wird unter dem Namen „Dried Distillers Grains with Solubles" (DDGS) verkauft.

Aus pflanzlicher Stärke lassen sich durch Anlagerung von spezifischen Gruppen an Glukosemoleküle **modifizierte Stärken** oder nach chemisch-enzymatischer Modifikation zahlreiche **Basischemikalien** gewinnen. Diese Produkte aus nachwachsenden Rohstoffen können erdölbasierte Verbindungen ersetzen. Das Spekt-

Abb. 7.5c
Weizenverarbeitung zu Stärke und Gluten (Quelle: GEA AG)

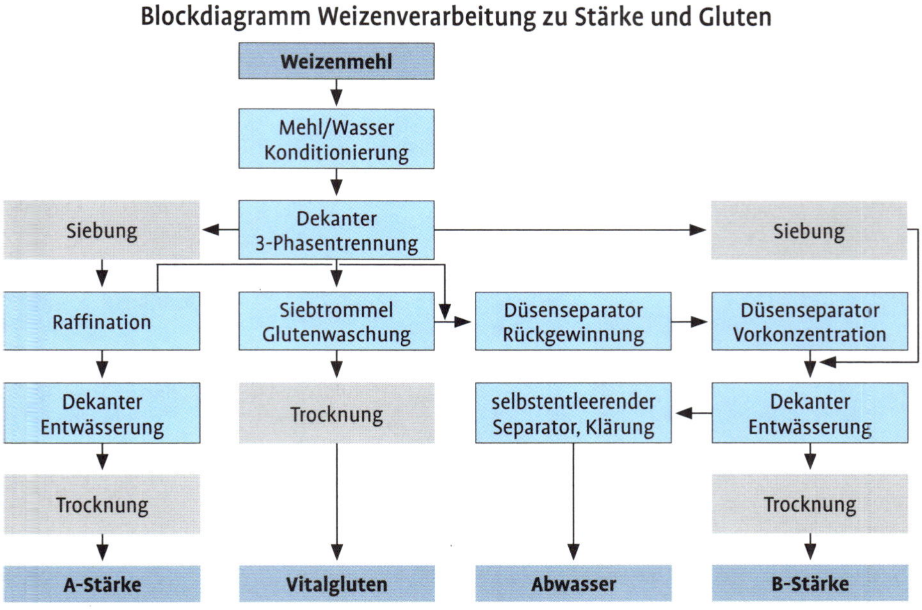

rum der Veredlungsprodukte der Stärke reicht von Amylose, Amylopektin, Dextrin, Maltodextrin über Cyclodextrin oder Maltose zu Glukose. Letztere wiederum kann Basischemikalie für weitere C2–C5-Verbindungen sein, aus denen sich auf chemischem Weg unter anderem verschiedene Polymere herstellen lassen. Aus Ethanol können z. B. Polyethylenglykol oder Butadienkautschuk synthetisiert werden (Abb. 7.5).

7.1.2.3 Vom Mehl zu Backwaren

In Europa werden Backwaren hauptsächlich aus Weizen- oder Roggenmehl bzw. deren Mischungen erzeugt, in geringem Umfang aus Dinkel. Die Produkte aus diesen drei Brotgetreiden bilden mit Wasser und einem Lockerungsmittel großvolumige Teige, die CO_2 zu halten vermögen. Zu den Backwaren gehören **Brot, Kleingebäck und feine Backwaren** sowie länger haltbare **Dauerbackwaren** mit einem geringeren Feuchtigkeitsgehalt.

Definition Backwaren: „Brot wird ganz oder teilweise aus Getreide und/oder Getreideerzeugnissen, meist nach Zugabe von Flüssigkeit, sowie von anderen Lebensmitteln (z. B. Leguminosen-, Kartoffelerzeugnisse) in der Regel durch Kneten, Formen, Lockern, Backen oder Heißextrudieren des Brotteiges hergestellt. Brot enthält weniger als zehn Gewichtsteile Fett und/oder Zuckerarten auf 90 Gewichtsteile Getreide und/oder Getreideerzeugnisse" (Leitsätze für Brot und Kleingebäck des Deutschen Lebensmittelbuchs).

Kleingebäck ist die Sammelbezeichnung für kleine Backwaren aus Brotteig, die maximal 250 Gramm wiegen, z. B. Brötchen, Kipferl, Croissants und Brezeln. **Feine Backwaren** unterscheiden sich von Brot und Kleingebäck durch einen höheren Fett- und Zuckergehalt, zusammengenommen mindestens 1/9 des Mehlgehalts. Klassisches **Feingebäck** sind Plätzchen, Kuchen und Torten.

Abb. 7.6a
Stärke als vielfältiger Basis-Rohstoff

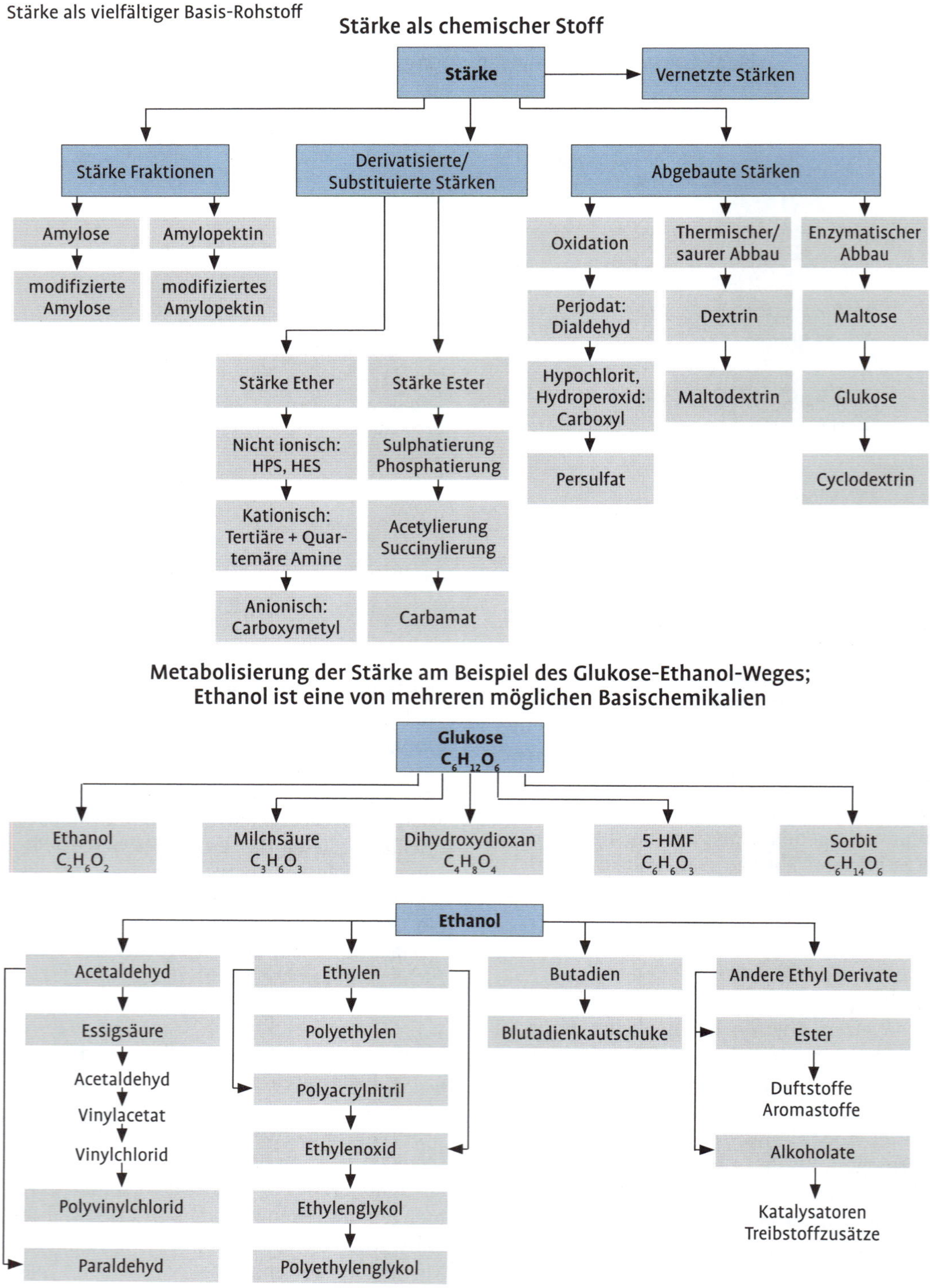

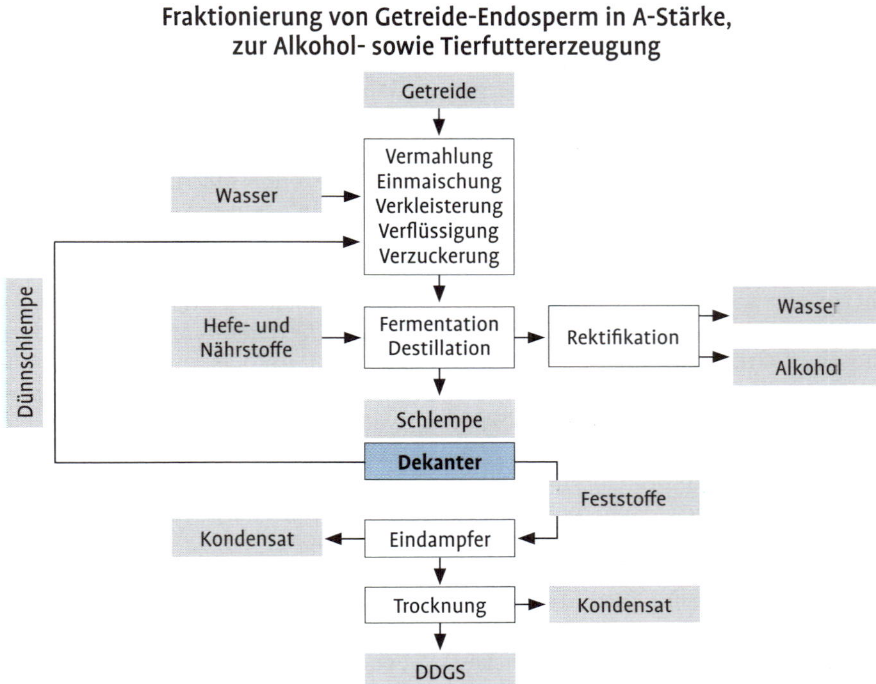

Abb. 7.6b
Stärke als vielfältiger Basis-Rohstoff

Der Pro-Kopf-Verzehr von Brot und Backwaren lag 2022 bei 56 Kg pro Haushalt. Lediglich noch 9600 Meisterbetriebe erwirtschaften einen Umsatz von 16,27 Milliarden Euro, sie stehen in Wettbewerb mit großindustriellen Backunternehmen oder den Shops der Discounter. (http://www.baeckerhandwerk.de/baeckerhandwerk/zahlen-fakten/brotverbrauch-und-brotkorb-der-deutschen/). Die Umwandlung von kaum verdaulichem Mehl in leicht verdauliche Backwaren läuft in mehreren Schritten ab, die sich je nach Rohstoff und gewünschtem Produkt im Detail unterscheiden: **Mischen** von Mehl, Kochsalz, Hefe, sonstigen wertgebenden Zutaten mit Wasser (eventuell Milch), Herstellen eines **Teigs durch Kneten** (bei Massen durch Rühren oder Aufschlagen), eventuell **Entspannung** des Teigs (Teigruhe), **Formen** des Teigs, **Gärphase** des Teigs und **Backen**.

Vorgänge beim Mischen und Kneten: Die quellfähigen Mehlbestandteile Eiweiß, Stärke und Pentosane nehmen Wasser unter Volumenerhöhung auf. Die eingeschlagene Luft (8–10 % Vol.) bildet Keime für die Porenbildung durch das Gärungs-CO_2. Der entscheidende Schritt bei Weizenmehl ist die Ausbildung eines **Klebernetzwerks**. Kleber besteht zu 90 % aus Proteinen, vor allem aus Weizenprolamin (Gliadin) und Weizenglutelin (Glutenin), aus etwa 8 % Lipiden (in Form von Lipoproteinen) und 2 % Kohlenhydraten (meist Pentosane). Kleber bildet durch den Knetvorgang ein viskoelastisches, kohäsives dreidimensionales Netzwerk, das die eingeschlagene Luft oder die Gärgase festhält und so bis zum Beginn des Backens eine Verfünffachung des Ausgangsmehlvolumens ergibt. Der Knetvorgang kann in der Praxis kontinuierlich erfolgen oder chargenweise. Beim kontinuierlichen Kneten entsteht ein Teigstrang, beim chargenweisen ein großer Teigling. Wird überknetet, können das Glutennetzwerk zerstört und eingelagertes Teigwasser wieder freigesetzt werden. Mehle mit einem schwachen Kleber besitzen eine niedrigere Wasseraufnahmefähigkeit und Teigstabilität im Vergleich zu Mehlen mit starkem Kleber. Die Wasseraufnahmefähigkeit des Mehls und die Konsistenz eines Teigs können über den Widerstand, den dieser einem definierten Kneter entgegensetzt, ermittelt werden. Das Ziel sind bestimmte Knetwiderstände, z. B. 500–550 sogenannte Farinographen-Einheiten (FE). Deren Erreichen kann zeitabhängig dokumentiert werden, der zeitliche Verlauf stellt ein Maß für das Teigverhalten dar. Roggenmehl besitzt zwar Gluten, bildet aber keine Kleberstruktur aus. Für die Teigbildung greifen Pentosane, Stärke und Proteine ineinander. Der Teig muss vor dem Backen volumetrisch oder nach Gewicht portioniert werden. Beim **Portionieren** des Teigs wird die Oberfläche geschlossen. Streumehl an der Oberfläche verhindert ein Ankleben des feuchten Teigs und führt zu einem erwünschten leichten Antrocknen. Die gleichzeitige mechanische Manipulation des Teigstücks **(Wirken)** führt zu einer Vereinheitlichung der Gasblasengröße. Durch das Endformen entsteht ein Brot, das beim Backen nicht aufreißt und eine gleichmäßige Krume besitzt.

Die **Teiglockerung** im Anschluss an das Portionieren kann auf drei Wegen erfolgen. Biologisch durch eine **Hefe- oder Sauerteigfermentation,** chemisch durch **Backtriebmittel** oder physikalisch durch Einschlagen oder Verdampfen von **Gasblasen,** womit z. B. Feine Backwaren hergestellt werden. Zur Herstellung großer Mengen Teig wird in der Regel ein Vorteig eingesetzt, der bereits fermentiert und als Anstellteig den Prozess in der Hauptmenge Teig beschleunigt und sich günstig auf die Qualität auswirkt.

Die **Fermentation (Gare)** des Teigs bringt durch die Gärgase Volumen, eine Umwandlung von Stärke, Proteinen und Lipiden und erzeugt zahlreiche Aromastoffe. Die Fermentation kann durch die getreide- bzw. betriebseigene Hefen und Bakterien als Spontangärung erfolgen oder gezielter durch Zugabe von Starterkulturen in Form von Backhefe (*Saccharomyces cerevisiae*) bzw. Sauerteig. Sauerteig als Triebmittel führt zu einer anderen Geschmacksrichtung und verbesserter Haltbarkeit. Die gequollene Stärke wird während der Fermentation enzymatisch teilhydrolysiert, die erzeugten Zucker Glukose oder Fruktose werden zum Teil vergoren. Für die prinzipiell mögliche Vergärung von Maltose, Raffinose, Maltotriose sowie Galaktose steht in der Regel nicht genügend Zeit zur Verfügung. Die Gärungskohlensäure führt zu großen Gasbläschen innerhalb der Stärke-Protein-Matrix, die von einem Film **oberflächenaktiver Substanzen** wie Fette und Emulgatoren umgeben sind. Gasblasen und oberflächenaktive Substanzen beeinflussen **Brotvolumen und Krumenstruktur**. Bei glutenhaltigen Getreiden entsteht durch den Knetvorgang ein viskoelastisches dreidimensionales Netzwerk, das Luft und Gärgase zurückhält. In glutenfreien Getreiden müssen Schleimstoffe (z. B. zugesetzte Xanthane) oder Hydrokolloide einen Teil dieser Aufgabe übernehmen.

Während der Gärphase wird die Porenstruktur des Gebäcks vorgebildet, die für die Textureigenschaften ausschlaggebend ist. Das Gären erfolgt in Gärschränken bzw. im Gärtunnel bei einer definierten Temperatur (30–45 °C) und Feuchte (60–90 %). Die **Endgare (Stückgare)** ist die Zeit vom letzten Bearbeitungsschritt bis zum Beginn des Backprozesses, also die Zeit, die ein Teigling benötigt, um aufzugehen (in der Regel mindestens 30 Minuten). In dieser Zeit kommt es zur hauptsächlichen Volumenzunahme des abgebackenen Stücks. Eine weitere Vergrößerung des Backwerks geschieht im ersten Backabschnitt.

Backtriebmittel (Backpulver): Sie bestehen aus mindestens zwei chemischen Komponenten, einer kohlensäurebildenden (z. B. Natriumhydrogencarbonat E500) und einem Säuerungsmittel (z. B. Kaliumtartrat E336). Eine optionale dritte Komponente ist ein Trennmittel, das eine Reaktion in der Verpackung verhindert. Durch die Bildung von Gasbläschen wird der Teig locker, das Säuerungsmittel reguliert den Zeitpunkt für Vor- und Nachtrieb des Teigs und bildet durch die pH-Wert-Erniedrigung einen gewissen mikrobiologischen Schutz. Backpulver eignet sich vor allem für Feingebäck. Auch schwere Teige mit viel Fett, Zucker, Nüssen und Rosinen werden damit locker und voluminös (Abb. 7.7 und 7.8).

Abb. 7.7
Teigstabilität als wichtige Größe auf dem Weg vom Mehl zu Backwaren

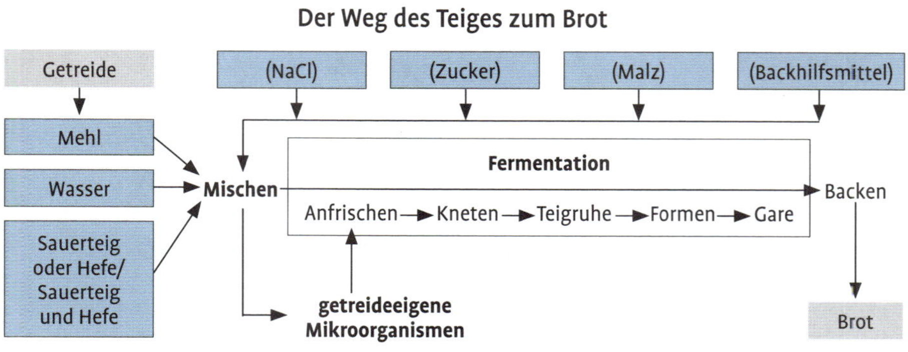

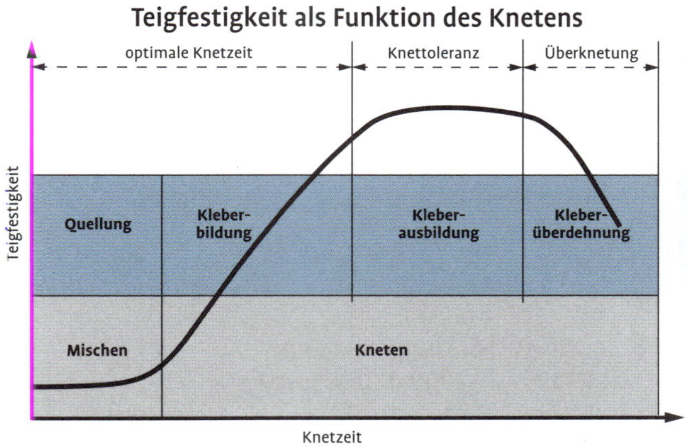

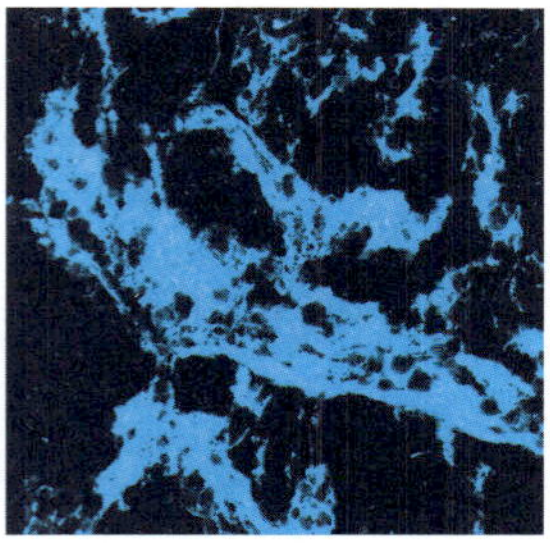

Glutenstruktur in Weizenteigen. Blau ist das angefärbte Proteinnetzwerk in einem Weizenteig. Größe ist 212 × 212 µm. Aufgenommen in einem Confocal Laser Scanning Microscope. (Jekle, M. 2014)

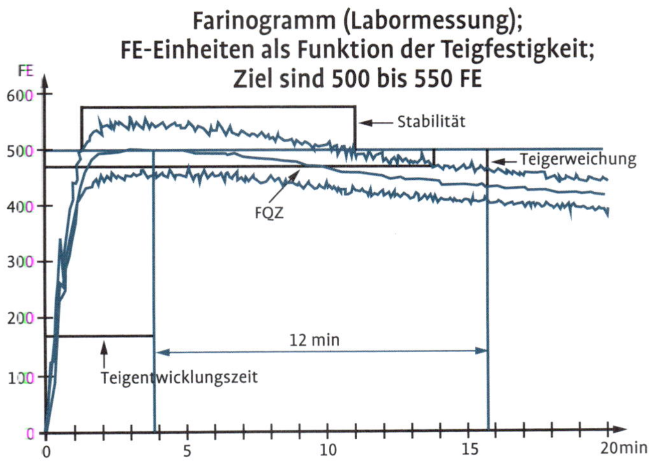

Abb. 7.8a
Vorgänge bei der Fermentation

Gasblasen im Teig

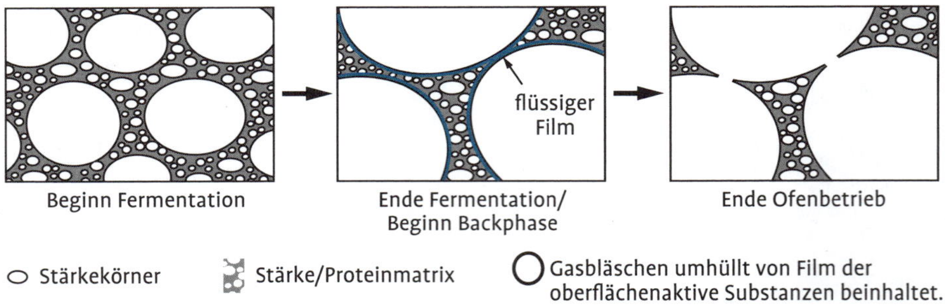

Beispiel für 10 kg-Teigansatz mit Sauerteig

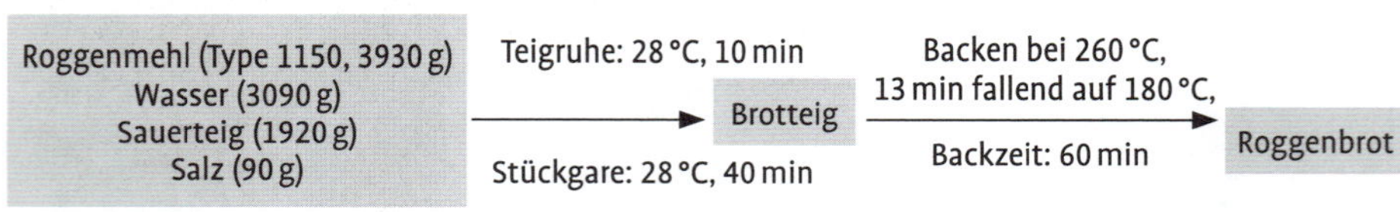

pH-Wert- und Keimzahlentwicklung bei Beimpfung mit Hefen und Milchsäurebakterien

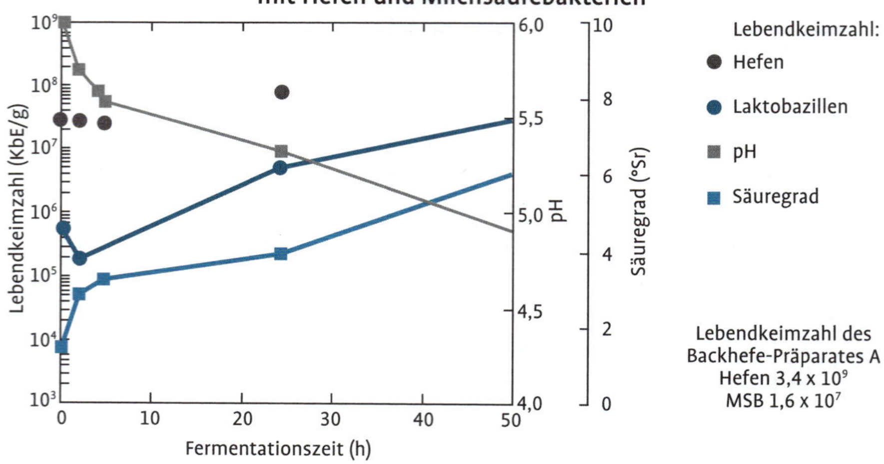

Abb. 7.8b
Vorgänge bei der Fermentation

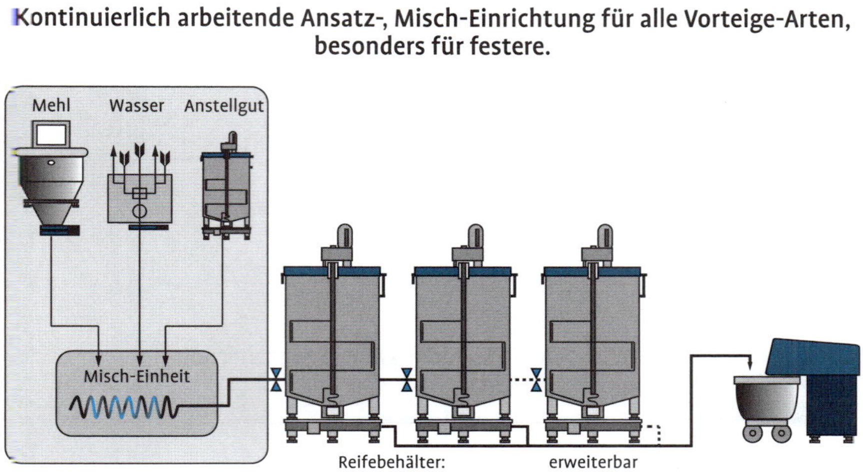

Sauerteigfermentation

Sauerteig dient als Triebmittel zur Lockerung von Backwerk und machte früher Roggenteige überhaupt erst backfähig. Ihre Erfindung wird den Ägyptern vor rund 4 000 Jahren zugeschrieben, bis ins 15. Jahrhundert waren sie das einzige Triebmittel. Sauerteig enthält eine stabile symbiotische Kultur von Milchsäurebakterien und Hefen, die dem Mehl- und Wassergemisch zugesetzt wurde **(Reinzuchtsauer)** oder die als Spontankultur beim Stehenlassen des Teigs darin entstanden ist und fortlaufend geführt wird **(Natursauer)**. Häufig vorkommende Milchsäurebakterien sind homofermentative Arten wie *Lactobacillus plantarum* oder heterofermentative wie *L. brevis,* typische Hefestämme *Candida milleri* oder *Kazachstania exigua,* beide kleinwüchsig und schnell wachsend. Dazu kommt in der Regel in Abhängigkeit von Zeit, Rohstoff und Temperatur eine Vielzahl weiterer Arten. Milchsäurebakterien konkurrieren mit den Hefen um die Zucker, verwandeln aber auch Zucker, die diese nicht vergären können. Die Hefe und die Milchsäurebakterien sind gleichermaßen für die Gasbildung zuständig, die den Teig aufgehen lässt. Die Milchsäurebakterien produzieren dabei Milch- bzw. Essigsäure und erzeugen den säuerlichen Geschmack. Die pH-Wert-Absenkung hemmt zudem abbauende Enzyme des Getreides, speziell bei Roggen die Amylase. Sauerteig verbessert durch die Umwandlung von Mehlinhaltsstoffen Verdaulichkeit, Aroma, Geschmack, Haltbarkeit und Schnitt der Backwaren. Durch Temperatursteuerung kann der Schwerpunkt mehr auf die säuerlich schmeckende Essigsäure gelegt (24–28 °C) oder bei ca. 30 °C mehr die geschmacklich mildere Milchsäure gefördert werden. Im fertigen Sauerteig herrschen pH-Werte zwischen 3,8 und 4,3. Der bei der Gärung gebildete Alkohol verbindet sich zum Teil mit Säuren im Teig zu Estern, die zu Geruch und Geschmack des Gebäcks beitragen. Ein anderer Teil wird zu Essigsäure umgewandelt. Sauerteigbrot wird gemäß den Leitsätzen so hergestellt, dass die gesamte zugesetzte Säuremenge aus Sauerteig stammt (Abb. 7.9).

Im Unterschied zu **Vorteigen** als Startermedium (mit zugesetzter Backhefe) werden Sauerteige über eine längere Zeit geführt, indem eine Teilmenge verbacken und der Überschuss mit frischem Mehl vermischt wird. Parameter sind Häufigkeit der erneuten Mehl- und Wasserzugaben, Standzeiten und Temperatur der einzelnen Stufen sowie die jeweiligen Mischungsverhältnisse. Sie werden so variiert, dass Produktspezifikationen und Arbeitsabläufe aufeinander

Abb. 7.9
Sauerteig zur Herstellung von Backprodukten

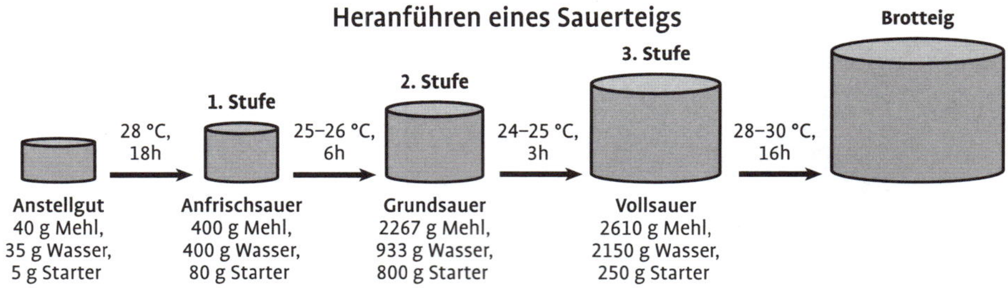

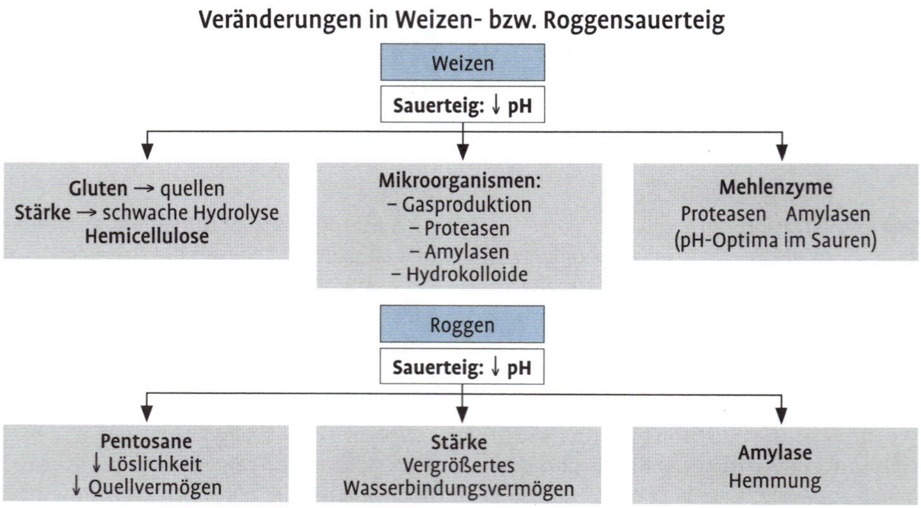

Wirkung verschiedener Typen von Sauerteig im Vergleich mit Backhefe

	Typ 0	Typ I	Typ II	Typ III
Anstellgut	Backhefe	Sauerteig (fortlaufende Führung)	Sauerteig (fortlaufende Führung)	bakterielle Reinkultur oder Sauerteig
Rohware	Weizen	Weizen/Roggen	Roggen	Weizen/Roggen
Führung	einstufig 3–24 h	4–16 h bei 25–35 °C	2–7 d bei > 28 °C	–
Mikroflora	Backhefe dominant, Milchsäurebakterien gering	Laktobazillen, Sauerteighefen	Laktobazillen dominant	–
End-pH-Wert	pH 3,5 bis 5,0	pH 3,5 bis 4,0	pH 3,2 bis 3,8	–
Säuregehalt	geringer Säuregrad > 7	mittlerer Säuregrad 5–20	> 20	–
Eignung als Anstellgut	nicht geeignet	geeignet	nicht geeignet	bedingt geeignet
Backtechnische Wirkung	Hefebetrieb, Produktqualität	Trieb, Säurebildung, Produktqualität	Säurebildung, Produktqualität	Teigsäuerung, Starterkulturen

abgestimmt sind. Größere Betriebe arbeiten mit Fermentern, in denen sich die Parameter getrennt und automatisiert einstellen lassen.

Weit verbreitet ist die klassische Dreistufenführung. In den einzelnen Stufen werden die gewünschten Organismen gezielt gefördert, um die erforderliche Milch- und Essigsäurebildung sowie ausreichend Hefe für den Trieb zu erhalten:

- Stufe 1; **Anfrischsauer** (Hefevermehrung), Reifezeit: fünf bis acht Stunden
- Stufe 2; **Grundsauer** (Säure- und Aromabildung), Reifezeit: sechs bis zehn Stunden
- Stufe 3; **Vollsauer** (Triebentwicklung), Reifezeit: drei bis zehn Stunden
- Brotteig, Teigruhe 10 Minuten

Sauerteige und Sauerteigkulturen können auch als Trockenprodukt eingesetzt werden.

Definition Sauerteig: „Sauerteig ist ein Teig, dessen Mikroorganismen (z. B. Milchsäurebakterien, Hefen) aus Sauerteig oder Sauerteigstartern sich in aktivem Zustand befinden oder reaktivierbar sind. Sie sind nach Zugabe von Getreideerzeugnissen und Wasser zur fortlaufenden Säurebildung befähigt. Teile eines Sauerteigs werden als Anstellgut für neue Sauerteige verwendet. Die Lebenstätigkeit der Mikroorganismen wird erst durch Backen oder Heißextrudieren beendet. Die Säurezunahme des Sauerteigs beruht ausschließlich auf dessen Gärungen“ (Leitsätze für Sauerteig des Deutschen Lebensmittelbuches).

Backprozess: Backen bedeutet die thermische Umwandlung von Teig bzw. Masse in eine formfeste, essbare Backware aus **Krume und Kruste**. Die Krume muss nach dem Backprozess bestreich- und kaubar, die Kruste nach dem Abkühlen schneidbar sein. Beim Backen lassen sich drei Phasen unterscheiden:

- **Anbackphase** (Volumenzunahme um das 2,5–3,5-Fache = Ofentrieb)
- **Hauptbackphase** (Krumenbildung, das Ausbilden einer stabilen schaumartigen Struktur mit 35–40 % Wasseranteil)
- **Ausbackphase** (Krustenbildung, ca. 20 %-Anteil bei Broten, 40 % bei Brötchen, Wassergehalt unter 10 %, Bräunungsgrad)

Der Backprozess erfolgt bei Ofentemperaturen von bis zu 250 °C, wobei ein Temperaturgradient des zu Broten oder Brötchen geformten Teigs erhalten bleibt. In der Krume werden aufgrund der Feuchtigkeit max. 100 °C erreicht. Ab etwa 54 °C denaturieren die ersten Proteine, ab etwa 60 °C beginnt die Verkleisterung der Stärke. Hat der Teig 100 °C erreicht, verdampft ein Teil des Wassers. Oberhalb 100 °C wird Stärke weiter zu Dextrinen abgebaut, und in der nicht enzymatischen Bräunungsphase entstehen zahlreiche **Maillard-Produkte** als Aromastoffe und Pigmente. Ab 140 °C schließlich karamellisieren Zucker. Diese Vorgänge spielen sich hauptsächlich in der Kruste ab und beeinflussen Geruch und Geschmack entscheidend.

Die wesentlichen Veränderungen sind die Denaturierung der Proteine und die Verkleisterung der Stärke. Die Krustenbildung von Backprodukten beruht hauptsächlich auf physikalisch-chemischen Veränderungen der Kohlenhydrate in Verbindung mit Wasserverlust. Nach dem Einbringen der Teiglinge in den Ofen erfolgt die Schwadengabe (Wasserdampfgabe) innerhalb der ersten Minute. Der Wasserdampf schlägt sich auf der noch kühlen Teigoberfläche in einer dünnen Schicht nieder, dadurch weicht die Teighaut ca. 1 mm tief auf und verhindert die Austrocknung. Die Oberfläche bleibt elastisch und reißt nicht. Eine partielle Dextrinbildung auf der Oberfläche sorgt für deren Glanz. Der Backverlust durch Abgabe flüchtiger Substanzen (vor allem Wasser) beträgt bei Broten bis 12 %, bei Brötchen bis 22 %. Beim Abkühlen erfolgt ein Übergang der Stärke vom gelösten oder stark gequollenen Zustand in einen unlöslichen, mikrokristallinen Zustand.

Professionelle **Backöfen** sind Geräte, bei denen durch Wärmestrahlung, Konvektion und/oder Wärmeleitung die Wärmeenergie in einer Backkammer auf den Teigling übertragen wird. Handwerksbacköfen sind meist **Stikkenöfen** (in auf Rollen laufenden Wagen [Stikken] werden Backbleche mit Teiglingen übereinander eingeschoben), **Etagenöfen** (mit einer oder mehreren übereinanderliegenden Backkammern und meist einer aus Natur- oder Kunststein bestehenden Herdplatte zur Aufnahme des Backguts) oder **Ladenbacköfen**, in denen

Abb. 7.10
Backvorgang und Ofentechnike

Der dreistufige Backprozess am Beispiel Weizenbrot

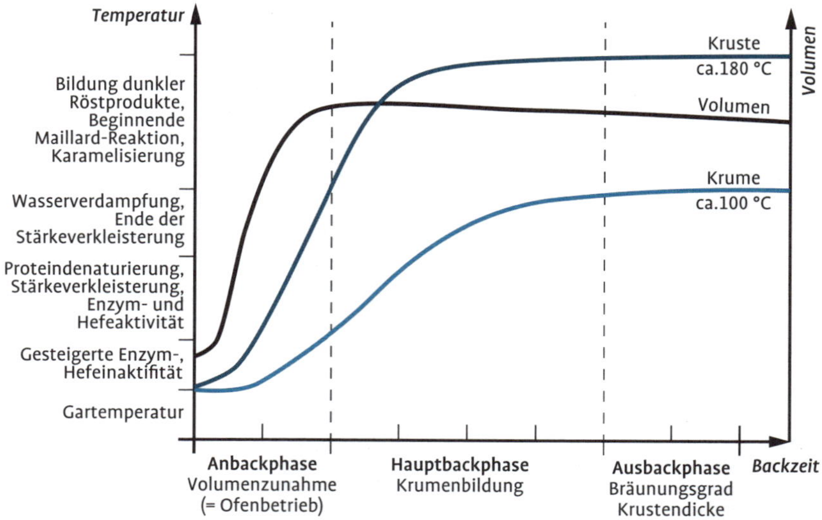

Eigenschaften diskontinuierlicher Backöfen

	Baumerkmale	Wärmenutzung (%)	spez. Brennstoffverbrauch pro 100 kg Mehl
Holzofen	gemauerter Stein	8	45–90 kg Buchenholz
Altdeutscher Ofen	Schamotte- Steine	10	50–90 kg Braunkohlebriketts
Dampfbackofen	Stahlskelettkonstruktion	35	30–50 kg Braunkohlebriketts
Umwälz-Etagenofen (Cyclotherm)	Stahlmantel, isoliert	50	18–20 kg Braunkohlebriketts
Gasbackofen	Stahlmantel, isoliert	60	8–15 m^2 Erdgas (je nach Brennwert)
Elektrobacköfen	Gehäuse doppelwandig, sehr gut isoliert	bis 75	22,5–27,5 kWh/100 kg Brot

Querschnitt durch einen Etagenbackofen

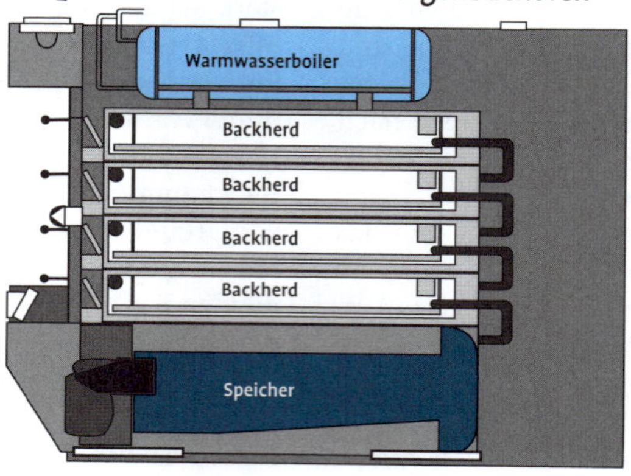

Teiglinge am Ort des Verkaufs auf Backblechen fertiggebacken werden. Im industriellen Bereich kommen **Tunnelöfen** zum Einsatz, einherdige und sehr lange Etagenbacköfen mit kontinuierlich oder in Schritten angetriebenen Netzbändern, auf denen die Teiglinge durch den Backofen wandern. Aus der Backofenlänge und der Geschwindigkeit ergibt sich die Backzeit (Abb. 7.10).

7.1.2.4 Teigwaren

Als Teigwaren werden beliebig eingeteigte, geformte und auf einen Wassergehalt von höchstens 13 % getrocknete Produkte aus Mehl, Wasser und unterschiedlichen Zutaten bezeichnet, die vor dem Verzehr gekocht werden müssen. Sie bestehen in Deutschland industriell hergestellt hauptsächlich aus Hart- bzw. Weichweizengrieß und Wasser, seltener aus Reis, Mais, Kartoffeln, Hirse oder Dinkel. Je nach Rezept wird der Teig mit Eiern, färbenden Zutaten, Kräutern und Gewürzen versetzt und zu einer geschmeidigen Masse vermischt. In Deutschland sind rund 80 % dieser Teigwaren mit Eiern hergestellt und meist aus Weichweizen. Der Verbrauch an Teigwaren lag in Deutschland 2022 bei 677.000 Tonnen, davon der größte Teil als Importware mit Schwerpunkt Italien. Im Unterschied zu den Backwaren haben normale Teigwaren (außer frische, in der Kühltheke angebotene) keine Backphase, sondern eine reine Trocknungsphase hinter sich. Somit erfolgt die Verkleisterung der Stärke erst bei der küchenmäßigen Zubereitung.

Die wesentlichen Verfahrensschritte sowohl im industriellen als auch im handwerklichen Maßstab sind das **Mischen** der Zutaten zu einer Teigmasse mit einer guten Durchfeuchtung (Plastifizierung) und einer homogenen Feuchtigkeitsverteilung. Die Einflussgrößen auf den Teigbereitungsprozess sind das Rohmaterial, der Energieeintrag durch den Misch- und Knetvorgang, die Verweilzeit und die Benetzungsart des Grießes. Bei der Verarbeitung von Grieß mit einem breiten Granulationsspektrum bildet sich ein inhomogener Teig, bei dem nicht aufgelöste Grießteilchen sichtbar sind. Diese Partikel bewirken durch Relativbewegung zueinander eine zusätzliche Belastung des Klebernetzwerks. Eine feinere Granulation ergibt einen homogeneren Teig mit einer besseren Spannungsverteilung und geringerer mechanischer Beanspruchung des Materials. Bei glasigen Endospermen sind die Stärkekörner fest in der nativen Proteinmatrix eingebunden, bei mehligem Endosperm hingegen lose von lockeren Proteinansammlungen umgeben. Die Struktur des Endosperms beeinflusst die Strukturstabilisierungs- und Farbveränderungskinetik und damit die spätere Qualität.

Je nach Nudelart wird der Teig in kaltem Zustand durch spezielle Matrizen (Schablonen) **gepresst** bzw. extrudiert oder **gewalzt**. Bei gepressten Teigwaren wie Spiralen, Hörnchen, Sternchen oder Buchstaben müssen Luftbläschen in einer Vakuumkammer entfernt werden, um eine glatte Oberfläche und die typische goldgelbe Färbung zu erzielen. Lange Teigwaren wie Spaghetti durchlaufen ebenfalls Matrizen. Bandnudeln oder Lasagneblätter gehören zu den Walznudeln. Als hauchdünner Vorhang fallen sie am Ende des Walzprozesses auf die Schneidemaschine.

Im nächsten Schritt werden die Nudeln **getrocknet** und damit haltbar gemacht. Die Feuchtigkeit (ca. 30 %) muss schonend und gleichmäßig über vier bis sechs Stunden bei 60–70 °C und hoher Luftfeuchtigkeit auf etwa 12 % reduziert werden, um Risse zu vermeiden. Bei der industriellen Produktion kommen dabei große, vollautomatische Durchlauftrockner mit mehreren Tonnen Stundenleistung und Dokumentation aller Prozessdaten zum Einsatz (Abb. 7.11).

7.2 Kartoffeltechnologie

Die Kartoffel (*Solanum tuberosum*, umgangssprachlich wird darunter nur die unterirdische Knolle verstanden) ist wie die Tomate oder die Paprika eine Nutzpflanze aus der Familie der Nachtschattengewächse. Sie gehört mit einem Kohlenhydratgehalt von ca. 15 Gew.-% zu den wichtigsten Nahrungsmitteln der Welt, daneben dient sie als Futtermittel und Industrierohstoff. Entsprechend werden die über 5000 Sorten unterschieden nach **Speisekartoffeln**, Kartoffeln zur **Weiterverarbeitung** (Pommes,

Abb. 7.11
Der Teigwarenprozess (Grafiken: Quelle Fa. Bühler)

Pasta-Presse (Quelle: Bühler AG)

Pasta-Trockner (Quelle: Bühler AG)

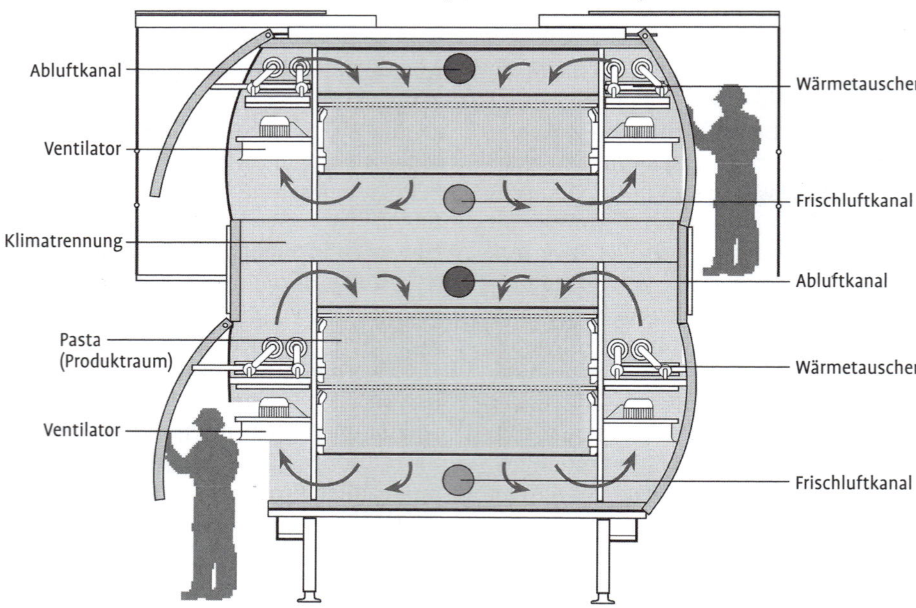

Prinzipielle Herstellung von Teigwaren

Weizengrieß → Rohmaterialaufbereitung (Eier, Salz usw.) → **Teigbereitung** (Kneten, Walzen, Pressen) → **Trocknung** (30 auf 12 %) → Kühlung → **Teigwaren**

Nudelarten:
Makkaroni: lange Röhrennudeln
Spaghetti: lange dünne Nudeln
Lasagne: große Nudelplatte
Bandnudeln: breite Nudeln
Spirelli: gedrehte Nudeln
Fadennudeln: dünne kleine Nudeln
Tortiglioni oder **Rigatoni:** kurze Röhrennudeln
Farfalle: schmetterlingsförmige Nudeln,
Hörnchennudeln: kleine, gekrümmte Röhrennudeln
Muschelnudeln: sehr kleine Nudeln in Form vom Muscheln
Sternchennudeln: sehr kleine Nudeln in Form eines Sterns

Chips, Flocken, Rösti), **Futterkartoffeln** und **Wirtschaftskartoffeln** mit höherem Stärkegehalt. Kartoffeln gehören zu den Lebensmittelrohstoffen mit relativ guter Lagerfähigkeit. Die Knollen haben den geringsten Stoffwechsel bei einer Temperatur von 3 °C. Die Aufbewahrung von Speisekartoffeln erfolgt in dunklen, gut belüfteten Lagerstätten bei 5–10 °C und etwa 90 % Luftfeuchtigkeit, um das Keimen so lange als möglich zu verzögern. Die Kartoffelknolle kann nach dem Erhitzen direkt verzehrt werden.

Kartoffeln als Lebensmittel: Die Knolle kann in Stücke geschnitten werden zur Herstellung von Pommes bzw. Kartoffelspalten oder in Reiben zerkleinert. Aus der Kartoffelmasse lassen sich Rösti, Kartoffelbrei, Kartoffelpuffer, Kroketten oder Klöße herstellen. Daneben dient Stärke zur Herstellung von verschiedenen **stärkebasierten Zuckerstoffen** wie Dextrinen, Traubenzucker oder Glukosesirup, die als Süßungsmittel eingesetzt werden unter anderem für Limonaden, Speiseeis, Konfitüren oder Süßwaren.

Gewinnung von Kartoffelstärke und Protein: Mehr als die Hälfte der Kartoffeln wird zu Stär-

Abb. 7.12a
Verarbeitung der Kartoffelknolle

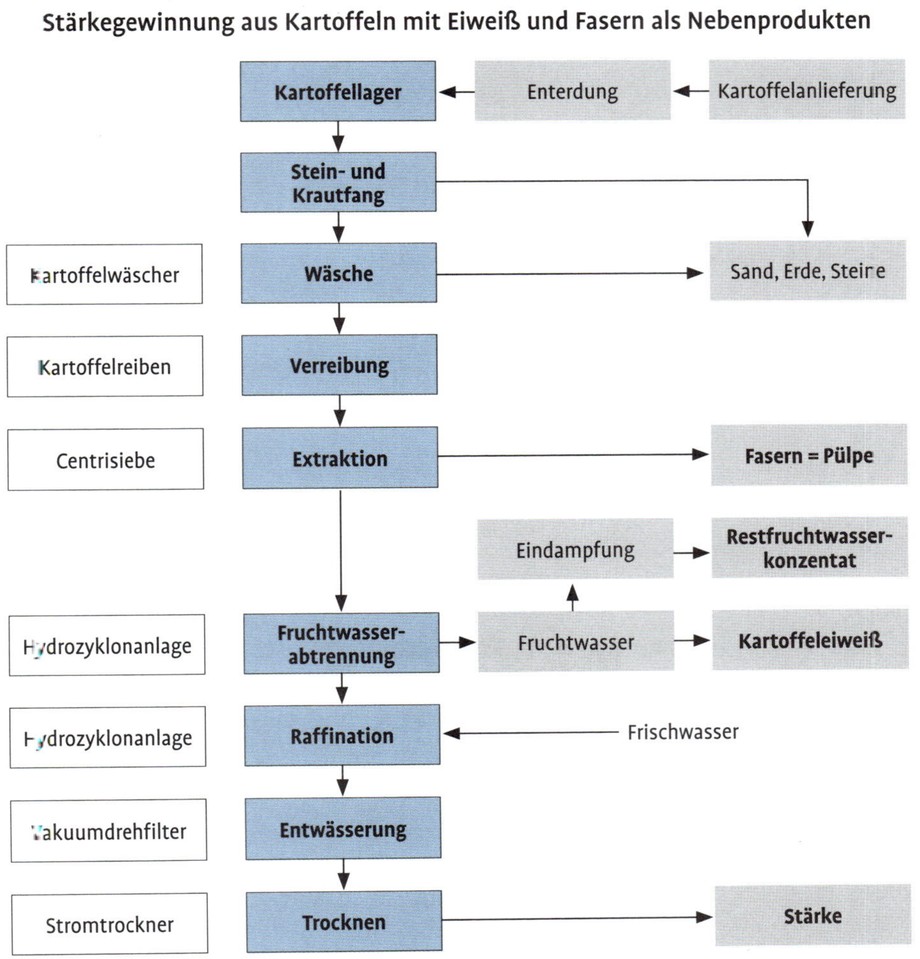

Abb. 7.12b
Verarbeitung der Kartoffelknolle

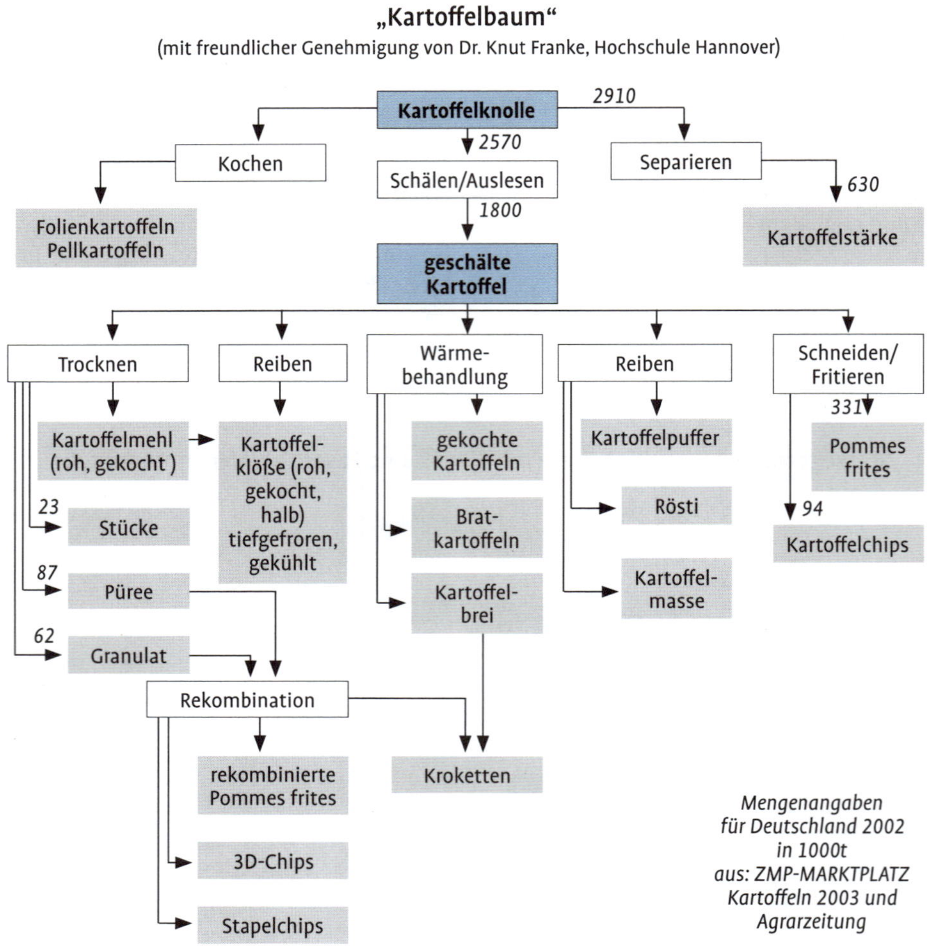

Zusammensetzung der Kartoffelknolle

Bestandteile	
Wasser	77,8g
Eiweiß	2,0 g
Fett	0,1g
Kohlenhydrate	14,8g
Ballaststoffe	2,1g
Mineralstoffe	1,0g

ke verarbeitet. Die Stärkekörner liegen als farblose Leukoplasten in den Speicherzellen der Pflanzenknolle und bilden große sphärisch-ovale Körper mit Größen zwischen 5 und 100 µm. Kartoffelstärke ist der aus Kartoffeln extrahierte reine Kohlenhydratkomplex aus **Amylose und Amylopektin.** Nach dem Waschen in Schwemmrinnen und Trögen im Gegenstrom und der Abscheidung von Steinen und Krautteilen wird die Kartoffel in Sägeblattreiben zerkleinert. Der dabei entstehende **Reibselbrei** enthält das **Fruchtwasser, Stärkekörner und Fasern.** Wasserzusatz macht ihn pumpfähig, SO_2-Zusatz verhindert eine enzymatisch verursachte Braunfärbung.

Das Fruchtwasser wird z. B. mittels Dekanter abgetrennt. Es enthält gelöst das Kartoffelprotein, das sich nach thermischer Koagulation (z. B. Dampfinjektion) mechanisch abtrennen und im Heißluftstrom trocknen lässt. Die Stärke wird in einem mehrstufigen Prozess zunächst aus dem Korn extrahiert und danach gewaschen. Zur Extraktion der Stärke aus den Reibseln kommen konische Zentrifugalsiebe zum Einsatz, die in stärkefreie Pulpe und stärkehaltiges, niedrig konzentriertes Filtrat trennen. Nach der Entwässerung ist die Pulpe als Viehfutter geeignet.

Die extrahierte Stärke wird raffiniert, d. h. von Fasern, Proteinen, Fetten usw. mehrfach nacheinander z. B. in Düsenseparatoren gereinigt. Anschließend erfolgt eine mechanische Entwässerung (z. B. mit Vakuumdrehfilter oder Dekanter) und thermische Trocknung im Heißluftstrom (Abb. 7.12).

7.3 Getränketechnologie

Getränke sind allgemein Flüssigkeiten, die den Durst löschen und damit die lebensnotwendige **Wasserversorgung** des Menschen befriedigen, die aber auch als **Nahrungs-** bzw. **Genussmittel** dienen. Ausgangsstoffe für Getränke können neben Tiefenwässern Getreide, Früchte, Gemüse, Kaffeebohnen oder Teeblätter sein. Eine gängige Unterteilung des großen Getränkespektrums differenziert nach **alkoholfreien Getränken** wie Fruchtsäfte und Fruchtnektare, Gemüsesäfte und Gemüsenektare, Fruchtsaftgetränke, Limonaden, Brausen, Mineral-, Quell- und Tafelwasser, Kaffee, Tee, Eistee, Milch, Soja-, Getreide- oder Mandelgetränke und Kakaogetränke sowie nach **alkoholischen Getränken.** Dazu gehören vor allem Spirituosen, Bier, Wein und Schaumwein, weinhaltige Getränke sowie weinähnliche Getränke wie Fruchtwein, Fruchtschaumwein, Rhabarberwein, Glühwein, Punsch und Honigwein. Als alkoholfrei bezeichnete Getränke dürfen maximal 0,5 Vol.-% Alkoholgehalt aufweisen, alkoholreduzierte Getränke bis zu 4 Vol.-%. Statistisch trank 2022 jeder Bundesbürger 712 Liter abgefüllte Getränke inklusive Milch, also knapp zwei Liter pro Tag (Abb. 7.13 und 7.14).

7.3.1 Trinkwasser, Mineral- und Heilwasser

Wasser ist die Lebensgrundlage für sämtliche Lebewesen auf der Erde. Ihre Stoffwechselvorgänge laufen ausschließlich in wässrigem Medium, in dem die Reaktionspartner gelöst sind. Und hinterher werden die Abfallprodukte in Wasser gelöst abtransportiert, um über Urin, Lunge, Stuhl oder Haut ausgeschieden zu werden. Auch lässt sich kaum ein Lebensmittel ohne Wasser herstellen. Fehlt es an Flüssigkeit, sinkt die menschliche Lebenserwartung auf wenige Tage, weil der Stoffwechsel völlig aus dem Ruder läuft. Der Tod durch Verdursten tritt bereits ein, wenn einige wenige Liter Körperwasser ausgeschwitzt sind. Im Prinzip ist die Erde mit Wasser überreichlich gesegnet. Über 97 Prozent, etwa 1,4 Milliarden Kubikkilometer, stecken als Salzwasser in den Meeren. Gerade einmal 2,5 Prozent sind Süßwasser und für Menschen geeignet. Und davon sind mehr als zwei Drittel in Gletschern und als ständiges Eis bzw. Schneedecke gebunden, weitere 30 Prozent befinden sich als Grundwasser unter der Erdoberfläche. Ein weiteres Prozent ist als Bodenfeuchtigkeit, Grundeis, Dauerfrost oder Sumpfwasser kaum nutzbar. Nur der bescheidene Rest, etwa 0,3 Prozent, rund 100 000 km^3, ist in Seen und Flüssen

Abb. 7.13
Pro-Kopf-Konsum von Getränken in Deutschland nach Segmenten in den Jahren 2003 bis 2022 (in Liter)

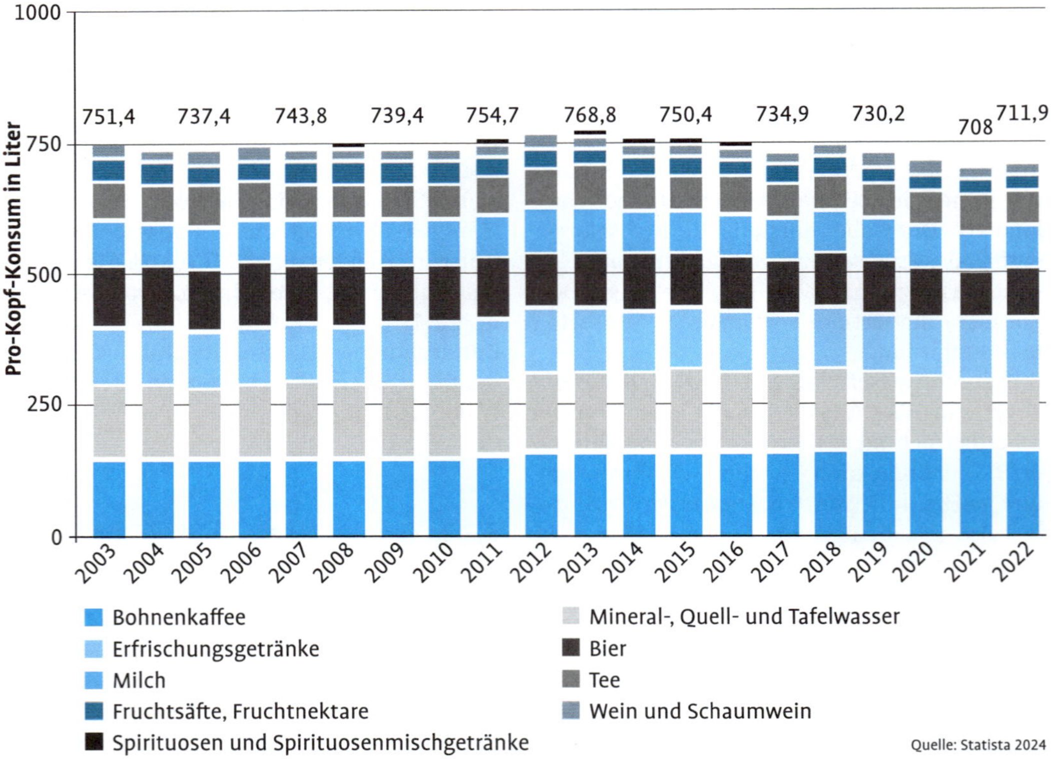

Quelle: Statista 2024

leicht zugänglich. Trinkwasser wird in Deutschland von den Wasserwerken aufbereitet zur Verfügung gestellt. Direkt getrunken wurde es in den letzten Jahrzehnten vergleichsweise wenig, als Durstlöscher dienten industriell abgefüllte Mineral- oder Heilwässer.

Natürliches Mineralwasser (Verkehrsbezeichnung) ist ein Wasser mit amtlicher Anerkennung nach Vorliegen definierter Voraussetzungen, das aus einem unterirdischen Wasservorkommen stammt und aufgrund seines Gehalts an Mineralstoffen und Spurenelementen bestimmte ernährungsphysiologische Wirkungen besitzt. Rechtlich maßgeblich ist die Verordnung über natürliches Mineralwasser, Quellwasser und Tafelwasser **(Mineral- und Tafelwasser-Verordnung).** Als Regenwasser durchläuft das Wasser die Bodenschichten und mehrere Gesteinsschichten, die es reinigen und filtern sowie je nach Gesteinsschicht unterschiedlich stark mit Mineralien anreichern. Neben Magnesium aus Dolomit geben Salzlagen Natrium ab, gipsreiche Gesteine Sulfat und kalkreiche Gesteine Kalzium und Hydrogencarbonat. Vulkanische Gesteine reichern das Wasser zusätzlich mit natürlichem Kohlenstoffdioxid an. Beim Herstellen von natürlichem Mineralwasser dürfen lediglich folgende Verfahren angewendet werden:

- **Abtrennen unbeständiger Inhaltsstoffe** wie Eisen- und Schwefelverbindungen durch Filtration oder Dekantation, auch nach Belüftung
- Abtrennen von Eisen-, Mangan- und Schwefelverbindungen sowie Arsen unter Verwendung von mit Ozon angereicherter Luft **(Enteisenung)**

Abb. 7.14a
Die Welt der Getränke

Getränkerohstoffe

Rohstoff	Zwischenprodukt	Endprodukt		
Getreide (native Stärke)	**Malz;** Stärke gequollen, Enzyme aktiv	**Bier;** Kwas; Vergorene Maische	Destillate (Whiskey, Korn)	
Obst (Fruchtzucker, Säuren)	**Maische;** Desintegration der Zellgewebe	**Obstsaft**	Wein/Sekt Fruchtweine	Destillate (Weinbrand, Hefe, Calvados)
Gemüse (Mineralien, Phenole)	**Maische;** Desintegration der Zellgewebe	**Gemüsesaft**	Fermentierte Gemüsesäfte	
Kaffeebohnen Teeblätter (Koffein)	**Wässriger Extrakt**	**Kaffee, Tee**		
Wasser (Mineralien)		**Mischgetränke; Koffeinhaltige Getränke; Energydrinks**		

- vollständiger oder teilweiser **Entzug der freien Kohlensäure** durch ausschließlich physikalische Verfahren
- Versetzen oder Wiederversetzen mit **Kohlenstoffdioxid**

Die Abfüllung muss am Ort der Quelle in die für den Endverbraucher bestimmten Verpackungen erfolgen, wobei üblicherweise Membranfilter zur Kaltentkeimung eingesetzt werden.

Trinkwasser stammt in Deutschland zu 70 Prozent aus dem Grundwasser, der Rest aus Stauseen, Oberflächenwasser, Flüssen oder Quellen. Für die Neubildung des Grundwassers sind vor allem die Wintermonate wichtig, in denen der Regen ungehindert versickern kann. Versorger dürfen nicht mehr Wasser fördern, als auf Dauer neu gebildet wird. Dass Trinkwasser hygienische Grundvoraussetzungen erfüllen muss, ist seit den Zeiten von Pasteur oder Robert Koch eine Binsenweisheit. Nach der verheerenden Choleraepidemie in Hamburg entdeckte Robert Koch 1892, dass die Krankheitserreger *Vibrio cholerae* über mit Fäkalien kontaminierte Abwässer ins Elbwasser gelangt waren, das zur Trinkwassergewinnung genutzt wurde. Er stellte auch fest, dass von Wasser, das langsam über Sand gefiltert wurde, keine Gesundheitsgefahr mehr ausging. Die Filtration hielt die Krankheitserreger zurück. Koch lieferte damit erstmals eine wissenschaftliche Grundlage zur Aufbereitung oder Reinigung verschmutzter Wässer und zur mikrobiologischen Überwachung der Trinkwasserqualität. In Deutschland und vielen anderen Ländern Europas ist Trinkwasser inzwischen das Lebensmittel, das am intensivsten mikrobiologisch und chemisch kontrolliert wird.

Weltweit hat sich der Wasserverbrauch zwischen 1930 und 2000 etwa versechsfacht, er steigt weiter. Grund ist zum einen das Wachstum der Weltbevölkerung, aber auch ein steigender Lebensstandard mit einer Verdoppelung des Pro-Kopf-Verbrauches in manchen Regionen. Weltweit werden jährlich rund 4000 km^3 Frischwasser entnommen, die UNESCO sieht den Verbrauch auf zehn Billionen Kubikmeter ansteigen. Etwa 70 Prozent verbraucht der Agrarsektor, 20 Prozent die Industrie und 10 Prozent gehen in die Haushalte. Eine ähnliche Verteilung trifft auch für Deutschland zu. Die Land-

Abb. 7.14b
Die Welt der Getränke

		2022		2021
Absatz Mineral- und Heilwasser:		10.090,2 Mio. L	6,5 %	9.473,8 Mio. L
Absatz Wassersorten:				
Mineralwassser mit CO_2	(33,8 %)	3.410,5 Mio. L	5,5 %	3.232,1 Mio. L
Mineralwassser wenig CO_2	(41,5 %)	4.186,8 Mio. L	3,9 %	4.028,3 Mio. L
Mineralwassser ohne CO_2	(22,2 %)	2.240,0 Mio. L	13,6 %	1.971,5 Mio. L
Mineralwassser mit Aroma	(1,8 %)	181,6 Mio. L	12,7 %	161,1 Mio. L
Heilwasser	(0,7 %)	71,3 Mio. L	−11,7 %	80,7 Mio. L
Absatz Mineralbrunnen-Erfrischungsgetränke		3.135,4 Mio. L	4,7 %	2.994,6 Mio. L
Pro-Kopf-Verbrauch		167,7 L		157,5 L
Mineral- und Heilwasser		130,4 L		121,4 L
Mineralbrunnen-Erfrischungsgetränke		37,3 L		36,0 L

Quelle: VDM Verband Deutscher Mineralbrunnen e.V. Bonn

Trinkwasser ist
a) alles Wasser, im ursprünglichen Zustand oder nach Aufbereitung, das zum Trinken, zum Kochen, zur Zubereitung von Speisen und Getränken oder insbesondere zu den folgenden anderen häuslichen Zwecken bestimmt ist:
   - Körperpflege und -reinigung,
   - Reinigung von Gegenständen, die bestimmungsgemäß mit Lebensmitteln in Berührung kommen,
   - Reinigung von Gegenständen, die bestimmungsgemäß nicht nur vorübergehend mit dem menschlichen Körper in Kontakt kommen,

b) alles Wasser, das in einem Lebensmittelbetrieb verwendet wird für die Herstellung, Behandlung, Konservierung oder zum Inverkehrbringen von Erzeugnissen oder Substanzen, die für den menschlichen Gebrauch bestimmt sind.

Verordnung über die Qualität von Wasser für den menschlichen Gebrauch (Trinkwasserverordnung – TrinkwV 2001)

Natürliches Mineralwasser ist Wasser, das folgende besondere Anforderungen erfüllt:
a) Es hat seinen Ursprung in unterirdischen, vor Verunreinigungen geschützten Wasservorkommen und wird aus einer oder mehreren natürlichen oder künstlich erschlossenen Quellen gewonnen.
b) es ist von ursprünglicher Reinheit und gekennzeichnet durch seinen Gehalt an Mineralien, Spurenelementen oder sonstigen Bestandteilen und gegebenenfalls durch bestimmte, insbesondere ernährungsphysiologische Wirkungen.
c) seine Zusammensetzung, seine Temperatur und seine übrigen wesentlichen Merkmale bleiben im Rahmen natürlicher Schwankungen konstant; durch Schwankungen in der Schüttung werden sie nicht verändert.

Quellwasser ist Wasser, das
a) seinen Ursprung in unterirdischen Wasservorkommen hat und aus einer oder mehreren/ natürlichen oder künstlich erschlossenen Quellen gewonnen worden ist.
b) bei der Herstellung keinen oder lediglich den nach § 6 Abs. 1 auch in Verbindung mit Abs. 2 und 3 zulässigen Verfahren unterworfen worden ist.

Tafelwasser ist Wasser, das eine oder mehrere der von § 11 Abs. 1 erfassten Zutaten enthält (d. h. natürliches Mineralwasser, Meerwasser, Natriumchlorid, Zusatzstoffe nach Maßgabe der Zusatzstoff-zulassungsverordnung).

Verordnung über natürliches Mineralwasser, Quellwasser und Tafelwasser (Mineral- und Tafelwasser-Verordnung) wirtschaft und indirekt die Ernährung ist auch hierzulande mit Abstand der größte Verbraucher von Trinkwasser.

Jeder Deutsche verbrauchte 2021 129 Liter (Statista 2023) Wasser am Tag für Körperpflege, Haushalt oder als Trinkwasser. Die Menge hat sich in den letzten Jahren deutlich verringert, zahlreiche Sparmaßnahmen haben gegriffen. Mehr als 99 % der Bevölkerung Deutschlands sind an zentrale Trinkwasser-Verteilungsnetze angeschlossen. Wasserwerke veredeln das Rohwasser bis zur gewünschten Qualität. Im Wesentlichen bedeutet das die Entfernung von Stoffen durch Reinigung, Entkeimung, Enteisenung, Enthärtung oder Entsalzung bzw. die Ergänzung zum Einstellen von Parametern wie pH-Wert oder Leitfähigkeit. Wässer aus Brunnen mit überhöhten Nitratgehalten werden mit unbelasteten vermischt. Entsprechend der Zusammensetzung des Ausgangswassers kommen verschiedene Technologien, oft in Kombination, zum Einsatz:

- mechanische Aufbereitung (Siebe, Filter)
- physikalische Verfahren (Belüftung, Sedimentation, Flotation, Adsorption)
- chemische Verfahren (Oxidation, Desinfektion, Flockung, Entkarbonisierung, Ionenaustausch)
- Membranfiltrationsverfahren
- biologische Verfahren (biochemische Oxidation, Schlammfaulung, Belebtschlammverfahren, anaerobe Abwasserreinigung)

7.3.2 Von der Traube zum Wein

Der Fruchtstand der Weinrebe *Vitis vinifera*, umgangssprachlich Traube genannt, besteht aus den wertgebenden Beeren und einem verzweigten Stielgerüst, den Kämmen oder Rappen. Technologisch relevant bei den Beeren sind das **Exokarp**, bestehend aus Epidermis und Hypodermis (15–20 %) mit den Farb- und Gerbstoffen, das **Mesokarp** mit großen Parenchymzellen als den Saft enthaltendes Fruchtfleisch (70–80 %) sowie die sehr gerbstoffreichen Samen und das Stielgerüst (3–5 %).

Die Traubenlese erfolgt traditionell von Hand zunehmend aber maschinell. Bei der Verarbeitung der Trauben werden im ersten Arbeitsschritt die Stiele abgetrennt, es entsteht die Maische. Die Abbeermaschine besitzt ein Grundgestell mit einer Schlägerwelle und einem Antriebsmotor. Durch die hohe Drehzahl der Schläger, um 300 Umdrehungen je Minute, wird eine große Radialbeschleunigung erzeugt, die die Trauben mit einem Vielfachen ihres Gewichts gegen die Öffnungen des Korbs drückt und sie von ihrem Stielgerüst abschlägt.

In den traditionell zur **Saftgewinnung** eingesetzten Pressen erfolgt die Phasentrennung Fest-Flüssig über eine Druckdifferenz. Die neueren Zentrifugalkraftsysteme benutzen dagegen die Dichtedifferenz zwischen Trester und Saft. Bei weißen Trauben wird versucht, die Beerenhaut möglichst wenig zu beschädigen, um Bitter- und Gerbstoffe nur minimal herauszulösen. **Rotwein** erfordert dagegen eine intensive Bearbeitung der Beerenhaut, um die dort eingelagerten wertbestimmenden Anthocyane und Gerbstoffe zu extrahieren. Verfahrenstechnisch werden dazu vielfach Erhitzungsverfahren eingesetzt, bei denen nach einer thermischen Hydrolyse der Zellwände bzw. Lipoproteidmembranen der Farbbehälter die Phenole in den Saft diffundieren. Das traditionelle Verfahren ist aber die Maischegärung, bei der der entstehende Ethanol die Membranen durchlässig macht und die Phenolextraktion ermöglicht. Nach der Vergärung als Maische wird der **Jungwein** abgepresst. **Weißwein** entsteht durch reine Saftgärung nach der Trennung von den Trestern. **Roséweine** sind das Produkt roter Trauben, die schonend wie weiße verarbeitet werden. Die Farb- und Gerbstoffe verbleiben nahezu vollständig im Trester.

Nach der alkoholischen Gärung kann eine malolaktische Gärung durchgeführt werden. Milchsäurebakterien, z. B. *Oenococcus oeni*, metabolisieren Äpfelsäure zu Milchsäure und CO_2, die Gesamtsäure wird reduziert, der Wein milder. Um in der Flasche jahrelang haltbar zu sein, muss Wein stabilisiert werden: biologisch gegen Nachgärungen oder bakterielle bzw. enzymatische Veränderungen, physikalisch gegen Weinsteinausfall und chemisch gegen Metall- oder Phenol-Eiweiß-Nachtrübungen. Dazu steht eine Reihe von Behandlungsmitteln zur Verfügung, die die zur Abfüllung erforderliche Sterilfiltra-

Abb. 7.15a
Der Weg von der Traube zum Wein sowie zu zahlreichen Nebenprodukten; Abbeermaschine Quelle: Fa. ERO

Anatomie der Traubenbeere

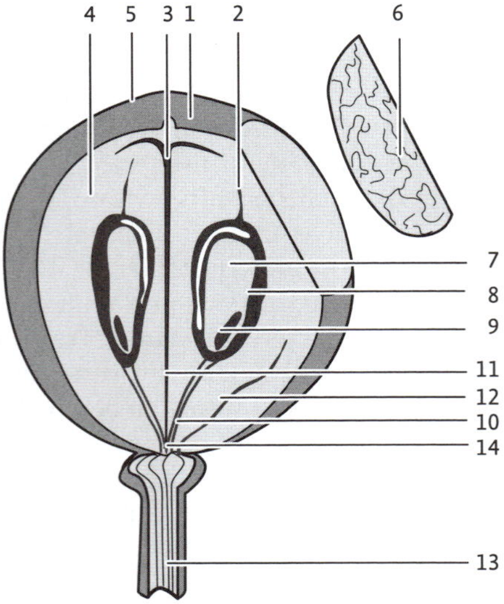

Perikarp
1 Exokarp (Haut)
2 Loculi
3 Septum
4 Mesokarp (Fleisch)
5 Kutikula
6 Dorsale Gefäßbündel

Gefäßbündel
10 Ovular
11 Ventral
12 Dorsal
13 Stielansatz
14 Butzen

Samen
7 Endosperm
8 Testa
9 Embryo

Von der Traube zum Wein

Traube
↓ Fest-Fest-Trennung (Abbeeren)
Beeren
↓ Mahlen/Quetschen (grobe Gewebs-Desintegration)
Maische

Maische-erhitzung (Thermische Extraktion) **Pressen**

Optional: Teilabtrennung von Saft (Saignee) → **Saft** → Alkoholische Gärung **(Saftgärung)**

Alkoholische Gärung **(Maischegärung)**
↓ Fest-Flüssig-Trennung (Pressen)
Jungwein
Klärung; Stabilisierung; Geschmacksbeeinflussung
↓ Optional: Malolaktische Gärung
Wein
↓ Steril-Filtration; Stabilisierung; geschmackliches Fine-Tuning
Flaschenwein

Abbeermaschine (Entrapper)

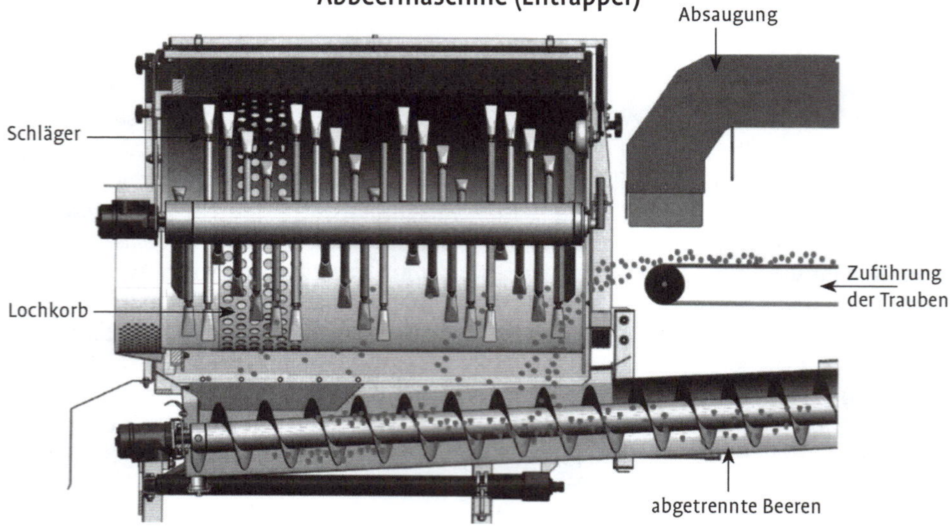

Abb. 7.15b
Der Weg von der Traube zum Wein sowie zu zahlreichen Nebenprodukten; Hamatschek (2015)

Produkte aus der Traube

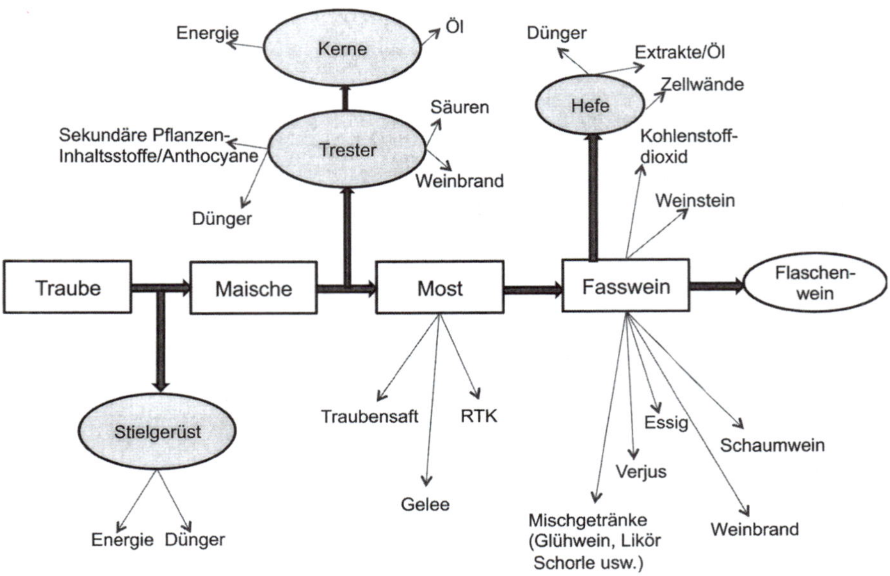

Säureabbau durch Bakterien

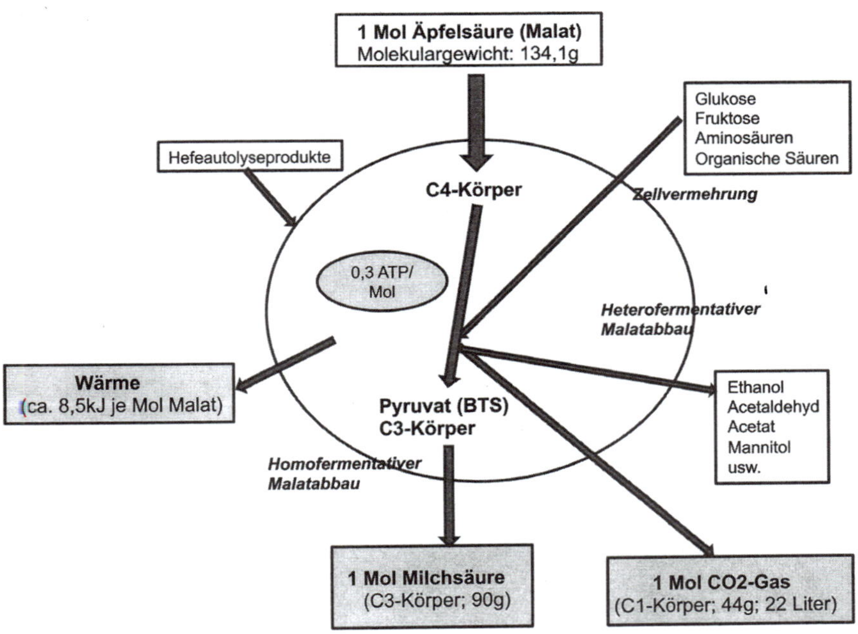

tion und die Konservierung mit SO_2 ergänzen. Der Weinausbau erfolgt meist in Edelstahltanks. Holzfässer beschleunigen die Weinreifung durch eine gezügelte Oxidation phenolischer Verbindungen. Kleine, neue Holzfässer (z. B. Barriques) dienen zusätzlich als Art Behandlungsmittel und geben Eichenholzaromen an den Wein ab. Eine noch recht junge Entwicklung in Deutschland ist der Ausbau in Tonamphoren durch Maischegärung. Derartige Orange-Weine oder Naturweine gehen auf den traditionellen Ausbaustil in sog. Quevris zurück, der seit 8000 Jahren in Georgien und Armenien durchgeführt wird (Abb. 7.15).

7.3.3 Frucht- und Gemüsesäfte

Die zahlreichen Frucht- und Gemüsesäfte sowie die Erfrischungsgetränke sind in der entsprechenden Verordnung bzw. im Lebensmittelbuch definiert. 2022 lag der Pro-Kopf-Verbrauch in Deutschland bei rund 28 Liter Frucht- und Gemüsesaft sowie Nektare, dazu 3,7 Liter Apfelsaftschorlen. Insgesamt wurden 4 Milliarden Liter Säfte, Nektare und Frauchtsaftgetränke produziert (Quelle: Verband der Deutschen Fruchtsaftindustrie e. V.).

Nach gründlicher Reinigung der Rohware wird das Zellgewebe thermisch, mechanisch, enzymatisch oder in Kombination der Methoden aufgeschlossen, um die wertbestimmenden Inhaltsstoffe im Zellsaft freizusetzen. Die anschließende Phasentrennung ist eine **Fest-Flüssig-Trennung,** die mittels kontinuierlich oder diskontinuierlich arbeitender Pressen bzw. Dekanter durchgeführt wird. Der Saft kann nach Haltbarmachung (durch Pasteurisation) mit Resttrübung als **naturtrüb** oder nach Filtration über Mikrofilter als Klarsaft abgefüllt werden. Angesichts zahlreicher Obst- und Gemüsesorten ergibt sich eine hohe Produktvielfalt. Diese wird gesteigert durch viele Seitenwege, die unter anderem zu milchsauer fermentierten Gemüsesäften, Obstweinen oder Essigen führen. Aus Apfel- oder Zitrustrester können **Pektine** gewonnen werden, die als Gelier- und Verdickungsmittel in der Lebensmittelindustrie z. B. bei Gelee oder Marmeladen eingesetzt werden. Wirtschaftlich interessant ist die Extraktion von **ätherischen Ölen** aus Zitrusschalen bzw. aus dem extrahierten Saft, in dem sie in geringen Mengen vorkommen.

Abb. 7.16a
Verarbeitung von Frucht- und Gemüsesäften

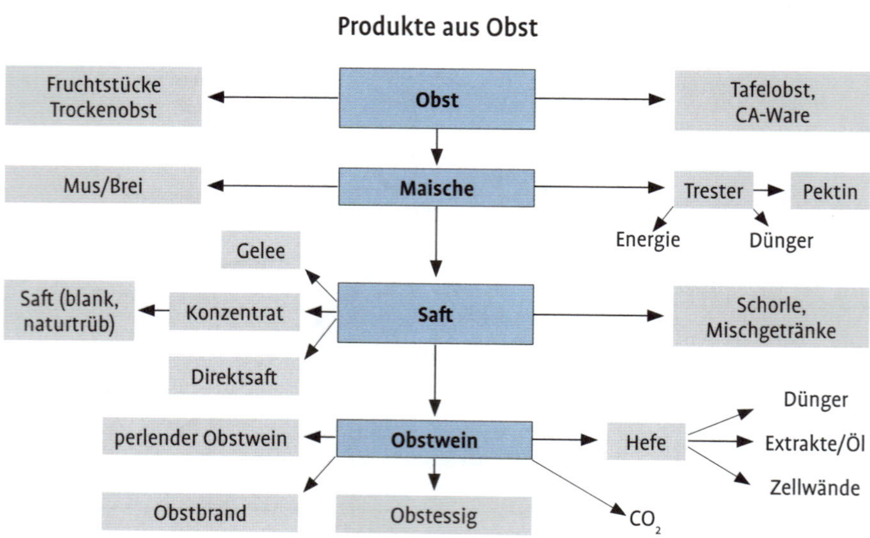

Abb. 7.16b
Verarbeitung von Frucht- und Gemüsesäften (Schobinger 2001)

Verordnung über Fruchtsaft, einige ähnliche Erzeugnisse, Fruchtnektar und koffeinhaltige Erfrischungsgetränke **(Fruchtsaft- und Erfrischungsgetränkeverordnung – FrSaftErfrischGetrV)** vom 24. Mai 2004 (BGBl. I S. 1016), zuletzt durch Artikel 12 der Verordnunng vom 5. Juli 2017 geändert;
Fruchtsaft ist das gärfähige, jedoch nicht gegorenen, aus dem genießbaren Teil gesunder und reifer Früchte einer oder mehrerer Fruchtarten gewonnene Erzeugnis, das die für den Saft dieser Frucht/Früchte charakteristische Farbe, das dafür charakteristische Aroma und den dafür charakteristischen Geschmack aufweist. Aroma, Fruchtfleisch und Zellen, die mit geeigneten physikalischen Verfahren aus derselben Fruchtart gewonnen wurde, dürfen im Saft wiederhergestellt werden. Das Mischen von Fruchtsaft und Fruchtmark bei der Herstellung von Fruchtsaft ist zulässig.
Fruchtsaft aus Fruchtsaftkonzentrat ist das Erzeugnis, das aus konzentriertem Fruchtsaft mit Trinkwasser wiederhergestellt wird. Fruchtsaft aus Fruchtsaftkonzentrat wird nur mit geeigneten Verfahren hergestellt, die die wesentlichen physikalischen, chemischen, organoleptischen und nährstoffbezogenen Merkmale eines durchschnittlichen, aus Früchten derselben Art hergestellten Saftes erhalten.
Fruchtnektar ist das gärfähige, jedoch nicht gegorene Erzeugnis, das durch Zusatz von Wasser mit oder ohne Zusatz von Zuckerarten oder Honig hergestellt wird.
Koffeinhaltige Erfrischungsgetränke im Sinne dieser Verordnung sind Getränke auf der Grundlage von Wasser, die geschmackgebende Zutaten oder Aromen enthalten und denen Koffein (max. 320 mg/l) oder koffeinhaltige Zutaten zugesetzt worden sind.
Energydrinks sind koffeinhaltige Erfrischungsgetränke, die zusätzlich einen oder mehrere Stoffe enthalten (Taurin < 4000 mg/l; Inosit< 200 mg/l; Glucurono-Lacton < 2400 mg/l).
Fruchtsaftgetränke unterliegen nicht der Fruchsaftverordnung, sondern sind in den Leitsätzen für Erfrischungsgetränke des deutschen Lebensmittelbuchs beschrieben. Der Fruchtgehalt soll je nach Fruchtart mindestens 6 % (Zitrusfrüchte) bis 30 % (Kernobst, Trauben) betragen. Neben Zucker dürfen auch Aromastoffe zur Geschmacksabrundung zugesetzt werden.
Gemüsesaft ist das verdünnte, zum unmittelbaren Verzehr bestimmte, gärfähige und unvergorenen oder milchsauer vergorenen, flüssige Erzeugnis aus Gemüse. Gemüsesaft kann danach aus Konzentrat von Gemüsesaft oder-mark hergestellt werden. **(Deutsches Lebensmittelbuch).**

Ablauf der Apfelentsaftung mit einer diskontinuierlichen Korbpresse (Bucher-Presse; Quelle: Bucher Unipektin)

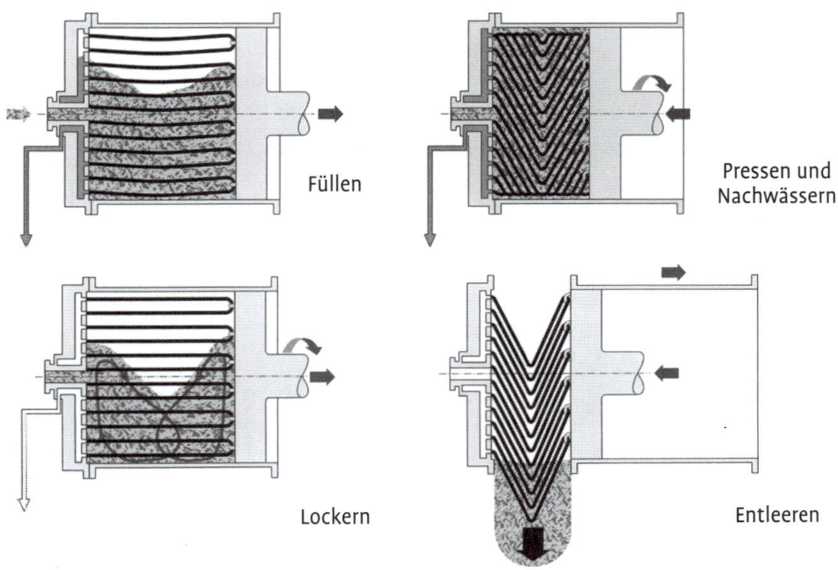

Abb. 7.16c
Verarbeitung von Frucht- und Gemüsesäften (Schobinger 2001)

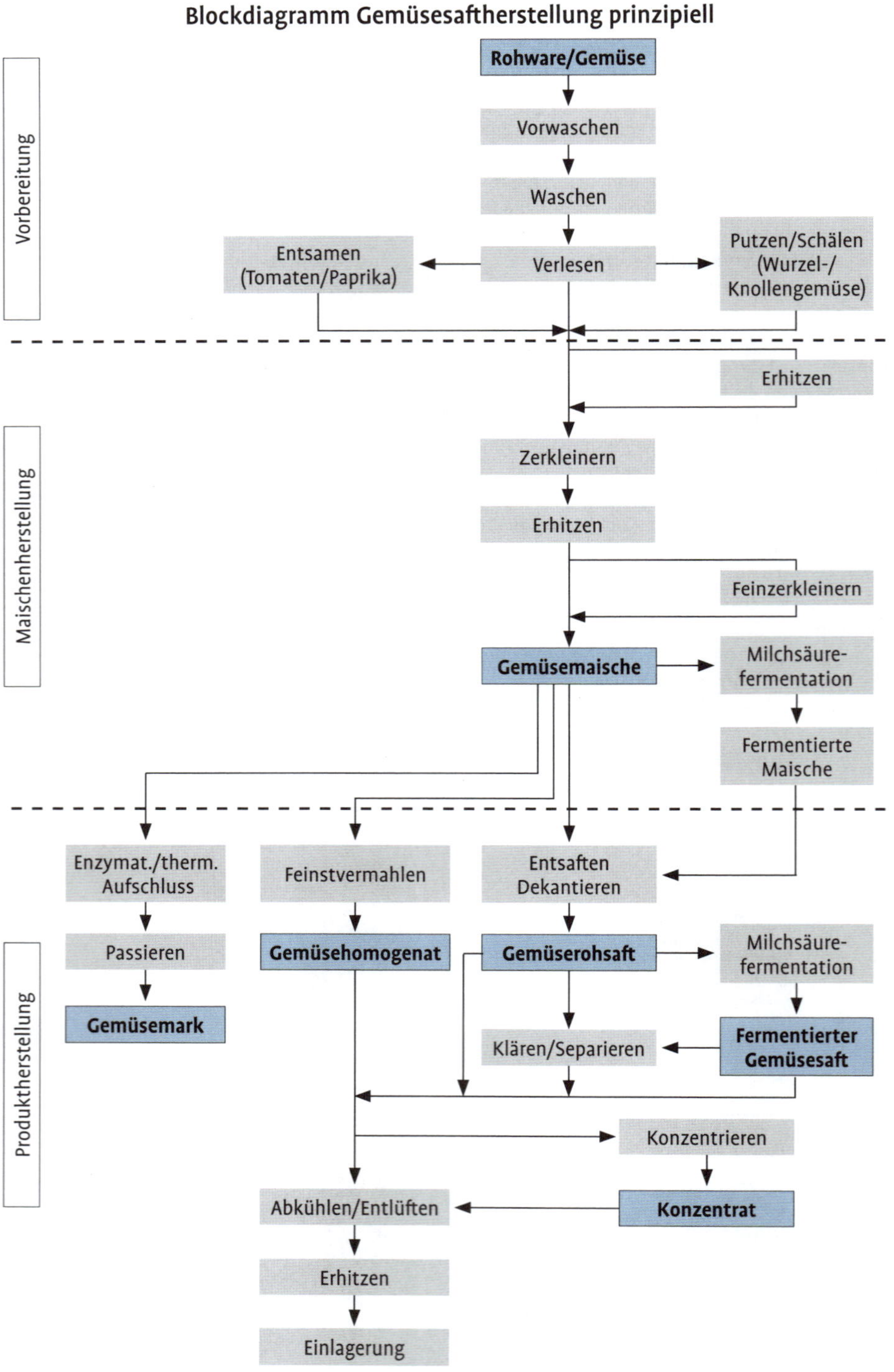

Säfte werden aus Kostengründen häufig im Ursprungsland konzentriert, als **Konzentrat** verschifft und im Verarbeitungsland wieder mit Wasser in den Originalzustand zurückverdünnt. Der konzentrierte Saft wird durch die Absenkung des a_w-Werts und des pH-Werts haltbar gemacht. Zur Konzentration sind die **Gefrierkonzentration** (bis 55 % TS), die **Umkehrosmose** (bis 60 % TS) oder die **Verdampfung** (bis 80 % TS) geeignet. Bei der Verdampfung von Wasser mit Röhren-Fallfilm- oder Steigfilm-Plattenverdampfern wird in einer ersten Stufe **Aroma abgetrennt** und separat aufgefangen. Letztere eignen sich nur für klare Säfte mit geringem Trubanteil.

Trübe Säfte erfordern eine Stabilisierung des Trubs, der auch im Lauf einer längeren Standzeit nicht sedimentieren darf. Das wird erreicht durch eine selektive Abtrennung grobdisperser Zellteilchen und frühzeitige Inaktivierung der fruchteigenen Enzyme mittels Pasteurisation des Safts. Kolloidale Trubmizellen werden danach nicht weiter enzymatisch hydrolysiert, lagern viel Wasser ein und stoßen sich über ihre gleichsinnige negative elektrische Ladung ab. Enthalten Äpfel z. B. noch nennenswerte Mengen an **Stärke**, muss diese vor der Erhitzung enzymatisch abgebaut werden. Andernfalls kommt es zu einer Verkleisterung, die den weiteren Ablauf beträchtlich stört. Zugelassen sind dafür Amylasen, zur Erzielung blanker Säfte pektolytische Enzyme und Flockungsmittel wie Gelatine, Kieselsol oder Bentonit.

Gemüsesäfte zeichnen sich durch vergleichsweise hohe pH-Werte aus, sie sind mikrobiologisch besonders gefährdet und müssen rasch verarbeitet werden (Abb. 7.16).

7.3.4 Bier

Bier ist ein alkohol- und kohlensäurehaltiges Getränk, das durch Hefegärung aus den Grundzutaten Wasser, Malz und meistens Hopfen, der sogenannten Würze, gewonnen wird. Weitere Zutaten können Früchte, Kräuter oder Gewürze sein. Der Zucker wird aus der Stärke von Getreide (Gerste, Roggen, Reis, Weizen, Mais) durch hauptsächlich **Mälzen** gewonnen, vereinzelt aus Kartoffeln oder Erbsen. Mit rund 7000 Biersorten besitzt Deutschland die weltweit größte Vielfalt.

Unter den spezifischen Bedingungen des Deutschen Reinheitsgebotes wird beim Mälzen lediglich Braugerste (oder Weizen, als Zutat für Weizenbier mindestens 50 %) unter Zugabe von Wasser zum Keimen gebracht. Beim Keimprozess bilden sich die zur Stärkeaufspaltung notwendigen Amylasen oder werden im Korn angereichert. Nach einer sechs- bis achtwöchigen Keimruhe, während der das Keimgut seine volle Keimfähigkeit ausbildet, wird es in Weichgefäßen ca. zwei Tage lang eingeweicht. Nach der Weiche kommt das Korn in den Keimkasten. Unter definierter Temperatur und Frischluftzufuhr beginnt jetzt die etwa fünftägige Keimung, die das Grünmalz als Ergebnis hat. Zur Haltbarmachung, d. h. zur Unterbindung von Enzymreaktionen, wird dieses bei 85–100 °C getrocknet. Die Höhe der Temperatur ist entscheidend für die Bildung von Maillard-Produkten und die Farbe des **Malzes.**

Bevor das Malz in der Maischepfanne extrahiert werden kann, wird es geschrotet (Walzenmühle oder Hammermühle), danach mit heißem Wasser angemaischt. Der wässrige Extraktionsprozess in der Maische findet bei steigenden Temperaturen statt. Bei 45 °C löst sich die Stärke allmählich auf, Proteine werden hydrolysiert. Der eigentliche Verzuckerungsprozess durch die Amylasen läuft bei etwa 65 °C ab. Ist der Stärkeabbau abgeschlossen, trennt man den Sud mit Kammerfiltern oder Läuterbottichen in **Treber** und **Würze (Läutern)**. Die Würze wird mit Hopfen versetzt, gekocht, um die Enzyme zu inaktivieren und Proteine auszufällen und anschließend in einem Whirlpool mechanisch geklärt. In diesen zylindrischen Behälter wird tangential angeströmt, der Trub sammelt sich zentral am Boden. Abgekühlt auf Gärtemperatur verstoffwechselt die zugegebene Gärhefe *Saccharomyces cerevisiae* für obergärige Biere oder *Saccharomyces pastorianus* für untergärige die Maltose, die Trisaccharide und die Glukose der Würze zu Ethanol und CO_2.

Nach der Gärung ist aus der Würze **Bier** entstanden, das filtriert und stabilisiert werden muss und zur geschmacklichen Abrundung vor

Abb. 7.17
Der Weg vom Getreide zum Bier

Der Malzprozess; Quelle: Deutscher Brauerbund

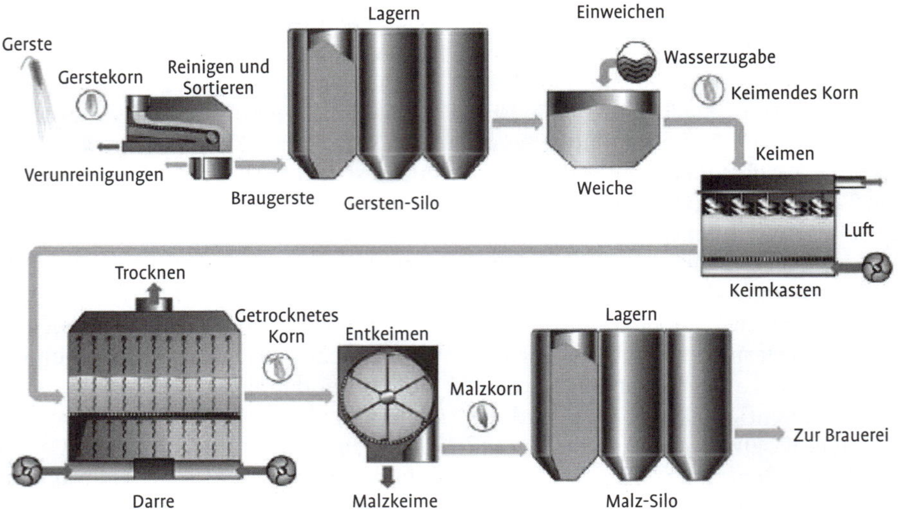

Der Brauprozess; Quelle: Deutscher Brauerbund

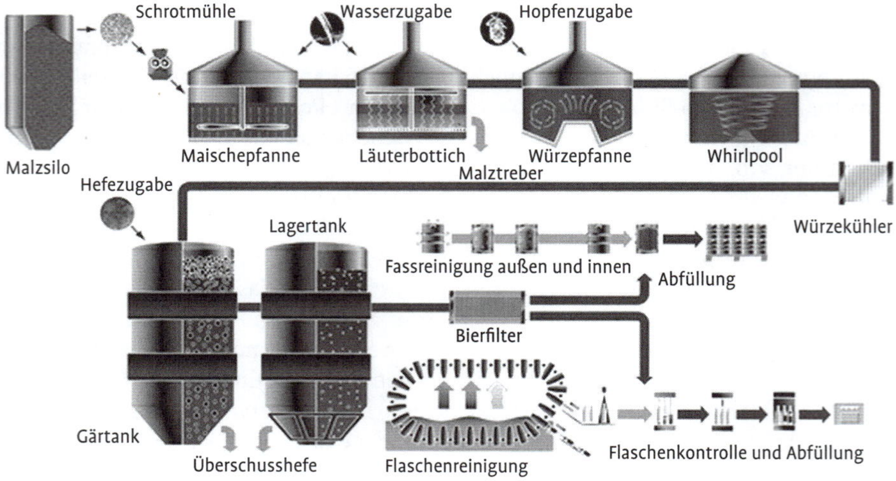

Biersorten: Die in Deutschland meist getrunkenen Biersorten sind Pils, Export, Weizenbier, Helles, Alt und Kölsch. Craftbiere sind in den letzten Jahren als handwerklich produzierte Spezialität dazugekommen.

Stammwürze: Der Anteil der aus dem Malz gelösten Stoffe in der unvergorenen Würze, vor allem Malzzucker, Eiweiß, Vitamine und Aromastoffe. Bei der Gärung verbleibt rund ein Drittel Restextrakt. Pils besitzt eine Stammwürze von 11–12 % und 4,5–5 %vol. Ethanol, Starkbiere können bis 18 % Stammwürze enthalten und 7 %vol. Ethanol.

Obergärige Biere, Weizen, Kölsch und Alt sowie Berliner Weiße, werden mit obergäriger Hefe hergestellt. Die obergärige Methode ist die ältere Vergärungsart, die dem so hergestellten Altbier seinen Namen gegeben hat.

Untergärige Biere, Pils, aber auch Export, Lager, Helles oder Märzen, werden mit untergäriger Hefe hergestellt. Die Hefe setzt sich nach der Gärung kompakt am Boden ab.

Hopfen *(Humulus lupulus)*: Er verleiht dem Bier sein ausgeprägtes Aroma und seine typische Bitterkeit. Zum Brauen werden ausschließlich die Dolden der weiblichen Hopfenpflanzen verwendet. Wertbestimmende Bestandteile des Echten Hopfens sind eine Harzfraktion und ein ätherisches Öl, das Hopfenöl. Daneben sind Rohfasern (15 %), Eiweiße (20 %) und mineralische Bestandteile (8 %) enthalten. Verwendet werden heutzutage meist Pellets, Dolden kaum noch.

der Abfüllung einige Zeit im Drucktank bei niedriger Temperatur lagert. Als Reaktion auf die großen Bierproduzenten ist vor etwa 50 Jahren in den USA eine neue Gattung von Bieren entstanden: die Craftbiere. Sie werden inzwischen auch in Deutschland nicht industriell, sondern handwerklich hergestellt und orientieren sich nur bedingt am Reinheitsgebot. Dadurch ist eine enorme Vielfalt an Bieren entstanden mit Unterschieden in den Zutaten, der Stärke der Hopfung und im Alkholgehalt.
Alkoholfreie Biere gewinnen zunehmend an Marktanteil. Sie können hergestellt werden, indem die Gärung unmittelbar nach Beginn abgebrochen oder das normal gebildete Ethanol mittels Membranverfahren oder Vakuumdestillation abgetrennt wird. Siehe Kapitel 7.3.6 alkoholfreie Weine und Biere.
Eine osteuropäische Spezialität ist **Kwass**. Die Würze wird milchsauer fermentiert anstelle einer alkoholischen Gärung. **Malzbiere** sind Getreideprodukte, die auf der Würzestufe des Brauprozesses enden (Abb. 7.17).

7.3.5 Spirituosen

Basis von Spirituosen sind zuckerhaltige Lösungen von **Getreide** (nach Stärkehydrolyse z. B. „Korn", „Whisky", „Wodka") oder **Fruchtmaischen** (für „Brände" oder „Wässer"), aber auch Beeren und Früchte, die **alkoholisch extrahiert wurden** (für „Geiste"). Nach der Umwandlung der Zucker in Ethanol durch *Saccharomyces cerevisiae* bzw. nach der Extraktion folgt eine einfache oder mehrfache **Destillation**. Brände oder Wässer lassen sich erzeugen aus Rohstoffen, die ausreichend Zucker enthalten, z. B. als Birnenbrand oder Kirschwasser. Alkoholische Extrakte werden verwendet bei aromareichen Früchten mit zu wenig Zucker für eine wirtschaftliche Vergärung. Ein Beispiel ist Himbeergeist. Weinbrand oder Calvados sind Beispiele für Destillate aus **Trauben- bzw. Apfelwein.** In der Regel wird zunächst ein **Rau- oder Rohbrand** erzeugt mit etwa 40 Vol.-% Alkohol. Der nach einer nochmaligen Destillation gewonnene **Feinbrand** liegt bei rund 60–70 Vol.-%. Kornbrand wird aus dem vollen Korn von Weizen, Gerste, Hafer, Roggen oder Buchweizen hergestellt. Weizenkorn oder Weizendoppelkorn sind entsprechende Produkte, die größtenteils aus Weizen gewonnen werden. Whisky oder Whiskey ist nur aus Getreide, meist Weizen, Gerste, Roggen oder Mais gebrannt und reift in Holzfässern. Wodka wird aus Roggen, Weizen, Kartoffeln oder Melasse hergestellt. Reiner Wodka ist fast geschmacksneutral, da das Destillat mittels Aktivkohle von Fuselölen und Aromen befreit wird. Kleinbrennereien trennen in Vor-, Mittel- und Nachlauf (ca. 20 zu 70 zu 10 %). Die wertbestimmenden Aromen gehen in die ersten Fraktionen des Mittellaufs über.
Destillation, Rektifikation und Kondensation: Unter Destillation versteht man die Trennung eines Flüssigkeitsgemischs durch Teilverdampfung und anschließender Kondensation des abgezogenen Dampfs. Die einzelnen Bestandteile vergorener Gemische unterscheiden sich durch ihren **Dampfdruck** bzw. bei einheitlichem Druck durch ihre **Siedetemperaturen**. Dadurch enthält der Dampf über dem Flüssigkeitsgemisch mehr leichte, siedende Anteile. Die Destillation einer vergorenen Maische soll Ethanol weitgehend abtrennen, konzentrieren und wertbestimmende, flüchtige Aromakomponenten mit in das Destillat überführen. Qualitätsmindernde Nebenbestandteile der alkoholischen Gärung sollen im Destillatrückstand, der **Schlempe**, verbleiben. Für die Erzeugung von Industriealkohol aus stärkehaltigen Rohstoffen, aber auch für billige Whisky-Produkte, kommen **kontinuierliche Brennverfahren** zum Einsatz. Qualitätsbrände sind üblicherweise das Produkt diskontinuierlicher Verfahren. Eine derartige Brennerei besteht aus der **Brennblase** mit Befeuerung und Helm zur Dampfableitung und einem Geistrohr zur Überleitung des Dampfs in die **Rektifikationskolonne**, in der in Glockenböden die weitere Konzentrierung erfolgt. Ein optionaler **Dephlegmator** (Teilkondensator) kann weiter konzentrieren, bevor schließlich ein im Gegenstrom betriebener **Wasserkühler** die Dampfphase vollständig verflüssigt.
In der Rektifikationskolonne strömt aufsteigender Dampf gegen zurückströmende Flüssigkeit aus dem Dephlegmator bzw. Kühler. Es

Abb. 7.18a
Brennereitechnologie am Beispiel von Obstbränden Abbildung aus: Emil Kirschbaum, Destillier- und Rektifiziertechnik 1969 (Seiten 142–207: Die Rektifiziersäule, Abb. 93).

Definition: Spirituosen sind alkoholische Flüssigkeiten, die zum menschlichen Genuss bestimmt sind, besondere organoleptische Eigenschaften besitzen und einen Mindestalkoholgehalt von 15%Vol. aufweisen (Eierlikör 14%Vol.). Die Gewinnung erfolgt durch Destillation natürlicher, vergorener pflanzlicher Erzeugnisse (Definitionen und Begriffsbestimmungen in: VO (EG) Nr. 110/2008 DES EUROPÄISCHEN PARLAMENTS UND DES RATES vom 15. Januar 2008).

Flüchtige Komponenten aus Obstmaischen; VL=Vorlauf ML=Mittellauf; NL=Nachlauf

Komponente	Siedepunkt (in °C)	Bedeutung	Destillatfraktion
Acetaldehyd	21	oxidierter Ethanol	VL
Acrolein	52	Maischefehler	VL
Methanol	65	Unerwünscht	VL, ML, NL
Essigsäureethylester	77	Maischefehler	VL
Ethanol	78	Aromaträger	VL, ML, NL
Propanol	97	Indikator Fehlgärung	ML
2-Methylbutanol	99	Fuselalkohol	ML, NL
Butanol	117	Fuselalkohol	ML, NL
Essigsäure	118	Maischefehler	ML, NL
Buttersäureethylester	121	Fruchtester	ML
Hexanal	128	Fruchtaldehyd	ML
Pentanol	132	Fuselalkohol	ML, NL
iso-Pentylacetat	142	Fruchtester	ML, NL
trans-2-Hexenal	147	Fruchtaldehyd	ML, NL
Benzaldehyd	178	Steinaroma	ML, NL
Linalool	199	Fruchtterpen	ML, NL
β-Phenylethanol	220	blumiges Aroma	ML, NL

Dampf- und Flüssigkeitsverlauf in einem Glockenboden

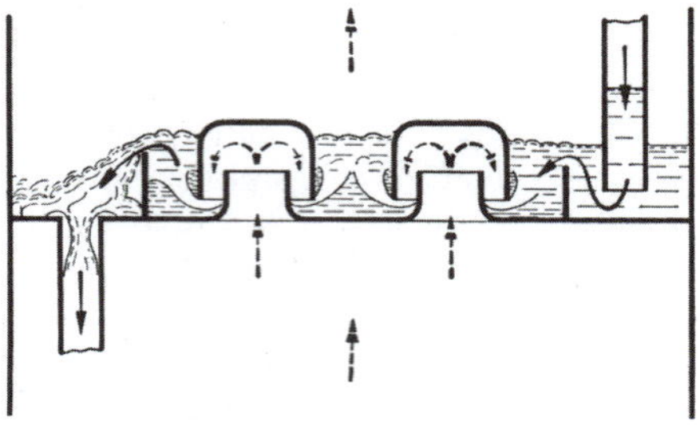

Abb. 7.18b
Brennereitechnologie am Beispiel von Obstbränden (Dürr et al. 2010)

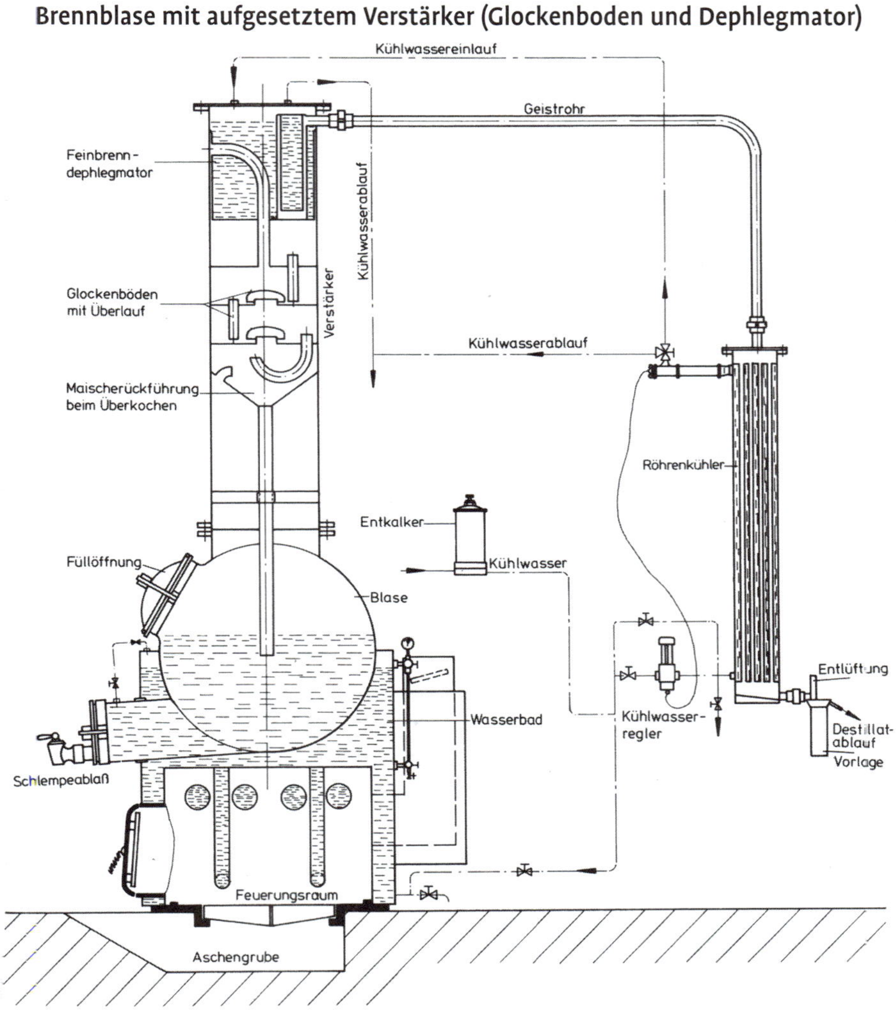

kommt zu einem Wärme- und Stoffaustausch, der in Summe zu einer deutlich verbesserten Trennwirkung führt (Abb. 7.18).

7.3.6 Entalkoholisierung von Wein oder Bier

Der Markt für alkoholfreie Biere ist in den letzten Jahren auf über 8 % gewachsen, mit weiter steigender Tendenz. Alkoholfreie „Sekte" liegen bei 5 %, Weine ohne Alkohol derzeit noch um 1 %. Hier nehmen Nachfrage und Angebot stark zu. Der Grund für das gestiegene Interesse an „Alkoholfreiem" wird zum einen in der gesundheitsbewussteren Lebensweise vor al-

Abb. 7.18c
Brennereitechnologie am Beispiel von Obstbränden (Quelle: Fa. CARL)

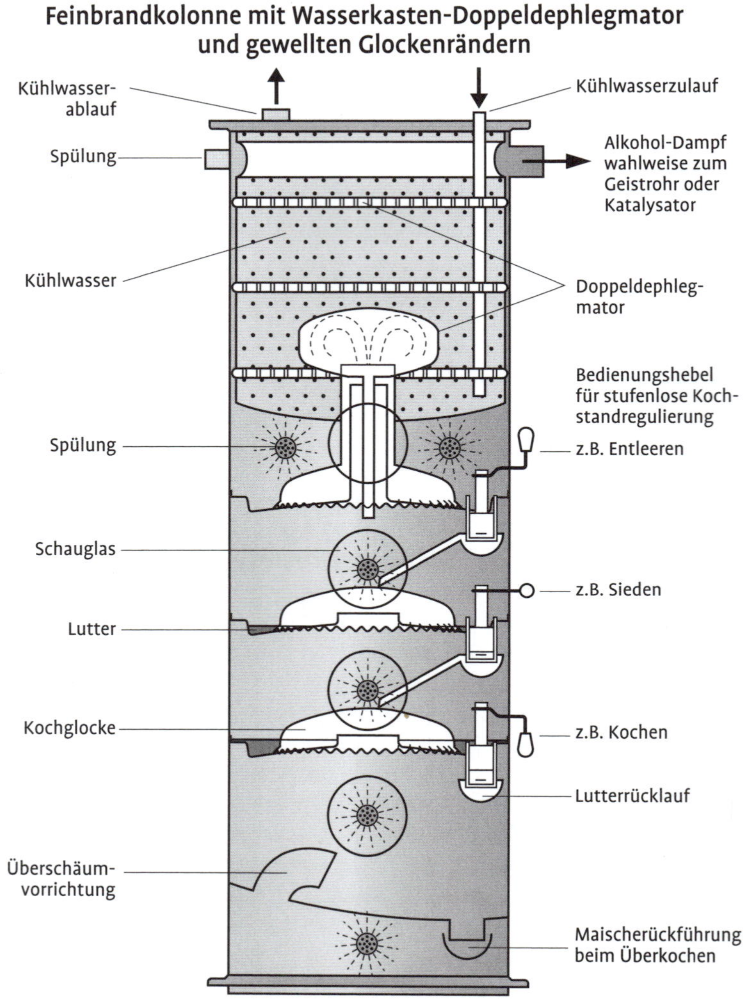

lem der jüngeren Generation gesehen, aber auch als Ergebnis politisch begründeter Offensiven. WHO, EU, die Bundesregierung, der Suchtbeauftragte und die Medizin sehen im Alkoholkonsum eine maßgebliche Quelle zahlreicher Krankheiten und Auslöser sozialer Probleme. Alkohol gilt nicht zuletzt als Verursacher mehrerer Krebsarten, propagiert wird deshalb allein eine Nulltoleranz.

Alkoholfreies Bier kann auf zwei verschiedene Weisen hergestellt werden. Entweder wird die Gärung bei dem Erreichen der Restalkoholgrenze von 0,5 % gestoppt oder dem fertig gebrauten Bier wird nach dem herkömmlichen Brauprozess der Alkohol entzogen. Im ersten Fall tritt das Bier oftmals mit einer relativen Süße im Geschmack und einem deutlicheren Malzcharakter auf, da der Malzzucker nur zu einem kleinen Teil durch die Hefen vergoren wurde. Bei der zweiten Möglichkeit wird dem Bier im Anschluss an den Brauprozess der Alkohol thermisch entzogen. Laut Deutscher Brauerbund existieren derzeit 700 verschiedene alkoholfreie Biere. Deren Qualität hat inzwischen einen hohen Stand erreicht, für viele Biertrinker ist kein Unterschied mehr zu erkennen im Vergleich mit den „echten" Bieren. Bei alkoholfreien Weinen kommt nur die Destillation infrage, um von über 10 %vol. Ethanol auf unter 0,5 zu kommen. Hier ist der Alkohol ein entscheidender Geschmacksträger, dessen Fehlen die Weine dünn, schal und wenig attraktiv macht. Zudem finden sich die flüchtigen Aromastoffe fast alle im abgetrennten Ethanol. Bei den Schaumweinen erfolgt eine geschmackliche Kompensation durch die zugesetzte Kohlensäure, die bei den alkoholfreien Stillweinen fehlt. Deren wenig attraktive Qualität hat bisher eine größere Verbreitung verhindert. Durch neue Methoden der Aroma-Rückgewinnung aus dem abgetrennten Alkohol und Rückführung in das „entgeistete" Produkt konnte das Qualitätslevel auf ein deutlich höheres Niveau gehoben werden.

Abbildung 7.19 zeigt das Fließbild einer Destillationsanlage zur Herstellung alkoholfreier Weine oder Biere. Bei dem thermischen Destillationsprozess werden Alkohol und alkoholfreies Produkt mittels Kolonnensystem getrennt. Die Kolonneneinbauten bestehen aus strukturierten Packungen, Flüssigkeitsverteilern und Flüssigkeitsfängern, die auf diesen Prozess abgestimmt sind. Während des Verfahrens wird das zugeführte Produkt im Abtriebsteil der Kolonnen entalkoholisiert, wohingegen der zugeführte Alkohol im Verstärkungsteil aufkonzentriert wird. Die Anlage arbeitet unter Vakuum und niedrigen Temperaturen unter 30 Grad Celsius. So wird eine schonende Behandlung des Produkts sichergestellt, ebenso eine hohe Energieeffizienz.

Zu Beginn wird das ankommende alkoholhaltige Produkt vorgewärmt. Bei kohlensäurehaltigen Getränken erfolgt in einem Entgaser die Abspaltung des CO_2, welches durch ein Vakuumsystem abgesaugt wird. Das entgaste Produkt wird aus dem Entgasungsbehälter zur Alkoholabtrennung in die Destillationseinheit gefördert.

Im zweiten Schritt gelangt das alkoholhaltige Produkt in das Destillationskolonnensystem. Der untere Teil des Systems (Abtriebsteil) ist technisch so gestaltet, dass das austretende Produkt einen Restalkoholgehalt von < 0,02 %vol. aufweist. Im oberen Teil (Verstärkungsteil) kann der abgetrennte Alkohol je nach Bedarf auf eine Konzentration von > 80 vol.% aufkonzentriert werden.

Ein Fallfilmverdampfer verdampft mit einem Heizmedium das entalkoholisierte Produkt und trägt so die Energie ins System ein. Die erzeugten Brüden werden in den Sumpf der Kolonne 2 geleitet und erzeugen dort den Destillationsprozess. Die Verdampfung des entalkoholisierten Produkts erfolgt im einmaligen Durchlauf, schonend für das Produkt.

Die im Kopf der Kolonne 1 anfallenden Alkohol-Wasser-Brüden kondensieren in einem Rohrbündelapparat. Das kondensierte Alkohol-Wasser-Gemisch wird aus der Anlage abgepumpt und weiterverwendet (Quelle: Fa. Montz).

Eine Destillatfraktion aus einem entalkoholisierten Wein kann mit einem Austauscherharz (Flavologic) behandelt werden, um Aromen aus dem Entalkoholisierungsprozess zurückzugewinnen. Dieser Prozess macht es möglich, die originalen und typischen Aromaeigenschaften im alkoholfreien Produkt beizubehalten. Die zurückgewonnene Fraktion wurde dann der entalkoholisierten Fraktion zugesetzt, um die Aromaverluste während der Destillation unter Vakuum auszugleichen.

7.3.7 Erfrischungsgetränke (Softdrinks)

Die Herstellung von Erfrischungsgetränken ist im Wesentlichen eine Kombination aus Misch- und Abfülltechnik, begleitet durch eine chemische Reinigung. Zunehmend kommen statt der klassischen **Chargenmischung** bei **Mehrkomponentenmischungen** „In Line"-Systeme zum Einsatz. Ihr Leistungsspektrum reicht bis über 100 000 l/h. Dabei werden flüssige Komponenten bereits in der Rohrleitung kontinuierlich und mengenproportional in einem konstanten Verhältnis gemischt. Bei einfacheren Mischpro-

Abb. 7.19
Prozessflussdiagramm für eine Entalkoholisierungsanlage rechts (Quelle: Fa. Julius Montz, Landau) links oben prinzipielle Darstellung; links unten eine Festbett-Anlage zur Rückgewinnung von Aromastoffen; Quelle: Fa. Flavologic)

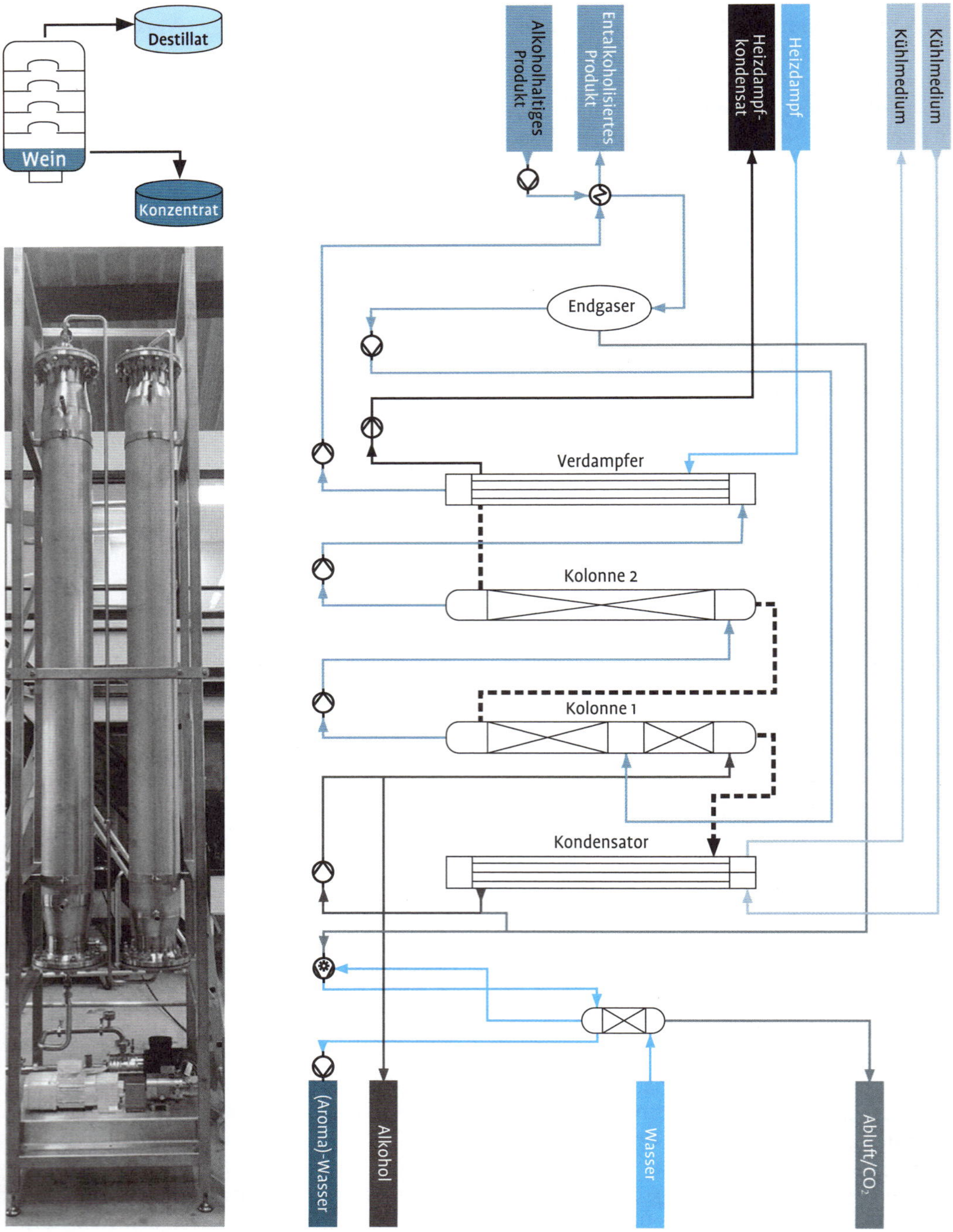

blemen reichen statische Mischer aus. Für die homogene Vermischung von Produkten mit sehr unterschiedlichen oder hohen Viskositäten werden dynamischen Mischern vielfach in einer Rohrerweiterung der Anlage motorgetriebene Rührorgane nachgeschaltet. Mittels Leitfähigkeits- oder Dichtemessung können die Konzentrate bzw. Grundstoffe auf Verwechslungen und/oder Einhaltung ihrer Spezifikation geprüft werden. Durchflussgrenzwerte werden für jede Komponente gespeichert. Sobald eine fehlerhafte Funktion vorliegt, geht die Anlage auf Störung. Gleiches gilt bei Regelabweichungen, die nicht innerhalb kürzester Zeit ausgeglichen werden können. Die lückenlose Erfassung aller Messdaten, z. B. Mengen, Brix-Zahl, Konzentration, Leitfähigkeit, CO_2-Gehalt, pH-Wert, Viskosität, Trübung usw. als Produktionskontrolle ist für die Zertifizierung nach „IFS Food“ oder andere Voraussetzung. Die wesentlichen Verfahrensschritte einer **Ausmischanlage** für Erfrischungsgetränke oder alkoholhaltige Mischgetränke sind: **Wasser- und Produktentgasung** zur Vermeidung von Oxidationen bzw. Fehlmessungen, **Pasteurisation, Filtration** bereits der Komponenten und des Endprodukts, **Homogenisierung** im Fall von Pülpe als Komponente und **Carbonisierung,** d. h. die Einstellung eines CO_2-Gehalts durch Zugabe von CO_2-Gas.

Zu den Erfrischungsgetränken auf Wasserbasis mit geschmacksgebenden Zutaten wie Kohlensäure, Mineralstoffe, Vitamine, Zucker, Fruchtkonzentrat, Aromen, Süßstoffe gehören laut Lebensmittelbuch

- **Fruchtsaftgetränke** (Fruchtsaftanteil je nach Fruchtart: mindestens 6 % bei Zitrusfrüchten und bis 30 % bei Kernobst und Trauben),
- **Fruchtschorlen** (Fruchtsaft mit Mineralwasser, eine Variante ist Wein mit Mineralwasser als Weinschorle),
- **Limonaden** (alkoholfrei, gesüßt und meist mit Kohlensäure versetzt und mit Fruchtauszügen auf Basis von Wasser) und **Brausen** (kohlensäurehaltig, auch mit künstlichen oder naturidentischen Aroma- und Farbstoffen) sowie
- **koffeinhaltige Erfrischungsgetränke** (6,5 und 25 mg Koffein/100 ml, **„Energy-Drinks“** bis zu 32 mg Koffein/100 ml).

Die bekanntesten und mengenmäßig dominierenden Erfrischungsgetränke sind Cola-Getränke mit den Hauptkomponenten Wasser, Zucker, Zuckerkulör, Säure, Koffein und Aromastoffe. Meist wird inzwischen aus Kostengründen anstelle Flüssigzucker Kristallzucker im Batch-Prozess aufgelöst. Die „Ur-Cola“ blickt inzwischen auf eine 135-jährige Geschichte zurück. Im Jahr 1891 mischte der Apotheker John S. Pemperton koffeinhaltige Kolanüsse mit den Blättern von *Erythroxylum coca,* dem Cocastrauch, und mit Sodawasser. Das Rezept hat sich seitdem nicht wesentlich geändert. Nur das Kokain, das der Coca den Namen gab, wird inzwischen vor dem Brauen aus den Coca-Blättern entfernt. Es war in der Form zunächst nicht als Erfrischungsgetränk gedacht, sondern als Schmerz- und Aufputschmittel. Als Medizin wurde es in Apotheken und den damals beliebten Soda-Bars vertrieben. 1892 war das Gründungsjahr der Coca-Cola Company, die das Produkt in den gesamten USA und kurze Zeit später auch im benachbarten Ausland vermarktete. (Abb. 7.20).

7.4 Speiseöle und Speisefette

Die verzehrbaren Öle und Fette sind im Wesentlichen Triglyzeride mit einem großen Spektrum unterschiedlicher gesättigter und ungesättigter Fettsäuren, die die physikalischen und chemischen Eigenschaften bestimmen. Öle sind definitionsgemäß bei Raumtemperatur flüssig, Fette fest. Gewonnen werden Öle oder Fette in **Ölmühlen** aus ölhaltigen Pflanzen (Samen oder Früchte) oder in **Fettschmelzen** aus Schlachtkörpern von Tieren mit entsprechender Fettschicht. Die Tabelle in Abbildung 7.21 spiegelt nur einen kleinen Ausschnitt der Ölpflanzen wider, aus denen Öl gewonnen werden kann. In der Literatur wird von mehr als 1000 berichtet. Öle und Fette sind als Lebensmittel Kalorienträger, teilweise essenziell für den Menschen, Geschmacksträger und nicht zuletzt verantwortlich für die Konsistenz und spezifische technische Eigenschaften. Weitere Einsatzgebiete sind die Kosmetikindustrie, die **Oleochemie** oder Anwendungen als Schmieröl.

Abb. 7.20
Ausmischanlagen für Erfrischungsgetränke

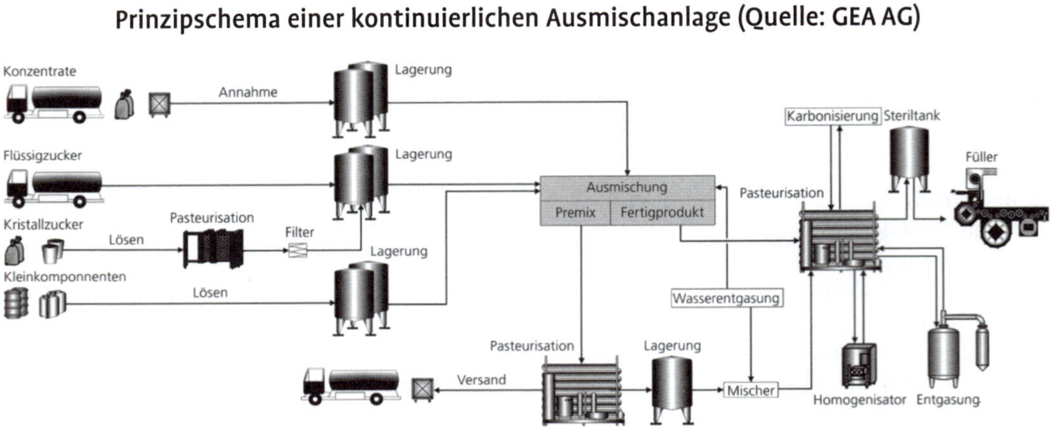

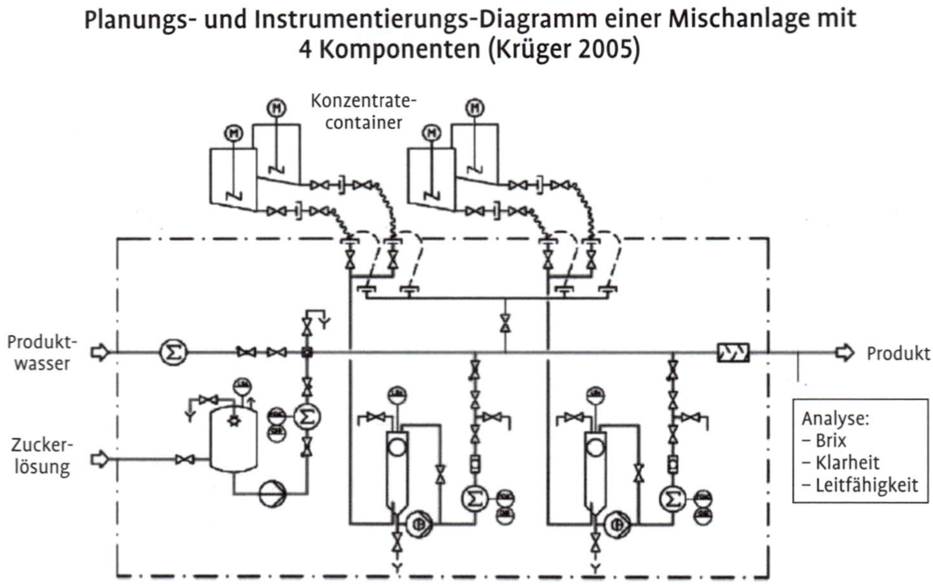

Seit einigen Jahren werden Speiseöle auch direkt als Treibstoff verfeuert oder nach **Umesterung zu Biodiesel** verarbeitet.

Die weltweite Erzeugung von Pflanzenölen wird für 2023/24 auf 223 Millionen Tonnen prognostiziert, davon knapp ein Drittel Palmöl, ein Viertel Sojaöl und 12 Prozent Rapsöl. Alle anderen Öle spielen mengenmäßig jeweils nur eine untergeordnete Rolle. Weltweit werden rund ¾ der Palmölproduktion in Lebensmitteln verarbeitet, trotz heikler Zusammenhänge beim Thema Nachhaltigkeit (Rodung von Regenwald für Palmpflanzen) oder Erkenntnissen der EFSA, die nach der Raffination Prozesskontaminanten gefunden haben, die „Anlass zu möglichen Gesundheitsbedenken geben“. Bis zum Jahr 2025 wird eine weitere Steigerung der Palmölerzeugung von 30 Prozent prognostiziert. Der Ölverbrauch in Deutschland lag bei knapp 6 Millionen Tonnen. Nahezu zwei Drittel

Abb. 7.21a
Produktionsmengen und Technologie von Speiseölen

Öle aus Ölpflanzen bzw. Tieren und ihre Verarbeitung

Öl	Herkunft	Gewinnung	Veredelung
Distelöl (auch „Safloröl")	Färberdistel/Carthamus (Samen)	Kalt- oder Warmpressung	Teilraffination
Erdnussöl	Erdnusspflanze (Samen)	Kaltpressung; Hexan	Raffination
Hanföl	Nutzhanf (Samen)	Kaltpressung	Raffination
Kokosöl	Kokosnuss (Samenfleisch)	Kalt- oder Warmpressung	Raffination, Desodorisierung
Kürbiskernöl (bes. in AT auch „Kernöl")	Steirischer Ölkürbis (Samenkerne)	Warmpressung	Natives Öl
Leinöl	reife Leinsamen des Lein	Kalt- oder Warmpressung	
Maiskeimöl	Maissaat (Keime)	Kalt- oder Warmpressung; Hexan	Raffination
Olivenöl	Olive (Fruchtfleisch und Kern)	Malaxieren; Kaltpressung, Nachextraktion mit Hexan	Natives Öl; 2.-Öl raffiniert
Palmkernöl	Palmfrucht (Kerne)	Trocknen, Pressen	Raffination
Palmöl	Palmfrucht (Fruchtfleisch)	Trocknen, Pressen	Raffination
Rapsöl	Raps (Samen)	Kalt- oder Warmpressung	Raffination bei Warmpressung
Sesamöl	Sesam (Samen)	Kaltpressung, z. T. Röstung	Natives Öl
Sojaöl	Sojabohne	Pressen; Hexan	Raffination
Sonnenblumenöl	Sonnenblumen (Samen)	Kaltpressung; Hexan	Raffination
Traubenkernöl	Weintraube (Samen)	Kaltpressung; Hexan	Natives Öl; Raffination
Walnussöl	Walnuss (Samen)	Kaltpressung; Hexan	Natives Öl; Raffination
Weizenkeimöl	Weizen-Samen (Kerne)	Kaltpressung; Hexan	Natives Öl; Raffination
Fischöl	Lachs, Hering usw.	Kochen, Pressen, Separieren	Klärung; evtl. Raffination
Tierische Fette	Schlachttiere	Schmelzen, Separieren	Klärung; evtl. Raffination
Butteröl	Rahm	Rahmkonzentrierung Phasenumkehr, Ölkonzentrierung, Polierung	Keine weitere Behandlung

Mögliche Ölgewinnungswege:
1. Kaltpressung
2. Warmpressung
3. Hexanextraktion im Vollstrom
4. Hexanextraktion des Presskuchens

Mögliche Ölveredlungswege:
1. Klärung
2. Raffination
   Entschleimung
   Neutralisation
   Bleichung
   Desodorisierung
   Winterisierung
3. Härtung
4. Fraktionierung
5. Umesterung, z. B. für Biodiesel

Abb. 7.21b
Produktionsmengen und Technologie von Speiseölen (Quelle: UFOP 2019)

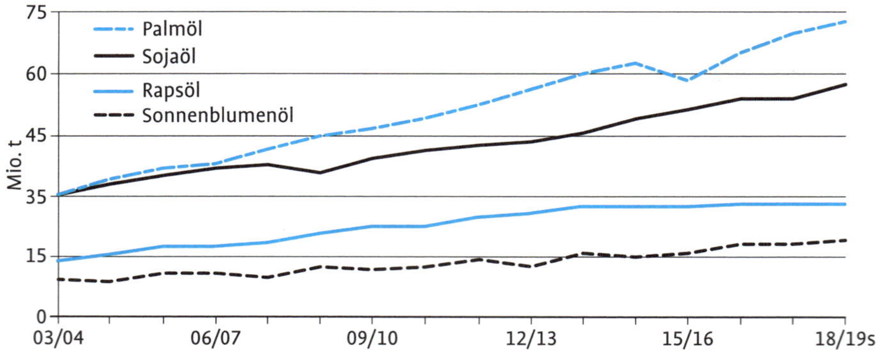

davon waren Rapsöl und 14 Prozent Palmöl (Lebensmittel Zeitung 2017).
Die Ölgewinnung aus Pflanzen erfolgt in der Regel durch **Pressung** (heiß bzw. kalt) oder in industriell arbeitenden Ölmühlen durch **Extraktion mit technischem n-Hexan.** Die Lösungsmittelextraktion ist die häufigste Art, Pflanzenöle zu gewinnen. Sie erzeugt ein Öl-Hexan-Schleimstoff-Gemisch, die **Miscella.** Daraus wird das Lösungsmittel destillativ abgetrennt, das Öl einer **Raffination** (Reinigung, Veredlung) unterzogen. Welche der möglichen Raffinationsschritte zur Anwendung kommen, hängt vom Öl und dessen geplanter Verwendung ab. Olivenöl und hochwertige Speiseöle (z. B. Traubenkernöl oder Kürbisöl) aus diskontinuierlich arbeitenden, meist kleineren Ölmühlen werden durch Pressung als native, kaltgepresste Öle gewonnen. Die Kaltpressung erfolgt bei Temperaturen bis 40 °C, Heißpressungen erreichen bis 100 °C. Die Ausbeute und der Grad der Ölverunreinigung mit kolloidalen Schleimstoffen und Zellgewebsresten sind eine Funktion der Temperatur. Je kälter die Pressung, desto höher gilt die Qualität. Vielfach wird der noch ölhaltige Presskuchen mit Hexan nachextrahiert und als raffiniertes Zweitöl oder technisches Öl vermarktet.
Bei der Extraktion des Öls bleiben die entölten **Schrote** übrig, die in sogenannten Toastern mit Wasserdampf behandelt werden. Nach Abkühlung und Trocknung sind die Schrote gebrauchsfertige Futtermittel. Vor allem bei der Verarbeitung von Sojabohnen lässt sich der **Emulgator Lecithin** in nennenswerten Mengen gewinnen (2–3 % Phospholipide in rohem Sojaöl). Er findet hauptsächlich in der Lebensmittelwirtschaft Verwendung, unter anderem bei der Herstellung glutenarmer Teige oder als Bestandteil in Schokolade, um Konsistenz und Aroma positiv zu beeinflussen (Abb. 7.21).

7.4.1 Die Ölgewinnung

Zur mechanischen Ölgewinnung kommen **Schneckenpressen** zum Einsatz, in deren horizontalen Gang die Presswelle in der Form einer Schnecke eingesetzt ist. Um den Druck im Lauf des Durchgangs des Saatguts zu erhöhen und um den Druckverlust zu kompensieren, verjüngt sich der Durchmesser des Schneckengangs in Förderrichtung. Die Schnecke besteht normalerweise aus mehreren Segmenten verschiedener Steigung und Form. Dadurch kann die Schneckenpresse den unterschiedlichen Saaten angepasst werden.
Für die chemische Extraktion müssen die Zellwände aufgebrochen und die Diffusionswege klein gehalten werden. Das Saatgut wird zuvor mechanisch zerkleinert und auf Walzenstühlen zu feinen Flocken gepresst, wenn nötig erwärmt. In der Praxis kommen zwei Extraktionsverfahren zum Einsatz:

Abb. 7.22a
Mechanische und chemische Ölgewinnung

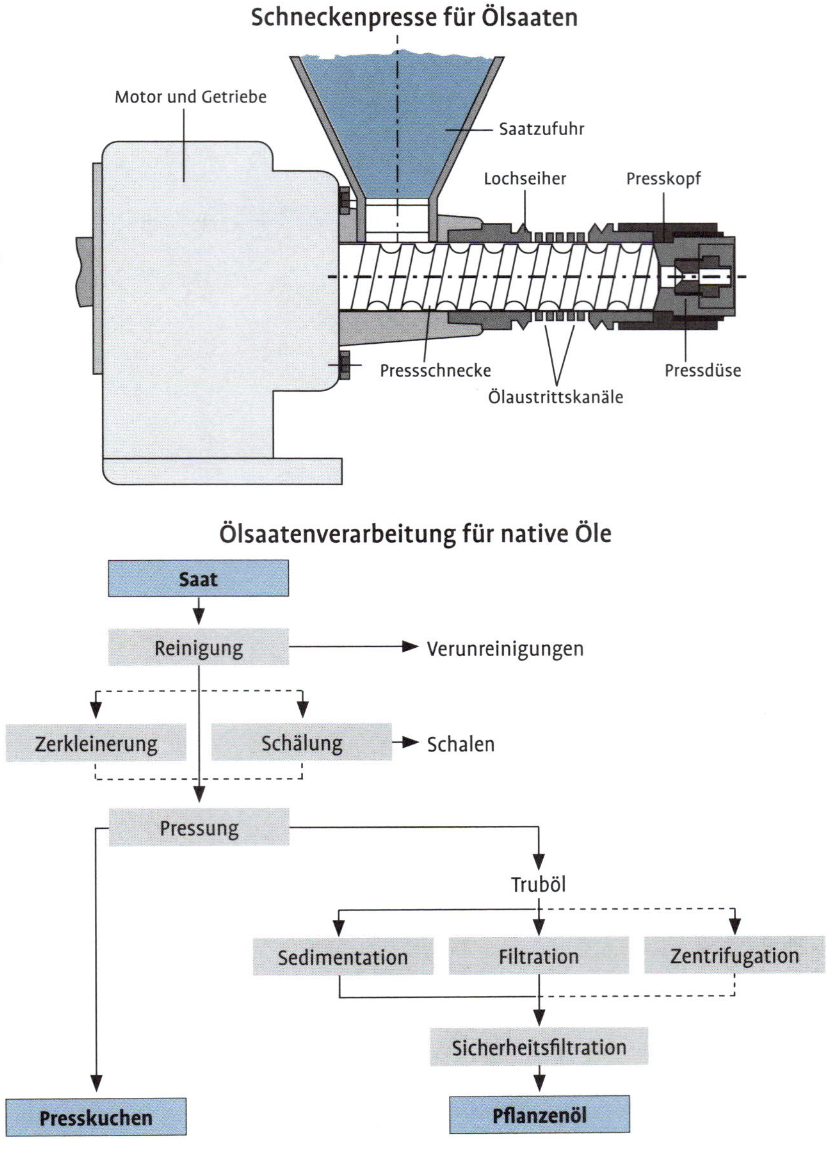

Das **Perkolationsverfahren** beruht auf dem Prinzip der ununterbrochenen Benetzung des Extraktionsguts. Das Extraktionsmittel strömt dabei am Extraktionsgut vorbei und bewirkt einen schonenden, kontinuierlichen Austausch des Lösungsmittels mit dem Saatgut. Lokal gesättigtes Lösungsmittel fließt ab und wird durch nicht gesättigtes ersetzt. Dieses Verfahren bietet sich an, wenn frei vorliegendes Öl extrahiert werden soll.

Beim **Immersionsverfahren** wird das gesamte zu extrahierende Saatgut in das Extraktionsmittel eingetaucht. Rühreinrichtungen sorgen für den Konzentrationsausgleich und die

Abb. 7.22b
Mechanische und chemische Ölgewinnung

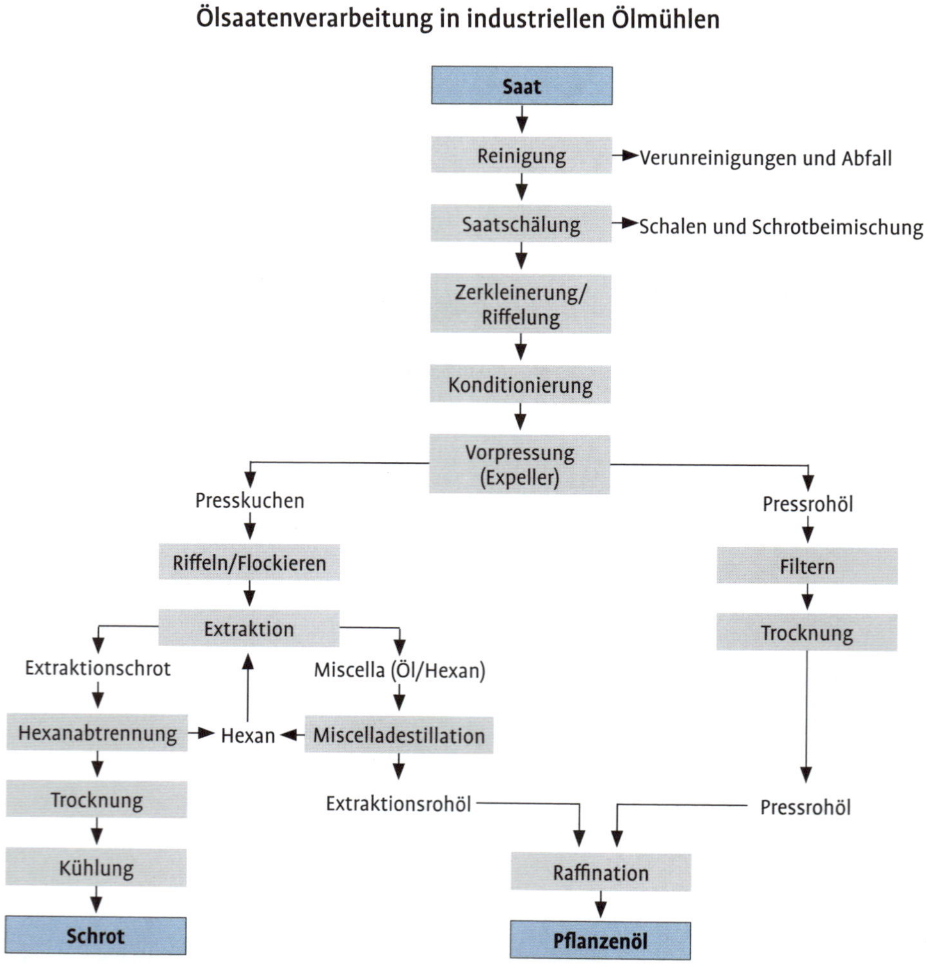

gleichmäßige Beladung der Miscella mit Öl. Die mechanische Belastung führt später zu einem erhöhten Filtrationsaufwand. Das Immersionsverfahren wird vor allem bei schwer extrahierbarer Matrix mit großem Rohfasergehalt angewandt.

Als hauptsächliche Einflussgrößen auf Geschwindigkeit und Qualität der Lösungsmittelextraktion spielen der **Wassergehalt** der Saat, **Form und Größe** der zerkleinerten Saatteilchen, die **Menge des Extraktionsmittels**, die **Extraktionstemperatur** und die **Extraktionsdauer** eine Rolle. Wasser als polare Substanz behindert die Benetzung der Saatgutoberfläche und das Eindringen des Extraktionsmittels in die Saat. Zudem setzt es die Intensität der Diffusion herab. Saatabhängig ist eine Restfeuchte nötig, um die Teilchen elastisch zu halten. Die Teilchengröße muss möglichst klein sein, um die Diffusionswege zu minimieren. Das Saatgut darf aber nicht als Mehl vorliegen, da sonst die Perkolation des Lösungsmittels verhindert wird. Das Verhältnis Lösungsmittel zu Saatgut ist eine Funktion der Zusammensetzung der Saat. Die erforderliche Menge des Extraktionsmittels steigt mit dem Rohfaseranteil der Saat und ist abhängig von der Ölzusammensetzung. Diese beeinflusst das Sättigungsgleichgewicht, d. h. die maximale Ölkonzentration in der Miscella. Je höher diese ist, desto weniger Energie ist für die Destillation notwendig. Durch eine höhere Temperatur werden die Viskosität des Lösungsmittels herab- und die Löslichkeit des Öls im Lösungsmittel heraufgesetzt, der Extraktionsgrad steigt (Abb. 7.22).

7.4.2 Raffination am Beispiel von Sojaöl, Sonnenblumenöl und Palmöl

Fette und Öle enthalten, abhängig von der Behandlung von Saat und Öl und vom Gewinnungsprozess, bis zu 3 % originäre Begleitstoffe. Diese können Geschmack, Geruch, Aussehen und den Verarbeitungsprozess negativ beeinflussen. Zusätzlich können in Spuren Umweltkontaminanten wie Pestizide, Herbizide, Schwermetalle aber auch im Extremfall gesundheitsschädliche Aflatoxine nach Pilzbefall vorkommen. Die Raffination der Öle hat die Hauptaufgabe, diese Stoffe vollständig aus dem Öl zu entfernen.

Die Öle werden wie Sojaöl ausschließlich durch Extraktion gewonnen oder wie Palmöl allein durch Pressen. Sonnenblumenöl erfordert eine Kombination aus Pressen und Extraktion. Pressöle sind mechanisch zu klären, um grobdisperse Teilchen wie Fasern, Sand oder Zellgewebe abzutrennen, gefolgt von der eigentlichen Raffination. Deren erster Schritt ist die **Entschleimung**, d. h. die zentrifugale Abtrennung der mit Wasser, Säure oder Lauge gequollenen, unerwünschten aber originären Phosphatide, eiweiß- und kohlenhydrathaltigen Substanzen sowie pflanzlichen Schleimstoffe. Diese Stoffe setzen die Haltbarkeit des Öls stark herab und fördern die hydrolytische und oxidative Fettspaltung. Zusätzlich behindern sie die Kristallisation bei der Fraktionierung und verstopfen die Poren des Katalysators bei der Härtung. Im fertigen Öl würden sie mit der Zeit ein Sediment bilden. Aus dem Sojazentrifugat lässt sich **Lecithin** gewinnen. Die hydrolysierbaren Phosphatide verlieren nach Wasserzugabe ihren lipophilen Charakter, sie werden ölunlöslich und können abgetrennt werden. Nicht hydratisierbare Phospholipide müssen mit Säuren hydrolysiert werden, deren Stärke zur Spaltung der Phospholipide ausreicht, ohne das Öl anzugreifen (z. B. Zitronensäure, Phosphorsäure).

Handelsübliche Rohöle und Fette enthalten 1–3 % Freie Fettsäuren („Free Fatty Acid", FFA), gute Partien unter 0,5 %. Durch **Neutralisation** mit Lauge (chemische Neutralisation) lässt sich ein Gehalt an Freien Fettsäuren unter 0,1 % erzielen. Dabei entsteht als Reaktionsprodukt Seife, der hochviskose **Soapstock.** Er wird zentrifugal abgetrennt und eignet sich nach einer Säurespaltung zur Gewinnung von **Fettsäuren.** Der Neutralisation folgt gewöhnlich eine **Wasserwaschung** mit nachfolgender **Vakuumtrocknung.** Alternativen zur Neutralisation sind die adsorptive oder destillative Abtrennung der FFA **(physikalische Neutralisation).**

Zum **Bleichen,** d. h. Entfernen unerwünschter Farbstoffe und Farbstandardisierung, wird das Öl mit einem Adsorptionsmittel (z. B. Bentonit oder Aktivkohle) in Kontakt gebracht. Dessen Abtrennung erfolgt durch Filtration.

Kohlenwasserstoffe, Lactone, Aldehyde, Freie Fettsäuren oder Ketone können durch chemische bzw. enzymatische Prozesse bereits in der Saat oder bei der Verarbeitung entstehen. Um derartige unerwünschte Geruchs- und Geschmacksstoffe zu entfernen, wird das Öl einer Wasserdampfdestillation unter Vakuum (Dämpfung, **Desodorierung**) unterzogen. Der Prozess ist energieintensiv, da das Öl auf 200–230 °C erhitzt werden muss und pro Tonne Öl 8–12 kg Wasserdampf benötigt wird (Abb. 7.23).

7.4.3 Weitere Veredlungsmöglichkeiten von Ölen und Fetten

Je nach Gewinnung und Weiterverarbeitung werden Öle und Fette sehr unterschiedlich bezeichnet (siehe Deutsches Lebensmittelbuch). Die bisher beschriebene Raffination dient vorwiegend der Entfernung unerwünschter Begleitstoffe zur Haltbarmachung und Stabilisierung. Weitere Verarbeitungsschritte führen zu „Designer-Produkten", d. h. Ölen und Fetten

Abb. 7.23a
Raffination von unterschiedlichen Ölen (Quelle: GEA AG)

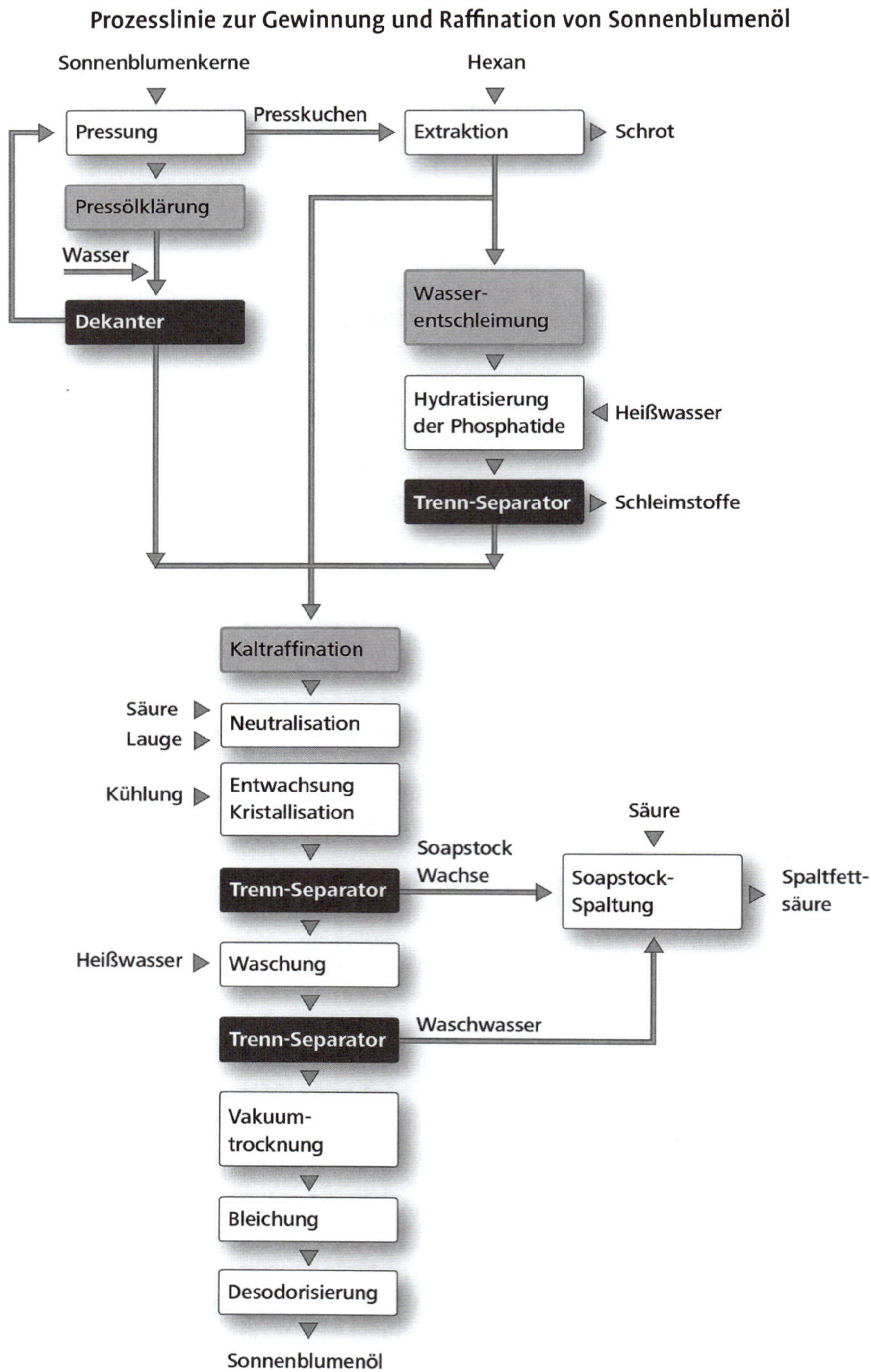

Abb. 7.23b
Raffination von unterschiedlichen Ölen (Quelle: GEA AG)

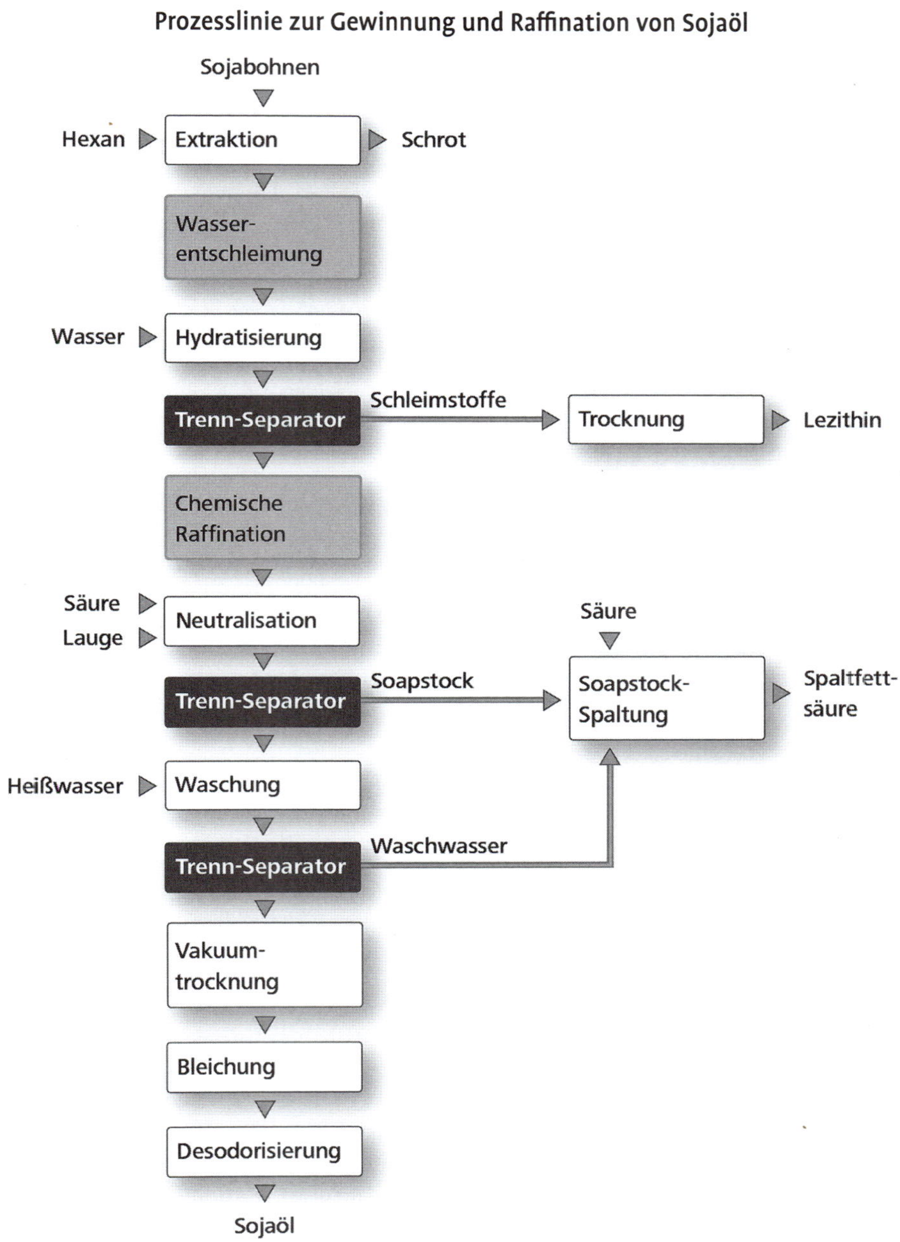

Abb. 7.23c
Raffination von unterschiedlichen Ölen (Quelle: GEA AG)

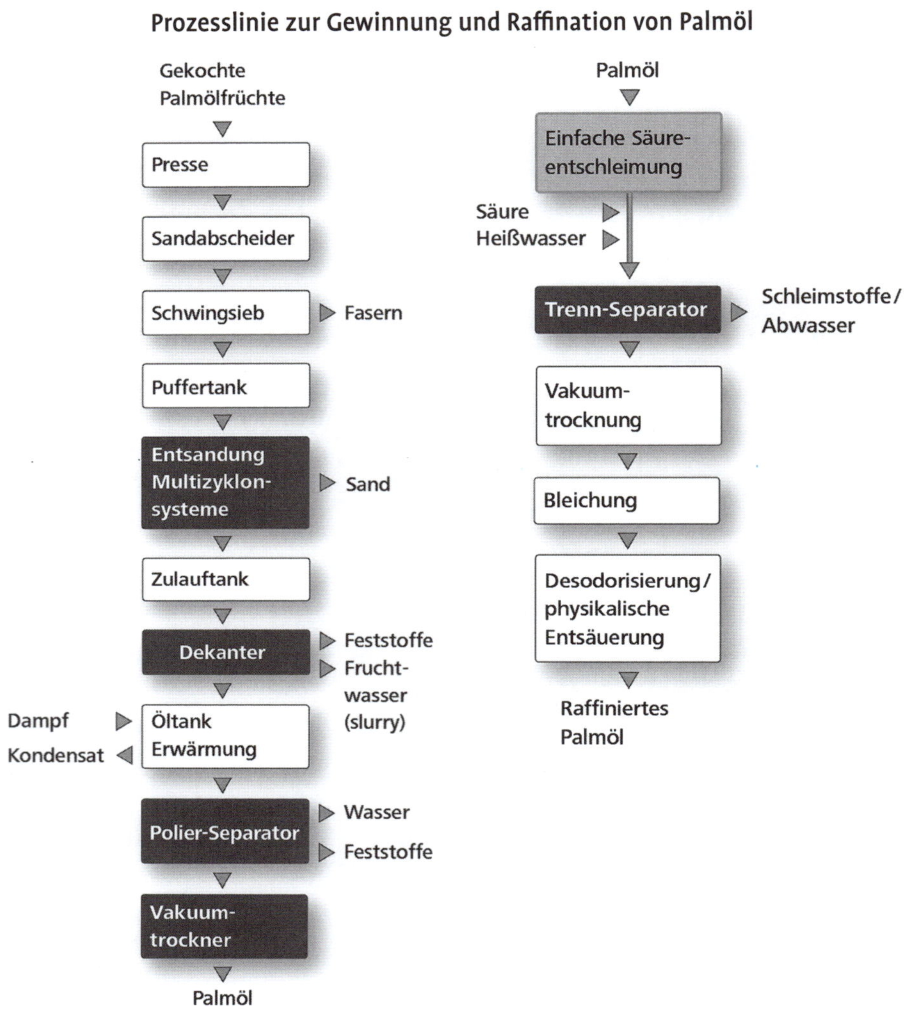

mit spezifischen Eigenschaften, die zur Herstellung von standardisierten, haltbaren Lebensmitteln geeignet sind. Damit besteht zudem die Möglichkeit, Öle den Erfordernissen des Markts anzupassen. Derartige Lebensmittel können Backfette mit hohem Siedepunkt sein, Margarine, Speiseeis oder Kekse. Die erforderlichen Eigenschaften der Öle und Fette sind z. B. Kältestabilität, definierte Viskosität, definierter Schmelzpunkt oder hohe Oxidationsstabilität. In jedem Fall wird in das Gefüge der Fettsäuren eingegriffen. Bei der **Härtung** (Hydrierung) werden C–C-Doppelbindungen in Fettsäureketten durch Anlagerung von Wasserstoff abgesättigt. Durch Variation der Reaktionsparameter, vor allem der Temperatur (um 200 °C), des Drucks und des Katalysators, lassen sich die Zusammensetzung und das Verhalten der Endprodukte beeinflussen. Derzeit sind Wissenschaft und Technologie bemüht, un-

erwünschte Nebenreaktionen wie z. B. die Bildung von trans-Isomeren **(trans-Fettsäuren)** zu eliminieren bzw. deutlich zu verringern.
Die **Umesterung** dient der gezielten Änderung der physikalischen bzw. ernährungsphysiologischen Eigenschaften von Fetten, z. B. bezüglich Konsistenz oder Schmelzverhalten. Die Fettsäuren selbst bleiben unverändert, es findet lediglich ein intra- und intermolekularer Austausch innerhalb der Fettmoleküle statt. Als Katalysator dient in der Regel Natriummethylat.
Unter **Fraktionierung** versteht man die Auftrennung von Fetten in einzelne Fraktionen durch definiertes Abkühlen. Hochschmelzende Fette **(Stearine)** kristallisieren aus und können von niedrigschmelzenden **(Oleine)** durch Zentrifugation oder Filtration abgetrennt werden. Ein Spezialfall der Fraktionierung ist die **Winterisierung**, bei der Wachse oder andere Substanzen entfernt werden, die im Kühlschrank eine Trübung verursachen würden (Abb. 7.24).
Margarine: Das Streichfett war vor 150 Jahren eine französische Erfindung, mit der die teure Butter ersetzt werden sollte („Napoleons billige Butter"). Sie war das Ergebnis eines Wettbewerbs, hergestellt aus geschmolzenem Rindertalg und Magermilch, und zunächst weit weg von den geschmacklichen Eigenschaften der echten Butter. Aber die „beurre economique", später „margarin" genannt, war nur halb so teuer. Verbesserte Rezepturen förderten in vielen Ländern Europas den Siegeszug der Margarine. Um 1900 gingen in Deutschland knapp 100 000 Tonnen über die Ladentheke. Und die Inflation 1923 heizte die Nachfrage nach der „Butter des kleinen Mannes" weiter an, der niedrige Preis ließ vor allem die ärmeren Schichten zugreifen. Hauptmarkt wurden schließlich die USA, wo sich Margarine in einem regelrechten Wirtschaftskrieg gegen den Milchverband durchsetzen musste. Auch in Deutschland war dieser Zweikampf um die Fetthoheit jahrzehntelang im Gange.
Eine aus heutiger Sicht wenig rühmliche Episode war die Verwendung von Walöl. Als Lampenöl erleuchtete der Tran der Meeressäuger seit dem 16. Jahrhundert die Zimmer, später landete es auch in Waschmitteln. Ab 1912 wurde es für Margarine entdeckt. In den Jahren kurz vor dem 2. Weltkrieg wanderten über 50 Prozent des weltweit gewonnenen Walfischöls in Margarine und auf die Frühstückstische. Doch schon nach wenigen Jahren waren die Walbestände zusammengebrochen und haben sich seitdem nur zum Teil wieder erholt.
Heutige Margarine ist eine Wasser-in-Öl-Emulsion aus gehärteten und ungehärteten Fetten sowie Wasser oder Magermilch mit einem Fettgehalt zwischen 80 und 90 %. Die Öl- und die Wasserphase werden in einem Schaberkühler unter Luftabschluss gemischt, gekühlt, gerührt und geknetet. Die Streichfähigkeit wird durch die Menge gehärteter Fette oder durch Zusatz von Verdickungsmitteln erzielt. Pflanzliche Margarine muss zu 97 % aus Pflanzenfetten bestehen, verwendet werden alternativ auch Rindertalg, Fischöl oder Milchfette. Zur Aromatisierung ist der Zusatz von Säuerungsmitteln wie Milchsäure, Zitronensäure, Sauermolke oder auch Joghurtkulturen möglich. Die gelbliche Farbe der Margarine stammt von zugesetztem Beta-Carotin. Üblich ist zudem die Zugabe der fettlöslichen Vitamine A, D und E.

7.4.4 Olivenverarbeitung

Olivenöl wird aus dem Fruchtfleisch und den Kernen der Früchte des Olivenbaums *Olea europaea* gewonnen. Oliven sind einsamige, ellipsoide bis kugelige Steinfrüchte mit einer Länge von 0,7–4 cm und einem Durchmesser von 1–2 cm. Der harte „Kern", der Samen, ist von weichem Fruchtfleisch umgeben. Die Farbe der unreifen Oliven ist grün, die der reifen Oliven schwarz bis violett/braun. Die Olive enthält im Zytoplasma der Fruchtfleischzellen bis 50 % extrahierbares Öl, geringe Mengen Asche, Proteine oder Kohlenhydrate. Mengenmäßig dominiert mit bis zu 50 % das Fruchtwasser. Das Öl selber ist reich an ungesättigten Fettsäuren, aber arm an Omega-3-Säuren.
Ölgewinnung: Die Oliven werden entblättert, im Schwemmkanal gereinigt und mittels Hammermühle vermahlen zu Teilchen von 5–7 mm Größe. In **Malaxierbehältern** findet bei Temperaturen um 30 °C die eigentliche Extraktion des Öls aus den Ölzellen statt. Der Prozess läuft in

Abb. 7.24
Begriffsbestimmungen und Verarbeitungsschritte von Ölen und Fetten

Begriffsbestimmungen Öle und Fette (gemäß den Leitsätzen des Deutschen Lebensmittelbuches):

Native Speisefette und Speiseöle werden durch Pressen oder andere schonende mechanische Verfahren aus nicht vorgewärmter Rohware ohne Wärmezufuhr gewonnen. Sie sind nicht entsäuert, gebleicht oder desodoriert. Zulässig sind Waschen, Filtrieren oder Zentrifugieren.

Nicht raffinierte Speisefette und Speiseöle werden durch das Ausschmelzen, Pressen oder Zentrifugieren gewonnen. Sie können gewaschen und mit Wasserdampf behandelt, getrocknet, filtriert oder zentrifugiert sein. Auch sie sind weder entsäuert, gebleicht oder desodoriert.

Raffinierte Speisefette und Speiseöle sind entschleimt, entsäuert und desodoriert. Sie können auch gebleicht und feinfiltriert (poliert) sein.

Gehärtete Speisefette sind raffinierte Speisefette und Speiseöle bzw. Mischungen davon, deren Fettsäuren durch Hydrierung verändert wurden.

Umgeesterte Speisefette sind raffinierte Speisefette und Speiseöle bzw. Mischungen, die unter Einwirkung von Katalysatoren hergestellt werden. Dabei werden die Anordnung der Fettsäuren und damit das Schmelzverhalten verändert. Fraktionierte Speisefette und Speiseöle werden aus raffinierten oder nicht raffinierten Speisefetten und Speiseölen durch Abkühlen und anschließendes Trennen der Stearine von den Oleinen hergestellt.

Konfektionierte Speisefette und Speiseöle werden durch Fetthärtung, Umesterung und Fraktionierte Destillation bzw. der Kombination dieser Methoden hergestellt.

Kältebeständige Speiseöle werden aus raffinierten oder nicht raffinierten Ölen durch Winterisieren hergestellt.

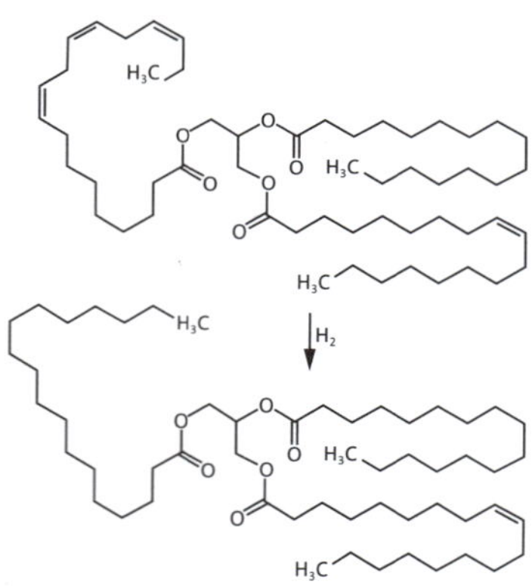

Katalytische Fetthärtung mit Wasserstoff: Oben ein Triglyzerid mit je einem gesättigten, einem einfach ungesättigten sowie einem dreifach ungesättigten Fettsäurerest. Unten das Hydrierungsprodukt ohne Doppelbindungen;

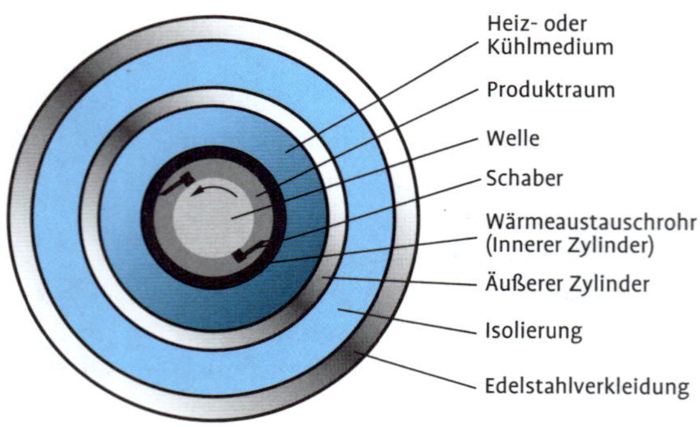

Prinzip der Ölfraktionierung

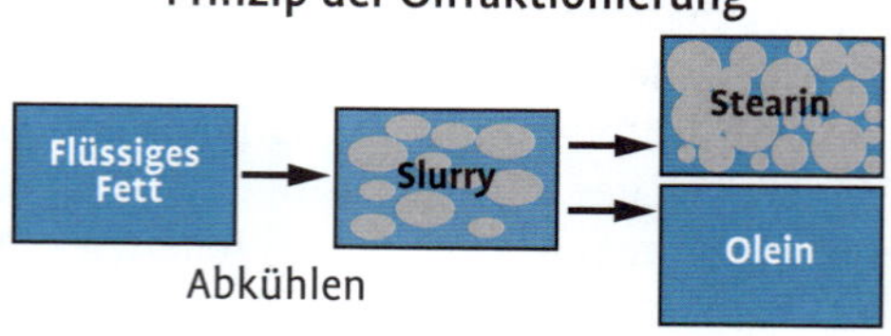

Schaberwärmetauscher zum Mischen, Kneten und Kühlen der Margarinezutaten; Bildung einer stabilen Emulsion

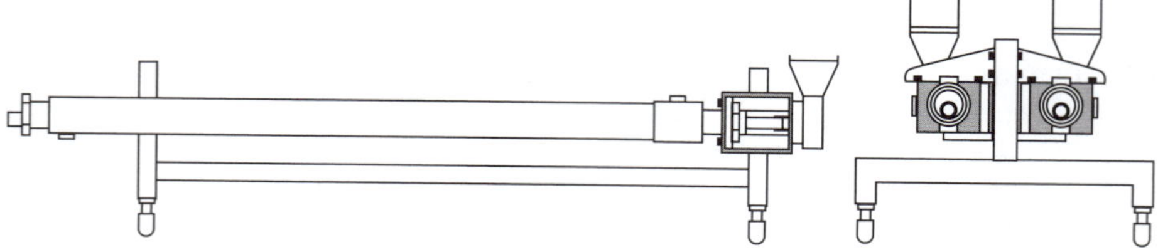

Abb. 7.25a
Olivenverarbeitung

Produkte aus Oliven

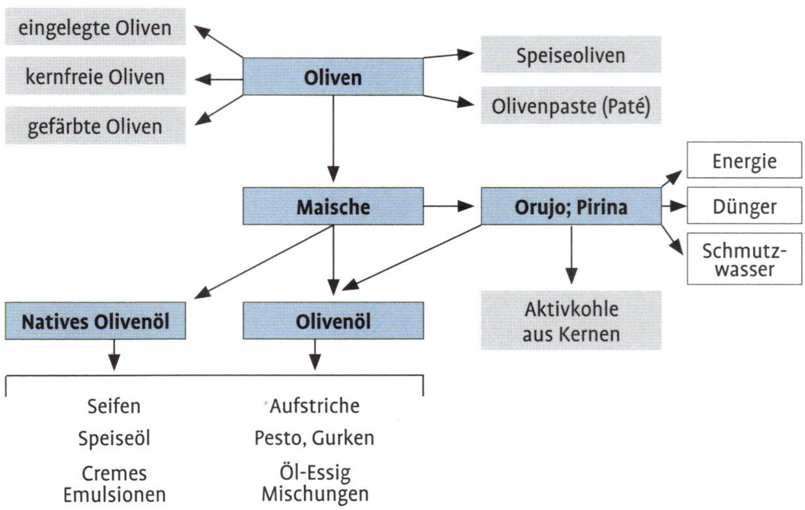

Modell einer Olivenöllinie (Quelle: GEA AG)

Elemente der Olive

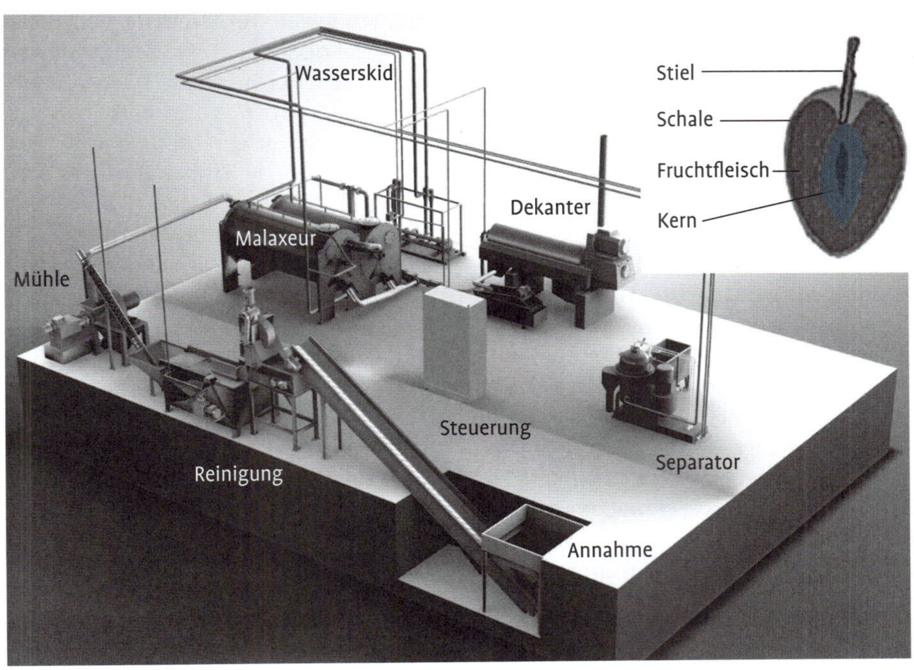

Abb. 7.25b
Olivenverarbeitung (Quelle: GEA AG)

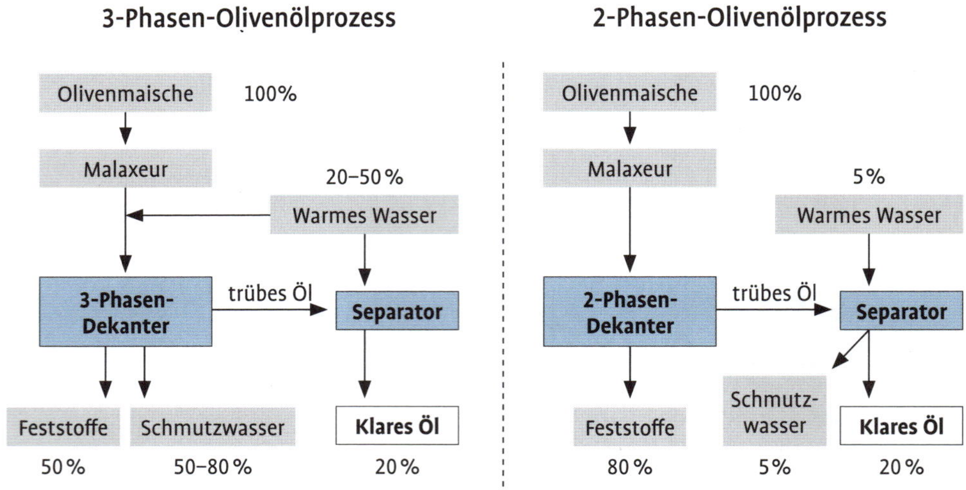

Rührbehältern ab, die in Reihe geschaltet sind. Die Öltröpfchen lagern sich dabei zu größeren Einheiten zusammen und bilden im Öl-Wasser-Feststoff-Gemisch eine kontinuierliche Phase. Die Phasentrennung wird in modernen Betrieben als **Zwei-Phasen- oder Drei-Phasen-Prozess** durchgeführt. Im ersten Fall genügt die Zugabe einer kleinen Menge Prozesswasser, um in einem Dekanter die Maische in eine noch verunreinigte Ölphase und eine Feststoffphase samt Fruchtwasser zu trennen. Das Öl lässt sich in einem Trennseparator von den restlichen Feststoffen und dem mitgeschleppten Fruchtwasser reinigen. Der feuchte Trester **(Orujo)** kann erneut malaxiert, dekantiert und separiert werden. Durch diese Prozessfolge wird die Ölausbeute optimiert, der Feststoff fällt deponiefähig trocken an, die zu entsorgende Schmutzwassermenge ist minimiert. Der Drei-Phasen-Prozess dagegen benötigt große Mengen Prozesswasser, das als Schmutzwasser Umweltprobleme bereiten kann. Das im Dekanter abgetrennte Öl wird in einem Trennseparator gereinigt. Beim Zwei-Phasen-Prozess fallen rund 200 Liter Wasser je Tonne Oliven an, beim Drei-Phasen-Prozess entsprechend deutlich mehr. Eine Trennung des in Absetzbecken gesammelten Wassers in einem Drei-Phasen-Dekanter kann die Abwassermenge verringern, deponiefähigen Feststoff erzeugen und die Ölausbeute erneut um bis zu 0,5 % erhöhen.

Produkte aus Oliven bzw. Olivenöl: Die energiereichen Kerne werden in der Regel als Brennmaterial oder zur Herstellung von Aktivkohle verwendet, der entkernte Trester dient als Dünger oder Zusatz zu Futtermitteln. Speiseoliven sind in nicht ausgereiftem Stadium grün, später schwarz. Die Schwarzfärbung kann auch durch Zusatz von Eisen-II-Gluconat (E579, max. 150 mg/kg) erzielt werden, das mit Phenolen zu einem unlöslichen Eisen-III-Tannin-Komplex reagiert. Nachextrahiertes Olivenöl aus dem Orujo kann erhöhte Mengen an freien Fettsäuren enthalten und qualitativ minderwertig sein. Nach einer Raffination ist es als Speiseöl geeignet, darf aber nicht mehr natives Öl genannt werden (Kap. 7.4.2 und 7.4.3, Raffination von Speiseölen). Für Cremes, Emulsionen usw. wird üblicherweise das weniger wertvolle raffinierte Öl verwendet (Abb. 7.25).

7.5 Milch und Milcherzeugnisse

Milch ist eine weißliche, undurchsichtige **kolloidale Dispersion** von tierabhängig bis zu 5 % Proteinen, 7 % Laktose und 8 % Lipiden in Wasser. Gebildet wird sie als Eutersekret in den Milchdrüsen der Säugetiere zur Ernährung von Neugeborenen. Seit der Neolithischen Revolution vor rund 10 000 Jahren nutzt der Mensch die Milch von Kühen, Ziegen und Schafen sowie zahlreiche daraus hergestellte Milcherzeugnisse für seine eigene Ernährung. Aufgrund seiner chemischen Zusammensetzung ist Rohmilch leicht verderblich und zudem vom Melkprozess her mit hohen **Keimzahlen** belastet. Je nach Melktechnik und hygienischem Zustand liegen die Werte in der Regel zwischen 100 000 und 500 000 Keimen/ml. Milch darf nur **gereinigt** in Verkehr gebracht werden, d. h. filtriert oder zentrifugiert. Auch danach ist die Haltbarkeit sehr begrenzt, wenn keine Sterilisation durchgeführt wird. Stand der Technik ist die Kombination einer Erhitzung, üblicherweise einer Pasteurisation im Plattenwärmetauscher, mit der vor- oder nachgeschalteten Entrahmung in einer Trennzentrifuge. Diese reinigt die Milch und trennt sie in drei Phasen: **Rahm, Magermilch und Nicht-Milch-Feststoffe** (Keime, Zellreste, Blutzellen usw.). Der Feststoffanteil muss aufgrund seiner mikrobiologischen Gefährlichkeit thermisch/chemisch vernichtet werden. Die Trennung in der Zentrifuge ist so gewählt, dass die Magermilch nur noch Spuren von Fett enthält und der Rahm auf etwa 40 % konzentriert wird. Dazu ist der Ort der Einströmung der Rohmilch in das Tellerpaket, die **Trennzone**, weit nach innen verlegt, um der nach außen strömenden Magermilch eine maximale Klärfläche zu geben. Die Magermilch verlässt das Tellerpaket und wird in der Trommel zum Greifer im Kopf der Zentrifuge geleitet. Er wandelt die Rotationsenergie in kinetische Energie um und fördert die Magermilch unter Druck weiter. Der Rahm fließt als leichte Phase nach innen und wird ebenfalls von einem Greifer im Kopf erfasst. Moderne Anlagen sind in der Lage, bis zu 60 000 Liter Rohmilch pro Stunde zu verarbeiten. Seit einigen Jahren wird Milch mit verlängerter Haltbarkeit angeboten („Extended Shelf Life“, ESL-Milch). Membranverfahren mit vorgeschalteten Klärseparatoren (Entkeimungsseparatoren) sind in der Lage, durch weitgehende Abtrennung von Mikroorganismen die Haltbarkeit auf bis zu 30 Tage zu verlängern. Trinkmilch wird mit definierten Mengen Fett vermarktet, meist mit 0,5 oder 3,5 %. Dazu wird batchweise oder im kontinuierlich arbeitenden Standardisierungssystem die erforderliche Menge Rahm der Magermilch zugemischt.

Aus Magermilch und Rahm lassen sich eine Vielzahl an Lebensmitteln herstellen bzw. einzelne Substanzen gewinnen. Die **Fettverarbeitung** führt zu Produkten wie Butter bzw. nach weiterer Fettkonzentrierung zu Butteröl, zu Sahne in verschiedenen Fettstufen, zu Kondensmilch oder zu Buttermilch. Aus Magermilch können durch pH-Wert-Verschiebung oder Labfällung die **Eiweiße** geflockt und zu einer Vielzahl von Käsen verarbeitet werden. Die dabei anfallende flüssige Phase, die **Molke,** enthält mit Lecithin, Laktose oder Kalziumverbindungen technologisch oder pharmakologisch interessante Substanzen, die mittels Spezialverfahren gewonnen werden können (Abb. 7.26).

7.5.1 Trinkmilch: UHT-Milch, Frischmilch, ESL-Milch

Das frühere Hauptprodukt der Molkereibetriebe, die nur wenige Tage haltbare **pasteurisierte** und **homogenisierte** Trinkmilch, ist heutzutage ein „Commodity“ am Markt und preislich stark umkämpft. Pasteurisierte Milch wird üblicherweise 20 Sekunden auf 74 °C erhitzt und zweistufig im Vollstrom homogenisiert. Dabei erfahren die Fettkügelchen (Kap. 7.5.2) in einem engen Spalt extrem hohe Scherkräfte (hohe Strömungsgeschwindigkeit, hoher Druck, Aufprallen auf feste Fläche; Kap. 6) und werden so auf gleichmäßige Teilchengröße gebracht. Die mittlere Größe der zerkleinerten Fettkügelchen sollte unter 0,7 µm liegen, wenn eine dreiwöchige Haltbarkeit ohne Aufrahmen gewährleistet werden muss. In der ersten Stufe wird mit Drücken von 140–160 bar, in der zweiten mit 20–30 bar gearbeitet. Rahm mit

Abb. 7.26a
Begriffsbestimmung, Rohmilchbehandlung und Produkte aus Milch

Begriffsbestimmungen (laut Milchverordnung):

Milch: das durch ein- oder mehrmaliges tägliches Melken gewonnene unveränderte Eutersekret von zur Milchgewinnung gehaltenen Kühen;

Rohmilch: Milch, die nicht über + 40 °C erwärmt worden ist;

thermisierte Milch: gereinigte Milch, die nach Anlage 6 Nr. 1.4 erwärmt worden ist;

wärmebehandelte Milch: gereinigte Milch, die nach Anlage 6 Nr. 2 wärmebehandelt worden ist;

Konsummilch: gereinigte Milch, die dazu bestimmt ist, an Verbraucher abgegeben zu werden;

Erzeugnisse auf Milchbasis:
a) Milcherzeugnisse im Sinne der Milcherzeugnisverordnung;
b) Käse und Erzeugnisse aus Käse im Sinne der Käseverordnung;
c) Erzeugnisse im Sinne der Butterverordnung;
d) Speiseeis mit einem Anteil an Milch oder Milcherzeugnissen;
e) sonstige aus Milch hergestellte Erzeugnisse, auch unter Zusatz anderer Stoffe, sofern diese nicht zugesetzt werden, um einen Milchbestandteil vollständig oder teilweise zu ersetzen und der Anteil an Milchbestandteilen in der Trockenmasse des Erzeugnisses überwiegt;

Ungefähre Zusammensetzung der Milch verschiedener Säugetiere (in Prozent)

Inhaltsstoffe	Mensch	Kuh	Schaf	Ziege	Pferd	Büffel
Wasser	87,2	87,5	82,7	86,6	90,1	82,8
Kohlenhydrate	7,0	4,8	6,3	3,6	5,9	5,5
Milchfett	4,0	< 4,2	5,3	3,7	1,5	7,4
Eiweiße	1,5	3,5	4,6	4,2	2,1	3,6
Spurenelemente	0,3	0,7	0,9	0,8	0,4	

Separierung von Rohmilch in Fett, Magermilch und Nicht-Milch-Feststoffe

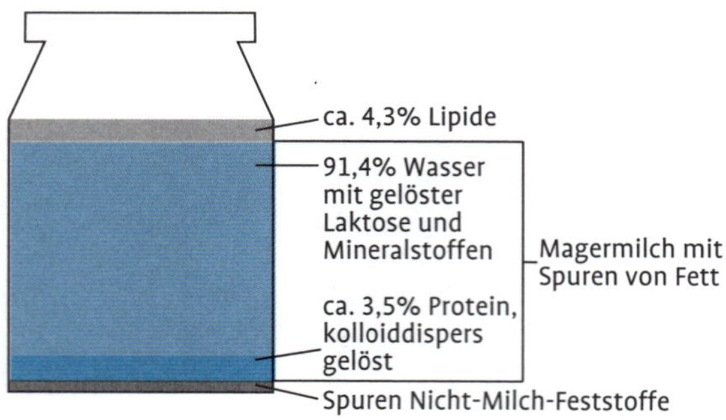

Entrahmungs-Tellereinsatz mit innenliegendem Steigekanal

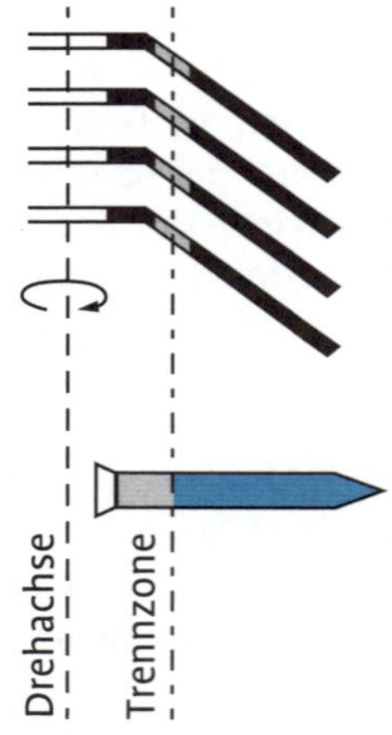

Abb. 7.26b
Begriffsbestimmung, Rohmilchbehandlung und Produkte aus Milch

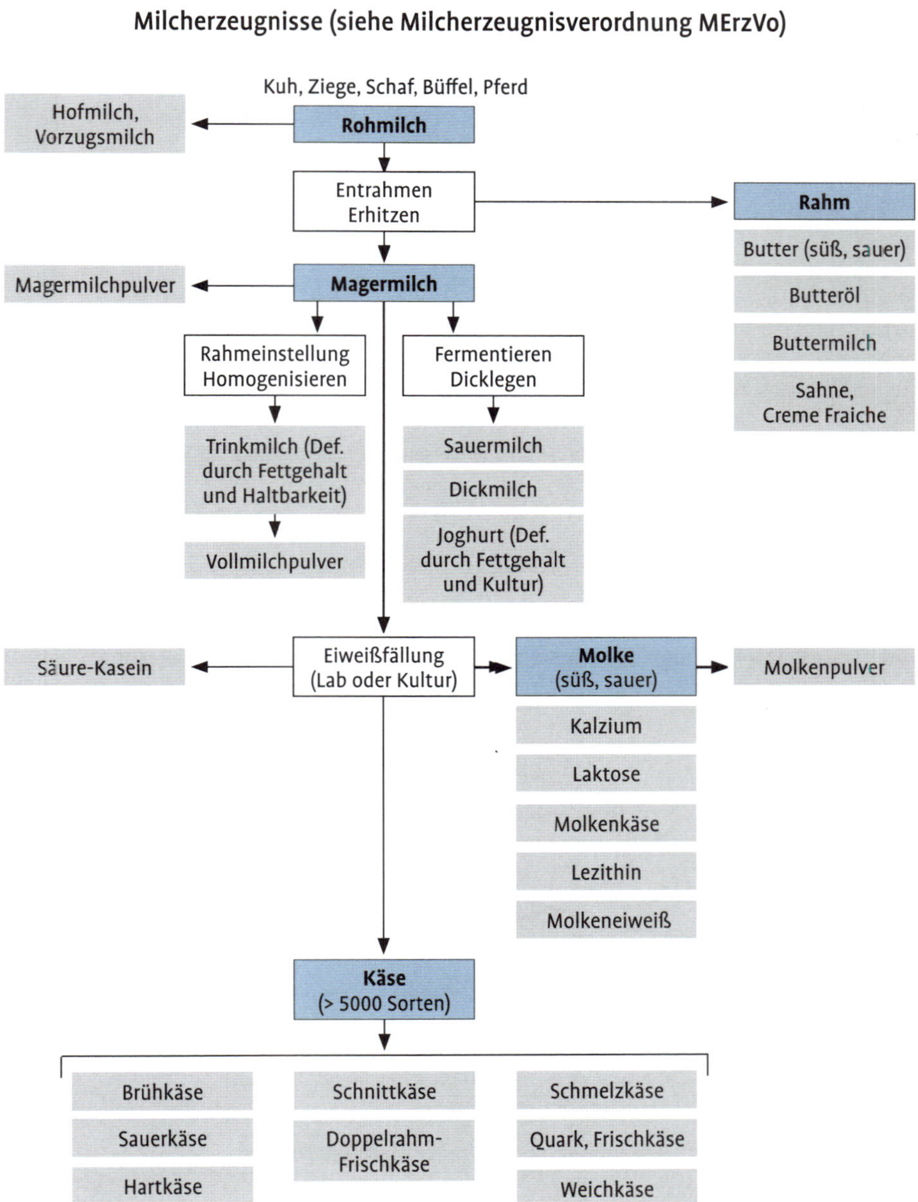

Abb. 7.27a
Die Herstellung von Trinkmilch

Standardprozess Herstellung von Frischmilch bei Teilstromhomogenisierung

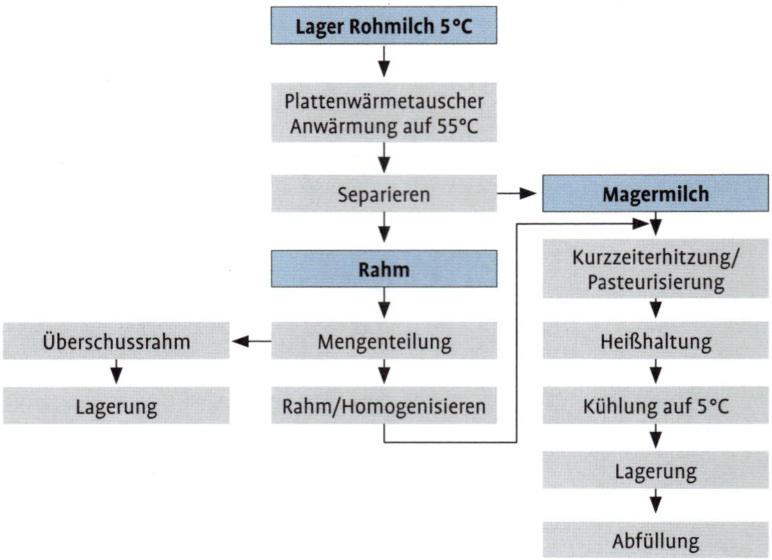

Verteilung von Fettkügelchen bei einer Einstufigen Rahmhomogenisierung mit unterschiedlichen Drücken

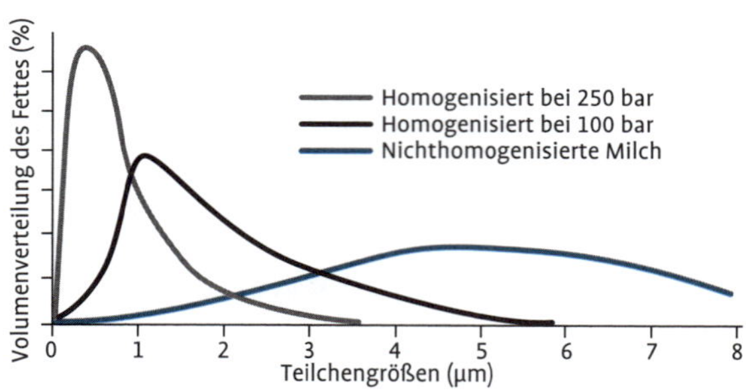

Trinkmilch	Herstellungsprozess
Vollmilch	naturbelassen, mind. 3,5% Fett
Vollmilch 3,5%	eingestellt auf genau 3,5% Fett
Teilentrahmte Milch (fettarme Milch)	eingestellt auf 1,5–3,8% Fett
Entrahmte Milch (Magermilch)	eingestellt auf höchstens 0,3% Fett

Abb. 7.27b
Die Herstellung von Trinkmilch

Konkurrierende Verfahrenstechniken zur Herstellung von Trinkmilch mit unterschiedlicher Haltbarkeit; der ß-Lactoglobulin-Wert ist ein Maß für die thermische Belastung der Milch (Strobl 2011)

Bezeichnung	Technologie	Temperatur und Heisshaltezeit	β-Lactoglobulin-Wert [mg/L]
Roh	unbehandelt	–	~ 3'600
Thermisiert	Plattenwärme-austauscher	ca. 65 °C ca. 20 Sekunden	~ 3'400
Pasteurisiert	Plattenwärme-austauscher	ca. 74 °C ca. 20 Sekunden	~ 3'100
Hochpasteurisiert (ESL)	direkte Erhitzung mit Injektion (UP)	ca. 127 °C ca. 3 Sekunden	> 1'700
Hochpasteurisiert (ESL)	direkte Erhitzung mit Infusion	ca. 127 °C ca. 3 Sekunden	> 1'700
Hochpasteurisiert (ESL)	direkte Erhitzung mit Wärmeaustauscher	ca. 125 °C ca. 2 Sekunden	~ 1'000
Mikrofiltriert und Pasteurisiert (ESL)	Magermilch = mikrofiltriert, Rahm = hochpasteurisiert, Gemisch = Pasteurisiert	Rahm: ca. 125 °C, ca. 2 Sekunden Gemisch: ca. 74 °C, ca. 20 Sekunden	~ 2'500
Tiefenfiltriert und Pasteurisiert (ESL)	Magermilch = tiefenfiltriert, Rahm = hochpasteurisiert, Gemisch = Pasteurisiert	Rahm: ca. 125 °C, ca. 2 Sekunden Gemisch: ca. 74 °C, ca. 20 Sekunden	~ 2'500
Bactofugiert und Pasteurisiert (ESL)	Rohmilch = Vorentkeimung mittels 2 Entkeimungs-Separatoren, pasteurisiert	ca. 74 °C ca. 20 Sekunden	~ 3'000
UHT (UP)	direkte Erhitzung mit Injektion od. Infusion	ca. 150 °C ca. 2 Sekunden	~ 800
UHT	indirekte Erhitzung mit Wärmetauscher	ca. 138 °C ca. 3 Sekunden	~ 200

höchstens 30 % Fett lässt sich z. B. bei einer alternativen **Teilstromhomogenisierung** zweistufig mit maximal 80–100 bar homogenisieren. Vor vielen Jahren bereits wurde die mehrere Monate haltbare **UHT-Milch** als Alternativprodukt eingeführt, bei der mit kurzzeitig anstehenden Temperaturen bis 150 °C Sterilität erzielt wird. Eine jüngere Entwicklung ist die **ESL-Milch**, die Haltbarkeiten bis 21 Tage gewährleistet und zu deren Herstellung es inzwischen verschiedene konkurrierende Technologievarianten gibt. Bei der **Hochpasteurisation** wird die standardisierte Milch auf 70–85 °C regenerativ angewärmt und anschließend auf maximal 127 °C erhitzt. Nach einer Heißhaltung von, je nach Verfahren, 2–3 Sekunden erfolgt eine Abkühlung in einem Flashkühler auf 70–85 °C, gefolgt von einer aseptischen Homogenisierung bei 70 °C. Das Verfahren **ESL-Mikrofiltration** filtriert die Magermilch bei 55 °C. Zum Einsatz kommen Membranen mit Porengrößen von 0,8–1,4 µm, die eine Keimzurückhaltung > 99,5 % garantieren müssen. Die Mikrofiltration trennt die Milch in ein keimarmes Permeat und ein keimreiches Retentat. Das Retentat kann zusammen mit dem Rahm ins Permeat zurückgeführt werden, wenn es z. B. über sechs Sekunden auf 105–125 °C hocherhitzt wurde. Anschließend erfolgt die Vollstromhomogenisierung. Die **ESL-Tiefenfiltration** arbeitet mit Filterkerzen aus Polypropylen. Die Filtration der Magermilch erfolgt bei Separationstemperatur und die Abscheidung der Keime geschieht in der Tiefe des Filtergewebes. Die Porengröße des Vorfilters beträgt 0,3 µm und die der Hauptfilter 0,2 µm. Nach Rückführung des separat sterilisierten Rahms wird im Vollstrom homogenisiert und rückgekühlt. In einer weiteren, neueren Variante werden **Entkeimungsseparatoren** allein oder in Reihe geschaltet mit der Pasteurisation kombiniert. Die Klärzentrifugen trennen vorhandene Sporen nahezu vollständig ab und reduzieren die restlichen Keime soweit, dass sich die Haltbarkeit der Milch bei praktisch Frischmilchqualität auf die gewünschte Anzahl von Tagen verlängert. Durch die zentrifugale Keimverringerung kann die thermische Belastung der Milch reduziert werden. Indikator für den Erhitzungsgrad und indirekt für die Frische von Milch ist die Menge des noch vorhandenen Molkenproteins β-Lactoglobulin. Je geringer die Hitzeeinwirkung, desto höher dessen Konzentration (Abb. 7.27).

7.5.2 Produkte aus Milchfett

Milch ist eine Emulsion aus flüssigem Milchfett in Wasser **(Fett-in-Wasser-Emulsion).** Das Milchfett besteht aus flüssigen und kristallisierten Triacylglyzeriden und liegt in der Milch in Form winziger Kügelchen oder Tröpfchen vor. Diese sind von einer dünnen Hülle aus Lipiden (z. B. Cholesterin und Phospholipide) umgeben, die als Emulgatoren wirken und die kleinen Fetttröpfchen stabilisieren. In unbehandelter Rohmilch hat der Hauptanteil dieser Fettkügelchen einen Durchmesser bis 5 µm, sie setzen sich nach kurzer Zeit auf der Oberfläche ab **(Aufrahmen).** Als Gegenmaßnahme werden die Lipidkügelchen auf einen Durchmesser von unter 1 µm „zerkleinert“ **(Homogenisierung).** Die feinere Verteilung der Fettkügelchen soll zudem die Aufnahme des Milchfetts im Darm mitsamt den fettlöslichen Vitaminen A, D, E und K erleichtern.

Das aus der Milch separierte Fett wird zu **Sahne** mit unterschiedlichen Fettgehalten verarbeitet, hauptsächlich aber zu **Butter** oder **Butteröl** („Anhydrous Milk Fat“, AMF; Butterschmalz). Butter ist eine durch Energiezufuhr phasenumgekehrte **Wasser-in-Öl-Emulsion** mit je nach Sorte definierten Herstellungsverfahren (siehe Butterverordnung). Der erforderliche Energieeintrag erfolgte in der Vergangenheit batchweise in kleinen Butterfässern oder diskontinuierlich arbeitenden, rotierenden Butterschleudern. Für eine industrielle Großproduktion stehen inzwischen kontinuierliche Butterungsmaschinen mit Leistungen bis 13 Tonnen Butter pro Stunde zur Verfügung. Im **Butterungszylinder** 1 und 2 werden die Fettkügelchen unter Eintrag von Luft durch rotierende Schläger zerschlagen, und das aus flüssigen und kristallinen Teilen bestehende Fett wird freigesetzt. Es vereinigt sich zu Fettagglomeraten, den **Butterkörnern**, die auf der **Buttermilch** aufschwimmen. Die Buttermilch wird abgetrennt, gekühlt und als eigenständiges Produkt vermarktet. Die den Butterungszylindern nachgeschalteten **Abpresser** kneten und verdichten das Butterkorn zu einem homogenen Strang, ermöglichen die zur Stabilität nötige Evakuierung und die Zumischung von Kulturen bzw. Salzen oder Carotinoiden als Färbemittel.

Ein wesentlicher Verfahrensparameter für Qualität und Streichfähigkeit der Butter ist die **Rahmvorbehandlung**, d. h. eine mehrstündige Reifung. Über Temperaturvariierung im Vorfeld der Verbutterung (z. B. **kalt-warm-kalt** bei Winterrahm mit hartem Fett aus viel gesättigten Triglyzeriden oder **warm-kalt-warm** bei Sommerrahm mit weichem Fett) lassen sich Fettkügelchen im Rahm herstellen, die außen eine kristalline Schale und innen flüssiges Fett haben. In der Butter ergeben sich dadurch eine bessere Beweglichkeit der Fettteilchen und damit eine verbesserte Streichfähigkeit.

Während Butter mit rund 80 % Fett und bis zu 16 % Wasseranteil nur eine begrenzte Haltbarkeit aufweist, ist Butteröl mit 99,8 % Fett auch unter tropischen Bedingungen gut gegen Verderb geschützt. Zur Herstellung wird Rahm mittels Zentrifugen aufkonzentriert, das Fett danach über hohe Scherkräfte (z. B. im Homogenisator) phasenumgewandelt. Es folgen eine

Abb. 7.28
Milchfettverarbeitung zu Butter und Butteröl

Verordnung über Butter und andere Milchstreichfette (Butterverordnung):

1) Butter der Handelsklassen darf nur unmittelbar aus Milch von Kühen oder daraus unmittelbar gewonnener Sahne (Rahm) oder Molkensahne (Molkenrahm) hergestellt werden.
2) Butter der Handelsklassen darf nur unter Verwendung von Wasser und Speisesalz hergestellt werden.
3) Butter der Handelsklassen muss einer der folgenden **Buttersorten** entsprechen:
1. **Sauerrahmbutter:** Butter, die aus mikrobiell gesäuerter Milch, Sahne (Rahm) oder Molkensahne (Molkenrahm) hergestellt ist und deren pH-Wert im Serum 5,1 nicht überschreitet;
2. **Süßrahmbutter:** Butter, die aus nicht gesäuerter Milch, Sahne (Rahm) oder Molkensahne (Molkenrahm) hergestellt ist, der auch nach der Butterung keine Milchsäurebakterienkulturen zugesetzt wurden und deren pH-Wert im Serum 6,4 nicht unterschreitet;
3. **Mildgesäuerte Butter:** Butter, die weder der Definition für Sauerrahmbutter noch der für Süßrahmbutter entspricht und deren pH-Wert im Serum unter 6,4 liegt.

Schema eines Milchfett-Kügelchens

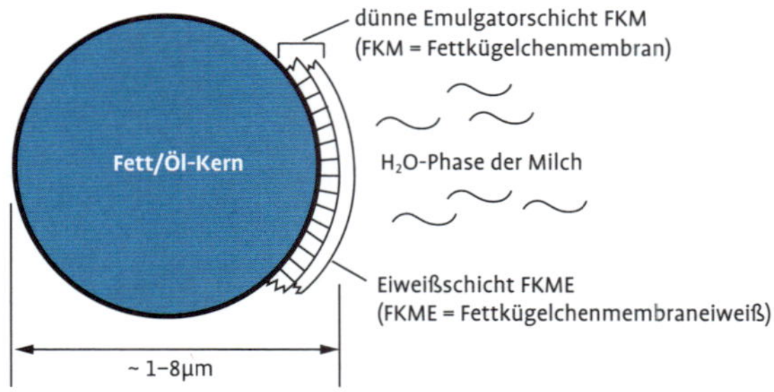

Blockdiagramm: Butterherstellung

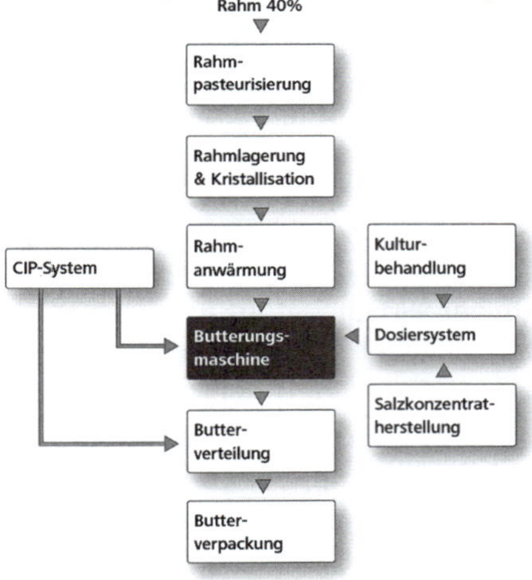

Blockdiagramm: Butterölherstellung

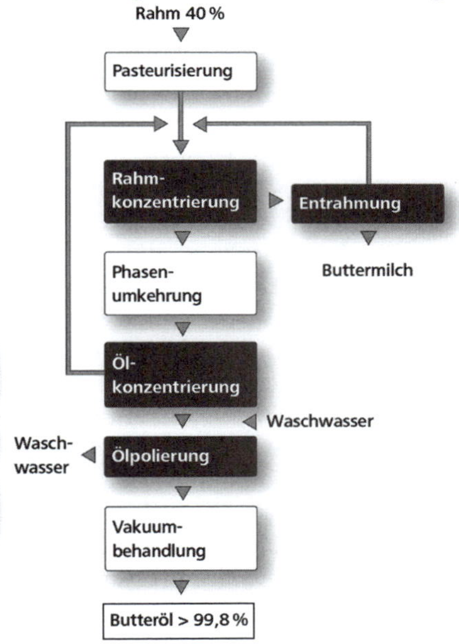

Kontinuierliche Butterungsmaschine (Quelle: GEA AG)

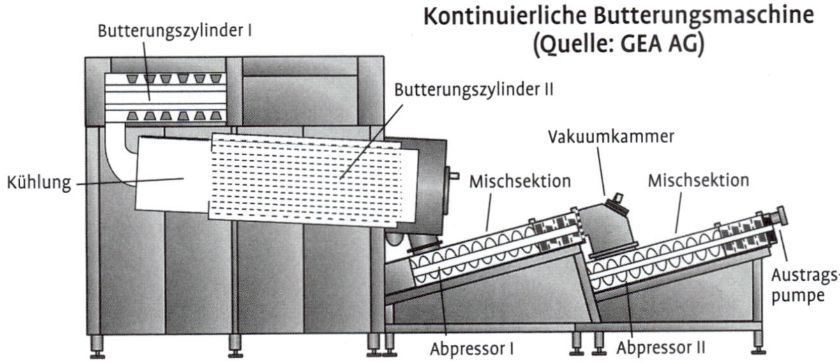

zentrifugale Ölkonzentrierung und Polierung. Butteröl wird unter anderem als Frittierfett eingesetzt bzw. als Rohstoff für z. B. Backwaren oder Eiscreme. Im Jahr 2022 lag der pro-Kopf-Verzehr von Butter, Milchfett und Milchstreichfetterzeugnissen bei 5,3 kg, ein Rückgang um 12 % zum Vorjahr aufgrund des Wettbewerbsa mit pflanzlichen Streichfetten (Abb. 7.28).

7.5.3 Erzeugnisse durch Dicklegung I: Joghurt, Sauermilch, Kefir

Fermentierte Milchprodukte sind traditionelle Lebensmittel, die dank des spontan ablaufenden Prozesses grundsätzlich ohne größeren technischen Aufwand hergestellt werden können. Bei der Fermentation durch Milchsäurebakterien der Gattung Streptokokkus oder Laktobazillus wird im ersten Schritt **Laktose** enzymatisch hydrolysiert. Aus den Edukten Glukose und Galaktose entstehen anschließend stoffwechselspezifische Reaktionsprodukte, die den Geruch und Geschmack des Endprodukts entscheidend prägen. Die bei der Fermentation gebildeten Säuren, hauptsächlich Milchsäure, senken den pH-Wert der Milch ab. Im industriellen Maßstab wird üblicherweise thermisch vorbehandelte, im Fett eingestellte Milch verwendet und diese mit **Starterkulturen** versetzt. Zu den wichtigsten Milchsäurebakterien in traditionellen Sauermilchprodukten wie Joghurt, Sauermilch oder Buttermilch gehören Bakterienstämme vor allem von *Streptococcus thermophilus* und *Lactobacillus delbrueckii subsp. bulgaricus (Lactobacillus bulgaricus)*. Für mildere Joghurts kommen *Lactobacillus acidophilus, Lactobacillus casei* oder *Bifidobacterium bifidum* als Rein- oder Mischkultur zum Einsatz. Diese Bakterienarten bilden überwiegend rechtsdrehende L(+)-Milchsäure, die durch die L(+)-Lactatdehydrogenase schneller abgebaut und für den Menschen als physiologisch günstiger angesehen wird. Nach der Fermentation werden derartige Produkte aufgrund des weitgehenden Abbaus von laktoseintoleranten Menschen besser vertragen, und sie sind länger haltbar als frische Milch.

Die bei der Fermentation gebildeten Säuren sorgen ab pH 5,5 für das Koagulieren der **Kasein-Micellen** unter Bildung eines Netzwerks, die **Dicklegung** der Milch beginnt. In den Zwischenräumen des Kasein-Netzwerks wird die Serum-Phase, die **Molke**, eingeschlossen. Sie enthält die löslichen Milchbestandteile, unter anderem nicht koagulierte Molkenproteine. Sinkt der pH-Wert unter den isoelektrischen Punkt bei 4,65, scheidet sich Molke aus der kompaktierenden Kasein-Micelle wieder ab **(Synärese)**. Wird die dickgelegte Milch mechanisch bewegt (gerührt), entsteht eine cremige Phase, andernfalls ein stichfestes Produkt. Durch Zugabe von Milchpulver oder über eine vorherige Eindampfung lässt sich die Trockensubstanz des Endprodukts erhöhen, es wird fester. Der **Molkeeinschluss** bei dieser Art von fermentierten Erzeugnissen ist ein wichtiger Unterschied zur Käseproduktion. Dort wird die Molke abgetrennt und anderweitig verwertet. Koaguliertes Säurekasein ist kalziumfrei, während Lab-Kasein durch Kalzium komplex verbunden ist.

Naturjoghurt wird nur aus Milch oder Sahne und Milchsäurebakterien hergestellt. Unterschieden wird nach Fettgehalt. **Fruchtjoghurt** gehört zu den Milchmischerzeugnissen und enthält zusätzlich Früchte oder Fruchtzubereitungen. Fruchtjoghurt hat einen Marktanteil von 80 % am gesamten Joghurtumsatz. Bei der Herstellung von **Trinkjoghurt** wird auf eine Erhöhung der Trockenmasse verzichtet, somit bleibt der Joghurt von Beginn an flüssiger. **Dickmilch** ist eine Variante von Joghurt, meist gesäuert durch die milcheigene Bakterienpopulation. **Kefir** ist ein dickflüssiges Sauermilchprodukt mit einem geringen Gehalt an Kohlensäure und Alkohol. Ähnlich wie Joghurt entsteht Kefir durch eine Fermentation, an der neben Milchsäurebakterien auch Hefen wie *Candida utilis, Saccharomyces fragilis, Kluyveromyces marxianus* und *Kluyveromyces lactis* beteiligt sind, die Kohlensäure und eine geringe Menge Ethanol bilden (Abb. 7.29).

Abb. 7.29
Vorgänge bei der Herstellung von dickgelegten Milcherzeugnissen

Produkte gemäß Milcherzeugnisverordnung

Sauermilcherzeugnis
Hergestellt aus Milch oder Sahne unter Verwendung von mesophilen Milchsäurebakterienkulturen, auch unter Erhöhung der Milchtrockenmasse und/ oder angereichert mit Milcheiweißerzeugnissen

Joghurterzeugnis
Hergestellt aus Milch oder Sahne, wobei im verzehrfertigen Erzeugnis hierfür spezifische thermophile Reifungskulturen, deren Wachstumsoptimum bei über 42 Grad C liegt, überwiegen müssen, auch unter Erhöhung der Milchtrockenmasse und/oder angereichert mit Milcheiweißerzeugnissen

Kefirerzeugnis
Hergestellt aus Milch oder Sahne unter Verwendung von spezifischer, aus Kefirknöllchen abgeleiteter Kultur, auch unter Erhöhung der Milchtrockenmasse und/oder angereichert mit Milcheiweißerzeugnissen

Säuerungsverlauf bei Joghurtkulturen allein und als Mischkultur (Kessler 1996)

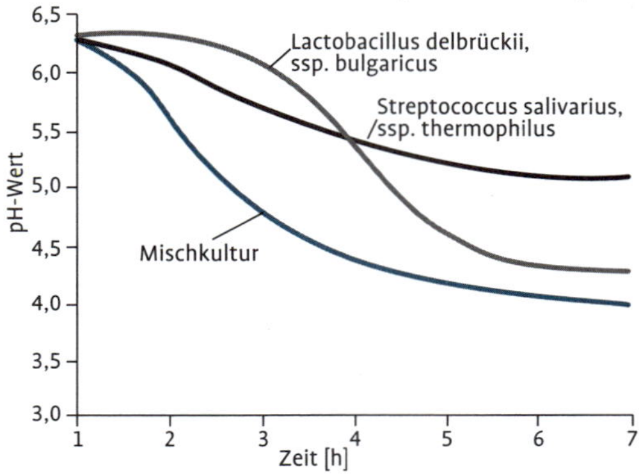

Kasein-Monomere in der Kuhmilch

Kasein-Monomere	Gehalt/L Kuhmilch
as1-Kasein	10 g/L
as1-Kasein	3 g/L
β-Kasein	10 g/L
κ-Kasein	3 g/L

Prinzipielle biochemische Vorgänge bei der Fermentation von Milcherzeugnissen mit Molkeeinschluss

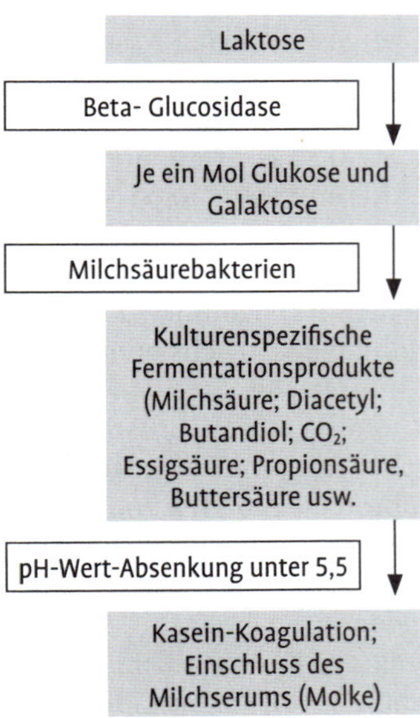

Prinzipielle Verfahrensschritte bei der Herstellung von fermentierten Milcherzeugnissen

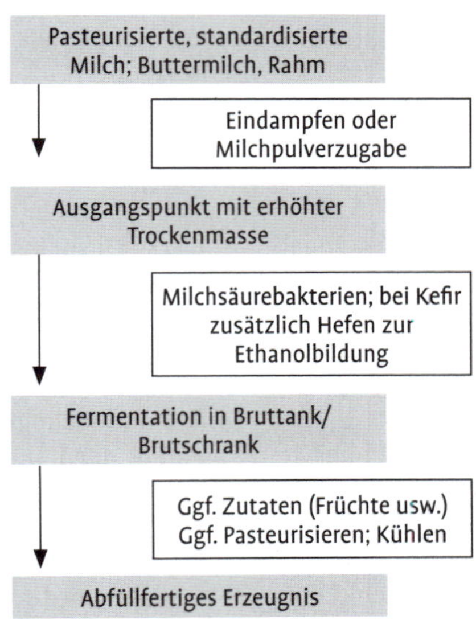

7.5.4 Erzeugnisse durch Dicklegung II: Frischkäse

Die Dicklegung von Milch kann erfolgen durch **mikrobielle pH-Wert-Absenkung** (z. B. Joghurt, Kap. 7.5.3), durch enzymatische Hydrolyse des Kaseins mit dem **Lab-Ferment** oder durch eine Kombination von Mikroorganismen und Lab. Lab ist ein Gemisch aus den Enzymen Chymosin und Pepsin, gewonnen ursprünglich aus der Schleimhaut des Labmagens junger Wiederkäuer im milchtrinkenden Alter, inzwischen hauptsächlich mikrobiell. Lab sorgt für das Ausfällen des Milcheiweißes zur Herstellung von Käse in ungesäuertem Milieu **(Süßgerinnung)**. Es spaltet selektiv die Peptidbindung zwischen den Aminosäuren Phenylalanin und Methionin im k-Kasein-Molekül und beseitigt den Stabilitätsfaktor des Kaseins. Dabei entstehen para-k-Kasein und ein Glycopeptid. Das para-k-Kasein wird durch Ca^{2+}-Ionen der Milch ausgefällt, die Milch wird „dick". Der Bruch lagert sich in mehreren Schritten zu einem Gel zusammen und verfestigt sich über den Faktor Zeit (Synärese).
Das Koagulat wird als **Frischkäse** frühzeitig manuell abgeschöpft oder in Großbetrieben mittels **Düsenseparator** von der Hauptmenge der Molke getrennt. Der Käsebruch wird kontinuierlich durch periphere Bohrungen in der Trommelwand nach außen, die spezifisch leichtere Molke zentral unter Greiferdruck innen abgeführt. Frischkäse ist definiert als ein aus Käsereimilch mit verschiedenen Fettstufen durch Säuerung, meist kombiniert mit Lab, hergestelltes Produkt, das **nicht gereift** unmittelbar nach der Herstellung zum Verzehr geeignet ist und keine Rinde besitzt. Die bekanntesten Frischkäse sind Burrata, Hüttenkäse, körniger Frischkäse, Cottage Cheese, Mascarpone, **Speisequark**, Weißkäse (österr. Topfen), **Rahm- oder Doppelrahm-Frischkäse**, Ricotta und Schichtkäse. Die Produkte unterscheiden sich hauptsächlich im Fettgehalt, der Konsistenz, der Trockensubstanz, der Art der Kaseinfällung, dem Säuerungsgrad und den Zumischungen von Kräutern usw. In Deutschland müssen Frischkäse gemäß **Käseverordnung** einen Wassergehalt in der **fettfreien Käsemasse** > 73 % aufweisen. Ihre Haltbarkeit beträgt bei Kühllagerung je nach Produkt 21–90 Tage. Eine Pasteurisierung der **Kesselmilch** nach einem anerkannten Verfahren ist zwingend vorgeschrieben. Der prinzipielle technologische Unterschied zu Käse (Kap. 7.5.5) liegt neben der fehlenden Reifung in der geringeren Lab-Menge und der längeren Denaturierungszeit bei niedrigerer Temperatur.
Ausgangsprodukt der **Speisequarkherstellung** ist pasteurisierte Magermilch. Sie wird beim gängigen Verfahren so erhitzt, dass auch die löslichen Molkenproteine ausbeutesteigernd thermisch denaturieren **(Thermoquark)**. Die Säuerung erfolgt üblicherweise bei Temperaturen von 20–22 °C durch Zusatz von 1–2 % Milchsäurekulturen. Zur Fetteinstellung erhält der Magerquark Rahm zugemischt. **Rahmfrischkäse** wird aus Milch mit 3 % Fett ähnlich hergestellt, allerdings der zentrifugierte Bruch einige Zeit heiß gehalten. Gleiches geschieht mit **Doppelrahmfrischkäse**, der aus aufgefetteter Milch (z. B. 12 % Fett) hergestellt wird. Dieser Bruch ist aufgrund des Fettanteils spezifisch leichter als Molke und wird in einem Trennseparator als leichte Phase innen abgeführt (Abb. 7.30).

7.5.5 Erzeugnisse durch Dicklegung III: Käse mit Reifung

Käse wird hergestellt durch Kaseingerinnung, Molkeabtrennung und anschließende Reifung des verdichteten Käsebruchs. Weltweit finden sich bis zu 5000 Käsesorten, die eine extreme Vielfalt der Käsereitechnologie widerspiegeln. Eine Systematisierung wird nach der Herkunft der Milch, der Konsistenz des Käses und nach dem Fettgehalt durchgeführt, aber auch nach der Behandlung des Bruchs oder der Oberfläche mit Kulturen wie Schimmelpilzen oder Bakterien. Molkenkäse werden abweichend davon durch thermische Koagulation der gelösten Molkenproteine Albumin und Globulin produziert. Die wesentlichen Produktionsschritte, weitgehend unabhängig von der Käsesorte, sind folgende:
Vorbereitung der Käsereimilch: Entkeimung, d. h. Abtrennung von käseschädlichen Sporen mit Zentrifugen oder Mikrofiltern und Fettge-

Abb. 7.30
Die Technologie von Frischkäse und Quark

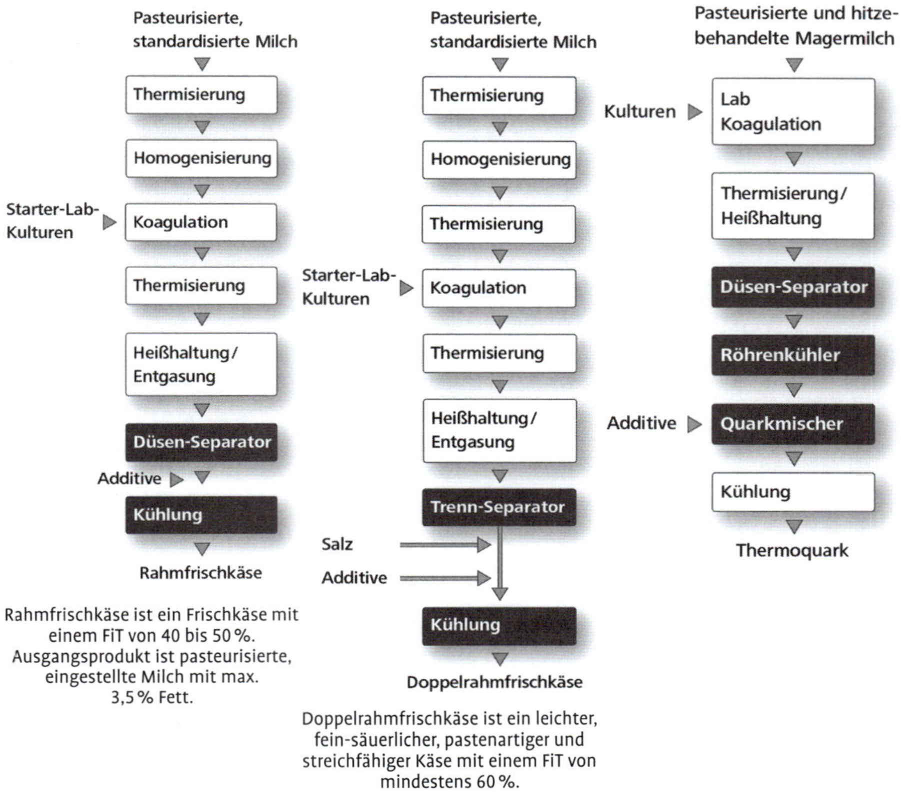

Düsenseparator (Quelle: GEA AG)

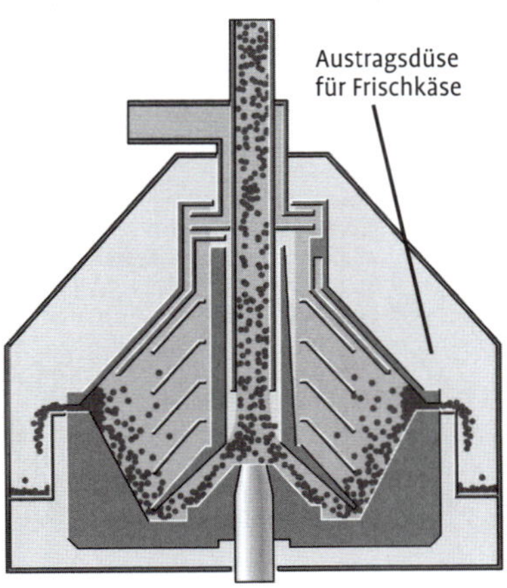

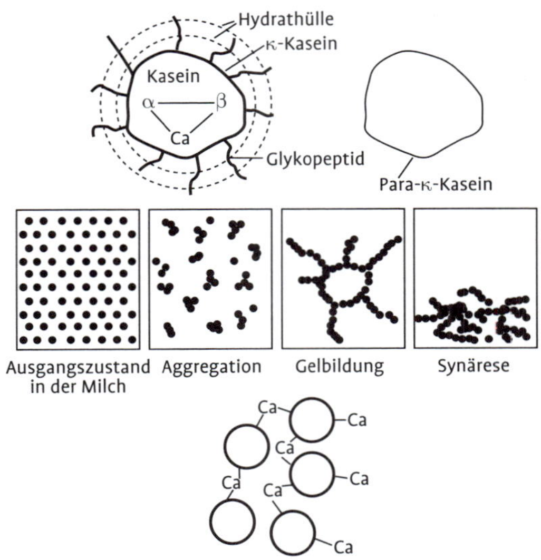

Kasein-Mizelle (oben) und Dicklegung von Milch schematisch; unten: Lab-Kasein mit Kalzium-Brücken (nach Kessler 1996 und Spreer 1978)

Abb. 7.31a
Käseherstellung und Begriffsbestimmungen

Begriffsbestimmungen:
Käse wird nach dem Wassergehalt in der fettfreien Käsemasse eingeteilt (Fett i. Tr.):

Frischkäse – Wassergehalt über 73 %; z. B. Speisequark, Hüttenkäse, Ricotta

Weichkäse – Wassergehalt über 67 %; z. B. Brie, Romadur, Feta, Camembert

Sauermilchkäse – Wassergehalt 60 % bis 73 %; z. B. Harzer Käse, Kochkäse, Handkäse

Halbfester Schnittkäse – Wassergehalt 61 % bis 69 %; z. B. Butterkäse, Edelpilzkäse

Schnittkäse – Wassergehalt 54 % bis 63 %; z. B. Edamer, Gouda, Tilsiter

Hartkäse – Wassergehalt bis 56 %; z. B. Bergkäse, Parmesan, Emmentaler, Manchego

Fettstufe	Fett i. Tr.	Fettgehalt			
		Hartkäse	Schnittk.	Weichk.	Frischkäse
Doppelrahm	60–87 %	≥ 42 %	≥ 36 %	≥ 30 %	≥ 18 %
Rahm	≥ 50 %	≥ 35 %	≥ 30 %	≥ 25 %	≥ 15 %
Vollfett	≥ 45 %	≥ 32 %	≥ 27 %	≥ 23 %	≥ 14 %
Fett	≥ 40 %	≥ 28 %	≥ 24 %	≥ 20 %	≥ 12 %
Dreiviertelfett	≥ 30 %	≥ 21 %	≥ 18 %	≥ 15 %	≥ 9 %
Halbfett	≥ 20 %	≥ 14 %	≥ 12 %	≥ 10 %	≥ 6 %
Viertelfett	≥ 10 %	≥ 7 %	≥ 6 %	≥ 5 %	≥ 3 %
Mager	< 10 %	< 7 %	< 6 %	< 5 %	< 3 %

Blockbild Käseherstellung (Quelle: Tetra Pak Processing 2012)

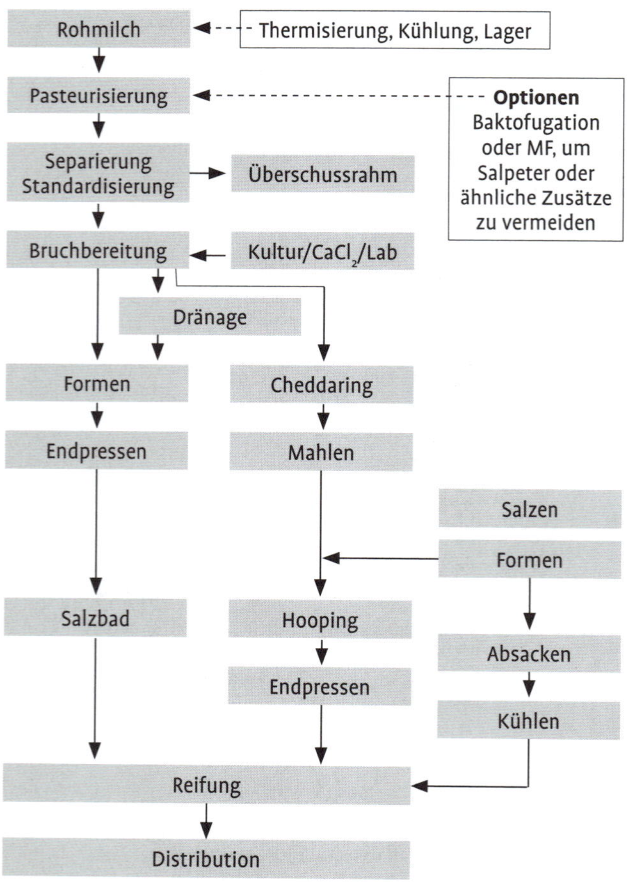

Kesselmilch:

Fettstandardisierung
- Fett relativ zu Fettfreie TMSNF (Kasein) = Fett/Fettfrei TMSNF (Kasein)

Pasteurisierung
- 70–72 °C/15–20 Sek. (nicht immer angewendet)
- Kühlen auf Einlabungstemperatur ca. 30 °C

Optionen:

Mechanische Reduktion der Bakterienzahl
- Bactofugation
- MF

Von der Milch zum Käse

Im Käsefertiger
- Einstellen der Kesselmilch
- Zusätze:
  - Kalziumchlorid
  - Salpeter, falls gesetzlich zulässig
  - Starterbakterien, passend zur Käsesorte
  - Lab als Gerinnungsmittel

Im Käsefertiger
- Schneiden (Bruchbereitung)
- Abzug eines Teils der Molke:
- Zusatz von Wasser
- Erwärmen, Brennen, direkt oder indirekt, abhängig von der Käsesorte
- Sammeln des Bruches zum Vorpressen und/oder Endformen/Pressen, falls nötig
- Salzbad oder bei Cheddar
- Cheddaring, gefolgt von Mahlen, Salzen, Hooping und Pressen
- Geformter, gepresster und gesalzener Käse geht für die benötigte Zeit ins Reifungslager

Abb. 7.31b
Käseherstellung und Begriffsbestimmungen

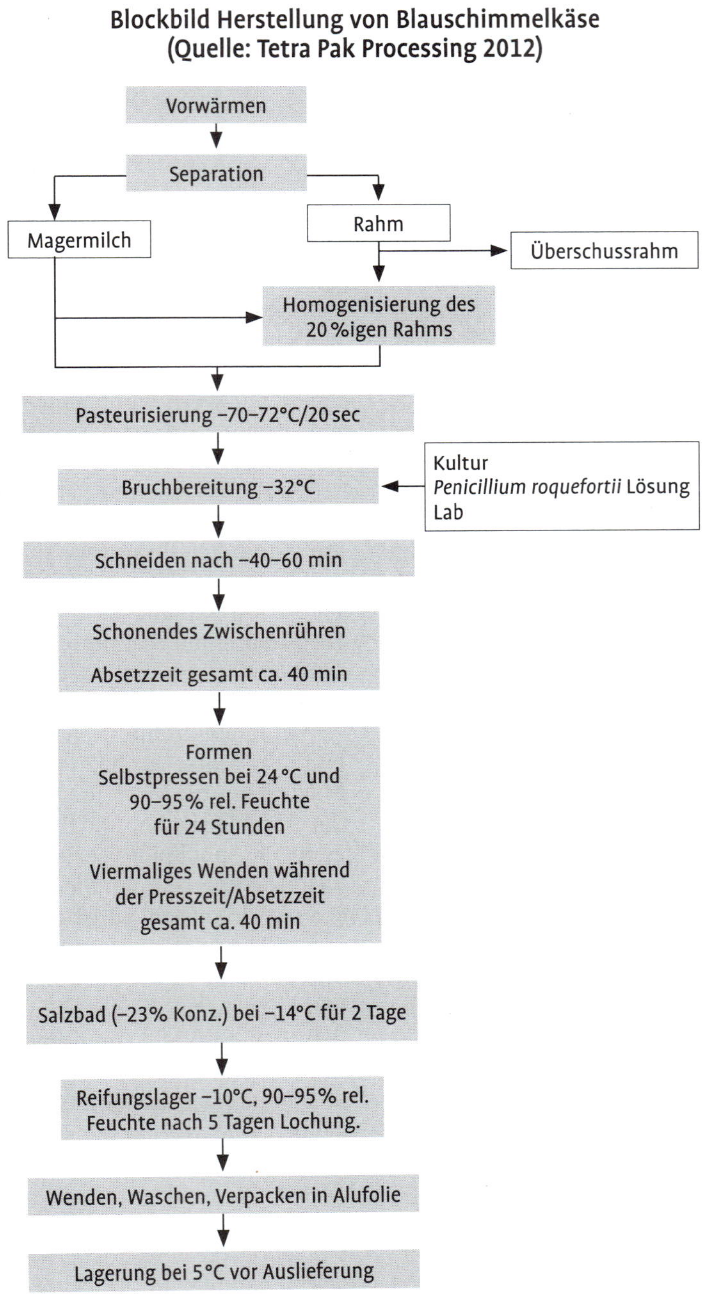

haltstandardisierung. Vielfach erfolgt eine Kaseinstandardisierung mit Mikrofiltration. **Dicklegen der Milch im Käsefertiger:** Zugabe der Kulturen z. B. *Lactococcus lactis* oder *Streptococcus thermophilus* zur pH-Wert-Absenkung auf etwa 6,1, danach Zugabe des Labs bei 28–33 °C. Parameter sind die Labkonzentration, der Kalziumgehalt der Milch, der pH-Wert und die Temperatur.

Schneiden, Formen, Pressen: Die Gallerte wird durch längs und quer in einem Rahmen angeordnete Messer oder Drähte direkt nach der Dicklegung würfelförmig geschnitten, damit die Molke aus dem Netzwerk austreten kann. Die Teilchengröße für Hartkäse liegt bei 1–4 mm, für Weichkäse reichen 10–30 mm aus. Je kleiner die Bruchteilchen, desto vollständiger kann die Molke entfernt werden. Temperaturerhöhung (zwischen 35 und 54 °C, Nachwärmen oder „Brennen") unterstützt die Synärese. Die **Molkeseparierung** erfolgt je nach Käsesorte durch Ablassen aus der Käsewanne, durch Führen über gelochte Förderbänder oder durch Abfüllen in perforierte Kunststoffformen. In denen wird der Bruch gepresst (z. B. bei Hartkäse mit 0,4–0,8 bar über 24 Stunden) und weiter von Molke befreit. Weichkäse kann in kleine perforierte Formen abgefüllt werden, in denen freie Molke abläuft und sich die kleinen Käselaibchen rasch verfestigen können.

Salzen: Durch Eintauchen in Salzlake (je nach Käsesorte 15–22 % NaCl-Konzentration für eine Stunde bis fünf Tage, Salzgehalt im Käse zwischen 0,5 und 4 %) wird den Rändern des Käselaibs weitere Molke entzogen, die Rindenbildung vorbereitet und diese gleichzeitig mikrobiologisch geschützt. Salz wandert zudem in den Käse und trägt zur Geschmacksbildung mit bei. Eine Alternative ist die manuelle Trockensalzung. **Reifung:** Dabei findet bei spezifischer Temperatur und Luftfeuchtigkeit eine chemisch-physikalische Umwandlung der Inhaltsstoffe durch Mikroorganismen statt. Laktose wird pH-Wert-senkend zu Milchsäure metabolisiert, diese kann weiter zu Propionsäure und CO_2 umgewandelt werden (**Lochbildung** durch Gase z. B. im Emmentaler). Eiweiß wird hydrolytisch gespalten bis zur Stufe von Peptiden und Aminosäuren, aus denen sich im weiteren Verlauf der Reifung unter anderem flüchtige Säuren und Ammoniak bilden können (Abb. 7.31).

7.5.6 Molke als Rohstoff für Proteine, Laktose, Phospholipide und Kalzium

Molke, die wässrige, grünlich-gelbe Flüssigkeit, die bei der Herstellung von Käse nach der Gerinnung des Kaseins abgetrennt wird, war in der Vergangenheit eher ein Abfallprodukt, mit dem vor allem Schweine gefüttert wurden. Inzwischen ist sie nicht nur ein Lifestylegetränk in zahlreichen Darreichungsformen, sondern ein extrem wertschöpfender Ausgangsstoff für eine große Zahl von Substanzen, die in einer Fülle von Lebensmitteln oder pharmazeutischen Produkten zum Einsatz kommen. **Süßmolke** (Labmolke) entsteht, wenn allein Lab zur Käseherstellung verwendet wird, **Sauermolke** nach Dicklegung durch Milchsäurebakterien, **Kaseinmolke** nach reiner Säurefällung. Die Fällung mit Salzsäure wird durchgeführt zur Gewinnung von Kasein als Rohstoff für technische Produkte. Alternativ lässt sich Kasein durch Mikrofiltration aus Magermilch gewinnen. Molke enthält 4–5 % Milchzucker, Milchsäure, die Vitamine B_1, B_2 (dies bewirkt die grünliche Farbe) und B_6 sowie Kalium, Kalzium, Phospholipide (Lecithin) und zahlreiche weitere Mineralstoffe. Sie wird aufgrund dieser physiologisch günstigen Zusammensetzung allein oder als Mischgetränk konsumiert. Mitgeschleppter **Käsestaub** lässt sich in Großbetrieben mittels Klärzentrifuge zurückgewinnen, Rahm mittels Trennseparator abtrennen und als **Molkenrahm** weiter verwenden. Außerdem finden sich in Molke 0,6–1 % lösliche **Molkenproteine** (Albumine, Globuline), die zu Molkenkäse verarbeitet oder nach Fällung und Trocknung zu Sportlernahrung veredelt werden können (**„Whey Protein"**).

Molkenpulver wird durch Wasserentzug mittels Eindampfer und Trockner hergestellt. Es ist das älteste und mengenmäßig am meisten verbreitete Produkt auf der Basis von Molke und wird in großen Mengen als Viehfutter eingesetzt. Unter dem Oberbegriff **Molkenderivate**

Abb. 7.32a
Zusammensetzung und Verarbeitung von Molke

Zusammensetzung von Molkepulvern und Derivaten

	Lactose*	Eiweiß	Fett %	Asche	Wasser
Süßmolkenpulver	≥ 70 %	≥ 12 %	≤ 1,5 %	≤ 8,5 %	≤ 3,5 %
Sauermolkenpulver	≥ 65 %	9 ± 1 %		11 ± 1 %	≤ 3,5 %
Lactose edible	≥ 99 %	≤ 5 %		≤ 0,3 %	≤ 5,5 %
Lactose pharma	≥ 99,6 %			≤ 0,1 %	≤ 5,5 %
Molkenprotein-Konzentrat nieder %	46 ± 2 %	35 ± 2 %	3 ± 1 %	≤ 8 %	≤ 5 %
Molkenprotein-Konzentrat hoch %	5 ± 2 %	78 ± 2 %	6 ± 2 %	≤ 3,5 %	≤ 5,5 %
Entmineralisiertes Molkenpulver 50 %	78–82 %	≥ 11 %	≤ 1,5 %	≤ 4 %	≤ 3 %
Entmineralisiertes Molkenpulver 90 %	80–84 %	≥ 11 %	≤ 1,5 %	≤ 1,5 %	≤ 3 %
Milchmineralien	≤ 7 %	≤ 6 %	≤ 1 %	≥ 96 %	≤ 6 %

* als Monohydrat

Zusammensetzung von verschiedenen Molketypen

Bestandteil	Süßmolke	Sauermolke	Kaseinmolke
% Trockenmasse	6,20	5,70	6,10
% Lactose	4,80	4,60	4,70
% Eiweiß	0,75	0,30	0,50
% Fett	0,05	< 0,01	< 0,01
% Asche	0,60	0,80	0,90
pH-wert	6,1	4,6	4,4

Molkenproteine in Kuhmilch

Molkeneiweiß-komponente	Gehalt/L Kuhmilch
β-Lactoglobulin	3,5 g/L
α-Lactoglobulin	1 g/L
Immunglobuline	0,7 g/L
Blutserumalbumin (BSA)	0,3 g/L
Lactoferrin	in Spuren enthalten
Proteosen-Pepton-fraktion	0,7 g/L

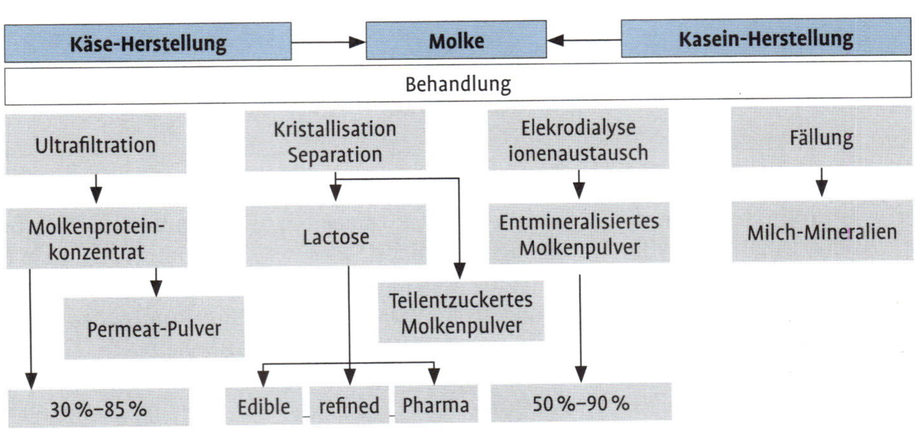

Abb. 7.32b
Zusammensetzung und Verarbeitung von Molke

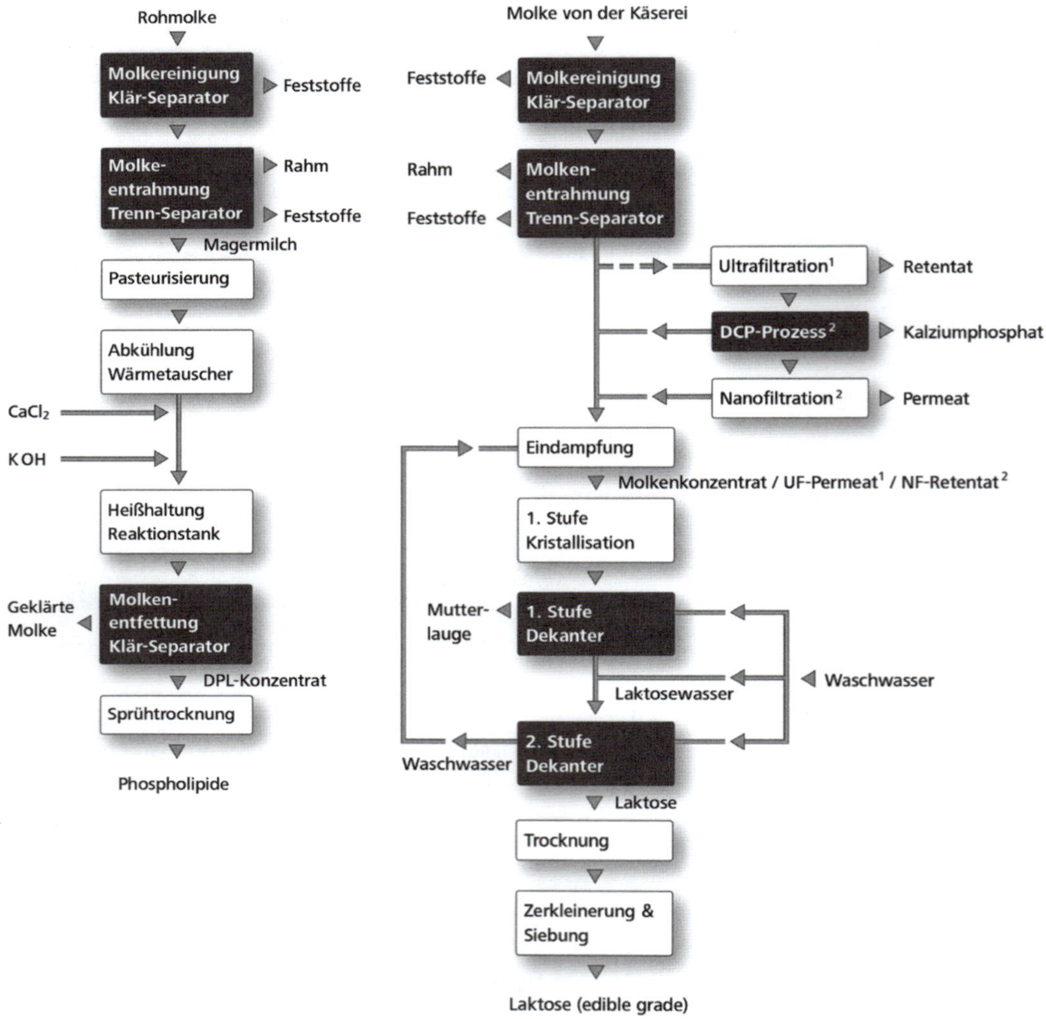

(Quelle: GEA AG)

werden alle Produkte zusammengefasst, bei denen einzelne Inhaltsstoffe der Molke angereichert, abgetrennt oder isoliert worden sind. Das nach dem Molkenpulver zweitwichtigste Produkt ist **Laktose**. Sie wird in sehr hoher Reinheit durch Konzentrierung der vollständig entfetteten Molke und anschließender Abkühlung in einem Spezialtank mittels Kristallisation gewonnen. Während der Kühlung fallen unlösliche Laktosekristalle aus, die z. B. durch einen Dekanter abgetrennt und einem intensiven Waschprozess unterzogen werden.

Phospholipide sind Emulgatoren, die das Milchfett in Lösung behalten. Es sind Ester der Phosphorsäure, sie umschlingen die Fettkügelchen der Milch in einer mehrlagigen Membranschicht. Im Zuge der Milchbehandlung und Kaseinfällung gelangen sie zum Teil in die Mol-

ke. Aus gut gereinigter Molke lassen sich Phospholipide nach Fällung mit Kaliumhydroxid und Kalziumchlorid und Heißhaltung zentrifugal abtrennen und durch Sprühtrocknung konzentrieren.
Kalzium wird aus Molke als Kalziumphosphat gewonnen. Ausgangsstoff ist Molkenpermeat, das man mit Natronlauge versetzt und erhitzt. Das gefällte Kalziumphosphat wird in einem mehrstufigen Klär- und Waschprozess zentrifugal getrennt, gereinigt und getrocknet (Abb. 7.32).

7.6 Kaffee

Kaffee wird aus den **Samen** (den **Kaffeebohnen**) der Frucht (der **Kaffeekirsche**) von *Coffea arabica* (Arabica-Kaffee, rund 61 % der Weltproduktion) und *Coffea canephora* (Robusta-Kaffee, 31 % der Weltproduktion) hergestellt. In Deutschland liegt der Kaffeekonsum bei 167 Liter pro Kopf und Jahr. Die Kaffeebohne ist das Speichergewebe des Keimlings am Fruchtstiel zugekehrten Ende des Samens. Jeder Samen wird von einer dünnen, fest anhaftenden Schale, dem Silberhäutchen, geschützt. Beide Kaffeebohnen sind jede für sich von einer locker aufsitzenden, dünnen und blassgelben Hülle, der Pergamenthaut, umgeben. Um Röstkaffee herzustellen, werden Fruchthaut, Fruchtfleisch, Pergamenthaut sowie Silberhäutchen und der größte Teil des Wassers in der Bohne entfernt, bis die saubere und trockene Rohkaffeebohne übrig bleibt.
Beim **Rösten** werden die Kaffeebohnen trocken und fettfrei erhitzt. Die Dauer und die Temperatur der Erhitzung sind die maßgeblichen Geschmacksparameter des Kaffees. Hellere Röstungen schmecken milder, dunklere weisen mehr Bitterstoffe auf und sind für konzentriertere Zubereitungsarten wie Espresso geeignet. Auch Röstkaffee zur Herstellung von **löslichem Kaffee** (Instantkaffee) ist in der Regel dunkler geröstet und hat einen höheren Wasseranteil als der für **Filterkaffee**. Die gereinigten Bohnen werden in Trommelröstern chargenweise bei einer Temperatur von 200–230 °C geröstet. Beim Rösten verdampft das Wasser in den Kaffeebohnen und erzeugt einen erhöhten Innendruck in den Bohnen, sie blähen sich fast um das Doppelte auf. Dadurch kommt es zum Aufplatzen der Bohne, dem „First Crack“. Für dunklere Röstungen wird weiter erhitzt, bis die Bohne noch mehr Wasser verloren hat und ihre Zellstrukturen bereits verbrennen. Die Farbe der Bohne verändert sich während des Röstvorgangs von zartgrün über gelb und gelbbraun zu hellbraun, bei dunkleren Röstungen zu dunkelbraun. Durch die Maillard-Reaktion bilden sich zudem die spezifischen Kaffeearomen. Nach dem Rösten werden die Kaffeebohnen abgekühlt und zum Schutz des Aromas ganz oder gemahlen luftdicht verpackt.
Zur Herstellung von löslichem Kaffee wird geröstetes Mahlgut in einer Perkolatorenbatterie im Gegenstrom wässrig extrahiert. Im ersten Extraktionsschritt wird Frischwasser von 170–190 °C unter einem Druck von 15–20 bar in den Perkolator mit dem am stärksten ausgelaugten Kaffeemahlgut geleitet. Danach durchläuft der erste Extrakt die weiteren Säulen, bis er meist in der sechsten Stufe die Extraktionssäule mit dem frischen Mahlgut erreicht. Der Extrakt verlässt die Batterie als **Dünnsaft** mit einer Temperatur von 40 bis über 80 °C. Er wird mechanisch gereinigt (Zentrifuge oder Filter) und durch Vakuumverdampfen oder durch Gefrierkonzentrierung konzentriert. Bei der Vakuumverdampfung wird das Konzentrat unter Druck durch Düsen in einem Trockenturm versprüht und fein zerstäubt. Die Tröpfchen werden mit heißer Luft verwirbelt. Dabei entstehen winzige Hohlkügelchen aus reinem Kaffeeextrakt, die beim Fallen abkühlen. Die Kaffeepartikel werden agglomeriert, indem man sie nach dem Trocknen kurz mit Wasserdampf befeuchtet. Dadurch haften mehrere Partikel zusammen und die typischen Kaffeekörnchen des löslichen Kaffees entstehen (Abb. 7.33).
Die Kaffeebohne enthält mehrere Inhaltsstoffe, die als negativ für die Gesundheit angesehen werden. Dazu gehören vor allem Acrylamid, HMF und weitere Stoffe, die aus Nebenreaktionen der Maillard-Reaktion resultieren. Trotzdem ist in epidemiologischen Studien nachgewiesen worden, dass Kaffeegenuss antikanzerogene und kardioprotective Eigenschaften besitzt, also der Gesundheit Gutes tun kann.

Abb. 7.33
Von der Kaffeekirsche zum Kaffee

Kaffeekirsche (Quelle: Kaffeeverband)

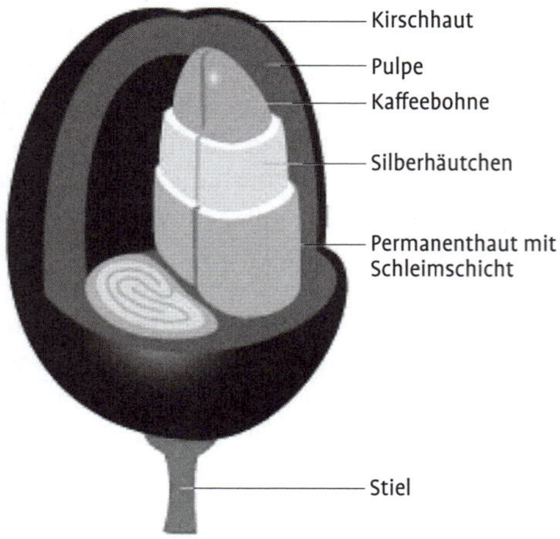

Wichtige chemische Substanzen in Roh- und Röstkaffee

Substanz	Rohkaffee (in %)	Röstkaffee (in %)
Saccharose	8,0	0
Polysacchararide	46,0	35,0
Lignin	3,0	3,0
Fette	16,0	17,0
Proteine	11,0	7,5
Chlorogensäure	6,5	2,5
Coffein	1,2	1,3
Trigonellin	1,0	1,0
Asche	4,2	4,5
Karamelisations-, Kondensations-produkte		28,5

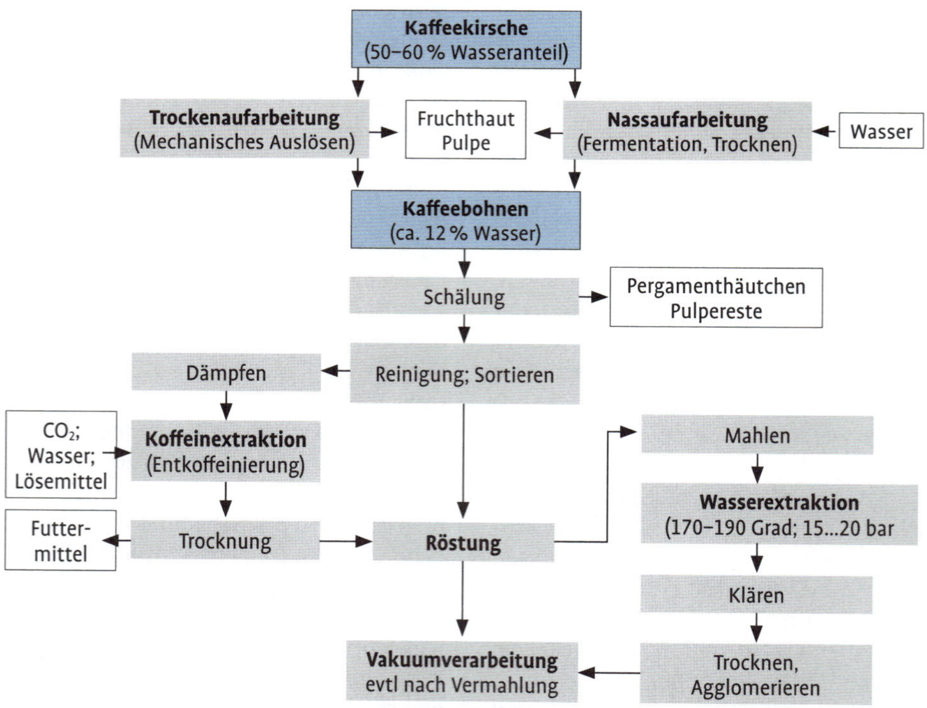

Herstellung von Röstkaffee, entkoffeiniertem Kaffee (links) und löslichem Kaffee (rechts);
Entkoffeinierter Kaffee enthält max. 1 g Koffein auf 1 kg Kaffee-Trockenmasse.
Nicht entkoffeinierter Kaffee liegt bei einen Koffeingehalt von etwa 1,5 %.

Kaffee ist ein Beispiel dafür, dass die Matrix, in die die Verbindungen eingeschlossen sind, eine große Rolle spielen kann. Dieser Effekt ist als „Kaffee-Paradoxon“ bekannt.
Verantwortlich für die Schutzeigenschaften von Kaffee ist vor allem die große Gruppe der Polyphenole. Einige davon sind als Antioxidanzien wirksam, sie fangen schädliche Radikale ab. Dazu gehören z. B. Hydroxyzimtsäure, Ferulasäure, Kaffeesäure oder Cumarsäure, jeweils als Mono- oder Di-Ester. Deren Konzentration in Arabica-Bohnen von 5–7 %, in Robusta-Bohnen bis 10 %, wird beim Röstprozess auf 1–2 % verringert. Gleichzeitig entstehen durch die Maillard-Reaktion Melanoidine, die sich mit einfachen Phenolen wiederum zu antioxidativ wirkenden Komplexen verbinden.
Die Röstdauer wirkt sich auf die Menge von Antioxidanzien aus: kurze Röstung erhöht die Menge, längere (> 3 min) reduziert sie, führt aber zu einem sensorisch besser bewerteten Produkt (Zapp, 2023).

7.7 Kakao und Schokolade

Die 15–25 cm langen und 7–10 cm dicken, ledrig-holzigen Früchte des Kakaobaums (*Theobroma cacao*) enthalten 25–50 bohnenförmige Samen **(Kakaobohnen)**, die in ein helles Fruchtmus eingebettet sind. Eine Fermentation ermöglicht die Trennung dieses Fruchtfleischs von den Bohnen, tötet den Keimling ab und bildet erste Aromastoffe. Die anschließende Trocknung stabilisiert die Bohnen mikrobiologisch, meist folgt eine zusätzliche Keimverminderung mit Dampf. Beim **Rösten** entstehen bis zu 400 Aromastoffe, die Schale wird brüchig und die Feuchtigkeit der Masse sinkt auf etwa 2 % ab. Gleichzeitig bildet sich die braune Farbe aus. Starke Walzen brechen die Bohnen in kleine Stücke und Schälen gleichzeitig. Die leichten Schalenteile werden mit Luft weggeblasen. Übrig bleibt der **Kakaokernbruch**, der in einem nächsten Schritt unter Druck gedämpft wird, dabei unerwünschte flüchtige

Abb. 7.34a
Der Weg von der Kakaofrucht zu Kakaopulver und Schokolade

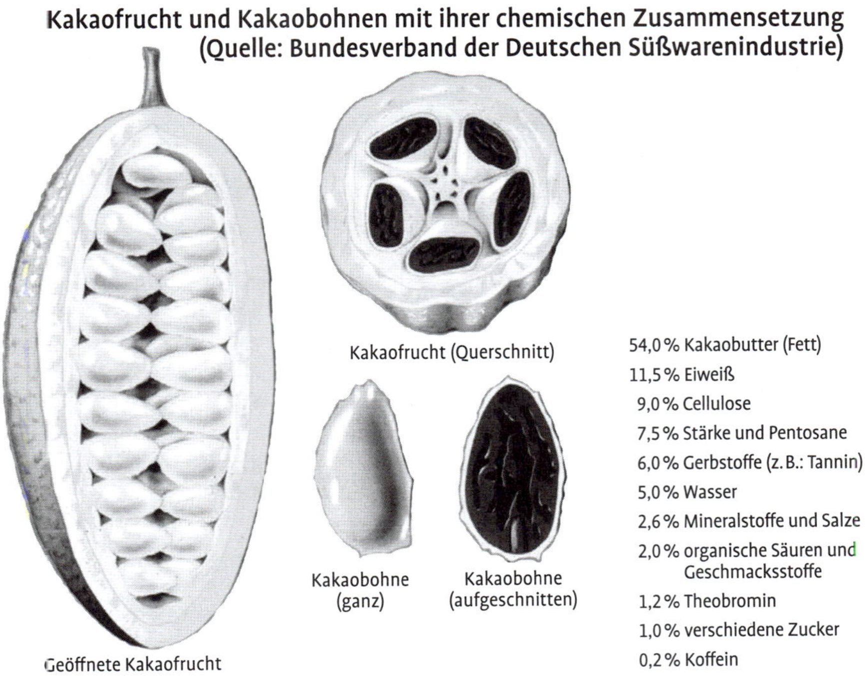

Abb. 7.34b
Der Weg von der Kakaofrucht zu Kakaopulver und Schokolade

Kakaofrucht und Kakaobohnen mit ihrer chemischen Zusammensetzung

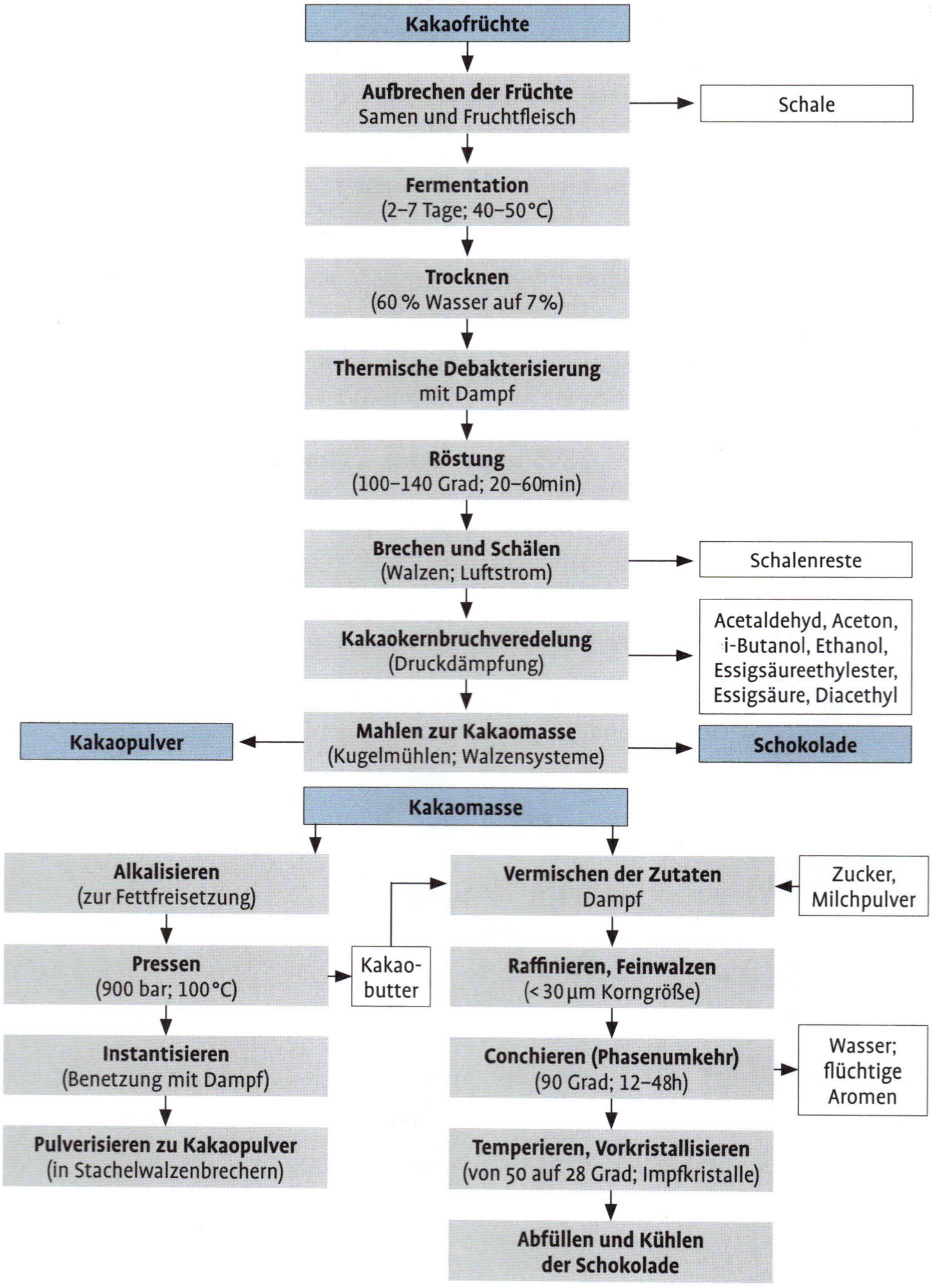

Aromastoffe abgibt und hinterher weitgehend keimfrei ist. Beim abschließenden Zermahlen wird das Zellgewebe der Bruchstücke zerrissen und die Kakaobutter freigelegt. Durch die entstehende Hitze schmilzt die Kakaobutter, tritt aus den Poren aus und umhüllt die Bruchstücke. Der Kakaobruch wird zur flüssigen **Kakaomasse** mit Teilchengrößen von 20–30 µm. Aus der Masse lassen sich durch unterschiedliche Prozesse Kakaopulver und Schokolade herstellen.

Kakaopulver: Durch Pressen wird die Kakaomasse entölt. Die Alkalisierung (auch „Dutching“ genannt) mit Natriumcarbonat oder Pottasche dient dem Aufschließen der Masse, um die **Kakaobutter** leichter abtrennen zu können sowie der Farbbeeinflussung. Der Pressvorgang läuft bei 100 °C und 900 bar ab. Die Kakaobutter fällt als goldgelbe, klare Flüssigkeit an. Je nach Pressdauer wird von über 50 % kommend stark entölter (mindestens 10 % Fett) oder mit mindestens 20 % Fett schwach entölter **Presskuchen** erzeugt. Presskuchen mit mehr als 30 % Fett lässt sich nicht zu Kakaopulver verarbeiten, da er bei der Mischung mit kalter Milch oder Wasser Klumpen bildet und sich absetzt. Zur Verbesserung der Löslichkeit wird der Kakaokuchen vor dem Feinvermahlen in einer Dampfphase oberflächlich benetzt und verklebt.

Schokolade: Die Kakaomasse wird mit den rezepturabhängigen Zutaten wie Kakaobutter, Zucker, Milchpulver, Nüssen usw. zu einer knetfähigen, feinkörnigen Masse verrührt. Um eine möglichst weiche Konsistenz zu bekommen und auf der Zunge ein „sandiges“ Gefühl zu verhindern, walzt man die Kakaomasse in einem Raffineur durch mehrere Walzen zu einer hauchdünnen Schicht. Beim **Conchieren** wird die Schokolade mehrere Stunden gerührt und bis 90 °C erwärmt. Dadurch verteilt sich Fett gleichmäßig um die Teilchen, es entsteht eine zarte, flüssige Masse. Zudem lösen sich Aromastoffe aus dem Fett und lagern sich an die festen Partikeln an, Zuckeroberflächen werden aromatisiert und der Geschmack harmonischer. Die langsame Abkühlung verhindert eine Phasenentmischung und erzeugt einen matten Seidenglanz. Schließlich wird die Schokolade in bedarfsgerechte Formen gefüllt und abgekühlt oder in Heiztanks flüssig ausgeliefert (Abb. 7.34).

7.8 Zucker aus Zuckerrübe bzw. Zuckerrohr

Saccharose ist die Speichersubstanz des Wurzelgemüses Zuckerrübe (*Beta vulgaris subsp. vulgaris*) bzw. des Zuckerrohrs (*Saccharum officinarum*). Die Wurzel der Rübe enthält bis 20 % Saccharose, die Stengel des Zuckerrohrs zwischen 12 und 17 %. Zuckerrohr gehört wie alle wichtigen Getreidearten zur Familie der Süßgräser (Poaceae) und stammt ursprünglich aus Ostasien. Da in der vorindustriellen Zeit Anbau, Ernte, Gewinnung von kristallinem Zucker und der Transport sehr aufwändig waren, blieb Zucker bis ins 19. Jahrhundert ein Luxusprodukt. Erst dann stand eine Alternative zur Verfügung: der chemisch identische Zucker der Zuckerrübe. Im Jahr 1747 fand Andreas Sigismund Marggraf, Chemiker und Direktor der Königlichen Akademie der Wissenschaften in Berlin, heraus, dass der als Speichersubstanz produzierte Zucker der Runkelrübe chemisch identisch ist mit dem Rohrzucker aus Übersee. Bei einer Zuckerkonzentration von lediglich 2 bis 3 Prozent war aber keine rentable Ausbeute zu erwarten. Die heutige Zuckerrübe entstand durch Züchtung aus der Runkelrübe, wobei gezielt auf einen hohen Zuckergehalt selektiert wurde.

Der Aufstieg der Rübe begann zu Beginn des 19. Jahrhunderts als Profiteur großer Politik. Direkter Auslöser war Napoleons Kontinentalsperre von 1807 bis 1813, die den Import von Zucker aus Übersee drastisch verteuerte. Die Menschen in Europa wollten nicht mehr wie früher ungesüßt speisen, Zucker war für sie unverzichtbar geworden. Da kamen die Rüben gerade recht, und so konnte die deutsche Rübenzuckerindustrie im Schutz der Kontinentalsperre erblühen. Schon 1802 erzeugte die erste Fabrik der Welt in Schlesien Rübenzucker, wenige Jahre später in Augsburg die zweite. Und im Jahr 1813 existierten allein am Niederrhein 23 Zuckerrübenfabriken. Zucker wurde

Abb. 7.35a
Zuckerherstellung und Zuckerprodukte (Quelle: Fa. KSB)

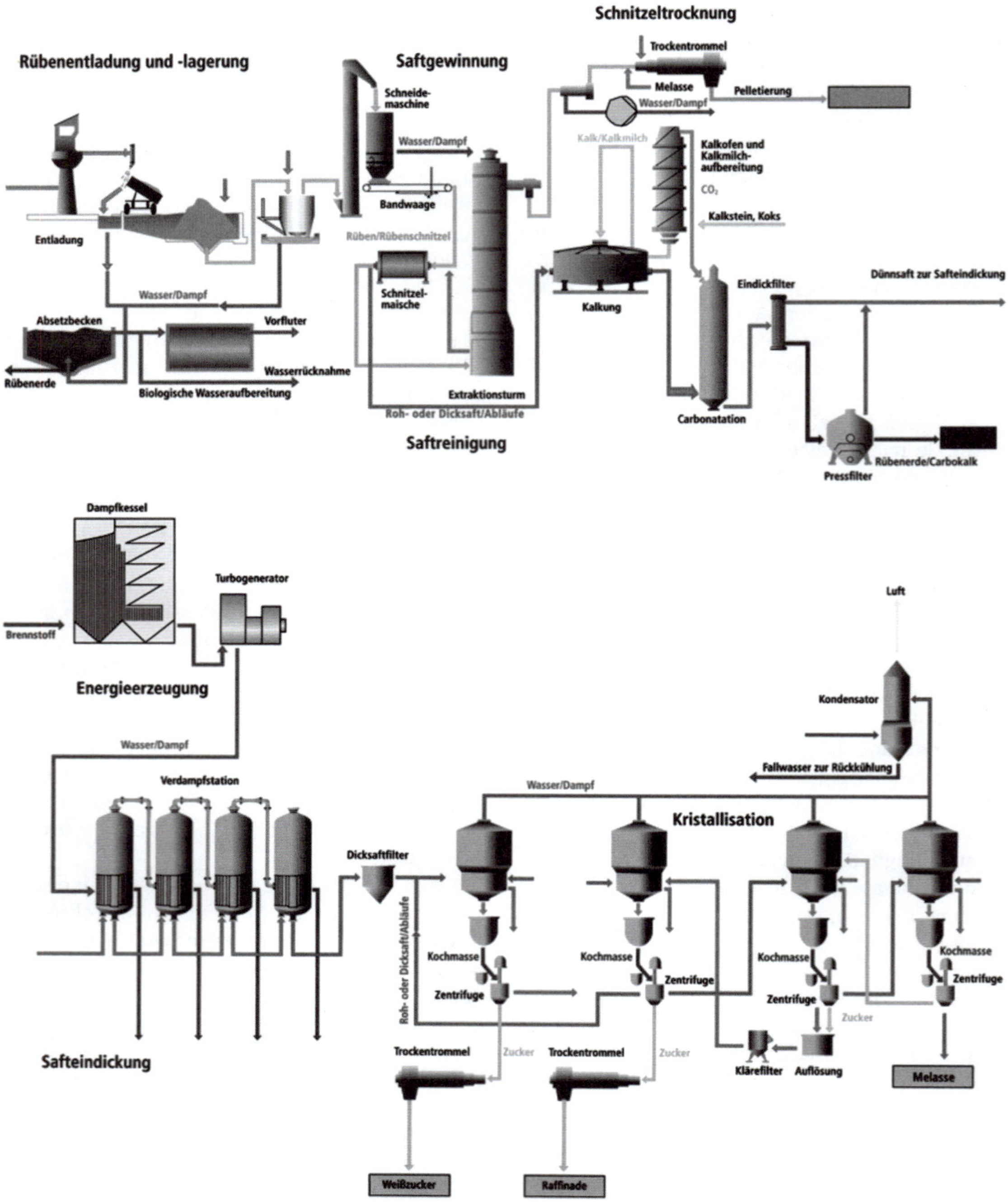

Abb. 7.35b
Zuckerherstellung und Zuckerprodukte

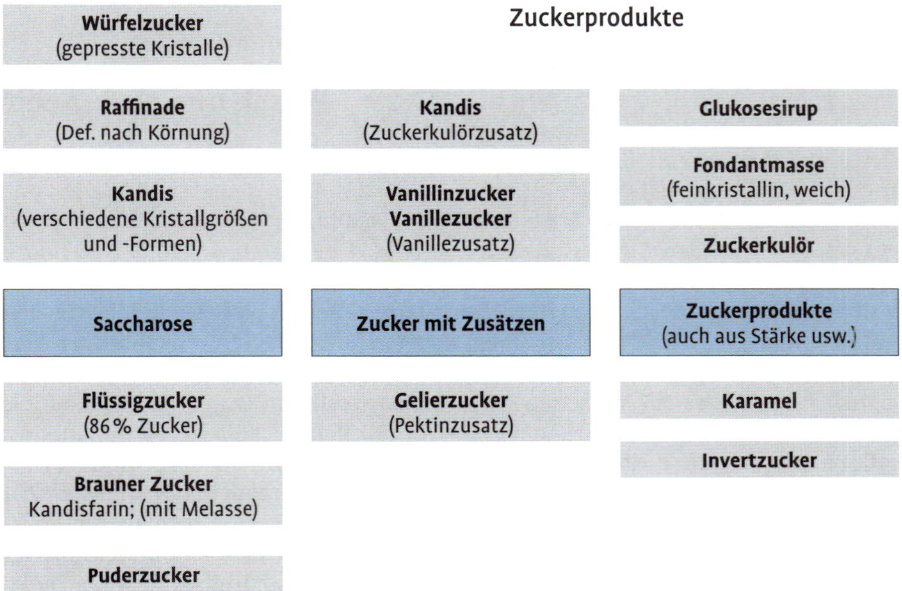

Der Pro-Kopf-Verbrauch an Zucker liegt in Deutschland bei rund 35 kg im Jahr.
Etwa 17 % werden in Form von Haushaltzucker konsumiert,
der Rest in Lebensmitteln wie Marmeladen, Erfrischungsgetränke, Süßwaren, Backwaren, Speiseeis usw.

so für breitere Bevölkerungsschichten erschwinglich. Der Sieg über Napoleon 1815 bei Waterloo beendete die Kontinentalsperre und den Aufschwung der Rübenzuckerindustrie. Rohrzucker konnte und kann wegen der niedrigen Löhne in den Anbauländern und des höheren Ertrages weitaus preisgünstiger hergestellt werden. Deutschlands hoffnungsvolle Zuckerindustrie kollabierte innerhalb kürzester Zeit. Die Einführung von Schutzzöllen Mitte des 19. Jahrhunderts half ihr letztlich gegen die übermächtige Auslandskonkurrenz zu überleben. Erst seit kurzem ist der Zuckermarkt liberalisiert.

Zuckerherstellung aus der Rübe: Die gewaschenen Rüben werden zu länglichen Rübenschnitzeln zerkleinert und auf 70 °C erwärmt. Aus den thermisch durchlässig gewordenen Zellwänden der Schnitzel kann der Zucker im Gegenstrom nach dem **Diffusionsverfahren** wässrig extrahiert werden. Der **Rohsaft** enthält nahezu 99 % des Zuckers der Rübe gelöst. Die begleitenden unerwünschten Nichtzuckerstoffe wie Proteine, Phosphate, Sulfate und Metalle werden durch den Zusatz von Kalkmilch gebunden und nach dem Einleiten von CO_2 als Kalziumcarbonat ausgefällt **(Carbonatation)**. Dabei steigt der pH-Wert der Zuckerlösung auf etwa elf und verhindert so die Spaltung der Saccharose in Fruktose und Glukose. Die Trubstoffe werden abfiltriert, übrig bleibt ein hellgelber **Dünnsaft** mit etwa 15 % Zuckergehalt. In einer mehrstufigen Eindampfstation wird er zum hochviskosen, goldgelben **Dicksaft** mit 65–80 % Zuckergehalt konzentriert und in der nachfolgenden Kochstation auf die definierte Zuckerkonzentration eingestellt. Zugesetzte feinste Zuckerimpfkristalle initiieren den **Kristallisationsprozess**. Durch weiteren Wasserentzug wachsen die Kristalle bis zu einer definierten Größe. Das Gemisch aus etwa 50 % Zuckerkristallen und Mutterlauge (Sirup) wird in Siebmantelzentrifugen getrennt, die Oberfläche der Kristalle mit Wasser gewaschen. Danach erfolgt die Trocknung. Dieser **Weißzucker** ist die in EU-Standards definierte Zuckergrundsorte. Großabnehmer dieser Qualität sind industrielle Verarbeiter. Daraus lässt sich **Raffinade** erzeugen durch Wiederauflösung der Kristalle, Aktivkohlebehandlung und Neutralisation der Lösung, gefolgt von der erneuten Auskristallisation. Aus **Melasse,** dem dunkelbraunen Siruprückstand der letzten Kristallisation, kann trotz eines Zuckergehalts von 50% aufgrund von Kristallinhibitoren kein Kristallzucker mehr gewonnen werden. Sie dient als Rohstoff für die Hefe- oder Rumherstellung bzw. zur Glutamatgewinnung. Die ausgelaugten Rübenschnitzel und zugesetzte Melasse ergeben zu Pellets getrocknet Viehfutter. Der beim Reinigungsprozess des Rohsafts eingesetzte Kalk wird zusammen mit weiteren Rückständen als **Carbokalk** zurückgewonnen und als Dünger bzw. auf Feldern zur Stabilisierung des Boden-pH-Werts eingesetzt.

Zuckerherstellung aus Zuckerrohr: Die Stengel werden in kürzere Stücke geschnitten und traditionell gepresst **(Pressextraktion)**, in modernen Betrieben mittels Diffusionsprozess ausgelaugt. Die entzuckerten Stengel heißen **Bagasse**. Der Dünnsaft wird vor dem Eindampfen und der Kristallisation oft nur durch Sedimentation geklärt. Ohne Carbonatation behält der Zucker seine braune Farbe. Nach der Saftreinigung verläuft der Zuckerrohrprozess vergleichbar der Rübenzuckererzeugung. Etwa drei Viertel des weltweit produzierten Zuckers entstammt dem Zuckerrohr (Abb. 7.35).

In den letzten Jahren hat sich neben der Saccharose eine weitere, preislich günstige Zuckerart etabliert. Dazu wird Glukose durch enzymatische Hydrolyse unter Verwendung der Glukose-Amylase aus Stärke erzeugt, es entsteht Glukosesirup bzw. Maissirup aus der hauptsächlich verwendeten Maisstärke. Die Glukose wird mit Hilfe immobilisierter Glukose-Isomerase teilweise in Fruktose umgewandelt, es entsteht sogenannter High Fructose Corn Syrup (HFCS). Die Süßkraft des Sirups hängt vom Grad der Isomerisierung ab, da Fruktose eine etwa 40% höhere Süßkraft als Glukose besitzt. HFCS wird vielfach zur Süßung von Getränken eingesetzt. Zucker im allgemeinen, Fruktose im Besonderen werden von Medizinern und Ernährungswissenschaftlern kritisch gesehen und mit für die die grassierende Adipositas weltweit verantwortlich gemacht.

7.9 Fleisch und Fleischwaren

Unter Fleisch versteht man nach VO (EG) 853/2004 alle genießbaren Teile von Huftieren, Geflügel, Hasentieren und frei lebendem Wild. Die Leitsätze für Fleisch und Fleischerzeugnisse im Deutschen Lebensmittelbuch bezeichnen als Fleisch alle Teile von geschlachteten oder erlegten warmblütigen Tieren, die zum Genuss für Menschen bestimmt sind. Vor allem steht der Begriff für **Muskelfleisch** aus der Skelettmuskulatur mit anhaftendem oder eingelagertem Fett bzw. Bindegewebe, aber auch für Innereien und Schwarten. 2022 wurden aktualisierte Leitsätze für Fleisch und Fleischerzeugnisse im Bundesanzeiger veröffentlicht. Sie schreiben für manche Produkte eine geänderte Verkehrsauffassung fest. Neben der durch die Leitsätze geprägten Verkehrsauffassung wurden auch veränderte Verbrauchererwartungen hinsichtlich Geflügelfleischerzeugnissen und der Tierartenkennzeichnung in die Beratungen zur Überarbeitung der Leitsätze einbezogen. Der Fleischverzehr in Deutschland sank 2022 auf 52 kg pro Kopf und Jahr, steigt weltweit aber stark an. Die WHO geht davon aus, dass die Fleischproduktion bis zum Jahr 2050 um weitere 85% zunehmen wird (siehe auch Kap. 8). Der hohe Fleischverzehr wird zunehmend als Belastung der Umwelt wahrgenommen, weil das Tierfutter verstärkt auf ehemaligen Regenwaldflächen erzeugt wird und insgesamt ein sehr hoher CO_2-Fußabdruck entsteht (Abb. 7.36a).

Geschlachtet wird heute hauptsächlich in industriellem Maßstab in riesigen Schlachthäusern, die durchaus 30000 Schweine am Tag verarbeiten können. Fleischbetriebe, in denen am Fließband geschlachtet wird, gibt es bereits seit 170 Jahren. Ab 1870 kamen hochgelegte Transportbänder zum Einsatz, um Schweinekörper von einem Arbeiter zum nächsten zu transportieren. Perfektioniert wurde die Zerlegung von Schlachtkörpern schließlich in Chi-

Abb. 7.36a
Nutztierproduktion, Schlachtung und Fleischverbrauch

Pro-Kopf-Konsum von Fleisch in Deutschland nach Art bis 2022 (in kg)
Quelle: BLE • Werte wurden gerundet. Wert für 2023: 51,6 kg

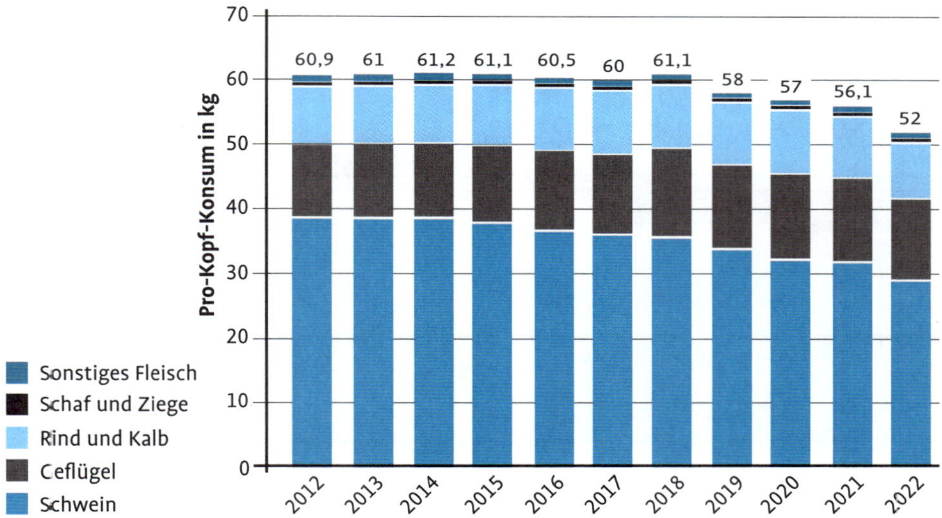

Weltweite Fleischproduktion

	2001	2011	2021	Veränderung 2001–2021
	Schlachtgewicht in Millionen Tonnen			
Insgesamt	237,0	300,8	357,4	+51 %
davon:				
Geflügel	71,3	103,4	138,0	+94 %
Schwein	90,1	108,8	120,4	+34 %
Rind	56,4	64,9	72,4	+28 %
Andere	19,1	23,7	26,6	+39 %

Geflügel: Huhn, Ente, Gans, Perlhuhn, Pute/Truthahn
Quelle: FAO ("Production"/"Crops and livestock products"/"Livestock Primary")

Deutscher Durchschnittsverbrauch im Laufe eines Lebens

Rinder	4
Schweine	46
Schafe	4
Puten	46
Hühner	945
Enten	37
Gänse	12
Summe	**1094**

Quelle: Fleischatlas 2013

cago, vor allem in den Union Stock Yards, einer Stadt in der Stadt. Chicago entwickelte sich innerhalb weniger Jahrzehnte zur Fleischmetropole der USA. Ab 1878 standen Eisenbahn-Kühlwagen zur Verfügung, mit denen Schlachtfleisch im ganzen Land vertrieben und so der Vorteil einer Massenproduktion auch zu weit entfernten Abnehmern gebracht werden konnte. In den Schlachthöfen wurden bald jährlich bis zu zwölf Millionen Tiere geschlachtet, die Zeit zwischen Schlachtung und Zerlegung dauerte lediglich noch eine viertel Stunde. In den Zwanzigerjahren des 20. Jahrhunderts stammte gut 80 Prozent des US-Fleisches aus Chicago.

Abb. 7.36b
Schlachtung mit weiteren Verarbeitungsschritten

Schlachtlinie für Schweine schematisch (Prändl et al. 1988)

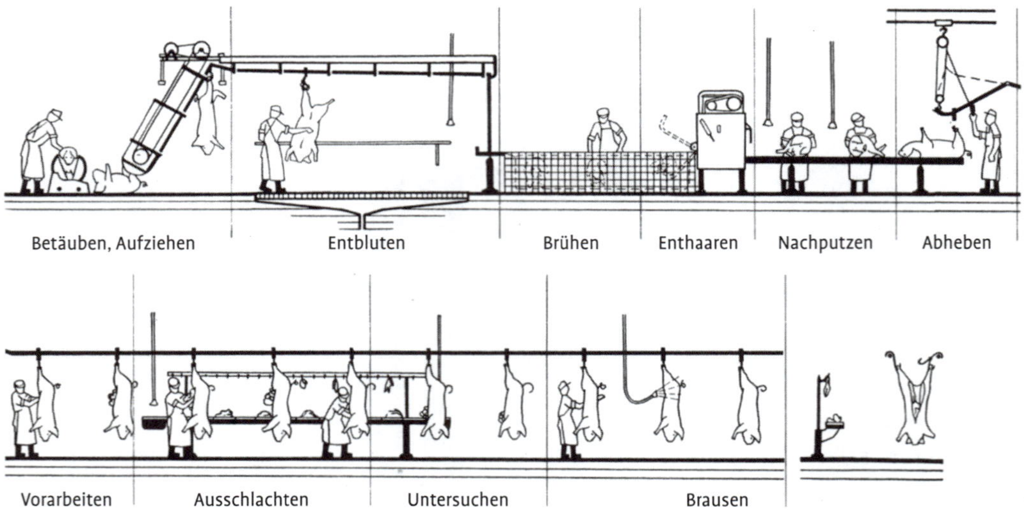

Entborstung und Reinigungstechniken bei der industriellen Schweineschlachtung; Stiebing et al. 2003

System	Brühen	Enthaaren	Nachbearbeiten	Kapazität Schwein/h
I	Durchlaufbrühkessel (Fächerbausystem)	Enthaarungsmaschine mit Abflammeinheit und Reinigungszyklus		50–ca. 200
		(Frischwasserzuführung)	(Spülen, Trockenschaber)	
II	Kombinierte Brüh- und Enthaarungsmaschine (Besprühen in der Horizontalen bei gleichzeitiger Enthaarung)		Trockenpeitsche Flammöfen Waschm.	50–ca. 200
III	Durchziehbrühbottich	kontinuierlich Enthaarungsm. (Wasserkreislauf, Frischwasser im letzten Segment)	Trockenpeitsche Flammöfen Waschm.	bis ca. 600
IV	Brühtunnel (Brühen im Hängen, Besprühen mit Heißwasser im Kreislauf)	kontinuierlich Enthaarungsm. (Wasserkreislauf, Frischwasser im letzten Segment)	Trockenpeitsche Flammöfen Waschm.	bis ca. 600
V	Kondensationstunnel (Brühen im Hängen mit Dampf)	kontinuierlich Enthaarungsm. (Wasserkreislauf, Frischwasser im letzten Segment)	Trockenpeitsche Flammöfen Waschm.	bis ca. 600
Waschm = Waschmaschine Enthaarungsm. = Enthaarungsmaschine				

7.9.1 Schlachtvorgang

Die Erzeugung von Fleisch und Fleischwaren erfordert das Töten von Schlachttieren. In Deutschland ist das Schlachten durch das **Tierschutzgesetz,** die **Tierschutzschlachtverordnung** und die EU VO 1099/2009 über den Schutz von Tieren zum Zeitpunkt der Tötung geregelt. Die Schlachttechnologie ist in modernen Großbetrieben weitgehend industrialisiert und automatisiert. Sie gliedert sich in folgende Arbeitsphasen: **Betäuben, Entbluten, Brühen, Enthäuten** (vor allem Rinder, eventuell Schweine zur Ledererzeugung), **Brühen und Enthaaren** (Schweine), **Ausweiden** und **Spalten** der Tierkörper. In Deutschland ist vorgeschrieben, dass Schlachttiere vor dem Schlachten betäubt werden müssen. Betäuben ist jedes bewusst eingesetzte Verfahren, das ein Tier ohne Schmerzen in einen bis zum Tod anhaltenden wahrnehmungs- und empfindungslosen Zustand versetzt. Zulässig sind mechanisches Betäuben mittels **Bolzenschuss**, zudem Betäubung mittels elektrischem **Strom** und Betäubung mittels **CO_2**. In allen Fällen wird das Empfindungszentrum im Großhirn ausgeschaltet, ohne die vegetativen Körperfunktionen wie Atmung oder Herzschlag zu unterbinden. Der aktive Blutkreislauf ermöglicht das vollständige Entbluten, das innerhalb von 30 Sekunden erfolgen muss. Bei Rind und Schwein wird dieser Vorgang in der Regel durch einen Stich in Hals oder Brust eingeleitet. Tiere, die nach dem muslimischen oder jüdischen Ritus geschlachtet werden sollen, müssen ohne vorherige Betäubung mittels Messer-Rundschnitt an der Kehle zum Entbluten gebracht werden. Nur dann gilt das Fleisch als halal oder koscher.

Brühen und Enthaaren sind Reinigungsvorgänge, die den Keimgehalt auf der Oberfläche der Schlachtkörper reduzieren sollen. Beim Brühen werden die Schlachtkörper fünf bis sechs Minuten feuchter Hitze (60–62 °C) ausgesetzt, damit sich die Haare und die äußere Hautschicht (Epidermis) lockern. Diese Teile werden mit Walzenmaschinen mechanisch abgetrennt, zurück bleibt die **Schwarte**. Verbliebene Haare können in Flamm- oder Sengöfen abgebrannt werden. Dabei schrumpft das Kollagen der Haut, Poren werden verschlossen und Keimzahlen deutlich reduziert. Gute technische Ausrüstungen können zu Keimzahlen von unter 1000 KBE/cm² führen. Die Entnahme des Magen-Darm-Trakts erfolgt vielfach noch manuell nach einem Schnitt in der Mittellinie, danach wird das Darmpaket einschließlich Magen und Milz freigeschnitten (Entweiden = **Eviszeration**). Dieser Vorgang stellt ein erhebliches Kontaminationsrisiko für den Schlachtkörper dar und gilt als sicherheitskritischer Schritt, nicht aber zwingend als CCP. Vor dem automatischen Durchtrennen in zwei Hälften, bei dem die Wirbelsäule mittels Bandsäge oder automatischem Hacker längs gespalten wird, erfolgt das Lösen der Flomen von der Bauchdecke und das Lösen der Nieren aus den Fettkapseln (Abb. 7.36b).

7.9.2 Schlachtkörperzerlegung und Fleischqualität

Die Zerlegung nach meist vorgegebenen **Standardschnitten** führt zu nicht weiter bearbeitetem **Frischfleisch** (Verarbeitungsstufe 1) ohne Konservierung und in unterschiedlichem Zerkleinerungsgrad oder zu speziellen Teilstücken. Der größte Anteil wird zu **Fleischerzeugnissen** bzw. speziellen Fleischstücken verarbeitet. Weitere Teile des Schlachtkörpers wie Knochen oder Häute werden von verschiedenen Industrien als Rohstoff genutzt.

In Deutschland müssen Rinder, Schweine, Schafe, Ziegen, andere Paarhufer, Pferde und andere Einhufer vor und nach der Schlachtung amtlich untersucht werden, wenn ihr Fleisch zum Genuss für Menschen bestimmt ist. Die **Schlachttier- und Fleischuntersuchung** beinhaltet die Kontrolle verschiedener Fleischpartien und der inneren Organe des Schlachttiers und muss vor der Zerlegung des Schlachtkörpers vorgenommen werden. Schweine, Wildschweine und Einhufer sind zusätzlich auf **Trichinen** zu untersuchen. In der anschließenden Phase der Grobzerlegung ist durch konsequente Hygiene und niedrige Temperatur (<12 °C) eine Kontamination des Fleischs bzw. eine Vermehrung von unerwünschten Mikroorganismen zu vermeiden. In diesem Stadium wird die

Abb. 7.37a
Fleischprodukte und Fleischqualität

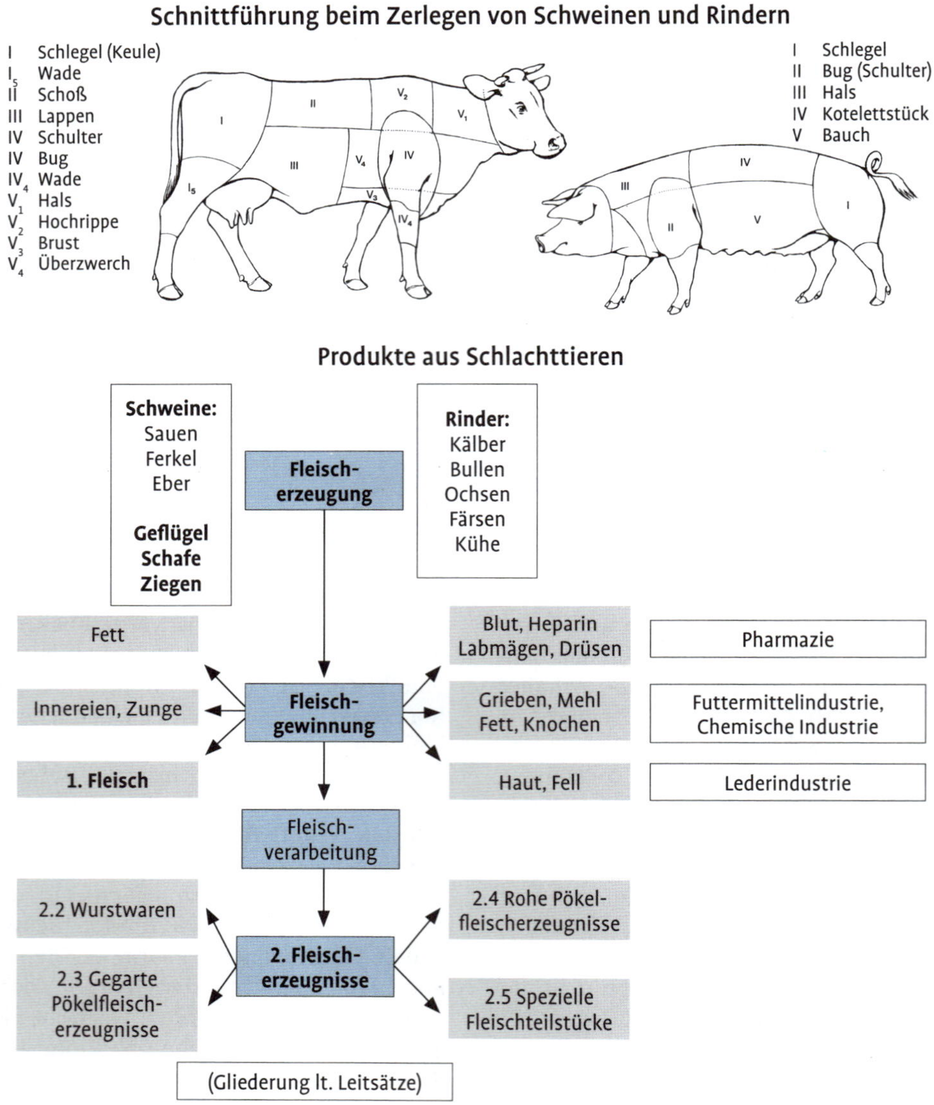

Oberfläche des Fleischs vergrößert und damit die Angriffsfläche für vorhandene Keime. Bei der **Grobzerlegung** können die Teilstücke und Handelsfleisch gewonnen werden. Dieser Schritt umfasst voll oder teilweise automatisiert die Arbeitsschritte Entnahme und Putzen des Filets, Absetzen von Kopf und Hinterpfoten, Dreiteilung des Schlachtkörpers und Teilung des Mittelstücks. Beim Schwein beginnt die Zerlegung mit der Teilung der Schlachthälften, in der Regel in die drei Hauptteilstücke Schinken, Mittelstück/Kotelettstrang und Bauch sowie Vorderviertel. Moderne Technik, z. B. Lasertechnik, gewährleistet eine präzise Positionierung der Hälften zum Sägen und Zerlegen. Die Teilung erfolgt mit Kreismessern, die so-

Abb. 7.37b
Fleischprodukte und Fleischqualität

Kriterien der Qualitätsbestimmung von Fleisch (Wähner und Hoy 2009)

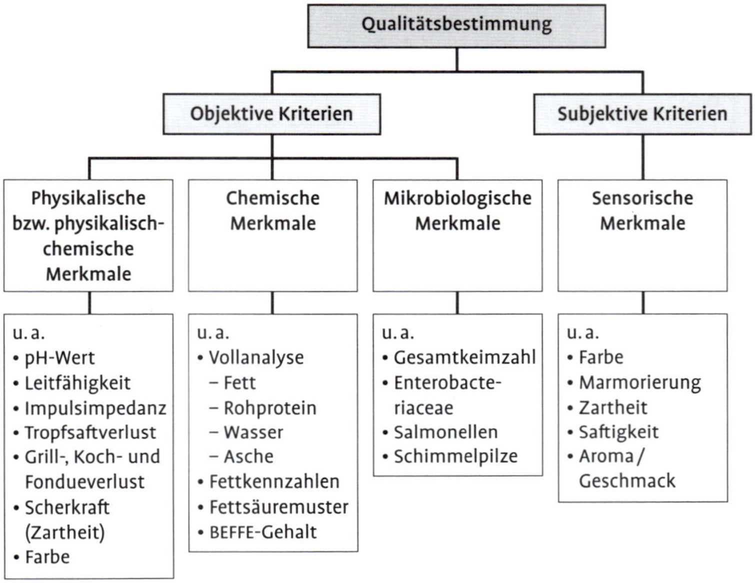

wohl Fleisch als auch Knochen zerteilen können. Bei der **Feinzerlegung** fallen Verarbeitungsfleisch und Teilstücke an, sortiert nach anhängendem Fettgewebe und eingeschlossenem Sehnenanteil. Auch die Vorgänge bei der Feinzerlegung werden zunehmend automatisiert. Das arbeitsaufwendige manuelle Entfernen von Fleischresten an komplizierten Knochenpartien (z. B. Wirbelsäule) kann in modernen Betrieben teilweise ersetzt werden durch Abpressen unter hohem Druck oder durch Zerkleinern und Separieren in Fleisch-Knochen-Separatortrommeln (**„Separatorenfleisch“**, Verwendung in den Leitsätzen geregelt). Trotz aller Automatisierung ist der Schlacht- und Zerlegevorgang durch einen hohen Personalaufwand geprägt.
Die **Fleischqualität** ergibt sich als Summe aller sensorischen, ernährungsphysiologischen, hygienisch-toxikologischen und verarbeitungstechnischen Messgrößen, aber ohne Aspekte einer Wertschätzung. Gravierende Fleischfehler sind **PSE-Fleisch** („pale, soft, exsudativ“) als helles, wässriges und sehr weiches Fleisch sowie **DFD-Fleisch** („dry, firm, dark“) als dunkles, festes und trockenes Fleisch mit fadem Geschmack. Ursachen sind genetische Gründe, Stress und eventuell Temperaturfehler bei der Fleischreifung (Kap. 7.9.3; Abb. 7.37).

7.9.3 Fleischreifung (Abhängen)

Als Fleischreifung bezeichnet man das kontrollierte Lagern von ganzen, ausgenommenen Schlachttieren bzw. von rohem Fleisch nach der Zerlegung. Gereift wird nur Fleisch, das zum Frischfleischverbrauch bestimmt ist. Ohne Reifung ist Fleisch zäh, fad und schwer verzehrbar. Die Fleischreifung ist als Funktion der Temperatur eine **gesteuerte Autolyse.** Durch den Zerfall der Strukturen von Binde- und Muskelgewebe wird Fleisch zarter, aromatischer, es besitzt eine größere Wasserbindungsfähigkeit, gart schneller und bleibt saftig. Innerhalb der ersten Stunden nach dem Schlachten darf die Temperatur des Fleischs nicht zu schnell und nicht unter 10 °C absinken, um eine

Abb. 7.38
Mikrobiologische und biochemische Vorgänge bei der Fleischreifung

Schematischer Verlauf des pH-Wert-Abfalls nach der Schlachtung; pH45 = pH-Wert nach 45 min; pH-Wert 24,5 = pH-Wert nach 24,5 (Wähner und Hoy 2009)

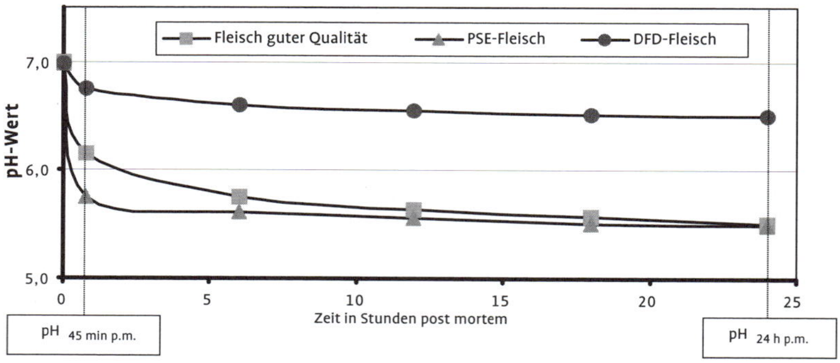

Schema des postmortalen Stoffwechsels im Muskel; a = Abbau von Phosphokreatin zu Kreatin unter ATP-Bildung b = alternative ATP-Bildung; c = Glykolyse; d = Verbrauch von ATP zur Aufrechterhaltung der Muskelspannung (Schmidt et al. 2014)

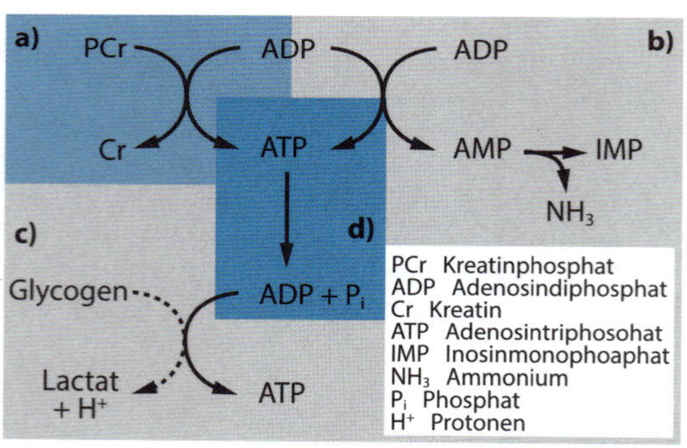

Beziehung zwischen pH-Wert, ATP-Abbau und Eintritt des Rigor mortis (Quelle: Hamm et al. 1980)

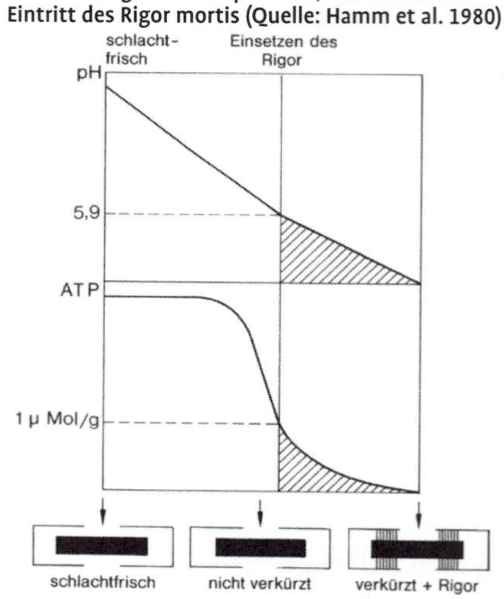

Keimzahlentwicklung bei der Kühllagerung

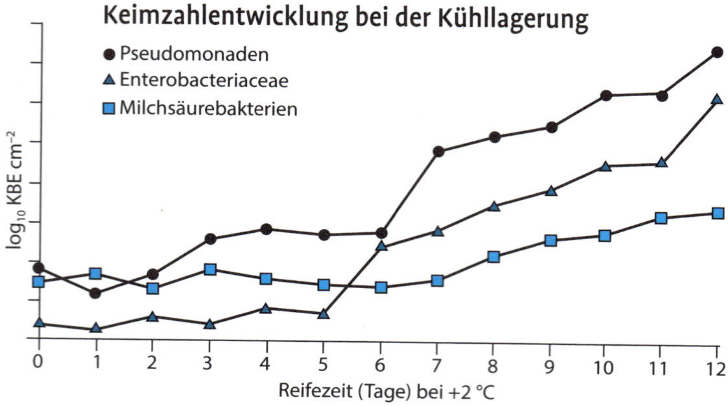

Reifezeiten:
Schwein 3–5 Tage
Rind 8–21 Tage
Kalb 3–8 Tage
Lamm 3–8Tage

irreversible Kältestarre („Cold Shortening“) zu vermeiden. Abgehängt wird anschließend bei –1 bis+ 3 °C in einem gut belüfteten Kühlraum. Fleischstücke werden meist vakuumverpackt, um sie von Sauerstoff und Mikroorganismen fernzuhalten. Tropfwasser verbleibt in der Verpackung **(„Wet-Aging“). „Dry-Aging“** ist die Lagerung von unverpackten Stücken, bei denen Aromastoffe aerob gebildet werden, im Inneren auch anaerob. Dauert die Reifung zu lange, geht der Prozess in den autolytischen und mikrobiellen Verderb über.

Vorgänge bei der Reifung: Mit der Unterbrechung des Blutkreislaufs beim Schlachten stoppt die Sauerstoffversorgung des Muskels. Zahlreiche enzymatische Prozesse laufen anaerob weiter ab. Unter anderem wird **Glykogen** zu Milchsäure hydrolysiert (**1. Phase** der Fleischreifung). Dadurch sinkt der **pH-Wert** von 7–7,2 auf etwa 5,5, und es entsteht ATP. Durch den erniedrigten pH-Wert wird das Fleisch mikrobiologisch geschützt. Energie in Form von ATP ist erforderlich zur Entkoppelung von Aktin und Myosin. Ist das verfügbare Glykogen nach einigen Stunden aufgebraucht, stoppt die ATP-Bildung. Sinkt die ATP-Konzentration unter 1 mmol/kg, bindet sich Myosin dauerhaft an die Aktinfilamente, die Fibrillen kontrahieren und verdichten sich zur **Tierstarre** (Rigor Mortis). Mit diesem Vernetzen der Muskelfasern ist ein Zustand maximaler Zähigkeit und minimaler Wasseraufnahme erreicht. Die entstandene Milchsäure lockert anschließend die Fibrillen durch Hydrolyse des Sarkomers und Einlagerung von Wasser auf, die Totenstarre löst sich tierartabhängig nach zwei bis drei Tagen wieder. Proteolytische Abbauvorgänge erweichen das Fleisch weiterhin und sorgen neben Abbauprodukten von Fettsäuren und Nukleotiden für das typische Fleischaroma (**2. Phase**).

DFD-Fleisch entsteht, wenn der pH-Wert oberhalb 6,2 verbleibt. Dieser Effekt tritt ein, wenn z. B. aufgrund der Erschöpfung des Schlachttiers kein Glykogen mehr vorhanden ist und so nur wenig Milchsäure erzeugt wird. Die dunklere Farbe entsteht durch stärkere Quellung der Fibrillenstruktur und bessere Bindung von Sauerstoff an Myoglobin. **PSE-Fleisch** tritt vorwiegend bei Schweinen mit erhöhter Stressanfälligkeit auf. Unter Stress im Umfeld der Schlachtung werden verstärkt Stresshormone wie Adrenalin und Noradrenalin ausgeschüttet. Der so erhöhte Stoffwechsel bewirkt einen sehr schnellen pH-Wert-Abfall innerhalb der ersten beiden Stunden. Die dadurch hervorgerufene Proteindenaturierung erweicht das Fleisch und permeabilisiert die Zellmembranen. Das Fleisch gibt viel Wasser ab und erscheint wegen der Lichtstreuung ausgetretener Proteine blass (Abb. 7.38).

7.9.4 Herstellung von Fleischerzeugnissen I: Wurstwaren

Wurstwaren werden in den Leitsätzen unterteilt in **Rohwurst, Kochwurst und Brühwurst.** Der Umsatz im Segment Wurstwaren wird 2020 auf über 13 Milliarden Euro beziffert bei einem Pro-Kopf-Verbrauch von durchschnittlich 21 kg. Prognosen für 2025 sehen ein Marktvolumen von 14,5 Milliarden (DESTATIS).

7.9.4.1 Rohwurst

Rohwurst ist ein durch **Pökeln** und **Fermentation** auch für höhere Temperaturen haltbar gemachtes Fleischerzeugnis, bei dem die Fleisch- und Fettgewebspartikel durch ausgetretenes Muskeleiweiß im Gelzustand miteinander verbunden werden (**schnittfeste** Rohwurst, z. B. harte Dauerwürste wie Landjäger oder Salami) oder bei dem Fett in der äußeren Phase die Fleischpartikel aneinander gleiten lässt (**streichfähig**, z. B. Mett- oder Teewurst). Zu Produktionsbeginn sind Rohwürste ein loses Gemenge aus rohem Fleisch und Speck mit Zutaten wie Zucker, Nitritpökelsalz, Gewürzen, Starterkulturen und weiteren Zusatzstoffen.

Nach einem Zerkleinerungsprozess und Abfüllen in Kunst– oder Naturdärme wird die Masse einer Reifung bzw. Fermentation unterzogen. Die Rohwaren, die Zutaten sowie die optimale Regelung der Verfahrensparameter bestimmen die Qualität des Endproduktes. Die native Struktur bleibt während der Herstellung weitestgehend erhalten. Haltbar gemacht

Abb. 7.39a
Herstellung von Rohwurst und Rauchverfahren

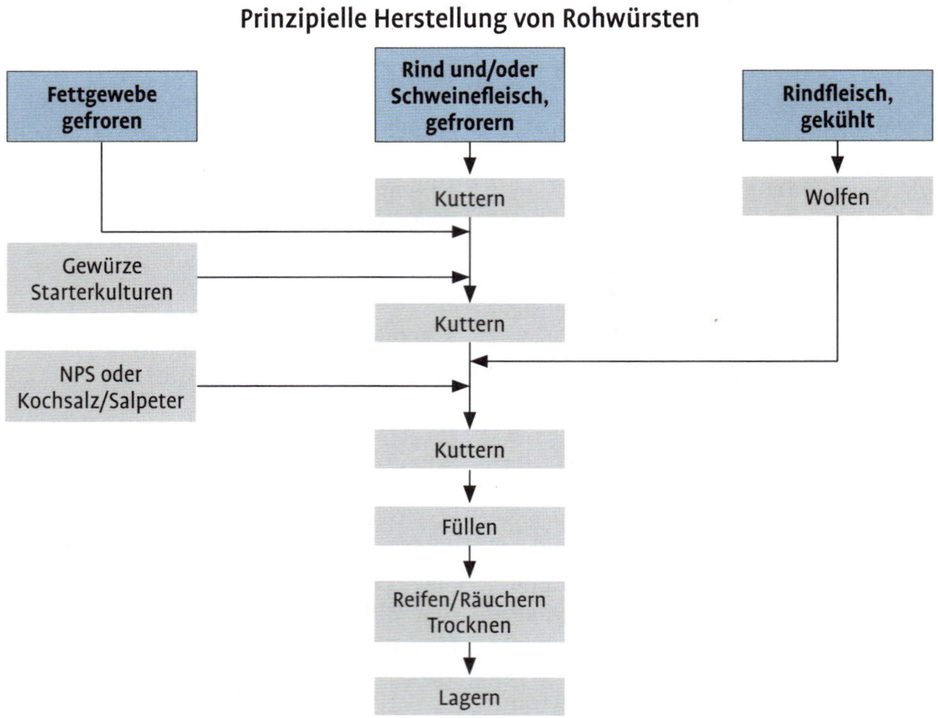

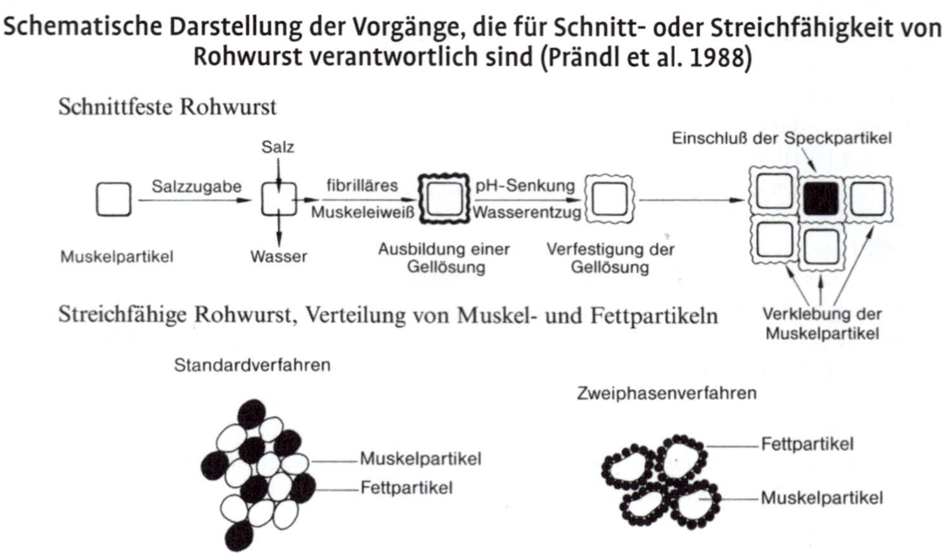

Abb. 7.39b
Herstellung von Rohwurst und Rauchverfahren

Rauchverfahren

Verfahren	Temperatur	Dauer	Zweck	Erzeugnisse
Kalträucherung	+ 18 °C (12–24 °C)	20 min bis mehrere Wochen	Aroma Konservierung Farbe	Brühdauerwurst Rohwurst Kochwurst Rohpökelwaren
Feuchträucherung	bis + 30 °C	2–3 Tage	Aroma Konservierung Farbe	schnellgereifte Rohwurst
Warmräucherung	bis + 50 °C	bis zu einer Stunde	Umrötung Aroma Konservierung Farbe	i.d.R. großkalibrige Brühwurst im Naturdarm
Heißräucherung	60–100 °C	20–60 min	Aroma Konservierung Farbe	Brühwurst Kochpökelwaren

Trocknungsvorgänge im Luftstrom während der Reifung (Weiß et al. 2013)

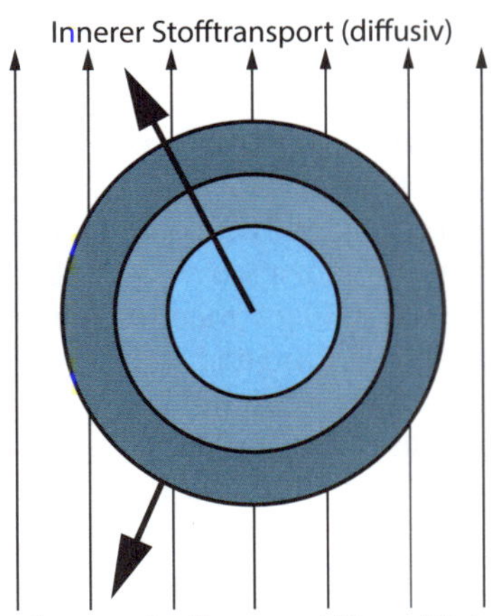

Entwicklung der Mikroorganismenflora, des pH- und des aw-Wertes bei normaler Reifung (Stiebing et al. 2003)

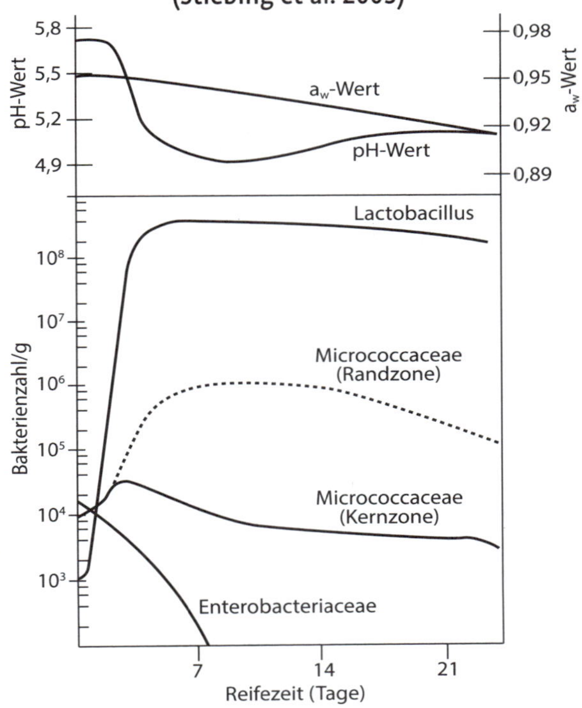

Abb. 7.39c
Herstellung von Rohwurst und Rauchverfahren

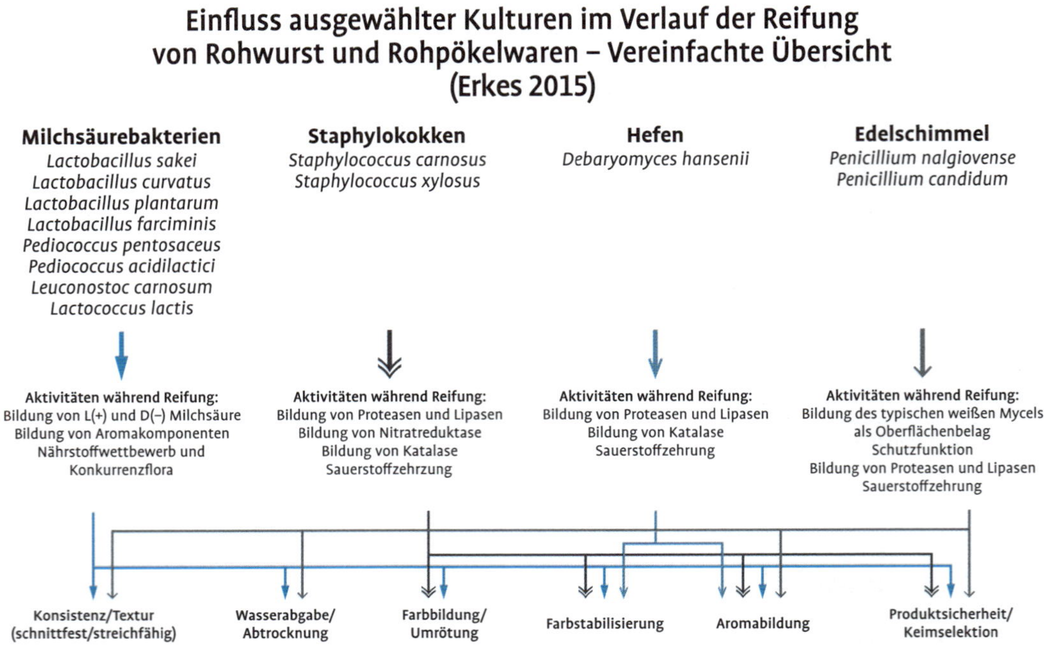

wird Rohwurst letztlich durch eine pH–Wertsenkung (Säuerung) und dem Entzug von Wasser (Trocknung), basiert also auf dem Hürdenkonzept (siehe 4.3.9).
Die Herstellung, oft mit je einem Drittel Rindfleisch, Schweinefleisch und Speck, gliedert sich in die Abschnitte Zerkleinern und Mischen, Füllen, Reifen/Trocknen und Räuchern. Zum Zerkleinern und Mischen kommen Füllwölfe, **Kutter** oder **Wölfe** zum Einsatz (Kap. 7.9.4.2). Für Grobzerkleinerungen reicht der Wolf mit einer 2-mm-Scheibe aus, feines **Brät** erfordert den energetisch aufwendigeren Kutter. Beim Wolfen bleibt das Zellgewebe weitgehend erhalten, im Kutter wird es weitgehend zerstört. Technische Verfahrensvarianten sind die Reihenfolge der Roh- und Hilfsstoffzugaben, die Wahl der Hilfsstoffe, die Temperatur der Rohstoffe (gefroren oder warm) und die Körnung des Bräts. Die Endtemperatur sollte unter 2 °C liegen, um beim Füllen einen Fettfilm unter der Hülle zu vermeiden.

Als Zutaten (auch **Kutterhilfsstoffe** genannt) können Zucker, Glucono-delta-Lacton (GDL), NaCl bzw. Nitritpökelsalz (NPS) und Starterkulturen zugegeben werden. Zucker in Form von Mono- oder Disacchariden werden zur Geschmacksabrundung und als Kohlenstoffquelle für die Mikroorganismen in Mengen von 0,1–1 % zugesetzt. GDL ist chemisch ein innerer Ester der Gluconsäure und hydrolysiert im Brät langsam zu Gluconsäure. Diese bewirkt eine pH-Wert-Absenkung des Bräts zur Verbesserung der **Umrötung** und der Farbstabilität. Starterkulturen sichern die mikrobiologische Reifung der auch durch Spontanfermentation mit den fleischeigenen Mikroorganismen ablaufenden Prozesse ab. Die typische Mikroorganismenflora von Rohwurst besteht vorwiegend aus Milchsäurebakterien sowie Mikrokokken und Enterobacteriaceae, die sich im gegebenen Milieu zum Teil synergistisch vermehren, vielfach aber durch Milieuveränderungen (pH-Wert, Nährstoffe) hemmen. Die Mikroorganismen erzeugen im Wesentlichen die typischen Aromastoffe der Rohwurst und senken durch Milchsäurebildung den pH-Wert in den Bereich des isoelektrischen Punkts von Muskeleiweiß (ca. 5,3) ab. Dadurch wird die Gelbildung unterstützt, die sich im Verlauf der Reifung durch Synärese verfestigt. Abgefüllte Rohwurst kann oberflächlich vor unerwünschtem mikrobiellem Befall geschützt werden, indem Schimmelpilze auf die Hülle gesprüht werden. Die Kochsalzzugabe dient dem Geschmack, sie erniedrigt den a_w-Wert, unterstützt die Eiweißquellung und hemmt Mikroorganismen. Die **Reifung** in Rauch-Klimaanlagen ist eine Funktion von Zeit, Temperatur, Strömungsgeschwindigkeit und Luftfeuchtigkeit und ein mikrobiell beeinflusster Säuerungs-, Aromatisierungs- und Trocknungsprozess. Trocknungsverluste liegen produktabhängig zwischen 5 und 40 % (Abb. 7.39).

7.9.4.2 Brühwurst

In den Leitsätzen für Fleischerzeugnisse sind Brühwürste in den Erzeugnisgruppen **Brühwürstchen** (z. B. Wiener Würstchen, Bockwurst, Debreziner), **Brühwürste fein gekuttert** (z. B. Lyoner, Fleischwurst, Fleischkäse, Gelbwurst), **grobe Brühwurst** (z. B. Bierwurst, Jagdwurst, grober Fleischkäse) und **Brühwurst mit Einlagen** (z. B. Bierschinken und Pasteten) unterschieden. Zur Herstellung von Brühwurst wird schlachtwarmes, gekühltes oder gefrorenes Fleisch von jüngeren Tieren wie Färsen, Jungbullen, Kälbern und Schweinen bevorzugt, da diese Tiere höhere Gehalte an löslichen und quellfähigen fibrillären Eiweißen besitzen. Durch Zerkleinern der Rohstoffe Fleisch und Fett zusammen mit Trinkwasser in Form von Eis oder Wasser **(Schüttung)** und Stickstoff und den Zusatzstoffen entsteht das füllfertige Brät. Es ist ein komplexes **Mehrphasensystem** aus echter Lösung (Salze, Zucker, wasserlösliche Eiweiße), Gellösung (fibrilläres Muskeleiweiß), Suspension (Fleisch- und Fettgewebspartikel sowie Gewürzteilchen), Emulsion (Fett) und Schaum (Proteinlösung mit Luft). Das System besteht einerseits aus einem gequollenen fibrillären Netzwerk, in das Fettpartikel mechanisch dispergiert sind, andererseits aus Fettkügelchen, die von einer membranartigen Schutzhülle umgeben und zusätzlich in eine Eiweißmatrix eingebettet sind. Die gelösten fibrillären Muskeleiweißkörper bilden bei der nachfolgenden Erhitzung unter Einbeziehung und Fixierung der groben Bestandteile eine zusammenhängende Struktur. Die Koagulation der Eiweiße nach der Abfüllung bewirkt eine Schnittfestigkeit auch im Fall einer weiteren Erhitzung. Wurstfehler zeigen sich in mangelhafter Wasserbindung, ungenügender Fettstabilität und unbefriedigender Struktur. Durch Kuttern soll möglichst viel fibrilläres Eiweiß gelöst werden. Die Zugabe von ca. 2 % Salz in Form von Kochsalz oder als Nitritpökelsalz wirkt sich geschmacklich, konservierend und technologisch aus. Es erhöht die Ionenstärke und verbessert die Löslichkeit und die Quellbarkeit der Proteine. Der Eis- oder Wasserzusatz unterstützt die Lösung der Proteine und führt Schneidenergie des Kutters ab.

Die EU-Zusatzstoff-Zulassungsverordnung erlaubt zahlreiche **Kutterhilfsmittel**. Hauptsächlich eingesetzt werden Salze von organischen Säuren wie Acetate, Citrate, Laktate bzw. verschiedene Phosphate. Sie erhöhen die Wasser- und Fettbindekapazität des Bräts und verhindern erhitzungsbedingten Gelee- oder Fettabsatz. Bei Brühwürsten sind zudem Fremdeiweiße wie Milch- oder Hühnereiweiß bzw. **Blutplasma** deklarationspflichtig zulässig. Blutplasma ist die gelbliche Flüssigkeit, die aus zentrifugiertem Blut gewonnen wird. Dabei werden alle grobdispersen Partikel, vor allem die Blutzellen, als Feststoff abgetrennt. Die Fremdeiweiße sollen strukturbildend wirken, die Wasserbindung verbessern und die Frische verlängern.

Kleinere Betriebe arbeiten oft nach dem **Magerbrätverfahren**, bei dem die Fettzugabe und die Schüttung individuell erfolgen können. Im **Fettbrätverfahren** werden Fleisch und Fett getrennt gekuttert und anschließend vermischt. Fettverteilung und Emulgierung bewirken eine hellere Farbe und lockere Textur. Das **Gesamtbrätverfahren** ist vergleichsweise wenig aufwendig, erfordert aber leistungsfähige Maschinen (Abb. 7.40).

Abb. 7.40
Brühwurstherstellung und Zerkleinerungstechniken

Querschnitt durch einen Wolf (Fischer und Ulmer 2009)

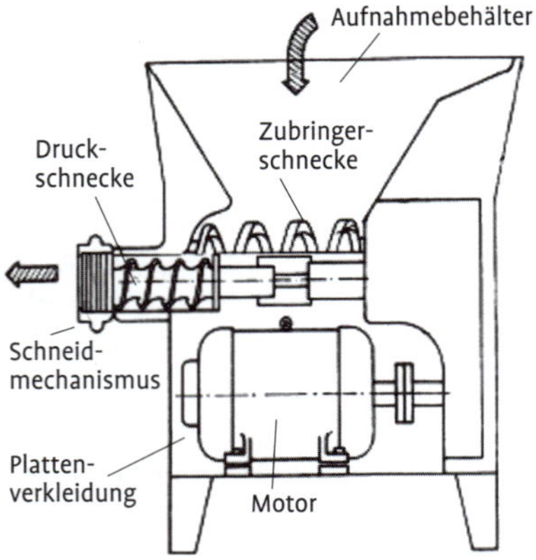

Querschnitt durch einen Kochkutter (Quelle: Seydelmann)

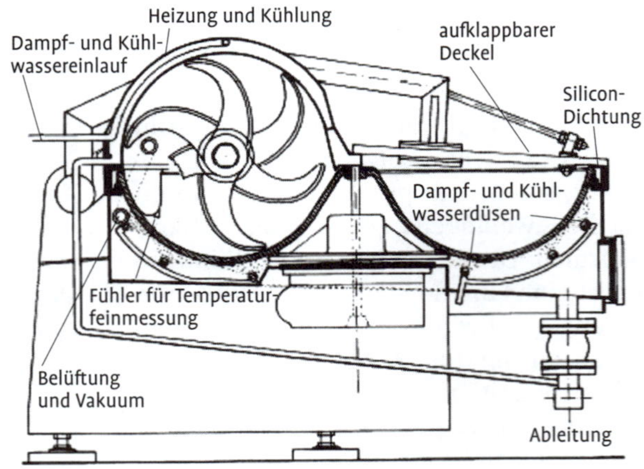

Herstellung von Brühwurst; A = Magerbrätverfahren; B = Fettbrätverfahren; C = Gesamtbrätverfahren (Fischer und Ulmer 2009)

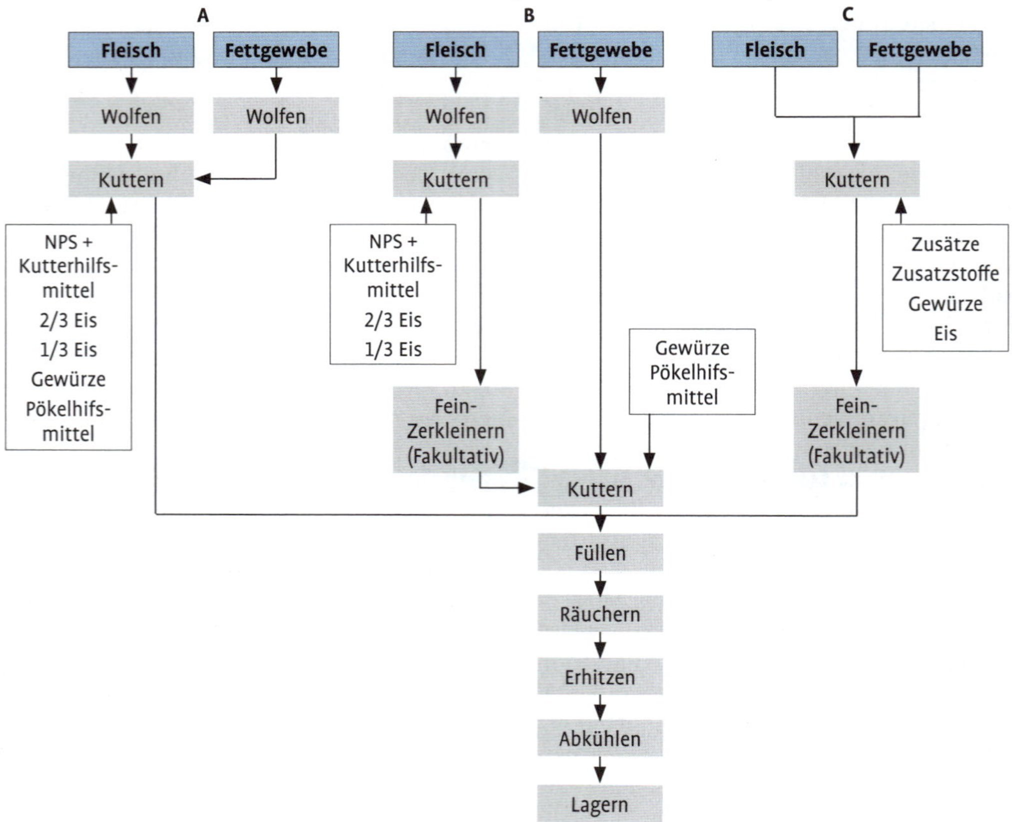

7.9.4.3 Kochwurst

Kochwürste sind Fleischerzeugnisse, bei denen der überwiegende Teil des Rohmaterials vor der Verarbeitung einer Hitzebehandlung unterzogen wurde. Nur Blut, fein zerkleinerte Leber und gewürfelter Rückenspeck werden roh eingesetzt. Neben Leber kommen auch andere Innereien als Rohstoff infrage. Kochwürste werden unterteilt in **Kochstreichwürste, Blutwürste und Sülzwürste,** aus denen wiederum eine Vielzahl an Würsten mit teilweise nur regionalem Vorkommen entstanden ist.

Kochstreichwürste: Die feste Konsistenz im erkalteten Zustand wird von erstarrtem Fett oder zusammenhängend koaguliertem Lebereiweiß bewirkt. Vergleichbar den Brühwürsten bestehen Kochwürste aus den dispersen Systemen Emulsion, Suspension, Schaum sowie kolloidaler und echter Lösung. Bildung und Stabilisierung des Mehrphasensystems sind die technologische Hauptaufgabe, für die rohe, fein zerkleinerte und gesalzene **Schweineleber** ab etwa 20 % Anteil verwendet wird. Die Leber wirkt als Stabilisator und Emulgator, sie darf deshalb vorher nicht erhitzt werden. Fleisch, Fettgewebe und bei einfachen Qualitäten auch Innereien werden auf eine Kerntemperatur von +65 °C erhitzt und sofort im Kutter oder Wolf zerkleinert. Zu niedrige Erhitzungstemperaturen fördern Geleeabsatz, zu hohe dagegen Fettabsatz. Die zerkleinerte Leber darf erst eingearbeitet werden, wenn die Temperatur des Fleisch-/Fettgemenges auf 55–58 °C abgesunken ist, um keine Denaturierung des Lebereiweißes zu bewirken und seine funktionelle Eigenschaft als Emulgator und Stabilisator aufzuheben. Nach vollständiger Vermischung und einer Temperatur um 40 °C wird die Masse in Naturdärme oder in weitgehend wasserdampf- und gasundurchlässige Kunstdärme gefüllt. Um vegetative Keime, insbesondere Milchsäurebakterien, die bei Lagerung eine Säuerung verursachen können, abzutöten, sind beim Erhitzen Kerntemperaturen bis zu 72 °C erforderlich. Erzeugnisse in Naturdärmen können nach dem Auskühlen zur Verbesserung von Haltbarkeit und Geschmack kalt geräuchert werden.

Bei der Herstellung im **Kochkutter** vereinfacht und verkürzt sich die Leberwurstherstellung, weil das Vorgaren von Fleisch und Fettgewebe entfällt. Durch Einleiten von Dampf in den Doppelmantel der Kutterschüssel werden die Rohstoffe während der Zerkleinerung indirekt gegart. Nach Erreichen einer Temperatur von 65 °C wird die Temperatur der Masse auf etwa 58 °C abgesenkt. Anschließend erfolgen die Zugabe der Leber und das Abfüllen in Därme bei ca. 40 °C.

Sülzwürste: Bei ihnen werden Fleisch und Speck durch trübe Gallerte und Schwartenanteile zusammengehalten (z. B. Presskopf, weißer Schwartenmagen, „Corned Beef“, Hausmachersülze) oder durch Vermischen von vorgekochtem und in der Regel gewürfeltem Fleisch mit klarem oder gefärbtem Aspik (z. B. Zungen-, Schweinskopf-, Schinken-, Geflügel-, Rindfleisch-, Gemüsesülze). Die Gallerte besteht hauptsächlich aus Gelatine. Die Fleischeinlagen werden gepökelt, anschließend gegart (65 °C), abgekühlt und in gleichmäßige Würfel geschnitten (Abb. 7.41).

7.9.5 Herstellung von Fleischerzeugnissen II: Rohschinken und gegarte Pökelfleischerzeugnisse

Als Rohmaterial dienen oft Teilstücke des Hinterschinkens, z. B. Oberschale, Unterschale, Nuss und Hüfte. Im Fall des sogenannten Vorderschinkens werden Schweineschultern verwendet. Bei der Auswahl des Rohmaterials spielt neben einer geringen mikrobiologischen Belastung vor allem der pH-Wert eine entscheidende Rolle. Der pH-Wert ist der wichtigste Kennwert für Wasserbindung (Saftigkeit), Pökelbereitschaft (Salzaufnahme, Salzschärfe, Pökelfarbe) und mikrobielle Haltbarkeit des Endprodukts. Ein optimaler Kompromiss zwischen den genannten Faktoren wird bei pH-Werten im Bereich von 5,8–6,4 erzielt. Schinken, der nicht zerlegt worden ist, enthält in den von Schwarten und sichtbaren Fettgeweben befreiten Anteilen mindestens 85 % **BEFFE** im Fleischeiweiß. Unter **BEFFE** versteht man den wertgebenden **bindegewebseiweißfreien Fleischanteil.** Formschinken, die ganz oder teilweise aus kleineren Muskelstücken zusammenge-

Abb. 7.41
Definition und Herstellung von Kochwürsten

Definitionen laut Leitsätze des Deutschen Lebensmittelbuches:
Kochwürste sind hitzebehandelte Wurstwaren, die vorwiegend aus gekochtem Ausgangsmaterial hergestellt werden. Nur beim Überwiegen von Blut, Leber und Fettgewebe kann der Anteil an rohem Ausgangsmaterial vorherrschen. Kochwürste sind i.d.R. nur im erkalteten Zustand schnittfähig.

Kochstreichwürste sind Kochwürste, deren Konsistenz im erkalteten Zustand von erstarrtem Fett oder zusammenhängend koaguliertem Lebereiweiß bestimmt ist. In Leberwürsten und Leberpasteten beträgt der Leberanteil je nach Ausgangsmaterial und Herstellungsverfahren zwischen 10 und 30 %. In einzelnen Fällen kann der Leberanteil auch höher, bei bestimmten in den Leitsätzen aufgeführten Sorten, auch darunter liegen.

Blutwürste sind Kochwürste, deren Schnittfähigkeit im erkalteten Zustand durch mit Blut versetzte erstarrte Gallertmasse (Schwartenbrei) oder auf zusammenhängende Koagulation von Bluteiweiß beruht.

Sülzwürste sind Kochwürste, deren Schnittfähigkeit im erkalteten Zustand durch erstarrte Gallertmasse (Aspik oder Schwartenbrei) zustande kommt.

Herstellung von Leberwurst im Kochkutter (Prändl et al. 1988)

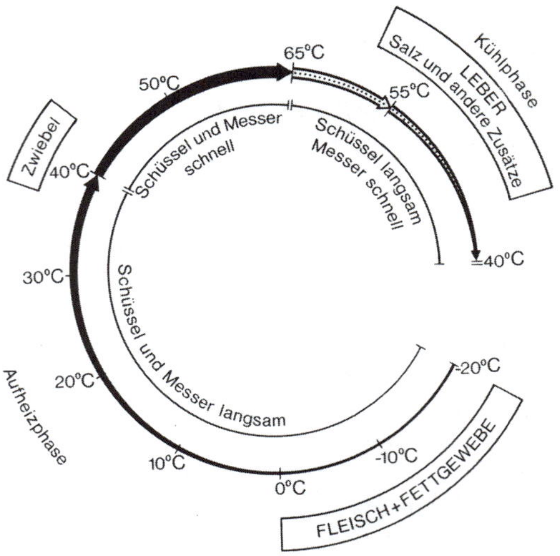

Herstellung von Leberwurst (Prändl et al. 1988)

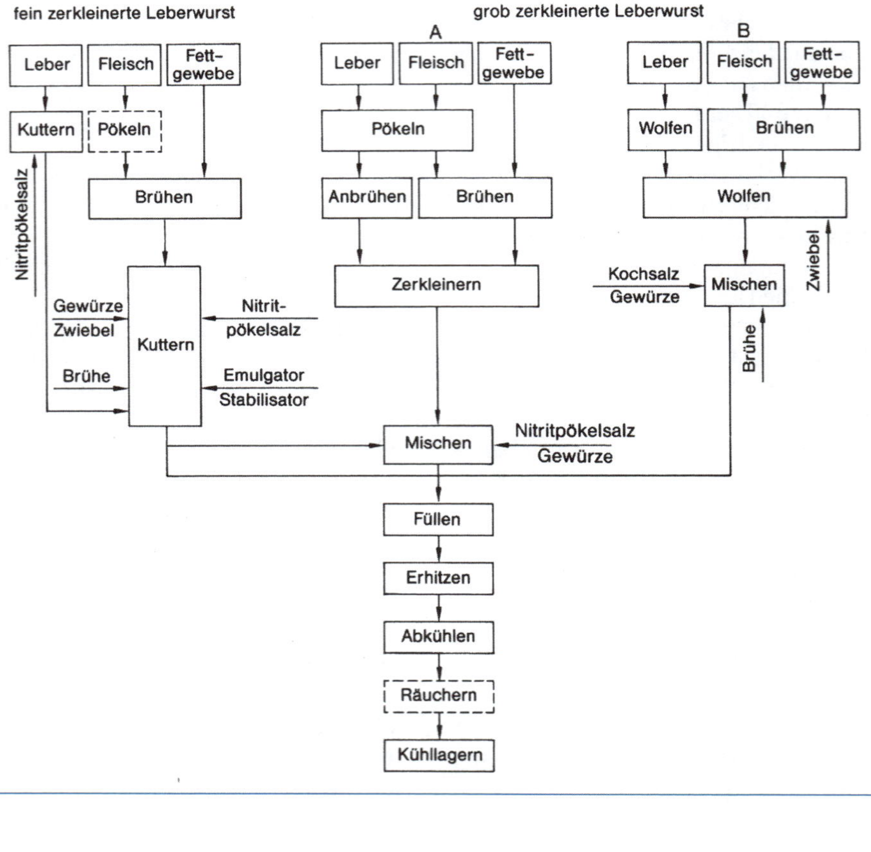

setzt sind, enthalten mindestens 90 % BEFFE im **Fleischeiweiß**.
Kochpökelwaren werden durch **Pökeln**, d. h. durch Zusatz von **Nitritpökelsalz** als einer Mischung aus Speisesalz und Nitriten bzw. Nitraten (E249 = Kaliumnitrit, E250 = Natriumnitrit, E251 = Natriumnitrat, E252 = Kaliumnitrat) konserviert. Der Zusatz von Pökelsalz muss lebensmittelrechtlich in der EU gekennzeichnet werden. Während des Pökelvorgangs kommt es durch Einsatz des Nitrats bzw. Nitrits zur **Umrötung**, d. h. das Fleisch bekommt eine intensive rote Färbung. Im Fleisch enthaltene Bakterien reduzieren das Nitrat zu Nitrit

Abb. 7.42
Definition und Herstellverfahren von Pökelfleisch

Definition laut Leitsätze des Deutschen Lebensmittelbuches:
Gekochtes Pökelfleisch (Kochpökelwaren, Gekochte Pökelfleischwaren) sind umgerötete und gegarte, meist geräucherte Fleischerzeugnisse, denen kein Brät zugesetzt ist, soweit dieses nicht zur Bindung großer Fleischteile dient (z. B. bei Kaiserfleisch).

Industrietumbler mit Schikane (blau);
Quelle: Fa. Schröder

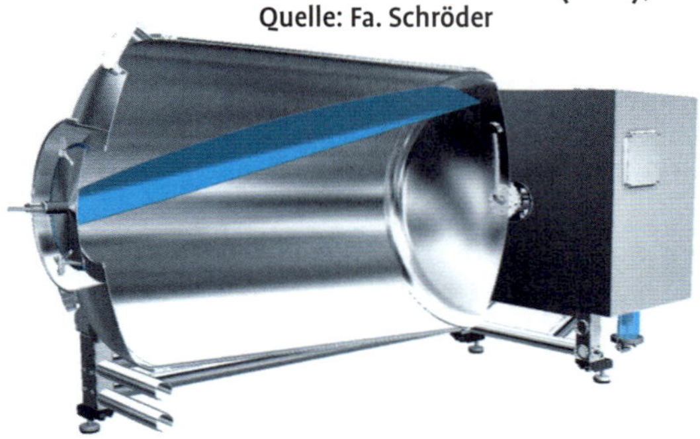

Herstellung von Koch- und Formschinken (Fischer und Ulmer 2009)

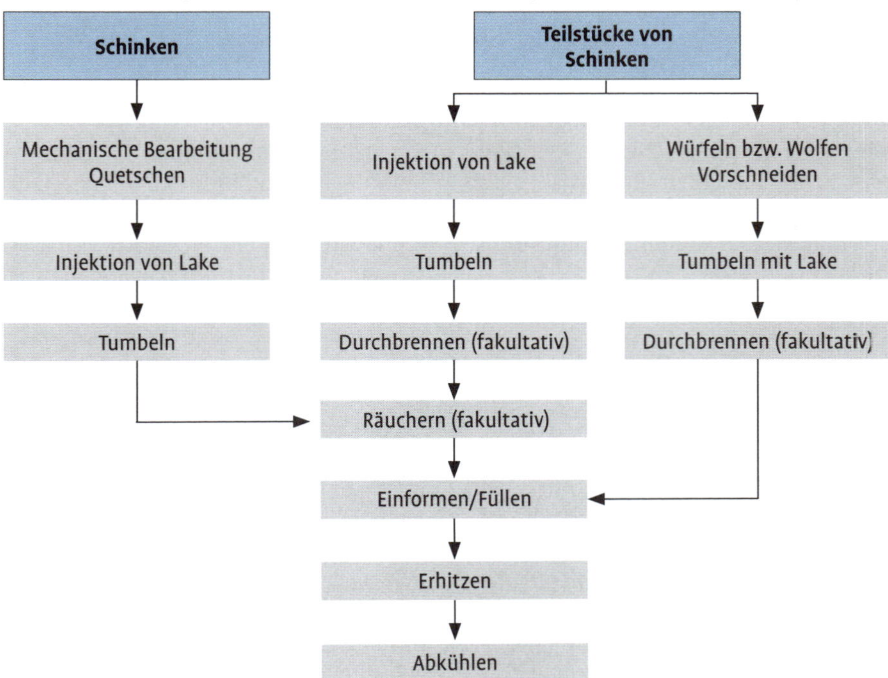

als eigentliche Wirksubstanz. Das Nitrit verbindet sich mit dem Muskelfarbstoff Myoglobin zu Nitrosomyoglobin und weiter zu dem hitzestabilen Nitrosomyochromogen, welches die Rotfärbung erzeugt. Eine weitere Verbesserung der Konservierungswirkung lässt sich durch das Hinzufügen von Ascorbinsäure als Antioxidanz erzielen.

Beim **Trockenpökeln** wird das Fleisch mit Pökelsalz eingerieben oder bedeckt und lagenweise geschichtet. Die Gewebeflüssigkeit wird durch Osmose entzogen, so entsteht die „Eigenlake". Dieses Verfahren kann je nach Fleischmenge bis zu sechs Wochen dauern, es erbringt aber durch den hohen Flüssigkeitsentzug von bis zu 50 % die beste Haltbarkeit. Beim **Nasspökeln** wird das Fleisch in eine Salzlake eingelegt. Das Wasser diffundiert durch Osmose so lange aus den Fleischzellen in die Lake, bis die Salzkonzentration im Fleisch der Konzentration der Lake entspricht. Gleichzeitig wandert Salz nach innen. Ein fakultativer Schritt ist das **Durchbrennen**. Die Salzzufuhr wird gestoppt, indem das Fleisch aus der Lake bzw. dem Salz genommen wird. Die Diffusion spielt sich nun nur noch im Fleischstück ab, wodurch sich im Laufe der Zeit ein einheitlicher Salzgehalt einstellt. Zur Beschleunigung des Pökelvorgangs wird die Pökellake mittels Injektoren, die zahlreiche Nadeln besitzen, bei einem Druck von 1 bis 2 bar oder mehr in das Fleisch eingespritzt **(Spritzpökelung)**. Mechanisches walken **(Poltern)** verteilt die Flüssigkeit gleichmäßig. Im industriellen Maßstab kommen dazu Tumbler (liegende Hohlzylinder mit eingebauten Schikanen) zum Einsatz (Abb. 7.42).

7.10 Extrusionsprodukte

Unter Extrusion versteht man in der Lebensmitteltechnologie das Pressen eines stärkehaltigen Rohstoffs bzw. von pflanzenproteinreichen Samen durch eine kleine, formgebende Öffnung. Durch Druck, Scherung und gegebenenfalls thermischen Energieeintrag werden in einem Arbeitsschritt die Inhaltsstoffe plastifiziert, strukturmodifiziert, nach Austritt aus der Düse geformt und gegebenenfalls expandiert. Das Expandieren führt im Fall höherer Prozesstemperatur zu einem großen Wasserverlust und zu einem Körper mit poröser, schaumartiger Struktur. Scherkräfte und Druck werden über Schneckenaggregate übertragen, die Heizung des Schneckengehäuses ermöglicht die Temperierung des Produkts.

Die zur Extrusion eingesetzten **Extruder** bestehen aus einer oder mehreren Schneckenwellen, die in einem eng anliegenden, schlanken und langen Gehäuse im Produkt schwimmend gelagert sind. Rohstoffe wie Mehl, Grieß, Stärke oder Proteine werden zusammen mit Zucker, Salz, Fett, Ballaststoffen, Gewürzen usw. gemeinsam oder an unterschiedlichen Stellen des Extruders zugegeben. Am Ende wird das fertige Produkt durch eine Formdüse ausgepresst und bei Bedarf geschnitten. Je nach Plastifizierbarkeit der Stärke in Abhängigkeit von Druck, Temperatur und Wassergehalt der Masse unterscheidet man zwischen **Kalt- und Heißextrusion.** Von Kaltextrusion spricht man, wenn die Stärke unter den Reaktionsbedingungen im Extruder unter Druck (bis 300 bar) nur gequollen wird und die Eiweißdenaturierung und die Gelbildung der Speisestärke im Gegensatz zur Heißextrusion unterbleiben. Gemäß dieser Differenzierung gehört Pasta zu den kalt extrudierten Produkten, indirekt und direkt expandierte Frühstückscerealien dagegen zu den heiß extrudierten.

Extruder wurden vor über 100 Jahren erstmals in der Kautschukindustrie eingesetzt, von wo aus sie langsam Verbreitung in der Lebensmittelindustrie fanden. Produktspezifisch wird mit Drücken von 10–1500 bar und Temperaturen zwischen 60 und 300 °C gearbeitet, weitere Maschinenparameter sind die Verweildauer in der Maschine oder Länge und Form der Düse. Große Extruder sind in der Lage, bis zwei Tonnen Produkt pro Stunde zu verarbeiten. Die Extrusion bei hohen Temperaturen (**Kochextrusion**, HTKZ-Extrusion) gehört heute zur Standardtechnologie zahlreicher Branchen der Lebensmittelindustrie. Mittels Extrusion werden unter anderem folgende Produkte erzeugt: Teigwaren, Knäckebrote, Knabberprodukte wie Kartoffelerzeugnisse, Erdnussflips oder Reiscrispies, Schokoflocken, Karamell, Knusperbrot, texturiertes Soja, Kaseinat aus Kasein oder eine

Abb. 7.43a
Extruder und ihr Einsatz bei der Herstellung von Frühstückscerealien oder Fleischersatz

Schnittbild eines Extruders (Quelle: Azad Emin, KIT)

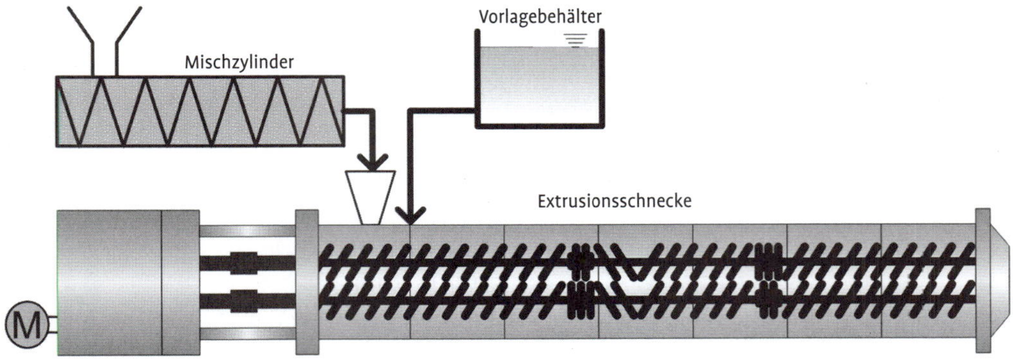

Foto eines Extruders (Quelle: Fa. Bühler)

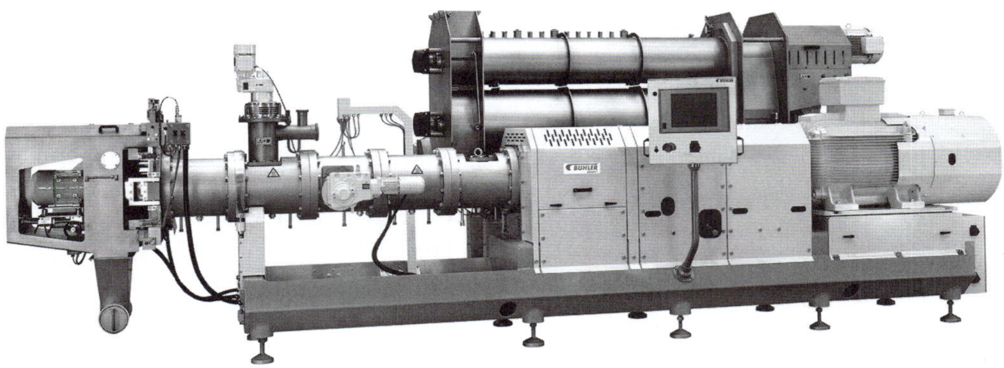

Extrusionsprozess zur Herstellung von Frühstückszerealien (Quelle Fa. Bühler)

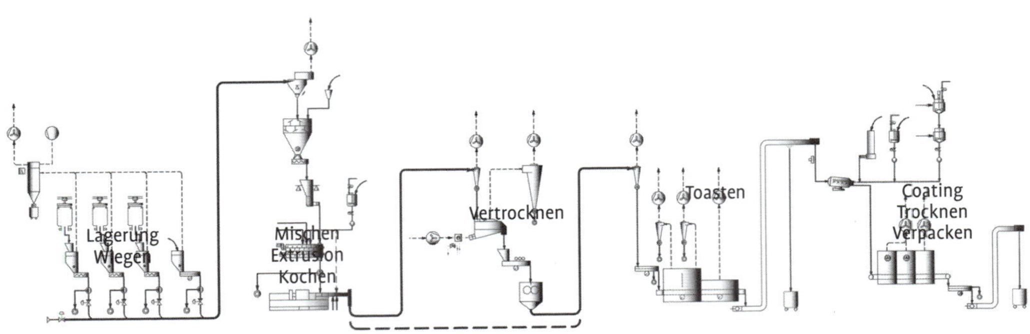

Abb. 7.43b
Wechselwirkungen von Stärke und Wasser (Bindrich 2019)

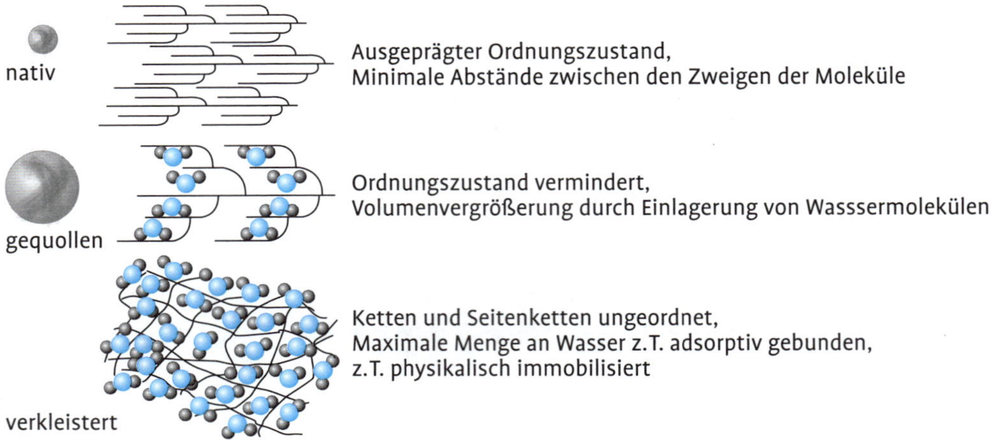

Vielfalt an Frühstücksflocken. Bei der Kochextrusion wird die Stärke verkleistert, Eiweiße denaturieren, Enzyme und Mikroorganismen werden abgetötet und alle Zutaten homogen vermischt. Gleichzeitig sind prozessspezifische Stoffumwandlungen oder die Bildung von Aromastoffen möglich. Durch die zahlreichen Produkt- und Verfahrensparameter können Wassergehalt, Produktzusammensetzung, Textur, Mundgefühl, Porosität oder Festigkeit zielgerecht variiert werden. Nach dem Abkühlen lassen sich Aromaträger oder Gewürze aufsprühen und eine weitere Produktdifferenzierung erzielen (Abb. 7.43).

In den letzten Jahren wurden Extruder in großem Umfang für die Herstellung von Fleischersatzprodukten eingesetzt. Die Geräte werden inzwischen oft als Wunderwaffe der Lebensmitteltechnologie gesehen. Sie dazu auch Kap. 8.1.

8 Innovative Lebensmittel zur Proteinversorgung

Die Kapitel 7.1 bis 7.10 haben sich bevorzugt mit Lebensmitteln beschäftigt, die derzeit zu einem sehr hohen Prozentsatz die kalorische Versorgung der Bevölkerung abdecken. Die entscheidende Rolle spielen dabei Proteine: Sie sind Energielieferant, Struktursubstanz in Muskulatur, Sehnen und Bändern, vor allem aber Hauptbestandteil aller Enzyme und des Immunsystems. Nach wie vor werden überwiegend Proteine tierischen Ursprungs gegessen, die weltweite Fleischproduktion soll bis 2050 um 80 % steigen, vor allem für asiatische und lateinamerikanische Verbraucher. Aus ethischen, ökologischen und ernährungsphysiologischen Gründen steht der Fleischkonsum in den westlichen Industrieländern zunehmend in der Kritik. Die Anzahl an Vegetariern und Veganern nimmt nicht nur in Deutschland zu, derzeit ernähren sich 9 % der Deutschen vegetarisch, 2 % vegan. Alternative Lebensmittel mit pflanzlichen Proteinen vergrößern zunehmend ihren Marktanteil, selbst Fleisch verarbeitende Unternehmen erzielen inzwischen zum Teil mehr als die Hälfte ihres Umsatzes mit pflanzlichen Fleischalternativen, ein starkes Indiz für den Wandel in der Ernährung. Im Folgenden werden alternative Möglichkeiten der Proteinversorgung vorgestellt, Eiweiße aus Pflanzen, Insekten und Zellkulturen.

8.1 Pflanzliche Proteine

Weltweit existieren über 300 000 Pflanzenarten, die 18 Milliarden Proteine enthalten sollen. Deren Eigenschaften werden derzeit global untersucht auf eine Eignung in der menschlichen Ernährung. Die stetige Suche nach neuen Proteinquellen (z. B. aus Raps, Reis, Kartoffel, Hafer, Kichererbse als die dritthäufigste Hülsenfrucht der Welt, Algen, Basidiomyceten) führte weltweit zu einer wachsenden Zahl an Produktinnovationen auf Basis pflanzlicher Proteine. Am Markt herrscht regelrecht unternehmerische Aufbruchsstimmung. Die Suche nach **funktionellen Eigenschaften** zur ressourceneffizienten Herstellung von Zwischen- oder Endprodukten beginnt mit der gezielten Extraktion der Proteinfraktionen, die je nach verwendeter Technik zu unterschiedlichen Ergebnissen führen kann. Der in der Regel aufwendigen Strukturanalytik folgt die Untersuchung der techno-funktionellen Eigenschaften der Fraktionen. Ein „ungünstiges" Aromaprofil" (bittere, bohnige, grüne Aromanoten) oder ein unangenehmes „mouth feeling" können ein Killerkriterium sein. Des Weiteren spielen die Löslichkeit, das Quellverhalten, die Wasser- und Fettbindung oder das Gelbildevermögen ebenso eine wichtige Rolle wie mögliche allergene Eigenschaften oder eine geringe biologische Wertigkeit der Proteinfraktion. Die Suche nach geeigneten Anwendungen folgt als nächster Schritt. Die Extrusion hat sich als interessante Möglichkeit erwiesen, strukturierte Pflanzenproteine zu erzeugen. Abbildung 8.1 zeigt die Rohstoffzusammensetzung von Körnerleguminosen und die Gewinnung pflanzlicher Proteine.

Diese finden zum Beispiel als **Fleischersatz** in Burgern Verwendung. Die ersten Burger aus Pflanzenprotein wurden 2016 verkauft und entfachten einen Hype im Supermarkt und an der Börse. Für den Zusammenhalt der Proteine, Farbstoffe und des Fetts sorgt Methylcellulose. Fleischfreie Burger werden inzwischen von einer Vielzahl von Unternehmen angeboten, sowohl von den Global Players der Lebensmittelwirtschaft als auch von Start-up-Unternehmen. Die Ergebnisse können inzwischen vielfach auch qualitativ überzeugen, erfordern allerdings zahlreiche Zusatzstoffe und Hilfsmittel, um Konsistenz und Sensorik zu befriedigen. Hergestellt unter anderem aus Erbseneiweiß und Rote-Bete-Saft für die Fleisch-

Abb. 8.1
Rohstoffe und Technologie alternativer Proteine

Nährwert von Körnerleguminosen (Rosenow 2019)

Hauptnährstoff (pro 100 g)		Erbsen	Ackerbohnen	Lupinen, blau	Sojabohnen
Trockensubstanz	g	88,0	88,0	91,0	92,0
Energie	kJ / kcal	1350 / 322	1250 / 299	1366 / 327	1376 / 329
Protein	N · 6,25	23	27	32	38
Fett	g	1,4	1,6	6,1	20,0
Stärke	g	44,0	39,0	7,5	1,9
verwertbare Zucker	g	2,8	3,9	4,1	6,5
Ballaststoffe	g	10,0	18,0	36,0	22,0

Gewinnung pflanzlicher Proteine (Weisz 2019)

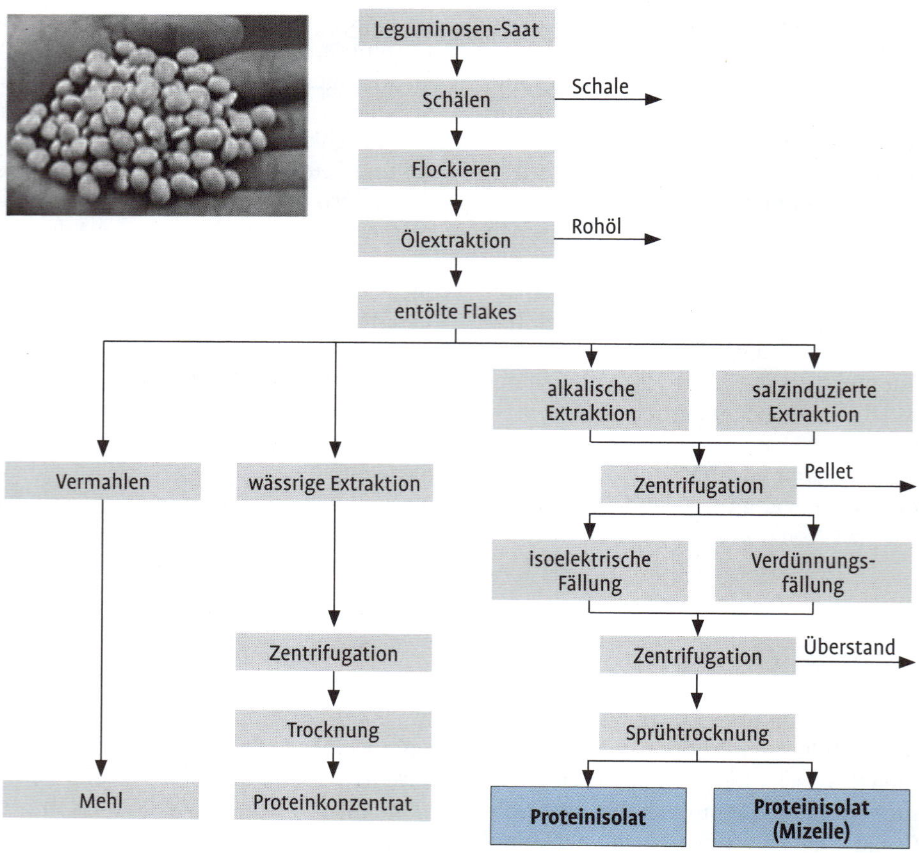

Abb. 8.2
Vergleich von Inhaltsstoffen einer veganen Mortadella aus Erbsenprotein und einer traditionellen Mortadella.

Vergleich von veganer (links, mit Zutatenliste) und traditioneller Mortadella (rechts, mit Zutatenliste)

Durchschnittliche Nährwerte	pro 100 g
Brennwert kJ kcal	618 kJ 148 kcal
Fett davon gesättigte Fettsäuren	11,0 g 0,8 g
Kohlenhydrate davon Zucker	3,0 g 3,0 g
Eiweiß	8,0 g
Salz	2,25 g

Wasser, Sojaeiweiß, Erbseneiweiß, Verdickungsmittel: Carrageenan, Konjakwurzel, Guarkenmehl, Johannisbrotkernmehl (Dextrose); Rapsöl (12 %), jodiertes Kochsalz (Kochsalz, Kaliumiodat), Gewürzextrakte, Gewürze, färbendes Lebensmittel: Rote Bete, Johannisbeere; Antioxidationsmittel: Ascorbinsäure, Aroma.

Durchschnittliche Nährwerte	pro 100 g
Brennwert kJ kcal	978 kJ 234 kcal
Fett davon gesättigte Fettsäuren	20,0 g 6,0 g
Kohlenhydrate davon Zucker	1,0 g 0,5 g
Eiweiß	13,0 g
Salz	2,4 g

75 % Geflügelfleisch (Truthahnfleisch, Hähnchenfleisch), Trinkwasser, Geflügelfett mit Haut, jodiertes Nitritpökelsalz (Kochsalz, Konservierungsstoff: Natriumnitrit; Kaliumiodat), Zucker, Gewürze, Dextrose, Würze (aus Raps und Mais), Stabilisator: Diphosphate, Maltodextrin, Gewürzextrakte, Antioxidationsmittel: Natriumascorbat.

farbe sind die pflanzenbasierten Bratlinge optisch und geschmacklich nur noch wenig von den originalen Fleischbouletten zu unterscheiden. Die Struktur hängt stark vor allem von den Bedingungen des Extrusionsprozesses ab. Gesucht werden sehr feine Faserstrukturen vergleichbar von Fleisch. Abbildung 8.2 zeigt den Vergleich veganer mit traditioneller Mortadella.

Als Ersatz für Fleischprotein kommen derzeit noch vor allem Soja-, Bohnen- oder Erbsenproteine zum Einsatz, an weiteren Quellen, z. B. der **Kichererbse** oder der **Lupine**, wird intensiv geforscht. Besonders Erbsen können nachhaltig und regional angebaut werden, ihr Eiweiß (ca. 25 % Anteil an der Bohne) erfüllt praktisch alle „Clean-label"-Eigenschaften: allergenfrei, glutenfrei, GMO-frei, frei von tierischen Inhaltsstoffen, Herstellungsprozess ohne organische Lösungsmittel, geringer Anteil an anti-nutritionellen Faktoren wie α-Galactoside, Phytinsäure oder Protease-Inhibitoren; als Leguminose wächst sie ohne Zufuhr von Stickstoff über die Düngung, und sie verlangt nur wenig Wasser. Der Umsatz mit „Veggie-Fleisch" lag 2022 in Deutschland bei 480 Mio. €, ein Jahr zuvor bei 414 Mio. €. Gemessen am 21,5 Milliarden Euro-Umsatz der Fleischwirtschaft mit tierischen Produkten handelt es sich nach wie vor um eine technologisch interessante Nische, aber mit hohem Wachstumspotenzial.

Abb. 8.3
Weltweiter Umsatz mit Ersatzprodukten für Milch und Fleisch (Statista 2024)

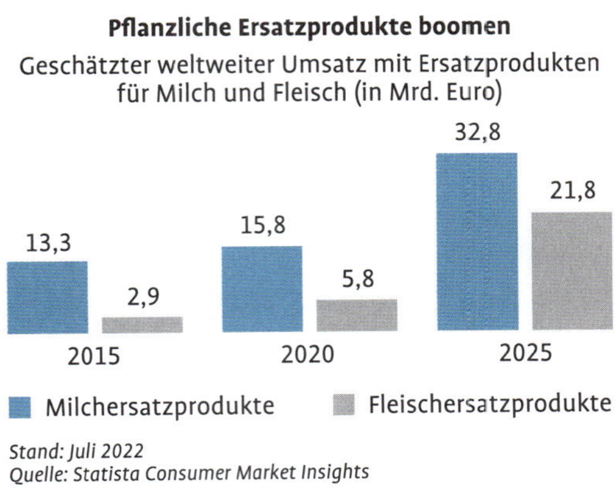

Weltweit werden hohe absolute Zahlen und beträchtliche Steigerungsraten sowohl für Fleisch- als auch für Milchersatzprodukte prognostiziert (siehe Abbildung 8.3).
Ein neuer, exotisch erscheinender Protein-Rohstoff sind **Basidiomyceten**. Diese Speisepilze lassen sich auf Nebenströmen der Agrarwirtschaft züchten und gefriergetrocknet erfolgreich in Lebens- und Futtermitteln einsetzen.

8.2 Insekten

Larven, Grillen und Co. werden ebenfalls als wichtige Protein- und Kalorienquellen der Zukunft gesehen, um klassische Fleischprodukte zu ersetzen. Zwei Milliarden Menschen, vor allem in Asien, Afrika oder Lateinamerika, kennen über 1900 Insektenarten bereits als Teil ihres Speisezettels. Seit 2015 dürfen auch in der EU einige Insektenarten vermarktet werden. Zum Beispiel Larven des **Getreideschimmelkäfers** *(Alphitobius diaperinus)*, getrocknete **Grillen** der Gattung *Gryllodes sigillatus,* die **Europäische Wanderheuschrecke** *(Locusta migratoria)*, getrocknete **Mehlwürmer** *(Tenebrio molitor)* sowie getrocknete und gemahlene **Grillen** der Gattung *Acheta domesticus.* Als „neuartige Lebensmittel" (Novel Food), sind sie in der VO 2015/2283 geregelt. Hier gilt der Grundsatz: Neuartige Lebensmittel dürfen nur in den Verkehr gebracht werden, wenn sie zuvor zugelassen wurden.
Mit Hilfe einer Übergangsregelung in der Verordnung (EU) 2015/2283 war es Unternehmen bisher möglich, auch ohne Zulassung das jeweilige Insekt oder Produkte daraus als Lebensmittel zu vertreiben, solange ein Zulassungsantrag gestellt wurde. Voraussetzung für die Zulassung von Insekten zum menschlichen Verzehr ist eine Risikobetrachtung durch die EFSA. Im Januar 2021 hatte die EFSA für den gelben Mehlwurm erstmals eine Risikobewertung für ein Insekt veröffentlicht, das als Lebensmittel in den Verkehr gebracht werden soll. Demnach ist die Sicherheit des Verzehrs von Mehlwürmern grundsätzlich als positiv einzustufen, wobei die Larven des Mehlkäfers „sowohl als Ganzes, getrocknetes Insekt als auch in Pulverform" für den menschlichen Verzehr unbedenklich seien. Allerdings könne es aufgrund von Kreuzreaktionen zu allergischen Reaktionen bei Personen kommen, die bereits auf Krebstiere oder Milben allergisch sind. Zusätzlich können Kontaminationen durch das Futter der Larven zu weiteren allergieauslösenden Inhaltsstoffen der neuartigen Lebensmittel beitragen.
Seit der Zulassung des Mehlwurmes sind weitere Insekten für den menschlichen Verzehr hinzugekommen. So wurde im November 2021 die Wanderheuschrecke *Locusta migratoria* und im Februar 2022 die Hausgrille *Acheta domesticus,* auch bekannt als Heimchen, als neuartiges Le-

Abb. 8.4
Eigenschaften von Mehlwurmlarven

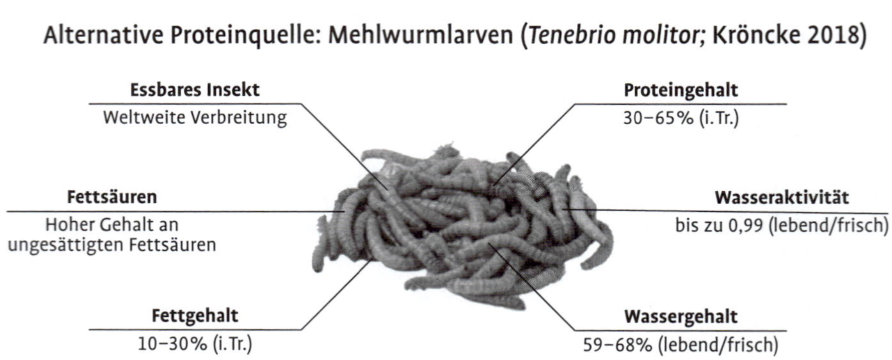

Abb. 8.5
Insekten als Teil einer Kreislaufwirtschaft für nachhaltige Nahrung und als Futtermittel (Quelle: Bühler)

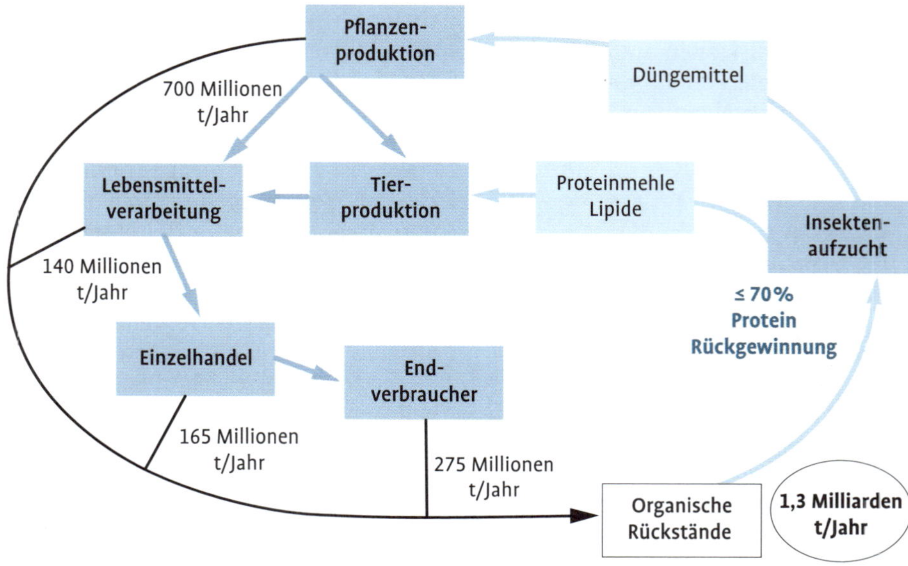

bensmittel durch die Europäische Kommission zugelassen. Im Januar 2023 wurde die Larve von *Alphitobius diaperinus* (Getreideschimmelkäfer) dieser Liste hinzugefügt.

Die Verwendung von Insektenbestandteilen muss in der Zutatenliste ausgewiesen werden. Schlacht- bzw. Verarbeitungsbetriebe unterliegen strengen behördlichen Anforderungen: Die Tötung der Tiere erfolgt entweder durch Tiefgefrieren bei min. –18 °C oder tiefer oder durch Erhitzen mittels Wasser oder Dampf bei 100 °C. Nach Tötung der Tiere erfolgt eine Hitzebehandlung zur Abtötung vegetativer Keime oder eine andere geeignete Behandlung, z. B. mit Hochdruck.

Die Insekten sind in vielen Disziplinen kaum zu schlagen: Sie sind zu rund 80 Prozent verzehrbar (Rinder nur zu 40 Prozent, Schweine zu 55), enthalten mehr Kilokalorien je Gramm als das Fleisch von Rind, Schwein oder Geflügel, sie wachsen schnell, benötigen wenig Platz und lassen sich auch aus Abfällen und Nebenprodukten der Lebensmittelindustrie ernähren. Für ein Kilogramm Lebendgewicht sind lediglich zwei Kilogramm Futter erforderlich, bei Rindern sind es 9. Die Akzeptanz ist derzeit noch niedrig, steigt aber allmählich an. Um sie zu verbessern, sollen in einem ersten Schritt verarbeitete Insekten in Burgern, Pasten, Nudeln usw. „versteckt" werden. Erfolgversprechender wird der Einsatz von Insekten in der Tierernährung sein. Getrocknet lassen sich damit Lachse füttern, lebend Hühner. Als Ersatz für Soja oder Fischmehl würden so große Ackerflächen oder stark bedrohte Fischbestände geschont. Um ein Kilogramm Lachs zu erzeugen sind vier Kilogramm Fischmehl nötig. In Holland gab es 2019 bereits 25 Betriebe, die Insekten für diesen Zweck züchten. Abbildung 8.4 zeigt Eigenschaften von Insekten am Beispiel von Mehlwurmlarven.

Ein Großteil der in der Landwirtschaft anfallenden CO_2-Emissionen entsteht durch die Produktion und den weltweiten Transport von proteinreichem Futtermittel wie Soja und Fischmehl. Insekten können den Fußabdruck stark verbessern durch nachhaltige Züchtung und Verwendung als Nahrungs- oder Futtermittel.

Junglarven werden vor Ort mit regionalen Reststoffen (Schalen oder Erntereste) gemästet und erhöhen in einer Woche ihr Körpergewicht um mehr als das 250-fache. Durch diesen Stoffkreislauf wird proteinreiches Futtermittel direkt vor Ort im landwirtschaftlichen Betrieb produziert, zu niedrigeren Kosten, mit geringeren CO_2-Emissionen und unabhängig von globalen Lieferketten. Abbildung 8.5 zeigt, wie Insekten nachhaltig als Futtermittel und Dünger eingesetzt werden können.

8.3 In-vitro-Fleisch und Proteine aus der Präzisionsfermentation

In mehreren Laboren wird intensiv an einer ganz anderen Art von Fleischersatz gearbeitet. So wurde im Jahr 2013 der erste 140-Gramm-Burger publikumswirksam verzehrt, der aus Stammzellen von Rindern stammte und mit Rote-Bete-Saft und Safran gefärbt war. Der riesige Aufwand für die sterile Anzüchtung der Fleischzellen in einem Bioreaktor ließ ihn angeblich 250 000 US-Dollar kosten. Wenn in einigen Jahren Reaktoren mit 100 000 Litern Inhalt zum Einsatz kommen, soll der Preis auf nur noch 60 Euro je Kilo sinken. Inzwischen wurden bereits erste Chicken Nuggets mit 70 % Anteil aus Stammzellen in Restaurants in Singapur angeboten. Auch in den USA wird in Kürze dieses Art Fleischersatz erhältlich sein. In Europa ist die EFSA nach Antrag eines Unternehmens für die Zulassung dieses „Novel Food“ zuständig.

Die Produktion von In-vitro-Fleisch läuft nach folgendem Prinzip ab: Stammzellen aus Embryos oder **Muskelstammzellen** aus dem Gewebe eines lebenden Tieres werden in einer Nährlösung vermehrt. Aus Muskelstammzellen entstehen Muskelzellen. Der schwierigste Schritt besteht darin, die Muskelzellen zu Muskelfasern und damit zu einer Fleischstruktur wachsen zu lassen. Das geschieht, indem die vorgezüchteten Zellen in einem Bioreaktor auf Trägerschichten verankert und weiter gezüchtet werden. Diese Träger sind beispielsweise Polymerstrukturen aus Kollagen oder Polysacchariden, inzwischen auch aus Soja- oder Weizenproteinen, wenn Hybridprodukte erzeugt werden sollen. Die Strukturen müssen möglichst porös sein, um eine Diffusion der in der umgebenden Nährlösung vorhandenen Inhaltsstoffe zu den Muskelzellen zu ermöglichen. Je mehr Zellschichten sich aber bilden, umso schwieriger wird diese Nachdiffusion. In der Natur wird dieses Problem durch die Bildung von Blutgefäßen im Fleisch gelöst. Ein „richtiges“ Stück Fleisch ist vorläufig nicht zu erwarten, das gezüchtete Zellgewebe lässt sich aber zu einem Burger verarbeiten. Verfahrenstechnisch werden zunehmend Methoden der klassischen Biotechnologie eingesetzt, insbesondere auch der Einsatz genetisch veränderter Mikroorganismen. Gearbeitet wird inzwischen auch mit Pilzmyzel. Es lässt sich in Soßen, zu Fleischbällchen oder Pastafüllungen verarbeiten. Auf der Suche nach einem Namen wird derzeit der Begriff „Zelluläre Landwirtschaft“ verwendet. Es sollen weltweit 150 Start-ups und etablierte Unternehmen an Fleisch- und Fischprodukten aus Stammzellen arbeiten. Letztlich könnten damit bis zu 90 % weniger Land verbraucht und über 90 % weniger Treibhausgase erzeugt werden.

Angesichts der Komplexität scheint die Präzisionsfermentation für die Versorgung schneller realisierbar zu sein. **Proteine aus der Präzisionsfermentation:** Bei der Präzisionsfermentation macht man sich die Fähigkeit von speziell gezüchteten (evtl. genetisch modifizierten) Mikroorganismen zunutze. Sie können zielgerichtet biotechnologisch Proteine wie Kasein erzeugen, das sich danach mit bekannter Verfahrenstechnik extrahieren und verarbeiten lässt. Abb. 8.6 zeigt Verfahrensschemata für die Präzisionsfermentation und die Gewinnung von Fleisch aus Stammzellen.

Mehrere Aspekte sind bei der Präzisionsfermentation im industriellen Maßstab zu beachten: Die Bedingungen im Fermenter, darunter Temperatur, pH-Wert, Nährmedium und Sauerstoff, müssen ständig überwacht und aufrechterhalten werden – für jeden Mikroorganismus spezifisch. Aufwendige Sensor-Messtechnik und künstliche Intelligenz sind Voraussetzung. Insbesondere die Stoffwechsel-Wärme ist kontinuierlich abzuführen, um die Zellen oder die Endprodukte nicht zu schädigen. Damit überall im Fermenter gleichmäßige Bedin-

Abb. 8.6
New Food mit Präzisionsfermentation (oben) und kultiviertem Fleisch (unten) (Quelle: GEA AG)

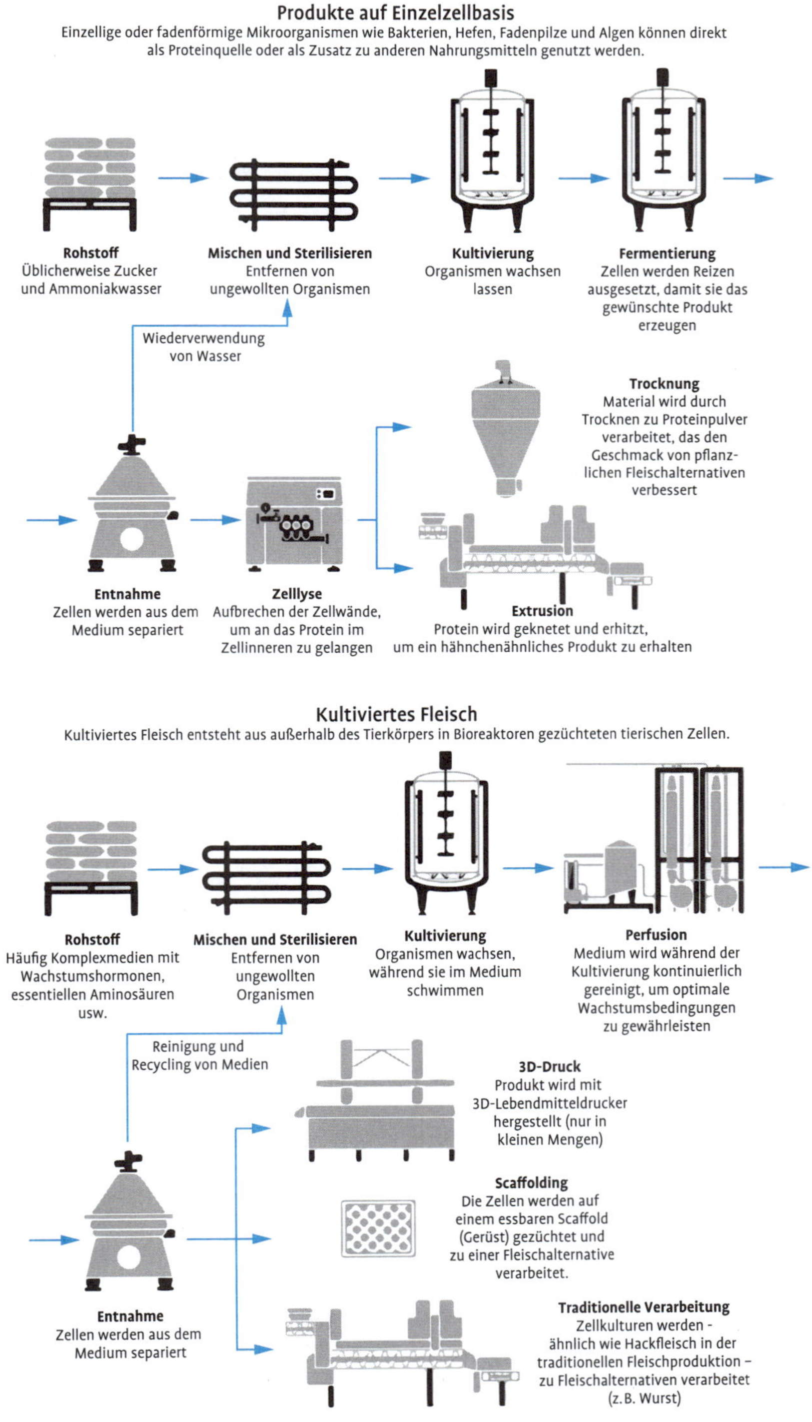

gungen herrschen, muss der Inhalt kontinuierlich, aber schonend gemischt und gerührt werden, ohne die empfindlichen Zellen zu schädigen. Aseptische Bedingungen sind Voraussetzung, mikrobielle Verunreinigungen jeglicher Art können eine ganze Charge unbrauchbar machen.

Die Präzisionsfermentation ist in der Lage, Ethik und Nachhaltigkeit von pflanzlicher Milch mit dem Geschmack, der Textur und dem Nährwert des Milch-Originals zu verbinden, indem die maßgeblichen Milchproteine im Reaktor erzeugt werden. Anstelle alle sechs wesentlichen Milchproteine zu synthetisieren, scheint es für viele Produkte ausreichend zu sein, nur ein einziges Molkenprotein herzustellen: Beta-Lactoglobulin. Damit lassen sich Milch, Eiscreme und Frischkäse erzeugen, Lebensmittel, die den Originalen nicht nachstehen und ohne Stabilisatoren oder Zusatzstoffe auskommen sollen.

Bei der Herstellung von Produkten wie dem Molkenprotein ist die Fermentation nur ein Teil des Prozesses. Daneben kommt es auf die anderen wichtigen Verfahrensschritte an: Herstellung des Nährmediums, Sterilisation, Trennung, Homogenisierung, Filtrierung und Sprühtrocknung. Mit Hilfe von digitalen Zwillingen lassen sich viele Parameter im Vorfeld bereits untersuchen und machen es möglich, Versuche direkt in Technikums-Bioreaktoren durchzuführen. Die derzeitige zentrale Herausforderung besteht darin, die Ausbeute der Mikroorganismen in industrielle Maßstäbe zu erhöhen, vor allem um die Kosten zu verringern.

Seit 2020 die ersten nicht-tierischen, mit Präzisionsfermentation hergestellten Milchprodukte auf den Markt kamen, hat sich der Sektor dynamisch weiterentwickelt. 2022 gab es nach Angaben des Good Food Institute bereits 62 Unternehmen, die sich auf diese Herstellung alternativer Proteine spezialisiert haben. Rund 40 davon konzentrieren sich auf Milchprodukte (https://gfi.org/wp-content/uploads/2023/01/2022-Fermentation-State-of-the-Industry-Report-1).

Eine Studie von Juni 2023 prognostiziert, dass das Volumen des Weltmarkts für Milchprodukte von 2022 bis 2028 um nahezu 40 Prozent auf 1.243 Milliarden US-Dollar wachsen wird (https://www.statista.com/statistics/502280/global-dairy-market-value/). Die neuen Ersatz-Proteinquellen werden nach Ansicht der Beratungsfirma ATKearney Fleischproduzenten massiv unter Druck setzen und ihnen den größten Teil ihres Marktes rauben. Im Jahr 2040 soll der Umsatz von Fleisch lediglich noch bei 720 Milliarden US-Dollar liegen, der von In-vitro-Fleisch bei 630 Milliarden und der von veganem Ersatzfleisch bei 450. Abbildung 8.7 zeigt eine Prognose, wie sich der Fleisch-/Fleischersatzmarkt bis 2040 entwickeln kann (AT Kearny). Die Prognose deutet daraufhin, dass tierische Proteine ihre Leitfunktion bei der menschlichen Ernährung allmählich verlieren werden. Die neuen biotechnologischen Entwicklungen haben das Potenzial für eine Revolution in der gesamten Lebensmitteltechnik. Derzeitstark getrieben von Start-Up-Firmen beginnen die etablierten Konzerne verstärkt in diesen Segmenten zu investieren.

Gängige Fleischersatzprodukte

Tofu ist eine Art Quark aus Sojabohnen. Dazu stellt man aus den Bohnen zuerst eine Milch her, die man anschließend – wie bei der Käseproduktion – zum Gerinnen bringt. Dadurch entsteht eine gleichmäßige Masse, die relativ geschmacksneutral ist. Neben Reis zählt er in einigen südostasiatischen Ländern zu den Grundnahrungsmitteln.

Tempeh entstand vor etwa 1000 Jahren in Indonesien. Dabei handelt es sich um Sojabohnen, die man durch die Beigabe bestimmter Schimmelpilze fermentiert. Die Konsistenz von Tempeh ist etwas fester als die von Tofu, zudem hat es einen nussigen Eigengeschmack.

Seitan ist ein Lebensmittel auf Weizenbasis, das schon im 6. Jahrhundert in China hergestellt wurde und heute in der japanischen Küche besonders verbreitet ist. Indem man Weizenmehl wiederholt mit Wasser auswäscht, entzieht man ihm die Stärke, bis eine glutenhaltige Masse übrig bleibt. Nach dem Kochen entwickelt sie eine fleischartige Konsistenz, besitzt aber wenig eigenen Geschmack.

Es gibt zahlreiche Fertigprodukte auf **Erbsen-, Soja-, oder Weizenbasis,** die Fleischvarianten nachahmen: von Würstchen, Hähnchen, Rindfleischpatties, Hackfleisch bis hin zu Gyros oder Pullet Pork. Ein Extruder erzeugt dabei eine fleischähnliche Textur und reichert die Masse mit Wasser an. Einige Firmen setzen den Produkten Häm zu, um den Geschmack von Fleisch besser zu imitieren.

Lupinen enthalten bis zu 48 Prozent Eiweiß – und damit noch mehr als Sojabohnen. Inzwischen ist es Forschern am Fraunhofer Institut für Verfahrenstechnik und Verpackung in Freising gelungen, Lupinenmehl die Bitterstoffe zu entziehen, wodurch es sich nun auch zu Fleischersatzprodukten verarbeiten lässt.

In den Letzen Jahren exportierten asiatische Länder immer größere Mengen **Jackfrüchte,** die in Europa und Nordamerika als Fleischersatz genutz werden. Durch ihre faserige Struktur ähneln sie geschmorten Fleischgerichten.

Zukünftige Fleischersatzprodukte mit viel Potenzial

Auf **Mykoprotein** basierende Lebensmittel enthalten fermentierte Zeilen eines Schlauchpilzes. Indem man sie mit weiteren Zutaten vermischt – oftmals mit Eiweiß aus Hühnereiern –, lassen sie sich zu einem fleischähnlichen Produkt verarbeiten. Das Ergebnis kann unter anderem Hackfleisch, Würrstchen oder Hähnchenbrust imitieren.

Seit 2015 sind in der EU **Insekten** als Lebensmittel zugelassen. Da sie viele Proteine enthalten, lassen sich aus ihnen Ersatzprodukte herstellen. Inzwischen kann man in deutschen Supermärkten Burgerpatties kaufen, die unter anderem aus Proteinen von Würmern bestehen.

Wissenschaftler erzeugen inzwischen sogar **Laborfleisch,** indem sie Tieren über eine Biopsie Zellen entnehmen und daraus Fleisch züchten. Das ist bisher allerdings noch sehr aufwändig: Der erste gezüchtete Burger kostete 2013 in der Produktion mehr als 250000 Euro. 2019 sanken die Kosten auf etwa 90 Euro.

8.4 Algen

In Europa im Gegensatz zu Asien weniger bekannt und geschätzt ist die Zucht von **Algen**. In über 60 Millionen Jahren haben sich mehrere Hunderttausend Algenarten entwickelt, vom kleinen Einzeller bis zu Seetang mit 60 Metern Länge. Mehrere davon eignen sich für den menschlichen Verzehr, in Europa z. B. der Zuckertang *(Saccharima latissima)* oder der Flügeltang *(Alaria esculenta)*. Getrocknet sind Algen lange haltbar und eine Quelle für Jod, Vitamin A und Eisen. Sie betreiben Fotosynthese, nehmen also CO_2 auf und kommen mit den üblichen Nährstoffen der Meere aus. Am intensivsten wird Algenzucht in China betrieben, für die menschliche Ernährung, aber auch als Tierfutter. Manche Betriebe kombinieren die Algenzucht mit der Zucht von Krustentieren und Muscheln. Die Nori-Alge, hauptsächlich in Korea produziert, ist bekannt für die grünen Platten, mit denen Sushi eingewickelt wird.
Auch Einzeller-Algen sind zunehmend interessant. Sie wachsen mit CO_2-Abgasen, werden mit Zentrifugen geerntet, getrocknet und extrahiert. Je nach Art liegt der Schwerpunkt der Produktion auf Lipiden, u. a. Omega-3-Fettsäuren, Proteinen, spezifischen Verbindungen oder Kohlenhydraten. Eine Rolle spielen die Extrakte in der Pharmazie, in der Kosmetikindustrie oder als Nahrungsergänzungsmittel. Derzeit sind rund 300 Algenarten kultiviert und 50 davon in industrieller Produktion. Mikro-Algen werden in offenen, fließenden Behältern gezüchtet (max. 2 g Ausbeute je Liter), in Photo-Bioreaktoren, d. h. langen Glasröhren (max. 5 g/L) oder in Fermentern (max. 250 g/L). Die bekannteste und häufig gezüchtete Mikroalge ist Spirulina (*Arthrospira platensis*). Biologisch handelt es sich um ein Bakterium, es

kann eingesetzt werden in Riegel, Smoothies, Nudeln oder Pasta.

8.5 Aquakulturen

Eine wichtige Protein- und Kalorienquelle waren seit Beginn der Menschwerdung Fische und andere Meeresfrüchte. Derzeit liegt der jährliche Pro-Kopf-Verbrauch weltweit bei über 20 Kilogramm, in Deutschland bei knapp 14. Rechnerisch ernähren sich zehn Prozent der Bevölkerung aus dem Meer. Wegen der Überfischung der Meere und Seen gewinnen Produkte aus der Aquakultur zunehmend an Bedeutung. Aquakultur oder **Aqua Farming** ist die kontrollierte Aufzucht von Fischen, Muscheln, Krebsen und Algen in Süß- oder Salzwasser. Etwa 150 Fischarten werden in Aquakultur gezüchtet, unter anderem Regenbogenforelle, Aal, Lachs, Pangasius, Stör, Afrikanischer Raubwels, Zander oder Dorade. Während der weltweite Fischfang seit 1990 leicht rückläufig ist und bei 100 Millionen Tonnen im Jahr liegt, befindet sich die Produktion von Zuchtfisch inzwischen auf demselben Niveau und wächst seit Jahren kontinuierlich.

Abb. 8.7
Fleischersatz legt in den nächsten 20 Jahren stark zu (Prognostizierter Umsatz in Milliarden US-Dollar)

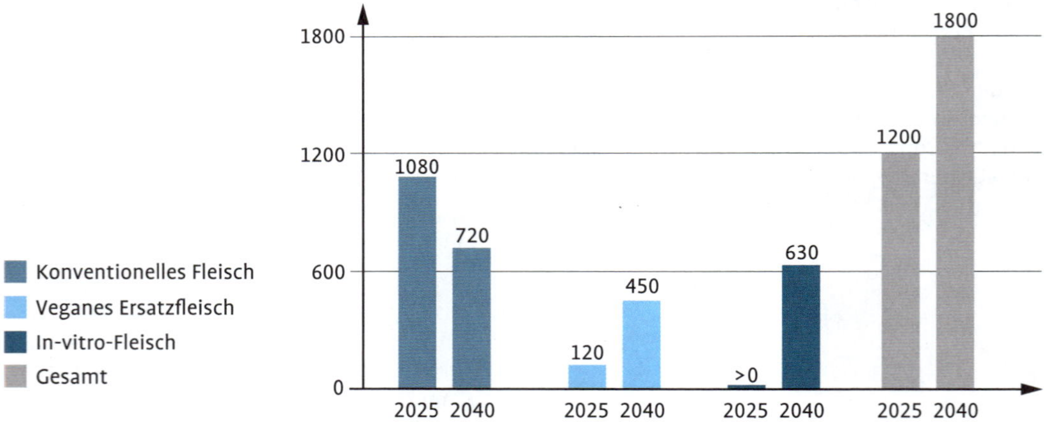

9 „New Food“: Die Zukunft der Lebensmitteltechnologie für die Ernährung von 10 Milliarden Menschen

9.1 Lebensmittelindustrie und Ernährungsregime

Die Herstellung von Lebensmitteln wurde seit den Zeiten der Münchner Schule um Liebig ab etwa 1870 immer stärker wissensbasiert: Die Naturwissenschaften, Chemie, Biologie und Physik, lieferten die analytischen Zaubermittel, mit denen sich alles Essbare bis ins letzte Molekül aufdröseln ließ. Damit konnten die natürliche Zusammensetzung ermittelt und die gar nicht so seltenen Fälschungen erstmals objektiv nachgewiesen werden. Und es war auf einmal möglich, die einzelnen Bausteine nach Bedarf neu zusammenzusetzen. Das Verständnis von Lebensmitteln ist nach und nach ein stoffliches geworden. Fleisch wird als Produkt seiner Eiweiße, sprich Aminosäuren, seiner Mineralien und Fette gesehen, Vollkornbrot als das von Kohlenhydraten und Ballaststoffen und Milch besteht vor allem aus Fett, Eiweiß, Laktose und einigen wichtigen Mineralien. Mit diesem Wissen über chemisch definierte Nahrung wurde es möglich, die Herstellprozesse präzise zu steuern und die Effizienz enorm zu erhöhen. In der industriellen Zauberküche können seitdem ohne Unterlass aus chemischen Verbindungen neue Lebensmittel hergestellt werden, sicher, haltbar und günstig. Erst fraktionieren, dann kreativ neu mischen. Jedes Jahr drängen mehr als 15 000 Lebensmittel auf den Markt, die der Handel ins Sortiment aufnimmt. Über 90 Prozent fallen beim Verbraucher durch und sind nach einem Jahr wieder verschwunden.

Die Lebensmittelindustrie hat aus vergleichsweise wenigen Rohstoffen eine riesige Vielfalt von haltbaren Lebensmitteln produziert. Dazu mussten die Unternehmen lernen, einzelne Substanzen der Rohstoffe zu isolieren, zu modifizieren, sie neu zu mischen. Allein aus Weizen werden Brot, Gebäck, Kuchen, Nudeln, Kekse, Mehlspeisen, Knödel, Cracker, Flocken, Bier, Paniermehl erzeugt. Die Liste ist bei weitem nicht vollständig, insgesamt kommt Weizen in rund 30 Prozent aller Lebensmittel vor. Hinter dieser Vielfalt stecken in der Regel lebensmitteltechnologisch sehr komplexe und oft zeitintensive Verarbeitungsmethoden. Voraussetzung ist eine detaillierte Stoffkenntnis. Die überwiegende Zahl heutiger Lebensmittel gehört zur zweiten Stufe der Verarbeitung. Nur technisch unveränderte Lebensmittel, die quasi im Originalzustand vorliegen, werden der ersten Stufe zugerechnet. Dorthin gehören sie auch, wenn sie aus ihrem Gesamtzusammenhang herausgelöst wurden. Beispiele sind Fleischstücke von einem Schlachtkörper, Milch nach dem Melken, Traubensaft nach dem Pressen, Mehl nach dem Mahlen, Kartoffeln, Honig, Salat oder Zucker. Ferner Eier, nicht aber das Omelett, Obst, aber nicht die Marmelade, Gemüse, aber nicht die Pickles. Brot, Wurst, Käse oder Joghurt sind alles Lebensmittel aus der zweiten Stufe, ebenso Schokolade, Chips, Cola-Getränke, Süßigkeiten, Brot und Brötchen, Burger, Tiefkühlpizzen, Dosensuppen, Brühwürfel, alle Konserven, Cremes, natürlich auch Wein und Bier.

Die vielfach naturfernen, mehr oder weniger stark verarbeiteten Lebensmittel dominieren in der westlichen Welt die Ernährung. Spiekermann (2018) verwendet für diese designten Lebensmittel den Begriff **„Künstliche Kost“**. Die neue **Ernährung 3.0** mit stofflich definierten Lebensmitteln ab der Mitte des 19. Jahrhunderts unterscheidet sich deutlich vom vorhergegangenen Ernährungsregime 2.0. Abbildung 9.1 (Hamatschek 2020) stellt die Prinzipien der drei Ernährungsregime seit dem Beginn der Menschwerdung gegenüber. Die Ernährung

3.0 ist eine Ernährung mit zubereiteten Lebensmitteln, besonders mit **Convenience-Produkten** oder der noch weniger gut beleumdeten Variante Fast Food. Freund und Feind dieser Art der Ernährung beschreiben sie mit noch weiteren Begriffen: „Bequemlichkeitsprodukte“, „Instant-Gerichte“, „Ready Meal“ oder „Fertig-Gerichte“. Ihr Marktanteil nimmt jedes Jahr zu, sie sind einer der großen Trends. Fast Food/Convenience ist der momentane Höhepunkt eines Ernährungsstils, dessen Wurzeln mehr als 150 Jahre zurückreichen. Was zu Zeiten der Herren Maggi, Knorr oder Nestle bescheiden begonnen hatte, beherrscht inzwischen die menschliche Ernährung. Die gesellschaftlichen Veränderungen während der Industriellen Revolution haben die Menschen empfänglich gemacht für Fertigprodukte, haltbare, über lange Zeit stabile und nahrhafte Lebensmittel, die daheim leicht zubereitet werden konnten. Die Lebensmittel der Ernährung 3.0 sind energetisch hoch verdichtet und häufig leicht verdauliche Kalorienbomben. Sämtliche Inhaltsstoffe gelangen ohne großen Verdauungsaufwand ins Blut. Die Gegenbewegung der Ernährung 3.0 ist die individualisierte oder personalisierte Ernährung, die sich wieder ein Stück an das erste Regime annähert und als **Ernährung 4.0** bezeichnet werden kann (siehe Kap. 9.3).

Die Lebensmittelindustrie war bis zum Ersten Weltkrieg eine der wichtigsten Industrien in Deutschland. Bereits 1895 arbeiteten nahezu 50 Prozent der Beschäftigten in Lebensmittelbetrieben mit mehr als 200 Mitarbeitern. Um 1900 war die Brauwirtschaft umsatzstärker als die Montanindustrie, und noch 1930 erzielte die Milchindustrie mehr Umsatz als Stahlindustrie und Bergbau. Geprägt durch Hochöfen, Eisenbahn, Fördertürme haben die Zeitgenossen der „Industriellen Revolution“ die Industrialisierung der Lebensmittelerzeugung in kurzer Zeit verinnerlicht und als „alltäglich“ empfunden. Preiswerter Rübenzucker, maschinell hergestelltes und in Tüten abgepacktes Mehl, Gemüse- und Obstkonserven, Tütensuppen, Würzen, Fleischextrakte, Zichorienkaffee, Bier, Wein und Mineralwasser in Flaschen, daran hatte man sich schnell gewöhnt. Dahinter steckten die ersten industriell produzierenden Unternehmen, die mit modernen Techniken rationell produzieren konnten. Schon damals galt, dass einige Leuchttürme von vielen kleinen Lichtern umgeben waren. Politische Voraussetzung für den Aufschwung war die Aufhebung von wirtschaftlichen Monopolen und Privilegierungen Ende des 18. Jahrhunderts sowie das allmähliche Zulassen von Wettbewerb und Gewerbefreiheit.

Vorreiter der Industrialisierung war die **Rübenzuckerindustrie** zu Beginn des 19. Jahrhunderts, gefolgt von der **Mühlenindustrie** und der Verarbeitung von Pflanzenöl. Bei der Getreideverarbeitung setzten sich ab 1825 effizientere Mahlverfahren und geeignetere Getreidesorten durch. Dampfmaschinen verdrängten nach und nach Wind- oder Wasserkraft zur Bewegung der Mahlwalzen. Die Mühlenindustrie erlebte einen unglaublichen Konzentrationsprozess besonders ab 1950. Damals gab es in Deutschland noch 19 000 Mühlen, heute sind es nur noch 550. Ab etwa 1870 fasste die Industrialisierung auch in anderen Branchen Fuß, allmählich entstanden zum Beispiel die Konserven-, Mineralwasser-, Schokolade- oder Marmeladeindustrie. Die Mineralwasserindustrie profitierte stark davon, dass es gelungen war, Wasser mit Kohlensäuregas zu imprägnieren. Allein die preußischen Quellen steigerten ihren Absatz zwischen 1870 und 1900 von 4,5 auf knapp 70 Millionen Flaschen. Die Rübenzucker- und die **Brauindustrie** waren die ersten Zweige mit einer industriellen Massenproduktion. Besonders rasant veränderte sich das Brauwesen. War es 1860 noch geprägt von Haus- oder Landbrauereien, bestimmten in der Folgezeit Großbetriebe das Geschehen. Sie profitierten besonders von Lindes Kältetechnik, aber auch von den vielen Verbesserungen im Behälter- oder Leitungsbau. Der neue untergärige Brauprozess, bei dem die Hefe nach der Gärung sedimentiert und nicht mehr flotiert, wurde ein weiterer Katalysator für betriebliches Wachstum. Die Löwenbrauerei aus München oder die Berliner Schultheißbrauerei waren mit einem jährlichen Bierausstoß von mehr als einer Million Hektoliter bald Symbole des Konzentrationsprozesses und Förderer des florierenden Kneipenwesens im Kaiserreich.

Abb. 9.1
Die drei Ernährungsregime seit Beginn der Menschwerdung

Ernährung 1.0: bis vor 12 000 Jahren	Ernährung 2.0: bis vor 170 Jahren	Ernährung 3.0: seit 170 Jahren
Regional, Biostandard, frei von, saisonal, frisch; verderblich Alles Essbare innerhalb eines Biotops; eher Fleisch im Norden, Pflanzen in den Tropen	Regional, Biostandard, frei von, saisonal, frisch; verderblich; wenig Fernhandel, Getreideprodukte, Milchprodukte, Fleischprodukte von Nutztieren	Global, immer verfügbar, haltbar, zubereitet, Getreideprodukte, Fleisch von Nutztieren, Milchprodukte, Convenience, Fertigprodukte, extreme Vielfalt zubereiteter Lebensmittel
Praktisch nur **1. Verarbeitungsstufe** Generalisten	**1. Verarbeitungsstufe** dominiert; spezialisierte Handwerker, Einfachtechnik	**2. Verarbeitungsstufe** dominiert; hoher Standard industrieller Agrar- und Lebensmitteltechnik
Energiedichte nur hoch nach Erhitzen	**Energiedichte nur hoch nach Erhitzen**	**Sehr hohe Energiedichte zubereiteter Lebensmittel**
Hohe Biodiversität Verfügbarkeit problematisch	**Gesunkene Biodiversität;** Erntesicherheit oft nicht gegeben; viele Hungerperioden	**Sehr niedrige Biodiversität;** Erntesicherheit; großes Lebensmittelangebot, große Lebensmittelverschwendung, Monokulturen, Massentierhaltung
Konservierungsmethoden: Erhitzen, Trocknen	**Konservierungsmethoden:** Erhitzen, Pökeln, Fermentieren, Trocknen; Kühlen, Säuern, Zuckern	**Konservierungsmethoden:** Erhitzen, Pökeln, Fermentieren, Trocknen, chemische, physikalische und biologische Methoden, Säuern, Zuckern, Reinraum, Hürdentechnik, aktive und passive Verpackungen
Selbstversorgung (Jagen und Sammeln)	**Selbstversorgung** (Landwirtschaft)	**Kaum Selbst-, fast nur Fremdverpflegung;**
Gesundheitszustand generell gut, oft gefährliches Biotop	**Sinkender Gesundheitsstand,** Zoonosen, Anfälligkeit für Seuchen	**Zoonosen, Allergien, metabolisches Syndrom** (Adipositas, Herz-Kreislauf-Erkrankungen)
Umherschweifende kleine Horden	**Dörfer mit zunehmender Verstädterung**	**Mega-Städtebildung; Bevölkerungsexplosion**
Muskelkraft der Menschen	**Muskelkraft von Mensch und Tier**	**Technische Energie; Energieumwandlungen**

Neben der Industrie für Endprodukte wie Bier oder Schokolade entstanden in der zweiten Hälfte des 19. Jahrhunderts auch spezialisierte Hersteller von Zwischenprodukten. Ein Beispiel ist die Erzeugung von Stärke aus landwirtschaftlichen Rohstoffen wie Kartoffeln oder Weizen. Diese Stärke diente als Grundstoff für die Herstellung von Backwaren, Würzen und später Pudding. Bald tauchte die Frage auf, zu was man die Spelzen, das Eiweiß und die Keimlinge außer als Viehfutter nutzen konnte. Nach und nach entwickelten Technologen Verfahren und Anwendungsgebiete, die es erlaubten, den Rohstoff vollständig zu verwerten.

Die kapitalintensive Elektrifizierung der Unternehmen begann ab 1895 und beschleunigte die weitere Konzentration in der Lebensmittelindustrie. Durch Firmenzusammenschlüsse entstanden Giganten, die mit ihren Milliardenumsätzen zum Teil noch heute Schwergewichte sind. Lange Zeit kämpften neben Großunternehmen wie Nestle, Unilever, Cargill, General Mills, Kraft Heinz, Tyson Foods, Danone und vielen mehr lokale handwerkliche Verarbeiter ums Überleben. Die kleinen Anbieter wurden in fast allen Branchen nach und nach an den Rand gedrängt.

Die Lebensmittelindustrie ist seit 1950 zu einer Hightech-Industrie geworden, die heute mit modernsten Maschinen und mit großen Schlagzahlen arbeitet. Ökologische Notwendigkeiten und der Zwang, Kosten zu senken, hatten für minimale Energieverbräuche gesorgt, der Wasserverbrauch war verringert, Kühlwasser bewegte sich im Kreislauf und Rohstoffe wurden maximal ausgenutzt. Ein hygienischer Herstellprozess, die sterile Verpackung und die Kühlkette brachten dem Verbraucher lange haltbare, chemisch stabile und mikrobiologisch sichere Lebensmittel.

War vor 100 Jahren die Sicherung der Ernährung die zentrale Herausforderung, herrscht inzwischen Überfluss mit einigen gravierenden ökologischen und gesundheitlichen Konsequenzen. Das wirkt sich auch auf den Umgang der Obrigkeit (EU, Bund, Länder) mit ihren Untertanen aus. In der Vergangenheit wurde der Bürger eher als mündig gesehen, als einer, der seine Geschicke selbst in die Hand nehmen kann. In Deutschland verschiebt sich dieses Bild seit mehreren Jahren in Richtung des ‚verletzlichen‘ Bürgers, der im komplexen Dasein überfordert wirkt und stärker zu schützen ist. Alles, was für den Konsumenten als schädlich erachtet wird (Alkohol, Salz, Fett ...), soll durch regulatorische Eingriffe reduziert/vermieden werden. Zumindest ‚nudging‘ sei notwendig, um ihn in die richtige Richtung zu ‚schubsen‘. Denn die gesellschaftlichen Folgekosten gesundheitsschädlicher Ernährung (ca. 70 Milliarden € p. a.) und klimaschädigender Konsummuster (die Ernährung ist für bis zu 30 % des CO_2-Fußabdruckes verantwortlich) sind in der Tat beachtlich und werden als Grund angesehen, die Einschränkung von Freiheitsgraden zu rechtfertigen. Darf man sich weiter falsch ernähren und die Gemeinschaft durch eine Fülle nicht übertragbarer, kostspieliger Krankheiten, vor allem durch die Adipositas-Epidemie, schädigen? Die Antwort lautet zunehmend ‚eher nicht‘.

Ein „Umparken“ des Bürgers im Kopf, der danach freiwillig in die richtige Richtung marschiert, wird aufgrund bisheriger Erfahrungen nicht erwartet. Handlungsänderungen sind meist langwierige Prozesse. Also muss nachgeholfen und beschleunigt werden. Die Ernährung als absolute Privatangelegenheit verschiebt sich in Richtung Staatsangelegenheit, sie ist im Sinne höherer Ziele zu steuern. War das als Privatangelegenheit in der Vergangenheit eine Funktion des Angebots, des eigenen Geldbeutels, des Marktes und liberaler Rahmenbedingungen, wird die Obrigkeit entsprechend ihres Menschenbildes, einer immer wichtiger werdenden Ökologie samt Nachhaltigkeitsansatz und eigenen Staatszielen zukünftig lenkend eingreifen. Dieses Maß an Restriktion befindet sich bereits im politischen Diskurs, der zukünftig EU- und bundesweit an Intensität zunehmen wird.

Die Obrigkeit wird in Zukunft verstärkt versuchen, die Globalkosten im Gesundheitswesen und in der Umwelt zu beeinflussen. Letztlich ist das auch ein Versuch, den Klimawandel zu entschleunigen, wo die Versorgung mit Nahrung sowohl Täter (durch Produktion von Treibhausgasen) als auch Opfer ist (durch temperaturbedingte veränderte Rahmenbedingungen).

In demokratischen Ländern stehen zur Lenkung der Ernährung abgestuft wirksame Mechanismen zur Verfügung:

- Entscheidungsbeschränkung in Form von klaren Verboten oder Geboten
- Entscheidungslenkung, indem negative oder positive Anreize gegeben werden, z. B. über Erhöhung oder Senkung der Mehrwertsteuer oder Steuern auf ‚kritische‘ Produkte wie vor Jahren die Alko-Pops. Manche Länder operieren mit Zucker- oder Fettsteuer, mit der Subventionierung alternativer Proteinquellen oder der Reduzierung von deren rechtlichen Hürden.
- Entscheidungsunterstützung durch Information oder Warn-Labels, z. B. den Nutri-Score, das NOVA-System und die Nährstoffzusammensetzung auf dem Etikett.

Abb. 9.2
Die Politik und gesellschaftliche Trends beeinflussen die Art der zukünftigen Ernährung

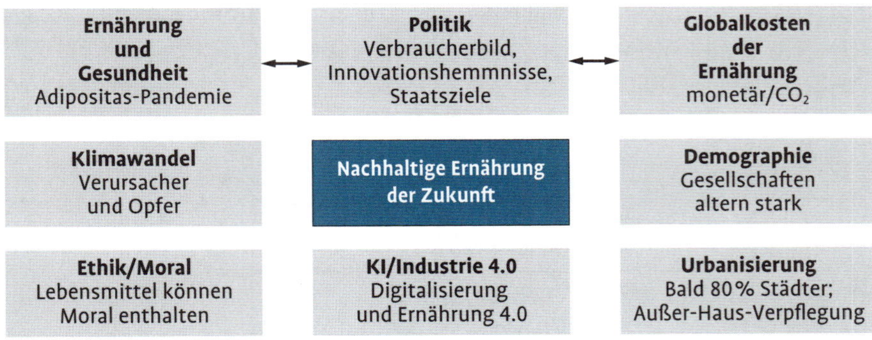

Zudem natürlich wird die zukünftige Ernährung durch Einflussgrößen bestimmt, die im Menschen selber liegen. Dazu gehören die demographische Entwicklung, die Verstädterung, aber auch eine moralisch unterfütterte Art der Ernährung bei immer mehr Menschen (Abb. 9.2). Die 10 Milliarden Menschen, die um 2050 auf der Erde um Nahrung anstehen, müssen auf einer anderen Basis als heute satt werden, wenn das System insgesamt nicht kollabieren soll, das nicht zuletzt durch den Klimawandel unter Druck steht (Hamatschek 2024).

9.2 Die Ernährung von 10 Milliarden Menschen

Die Produkte der Lebensmittelindustrie dienen der menschlichen Ernährung. Jeder Mensch besitzt ein **Recht auf Nahrung,** das ist die Kernaussage der allgemeinen Menschenrechtserklärung der Vereinten Nationen von 1948. Jeder Mensch soll einen verlässlichen Zugang zu Nahrung haben, die nicht nur ausgewogen ist, sondern auch angemessen, das heißt seiner Kultur und seinen natürlichen Lebensumständen entsprechend. Das Menschenrecht auf Nahrung fordert, dass niemand unter- oder mangelernährt sein soll. Das Menschenrecht auf Nahrung ist Teil des Subsistenzrechtes: Jeder Mensch soll über alle Ressourcen verfügen, deren er bedarf, um dauerhaft überleben zu können. Abbildung 9.3 mit Zahlen der FAO zeigt die Entwicklung von Hunger innerhalb der Weltbevölkerung seit 2006. Nach einem Abflauen muss derzeit leider festgestellt werden, dass Umweltprobleme, politische Verwerfungen und Kriege die Anzahl Hungernder wieder vergrößert. Das UN-Milleniumsziel "Null Hunger" bis 2030 wird immer schwieriger zu erreichen. Mindestens genauso problematisch ist struktureller Hunger, wenn es an Mikronährstoffen fehlt und Mangelkrankheiten gehäuft auftreten.

Trotz allem ging es der Menschheit niemals besser als derzeit: 2015 hungerten 11 Prozent der Menschen, 1970 waren es noch 28 Prozent. Hauptgrund war der epochale Erfolg der **Grünen Revolution:** Hat die Welt-Landwirtschaft 1960 noch 200 kg Getreide pro Kopf erzeugt, verdoppelte sich der Wert bis heute auf 400 kg. Und das war möglich, obwohl sich die Anzahl der Esser in den 45 Jahren von 3 auf 7 Milliarden erhöhte. In 25 Jahren wollen knapp 10 Milliarden Menschen auf der Erde satt werden und nicht weniger als ihr anerkanntes Menschenrecht in Anspruch nehmen. Aus den verfügbaren Ackerflächen müssen dann nach Ansicht der FAO knapp 50 Prozent mehr Nahrung produziert werden als heute. Den Hunger endgültig zu besiegen ist eine Herkulesaufgabe für Lebensmitteltechnologie, Landwirtschaft und Politik. Die sichere Ernährung der

Abb. 9.3
Die Politik und gesellschaftliche Trends beeinflussen die Art der zukünftigen Ernährung

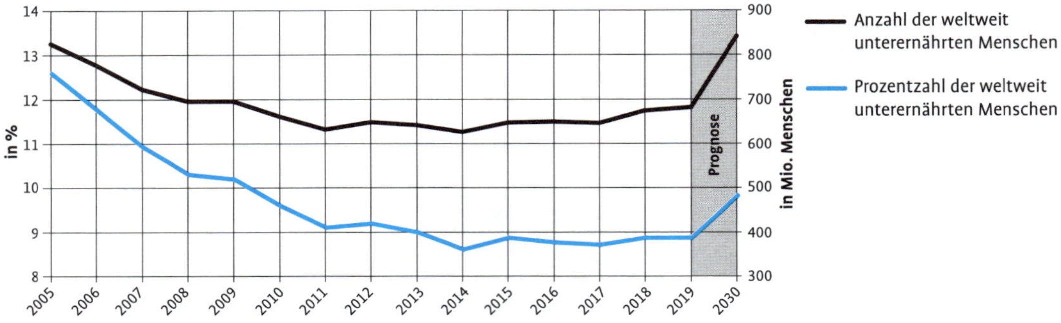

Die ausreichende Energiezufuhr für einen Erwachsenen liegt bei **2100Kcal/d (WHO)**.
Regelmäßig weniger als **1400Kcal/d** heißt extreme Unterernährung.
Insgesamt leiden weltweit mehr als eine Mrd. heranwachsender Mädchen und Frauen an **Unterernährung, Untergewicht, Wachstumsverzögerungen, fehlenden Mikronährstoffen und Blutarmut.**
1,8 Mrd. Menschen leben in Armut mit weniger als **3,20 US$/d**; 3,75 wären nötig.

Afghanistan, Burkina Faso, Tschad, Äthiopien, Kenia, Mali, Niger, Nigeria, Somalia, Südsudan, Sudan und Jemen sind die Länder mit der größten Nahrungsmittel- und Ernährungskrise.

Menschheit ist geprägt von zahlreichen Chancen und Risiken (Hamatschek 2020). Viele der nachfolgend beschriebenen Risiken kann die Lebensmitteltechnologie mit ihrer hohen Innovationskraft verringern.

Wassermangel: Bis zum Jahr 2050 wird voraussichtlich ein Viertel der Weltbevölkerung mit chronischem oder immer wiederkehrendem Süßwassermangel leben. Bereits jetzt lebt fast ein Viertel der Weltbevölkerung in Ländern mit einem extremen Trockenheitsrisiko. Gleichzeitig nehmen die globalen Süßwasservorräte regional ab. Zum einen aufgrund des Klimawandels, der feuchte Zonen feuchter und trockene trockener werden lässt. Zum anderen durch Verschmutzung oder Versalzung. Dazu kommen Belastungen des Grundwassers mit überschüssigem Dünger oder Pflanzenschutzmitteln (UNESCO 2019). Ein Ansatz zur Verbesserung der Situation ist die Meerwasserentsalzung mit Membransystemen und eine die Ressourcen schonende Produktion. Kreislaufführung, Aufbereitung und Recycling sind weitere gängige Ansätze.

Verlust und Verschwendung: Dass nicht alle Körner des Feldes im Magen der Menschen landen, ist eine beklagenswerte Tatsache. Nager, Insekten, Pilze beanspruchen ihren Anteil seit den ersten Tagen der Neolithischen Revolution. Wenig effiziente Ernte-, Transport-, Lager- und Veredlungstechniken haben zusätzlich dafür gesorgt, dass Verluste aufgetreten sind. Die Klimaerwärmung mit ihren höheren Temperaturen und häufiger feuchten Phasen begünstigt zudem die Verbreitung von Schaderregern wie Schimmelpilze. Verluste bereits auf dem Feld, in manchen Regionen derzeit bereits bei bis zu 30 %, können noch größer werden. In einer Situation des Mangels wirkt sich jede Verschlechterung des Wirkungsgrades besonders fatal aus. Ohne Verluste könnte die Menschheit theoretisch bestens versorgt werden. An der Schwelle zum 21. Jahrhundert haben die Landwirte weltweit 4600 kcal landwirtschaftliche Produkte pro Kopf und Jahr produziert, theoretisch genug, um 14 Milliarden Menschen satt zu bekommen. Verluste und Verschwendung treten leider auf der gesamten Wertschöpfungskette auf. Ernteverluste und Überproduktion auf dem Feld, Verluste in der Produktion aufgrund von Fehlplanung oder technischen Störungen, Nichteinhalten der Kühlkette, falscher Einkauf und begrenzte Haltbarkeit sowie Distributionsverluste im Bereich des Handels, dazu hohe Umwandlungsverluste bei der Erzeugung tierischer Kalo-

Abb. 9.4
Verluste an Lebensmittel entlang der Wertschöpfungskette – „from farm to fork“.

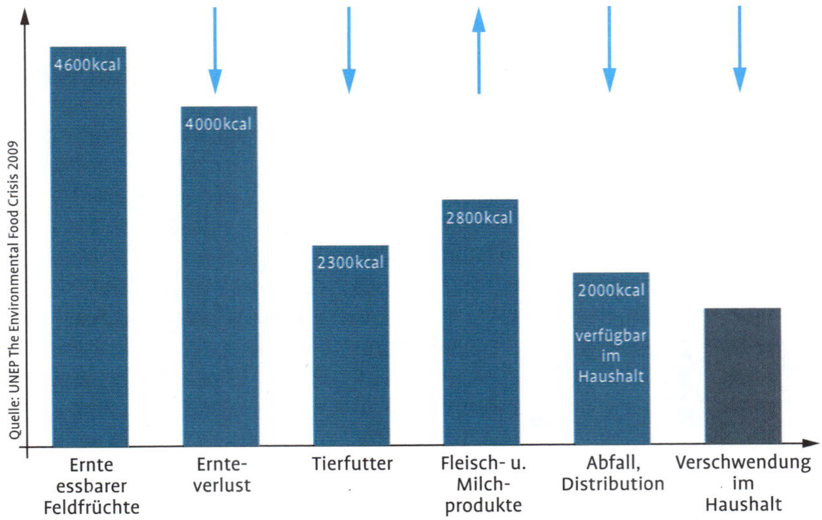

rien. Alles zusammen sorgt dafür, dass lediglich 2000 kcal im Haushalt ankommen, gerade einmal 43 Prozent. Wissenschaftler gehen davon aus, dass die Hälfte der Verluste vermieden werden kann. Abbildung 9.4 demonstriert auch, welche Rolle der Verzehr von Fleisch spielt. Tierfutter verschlingt 1700 kcal von den ursprünglichen 4600, wovon als Fleisch, Eier oder Milchprodukte nur 500 kcal zurückgegeben werden. Die Umwandlung von pflanzlicher in tierische Biomasse ist mehr oder weniger ineffizient (UNEP 2009).

In Deutschland enden derzeit jährlich rund 6 bis 7 Millionen Tonnen Lebensmittel im Haushaltsmüll, unverdauliches wie Schalen oder Knochen bereits herausgerechnet. Haushalte sind in Deutschland für etwa zwei Drittel der Abfallmenge verantwortlich, jeder Bundesbürger wirft rund 75 Kilogramm verwertbare Lebensmittel weg. Ein Drittel davon ist Obst, ein Sechstel sind zubereitete Speisen. Gründe sind zu große Portionspackungen, unüberlegter Einkauf, fehlendes Verständnis für das Mindesthaltbarkeitsdatum eines Lebensmittels oder falsche Lagerung. Insgesamt hat sich die Situation in den letzten 10 Jahren etwas verbessert. Die Lebensmittelindustrie arbeitet insbesondere daran, Rohstoffe verlustfrei zu verarbeiten. Lebensmittelabfälle aus dem Handel machen, im Vergleich mit den anderen untersuchten Gruppen, einen geringen Anteil an der Abfallmenge aus (Abbildung 9.5).

Überzogener Fleischverzehr: Fleisch hat das Image eines Statussymbols, es ist ein Wohlstandsindikator. Wer es sich leisten kann, hat es geschafft. Genuss beim Verzehr spielt natürlich keine unbedeutende Rolle. Und die Ernährungswissenschaft versäumt es nicht, auf den Gehalt an essenziellen Aminosäuren, die B-Vitamine, vor allem B_{12} oder zahlreiche Mineralien hinzuweisen. Fleischverzehr tut dem Organismus gut. Zumal die Evolution des Menschen über drei Millionen Jahre, durch Fleisch katalysiert, wahrscheinlich in der abgelaufenen Form überhaupt erst möglich wurde. Soziologen betonen gerne den gruppendynamischen Aspekt der gemeinsamen Jagd und des Verzehrs am Lagerfeuer als ein wichtiges Element der menschlichen Kultur.

Ablehnung kommt aus den Disziplinen Ethik, Ökologie, Tierzüchtung, Tierhaltung, Recht, Medizin, ja sogar von Theologie und Ernährungsmedizin. Die plädiert aus gesundheitlichen Gründen für eine deutliche Reduzierung des derzeitigen Verzehrs auf 30 kg pro Kopf und Jahr. Für die Erzeugung aller land-

Abb. 9.5
Verluste und Verschwendung von Nahrungsmitteln

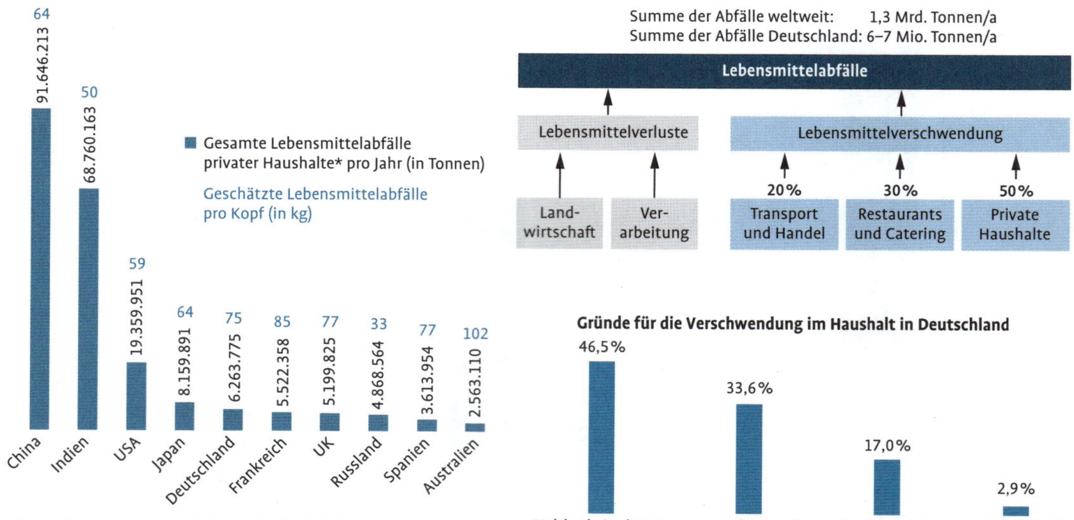

* zum Verzehr geeignete Lebensmittel, die jedoch wegen Überangebot, Unkonformität oder Überschreitung der Mindesthaltbarkeit weggeworfen werden

Quelle: Statista

wirtschaftlicher Produkte stehen 3,34 Milliarden Hektar Dauergrünland und Weideland (26 Prozent der bewohnbaren Erdfläche) sowie 1,6 Milliarden Hektar Ackerland (12 Prozent) zur Verfügung. Vom Ackerland wird ein Drittel ausschließlich für die Erzeugung von Tierfutter benötigt, ein weiterer Teil für die Erzeugung von Treibstoffen wie Biodiesel oder Bioethanol. Weniger als die Hälfte der Weltgetreideproduktion kommt tatsächlich auf den Esstisch. Der ökologische Fußabdruck des Fleischverzehrs ist ein weiterer großer Kritikpunkt. Ein hoher Wasserverbrauch (pro Kilogramm Rindfleisch werden 15 000 Liter Bedarf berichtet) und große Mengen Treibhausgase (rund 30 Prozent der Treibhausgase sind Folge der menschlichen Ernährung; knapp die Hälfte davon durch die Fleischerzeugung) wären Gründe, weniger Fleisch zu essen. Einige Alternativen zum Fleischverzehr wurden in Kapitel 8 vorgestellt.
Welche Rolle kann die moderne Lebensmitteltechnologie im Kampf um ausreichende Ernährung spielen? Ihre Kernkompetenz liegt in der schonenden Haltbarmachung der Lebensmittel für maximale Haltbarkeit, in einer Produktion mit minimalen Verlusten, in der optimalen Ausnützung der Rohstoffe aus der Urproduktion, in einer maximalen Reststoffverwertung und in der Entwicklung neuer Lebensmittel aus bestehenden oder neuen Rohstoffen. Algen, Quallen, neue exotische Früchte oder veränderte Eigenschaften züchterisch veränderter Getreidearten können neue Technologien oder die Anpassung bestehender verlangen.
Kapitel 8 hat dazu Beispiele gezeigt, wie Biotechnologie oder Extrusion bei der Erzeugung neuartiger Lebensmittel eingesetzt werden können.

9.3 Gesellschaftlicher Wandel

Menschliche Gesellschaften unterliegen einem ständigen Wandel, mal schneller, mal weniger schnell. Er wirkt sich auf alle Lebensbereiche aus und zwingt auch Lebensmittelerzeuger und -handel zur Anpassung. Herausforderungen ergeben sich derzeit aufgrund der folgenden sich ändernden Einstellungen und Verhaltensweisen:

- Nachhaltigkeit als Forderung (siehe 9.5)
- Die Correctness der Nahrung, Ethik der Schöpfungsverantwortung, aber auch Moral und Gesundheit als neuer „Life style". Das Thema Ethik in der Lebensmittelwirtschaft wird in Kapitel 9.4 weiter ausgeführt.
- Das **Verbraucherbild** wandelt sich. Politik und Rechtsprechung sehen den mündigen Verbraucher zunehmend als Fiktion und meinen, ihn als eher unmündig vor den Unbilden des Lebens schützen zu müssen. Entsprechend verändern sich die Anforderungen an die Informationspflicht auf dem Etikett und die Ansprüche an Lebensmittelsicherheit und Verbraucherschutz. Privatrechtliche Vereinbarungen wie IFS (Food) oder BRC erweitern die Anforderungen an das betriebliche Qualitätsmanagement.
- **Urbanisierung:** Derzeit leben etwa 50 Prozent der Bevölkerung in Großstädten, die Prognosen für 2050 liegen bei 70–80 Prozent. Die zunehmende Entfernung der Produktion vom Verbraucher verstärkt den Bedarf zubereiteter, länger haltbarer und industriell hergestellter Lebensmittel. Eine hochmobile Gesellschaft mit knappem Zeitbudget benötigt Convenience-Produkte, standardisiert und ohne Zubereitungsrisiken im Haushalt.
- Die **Globalisierung** bei Vertrieb und Beschaffung bringt exotischere Zutaten und Lebensmittel, doch steigt der Aufwand für die Warenbeschaffung und vor allem für die Warenkontrolle. Die lückenlose Rückverfolgbarkeit zu sichern, ist die große Herausforderung
- Andererseits sind die Bedürfnisse einer **personalisierten, häufig emotional aufgeladenen Ernährung** zu befriedigen, die schnell wechselnden Trends folgt. Vegan, „free from", Clean Labeling, Ethic Food, Ethnic Food, Minimally Processed Food oder Natural Food, nur um einige der derzeitigen Schlagworte zu nennen. Derartige Lebensmittel waren in der Vergangenheit Nischenprodukte, uninteressant für Großbetriebe mit ihrem Primat der großen Stückzahl. Die digitale industrielle Revolution mit „World Wide Web", extremen Speicherkapazitäten, intelligenter und blitzschnell arbeitender Sensor-Messtechnik, RFID oder der „Cloud" versetzt auch große Unternehmen in die Lage, auf Massenproduktionslinien individuelle Produkte herzustellen (Industrie 4.0).
- Die zum Teil große Entfernung der Arbeitsstätte vom Wohnort verstärkt die Nachfrage nach einer **Außer-Haus-Ernährung.** Der Markt für dieses Segment (Gastronomie, Kantinen, Catering) lag 2022 bei rund 76 Milliarden Euro und hat sich mit großen Steigerungsraten vom Corona-Einbruch praktisch wieder erholt.
- Spezialnahrung ist gefragt für immer mehr ältere Menschen, das heißt kleinere Verpackungsgrößen und intensivere Aromatisierung **(demographischer Wandel).**
- Die Ernährungsindustrie wird zunehmend für die **Adipositas-Epidemie** verantwortlich gemacht. Rücksichtnahme durch die Reduzierung von Zucker, Salz und Fett und zunehmende Verknüpfung der Ernährung mit der Gesundheit werden erwartet, ebenso Transparenz bezüglich der Inhaltsstoffe und des Energiegehalts mit Nutri Score oder Ampel.
- Kontinuierliche **ökologische und ökonomische Optimierung** der Prozesse bei gleichzeitiger Ästhetisierung des Angebots.
- Der **Internetvertrieb;** er macht bei Lebensmitteln derzeit nur einen kleineren Prozentsatz des Umsatzes aus, aber mit deutlich steigender Tendenz. Probleme bereiten bei frischen Produkten die Haltbarkeit, wenn eine Kühlkette einzuhalten ist. Prognosen gehen davon aus, dass der Markt rasant wachsen wird und Lebensmittelproduzenten diese Vertriebsform parallel zu ihrer konventionellen aufbauen müssen. Der Lockdown während der Corona-Pandemie erzeugte einen zusätzlichen Schub für diese Vertriebsform.

Letztlich müssen sich Technologen immer mehr zu Managern wandeln, um den gesetzlichen und gesellschaftlichen Anforderungen in einer komplexer werdenden Welt entsprechen zu können. In Summe lässt sich festhalten: Die Welt der Lebensmittel wird noch vielfältiger und individueller, die Kommunikation der Erzeuger mit dem Kunden offener, Anforderungen an Sicherheit und Verbraucherschutz steigen weiter, die Vertriebswege werden durch den Internethandel umfassender und herausfordernder.

9.4 Ethik in der Lebensmittelwirtschaft

Ethisch begründete Forderungen an die Lebensmittelwirtschaft haben in den letzten Jahren stark zugenommen, Nahrung hat ein immer höheres Maß an Correctness aufzuweisen. Der Begriff **Ethik** wurde von Aristoteles als Bezeichnung für eine philosophische Disziplin eingeführt. Er meinte damit die wissenschaftliche Beschäftigung mit Gewohnheiten, Sitten und Gebräuchen (ethos). Unter „Ethik“ versteht man heute einen zentralen Bereich der Philosophie, der die Frage zu beantworten sucht, an welchen Werten und Normen, Zielen und Zwecken die Menschen ihr Handeln orientieren sollen. Gegenstand der Ethik ist das Bemühen, den Geltungsanspruch der jeweiligen Moral auf Wohlbegründetheit zu überprüfen, ein oberstes, vernünftiges Prinzip zu finden, womit die Werte, Normen und Ziele in ihrer Rangordnung beurteilt und gegebenenfalls neue einsehbar begründet werden können, um dadurch zur Verbesserung menschlichen Zusammenlebens beizutragen. Vereinfacht gesagt ist Ethik die Lehre von der Moral. Entscheidend ist bei ethischen Fragestellungen eine Handlungsalternative, die ein Abwägen und eine begründete Entscheidung erlaubt.

Die Auflistung (rechte Spalte) stellt wesentliche ethisch begründete Konfliktpunkte zwischen Verbraucher und Lebensmittelwirtschaft zusammen. Sie umfassen einen weiten Bereich der Lebensmittelerzeugung und Vermarktung. Die Konfliktpunkte sind abzugrenzen von **Food Fraud**, der Lebensmittelverfälschung. Darunter fallen juristisch klare Sachverhalte wie falsch deklarierte Zutaten, Mindermengen, die Überschreitung von Schadstoff-Höchstmengen oder die Verwendung unzulässiger Rohstoffe. Der entscheidende Konflikt bei ethisch angezweifelten Lebensmitteln besteht darin, dass diese zwar streng nach Gesetz oder Leitlinie hergestellt sein mögen, sie aber aus moralischen Gründen kritisiert und dann abgelehnt werden. Lebensmittel können Moral enthalten, wie die Lebensmittelindustrie schmerzlich lernen musste. NGOs und Verbraucherschutzverbände machen regelmäßig auf tatsächliche und vermeintliche Missstände aufmerksam. Ein zentraler Vorwurf richtet sich gegen die Lebensmittelwirtschaft als Mitverantwortliche für die grassierende Adipositas-Epidemie, insbesondere durch werbliche Verführung von Kindern hin zu süßen und fetten Produkten. Immer lauter werden auch die Vorwürfe, mit immer mehr Zusatzstoffen zu arbeiten, anstelle „Clean Label“ zu praktizieren. Ein massiver Angriff aus jüngerer Zeit ist der fragwürdige Umgang mit Tieren. Die Lebensmitteltechnologie ist betroffen durch den Vorwurf der inhumanen Schlachtung und der Verarbeitung von Milch. Milch, die dem Kalb vorenthalten wird und das deshalb von seiner Mutter getrennt werden muss. Dass der Gesetzgeber derartiges Verhalten nicht unterbindet, wird dem erfolgreichen Lobbyismus der Lebensmittelwirtschaft zugeschrieben, die dazu ihre große Kapitalkraft einsetzt. So sei es unter anderem gelungen, die Einführung der Ampel auf den Etiketten zur Charakterisierung einer gesundheitlichen Wertigkeit erfolgreich zu verhindern.

- Versteckspiel mit Zutaten (Hühnersuppe mit Huhn als „Spurenelement“)
- Verdeckte Preiserhöhungen durch „Downsizing“ der Verpackung
- Genmanipulierte Zusatzstoffe oder Behandlungsstoffe werden „eingeschmuggelt“
- Regional ist nicht exakt definiert und wird oft sehr großräumig verstanden
- Mogelpackungen enthalten viel Luft und täuschen mehr Inhalt vor
- Nicht offen deklarierte Behandlungsmittel tierischen Ursprungs (Gelatine z. B.)
- Versteckter Zucker in vielen Produkten (Ketchup z. B.)
- „ohne“ bedeutet nicht immer „Null“ (alkoholfreies Bier)

- Hefeextrakt statt Glutamat („ohne Geschmacksverstärker")
- Verpackungsmaterialinflation; Kunststoffe vermüllen die Erde
- Statt „Clean Label" enthalten Lebensmittel viele zum Teil fragwürdige Zusatzstoffe
- Verantwortung der Lebensmittelindustrie für die Adipositas-Epidemie; Werbefallen für Kinder
- Intensive Verwendung von Palmöl, für das häufig Regenwald gerodet wurde
- Verstoß gegen das Tierwohl: Massentierhaltung; Kastenhaltung von Muttersauen; Schlachtstress; Ignorierung sozialer Bindungen von Tieren; Trennung der Mutterkuh vom Kalb
- Qualzüchtung (Einnutzungstiere)
- Shreddern von männlichen Küken; Kupieren von Schweineschwänzen; Veröden von Hörnern; Ferkelkastration
- Kraftfutter aus Soja, für das auch Regenwald geopfert wurde
- Der schlagkräftige Lobbyismus der Lebensmittelwirtschaft verhindert gesetzliche Maßnahmen zum Schutz der Verbraucher; Verhinderung der „Ampel" als ein Beispiel

Die Lebensmitteltechnologie verwendet aus verschiedenen Gründen bevorzugt Palmöl. Der Preis ist vergleichsweise niedrig, die Verfügbarkeit gut und die zielgerichtete Umwandlung für die spezifische Verwendung etabliert. Aus Ölpalmen können durchschnittlich 3,3 Tonnen Öl pro Hektar gewonnen werden, bei Raps, Kokos und Sonnenblumen liegt der Wert gerade mal bei rund 0,7 Tonnen, bei Sojapflanzen nur bei 0,4 Tonnen. Dass die gestiegene Nachfrage nach Palmöl die Rodung von Tropenwald als Kollateralschaden im Gepäck hat, wird in den letzten Jahren verstärkt thematisiert. Industrie und Handel reagieren auf den Druck der Verbraucher zum Teil mit der Beschaffung aus zertifizierten Flächen, die nicht eigens gerodet wurden.

Tierwohl, Tierethik: Die Frage nach der moralischen Behandlung von Tieren ist nicht mehr bloß eine kuriose Nebensache der Ethik, sondern ein zentrales Thema. An der Universität in Münster wurde in der Philosophischen Fakultät eigens ein Institut für Zoologische Theologie eingerichtet. Zwei unterschiedliche Weltbilder ringen im Umgang mit Tieren um die Vorherrschaft: das anthropozentrische Weltbild und das rationale, wissenschaftliche Weltbild. Bei ersterem gilt der Mensch als „Krone der Schöpfung" und „Beherrscher der Erde". Das rationale Bild geht von der Empfindungsfähigkeit von Tieren aus (Sentientismus), wer empfindet, kann auch leiden. In der Biologie wird die Empfindungsfähigkeit inzwischen nicht mehr bezweifelt. Die Philosophie fordert aufgrund dessen zumindest einen intensiven Tierschutz, manche Vertreter auch Tierrechte. Tierschutz geht ihnen nicht weit genug, er begnüge sich mit der „Humanisierung der Ausbeutung". Die Tierrechtsbewegung dagegen fordert ein „Ende der Ausbeutung". Humanisierung der Schlachtung zu fordern sei so sinnlos wie die Humanisierung der Sklaverei oder die Zulassung der „sanften Vergewaltigung".

Auch in der EU-Tierschutzgesetzgebung steht die Empfindungsfähigkeit der Tiere im Mittelpunkt. Dass Tiere nicht leiden, muss wissenschaftlich nachgewiesen werden, z. B. durch die Tiergesundheit oder fehlende Stresshormone im Blut. Seit 2002 steht Tierschutz als Staatsziel im Deutschen Grundgesetz (Artikel 20a): „Der Staat schützt auch in Verantwortung für die künftigen Generationen die natürlichen Lebensgrundlagen und die Tiere im Rahmen der verfassungsmäßigen Ordnung durch die Gesetzgebung und nach Maßgabe von Gesetz und Recht durch die vollziehende Gewalt und die Rechtsprechung". Konkretisiert wird der zulässige Umgang mit Tieren im Tierschutzgesetz, zuletzt geändert 2019. „Zweck dieses Gesetzes ist es, aus der Verantwortung des Menschen für das Tier als Mitgeschöpf dessen Leben und Wohlbefinden zu schützen. **Niemand darf einem Tier ohne vernünftigen Grund Schmerzen, Leiden oder Schäden zufügen** (§ 1 Grundsatz)." Zahlreiche Gesetze und Verordnungen definieren die gute fachliche Praxis beim Umgang mit Tieren im Interesse des Tierwohls (z. B. EFSA 2012).

Der „vernünftige Grund" ist ein zentraler Begriff. Auf ihn wird bei der Haltung, der Schlachtung oder bei Tierversuchen verwiesen. Er liegt

vor, „wenn er als triftig, einsichtig und von einem schutzwürdigen Interesse getragen anzuerkennen ist und wenn er unter den konkreten Umständen schwerer wiegt als das Interesse des Tieres an seiner Unversehrtheit und an seinem Wohlbefinden“ **(Erlaubnisvorbehalt).** Der Hunger nach Fleisch, die menschliche Ernährung, gilt als vernünftiger Grund. Mit der Konsequenz, dass sowohl das Töten von Tieren zulässig ist als auch die Missachtung aller artgerechten Verhaltensweisen. Herdentiere dürfen vereinzelt, andere zusammengepfercht, Kälber frühzeitig der Mutter weggenommen werden.
Wirtschaftliche Gründe haben eine intensive Steigerung der Tierproduktion erzwungen. Niedrige Fleischpreise in den Supermärkten wurden durch Massentierhaltung, effizientere Aufzucht, den Einsatz hochgezüchteter Rassen und nicht zuletzt durch eine industrialisierte Schlachtung und Weiterverarbeitung kompensiert. Das Tierwohl, eine zumindest in Ansätzen artgerechte Haltung, blieb als Unternehmensziel auf der Strecke. Mit dem Ergebnis, dass in den Augen von immer mehr Menschen der Erlaubnisvorbehalt inzwischen völlig überzogen wurde. Nutztiere sind heute überwiegend **Einnutzungstiere**, ein Champion in nur einer Disziplin. Vor 100 Jahren waren Rinder noch Dreinutzungstiere: Arbeitstier, Fleischlieferant, Milchproduzent. Die Tierzucht hat sich immer mehr in Richtung Qualzucht entwickelt, entgegen aller artspezifischen Selbstregulierungsmechanismen. Selbstredend, dass die tierischen Athleten Spezialnahrung benötigen. Meist in Form von Kraftfutter, meist mit Hilfe von Importsoja hergestellt. Rund 20 % der EU-Soja-Importe stammen von Regenwald- oder Savannenflächen, die eigens dafür gerodet wurden. Milchkühe wurden selektiert auf Milchproduktion, die Muskulatur spielt keine Rolle. „Der Euter ist die Kuh“, wie es in einer Werbung verächtlich hieß. Gleiches gilt für Hühner. Entweder Masthuhn mit der Aufgabe, sich in vier Wochen von Null auf Hundert zu fressen, oder täglicher Eierproduzent zu sein, 300 Stück in einem Jahr. Und was macht man mit all den Hähnchen, die keine Eier legen können, aber auch nicht zur Mast taugen? Schreddern oder Vergasen, 45 Millionen Mal jedes Jahr in Deutschland. Methoden zur Früherkennung des Geschlechts sind derzeit noch nicht massentauglich. Inzwischen ist das Töten von Bruderhühnern hierzulande verboten.
Ethisch begründeter Verzicht auf Fleisch hat durch den Druck von Verbrauchern Lebensmitteltechnologie und Handel in Bewegung versetzt. Fleischalternativen spielen eine immer größere Rolle (Kapitel 8). Gleichzeitig werden ökologische Aspekte gleich miterfasst: der große ökologische Fußabdruck, die Güllemengen, die sich zu häufig im Grundwasser wiederfinden, oder der immense Flächenbedarf für die Erzeugung von Viehfutter. Aber auf der anderen Seite: Millionen Hektar Weide- oder Grasland können aus Gründen des Klimas oder weil der Boden wenig nahrhaft ist, nur für Tierhaltung verwendet werden. Auf deren Kalorien zu verzichten wäre grob fahrlässig. Das betrifft viele Steppen, Berghänge, Deiche, Trocken- oder Feuchtgebiete auf der Welt. Dort ist die Zeit bis zur Schlachtreife der Schafe, Ziegen oder Rinder doppelt so lang wie unter „Laborbedingungen“ im Stall, denn der Nährwert des Raufutters ist deutlich niedriger als der von Kraftfutter. In einer ökologischen Kreislaufwirtschaft düngen die Exkremente der Tiere die Pflanzen, die hinterher den Menschen ernähren. Auch wer auf Fleisch nicht verzichten will, findet Gründe. Die Dosis macht eben das Gift.

9.5 Nachhaltigkeit als übergreifender Begriff zukünftiger Ernährung

Unter all den Entwicklungen zum Thema zukünftige Ernährung ist der Aspekt Nachhaltigkeit zu einem Ober- und Leitbegriff geworden. Darunter ist ein Handlungsprinzip zu verstehen bei der Nutzung von Ressourcen. Gewährleistet werden soll eine dauerhafte Bedürfnisbefriedigung, indem die natürliche Regenerationsfähigkeit der beteiligten Systeme, hier der von Lebewesen und Ökosystemen, erhalten bleibt. Nicht mehr verbrauchen als nachwächst oder von den Zinsen leben und das Ka-

Abb. 9.6
Ziel der EU- und der deutschen Ernährungspolitik nachhaltig, gesund: „Planetary Healthy Diet“; „Green Deal“

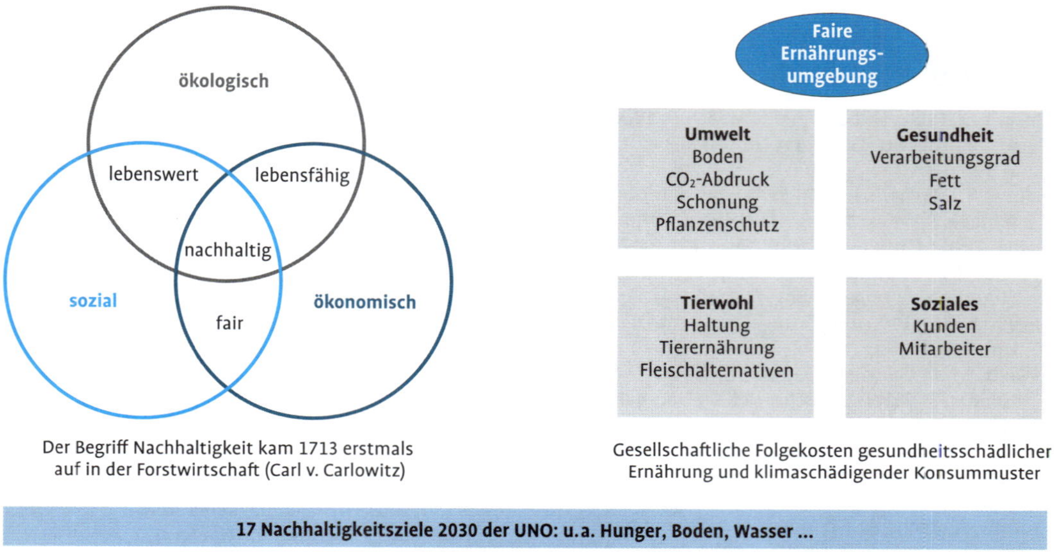

pital erhalten gelten als volkstümliche Definitionen. Rund 210 Jahre alt, scheint der Begriff inzwischen auf dem Höhepunkt seiner Bedeutung zu sein und durchzieht die gesamte Gesellschaft. Die UNO hat 17 **Nachhaltigkeitsziele** (Milleniumsziele) definiert, die bis 2030 realisiert sein sollen. Die Wertschöpfungskette der Lebensmittelwirtschaft ist durch die Ziele Hunger beseitigen sowie Boden und Wasser schützen mehrfach gefordert. Große Industrieunternehmen der Lebensmittelwirtschaft vor allem, aber auch zunehmend mittelständische Betriebe werden immer mehr von Kunden und Kapitalgebern gedrängt, nachhaltig zu wirtschaften. Kreislaufwirtschaft, Ressourcen schonen, sozial vorbildlich und doch ökonomisch erfolgreich zu sein, wird alles gleichzeitig verlangt. Darüber ist regelmäßig Bericht abzulegen, erst danach ist bei dem Unternehmen ein Kapital-Engagement opportun. Diese Einstellung ist unter den Buchstaben ESC (Economy, Social, Commercial) oder ESG bekannt geworden. Der Kapitalismus erhält einen grünen Anstrich, begleitet von der Idee eines grünen Wachstums. Anleger orientieren sich verstärkt an den Schattierungen dieser Farbe im Logo eines Unternehmens. Die ESC-Ausrichtung wird bereits als Element der Industrie 4.0 gesehen.

Die Theoretiker der Lebensmittelwirtschaft ihrerseits reden bei ähnlicher Ausrichtung von einem Bild der „Fairen Ernährungsumgebung“, das neben der Ökologie und dem Sozialen die Gesundheit der Menschen und das Wohl der Tiere umfasst. Auch Fleischalternativen werden mitberücksichtigt. Das magische Viereck soll in den Unternehmen Leitbild sein. Abbildung 9.6 zeigt die verschiedenen Elemente des Begriffes der Nachhaltigkeit im Zusammenhang. Ein Beispiel für nachhaltiges Wirtschaften im Zusammenwirken weiter Bereiche der Lebensmittelkette ist in Kapitel 8 in Abbildung 8.5 am Beispiel von Insekten gezeigt. Die Branche sieht sich in der Pflicht, weitere Beispiele dafür in der Praxis umzusetzen.

Literatur

Übergreifende Fachbücher

Bake, K. (2003): Handbuch der Milch- und Molkereitechnik. Verlag Th. Mann GmbH, siehe Tetra Pak 2012

Baltes, W., Matissek, R. (2011): Lebensmittelchemie, 7. Auflage. Springer Verlag, Heidelberg/Berlin

Belitz, H.-D., Grosch, W., Schieberle, P. (2007): Lehrbuch der Lebensmittelchemie (Springer-Lehrbuch). 6. Auflage, Springer Verlag, Heidelberg/Berlin

Bockisch, M. (1993): Nahrungsfette- und Öle. Eugen Ulmer KG, Stuttgart

Brandt, M.J., Gänzle, M.G. und Spicher, G. (2006): Handbuch Sauerteig. Behrs Verlag, Hamburg

Brandt, M. (2012): Wissensforum Backwaren: Sauerteig, 4. überarbeitete Auflage: http://wissensforum-backwaren.de/files/wfb_broschuere25_d.pdf; Stand: Juli 2014

Dürr, P., Albrecht, A., Gössinger, M., Hagmann, K., Pulver, D., Scholten, G. (2010): Technologie der Obstbrennerei. 3. Auflage, Eugen Ulmer KG, Stuttgart

Franke, W. (1997): Nutzpflanzenkunde. Nutzbare Gewächse der gemäßigten Breiten, Subtropen und Tropen. 6. Auflage, Thieme, Stuttgart

Fries, R. (2009): Nutztiere in der Lebensmittelkette. UTB Eugen Ulmer KG, Stuttgart

Hamatschek, J. (2013): Lebensmittelmanagement. 1. Auflage, Eugen Ulmer KG, Stuttgart

Hamatschek, J. (2015): Technologie des Weines. Eugen Ulmer KG, Stuttgart

Hamatschek, J. (2020): Unser tägliches Brot gib uns heute; Was der Mensch alles erfinden musste, um satt zu werden; Edition Palatina Lingenfeld

Heiss, R. (2003): Lebensmitteltechnologie: Biotechnologische, chemische, mechanische und thermische Verfahren der Lebensmittelverarbeitung. 6. Auflage, Springer Verlag, Heidelberg/Berlin

Hemming, W., Wagner, W. (2011): Verfahrenstechnik. 11. Auflage, Vogel Buchverlag, Würzburg

Hildebrandt, G., Herausgeber (2008): Geschmackswelten – Grundlagen der Lebensmittelsensorik. DLG-Verlags-GmbH, Frankfurt

Hoseney, R.C. (1992): Principles of Cereal Science and Technology. 3. Auflage, American Association of Cereal Chemists Inc.

Kessler, H.G. (1996): Lebensmittel- und Bioverfahrenstechnik, Molkereitechnologie. 4. Auflage, Verlag A. Kessler, München

Krämer, J. (2011): Lebensmittelmikrobiologie. 6. Auflage, UTB Verlag Eugen Ulmer, Stuttgart

Narziss, L., Back, W. (2012): Die Bierbrauerei. Band 1: Die Technologie der Malzbereitung, Band 2: Die Technologie der Würzebereitung. Wiley-VCH, Weinheim

Prändl, O., Fischer, A., Schmidhofer, T., Sinell, H.-J. (1988): Fleisch: Technologie und Hygiene der Gewinnung und Verarbeitung. Eugen Ulmer KG, Stuttgart

Rehner, G., Daniel, H. (2002): Biochemie der Ernährung. 2. Auflage, Spektrum Akademischer Verlag, Heidelberg/Berlin

Schobinger, U. (2001): Frucht- und Gemüsesäfte: Technologie, Chemie, Mikrobiologie, Analytik, Bedeutung, Recht. 3. Auflage, Eugen Ulmer KG, Stuttgart

Schuchmann, H.P., Schuchmann, H. (2005): Lebensmittelverfahrenstechnik: Rohstoffe, Prozesse, Produkte. 1. Auflage, Wiley-VCH Verlag GmbH & Co. KGaA, Weinheim

Schwedt, G. (2005): Taschenatlas der Lebensmittelchemie. 2. Auflage, Wiley-VCH Verlag GmbH & Co. KGaA, Weinheim

Spreer, E. (2011): Technologie der Milchverarbeitung. 10. Auflage, Behr's Verlag, Hamburg

Stiebing, A., Barciaga, J., Krell, U.M. (2003): Handbuch Fleisch und Fleischwaren. Loseblattsammlung Behr's Verlag, Hamburg

Tetra Pak (Herausgeber CD) (2012): Handbuch der Milch- und Molkereitechnik. Verlag Th. Mann GmbH, Essen

Tscheuschner, H.-D., Herausgeber (1996): Grundzüge der Lebensmitteltechnik. 2. Auflage, Behr's Verlag, Hamburg

Tülsner, M., Koch, M. (2010): Technologie der Fischverarbeitung. Behr's Verlag, Hamburg

Spezifische Fachliteratur

Kapitel 1

Berghofer, E. (2015): Neue Verfahren und Techniken bei der Lebensmittelherstellung; Herausgegeben von Bundesministerium für Gesundheit Wien; ISBN: 978-3-902611-59-6

Deutsche Gesellschaft für Ernährung, Österreichische Gesellschaft für Ernährung, Schweizerische Gesellschaft für Ernährungsforschung, Schweizerische Vereinigung für Ernährung (Hrsg.): Referenzwerte für die Nährstoffzufuhr. Umschau Verlag, Frankfurt/Main, 2000

Deutsche Gesellschaft für Ernährung DGE (2013): 12. Ernährungsbericht 2012; www.dge-medienservice.de

EHI Retail Institute (2013): Locken, verführen, kassieren; zusammengestellt in „Stern" vom 27.3.2014

Lebensmittel Zeitung (2013): Handel fordert mehr Ideen von der Industrie, LZ 47–13

Mensink, G. B. M., Schienkiewitz, A., Haftenberger, M., Lampert, T., Ziese, T., Scheidt-Nave, C. (2013): Übergewicht und Adipositas in Deutschland, Ergebnisse der Studie zur Gesundheit Erwachsener in Deutschland (DEGS 1). Bundesgesundheitsblatt 2013, 56: 786–794; online publiziert 27. Mai 2013

Nationale Verzehrsstudie II (2008): Ergebnisbericht, Teil 2, Die bundesweite Befragung zur Ernährung von Jugendlichen und Erwachsenen, Max Rubner Institut, Bundesforschungsinstitut für Ernährung und Lebensmittel, Karlsruhe

Sommer, J. (2014): Food Chain: Rohstoffe im Fokus, Vortrag bei den DLG-Lebensmitteltagen, 2014 in Fulda, DLG-Lebensmittel 06/2014

Strecker, O., Strecker, O. A., Elles, A., Weschke, H.-D., Kliebisch, C. (2010): Marketing für Lebensmittel und Agrarprodukte. 4. Auflage, DLG-Verlag, Frankfurt

Weingärtner, L., Trentmann, C. (2011): Handbuch Welternährung. Campus Verlag GmbH, Frankfurt

Wrangham, R. (2009): Feuer fangen; Wie uns das Kochen zum Menschen machte – eine neue Theorie der menschlichen Evolution. Deutsche Verlags-Anstalt, München

Kapitel 2

Aichinger, K., Mayr, E. (2005): Reinraumtechnologie – Technologietransfer in die Lebensmittelindustrie; Einsatzmöglichkeiten und Ergebnisse, Vortrag anlässlich des GDL-Kongresses in Dresden

Bellin, M. (2011): Reinigungsgerechte Gestaltung von Maschinen und Anlagen, Vortrag am 26. Mai beim GDL-Sauerteigforum in Minden

BMEL (2013): Strategien der Lebensmittelsicherheit: http://www.bmel.de/SharedDocs/Downloads/Broschueren/StrategienLebensmittelsicherheit.html; abgerufen März 2014

Codex Alimentarius Homepage: http://www.codexalimentarius.org/; abgerufen März 2014

EHEDG (2013): Sonderausgabe I 2013 der Zeitschrift Lebensmitteltechnik. LT Food Medien-Verlag GmbH, Hamburg

Evers, H. (2007): CIP-Anlagen in der Getränkeindustrie; Flüssiges Obst, 6, 281–285

Gretter, K. (2005): AFMS Reinraumtechnologien für die Lebensmittelindustrie – Hürdentechnologie als Voraussetzung für den Erfolg, Vortrag anlässlich des GDL-Kongresses in Dresden

Hofmann, U. (2008): Ist Edelstahl = Hygienic Design? http://www.hygienic-processing.com/veranstaltungen/29-April-2008/03_Hofmann_Ist_Edelstahl_Hygienic_Design.pdf; Stand: Oktober 2013

Knechtges, L. (2014): Neuerungen im IFS, Vortrag beim Florin-Forum Lebensmittelrecht und Lebensmittelsicherheit am 25.3.2014

Krönert, M. (2009): Managementsysteme, Zertifizierung: GQS-Bayern, HACCP-Konformitätserklärung, EcoStep und IFS: ein Buch mit sieben Siegeln! Was steckt dahinter, was ist relevant? http://www.lwg.bayern.de/analytik/18284/linkurl_43.pdf; Stand: Oktober 2013

Lebensmitteltechnik (2014): Zurück zum Ursprung; Auf Knopfdruck lückenlos Produkte rückverfolgen. Lebensmitteltechnik, 3, 12–14

Linke, L. (1996): Reinigungstechnik und Betriebshygiene (Kap. 9.5) in: Tscheuschner, H. D. (Hrsg.): Grundzüge der Lebensmitteltechnik, 2. Auflage. Behr's Verlag, Hamburg

Matern, H. J. (2014): Einmal auditiert – überall akzeptiert, Vortrag beim Florin-Forum Lebensmittelrecht und Lebensmittelsicherheit am 25.3.2014

Mettke, T. (2006): Geschichte und Bedeutung des Lebensmittelrechts; in BEHR'S Kommentar zum Lebensmittelrecht: Kommentar zum LFGB und zu weiteren lebensmittel-, bedarfsgegenstände- und futtermittelrechtlichen Vorschriften; Behr's Verlag Hamburg

Mettler Toledo (2011): Lebensmittelsicherheit und Konformität. Broschüre Mettler Toledo (Schweiz) GmbH, Greifensee

Tyborski, T. (2005): Oberflächenhygiene, Schaumreinigungstechnologien, Vortrag anlässlich des GDL-Kongresses in Dresden

Kapitel 3

Anonym (2014a): Carbohydrates – Chemical Structure: http://www.scientificpsychic.com/fitness/carbohydrates2.html; Stand: Juni 2014

Anonym (2014b): Proteine: http://www.scientificpsychic.com/fitness/aminoacids.html

Anonym (2014c): Fette: http://www.scientificpsychic.com/fitness/fattyacids2.html

Döll, M. (2013): Die Heilkraft des Weins, 1. Auflage, F. A. Herbig, München

Dürrschmid, K. (2014): Sensorische Wahrnehmung von Aromen, Vortrag beim GDL-Seminar Aroma und Aromatisieren, 1.–2. Dezember 2014 in Stuttgart

Dürrschmid, K. (2020): Zungenbekenntnisse: Warum der Wein im Urlaub besser schmeckt und andere Fakten und Wunder aus der Welt der Sinne; Brandstätter Verlag

Hirth, T. (2007): Die Natur als chemische Fabrik – Herstellung von Plattformchemikalien, Monomeren und Polymeren aus nachwachsenden Rohstoffen, Vortrag einer Arbeitsgruppe des Fraunhofer-Instituts für chemische Technologie (ICT) auf einem Workshop der Gesellschaft Deutscher Chemiker (GDCh) zum Thema Nachhaltige Chemie am 20. März 2007

Hochschule Köln (2014): Theorie der Farbmessung: http://www.gm.fh-koeln.de/hstl/Dokumente/Projekt-Wolter-2003/CIELab/Theorie/CIELab.html

Hüfner, E., Haßelbeck, G., Stocke', R. (2010): Weinkompendium-Enzyme, Erbslöh Geisenheim AG: www.erbsloeh.com

Leitenberger, B. (2012): Zusatzstoffe und E-Nummern. Edition Ernährung, Books on Demand GmbH, Norderstedt

Pinelo, M., Arnous, S., Meyer, A. S. (2006): Upgrading of grape skin: Significance of plant cell-wall structural components and extraction technique for phenol release, Trend in Food Science and Technology, 17, 579–590

Schieberle, P. (2013): Wie Aromen unser Geschmacksempfinden beeinflussen: Die molekulare Sensorik als effektives Werkzeug zur Charakterisierung der genuinen Aromasignatur von Lebensmitteln, Vortrag bei GDL-Seminar Sauerteig in Quakenbrück

Kapitel 4

Bourdichon, F. et al. (2012): Food fermentations: Microorganisms with technological beneficial use, Int. J. Food Microbiol. (2012), doi: 10.1016/j.ijfoodmicro. 2011.12.030

DIL (2020): Garen in kürzester Zeit; Lebensmitteltechnik 6/2020; 20–21

Fischer, U. (2000): Gärunterbrechungen und Behebung von Gärstörungen, Abschlussbericht zum ATW-Vorhaben 97, KTBL, Darmstadt

Hager, A-S. (2014): Funktionalität von Enzymen in der Brotherstellung, Vortrag beim Forum Sauerteig der GDL, 21. Mai 2014

Haßelbeck, G., Stocke‘, R. (2008): Der Sur lies-Effekt. Das Deutsche Weinmagazin, 20, 30–31

Hüfner, E., Haßelbeck, G., Stocke‘, R. (2010): Weinkompendium-Enzyme, Erbslöh Geisenheim AG: www.erbsloeh.com

Leistner, L. (1976): Hürdentechnologie zu Erzeugung stabiler Fleischerzeugnisse; Fleischwirtschaft 66, 10–15

Margas, E. (2015): Microorganism as a Challenge für Hygienic Design; Vortrag Forum Anuga FoodTec 2015

Muschiolik, G. (2013): Lebensmittelhaltbarmachung durch neuere thermische und nichtthermische Verfahren, Vortrag beim GDL-Seminar Sicherung der Lebensmittelqualität – Kinetische Aspekte am 24. und 25.06.2013 in Potsdam

Seckler, J., Freund, M. (2012): Beeinflussung der Prozessschritte der Weinbereitung und qualitative Aspekte durch eine vorausgegangene Mostpasteurisation, Abschlussbericht zum ATW-Vorhaben 167, Kuratorium für Technik und Bauwesen in der Landwirtschaft e. V. (KTBL), Darmstadt

Uni Hamburg (2014): Algen, Vorlesungsskript: http://www.biologie.uni-hamburg.de/b-online/e44/44.htm; Stand: Mai 2014

Werb, M., Falcón García, C., Bach, Nina C. et al. (2017): Surface topology affects wetting behavior of Bacillus subtilis biofilms; npj Biofilms and Microbiomes 3:11; doi:10.1038/s41522-017-0018-1

Wirth, M., Margerin, J. (2019): Fermentation und Bioprotection; Schmackhafte und stabile Lebensmittel mit Kultur; Vortrag auf dem GDL-Symposium „Minimal Processing“ in Potsdam

Kapitel 5

Knödel, P. (2010): Korrosion: http://www.peterknoedel.de/lehre/FHA-Stahl/Skript/GrA/Dauer/Korr.pdf; Stand: Oktober 2013

KSB AG (2005): Auslegung von Kreiselpumpen, Technische Information, 5. Auflage, ISBN 3-00-004734-4

Linke, L. (1996): Reinigungstechnik und Betriebshygiene (Kap. 9.5) in: Tscheuschner, H. D. (Hrsg.): Grundzüge der Lebensmitteltechnik, 2. Auflage. Behr's Verlag, Hamburg

Schumacher, W., Maurer, M. (2014): Grundlagen der Regelungstechnik; Vorlesungsskript Institut für Regelungstechnik der TU Braunschweig; https://www.ifr.ing.tu-bs.de/static/files/lehre/vorlesungen/gdr/Skript_GdR.pdf; gelesen: Juli 2020

Weik, B. (2013): Behälter in der modernen Kellerwirtschaft, Der Deutsche Weinbau, 14, 18–21

Weik, B. (2010): Pumpen für den Wein: ein technischer Überblick, Der Deutsche Weinbau, 12, 12–18

Kapitel 6

Aganovic, K., Töpfel, S., Heintz, V. (2014): Herstellung fettarmer Emulsionen durch Einsatz einer Ultrahochdruck-Homogenisation (UHPH), Vortrag beim GDL-Kongress Lebensmitteltechnologie in Rodgau

Bartevyan, L. (2016): Industrie 4.0 – Kompaktwissen; DLG Expertenwissen 7/2016; www.dlg.org

Blankenhorn, D., Funk, E. (2012): Der Winzer – Kellerwirtschaft. Eugen Ulmer KG, Stuttgart

Christmann, M., Freund, M. (2004): Moderne Mostvorklärung, Theoretische Grundlagen der Mostvorklärung aus der Sicht der Weißweinbereitung. Meininger Verlag GmbH, Neustadt/W.

DLG (2014): Ultraschall in der Lebensmittelindustrie; Extrahieren, Konservieren, Schneiden, Schweißen, DLG-Lebensmittel, 5, 22–25

DLG-Trendmonitor (2014): Roboter in der Lebensmittel- und Getränkeindustrie, DLG-Lebensmittel, 6, 16–17

DLG-Trendmonitor (2020): Roboter in der Lebensmittel- und Getränkeindustrie, DLG-Lebensmittel, 3, 44–45

Hämmerle, M., Hornung, T. (2018): Industrie 4.0 nutzen – Die Produktion durch Anwendungsfälle der Digitalisierung optimieren; DLG Expertenwissen 10/2018; www.dlg.org

Herbst, C. H. (2017): Verkapselungstechnik – Garant für Innovationen; DLG-Lebensmittel, 3, 36–37

Hruschka, S. (2014): Der Inverter und die Mühle oder die Mühle in der Mühle, unveröffentlicht

Huber, S. (2016): Dichtigkeitsprüfungen von MAP-Verpackungen; DLG-Expertenwissen 6/2016; www.dlg.org

Lebensmitteltechnik (2012): Genau definierte Strukturen, Wirbelschichttechnologie bietet vielfältige Veredelungsmöglichkeiten, Lebensmitteltechnik 1–2, 50–51

Lebensmitteltechnik (2014): Die „dritte Hand" in der Produktion, Lebensmitteltechnik 12, 17–18, 2014

Müller, P., Schmid, M. (2019): „Intelligent Packaging in the Food Sector: A Brief Overview." Foods 8, no.1: 16. http://www.mdpi.com/2304-8158/8/1/16

Muschiolik, G. (2022): Multiple Emulsionen – Herstellung und Eigenschaften; Behr's GmbH Hamburg

Schäuble, R. (Leiter des Arbeitskreises Korrosion in der Getränkeindustrie) (1987): Korrosionen in der Getränkeindustrie – Ursache, Vorsorge, Verhinderung, Sanierung. Verlag Hans Carl, Nürnberg

Schmidt, O. (2013): Moderne Kellertechnik, Neue und bewährte Verfahren. Eugen Ulmer KG, Stuttgart

Sevenich, R. (2017): Hochleistungsultraschall – Einsatzmöglichkeiten in der Lebensmittelindustrie; Vortrag auf dem GDL-Symposium „Nicht-thermische Verfahren" Nov. 2017 in Gerlingen

Tarleton, S, Wakeman, R. (2008): Dictionary of Filtration and Separation, 1. Auflage, Filtration Solutions, Exeter, UK

Warneke, R. (2014): Moderne Mischverfahren in der Lebensmittelindustrie, Vortrag beim GDL-Kongress in Rodgau, Oktober 2014

Kapitel 7 und 8

Anonym (2007): Getreidetechnologie; Vorlesungsskript am Institut für Lebensmitteltechnologie, Universität Hohenheim: http://www.redaktion.tu-berlin.de/fileadmin/fg78/PIW/Getreidetechnologie.pdf; Stand: Juli 2014

Anonym (2014): Fruchtsafttechnologie: http://www.lmtc.tu-berlin.de/fileadmin/fg189/Fruchtsafttechnologie_Skript_WS_2012-2013.pdf; Stand: August 2014

Azad Emin, M. (2020): Pflanzenproteine für Fleischfreunde; SdW Juli 2020; Spektrum der Wissenschaft Verlagsgsellschaft Heidelberg

Bindrich, U. (2019): Aufklärung der stofflichen Ursachen des Trockenbackens von Roggenbrot; Vortrag beim GDL-Forum Sauerteig November 2019

Brinkmann, D. (2006): Untersuchungen über die Eignung der Video-Image-Analyse (VIA) des VBS 2000 zur Beurteilung der Schlachtkörperqualität von Kälbern und Jungbullen, Inaugural-Dissertation zur Erlangung des Grades Doktor der Agrarwissenschaften (Dr. agr.) der Hohen Landwirtschaftlichen Fakultät der Rheinischen Friedrich-Wilhelms-Universität zu Bonn

Buckenhüskes, H. J. (2014): DLG-Expertenwissen ESL-Milch: Herstellung von ESL-Milch, DLG-Expertenwissen 04/2014

Deutscher Milchindustrie-Verband (2014): Milkipedia – Das Milchlexikon: http://www.meine-milch.de/milkipedia; Stand: September 2014

DESTATIS (Statistisches Bundesamt); www.destatis.de/DE/Startseite.html; meist Land- und Forstwirtschaft, Fischerei

Erkes, P. R. (2015): Einfluss von Reifekulturen auf Aspekte der Produktqualität und -sicherheit bei Rohpökelwaren; Vortrag auf der GDL-Tagung Rohwurst Nov. 2015

Fischer, A., Ulmer, K. (2009): Skriptum zum fleischtechnologischen Praktikum, Universität Hohenheim, Institut für Fleischtechnologie, Fachgebiet Technologie funktioneller Lebensmittel, Auflage 5/2009

Fleischatlas (2013): 6. Auflage, Heinrich-Böll-Stiftung, Berlin

Hamm, R., Honikel, K. O., Fischer, C., Harnid, A. (1980): Veränderungen des Rindfleisches nach dem Schlachten und ihre Auswirkungen auf das Wasserbindungsvermögen. Fleischwirtschaft 60/9, 1567–1576

IAASTD (2009) International Assessment of Agricultural Knowledge, Science and Technology for Development (Hg.); Global Report. Washington

Irmscher, S. B., Herrmann, K., Gibis, M., Kohlus, R., Weiss, J. (2014): Kontinuierliche Fleischwarenproduktion, DLG-Lebensmittel-04, 24–26

Jekle, M. (2014): Was Teig im Innersten zusammenhält. Brot + Backwaren 5, 42–44

Kirschbaum, E. (1969): Distillier- und Rektifiziertechnik. Springer Verlag, Heidelberg

Kröncke, N.; Böschen, V. et al. (2018): Vergleich geeigneter Verfahren zur Trocknung von Mehlkäferlarven (TENEBRIO MOLITOR L.); Vortrag beim GDL-Kongress Okt. 2018 in Bremerhaven

Krüger, G. (2005): Mischtechnik für komplexe Aufgaben, In-Line Mischtechnik liefert sichere Ergebnisse, Getränkeindustrie, 8, 30–33

Lebensmittel Zeitung (2017): Journal; Heft 3, 20. Januar; 33–35

Remmele, E. (2009): Handbuch Herstellung von Rapsölkraftstoff in dezentralen Ölgewinnungsanlagen, 2. Auflage: http://www.fnr-server.de/ftp/pdf/literatur/pdf_300-rapsoelkraftstoff_2009b.pdf; Fachagentur Nachwachsende Rohstoffe e. V., Gülzow

Rosenow, A. (2019): Die Ackerbohne – ein regionaler Rohstoff mit viel Potenzial; Vortrag beim GDL-Symposium Pflanzliche Proteine Sept. 2019 in Gerlingen

Rubin, C. (2008): Extruder – die modularen Alleskönner, Lebensmittel-Industrie Nr. 1/2, 18–19

Schirmer, M. (2014): A novel approach for structural analysis of high viscose starch based products during heating, Dissertation TU München

Schmidt, H., Scheier, R., Agarkov, N., Hitzmann, B., Nache, M. (2014): Grundlagenuntersuchung zur Raman-Sensorik für eine automatisierbare Beurteilung der Fleischqualität in der Prozesskette, Teilprojekt 5 des FEI-Clusterprojekts Minimal Processing in automatisierten Prozessketten der Fleischverarbeitung, FEI, Bonn

Strahm W., Eberhard, P. (2009): Milch wird hoch erhitzt oder filtriert. Alimenta, 12, 25–27

Strobl, H. (2011): ESL-MILCH: Technologische Grundlagen sowie Indikatoren zur Bestimmung der Hitzebelastung von Trinkmilch, Diplomarbeit Diplomstudium Ernährungswissenschaften, Universität für Bodenkultur, Wien, DLWT

UNEP (2009): The environmental Food Crisis; the Environment's role in averting future Food Crisis ISBN: 978-82-7701-054-0

Union zur Förderung von Öl- und Proteinpflanzen E.V (UFOP) 2019: UFOP-Bericht zur globalen Marktversorgung 2018/2019; www.ufop.de

Verband deutscher Mühlen, Bonn (2014): http://www.mueller-in.de/fileadmin/user_upload/schaubild/start_monitor.html; Stand: Juni 2014

Wähner, M., Hoy, S. (2009): Taschenbuch Schwein. Eugen Ulmer KG, Stuttgart

Weingärtner, L., Trentmann, C. (2011): Handbuch Welternährung. 1. Auflage, Campus Verlag GmbH, Frankfurt

Weiss, J., Gibis, M., Herrmann, K., Irmscher, S. (2013): Rohwurstherstellung: Alles Mikrobiologie oder doch Physik? Vortrag beim GDL-Forum Rohwurst und Rohschinken am 17. Oktober 2013 in Quakenbrück

Weisz; U. (2019): Gewinnung und Modifikation von Leguminosenproteinen zur Verbesserung der funktionellen und sensorischen Eigenschaften bei gleichzeitiger Reduktion des allergenen Potenzials; Vortrag beim GDL-Symposium Pflanzliche Proteine Sept. 2019 in Gerlingen

Zapp, J. (2023): Antioxidative Stoffe in Abhängigkeit von den Röstbedingungen; Vortrag beim GDL-Webinar Kaffe Nov. 2023

Kapitel 9

EFSA (2012): Panel on Animal Health and Animal Welfare; EFSA Journal 2012: 10(1): 2513

Hamatschek, J. (2020): Unser tägliches Brot gib uns heute; Was der Mensch alles erfinden musste, um satt zu werden; Edition Palatina Lingenfeld

Hamatschek, J. (2024): Ernährung und Obrigkeit; RFL 76, Heft 1; S. 30–34; Presse Dienstleistungsgesellschaft mbH & Co. KG Alfeld

IAASTD (2009) International Assessment of Agricultural Knowledge, Science and Technology for Development (Hg.); Global Report.

Spiekermann, U. (2018): Künstliche Kost; Ernährung in Deutschland, 1840 bis heute; Vandenhoeck & Ruprecht GmbH & Co. KG. Göttingen

UNESCO (2019): The United Nations World Water Development Report 2019; ISBN 978-92-3-100309-7

Abkürzungsverzeichnis

A	Fläche in m^2
a_w-Wert	Wert der Wasseraktivität
Acetyl-CoA	Acetyl-Coenzym A
ADI	Acceptable Daily Intake (zulässige tägliche Aufnahme)
ADP	Adenosin-Diphosphat
AE	Acetylesterase
AGW	Arbeitsplatzgrenzwert
AIJN	Association of the Industry of Juices and Nectars
AISI	American Iron and Steel Institute
AMF	Anhydrous Milk Fat
AMP	Adenosin-Monophosphat
ATP	Adenosin-Triphosphat
BE	Bindegewebseiweiß
BEFFE	Bindegewebseiweißfreies Fleischeiweiß
BfR	Bundesinstitut für Risikoforschung
BGBL	Bundesgesetzblatt
BMEL	Bundesministerium für Ernährung und Landwirtschaft
BRENDA	BRaunschweig ENzyme DAtabase
BRC	British Retail Consortium
BSE	Bovine spongiforme Enzephalopathie („Rinderwahnsinn“)
CA-Lager	Lager mit kontrollierter Atmosphäre
CAS	Chemical Abstracts Service
CCP	Critical Control Point
CFU	Colony Forming Unit (kolonienbildende Einheit)
CGF	Consumer Goods Forum
CIELab	Commision International de l’Eclairage, Farbsystem mit drei Achsen (L, a, b)
CIP	Cleaning in Place
CMF	Cross-Flow-Mikrofiltration
Δf_m	Mittlere logarithmische Temperaturdifferenz zweier Medien
DACH-Empfehlung	Empfehlung der Gesellschaften Deutschlands, Österreichs und der Schweiz
DDGS	Dry distillers grain with solubles
DFD	dark, firm, dry
DGE	Deutsche Gesellschaft für Ernährung
DIN	Deutsche Industrienorm
DIP	Drying in Place
DLG	Deutsche Landwirtschaftsgesellschaft
DLMK	Deutsche Lebensmittelbuchkommission
DMDC	Dimethyldicarbonat
DNA	Deoxyribonucleic Acid (Desoxyribonukleinsäure)
D-Wert	Dezimaler Reduktionswert
E_0	Standardpotenzial in der Nernst-Gleichung
E-Nummer	Identifikationsnummer für Zusatzstoffe; E steht für Europa, aber auch für edible
EAN	European Article Number
EC-Number	Enzyme Commission Number
EFSA	European Food Safety Authority
EG	Europäische Gemeinschaft
EHEC	Enterohämorrhagische *Escherichia coli*
EHEDG	European Hygienic Engineering and Design Group
EMAP	Equilibrium Modified Atmosphere Packaging
ESL-Milch	„Extended Shelf Life“-Milch = länger haltbare Frischmilch
ES	Enzym-Substrat-Komplex
EU	Europäische Union
eV	Elektronenvolt
EWG	Europäische Wirtschaftsvereinigung
F	Faradaysche Konstante
F-Wert	Maß für den Erhitzungseffekt
f(..)	Funktion von (..)
FAD	Flavin-Adenin-Dinukleotid
FCD	Fédération des Entreprises du Commerce et de la Distribution
FDA	Food and Drug Administration
FE	Farinographen-Einheit
FEI	Forschungskreis der Ernährungsindustrie
FK	Fettkügelchen
FKM	Fettkügelchenmembran
FKME	Fettkügelchenmembraneiweiß
FMEA	Fehlermöglichkeiten- und Einflussanalyse
FSSC 22 000	Food Safety System Certification
g. g. U.	Geschützte geografische Ursprungsbezeichnung
g/l	Gramm pro Liter
GDL	Glucono-delta-Lacton
GHz	Gigahertz
GFSI	Global Food Safety Initiative
GMP	Good Manufacturing Practice
HACCP	Hazard Analysis and Critical Control Point

HFCS	High Fructose Corn Syrup
HPP	High Pressure Processing
HMF	Hydroxymethylfurfural
HTKZ-Extrusion	Hochtemperatur-Kurzzeit-Extrusion
IAASTD	International Assessment of Agricultural Science and Technology for Development
IFS (Food)	International Featured System (Food)
IP	Isoelektrischer Punkt
ISI-Technologie	Innovative Steam Injection
ISO	International Standardisation Organisation
IUBMB	International Union of Biochemistry and Molecular Biology
IUPAC	International Union of Pure and Applied Chemistry
kat	SI-Einheit Katal = 1 mol/s
Kcal	Kilokalorie
kDa	Kilodalton
KHE	Kurzzeithocherhitzung
k	Wärmedurchgangszahl in W/m^2
k_m	Dissoziationskonstante, Michaelis-Menten-Konstante
kV	Kilovolt
LCA	Life Cycle Assessment
LFBG	Lebensmittel-, Futtermittel- und Bedarfsgegenständegesetz
LM	Lebensmittel
LMIV	Lebensmittel-Informationsverordnung
LMHV	Lebensmittelhygieneverordnung
MAP	Modified Atmosphere Packaging
MRSA	Methicillin-resistenter *Staphylococcus aureus*
LRV	Logarithmic Bacteria Retention Value
MAK	Maximale Arbeitsplatzkonzentration
MeV	Megaelektronenvolt
MF	Mikrofiltration
MHz	Megahertz
Mol	Molekulargewicht in Gramm
MSR	Mess-, Steuer- und Regelungstechnik
NAD	Nicotinamid-Adenin-Dinucleotid
NF	Nanofiltration
NMWC	Nominal Molecular Weight Cut-Off
NPS	Nitritpökelsalz
NVS II	Nationale Verzehrsstudie II
OH	Ohmic Heating; Ohm'sche Erhitzung
ORP	Oxidations-Reduktions-Potenzial
OTR	Oxygen Transfer Rate (Sauerstoff-Transferrate)
P	Druck

P&ID	Planungs- und Installationsdiagramm
PE	Pektinesterase
PE (PU)	Pasteurisationseinheit (Unit)
PEF	Pulsed Electric Fields; gepulste elektrische Felder
PET	Polyethylenterephthalat
pH-Wert	Pondus-Hydrogenii-Wert
pse	pale, soft, exudative
PG	Polygalacturonase
PL	Pektat-Lyase
PVC	Polyvinylchlorid
PVPP	Polyvinylpolypyrrolidon
Q	Wärmestrom
QMS	Qualitätsmanagementsystem
QR-Code	Quick Response Code
R	Gaskonstante
R_a bzw. R_z	Rauheitswerte
REM	Rasterelektronenmikroskop
RFID	Radio Frequency Identification
RGT-Regel	Reaktionsgeschwindigkeit-Temperatur-Regel
rH-Wert	Negativer dekadischer Logarithmus des Wasserstoffpartialdrucks
RO	Reverse Osmosis
SIP	Sterilisation in Place
SQF 2000	Safe Quality Food
T	Temperatur
t	Zeit
τ (tau)	Schub- bzw. Scherspannung
TB	Bezugstemperatur (bei der Pasteurisation)
TMP	Transmembrandruck
TS	Trockensubstanz
UF	Ultrafiltration
UHT	Ultrahocherhitzung
UO	Umkehrosmose
UV-Licht	Ultraviolettes Licht
UVV	Unfallverhütungsvorschrift
v	Geschwindigkeit, v_{max} = Maximalgeschwindigkeit
VO	Verordnung
Vol. (Vol.-%)	Volumen (Volumenprozent)
WHO	Weltgesundheitsorganisation
WNr.	Werkstoffnummer
yopi-Risikogruppe	young, old, pregnant, immunocompromised
z-Wert	Temperaturerhöhung, die den D-Wert um den Faktor 10 erniedrigt
ZZulV	Zusatzstoff-Zulassungsverordnung

Sachverzeichnis

F

G

H

I

K

L

Q

R

S

T

U

V

W

Z